AF577449

DIE NEUE BREHM-BÜCHEREI

451

Marienkäfer

Coccinellidae

5., stark überarbeitete und erweiterte Auflage

von
Prof. Dr. sc. nat. Dr. h. c. Bernhard Klausnitzer
Hertha Klausnitzer
Prof. Dr. rer. nat. Ekkehard Wachmann

unter Mitarbeit von
Ingrid Altmann, Ursula Marek und Lutz Behne

Die Neue Brehm-Bücherei Bd. 451
VerlagsKG Wolf · 2022

mit 347 Farbfotos, 215 Zeichnungen und 52 Tabellen

Titelbild: Zweipunkt (*Adalia bipunctata*)
Foto: Ingrid Altmann

ISSN: 0138-1423
ISBN: 978-3-89432-721-7

Satz und Layout: ISM Satz- und Reprostudio GmbH
Druck und Bindung: Akontext s.r.o, Prag

Vorwort

Aus der Einleitung zur 1. Auflage (1972)

» 42 Millionen Marienkäfer dicht gedrängt auf einem Fleck! – Phänomen gemeinschaftlicher Überwinterung!

» Zeigen die Punkte auf den Flügeldecken das Alter an? – Ein weltweit verbreiteter Irrtum!

» Rettung der Citruskulturen von Kalifornien durch Marienkäfer! – Erster großer Erfolg der biologischen Schädlingsbekämpfung!

» Sind die Coccinellidae ein völlig isolierter Zweig in der Stammesgeschichte der Käfer? – Trugschluss oder Wahrheit?

» Wanderzüge von Marienkäfern! – Obwohl längst bekannt, fast unbekannt!

» Gibt es Käfer, die in ihrer Färbung noch variabler sind als die Coccinellidae? – Ein verlorenes Paradies für Artbeschreiber!

» Extreme Nahrungsspezialisten unter sich! – Ein Einblick in die Nahrungsauswahl der Coccinellidae!

» Gezielter Einsatz von Marienkäfern zur Bekämpfung von Blattläusen, Schildläusen und Spinnmilben! – Wunschtraum oder Zukunftsaussicht?

» Wie giftig können Blattläuse wirken? – Tod und Unfruchtbarkeit für die Marienkäfer bei unpassender Nahrung!

» Gibt es obligatorischen Kannibalismus? – Erklärungsversuch für die Parasitenlosigkeit der Eigelege karnivorer Marienkäfer!

So könnten Reporter bei leider ausstehenden Reportagen über Marienkäfer ihre Überschriften wählen.

Tatsache ist, dass die uns allen seit frühester Kindheit vertrauten Tiere auch heute noch eine Fülle von Rätseln in sich bergen, obwohl in aller Welt an der Klärung der Stammesgeschichte, Biologie und vor allem der Möglichkeit des gezielten Einsatzes im Rahmen integrierter Pflanzenschutzmaßnahmen gearbeitet wird.

Aus dem Vorwort zur 4. Auflage (1997)

Die 4. Auflage wurde gegenüber der 3. erheblich überarbeitet, erweitert und ergänzt, wobei wiederum einige nomenklatorische Veränderungen berücksichtigt werden mussten. Es war möglich, das Kapitel 2.3 auf ganz Deutschland zu erweitern und eine Verbreitungsübersicht für alle Bundesländer vorzulegen. Die Bestimmungstabellen für die Larven und Imagines wurden bis zu den Gattungen erweitert. Wichtige Ergänzungen behandeln das Massenauftreten von Marienkäfern an Meeresküsten, Wanderzüge, Auswirkungen warmer Jahre, Handel mit Marienkäfern und Faunenveränderungen durch Ausbringen von Arten aus anderen Faunengebieten. Neu sind Ausführungen zu Gefährdung und Schutz der Marienkäfer, zu ihrer Anwendbarkeit für die Bioindikation sowie über die besonderen Beziehungen des Menschen zu Marienkäfern. Wir haben auch riskiert, die deutschsprachige Namensgebung für die mitteleuropäischen Marienkäfer zu vervollständigen und zu ergänzen (die meisten Arten hatten bisher keine verwendbaren deutschen Namen). Es ist schwer einzuschätzen, ob dieser Schritt auf Akzeptanz stößt, wir erhoffen uns aber eine Erleichterung des Zuganges zur Beschäftigung mit diesen Tieren, wie er unter den Insekten etwa bei den Heuschrecken und Libellen eingetreten ist.

Nach wie vor erfreuen sich die Marienkäfer einer besonderen Aufmerksamkeit. Alle Bevölkerungskreise, ob jung oder alt, haben von ihnen Notiz genommen. Es handelt sich vermutlich um die bekannteste und beliebteste Käferfamilie, weil:

sie seit mindestens 20 000 Jahren als Glückssymbol und Schmuckelement in vielen europäischen Kulturen gelten, bis in die Gegenwart, wie Glückwunschkarten, Anstecker, Spielzeug u. a. andeuten.

man den reduzierenden Einfluss besonders auf Blatt- und Schildläuse frühzeitig erkannte, was neben großen Erfolgen zu übersteigerten Erwartungen im biologischen und integrierten Pflanzenschutz führte – ein Vorgang, der bis in die Gegenwart reicht und durch die Angebote entsprechender Firmen eine brennende Aktualität erreicht.

die Variabilität vieler Arten zur Erforschung genetischer Zusammenhänge lockte; die Fortführung dieser Arbeiten lässt uns mancherlei gemischte Arten erkennen, deren Trennung vorab nur auf molekularem Wege möglich erscheint, aber vor dem Hintergrund möglicher Anwendung praktische Bedeutung nicht vermissen lässt.

sie dazu neigen, Entomologen und Naturfreunde in ihren Bann zu ziehen und eigentlich nie mehr völlig loslassen, wie durch das Studium entsprechender Biographien erkannt werden kann. Die Faszination geht von der Vielfalt der Biologie und Ökologie (Wanderungen, Massenansammlungen,

Nahrungsvielfalt) aus, von der noch immer schlecht bekannten Verbreitung, einschließlich von Arealoszillationen, der larvalen Wachsproduktion, der Variabilität und des Polymorphismus, zahlreichen taxonomischen Problemen, der noch immer unbefriedigend bekannten phylogenetischen Herkunft, schließlich auch ihrer Stellung in verschiedenen Ökosystemen, die die Mannigfaltigkeit ihrer Gegenspieler einbezieht.

Möge auch diese Auflage recht oft als Vorlage für Artikel in Zeitungen und Zeitschriften, für Buchkapitel, selbst Bücher dienen – ohne zitiert zu werden. Dies wünschen sich sowohl der Verlag als auch die Autoren, zeigt es doch, dass das Buch gelesen und verwendet wird. Mehr kann man sich doch kaum wünschen, oder?

Wir konnten uns erneut der Unterstützung und Hilfe durch einige Fachkollegen erfreuen. Besonders gedankt sei Herrn Dr. ERICH KREISSL †, der das Erscheinen dieses Bandes leider nicht mehr erleben durfte und dem die vorliegende Arbeit besonders gewidmet sei. Für die Bereitstellung von Fotos für die beiden neuen Farbtafeln danken wir den Herren Dr. H. BATHON, Darmstadt, M. FÖRSTER, Leipzig, Dr. P. PRETSCHER, Bonn, F. SCHREMMER †, Dr. W. VÖLKL, Bayreuth, und Dr. H. ZIEGLER. Weitere Fotos verdanken wir den Herren Univ.-Prof. Dr. E. CHRISTIAN, Wien, und Prof. Dr. G. MORITZ, Halle. Herr Prof. Dr. H. WEIDNER † unterstützte uns bei dem Kapitel »Mensch und Marienkäfer«, wofür wir ihm ebenso herzlich danken, wie Herrn Prof. Dr. K. DETTNER, Bayreuth, für seine Hilfe zur chemischen Ökologie der Coccinellidae. Herr J. ZIEGLER, Eberswalde erteilte freundlicherweise Auskünfte über *Medina separata*.

Dresden, im November 1996

Hertha Klausnitzer

Bernhard Klausnitzer

Vorwort zur 5. Auflage

Die 5. Auflage wurde gegenüber der 4. stark überarbeitet und erweitert. Sehr viele Forschungsergebnisse sind seit 1996 publiziert worden, hinzu kommen Resultate eigener Untersuchungen.

Einige Kapitel wurden wesentlich erweitert, z. B. die Bestimmungstabellen für die Imagines und die Larven. Das Erkennen der Art ist schließlich Voraussetzung für alles andere. Man könnte natürlich fragen, ob Bestimmungstabellen überhaupt noch zeitgemäß sind. Barcodes und ähnliche Methoden gestatten die Determination aller Arten (zumindest perspektivisch) einschließlich der Entwicklungsstadien. Wozu also die Mühe des Präparierens, Vergleichens und genauen Betrachtens? Für die Verfasser ist der Gedanke, dass nur noch ein Bein eingeschickt wird und ein Computer den Namen nennt und dass die Tiere überhaupt nicht mehr angesehen werden müssen, schlechterdings unerträglich. Wenn die Schönheit der Farbe und Form nicht mehr über das Auge in das Herz dringt, wo soll dann noch die Liebe herkommen, die Liebe und die Ehrfurcht als Grundlage naturbewussten Handelns? Und wie sollen Kinder mit der Vielfalt vertraut werden und die sie umgebende Lebewelt zu begreifen lernen? Doch kaum aus Folgen von Basenpaaren auf Computerausdrucken. Also doch Bestimmungstabellen für wirklich alle Arten, so verlockend es ist, nur die großen und bunten zu behandeln, wie uns – ganz sicher verdienstvolle – Vorbilder aus Großbritannien und den Niederlanden zeigen. Für die erste Bekanntschaft ist das gut (und auch in diesem Buch enthalten; Kapitel 8.1.2), aber wir wollen den Blick auf die gesamte Welt der Marienkäfer lenken.

Neu ist auch, dass das gesamte Artenspektrum Mitteleuropas (99 Arten) in den Bestimmungstabellen berücksichtigt wird, außerdem sind Angaben zu sieben importierten Arten (Gewächshausfauna) und elf Arten, deren Areal angrenzt, enthalten. Auch ist eine Tabelle mit Verbreitungsangaben für alle behandelten Länder eingefügt worden.

Seit Erscheinen der 4. Auflage ist der Asiatische Marienkäfer (*Harmonia axyridis*) in Mitteleuropa heimisch geworden mit großen Folgen für die indigene Marienkäferfauna. Dies wurde im gesamten Text entsprechend berücksichtigt.

Die Klimaerwärmung und das Insektensterben – beides überaus aktuelle Themen – wirken sich natürlich auch auf die Coccinellidae aus. Beides wird, soweit Daten vorliegen, abgehandelt.

Eine wesentliche Neuerung stellt auch das umfangreiche Kapitel 13 »Die mitteleuropäischen Coccinellidae« dar, in dem alle Arten nach einem gleichen Schema dargestellt werden. Es bestand die Absicht, von allen Arten Lebendfotos einzufügen. Dieses Ziel war nicht zu erreichen, sodass wir für einen Teil Präparatfotos eingefügt haben, um alle Arten im Bild vorzustellen. Unter Mitteleuropa werden in diesem Buch Ostfrankreich, Belgien, Luxemburg, die Niederlande, Dänemark, Deutschland, Polen, Tschechien, die Slowakei, Österreich, Liechtenstein und die Schweiz verstanden.

Im Zusammenhang mit der Bildausstattung ist Herr Prof. Dr. Ekkehard Wachmann, Berlin, freundlicherweise unserer Bitte nachgekommen und als dritter Autor in dieses Buch eingetreten. Sein fotografisches Können und seine Erfahrung sind ganz wesentliche Voraussetzungen, dieses Werk in seiner 5. Auflage weiterzuentwickeln.

Frau Ingrid Altmann, Furth im Wald, hat eine große Zahl hervorragender Bilder aus ihrer reichhaltigen Sammlung zur Verfügung gestellt. Frau Ursula Marek, Görlitz, hat den gesamten Text durchgearbeitet und viele Anregungen und Hinweise gegeben. Herr Lutz Behne, Eberswalde, hat sich der Mühe unterzogen, Exemplare aus Sammlungen umzupräparieren und Präparatfotos anzufertigen. Ihre Anteile sind so umfangreich, dass sie als Mitarbeiterinnen bzw. Mitarbeiter in Erscheinung treten.

Herr Peter Schüle, Herrenberg, fertigte zahlreiche Abbildungen für die neue Auflage auf der Grundlage von Vorlagen aus der Literatur an, wofür wir sehr dankbar sind.

Herr Christian Kutzscher, Senckenberg Deutsches Entomologisches Institut Müncheberg, hat eine Serie neuer REM-Fotos aufgenommen. Dafür sehr herzlichen Dank!

Herr Dipl.-Agr. Ing. Ulrich Klausnitzer, Haßlau, fertigte verschiedene Grafiken an (Abb. 14, 26, 212), wofür wir herzlich danken.

Frau Editha Schubert und Herrn Prof. Dr. Holger H. Dathe sowie der Bibliothek des Senckenberg Deutschen Entomologischen Instituts Müncheberg, danken wir für Hilfe bei der Bereitstellung von Bildvorlagen (Reproduktion einer Tafel aus Rösel von Rosenhof) und der Beschaffung von Literatur.

Einige Koleopterologen haben uns mit der Beschaffung lebender Tiere als Fotomodelle ganz wesentlich unterstützt. Wir danken sehr herzlich den Herren Wolfgang Bäse, Lutherstadt Wittenberg, Jens Esser, Berlin, Jörg Gebert, Dresden, Maik Hausotte, Leipzig, Werner Hoffmann, Hoyerswerda, Wolfgang Richter, Oderwitz, und Max Sieber, Großschönau.

Frank Hecker, Panten-Hammer, stellte dankenswerterweise 14 Fotos aus dem Archiv von Dr. Heiko Bellmann † zur Verfügung und Herr Arp Kruithof, Hengelo, Overijssel, 13 Fotos, für die wir ebenfalls sehr herzlich danken.

Weiterhin gilt unser herzlicher Dank Frau Lynette Elliot, Thompson Falls, Montana, für das Foto von *Dinocampus coccinellae*, und Frau Dr. Martina Görner, Hoyerswerda, für ein Foto von *Novius cruentatus*, sowie den Herren Dr. Christoph Benisch, Mannheim, für die Vermittlung von Fotos, Marcus Bräu, München, für ein Foto von *Coccinula quatuordecimpustulata*, Prof. Dr. Erhard Christian, Wien, für Fotos von *Hesperomyzes virescens* und *Henosepilachna argus*, Dr. Jürgen Deckert, Berlin, für Fotos von *Coccinella undecimpunctata* und *Subcoccinella vigintiquatuorpunctata*, Patrick Derennes, Alfortville, für das Foto von *Medina separata*, Andreas Eckelt und Dr. Manfred Kahlen, Hall, für ein Präparatfoto von *Scymniscus kahleni*, Tim Faasen, Maarheeze, für Habitusbilder von *Coccinella hieroglyphica*, *Parexochomus nigromaculatus* und *Subcoccinella vigintiquatuorpunctata*, Jörg Gebert, Dresden, für ein Foto von *Aprostocetus*, L. Grabow, für ein Foto von *Rodolia cardinalis* und von der Larve von *Platynaspis luteorubra*, Carsten Gröhn, Glinde, für Fotos von Coccinellidae aus Baltischem Bernstein, Andreas Haselböck, Stuttgart, für ein Foto von *Lindorus lophantae*, Bernhard Jacobi, Oberhausen, für ein Foto von *Dinocampus coccinellae*, Herrn Frank Köhler, Bornheim, für Fotos von *Ceratomegilla alpina redtenbacheri*, *Parexochomus nigromaculatus* und *Oenopia impustulata*, Stanislav Krejčík, Tvrdkov, für Fotos von *Hyperaspis reppensis* und *Henosepilachna elaterii*, Dr. Andreas Stark, Halle, für Fotos zur Pollennahrung von *Harmonia axyridis*, Dr. Robert Trusch, Karlsruhe, für ein Foto von *Coccinella septempunctata* und Dipl.-Ing. Heinz Wiesbauer, Wien, für ein Foto von *Laphria gibbosa*.

Die Herren Dr. Michael Balke, München, und Bernd Jäger, Berlin, stellten dankenswerterweise verschiedene Arten aus den von ihnen betreuten Sammlungen für Präparatfotos zur Verfügung, M. Balke auch ein Foto von *Scymnus doriae*. Weitere Exemplare entstammen der Sammlung von Manfred Döberl †.

Herrn Prof. Dr. Konrad Dettner, Bayreuth, verdanken wir eine Fülle von Hinweisen zum Kapitel über die Inhaltsstoffe der Coccinellidae.

Herr Jens Esser, Berlin, gewährte uns Einsicht in das Manuskript für die Neubearbeitung der Roten Liste für Deutschland.

Den Herren Dr. Heinrich Schatz, Innsbruck, und Dr. Farid Faraji, Amsterdam, danken wir für die Bestimmung der Uropodina.

Herrn Rolf Franke, Görlitz, danken wir für die Determination der *Laphria gibbosa*.

Herrn Prof. Dr. Hans Grimm † sind wir für die Möglichkeit zur Einsicht in seine Notizen zu Massenflügen von *Coccinella septempunctata* auf der Insel Hiddensee sehr dankbar.

Herrn Burkhard Hinnersmann, Aspisheim, danken wir für Fotos und Zuchtmaterial von *Ceratomegilla undecimnotata*.

Herr Christian Koppitz, Neumünster, stellte dankenswerterweise eine Aufsammlung von *Hippodamia variegata* zur Verfügung (siehe Tabelle 8).

Herrn Dr. Victor N. Kuznetsov † danken wir für Gedankenaustausch und Literatur zur Marienkäferfauna des Fernen Ostens.

Herrn Dipl.-Biol. Uwe Hornig, Oppach, und Herrn Dipl.-Agr. Ing. Ulrich Klausnitzer, Haßlau, danken wir für wichtige Hinweise zum Manuskript.

Herrn Dr. Hans Mühle, Nußdorf/Inn, für einen Hinweis auf historische Literatur.

Den Herren Dr. Bernd Nicolai, Halberstadt, und Herbert Grimm, Seehausen, danken wir für Hinweise und Literatur zu Marienkäfern als Vogelnahrung.

Herrn Dr. Rafał Ruta, Wrocław, danken wir für Auskünfte zur Biografie von Ryszard Bielawski, Herrn Michael Geiser, London, für solche über Robert D. Pope und Herrn Dr. Dmitry Telnov, Riga, für entsprechendes zu Yanis Yanowitsch Lusis †.

Herrn Dr. Joachim Schmidt, Admannshagen, danken wir für Hinweise und Literatur zum Fossilbericht und ein Präparatfoto von *Harmonia axyridis*.

Herrn Dr. Thomas Sobczyk, Hoyerswerda, danken wir für eine Aufsammlung von *Harmonia axyridis* (vgl. Kapitel 1.4).

Wir sind froh, dass diese Auflage – ebenso wie die 1. bis 4. – seitens des Verlages hervorragend betreut wurde. Wir danken Herrn Michael Wolf für die sehr gute und vertrauensvolle Zusammenarbeit.

Dresden, im Februar 2022

Hertha Klausnitzer

Bernhard Klausnitzer

Ekkehard Wachmann

Inhaltsverzeichnis

1 Morphologie und Systematik

1.1 Grundzüge der Morphologie

Der Körper der Coccinellidae ist meist kurz-oval bis halbkugelförmig mit ± stark konvex gebogener Oberfläche, weshalb mitunter auch der Name »Kugelkäfer« statt »Marienkäfer« verwendet wird. Die stärkste Erhebung zeigt *Cynegetis impunctata*. Bei den Coccidulinae sowie wenigen Coccinellini (z. B. *Anisosticta novemdecimpunctata, Hippodamia*) ist er relativ flach, ± parallelseitig und von länglichem Umriss.

Die Körpergröße der in Mitteleuropa vorkommenden Arten schwankt zwischen 0,9 und 10,0 mm, weltweit zwischen 0,8 und 28 mm. Man kann sie fünf Größenklassen zuordnen (Tabelle 1) (für die Einordnung wurden Mittelwerte gewählt). Natürlich gibt es auch einen ± großen Schwankungsbereich innerhalb der einzelnen Arten, besonders auffällig z. B. bei *Halyzia sedecimguttata, Harmonia axyridis* oder *Hippodamia variegata*. Er ist aus der Bestimmungstabelle für die Imagines (Kapitel 8.1.1) zu ersehen. Die Verfügbarkeit der Nahrung und die Temperaturverhältnisse während der Entwicklungszeit können die Körpergröße erheblich beeinflussen. Die weiblichen Exemplare sind meist größer als die männlichen.

Tabelle 1: Größenklassen der in Mitteleuropa vorkommenden Coccinellidae.

Klasse	mm	Arten/Gattungen
sehr klein	0,9–1,5	*Nephus* partim, *Scymniscus, Clitostethus arcuatus, Stethorus pusillus, Scymnus (Mimopullus), Scymnus ater*
klein	1,6–2,6	*Coccidula, Rhyzobius, Hyperaspis* partim, *Nephus* partim, *Scymnus* partim, *Tytthaspis sedecimpunctata*
mittelgroß	2,7–4,0	*Tetrabrachys connatus, Hyperaspis* partim, *Chilocorus bipustulatus, Exochomus, Parexochomus nigromaculatus, Platynaspis luteorubra, Novius cruentatus, Psyllobora vigintiduopunctata, Vibidia duodecimguttata, Anisosticta novemdecimpunctata, Coccinula, Adalia, Aphidecta obliterata, Ceratomegilla alpina, C. rufocincta, Coccinella venusta, Hippodamia variegata, Myrrha octodecimguttata, Oenopia, Propylea quatuordecimpunctata, Cynegetis impunctata, Subcoccinella vigintiquatuorpunctata*

Klasse	mm	Arten/Gattungen
groß	4,1–6,0	*Cryptolaemus montrouzieri, Chilocorus renipustulatus, Halyzia sedecimguttata, Bulaea lichatschovii, Calvia, Ceratomegilla notata, C. undecimnotata, Coccinella hieroglyphica, C. quinquepunctata, C. saucerottii, C. trifasciata, C. undecimpunctata, Hippodamia variegata, Sospita vigintiguttata*
sehr groß	6,1–10,0	*Anatis ocellata, Coccinella septempunctata, C. magnifica, Harmonia axyridis, H. quadripunctata, Hippodamia tredecimpunctata, H. septemmaculata, Myzia oblongoguttata, Henosepilachna*

Die knappe Hälfte der in Mitteleuropa vorkommenden Marienkäferarten hat eine ± dicht behaarte Körperoberfläche. Bei den anderen fehlt die Behaarung völlig (Tabelle 2) (Foto 1). Mulsant[1] (1850) war der Meinung, dass diese das Vorhandensein zweier großer Gruppen ausdrückt, die er »Gymnosomides« (die Unbehaarten) und »Trichosomides« (die Behaarten) nannte – ein Standpunkt, den wir heute nicht mehr teilen. Die Behaarung der Körperoberfläche kann mehrfach verloren gegangen sein oder auch mehrfach ausgebildet worden sein. Sie ist aber ein wichtiges Bestimmungsmerkmal.

Tabelle 2: Behaarung der Elytren und des Pronotums bei den in Mitteleuropa vorkommenden Coccinellidae.

Behaarung	Taxa
vorhanden	Coccidulinae, Scymninae: Scymnini, Stethorini, Chilocorinae: Platynaspidini, Ortaliinae, Epilachninae
fehlend	Scymninae: Hyperaspidini, Chilocorinae: Chilocorini, Coccinellinae

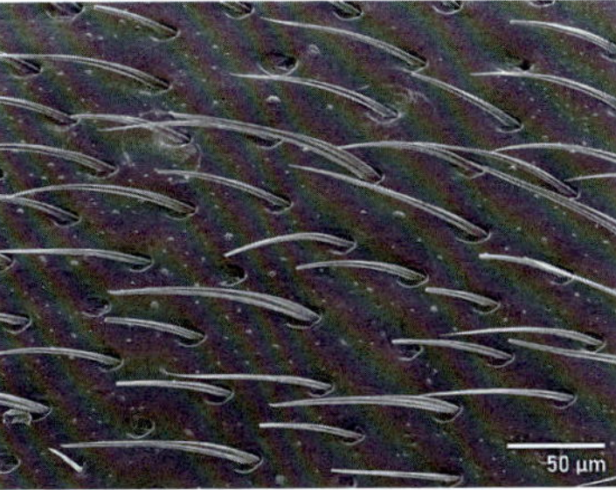

Foto 1: *Platynaspis luteorubra*, Behaarung Elytre. REM-Foto: Ch. Kutzscher.

1 Martial Étienne Mulsant (02.03.1797 Marnand – 04.11.1880 Lyon) war Bibliothekar und Gymnasiallehrer für Naturgeschichte in Lyon. Außer auf entomologischem Gebiet war er auch ornithologisch tätig. Auf beiden Gebieten hat er bedeutende Werke publiziert. Seine über 1 000 Seiten umfassenden »Species des Coléoptères trimères sécuripalpes« (1850) sind überragend und bis heute eine wesentliche Grundlage für die Bearbeitung der Coccinellidae, u. a. durch die genaue Beschreibung zahlreicher Taxa (Constantin 1992).

Der Kopf ist meist von oben sichtbar, er kann jedoch in den Prothorax zurückgezogen werden. Bei präparierten Exemplaren geschieht dies oft infolge des Trocknungprozesses. Die Form der Einlenkung der Antennen (Abb. 1c–g) begegnet uns in zwei verschiedenen Ausprägungen (vgl. Kapitel 8.1.1). Bei den Epilachninae und *Clitostethus arcuatus* sind die Antennen in einer tiefen seitlichen Ausrandung der Stirn zwischen den Augen im Niveau der vorderen Augenhälfte eingefügt und nach oben frei beweglich (Abb. 1d Pfeil). Bei den anderen Arten inserieren sie dicht vor den Augen unter dem Seitenrand der Stirn, meist hinter einer Verlängerung der Wange, die in den Innenrand der Augen eingreift, wodurch in diesen eine Bucht entstehen kann, und sie sind nicht nach oben beweglich (Abb. 1e Pfeile). Bei den Chilocorinae entspringen die Antennen ventral.

Für die Unterscheidung von Gattungen und Arten können die Größe und Zahl der Ozellen sowie der innere Abstand der Komplexaugen eine Rolle spielen. Die Augen sind meist fein facettiert (Abb. 2 rechts), aber z. B. bei den Coccidulinae deutlich gröber (Abb. 2 links).

Die relativ langen, deutlich gekeulten Antennen bestehen meist aus elf Gliedern (Abb. 1i, k, m–p), jedoch ist eine Tendenz zur Reduktion der Gliederzahl zu erkennen (Abb. 1h, l) (Tabelle 3). Die elfgliedrigen Antennen entsprechen dem Grundbauplan und sind als ursprünglich anzusehen. Die sicher mehrfach erfolgte Verringerung der Zahl der Antennenglieder ist ein abgeleitetes Merkmal.

Tabelle 3: Anzahl der Antennenglieder (n) bei den in Mitteleuropa vorkommenden Coccinellidae.

n	Taxon
8	Ortaliinae, *Chilocorus*
9	*Nephus (Bipunctatus), Exochomus quadripustulatus, E. cedri, Parexochomus*
10	Tetrabrachini, *Scymniscus, Scymnus (Parapullus, Neopullus), Scymnus (Scymnus) nigrinus, Exochomus oblongus, Platynaspis, Hyperaspis* partim,
11	*Hyperaspis* partim, *Nephus (Nephus), Scymnus (Mimopullus, Pullus, Scymnus), Clitostethus arcuatus*, Coccidulini, Coccinellinae, Epilachninae

Die relative Länge der Antennen ist ein wichtiges Bestimmungsmerkmal. Man kann drei Gruppen der Antennenlänge unterscheiden (Tabelle 4).

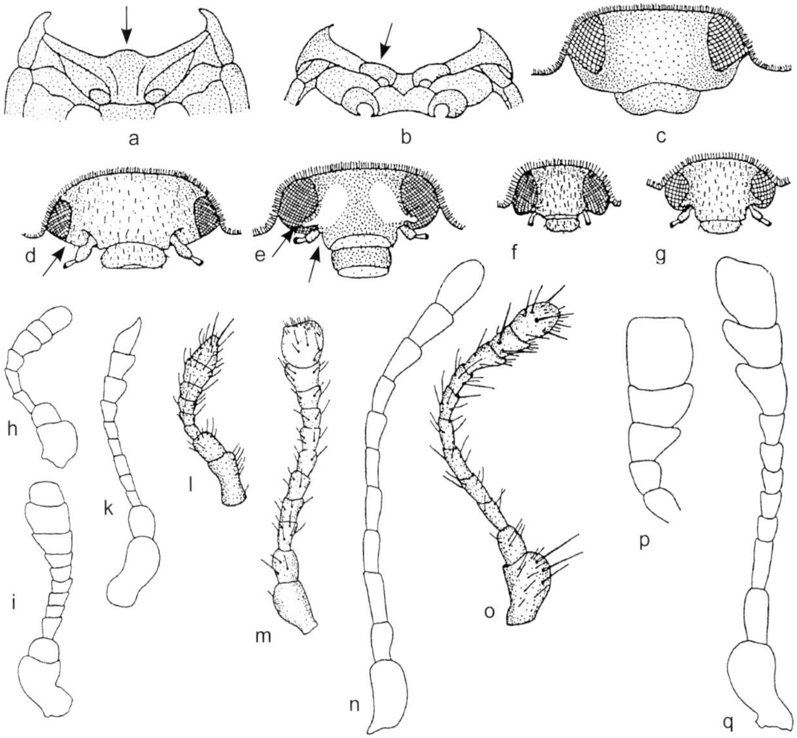

Abb. 1: Vorderbrust, ventral. **a** *Stethorus pusillus*; **b** *Clitostethus arcuatus*. Kopf, von vorn. **c** *Exochomus quadripustulatus*; **d** *Subcoccinella vigintiquatuorpunctata*; **e** *Adalia bipunctata*; **f** *Scymnus auritus*; **g** *Coccidula rufa*. Antennen. **h** *Novius cruentatus*; **i** *Scymnus ferrugatus*; **k** *Clitostethus arcuatus*; **l** *Chilocorus renipustulatus*; **m** *Adalia bipunctata*; **n** *Myrrha octodecimguttata*; **o** *Propylea quatuordecimpunctata*; **p** *Calvia quatuordecimguttata*; **q** *Subcoccinella vigintiquatuorpunctata*. Nach de Gunst (1978) (a–g, l, o), Bielawski (1959) (h–k, n, p, q), Hodek (1973) (m).

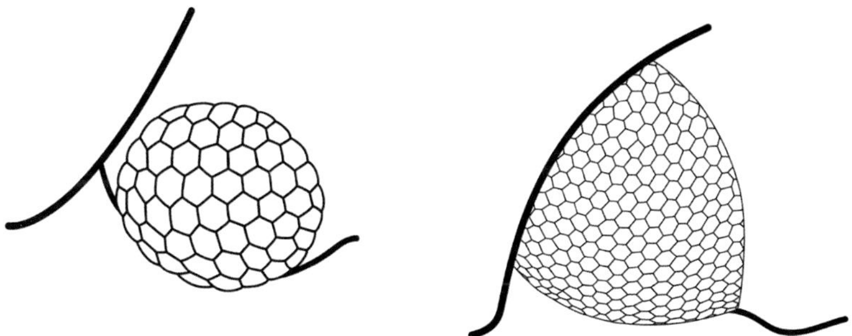

Abb. 2: Komplexaugen, links *Rhyzobius chrysomeloides*, rechts *Scymnus ferrugatus*. Nach Nedvěd (2015). Zeichnungen: P. Schüle.

Tabelle 4: Relative Länge der Antennen bei den in Mitteleuropa vorkommenden Coccinellidae (Beispiele).

Länge	Taxon
lang	Coccidulinae, *Clitostethus*, Halyziini, *Anatis*, *Aphidecta*, *Hippodamia*, *Myrrha*, *Myzia*, *Henosepilachna*
mittellang	Scymnini, *Anisosticta*, *Tytthaspis*, *Adalia*, *Calvia*, *Coccinella*, *Harmonia*, *Propylea*, *Subcoccinella*
kurz	Hyperaspidini, *Nephus*, *Stethorus*, Chilocorini, *Novius*

Das Labrum ist frei abgegliedert und außer bei den Chilocorini von oben sichtbar. Eine Ausnahme ist *Platynaspis luteorubra*, bei der es mit dem Clypeus verschmolzen ist (Abb. 3). Bei den Chilocorinae ist das Kopfschild (Clypeus) vor den Augen erweitert, ein Charakteristikum dieser Unterfamilie (Abb. 1c Pfeil) (Foto 2). Die Stirn der Coccinellinae ist verbreitert und formt einen in die Augen reichenden Kiel (Abb. 1g). Die Scymninae besitzen keinen Augenkiel (Abb. 1f).

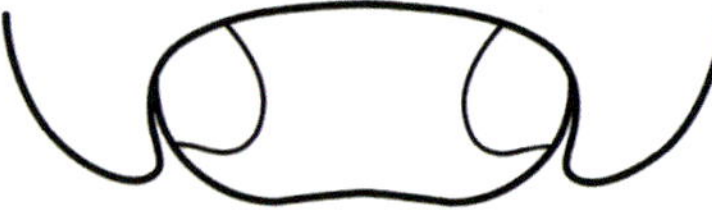

Abb. 3: *Platynaspis luteorubra*, Kopf von vorn. Nach BIELAWSKI (1959). Zeichnung: P. SCHÜLE.

Foto 2: *Chilocorus bipustulatus*, Kopf von vorn. Foto: A. KRUITHOF.

Auf den, vor allem wegen der unterschiedlichen Nahrung modifizierten Bau der Mandibeln, wird an anderer Stelle (Kapitel 7.4) näher eingegangen.

Die Maxillen bestehen aus Cardo, Stipes, Lacinia und Galea sowie dem Maxillarpalpus (Abb. 4). Bei den Epilachninae ist die Galea mit vielen kurzen Borsten bedeckt und viel größer als bei den anderen Unterfamilien. Bei den Halyziini ist sie mit kurzen, dicken Borsten dicht besetzt, bei *Tytthaspis sedecimpunctata* trägt sie lange, dünne Borsten. Die Borsten der Lacinia wei-

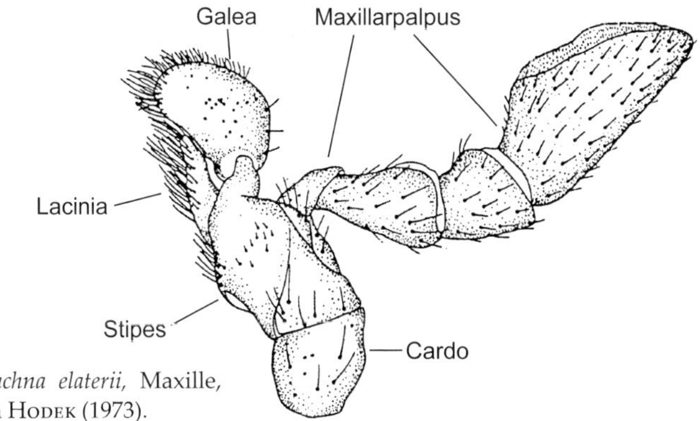

Abb. 4: *Henosepilachna elaterii,* Maxille, rechte Hälfte. Nach Hodek (1973).

sen bei den Epilachninae einen ähnlichen Bau auf wie die der Galea. Die Coccinellini haben dünne und lange Laciniaborsten. Bei den Halyziini sind sie kräftiger und gebogen. Sie helfen beim Abweiden der Pilzrasen.

Die Maxillarpalpen sind viergliedrig. Erwähnt sei hier vor allem das durch eine beilförmige Gestalt gekennzeichnete letzte Glied (Abb. 4), welches seit alters her als ein hervorstechendes Charakteristikum der Familie Coccinellidae gilt, obwohl es bei mehreren Unterfamilien anders gestaltet ist (z. B. Scymninae, Chilocorinae). Mulsant (1846) nannte die Coccinellidae deshalb »Sécuripalpes«, abgeleitet von »securis« (lat.) = »die Axt«.

Das Labium ist in das auf die Gula folgende Submentum und das Mentum (Postlabium) sowie das Prälabium gegliedert. Die einzelnen Teile sind jeweils durch eine Membran getrennt (Abb. 5). Der Vorderrand des Prälabium ist mit feinen Haaren bedeckt. Die Labialpalpen bestehen aus drei Gliedern, bei den Noviini sind sie zweigliedrig. Sie sind, wie die Maxillarpalpen mit Sinneszellen bedeckt, die für das Erkennen der richtigen Nahrung eine Schlüsselrolle spielen.

Die Elytren der Marienkäfer sind mehr oder weniger konvex und bedecken den größten Teil der Körperoberseite. Sie schützen die Hinterflügel, tragen zur Regulation der Körperinnentemperatur bei, reduzieren den Wasserver-

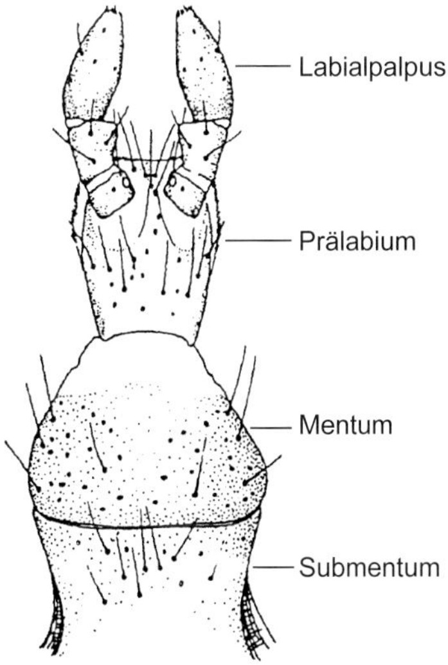

Abb. 5: *Henosepilachna elaterii,* Labium. Nach Hodek (1973).

Foto 3 (links oben): *Hippodamia tredecimpunctata,* Exemplar beim Abflug. Foto: E. Wachmann.

Foto 4 (rechts oben): *Propylea quatuordecimpunctata,* Exemplar beim Abflug. Foto: I. Altmann.

Foto 5 (links unten): *Coccinella septempunctata,* Exemplar beim Abflug. Foto: A. Kruithof.

lust und haben Anteil am Flug (Fotos 3–5). Bei den meisten Arten ist eine Schulterbeule ausgebildet. Der Seitenrand der Elytren kann gebogen und beinahe dachrinnenförmig gewölbt sein (z. B. bei den Chilocorini). Die Epipleuren schließen ventral das Abdomen ein, z. T. haben sie Gruben, in die die Beine eingelegt werden können. Auf die Färbung der Elytren wird in Kapitel 1.4 eingegangen. Die Punkte und Flecken können in einer Formel geschrieben werden (siehe Bestimmungstabelle), die auf Reitter[2] (1911) zurückgeht.

Die meisten Marienkäferarten haben funktionstüchtige Hinterflügel (Alae) mit einer Axillarregion, verschiedenen Adern (Abb. 6), einer Membran und Faltlinien, die für das Entfalten bzw. das Zusammenlegen unter die Elytren

---

2 Edmund Reitter (22.10.1845 Müglitz (Mähren) – 15.03.1920 Paskau) wurde als Autor der »Fauna Germanica« (1908–1916) einem großen, weit über die Entomologie hinaus reichenden Personenkreis bekannt (von Wanka 1915, Heikertinger 1920, 1921a, Klausnitzer 1995, 1996b, 2003). Bis zum Erscheinen des Freude-Harde-Lohse (1964–1989) stellte dieses Werk eine umfassende Grundlage für alle an Käfern interessierten Entomologen dar. Horions großes faunistisches Werk nach seinem »Nachtrag zu Fauna Germanica. Die Käfer des Deutschen Reiches« (1935) fußt ebenfalls auf dem Reitter.

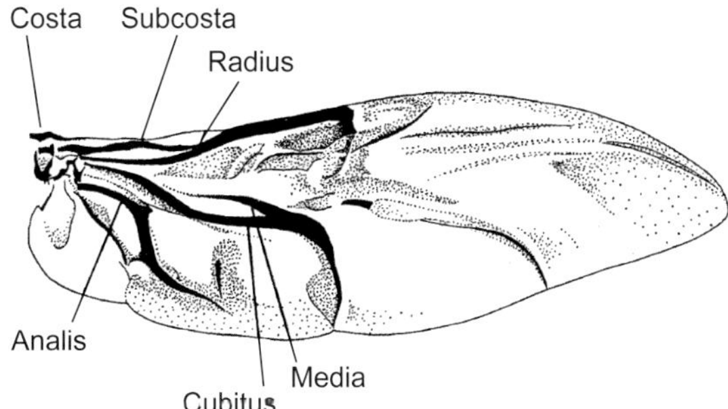

Abb. 6: *Anatis ocellata,* Hinterflügel. Nach HODEK (1973).

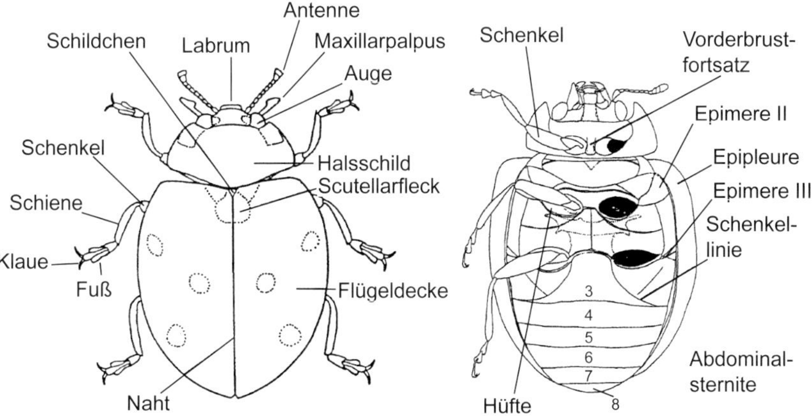

Abb. 7: *Coccinella septempunctata,* schematisch. Oberseite. Nach MOON (1986).

Abb. 8: *Coccinella septempunctata,* schematisch. Unterseite. Nach IABLOKOFF-KHNZORIAN (1982).

erforderlich sind. Bei manchen Arten sind die Hinterflügel reduziert (POPE 1977), z. B. bei *Cynegetis impunctata,* auch bei *Tetrabrachys connatus* und *Rhyzobius litura.* Bei letztgenannter Art ist nur ein kleiner Teil der britischen Individuen voll geflügelt (HAMMOND 1985) (vgl. Kapitel 5). Das Flügelgeäder erlaubt Rückschlüsse auf phylogenetische Zusammenhänge.

Vor den Elytren liegt das in Farbe und Form sehr verschiedenartige Pronotum, das als gut sichtbares Merkmal für die Determination der Arten sehr wichtig ist (Abb. 7).

Zwischen den Elytren befindet sich das dreieckige Schildchen (Scutellum) als Teil des Mesothorax. Mitunter ist es sehr klein und kaum zu sehen, z. B. bei *Tytthaspis sedecimpunctata.* Oft befindet sich neben ihm ein Scutellarfleck, der das Schildchen einbeziehen kann.

Auf der Unterseite des Thorax befinden sich wichtige Bestimmungsmerkmale. So sind auf dem Vorderbrustfortsatz (Prosternum) bei vielen Arten Kiele ausgebildet, deren Form und Vorhandensein für die Kennzeichnung von Gattungen, Untergattungen und Arten wichtig ist. Von dem Mesosternum und Metasternum sind seitlich jeweils Episterna und Epimera abgetrennt (Abb. 8). Zwischen Pro- und Mesothorax ist die Kutikula weich, die Membran erleichtert die Beweglichkeit des Thorax.

Der Bau der Beine entspricht dem Normaltyp eines Käferbeins. Der Femur ist lang und schmal (Ausnahme *Platynaspis luteorubra*: kurz, breit, abgeflacht). Er besitzt auf der Unterseite eine Rinne zur Aufnahme der Tibia. Diese hat auf der Oberseite eine Aussparung, in die die Tarsen eingelegt werden können. Am distalen Ende der Tibia können sich zwei kurze Sporen befinden (Abb. 9o).

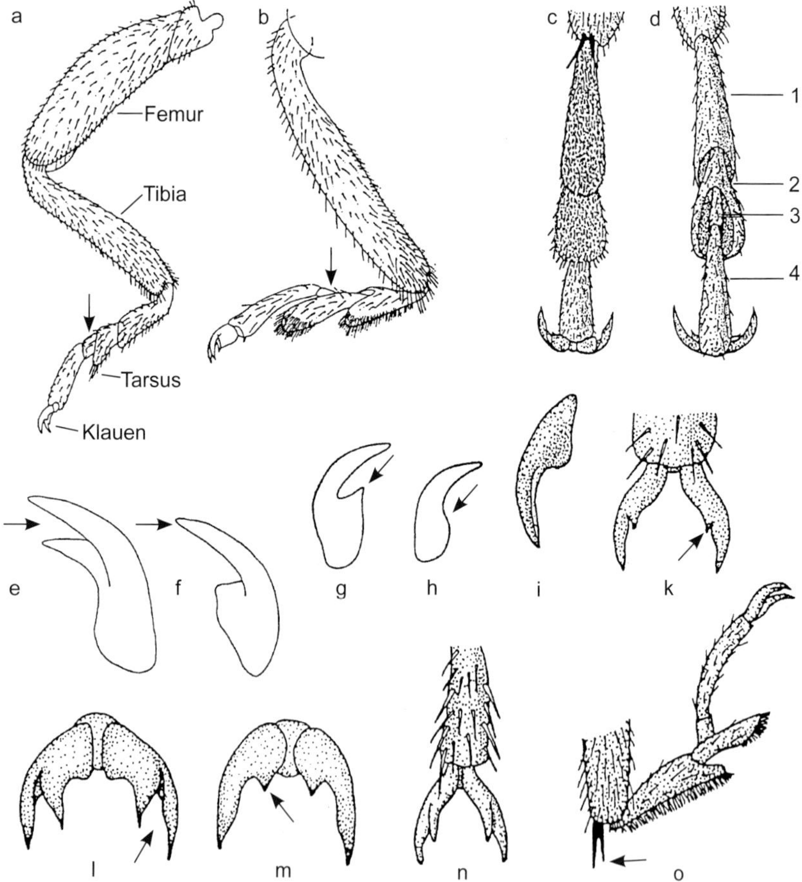

An allen Beinen und in beiden Geschlechtern bestehen die Tarsen aus vier Gliedern (Abb. 9a–d, o). Das 1. und 2. Glied sind mit Hafthaaren besetzt, das 2. ist deutlich gelappt, das 3. ist meist sehr klein. Es wird vom 2. umschlossen, weshalb die Tarsen scheinbar dreigliedrig sind (pseudotrimer, besser cryptotetramer). Das 4. Glied ist lang und trägt zwei Klauen. *Tetrabrachys connatus* hat deutlich viergliedrige Tarsen (tetramer) (Abb. 9a). Bei *Nephus, Scymniscus* und *Novius cruentatus* sind sie, abweichend von allen anderen Gattungen, dreigliedrig (trimer).

Der Bau der Klauen ist ein wichtiges Bestimmungsmerkmal. Man kann verschiedene Formen unterscheiden: Klauen ohne Zahn, mit einem kleinen Zahn an der Basis, mit einem großen Basalzahn, mit einem spitzen Zahn in der Mitte, Klauen gespalten oder zweispitzig mit einem Basalzahn (Abb. 10).

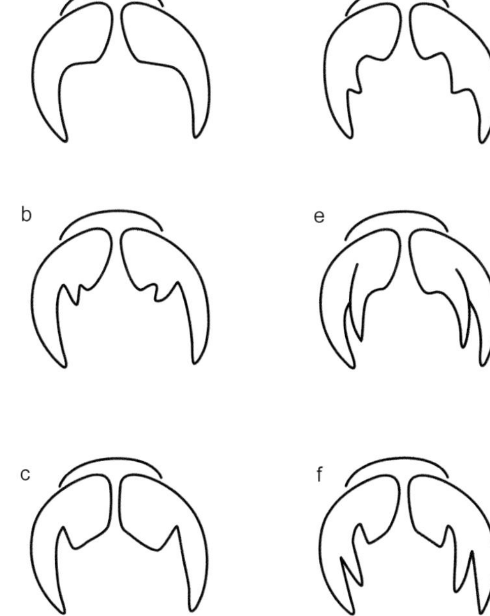

Abb. 10: Tarsenformen. **a** Klauen ohne Zahn, **b** mit einem kleinen Zahn an der Basis, **c** mit einem großen Basalzahn, **d** mit einem spitzen Zahn in der Mitte, **e** Klauen gespalten, **f** zweispitzig mit einem Basalzahn. Nach Nedvěd (2015). Zeichnungen: P. Schüle.

Abb. 9: Beine, 3. Fußglied mit Hinweispfeil. **a** *Tetrabrachys connatus;* **b** *Adalia bipunctata;* **c** *Coccinella septempunctata* (Fußglieder von oben); **d** *Coccinella septempunctata* (Fußglieder von unten). Klauen. **e** *Coccidula scutellata;* **f** *Rhyzobius chrysomeloides;* **g** *Exochomus quadripustulatus;* **h** *Exochomus oblongus;* **i** *Anisosticta novemdecimpunctata;* **k** *Myzia oblongoguttata;* **l** *Subcoccinella vigintiquatuorpunctata;* **m** *Cynegetis impunctata;* **n** *Hippodamia variegata;* **o** *Hippodamia variegata* (Schienenspitze und Fuß). Nach Hodek (1973) (a, b), de Gunst (1978) (c, d, i–o), Bielawski (1959) (e–h).

In der Dorsalansicht sind am ursprünglich aus zehn Segmenten bestehenden Abdomen acht Tergite zu erkennen (Abb. 11), die fünf Paar funktionierende Stigmen tragen. Auf der Ventralseite sind fünf oder sechs, selten sieben Sternite zu sehen. Das 1. sichtbare Ventralsegment des Abdomens ist das größte und es trägt die für die Determination sehr wichtigen Schenkellinien (fehlen bei *Hippodamia*). Es ist morphologisch das 3. Sternit. Das 1. und 2. sind vermutlich in die Basis dieses Sternites eingegangen.

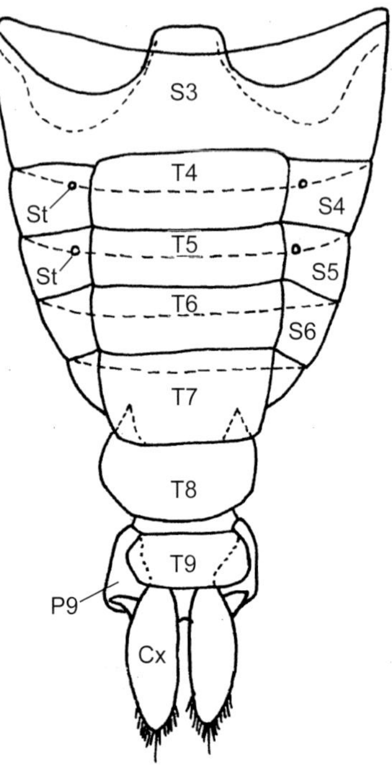

Abb. 11: *Coccidula rufa*, Weibchen, Abdomen. Abkürzungen: S3–S6 Sternite der Abdominalsegmente 3–6, T 4–T 9 Tergite der Abdominalsegmente 4–9, St Stigma, P9 Pleurit des 9. Abdominalsegmentes, Cx Coxit des Ovipositors. Verändert nach Crowson (1967).

Einige Sklerite, die dem 9. und 10. Abdominalsegment entstammen, sind am Bau des weiblichen Genitalapparates beteiligt: paariges 9. Pleurit und 9. Sternit (= paarige Coxite) sowie das 10. Tergit. Sie formen bei vielen Unterfamilien einen teleskopartigen Tubus, der zur Eiablage (Ovipositor) verwendet wird. Auf jedem Coxit entspringt ein Stylus. Im Genitaltrakt liegt das Receptaculum seminis (Spermatheca). Es ist deutlich chitinisiert (Abb. 12), oft hakenförmig gebogen und in vielen Fällen wegen seiner artspezifischen Form ein gut brauchbares Bestimmungsmerkmal (Dobrzhanskiy[3] 1924a, b).

Der Bau des männlichen Genitale wird in Kapitel 1.2 dargestellt.

---

3 Theodosius Dobrzhanskiy, ursprünglich Feodosy Grigorevich Dobrzhanskiy (25.01.1900 Nemirow (bei Lemberg) – 18.12.1975 Davis (Kalifornien)) war ein bedeutender russisch-amerikanischer Genetiker und Evolutionsbiologe. Nach dem Studium in Kiew, in dem er sich auf das Gebiet der Entomologie spezialisierte, ging er 1924 nach Leningrad (heute wieder St. Petersburg), um an *Drosophila* zu arbeiten. Im Jahre 1927 emigrierte er nach den USA, wo er weiter mit genetischen Untersuchungen an Taufliegen befasst war und veröffentlichte 1937 ein Buch zur Synthese der Evolutionsbiologie mit der Genetik: »Genetics and the Origin of Species«, das drei Auflagen erlebte. Dobrzhanskiy berührte bei seinen Arbeiten mehrfach die Coccinellidae und publizierte wichtige Studien vor allem zur Variabilität einiger Arten.

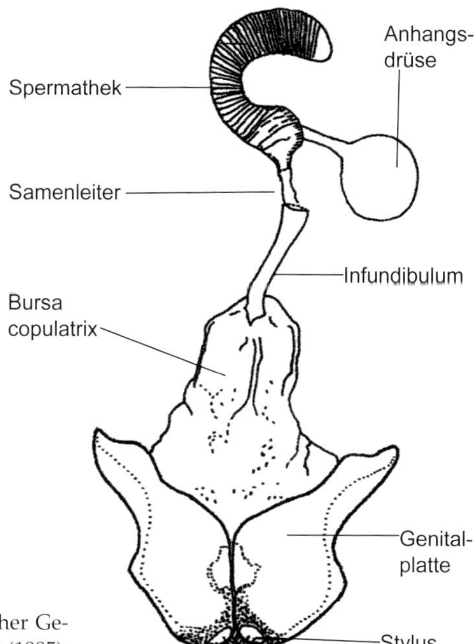

Abb. 12: Coccinellidae, weiblicher Geschlechtsapparat. Nach Gordon (1985).

1.2 Charakteristik der Familie Coccinellidae als Monophylum, Untergliederung und Verwandtschaftsbeziehungen

Die Coccinellidae werden durch mindestens ein gemeinsames abgeleitetes Merkmal, welches als erster Verhoeff in vollem Umfang erkannte, als monophyletische Gruppe ausgewiesen: Es ist dies die Siphobildung im männlichen Genitalapparat (Abb. 13). Der lange und ventral gebogene Sipho ist nach Fürsch (1973) ein »enges Rohr, das den Ductus ejaculatorius einschließt und im Aedoeagus gleitet«. In Ruhe liegt das männliche Genitale flach und auf der Seite im Hinterleib, die beiden Parameren befinden sich rechts (Abb. 13d). Bei der Kopulation wird das Organ um 90° aufgestellt, der Aedoeagus dringt in die weibliche Geschlechtsöffnung ein, ebenfalls der lange dünne Sipho, während die Parameren außerhalb bleiben (Fürsch 1973).

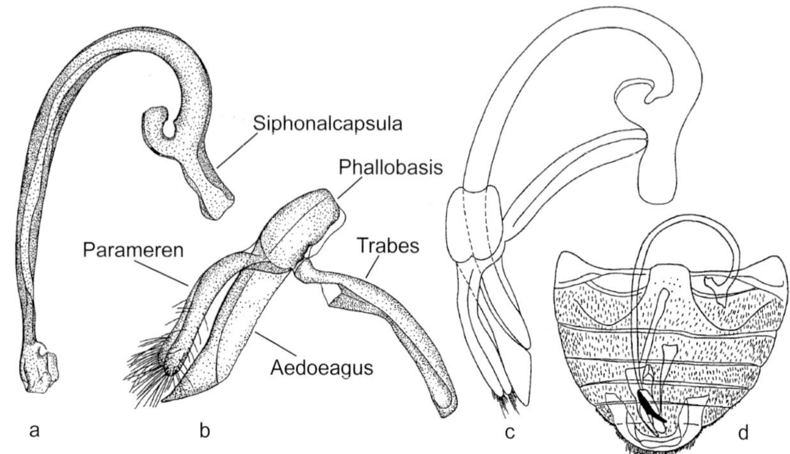

Abb. 13: *Adalia* sp., männlicher Geschlechtsapparat. **a** Sipho; **b** Tegmen; **c** Lageverhältnisse schematisch; **d** Lageverhältnisse im Hinterleib. Nach Hodek (1973) und Crowson (1967).

Am Bau des männlichen Genitalorgans sind das 9. und 10. Tergit sowie das 9. Sternit beteiligt. Das Genitale besteht aus zwei Teilen, dem – meist als Aedoeagus bezeichneten – Tegmen und dem erwähnten Sipho. Ersteres besteht aus dem Basalstück (Phallobasis), den paarigen Parameren und einem Medianlobus, gemeinhin als Aedoeagus bezeichnet. An das Basalstück schließt sich mit einer gelenkigen Verbindung der Trabes an. Die Basis des Sipho ist meist verbreitert und bildet die Siphonalkapsel. Die Spitze des Sipho trägt die Gonopore, funktionell ist also der Sipho der Penis. Die Benennung des Medianlobus als Penis (Aedoeagus) ist folglich nicht korrekt, wird aber in der Bestimmungsliteratur und bei Beschreibungen allgemein so gehandhabt.

Die Marienkäfer werden außerdem durch einen Komplex gemeinsamer Merkmale der Imagines gekennzeichnet, von denen der abgeleitete Charakter nicht immer auf die Coccinellidae beschränkt ist, sondern auch bei anderen Coleoptera vorkommt:

- Fehlen der Brücke des Tentoriums als Teil des Innenskeletts des Kopfes (abgeleitetes familiencharakteristisches Merkmal),
- Abdomen mit fünf Paar Stigmen,
- Kopfkapsel ohne Frontoclypealnaht,
- Maxille mit getrennter Lacinia und Galea,
- Vorderhüfthöhlen hinten offen,
- 1. sichtbares Abdominalsegment mit Schenkellinien (Ausnahme *Hippodamia*),
- Tarsenformel 4-4-4 oder 3-3-3.

Hinzu kommen bei den Larven die sechs borstentragenden Sklerite je Abdominalsegment, die relativ kurzen Antennen (ein- bis dreigliedrig), die fehlende Frontoclypealnaht (Ausnahme Unterfamilie Epilachninae) sowie die Pupa obtecta.

Zunächst begann die Artenkenntnis recht bescheiden. LINNAEUS (1758) beschrieb 36 Marienkäferarten, die er alle in der Gattung *Coccinella* zusammenfasste. Darunter findet sich z. B. *Coccinella septempunctata* in der damals knappen Form: »Coleopteris rubris, punctis nigris septem«. Die Familie Coccinellidae wurde von LATREILLE (1807) beruhend auf »dreigliedrigen« Tarsen begründet, umfasste aber auch verschiedene Endomychidae, die er erst später von den Coccinellidae als separate Familie trennte. MULSANT (1850) nennt als bedeutender Kenner der Familie schon 865 Arten, CROTCH (1874) etwa 1 100 und KORSCHEFSKY (1931, 1932)[4] 3 279 Arten – ein gewaltiger Anstieg der Kenntnisse. Heute sind über 6 000 Marienkäferarten bekannt, die 42 Tribus und ca. 360 Gattungen zugeordnet werden. Aus Europa werden 219 Arten aus 46 Gattungen genannt. In der Paläarktis kommen 1 262 Arten vor, die 112 Gattungen zugeordnet werden (KOVÁŘ 2007). Laufend werden neue Arten beschrieben oder Synonyme entdeckt, sodass sich die genannten Zahlen ständig verändern.

Das zoologische System hat im Wesentlichen zwei Aufgaben; einmal soll es uns über die natürliche Verwandtschaft der Arten unterrichten, zum zweiten hat es eine Ordnungsfunktion, die es ermöglicht, die ungeheure Artenmannigfaltigkeit zu überschauen. Letzterem Aspekt dient auch die Unterteilung der Familie Coccinellidae in Unterfamilien, Tribus oder Gattungen. Eine unterschiedliche Auffassung über deren Umgrenzung sollte kein Anlass zum Streit über »richtig« oder »falsch« sein, sie wird noch lange subjektive Züge tragen. Alle über der Art liegenden Taxa sollten aber nach Möglichkeit Monophyla darstellen, also bestimmte Teile des Stammbaums ausschließlich umfassen. Nicht immer sind jedoch die Kenntnisse ausreichend, dieses Ziel zu erreichen. Man sollte daran denken, dass in der Natur nur Arten und deren Untereinheiten existieren. Die höheren Kategorien sind subjektiv und haben den erwähnten praktischen Sinn.

---

4 RICHARD KORSCHEFSKY (17.09.1902 in Wittenberge – Juli 1946 in sowjetischer Kriegsgefangenschaft, Lazarett in Nowohrad-Wolinskij, Shytomyrska Oblast, Ukraine) hat 27 Publikationen über Coccinellidae verfasst, vor allem über die Äthiopis, Orientalis, Neotropis und Australis, z. T. ging es um Expeditionsausbeuten (KLAUSNITZER 2007b, SCHMIDT 1963). Seine Bearbeitung der Coccinellidae im JUNK-SCHENKLING-Katalog erfolgte in überdurchschnittlich kurzer Zeit in zwei Teilen (1931, 1932). Die weltweite Zusammenstellung umfasst 659 Seiten und ist bis heute eine Grundlage zur Übersicht über die Weltfauna. Es gibt eine Verbindung zwischen den Coccinellidae und den von ihm ebenfalls bevorzugt bearbeiteten Käferlarven: Das ist *Platynaspis luteorubra*, deren eigenartige Larve er als Erster ausführlich beschrieb (KORSCHEFSKY 1934).

Auf Redtenbacher (1849)[5] geht eine erste Untergliederung der Coccinellidae zurück. Er unterschied die phytophagen (Epilachninae) von den karnivoren Arten (alle anderen heutigen Unterfamilien). Die große Artenfülle wurde später und für lange Zeit in drei Unterfamilien (Epilachninae, Tetrabrachinae und Coccinellinae) gegliedert, eine Einteilung, die Ganglbauer (1899)[6] publizierte und die allgemein akzeptiert wurde. Auch seine Tribus-Umgrenzung ist bemerkenswert, denn es zeichnen sich manche heutigen Unterfamilien ab. Er unterschied die Coccidulini, Scymnini, Hyperaspini, Noviini, Chilocorini und Coccinellini. Am Rande sei angemerkt, dass sich bei Ganglbauer die Familienbezeichnung Coccinellidae findet, die Redtenbacher noch nicht verwendet. Dies ist sichtlicher Ausdruck eines allgemeinen Konsenses in der Bezeichnung zoologischer Familien. Auch Korschefsky (1931, 1932) verwendet die erwähnte Dreiteilung in seiner berühmten Bearbeitung der Coccinellidae im »Coleopterorum Catalogus« von Junk.

Es konnte nicht ausbleiben, dass gründliche Studien der Larven und die weitere vergleichend-morphologische Bearbeitung der Imagines andere Meinungen über ein phylogenetisch fundiertes System der Marienkäfer reifen ließen (Kamiya 1965, Kapur 1970, Sasaji 1968a, 1992[7], Watson 1956, Yu Guogue 1994, Kovář 1996b, Vandenberg 2002, Duverger 2003, Magro et al. 2010, Ślipiński & Tomaszewska 2011, Szawaryn et al. 2015). So publizierte Sasaji (1968a) eine neue Einteilung der Familie in sechs Un-

5 Ludwig Redtenbachers (10.07.1814 Kirchdorf bei Wels – 08.02.1876 Wien) »Fauna Austriaca« war das erste übersichtlich gegliederte Handbuch für die mitteleuropäischen Käfer. Erstmals wurden dichotome Tabellen konsequent verwendet. In diesem Werk wurden natürlich auch die Coccinellidae behandelt. Redtenbacher führt fast alle Arten auf, einige zu viel (später als synonym erkannt) und ausnahmsweise auch in einer anderen Familie (*Tetrabrachys connatus* bei den Cryptophagidae). Er beschrieb zwei Gattungen neu, die bis heute Bestand haben: *Platynaspis* und *Exochomus*, auch *Coccinella magnifica* (Klausnitzer 2003).

6 Ludwig Ganglbauers (01.10.1856 Wien – 05.06.1912 Rekawinkel) 1899 erschienenes Werk »Die Käfer von Mitteleuropa« enthält ganz wesentliche Fortschritte und nennt 67 Arten aus Mitteleuropa. Er ordnet *Tetrabrachys connatus* in die Familie Coccinellidae ein. Weiterhin teilt er die Gattung *Scymnus* in vier Untergattungen auf: *Stethorus, Pullus, Scymnus* s. str., *Nephus*. Diese Einteilung gilt im Prinzip heute noch. Ebenso wichtig ist die Aufteilung der Gattung *Coccinella* in verschiedene Untergattungen: *Semiadalia, Aphidecta, Adalia, Coccinella* s. str., *Synharmonia, Harmonia, Myrrha, Sospita, Calvia, Propylea, Halyzia, Vibidia* und *Thea*, von denen die meisten inzwischen zu Gattungen erhoben wurden (einige heißen heute anders). Außerdem fasste er bereits *Adonia* als Untergattung von *Hippodamia* auf (Spaeth 1913, Heikertinger 1914, 1937, Klausnitzer 2003).

7 Hiroyuki Sasaji (Hiroyuki Kamiya) (1935–2006) war ein japanischer Entomologe und veröffentlichte grundlegende Arbeiten, z. B. die »Phylogeny of the family Coccinellidae« sowie zahlreiche Publikationen sowohl über Imagines als auch Larven.

terfamilien, die mit verschiedenen Änderungen (Klausnitzer 1971a, b, Lawrence & Newton 1995, Lawrence et al. 2011, Kovář 1996b, 2007) in der beigegebenen Tabelle 5 auf die Paläarktis bezogen dargestellt ist und in diesem Buch verwendet wird. Danach werden die Arten auf neun Unterfamilien und 26 Tribus verteilt. Weltweit ist die Zahl der Tribus höher: 42 nach Nedvěd & Kovář (2012).

Tabelle 5: System der Coccinellidae (Paläarktis). Nach Sasaji (1968a), Klausnitzer (1971a, b), Lawrence & Newton (1995), zusammengefasst und erweitert von Kovář (2007) und Nedvěd & Kovář (2012). Abkürzungen: Gattung (Ga) in Klammern = Anzahl in Europa. Artenzahlen: P = Paläarktis insgesamt, NA = Nordafrika, EN = Europa + Nordafrika, E = nur Europa, ME = Mitteleuropa in der für dieses Buch angegebenen Umgrenzung (einschließlich importierter, verschleppter und zu erwartender Arten).

Unterfamilie	Tribus	Ga	P	NA	EN	E	ME
1. Microweiseinae Leng, 1920	1. Microweiseini Leng, 1920	1 (1)	1	–	1	–	–
	2. Serangiini Blackwelder, 1945	3 (2)	18	–	–	2	1
	3. Sukunahikonini Kamiya, 1960	2	3	–	–	–	–
2. Sticholotidinae J. Weise, 1901	4. Limnichopharini Miyatake, 1994	1	1	–	–	–	–
	5. Plotinini Miyatake, 1994	3	4	–	–	–	–
	6. Shirozuellini Sasaji, 1967	4	12	–	–	–	–
	7. Sticholotidini J. Weise, 1901	5 (2)	65	4	2	5	–
3. Coccidulinae Mulsant, 1846	8. Coccidulini Mulsant, 1846	4 (4)	10	–	6	3	7
	9. Tetrabrachini Kapur, 1948	1 (1)	59	10	1	13	1
4. Exoplectrinae Crotch, 1874		1	9	–	–	–	–
5. Scymninae Mulsant, 1846	10. Aspidimerini, Mulsant, 1850	3	41	–	–	–	–
	11. Diomini R. D. Gordon, 2000	1 (1)	7	2	1	–	–
	12. Hyperaspidini Mulsant, 1846	1 (1)	46	6	7	17	8
	13. Scymnini Mulsant, 1846	10 (4)	397	16	27	55	42
	14. Stethorini Dobrzhanskiy, 1924	1 (1)	35	2	3	–	1

Unterfamilie	Tribus	Ga	P	NA	EN	E	ME
6. Chilocorinae MULSANT, 1846	15. Chilocorini MULSANT, 1846	9 (3)	74	5	5	9	7
	16. Platynaspidini MULSANT, 1846	3 (1)	18	–	1	–	1
	17. Telsimiini CASEY, 1899	1	11	–	–	–	–
7. Ortaliinae MULSANT, 1850	18. Noviini MULSANT, 1850	2 (2)	21	3	2	–	2
	19. Ortaliini MULSANT, 1850	3	9	–	–	–	–
8. Coccinellinae LATREILLE, 1807	20. Halyziini MULSANT, 1846	5 (3)	26	1	1	2	4
	21. Singhikaliini MIYATAKE, 1972	1	2	–	–	–	–
	22. Tytthaspidini CROTCH, 1874	6 (4)	24	2	4	5	6
	23. Coccinellini LATREILLE, 1807	32 (13)	190	6	15	27	35
9. Epilachninae MULSANT, 1846	24. Cynegetini C. G. THOMSON, 1866	1 (1)	2	–	–	1	1
	25. Epilachnini MULSANT, 1850	7 (2)	176	1	4	–	3
	26. Epivertini X.-F. PANG & MAO, 1979	1	1	–	–	–	–
Summe		**112 (46)**	**1 262**	**58**	**80**	**139**	**119**

Vor allem genetische Analysen lassen diese Klassifizierung in vielen Teilen als künstlich erscheinen. Neuerdings werden nach morphologischen und molekularen Daten nur zwei Unterfamilien begründet (SEAGO et al. 2011, ROBERTSON et al. 2015): die Microweiseinae LENG, 1920, und die Coccinellinae LATREILLE, 1807. Die Microweiseinae umfassen weltweit 25 Gattungen mit etwa 150 Arten, die in vier Tribus eingeordnet werden (Carinodulini, Microweiseini, Serangiini, Sukunahikonini). Sie sind durch einige Synapomorphien als Monophylum gekennzeichnet (SZAWARYN & SZWEDO 2018), z. B. Tegmen asymmetrisch mit reduzierten und verschmolzenen Parameren, Spermatheca aus vielen Kammern gebildet, Tibiotarsus der Larven an der Spitze mit zwei spatelförmigen Borsten.

Eine 2021 veröffentlichte Analyse eines großen molekularen Datensatzes (CHE et al. 2021) ergab die Existenz einer dritten monophyletischen Unterfamilie, die Monocoryninae.

Einige »klassische« Unterfamilien sind jedoch ebenfalls durch abgeleitete Merkmale gut umrissen, ihre gegenseitigen Beziehungen jedoch weitgehend unbekannt.

Die Sticholotidinae im älteren Sinne sind kein Monophylum, sie werden deshalb in die Microweiseinae und die Sticholotidinae (im engeren Sinne) geteilt, die aber in keinem Schwestergruppenverhältnis stehen.

Die Coccidulinae sind durch mehrere ursprüngliche (plesiomorphe) Merkmale gekennzeichnet: Antennen lang, Pronotum quadratisch, Körper flach, parallelseitig u. a. Sie sind vermutlich kein Monophylum. Die Position der Tetrabrachini ist nach wie vor unklar. Sie wurden nicht ohne Grund von vielen Forschern als eigener Zweig (Unterfamilie) angesehen.

Die Monophylie der Scymninae ist ebenfalls unklar. Wichtige Merkmale sind: Antennen kurz, Endglied der Maxillarpalpen nicht beilförmig, Larven mit Wachsausscheidungen (kommt auch in anderen Unterfamilien vor). Sowohl die Platynaspidini, die Ortaliinae als auch *Cryptolaemus* wurden von verschiedenen Autoren in diese Unterfamilie eingeordnet. Andererseits werden die durch zahlreiche (vielfach allerdings plesiomorphe) Merkmale gut gekennzeichneten Stethorini aus den Scymninae ausgegliedert und den Coccidulini zugeordnet.

Fürsch (1987)[8] legte eine Studie zur Phylogenie der Scymnini vor, die ein Schwestergruppenverhältnis von *Scymnus* s. l. (*Scymniscus, Scymnus* s. str. mit den Untergattungen *Scymnus, Pullus, Mimopullus, Neopullus*) und *Nephus* wahrscheinlich macht.

Die seitliche starke Erweiterung des Clypeus vor den Augen und dessen Verknüpfung mit dem Augenwinkel, die mit zusätzlichen sekundären Veränderungen der Kopfkapsel einhergeht, spricht stark für eine Monophylie der Chilocorinae. Hinzu kommen die langen Dorsalfortsätze der Larven (Senti) der Chilocorini. Die Platynaspidini weichen durch mehrere Eigenmerkmale (Tab. 6) ab, hinzu kommt die Behaarung der Körperoberfläche.

Die Coccinellinae werden durch den apomorphen Bau der weiblichen Genitalplatte (»Griff und Klinge«) als vermutliches Monophylum gekennzeichnet. Weitere Merkmale teilen sie mit anderen Unterfamilien: Mandibeln mit zweispitzigem Incisivus und Molazahn, Endglied der Maxillarpalpen beilförmig, Abdomen mit sechs sichtbaren Sterniten, Kopfkapsel der Larven ohne Epicranialnaht, Frontalnaht verkehrt Omega-förmig, Eier spindelförmig, in Gelegen vereinigt, aufrecht stehend.

---

8 Helmut Fürsch (*21.04.1927 Vilshofen an der Donau) war Universitätslehrer in Passau. Er hat sein ganzes Leben der Erforschung der Coccinellidae gewidmet. Sein Werk umfasst eine große Zahl von Publikationen. Besonders bedeutsam und grundlegend ist seine Bearbeitung der Coccinellidae in Band 7 (1967) des Freude-Harde-Lohse und die dazugehörigen Nachträge sowie seine Arbeiten über die kritischen Gattungen *Hyperaspis, Nephus, Scymniscus* und *Scymnus*. Mit einer Vielzahl von populärwissenschaftlichen Büchern hat er darüber hinaus einem großen Leserkreis Tierkenntnis und Ergebnisse des Naturschutzes vermittelt (Klausnitzer 2021b).

Die Unterfamilie Epilachninae ist durch die abgeleitete (apomorphe) Ausbildung verschiedener Merkmale als monophyletische Gruppe ausgewiesen: ausgerandete Augen, Vielzähnigkeit der Mandibelspitze bei Larven und Imagines und Fehlen des Basalzahnes (Anpassung an die phytophage Ernährung), Galea groß, rund und queroval (Larven und Imagines), starke Verlängerung des 2. Antennengliedes und das Vorhandensein verzweigter Borstenträger (Scoli), Kopfkapsel mit Epicranialnaht, Frontalnaht V-förmig bei den Larven (Klausnitzer 1989a), Maxillarpalpen der Imagines beilförmig, besondere Form der Antenneneinlenkung, Eier spindelförmig, werden in Gelegen abgegeben, wo sie aufrecht stehen.

Die Tabelle 6 gibt Beispiele für plesiomorphe und apomorphe Merkmale innerhalb der Coccinellidae, die in ihrem Vorkommen Teile der Familie umfassen und phylogenetisch charakterisieren.

Tabelle 6: Beispiele für plesiomorphe und apomorphe Merkmale bei einigen Tribus und Gattungen.

Merkmal	plesiomorph	apomorph	Taxon
Nahrung	phytophag	karnivor	mehrere Unterfamilien, außer den Epilachninae
Nahrung	phytophag	mycophag	Halyziini, *Tytthaspis* (mehrfach entstanden)
Mandibelspitze	ein- oder zweispitzig	kammartig	Halyziini
Mandibel	Schneide einfach	Schneide mit Kammzähnen	*Tytthaspis*
Antennen	elfgliedrig	weniger	siehe Tabelle 3
Labrum	frei abgegliedert	mit Clypeus verschmolzen	Platynaspidini
Antennen ♂	einfach	modifiziert	*Ceratomegilla* (*Ceratomegilla*)
Tarsen	viergliedrig	pseudotrimer	Coccidulini u. a. im Vergleich zu *Tetrabrachys*
Tarsen	viergliedrig	dreigliedrig	*Nephus*, *Scymniscus*
Alae	funktionstüchtig	reduziert	Cynegetini
Larven, Fronto-Clypeal-Naht	vorhanden	fehlend	alle Unterfamilien, außer Epilachninae und Gattung *Chilocorus*
Larven mit Wachsausscheidungen	fehlend	vorhanden	Scymnini, außer *Clitostethus* (auch bei *Cryptolaemus* und *Novius* – offenbar mehrfach entstanden)
Larven, Pronotum, Teilsklerite	zwei oder vier	sechs	Tetrabrachini
Larven, Körper	langgestreckt	rund	Platynaspidini

Ein Vorschlag für ein phylogenetisches System der Coccinellidae nach Nedvěd & Kovář (2012) wird in Abb. 14 vorgestellt.

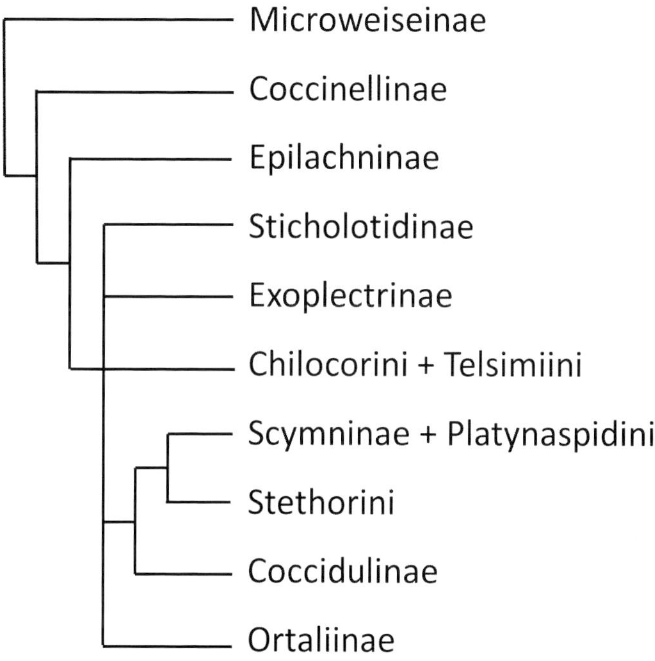

Abb. 14: Vorschlag für ein phylogenetisches System der Coccinellidae. Unter den Scymninae werden alle Tribus mit Ausnahme der Stethorini verstanden. Nach Nedvěd & Kovář (2012). Grafik: U. Klausnitzer.

1.3 Position der Familie Coccinellidae im System der Käfer

Bevor sich die theoretische Konzeption der phylogenetischen Systematik im Sinne HENNIGS (1950) und weiterer Autoren durchgesetzt hatte, waren die Ansichten über die Stellung der Familie Coccinellidae im Gesamtsystem der Käfer sehr starken Schwankungen unterworfen. So war VERHOEFF (1895) der Meinung, dass sie wegen mehrerer Baueigentümlichkeiten, insbesondere solcher des männlichen Genitalapparats (Siphobildung), allen anderen Käfern als eigene Unterordnung (Siphohophora) gegenübergestellt werden müssen. WEISE (1899), der ein sehr bedeutender Kenner sowohl der Coccinellidae als auch der Chrysomelidae (Blattkäfer) war[9], vertrat die Meinung, dass die Coccinellidae von den Chrysomelidae abstammen. Die phytophagen Epilachninae sah er als Bindeglied an. Diese Ansicht teilten unter anderen noch STROUHAL (1927) und HORION (1961)[10]. Abgesehen von tiefgreifenden Unterschieden im Körperbau der Imagines sind auch die Larven bei aller habituellen Ähnlichkeit (besonders zu den Galerucinae) eindeutig zu trennen, z. B. durch folgende Merkmale: drei Paar Stemmata (bei den Chrysomelidae fehlen Stemmata oder es ist nur ein Paar vorhanden), längere Beine, das Vorhandensein einer Mola an den Mandibeln (diese fehlt bei den Epilachninae und den Chrysomelidae – vielleicht eine Konvergenz im Zusammenhang mit der phytophagen Ernährungsweise).

---

9 JULIUS WEISE (06.06.1844 Sommerfeld in der Niederlausitz – 25.02.1925 Berlin) war ein bedeutender Spezialist für die Coccinellidae und Chrysomelidae (HEIKERTINGER 1924, KORSCHEFSKY 1928). Er bearbeitete die Familie Coccinellidae in den von REITTER herausgegebenen »Bestimmungstabellen der europäischen Coleopteren«. Besonders hervorzuheben ist auch die Bearbeitung der Chrysomelidae in Erichsons »Naturgeschichte der Insekten Deutschlands«.

10 Das Werk von ADOLF HORION (12.07.1888 Hochneukirch bei Grevenbroich – 28.05.1977 Überlingen) gilt mit vollem Recht als klassisch. Seine zwölfbändige »Faunistik der mitteleuropäischen Käfer« (1949–1974) sowie deren 1. Band »Faunistik der deutschen Käfer. Band I: Adephaga – Caraboidea« (1941) und das zweibändige »Verzeichnis der Käfer Mitteleuropas (Deutschland, Österreich, Tschechoslowakei) mit kurzen faunistischen Angaben« (1951) sind die ersten modernen und zusammenfassenden Darstellungen über die Verbreitung der Coleoptera in Deutschland. Die Faunistik-Bände, Nachträge dazu und zahlreiche Einzelarbeiten in verschiedenen Zeitschriften (zusammengefasst in den »Opera coleopterologica e periodicis collata«) enthalten eine Fülle von Fundangaben und ermöglichen uns, heutige Faunistik auf einer historischen Basis aufzubauen und Veränderungen zu erkennen. Es ist bemerkenswert, mit welchem Scharfblick Horion die allgemeine Verbreitung der einzelnen Arten einzuschätzen wusste, sodass seine Faunistik eine wesentliche Grundlage auch für tiergeografische Fragestellungen darstellt. Für das vorliegende Buch ist Band 8 seiner Faunistik, in dem die Coccinellidae behandelt sind, von grundlegender Bedeutung.

Eine gründliche Untersuchung der Großsystematik der Käfer lieferte Crowson (1967). In seinem Werk »The Natural Classification of the Families of Coleoptera« stellt er die Coccinellidae – wie bereits andere Koleopterologen vor ihm – in die Familienreihe der Clavicornia und ordnet sie dort der als monophyletisch angesehenen Überfamilie Cucujoidea zu, innerhalb dieser dem Cerylonid-Komplex (Alexiidae, Cerylonidae, Discolomidae, Coccinellidae, Corylophidae, Endomychidae sensu lato, Latridiidae, Bothrideridae).

Die phylogenetischen Beziehungen innerhalb der Cucujoidea sind nicht klar. Crowson (1967) und Tomaszewska (2005) sehen die Coccinellidae als unmittelbare Nachbargruppe der Familie Corylophidae an, mit der sie auch im Larvenstadium etliche gemeinsame (abgeleitete) morphologische Details verbinden. Vorläufig wissen wir aber noch nicht, ob beide Familien wirklich in einem Schwestergruppenverhältnis zueinander stehen. Des Weiteren bestehen Verbindungen zu den Endomychidae bzw. einzelnen Unterfamilien (Tomaszewska 2000), neben die die Coccinellidae von vielen Autoren ebenfalls seit Jahrzehnten gestellt werden, auch zu den Alexiidae (Hunt et al. 2007), die vielleicht auch als Schwestergruppe infrage kommen.

In dem von Lawrence & Newton (1995) vorgestellten System der Coleoptera werden die Coccinellidae der Series Cucujiformia und innerhalb dieser ebenfalls der Überfamilie Cucujoidea zugeordnet. Die Autoren stellen sie zwischen die Endomychidae (diese sind sicher kein Monophylum) und die Corylophidae. Beide Familien bzw. Teile der Endomychidae weisen Synapomorphien mit den Coccinellidae auf. Sie werden auch gemeinsam als Schwestergruppe der Coccinellidae diskutiert (Sasaji 1971, Crowson 1981).

Giorgi et al. (2009) nehmen für die Schwestergruppe der Coccinellidae eine fungivore Ernährungsweise an, die Karnivorie wird als abgeleitet angesehen. Die Coccidophagie wird als Synapomorphie der gesamten Familie gedeutet, die Aphidophagie und Mycophagie als davon abgeleitet.

Einen neuen Ansatz stellen Robertson et al. (2015) vor. Sie führen eine Überfamilie Coccinelloidea Latreille, 1807, ein, deren Monophylie durch morphologische (Ślipiński 2007) und molekulare Daten (Seago et al. 2011) begründet wurde. Gemeinsam mit anderen Familien der Clavicornia (z. B. den Cerylonidae) werden die Marienkäfer aus diesen ausgegliedert. Sie gelten auch nicht als deren Schwestergruppe, sondern als solche einer Gruppierung, die die Lymexylidae + Tenebrionidae den Cucujoidea + (Chrysomelidae + Curculionidae) gegenüberstellt.

1.4 Variabilität

Die wesentlichsten Grundfarben der Coccinellidae (Elytren und Pronotum) sind gelb, rot, beige, braun und schwarz. Innerhalb der einzelnen Arten kann die Färbung mitunter stark variieren, wobei sich die Variationsbreite mehrerer Arten gelegentlich überschneiden kann. In Mitteleuropa sind besonders viele Farbformen von *Adalia decempunctata* (Abb. 15), *A. bipunctata* (Abb. 16), *Anatis ocellata, Harmonia axyridis, Hippodamia variegata, Oenopia conglobata, Propylea quatuordecimpunctata* und *Subcoccinella vigintiquatuorpunctata* bekannt (polymorphe Arten). Andere Arten – insgesamt über die Hälfte – sind in ihrer Färbung in diesem Areal oder auch generell relativ konstant, z. B. *Coccinella septempunctata* oder *Tytthaspis sedecimpunctata* (monomorphe Arten). Bei *C. septempunctata* kann jedoch in geographischer Abhängigkeit die Größe der Punkte trotz gleichen Zeichnungsmusters deutlich variieren (Abb. 17) (Dobrzhanskiy & Sivertzev-Dobrzhanskiy 1927). Besonders im Osten der Paläarktis (Japan) kommt es zu einer erheblichen Vergrößerung der schwarzen Punkte. Sehr selten werden auch in Mitteleuropa auffällig abweichende Exemplare dieser Art gefunden (Abb. 18), auch in Finnland (Hämäläinen & Clayhills 1972).

Die außerordentliche Variabilität der Färbung mancher Arten ist mehrfach der Gegenstand biometrischer Analysen gewesen (Schröder 1901/1902, Schilder 1928, 1955[11], Strouhal 1939), die vor allem die unterschiedliche Häufigkeit und Verteilung der einzelnen Varianten herausgearbeitet haben. Deren Anzahl kann sehr groß sein (Tabelle 7), wie am Beispiel von *Subcoccinella vigintiquatuorpunctata* gezeigt werden kann (Reineck 1937). Von den 4 096 theoretisch möglichen Kombinationen der Zahl und symmetrischer Anordnung der Punkte ist ein großer Teil tatsächlich gefunden worden. Der Farbpolymorphismus vieler Arten spielt weiterhin eine Rolle bei taxonomischen und tiergeographischen Untersuchungen. Unterschiede in der Färbung in den einzelnen Teilen des Verbreitungsgebietes mancher Arten haben zur Aufstellung von Unterarten geführt.

---

11 Franz Xaver Alfred Johann Schilder (13.04.1896 Královské Vinohrady, heute Stadtteil von Prag – 11.08.1970 Halle (Saale)) war als Malakozoologe, vor allem durch seine Forschungen an Porzellanschnecken (Cypraeidae) sehr bekannt, die er bereits in seiner Wiener Zeit begann. Von 1945–1968 lehrte er an der Universität Halle Biometrie und Tiergeografie, über die er ein Lehrbuch herausgab. In seinem vielseitigen Schaffen befasste er sich auch mit den Coccinellidae, vor allem variationsstatistisch. Gemeinsam mit seiner Frau Maria (1898–1975) gab er eine Übersicht über »Die Nahrung der Coccinelliden und ihre Beziehung zur Verwandtschaft der Arten« heraus.

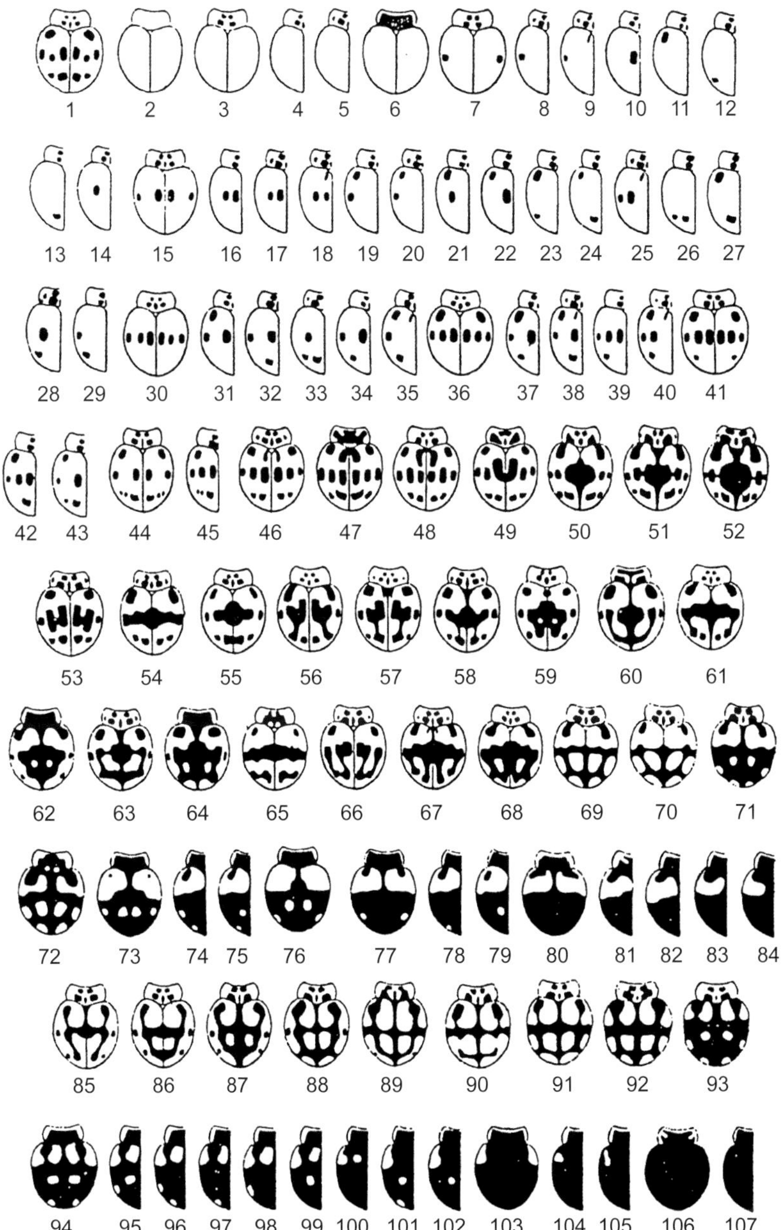

Abb. 15: Variabilität der Färbung des Pronotums und der Elytren von *Adalia decempunctata*. Nach Reineck aus Heikertinger (1932).

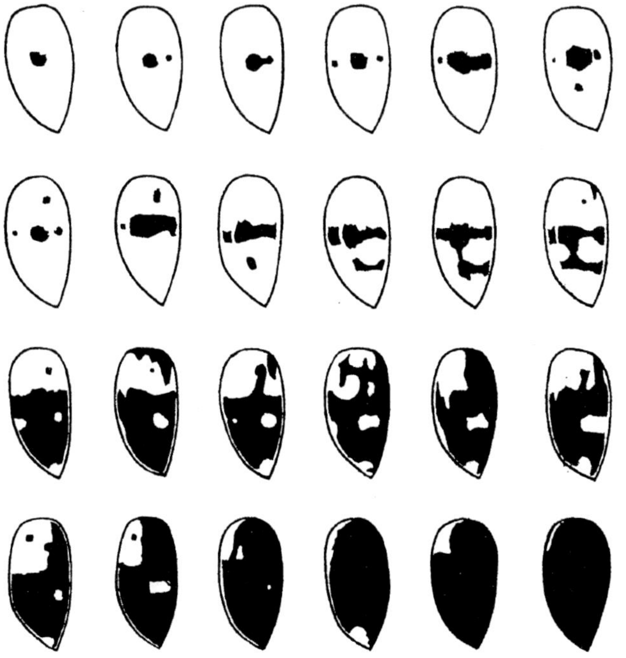

Abb. 16: Variabilität der Elytrenfärbung bei *Adalia bipunctata*. Verändert nach Schröder (1901/1902).

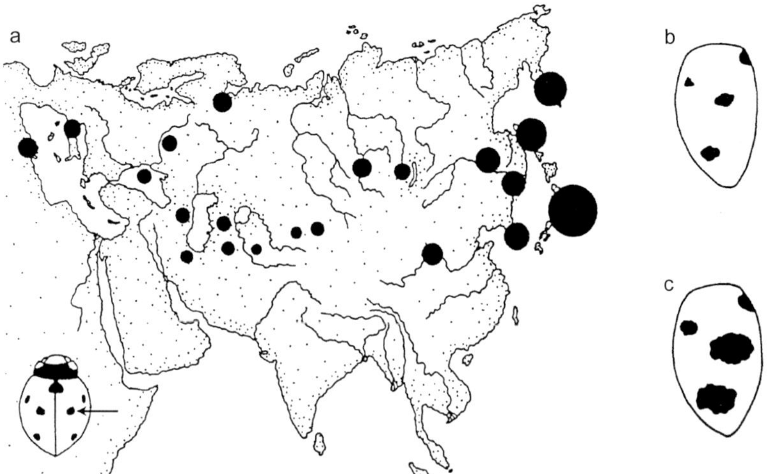

Abb. 17: **a** Geographische Variabilität des Durchmessers des mittleren Punktes der Elytren (Pfeil) von *Coccinella septempunctata*; **b** Elytre eines Exemplars aus Transkaukasien; **c** aus Sachalin. Nach Dobrzhanskiy & Sivertzev-Dobrzhanskiy (1927).

Tabelle 7: Mögliche Varianten für die Anzahl der Punkte auf den Elytren von *Subcoccinella vigintiquatuorpunctata*. Jeder der maximal 12 Punkte je Elytre hat einen festen Platz und kann vorhanden sein oder fehlen. Nach DE GUNST (1978).

Anzahl der reduzierten Punkte je Elytre	0	1	2	3	4	5	6	7	8	9	10	11	12
Anzahl der auf beiden Elytren vorhandenen Punkte	24	22	20	18	16	14	12	10	8	6	4	2	0
Mögliche Kombinationen – Gesamtzahl 4 096	1	12	66	220	495	792	924	792	495	220	66	12	1

Die Variation der Färbung der polymorphen Arten kann kontinuierlich oder diskontinuierlich sein (in manchen Fällen ist eine Zuordnung nicht angezeigt). Bei Letzteren kann man Formenkreise abgrenzen, z. B. bei *Adalia bipunctata* (2), *A. decempunctata* (3), *Coccinella hieroglyphica* (2), *Harmonia axyridis* (3), *Scymnus-frontalis*-Gruppe (2). Eine kontinuierliche Variation der Färbung (ohne Sprünge) zeigen *Coccidula scutellata, Rhyzobius, Coccinella quinquepunctata, C. undecimpunctata, Harmonia quadripunctata, Hippodamia* und *Propylea quatuordecimpunctata.*

Die Variation kann vor allem fünf Merkmale betreffen:

- Zahl der Punkte (z. B. *Anisosticta novemdecimpunctata, Coccinella undecimpunctata, Harmonia axyridis, H. quadripunctata, Hippodamia, Subcoccinella vigintiquatuorpunctata*),
- Größe der Punkte (z. B. *Anisosticta novemdecimpunctata, Anatis ocellata, Coccinella septempunctata, C. undecimpunctata, Subcoccinella vigintiquatuorpunctata*),
- Verschmelzung von Makeln (z. B. *Coccinella hieroglyphica, Propylea quatuordecimpunctata, Subcoccinella vigintiquatuorpunctata*),
- Grundfarbe (z. B. *Aphidecta obliterata, Harmonia quadripunctata*),
- Farbe der Makeln (z. B. *Halyzia sedecimguttata, Anatis ocellata, Myrrha octodecimguttata, Myzia oblongoguttata*).

Bei *Coccinella hieroglyphica* treten völlig schwarze Exemplare auf (Forma *areata*). Die schwarzen *C. hieroglyphica* wurden besonders häufig in Moorgebieten gefunden und die Erscheinung deshalb als »Moormelanismus« bezeichnet (Foto 6). Eine gleiche Deutung erfuhren schwarze Formen von »*Oenopia conglobata*«, bis festgestellt wurde, dass unter den schwarzen *O. conglobata* eine selbstständige Art (*Oenopia impustulata*) verborgen ist.

Foto 6: *Coccinella hieroglyphica*, größtenteils schwarze Form. Präparatfoto: L. Behne.

Völlig schwarze Individuen kommen auch bei *Coccidula scutellata* (Forma *aethiops*), *Coccinula quatuordecimpustulata* (Forma *nigropicta*), *Tytthaspis sedecimpunctata* (Forma *poweri*), *Calvia quatuordecimguttata* (Forma *nigripennis*), *Oenopia lyncea* (Forma *pullata*), *Propylea quatuordecimpunctata* (unbenannt) und *Subcoccinella vigintiquatuorpunctata* (Forma *nigra*) vor, z. T. aber selten oder sehr selten.

Bei einigen anderen Arten sind die Elytren der melanistischen Formen nicht völlig schwarz, kleine Teile der Grundfarbe sind erkennbar: *Adalia bipunctata* (Forma *lugubris*), *A. decempunctata* (Forma *nigrina*), *Anatis ocellata* (Forma *hebraea*), *Harmonia quadripunctata* (Forma *haeneli*), *Hippodamia tredecimpunctata* (Forma *borealis*), *Myzia oblongoguttata* (Forma *lignicolor*). Als ein anderes Bespiel sei ein *Exochomus quadripustulatus* genannt, bei dem die roten Flecken auf den Elytren nur als kleine Punkte erhalten sind (Abb. 19).

Es fällt auf, dass die größeren Arten, z. B. *Coccinella septempunctata*, nur selten völlig schwarze Formen hervorbringen (Forma *anthrax*). Stewart & Dixon (1989) sowie Rhamhalinghan (1989) diskutieren dies unter dem Gesichtspunkt eines letalen Niveaus der Erwärmung größerer schwarzer Käfer an sonnigen Tagen (vgl. Tabelle 9).

Der große Farbformenreichtum der Coccinellidae hat vor allem in früherer Zeit Anlass zu einer Fülle von Benennungen gegeben. Mader (1926–1937)[12] hat in seinem Werk mit großer Genauigkeit die Variationen der Färbung der Elytren erfasst und die von verschiedenen Autoren vergebenen bzw. von ihm selbst eingeführten Namen verzeichnet. Für die Varianten von *Anatis ocellata* nennt er 194 Namen, für *Adalia bipunctata* und *A. decempunctata* jeweils 114, für *Harmonia axyridis* 96, für *Hippodamia variegata* und *Oenopia conglobata* je 95 und für *Propylea quatuordecimpunctata* 92. Die internationalen Regeln der Zoologischen Nomenklatur schützen solche Bezeichnungen nicht, dennoch wird ein Eindruck von der Variationsbreite der einzelnen Arten vermittelt.

Abb. 18: *Coccinella septempunctata*, seltene Farbform, Leipzig, 06.09.1934, leg. LINKE. Zeichnung: P. SCHÜLE.

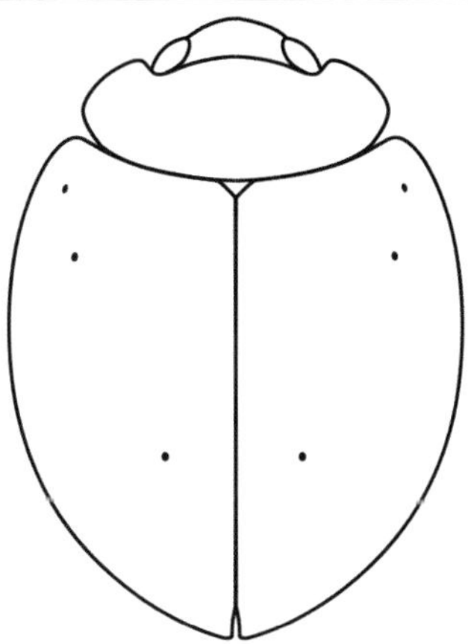

Abb. 19: *Exochomus quadripustulatus*, fast schwarzes Exemplar (nur die sechs Punkte auf den Elytren sind rot), Großenhain, 31.05.1962, leg. RESSLER. Zeichnung: P. SCHÜLE.

Gelegentlich werden Individuen mehrfarbiger Marienkäfer gefunden, deren Färbung, vor allem die der Elytren, asymmetrisch ist. MAJERUS & KEARNS (1989) sowie MAJERUS (1994) berichten von einzelnen *Anisosticta novemdecimpunctata, Adalia bipunctata, A. decempunctata, Coccinella magnifica, C. septempunctata, C. quinquepunctata, C. undecimpunctata, Hippodamia variegata* und *Propylea quatuordecimpunctata*, deren linke und rechte Elytren

---

12 Einen Gipfel der Marienkäferkunde von Weltbedeutung stellt zweifellos das Lebenswerk von LEOPOLD MADER (1886 Oberschlatten bei Aspang/NÖ – 19.01.1961 Wien) dar. Er beschrieb 500 neue Arten und Gattungen, gab mehr als 70 Publikationen heraus und determinierte mehrere hunderttausend Coccinellidae (MANDL 1962/1963, JANCZYK 1963, KLAUSNITZER 2003). MADER bearbeitete die Marienkäfer weltweit und war außerdem ein Kenner der Erotylidae (Coleoptera) und der Chrysididae (Hymenoptera). Seine »Evidenz der paläarktischen Coccinelliden und ihrer Aberrationen in Wort und Bild« (Teil 1: 1926–1937, Teil 2: 1955) ist bis heute eine unumgängliche Basis für die Kenntnis der Marienkäfer der Paläarktis. Natürlich sind seit MADER viele Arten neu hinzugekommen, auch bei den von ihm beschriebenen hat es einige Neuerungen gegeben. Dennoch ist sein Werk durch die exzellente Akribie ein unumstößlicher Grundstock, nicht zuletzt durch die vielen Abbildungen, die in hervorragender Weise einen Eindruck von der unterschiedlichen Variationsbreite der verschiedenen Arten vermitteln (es werden sogar – wie beim Periodensystem MENDELEJEWS – Lücken für noch zu erwartende Farbformen frei gelassen bzw. diese vorausgesagt). MADERS Hang, die einzelnen Variationen mit Namen zu belegen (wie dies in früherer Zeit allgemein üblich war), ist später mitunter kritisiert worden, nicht zuletzt von seinem großen Kollegen FRANZ HEIKERTINGER. Man sieht dieses Thema jetzt gelassener, hat die betreffenden Namen längst unterdrückt, ist aber andererseits froh, dass MADER die Variationsbreite der einzelnen Arten so intensiv ausgeleuchtet hat.

unterschiedlich gefärbt sind. Bei einem Siebenpunkt war die rechte Elytre bräunlich, die linke normal rot. Stets handelt es sich um einzelne Exemplare, und offenbar kommen derartige Tiere nur selten vor. Aus Tabelle 8 geht auch hervor, dass die Zahl der Punkte bei *Hippodamia variegata* seitenweise unterschiedlich sein kann.

Tabelle 8: Variation der Anzahl der Punkte auf den Elytren von *Hippodamia variegata* (Fotos 8, 9) nach Ergebnissen aus Mittelengland (E) und Dessau (D) als Beispiel für eine kontinuierlich polymorphe Art. N = Zahl der Punkte, n = Zahl der untersuchten Individuen. Bei den Exemplaren mit 8 bzw. 10 Punkten war die Punktzahl zwischen linker und rechter Elytre unterschiedlich. Nach MAJERUS & KEARNS (1989) bzw. einer Aufsammlung von KOPPITZ aus Dessau (Sachsen-Anhalt), 20.07.2019 (det. KLAUSNITZER).

N	n (E)	% (E)	n (D)	% (D)
3	3	1,9	1	0,6
5	10	6,4	16	10,2
7	61	39,1	91	58,0
8	1	0,6	–	–
9	49	31,4	20	12,7

N	n (E)	% (E)	n (D))	% (D)
10	1	0,6	–	–
11	18	11,5	19	12,1
13	12	7,7	10	6,4
15	1	0,6	–	–
S	**156**		**157**	

Foto 7 zeigt eine *Harmonia axyridis*, deren linke Elytre eine ausgedehnte schwarze Zeichnung, die rechte einige schwarze Punkte auf gelbem Grund zeigt. Das Pronotum ist ebenfalls asymmetrisch gefärbt (KLAUSNITZER 2020c).

Auch andere Merkmale können Asymmetrien zeigen, z. B. hat ein Exemplar von *Myrrha octodecimguttata* asymmetrisch ausgebildete Antennen (Abb. 20).

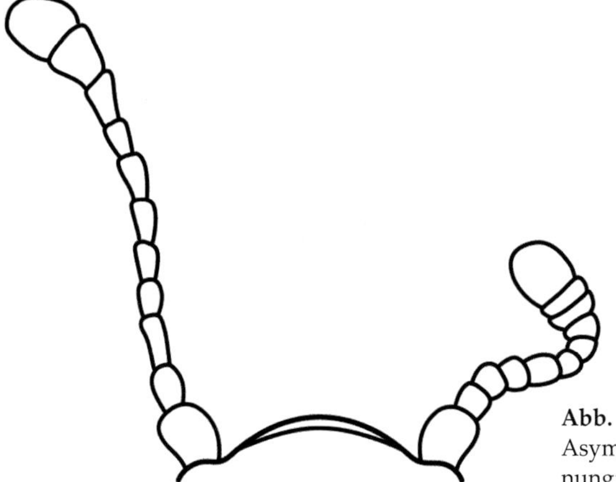

Abb. 20: *Myrrha octodecimguttata*, Asymmetrie der Antennen. Zeichnung: P. SCHÜLE.

Foto 7: *Harmonia axyridis,* asymmetrisch gefärbtes Exemplar. Präparatfoto: J. SCHMIDT.

Foto 8: *Hippodamia variegata,* Form mit fünf Punkten. Foto: E. WACHMANN.

Foto 9: *Hippodamia variegata,* Form mit sieben Punkten. Foto: E. WACHMANN.

Bei *Subcoccinella vigintiquatuorpunctata* kommt ein Flügeldimorphismus vor. Bei den meisten Individuen sind die Hinterflügel in unterschiedlichem Maße verkleinert, sodass die Tiere nicht fliegen können. Es kommen aber auch Exemplare vor, die flugfähig sind. In Großbritannien sind 90–95 % kurzflügelig (Majerus 1994)[13]. Es existieren erhebliche geografische Unterschiede, denn in stabilen Habitaten ist Kurzflügligkeit sicher von Vorteil, in instabilen nicht.

Von *Adalia bipunctata* sind Exemplare bekannt, deren Elytren und Alae zu kleinen Stümpfen, also teilweise bis völlig, reduziert sind (Majerus & Kearns 1989). Solche ungeflügelten Mutanten werden auch im Freiland gefunden. Deren Lebensdauer ist kürzer, sie haben eine geringere Paarungsaktivität, produzieren weniger Nachkommen und die Nachkommen entwickeln sich langsamer. Je kürzer die Elytren, desto geringer ist die Fitness (Lommen 2017). Diese Mutante wird zur Blattlausbekämpfung kommerziell vertrieben (Vorteil: die Tiere können nicht abfliegen). Eine gleichartige Mutation wurde auch bei *Harmonia axyridis* erzielt.

Unter den vielen Farbformen von *Adalia bipunctata* als Beispiel für eine diskontinuierlich polymorphe Art sind zwei Grundtypen besonders wichtig. Neben der Form *typica*, die auf den roten Elytren je einen schwarzen Punkt unterschiedlicher Gestalt und Größe trägt (Foto 10), sind dies schwarze Formen mit vier (Forma *quadrimaculata*) oder sechs (Forma *sexpustulata*) roten Flecken auf schwarzem Grund (Foto 11). Die Farbformen sind genetisch definiert und es ist bekannt, welche genetischen Grundlagen die einzelnen Formen haben. Lusis (1928, 1932, 1961, 1973), Ford (1976) und Majerus & Kearns (1989) fanden, dass die Ausbildung der Zeichnung dieser Hauptfärbungsformen auf allelomorphen Genen basiert, wobei die schwarzen Formen gegenüber der roten Nominatform dominant sind. Bei den schwarzen Formen dominiert die vierfleckige über die sechsfleckige Variante.

---

13 Michael Eugene Nicolas Majerus (13.02.1954 – 27.01.2009) war ein britischer Genetiker und Professor für Evolution an der Universität Cambridge und ein bekannter Evolutionsbiologe. Er bearbeitete neben lepidopterologischen Themen vor allem die Coccinellidae. Majerus gründete zur Erforschung der Verbreitung, Biologie und Ökologie der Coccinellidae von Großbritannien die »Cambridge Ladybird Survey«. Etwa 30 000 Briten beteiligten sich an diesem Projekt. Vor allem das Eindringen von *Harmonia axyridis* beflügelte das weitgehende Interesse der Bevölkerung an Marienkäfern. Die Arbeiten von Majerus sind sehr vielseitig und behandeln u. a. den Melanismus, die sexuelle Selektion, sexuell übertragbare Krankheiten, Genetik und Evolution der Färbung, invasive Arten und biologische Schädlingsbekämpfung. Seine Bücher »Ladybirds« und »A natural history of Ladybird beetles« erreichten eine weite Verbreitung.

Foto 10: *Adalia bipunctata*, rote Form. Foto: I. Altmann.

Foto 11: *Adalia bipunctata*, schwarze Form. Foto: E. Wachmann.

Heute nimmt man die Existenz eines Supergens bei der Klärung des Erbganges mancher Farbmuster an, denn bei konsequenter Anwendung der Mendelschen Regeln kam es hier zu Ausreißern. Ein Supergen ist eine Gruppe verbundener Gene, die auf einem Chromosom zusammengehalten werden (Majerus 1994). Die Vererbungsgänge sollen hier nicht näher vorgestellt werden.

Man kann annehmen, dass auch bei anderen Arten die einzelnen Farbformen ähnliche genetische Grundlagen haben, jedoch sind nur wenige in dieser Hinsicht näher untersucht worden, z. B. *Adalia decempunctata* und *Harmonia axyridis*. Jedoch sind nicht alle Farbformen genetisch bedingt. Die Grundfarbe der Elytren und die Größe der Makeln können vom Alter des Individuums abhängig sein. Auch können die Temperatur und die Nahrung Farbe und Muster beeinflussen.

Das Verhältnis der roten zu den schwarzen Formen von *Adalia bipunctata* variiert beim Vergleich verschiedener Habitate, Fundorte und Jahreszeiten (in Mitteleuropa liegt es oft bei 85:15 %) (vgl. Kapitel 1.5). In der nearktischen Region ist die dort eingeschleppte *A. bipunctata* nahezu ausschließlich in der Nominatform (oft mit zusätzlichen schwarzen Punkten auf rotem Grund) vertreten (Dillon & Dillon 1972). Generell ist die Verteilung der Farbformen in einzelnen Populationen unterschiedlich.

1.5 Melanismus

Das Zahlenverhältnis zwischen den roten und schwarzen Formen von *Adalia bipunctata* verändert sich im Jahresablauf (Timofeeff-Ressovski 1940). Auf einer bestimmten Fläche wurden z. B. im Oktober vor der Überwinterung 58,7 % schwarze Formen festgestellt, während im April nach der Überwinterung mit 37,4 % diese Form in der Minderheit war. Dieser Befund kann durch die höhere Mortalität der schwarzen Formen während der Überwinterung erklärt werden (Creed 1966, Bengtson & Hagen 1975, Honěk 1975, Muggleton 1978, Klausnitzer & Schummer 1983). Andere Autoren konnten einen solchen Zyklus nicht nachweisen.

Die Diskussion um diese Frage ist nicht abgeschlossen, obwohl plausible Erklärungsversuche für einen jahreszeitlichen Ablauf vorliegen. Als Ursache wird z. B. die höhere Temperaturdifferenz bei der schwarzen Form angegeben. Es dürfte eine Benachteiligung in der verhältnismäßig langen Periode vor der Überwinterung im Herbst eintreten. Ein höherer Grad der Aktivierung und anschließenden Inaktivierung bedingt einen größeren Verbrauch von Reserven. Die schwarzen Formen unterliegen außerdem verstärkt der Gefahr der Austrocknung und Überhitzung.

Eine Bevorteilung der schwarzen Formen, die das ursprüngliche Verhältnis der verschiedenen Varianten wieder herstellen kann, geschieht vor allem durch die stärkere Erwärmung infolge besserer Temperaturausnützung (im definierten Experiment Erhöhung der Körpertemperatur um etwa 1 °C) (Abb. 21) (Brakefield & Willmer 1985). Sie bedingt eine höhere Paarungsaktivität und damit einen höheren Anteil an den Nachkommen der Population; eine höhere Stoffwechselrate, dadurch eine größere Produktion von Nachkommen; höhere Mobilität, dadurch Konkurrenzüberlegenheit bei der Futtersuche (Tabelle 9) (Muggleton 1978, O'Donald & Muggleton 1979, Majerus et al. 1982a, b, Brakefield 1984, 1985, O'Donald & Majerus 1985). Ein Vorteil ergibt sich auch tageszeitlich (am Morgen) im Frühjahr und im Herbst.

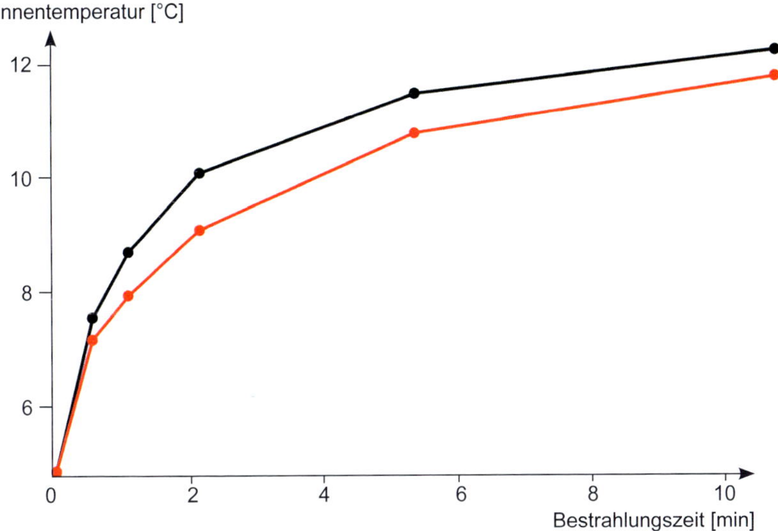

Abb. 21: Innentemperaturen der schwarzen und roten Formen von *Adalia bipunctata* nach Bestrahlung mit einer künstlichen Lichtquelle. Nach MUGGLETON et al. (1975).

Tabelle 9: Mobilität von *Adalia bipunctata*, gemessen an der Zahl der 25-mm-Quadrate, die in 12 min betreten wurden (Beispielversuch). Nach MUGGLETON et al. (1975).

Temperatur (°C)	schwarze Form	rote Form
5,0	33,4 ± 7,0	8,8 ± 2,0
7,5	67,0 ± 8,2	51,0 ± 9,2

Ein hoher Anteil der schwarzen Formen wurde vielfach in Gebieten mit verminderter Sonneneinstrahlung (Städte, Industrieareale) beobachtet (Abb. 22) (CREED 1966, 1971, 1974, LEES et al. 1973, BRAKEFIELD & LEES 1987) oder in Gebieten mit höheren Jahresmitteltemperaturen (Städte, manche submediterrane und mediterrane Areale) (Abb. 23) (LUSIS 1961, BENHAM et al. 1974, CREED 1975, HONĚK 1975, SCALI & CREED 1975, BENGTSON & HAGEN 1977, MASETTI & MONTANELLI 1978, MUGGLETON 1979, BRAKEFIELD 1984, 1985, MIKKOLA & ALBRECHT 1988). Der Anteil der schwarzen Formen sinkt andererseits mit zunehmender Höhenlage und Niederschlagsmenge. Es liegt also wohl ein adaptiver Polymorphismus vor, der geographisch (klimatisch) und industriell bedingt sein dürfte.

Bisher konnte noch keine allgemein akzeptierte Erklärung für die unterschiedlichen Häufigkeiten der einzelnen Formen von *A. bipunctata* in den verschiedenen untersuchten Populationen gegeben werden. Das Phänomen des Melanismus wird aus diesem Grund auf recht unterschiedliche

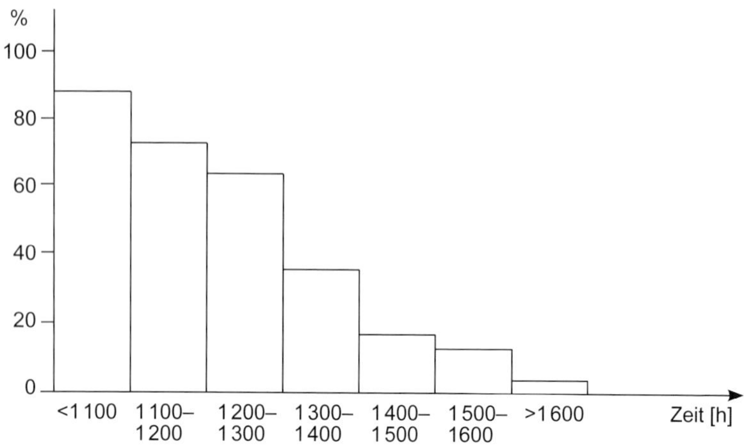

Abb. 22: Abhängigkeit des Anteils der schwarzen Formen von *Adalia bipunctata* von der mittleren jährlichen Sonnenscheindauer. Nach Benham et al. (1974).

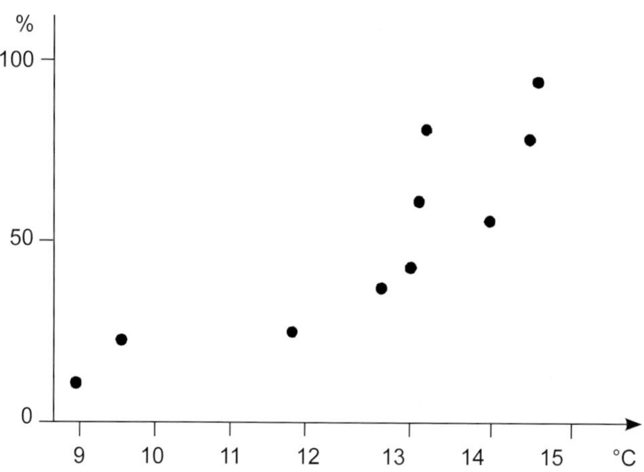

Abb. 23: Anteil der schwarzen Formen von *Adalia bipunctata* in Abhängigkeit von der Jahresmitteltemperatur. Nach Scali & Creed (1975).

selektive Einflüsse in verschiedenen Gebieten des Artareals zurückgeführt, die aber phänotypisch den gleichen Effekt haben. Gleichzeitig wird zunehmend der geographisch unterschiedliche genetische Fonds der untersuchten Populationen sowie populationsdynamische Phänomene, z. B. unterschiedliches Paarungsverhalten, in die Erklärungsversuche einbezogen (Muggleton 1978).

Im Allgemeinen werden vier, einander ± bedingende, Hypothesen diskutiert:

1. klimatischer Melanismus: ohne Einfluss von Luftverunreinigungen
2. thermaler Melanismus: in Regionen mit verminderter Sonneneinstrahlung, bedingt durch Luftverunreinigungen
3. Industriemelanismus: selektive Effekte der Luftverunreinigung auf Populationen, wobei unbekannte physiologische Mechanismen im Zusammenhang mit der Schwarzfärbung angenommen werden; auch selektives Räubertum wird angeführt (Muggleton 1978), obwohl ein visueller Vorteil, wie beim klassischen Beispiel für Industriemelanismus, dem Birkenspanner (*Biston betularius*), kaum bewiesen werden kann
4. »Heiße-Insel«-Hypothese: höhere Temperatur führt zum Anstieg des Anteils der schwarzen Formen; Großstadtmelanismus

Lommen et al. (2012) zeigen, dass die phänotypischen Merkmale Melanismus und Flügelreduktion bei *Adalia bipunctata* genetisch gekoppelt sind, wobei das Allel für Melanismus dominant, das für die Flügelreduktion rezessiv ist. In den Niederlanden hat sich der Anteil der melanistischen Form von 10 % an der Küste bis 60 % etwa 40 km landeinwärts in den 1980er-Jahren auf einheitlich etwa 20 % im Jahr 2004 verändert. Die Autoren verweisen auf einen Zusammenhang zwischen thermalem Melanismus und Klimaveränderungen, auf welche die Käfer in nur 50 Generationen reagieren (Brakefield & de Jong 2011).

Ein direkter Effekt der Temperatur auf den Grad der Pigmentierung ist neben *Adalia bipunctata* auch für *Coccinella hieroglyphica, Oenopia conglobata* und *Henosepilachna elaterii* nachgewiesen.

1.6 Sexualdimorphismus

Unter Sexualdimorphismus versteht man deutliche, äußerlich sichtbare Unterschiede zwischen den beiden Geschlechtern. Bei den Coccinellidae ist diese Erscheinung weit verbreitet. Etwa 44 % der im Gebiet vorkommenden Arten zeigen einen deutlichen Sexualdimorphismus, und die Geschlechter können ohne anatomische Untersuchung erkannt werden.

Betroffen sind mehrere morphologische Merkmale. So existieren augenfällige Geschlechtsunterschiede in der Färbung, außerdem im Bau der Sternite (Abb. 24) und der Antennen (Tabelle 11).

Majerus & Kearns (1989) weisen darauf hin, dass bei den Männchen der von ihnen untersuchten größeren Arten (z. B. *Exochomus quadripustulatus,*

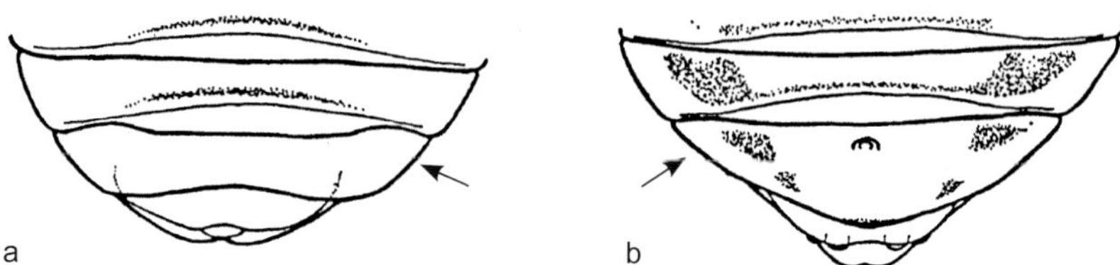

Abb. 24: Sexualdimorphismus bei *Henosepilachna argus.* a = Männchen, b = Weibchen. Man beachte den Bau des 5. Sternites (Pfeil). Nach CHRISTIAN (1981).

Adalia bipunctata, Anatis ocellata, Propylea quatuordecimpunctata) am Abdomenende das 9. Sternit zu sehen ist. Hinzu kommt, dass die Männchen flexiblere Intersegmentalhäute besitzen, die bei manchen Arten (*Exochomus quadripustulatus, Anatis ocellata*) am Hinterrand des 4. bis 7. Segments zu sehen sind. Sie fördern die Beweglichkeit des Abdomens bei der Kopulation.

Im Allgemeinen sind die Männchen etwas kleiner und leichter als die Weibchen (HODEK 1973, SMITH 1966), allerdings existiert wegen der Variationsbreite wohl immer ein Überschneidungsbereich, sodass allein durch das Messen keine sichere Geschlechtsbestimmung möglich ist. Sie kann aber am lebenden Tier für praktische Belange wichtig sein: Ökologie, Ethologie, Genetik. Die Männchen haben etwas längere Antennen als die Weibchen. BAUNGAARD (1980) untersuchte Körpermaße bei *Coccinella septempunctata* und fand Unterschiede in der maximalen Länge und Breite (Tabelle 10), die sich sogar statistisch sichern ließen, jedoch überlappen sie sich. PARRY (1980) fand bei *Aphidecta obliterata* im Frühjahr Durchschnittsgewichte von 7,4 mg (Weibchen) bzw. 5,2 mg (Männchen) Frischgewicht; trocken 2,8 mg bzw. 2,0 mg. Durch EICHHORN & GRAF (1971) wurde der Größen- und Farbdimorphismus bei *A. obliterata* näher untersucht. Die Männchen dieser Art sind gelbbraun und alle dunklen Elytrenfärbungen sind auf die Weibchen beschränkt. Sicherer sind – neben den erwähnten Farbmerkmalen – die Differenzen im Bau des 8. Sternit (RANDALL et al. 1992).

Tabelle 10: Geschlechtsunterschiede in der Körperlänge und Körperbreite [mm] bei *Coccinella septempunctata.* D = Durchschnitt. Nach BAUNGAARD (1980).

	Länge			**Breite**		
	min.	D	max.	min.	D	max.
Männchen	6,0	6,8	7,0	5,0	5,3	6,0
Weibchen	6,5	7,4	8,0	5,0	5,7	6,5

Für die meisten Coccinellini wird die Zahl der Autosomen mit 2n = 18 angegeben. *Anatis ocellata* hat neun Paar und ein anderes Sex-Chromosomen-System, auch Größe und Form der bei den anderen Arten recht ähnlichen Chromosomen sind deutlich anders – ein Sachverhalt, dessen Konsequenzen noch näher untersucht werden müssen (Majerus & Kearns 1989). Aber auch noch weitere Ausnahmen kommen vor: *Harmonia quadripunctata* hat acht Paar Chromosomen, eins davon ist sehr groß und wird als Verschmelzungsprodukt von drei normalen Paaren aufgefasst. *Chilocorus bipustulatus* hat zehn Paar Autosomen und ähnliche Geschlechtschromosomen wie *Anatis ocellata*. Auch *Exochomus quadripustulatus* weicht mit sieben Paaren und einem langen B-Chromosom ab (Henderson 1988). Nach Majerus & Kearns (1989) bestehen zwischen den Chromosomen der Chilocorini und Coccinellini große Unterschiede, die die These einer langen phylogenetischen Trennung unterstützen (vgl. Kapitel 1.2).

Die Geschlechtsbestimmung erfolgt meist nach dem XX (Weibchen) : XY (Männchen)-Typ. Das Y-Chromosom ist im Vergleich zum X-Chromosom sehr klein. Es gibt aber auch kompliziertere Verhältnisse, wie sie Barcenas & Garcia Velazquez (1986) bzw. Tsurusaki et al. (1993) bei einigen *Epilachna*-Arten fanden. Bei *Aphidecta obliterata* erfolgt die Geschlechtsbestimmung nach dem XX : XO-Typ (Parry & Peddie 1981). Die Weibchen haben 20 Chromosomen (9 normale Paare + 2 X-Chromosomen), die Männchen haben 19 Chromosomen (9 normale Paare + 1 X-Chromosom).

Es ist grundsätzlich mit einer annähernd gleich großen Anzahl der beiden Geschlechter zu rechnen (z. B. bei *Coccinella septempunctata* in einem konkreten Fall Männchen : Weibchen = 46 : 54; Klausnitzer 1989b). Durch unterschiedliche geschlechtsgebundene Mortalität kann es zum Überwiegen der Männchen oder Weibchen kommen (*Aphidecta obliterata*: Variation des Geschlechtsverhältnisses bis zur annähernden Gleichheit von ♂♂ : ♀♀ = 65 : 35 bis 45 : 55) (Parry & Peddie 1981). Bei *Harmonia axyridis* wurden unter Laborbedingungen mit künstlicher Ernährung sogar rein weibliche Nachkommenschaften erhalten (Matsuka et al. 1975). Bei *Adalia bipunctata* und anderen Arten kommen Populationen mit einem Weibchenanteil bis zu 85 % vor, was auf eine höhere Sterblichkeit der männlichen Keime zurückgeführt wird (vgl. Kapitel 10.4).

Tabelle 11: Sexualdimorphismus bei mitteleuropäischen Coccinellidae.

Art	Organ	Männchen	Weibchen
Cryptolaemus montrouzieri	Vorderbeine, Tibiae	gelb	schwärzlich
Hyperaspis	Clypeus	hell	dunkel
Hyperaspis pseudopustulata	Humeralmakel	vorhanden	fehlend
Hyperaspis reppensis, H. quadrimaculata	Pronotum, Vorderrand	schmal orange	schwarz
Scymnus haemorrhoidalis	Kopf	rotbraun	schwarz
	Pronotum	rot, dunkler Fleck hinter der Mitte	schwarz, Vorder- und Seitenrand rot
Scymnus auritus	Pronotum	rot, mit dunklem Makel	schwarz, mit rötlichem Vorderrand
Scymnus ferrugatus	Pronotum	rot, Hinterrand mit schwarzem Punkt	schwarz, Vorder- und Seitenrand rot
Scymnus subvillosus	Pronotum	rot, in der Mitte mit schwarzem Punkt	schwarz, Vorder- und Seitenrand schmal gelb
Scymnus apetzi	Kopf	vordere Hälfte hell	nur Labrum hell
Scymnus femoralis	Kopf, Vorderhälfte	rötlich	schwarz
	Pronotum	rot, dunkler Fleck am Hinterrand	einfarbig schwarz
Scymnus flavicollis	Kopf und Pronotum	rötlichgelb, ausgenommen ein dreieckiger Basalmakel	nur Labrum rötlichgelb
Scymnus frontalis	Kopf	vorn rot	schwarz, schmaler rötlicher Vorderrand
	Pronotum, Vorderrand und Seiten	rot	schwarz
Scymnus interruptus	Kopf und Vorderwinkel des Pronotums	rotgelb	nur Labrum gelb
Scymnus jakowlewi	Kopf und Vorderwinkel des Pronotums	rot	schwarz
	7. Abdominalsegment	an der Spitze etwas eingebuchtet, deutlich eingedrückt und dort dicht behaart	einfach
Scymnus marginalis	Kopf	rötlich	schwarz mit gelben Mundwerkzeugen
	Vorderrand des Pronotums	breit hell gesäumt	nur Vorderwinkel hell
Scymnus rubromaculatus	Kopf, Pronotum	rot, Pronotum mit schwarzem Punkt in der Mitte	schwarz (nur Labrum gelb)

Art	Organ	Männchen	Weibchen
Scymnus schmidti, S. suffrianoides apetzoides	Kopf und Vorderwinkel des Pronotums	rotgelb	schwarz
Chilocorini	8. Sternit	deutlich sichtbar	kaum sichtbar
Parexochomus nigromaculatus	Kopf	vorn gelb	schwarz
Platynaspis luteorubra	Kopf	gelb	schwarz
Coccinula quatuordecimpustulata	Kopf	gelbweiß, mit schwarzem Scheitel	schwarz, mit zwei weißen Flecken
Psyllobora vigintiduopunctata	Labrum	völlig gelb	schwarz gefleckt
Tytthaspis sedecimpunctata	Kopf	gesamte Basis schwarz	in der Mitte ein schwarzer Makel
Ceratomegilla notata	3. Antennenglied	an der Spitze schräg zahnförmig ausgezogen	ohne zahnförmige Spitze
	Kopf	gelbweiß	schwarz, mit hellem Querfleck
Ceratomegilla rufocincta	Pronotum, Vorder- und Seitenrand	rotgelb gesäumt	einfarbig schwarz
Ceratomegilla undecimnotata	3. Antennenglied	mit einer stumpf zahnförmig vorstehenden Ecke	ohne vorstehende Ecke
	Kopf	hinten schwarz, vorn gelblich	schwarz, mit zwei weißen Punkten
	Pronotum, Vorderrand	schmal gelb	schwarz
Coccinella septempunctata	8. Sternit	mit einem Haarbüschel in der Mitte	ohne derartiges Haarbüschel
Coccinella trifasciata	Pronotum, Vorderrand	blassgelb gerandet	schwarz
Harmonia axyridis	Prosternum	weiß	schwarz
Hippodamia variegata	Kopf, Clypeus	vorn weiß, mit zwei kleinen schwarzen Punkten	vorn schwarz, mit zwei weißen Flecken
Propylea quatuordecimpunctata	Scheitel	weiß, mit gewellter Grenzlinie zur schwarzen Basis	weiß, mit gerader Grenzlinie zur schwarzen Basis
	Labrum oder Clypeus	ohne dunklen Fleck	mit dunklem Fleck
	Prosternum	weiß	schwarz
	8. Sternit	eingebogen oder eingekerbt	rund
Henosepilachna	8. Sternit	nicht gespalten	gespalten, der Spalt ist von einem Häutchen bedeckt
Henosepilachna argus	7. Sternit	Hinterrand in der Mitte eingebuchtet (Abb. 24a)	Hinterrand konvex (Abb. 24b)

1.7 Zwillingsarten

Die Fortschritte der genetischen Forschung führen zur Entdeckung von Artengemischen, die sich nach morphologischen Merkmalen nur schwer trennen lassen. Insbesondere durch das DNA-Barcoding wird man auf solche Fälle aufmerksam, die dann weitere Untersuchungen nach sich ziehen und schließlich in der Definition von Arten münden können.

Ein früh erkanntes Beispiel betrifft *Harmonia axyridis* und *H. yedoensis.* Beide Arten werden als Zwillingsarten angesehen, die aber sowohl im Larvenstadium als auch als Imagines morphologisch trennbar sind (Sasaji 1981). Es wurde eine intraspezifische Variation bestimmter Enzym-Banden angetroffen (Sasaji & Ohnishi 1973). Interessant ist, dass das Grundmuster der Banden bei einzelnen Individuen beider Arten zwar erkennbar bleibt, jedoch ein deutlicher Polymorphismus vorliegt (Abb. 25). *H. yedoensis* ist durch M_2 und F_2/F_3 charakterisiert, *H. axyridis* durch M_1/M_2 und F_2.

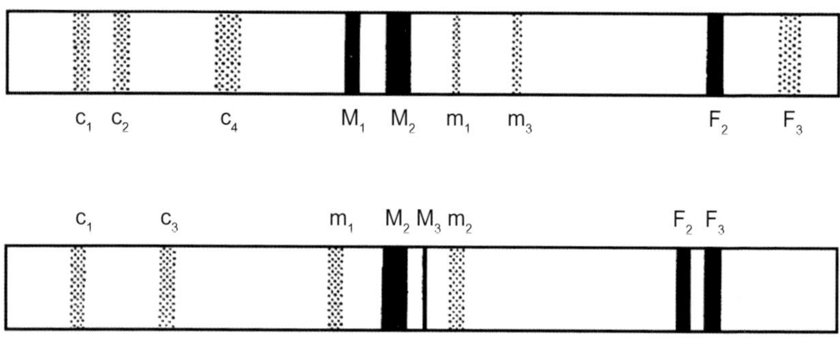

Abb. 25: Pherogramm mit den Isoenzymbanden einer Esterase von *Harmonia axyridis* (oben) und *H. yedoensis* (unten), vgl. Text. Der Startpunkt befindet sich links. Nach Sasaji & Ohnisi (1973).

Unter den *Chilocorus*-Arten verbergen sich zahlreiche noch ungeklärte Fragen im Zusammenhang mit Zwillingsarten, Polymorphismen und Hybridisierung (Smith, S. G. 1962, 1963).

Vermutlich sind *Nephus limonii* und *N. redtenbacheri* als Zwillingsarten anzusehen. Sie sind morphologisch nur schwierig zu trennen, zeigen aber erhebliche Unterschiede in ihrer Lebensweise (Fürsch 1965a).

Hendrich et al. (2015) haben bei der Erfassung von DNA-Barcodes auch 51 Marienkäferarten aus Mitteleuropa untersucht. Bei einigen Arten wurden zwischen den einzelnen untersuchten Exemplaren deutliche Differenzen gefunden, die möglicherweise ein Hinweis auf ein Artengemisch und damit bisher nicht erkannte Arten sein könnten. Ein Beispiel ist *Vibidia duodecimguttata,* unter der sich vielleicht zwei Arten verbergen könnten. Eine gründliche Untersuchung aller Merkmale sollte erfolgen, um den Befund zu bestätigen (die Beschreibung einer neuen Art wäre eine Konsequenz) oder zu verwerfen. Andere Fälle möglicher Gemische sind: *Halyzia sedecimguttata, Hippodamia notata, Nephus quadrimaculatus* und *Psyllobora vigintiduopunctata.* Es fällt auf, dass alle drei Halyziini als mycophage Arten dabei sind.

1.8 Hybridisierung

Ireland et al. (1986) behandeln das Thema der Hybridisierung bei europäischen Arten. Sie fanden Paarungen zwischen *Coccinella undecimpunctata* (♂) und *C. quinquepunctata* (♀), die aber keine Nachkommen ergaben. Es wurden auch Kopulationen zwischen *C. septempunctata* und *C. undecimpunctata* beobachtet, die ebenfalls keine Eiablage nach sich zogen (Majerus 1994), außerdem zwischen *C. septempunctata* und *C. magnifica.*

Sogar Paarungen zwischen den Angehörigen verschiedener Unterfamilien und Gattungen kommen vor, z. B. *Exochomus quadripustulatus* (♂) und *Coccinella septempunctata* (♀) sowie *E. quadripustulatus* (♂) und *Chilocorus bipustulatus* (♀). Im ersten Fall wurden keine Eier abgelegt, das *Chilocorus*-♀ legte einige Eier, die aber nicht schlüpften (Majerus 1994). Weitere Fälle nennen Majerus & Kearns (1989): *Anatis ocellata* und *Myzia oblongoguttata* sowie *Adalia bipunctata* und *Propylea quatuordecimpunctata.* Auch eine Paarung zwischen *Ceratomegilla undecimnotata* (♂) und *Harmonia axyridis* (♀) wurde dokumentiert (B. Klausnitzer in litt.) (Foto 12).

Foto 12: *Ceratomegilla undecimnotata* (♂) und *Harmonia axyridis* (♀) bei der Paarung. Foto: B. Hinnersmann.

Relativ oft werden Paarungen zwischen *Adalia bipunctata* (meist ♂♂) und *A. decempunctata* (meist ♀♀) beobachtet (Capra 1926a, Marriner 1926, Ireland et al. 1986). Die Weibchen legen eine durchschnittliche Anzahl Eier ab, aber aus den meisten schlüpfen keine Larven. Die wenigen geschlüpften Larven entwickeln sich normal und ergeben Imagines, die entweder *A. bipunctata* oder *A. decempunctata* ähneln – einige von ihnen haben aber eine ganz ungewöhnliche eigenartige Zeichnung. Die Hybriden sind unfruchtbar (Majerus & Kearns 1989). Insgesamt kann aber der Schluss gezogen werden, dass diese beiden Arten relativ nahe verwandt und vielleicht sogar Schwesterarten sind.

Bei den oben genannten Beispielen handelt es sich um Beobachtungen im Freiland. Unter Laborbedingungen lassen sich weitere Paarungen erzielen.

Nur teilweise isoliert scheinen *Propylea quatuordecimpunctata* und *P. japonica* in Japan zu sein (Sasaji et al. 1975), entsprechende Hybride sind fertil.

Genetische Isolierung von äußerlich kaum unterscheidbaren Marienkäferarten wurde in Zentralasien, in der Nähe von Taschkent, beobachtet. Dort befindet sich die Kontaktzone zwischen *Chilocorus bipustulatus* und *Ch. geminus* Zaslavskij, 1962. Die in diesem Gebiet auftretenden Hybriden beider Arten sind vollkommen steril (Zaslavskij 1970).

Hybride von verschiedenen *Epilachna*-Arten zeigten eine unterschiedliche Bevorzugung von Wirtspflanzen in Abhängigkeit von ihren Elternarten (Katakura & Hosogai 1994).

2 Verbreitung

2.1 Fossile Vorkommen

Das Alter der Coccinellidae wird von McKenna et al. (2015) mit etwa 125 Millionen Jahren angegeben (Unterkreide), vielleicht sind sie älter, fossile Funde liegen jedoch bisher nicht vor. Nachweise von Marienkäfern sind überwiegend geologisch jüngeren Datums und relativ selten. In der Summe von drei großen Sammlungen von Baltischem Bernstein stellen sie nur 0,5 % aller Coleoptera-Inklusen (Hieke & Pietrzeniuk 1984). Die ältesten dieser Familie zugeordneten Fossilien finden sich in Sedimenten des Paläozän (?). Aus dem Unteren Eozän (Oise-Bernstein; vor 56–45 Millionen Jahren) beschrieben Kirejtshuk & Nel (2012) zwei Arten der Gattung *Rhyzobius* und einen *Nephus*.

Die meisten Fossilien stammen aus dem Baltischen Bernstein (Oberes Eozän, 45–35 Millionen Jahre). Larsson (1978), Hieke & Pietrzeniuk (1984) und andere Autoren nennen Vertreter folgender Gattungen: *Coccinella, Scymnus, Coelopterus, Cynegetis, Pharus* (heute *Pharoscymnus*) und *Platynaspis*. Allerdings wurde keine einzige Art beschrieben und mit einem Namen versehen. Bis heute ist diese Gattungszuordnung nur vorläufig. Eine Revision unter Berücksichtigung neuer Erkenntnisse und Methoden wäre erforderlich (Fotos 13, 14).

Fotos 13 und 14: Coccinellidae indet. aus Baltischem Bernstein, links Unterseite, rechts Seitenansicht. Fotos: C. Gröhn.

Szawaryn & Szwedo (2018) und Szawaryn (2019) beschrieben aus dem Eozän (Alter etwa 44 Millionen Jahre) drei Arten der Gattung *Serangium* (Unterfamilie Microweiseinae). Das heutige Verbreitungsgebiet der Gattung liegt in Südostasien (13 Arten), Australien (12), Japan (4), Indien (4) und Madagaskar (4), einzelne Arten kommen in Afrika vor. Ähnliche rezente Areale sind auch aus anderen Insektengruppen bekannt. Die heute lebenden *Serangium*-Arten sind Nahrungsspezialisten und leben von Aleyrodina. Auch diese sind aus dem Baltischen Bernstein bekannt. Das gleichzeitige Vorkommen hat die Evolution dieser Marienkäfer wahrscheinlich beeinflusst (Szawaryn & Szwedo 2018).

Insgesamt liegen aus dem Baltischen Bernstein gesicherte Nachweise aus vier Tribus vor: Microweiseini (*Baltosidis* Szawaryn, 2021), Serangiini (drei *Serangium*-Arten) und Sticholotidini (*Electrolotis hoffeinsorum* Szawaryn & Tomaszewska, 2020) sowie Coccidulini (drei *Rhyzobius*-Arten) (Szawaryn & Szwedo 2018, Szawaryn 2019, Szawaryn & Tomaszewska 2020a, b, Szawaryn 2021)

Bei Grimaldi & Engel (2005) sind Bilder einer Larve und einer Imago aus Dominikanischem Bernstein (Miozän; 23–5,3 Millionen Jahre) abgebildet.

Gersdorf (1969) nennt den Abdruck eines Vertreters der Familie aus dem Oberen Pliozän (vor 5,3–2,6 Millionen Jahren).

Majerus (1994) berichtet von 40 000 Jahre alten subfossilen Ablagerungen in Großbritannien, die Elytren von *Hippodamia arctica* (D. H. Schneider, 1792) und *Anisosticta strigata* enthielten. *H. arctica* kommt heute in Europa nur noch im Norden von Skandinavien vor, auch *A. strigata* (vgl. Kapitel 13). Coope & Angus (1975) haben in Südengland ca. 43 000 Jahre alte Reste von *Coccinella septempunctata, C. undecimpunctata, Hippodamia tredecimpunctata, Anisosticta novemdecimpunctata* und *Scymnus frontalis* gefunden. Die Exemplare von *C. undecimpunctata* gehören zur Form *confluens*, bei der die Punkte teilweise miteinander verbunden sind. Diese Arten haben offenbar Großbritannien zwischeneiszeitlich besiedelt, bevor sie durch die glazialen Ereignisse wieder verschwanden.

2.2 Gesamtverbreitung der Familie und Artengefälle

Die Familie Coccinellidae ist über die gesamte Erde verbreitet und umfasst über 6 000 Arten. Das Hauptvorkommen liegt in den Subtropen und Tropen (Tabelle 12). Nach den kälteren Gebieten zu nimmt die Artenzahl deutlich ab. Dies zeigt sich z. B. im südlichen Südamerika (Feuerland), Nordkanada (27 Arten nach Belicek 1976), Nordasien und Alaska.

Tabelle 12: Artenzahlen der Coccinellidae in den tiergeografischen Regionen (n = Artenzahl).

Region	n	Quelle
Paläarktis	1 262	Kovář (2007), ergänzt
Orientalis	ca. 1 000	Korschefsky 1931, 1932 u. a.
Nearktis	481	Gordon 1985, Vandenberg 2002
Neotropis	ca. 1 000	Korschefsky 1931, 1932 u. a.
Afrotropis	ca. 1 800	Korschefsky 1931, 1932 u. a.
Australis	500	Ślipiński 2007

Auch in Europa lässt sich von Süden nach Norden ein Artengefälle beobachten (Tabelle 13). Insgesamt leben dort 219 Arten, einige davon wurden importiert.

Tabelle 13: Artenzahlen (n) der europäischen Fauna. Mitteleuropa in der für dieses Buch gewählten Umgrenzung (vgl. Kapitel 2.3). Angaben nach Kovář (2007), Majerus et al. 1990, ergänzt).

Region	n
Großbritannien + Irland	50
Island: *Nephus (Nephus) limonii, Coccinella (Spilota) undecimpunctata boreolitoralis* Donisthorpe, 1918	2
Skandinavien (Norwegen, Schweden, Finnland)	72
Nordosteuropa (Litauen, Lettland, Estland, Weißrussland, Russland, nordeuropäischer Teil)	66
Mitteleuropa (ohne importierte, verschleppte oder zu erwartende)	101
Iberische Halbinsel	80
Apenninenhalbinsel	116
Balkanhalbinsel	117

Natürlich gibt es Überschneidungen im Artenspektrum zwischen den einzelnen Regionen. Diese können hier nicht berücksichtigt werden. Dennoch ist ein Artengefälle deutlich zu erkennen.

Elemente der nördlichen Fauna sind in Mitteleuropa wesentlich schwächer als solche des submediterranen bzw. mediterranen Gebietes vertreten. Das Nord-Süd-Gefälle der Artenzahlen (möglicherweise auch der Individuenzahlen), steht mit der Xerothermophilie vieler (nicht nur der mediterranen) Arten in Zusammenhang. Entsprechend nimmt die Artenzahl auch mit zunehmender Meereshöhe ab, wenngleich dies durch einige wenige alpin bis subalpin verbreitete Arten etwas ausgeglichen wird (z. B. *Ceratomegilla alpina, Exochomus oblongus*).

Die Größe des Verbreitungsgebietes der einzelnen Arten ist sehr unterschiedlich und nicht konstant. Relativ kleine Areale haben z. B. die Gebirgsarten. Etwa die Hälfte der in Mitteleuropa vorkommenden Coccinellidae hat ein riesiges Verbreitungsgebiet und besiedelt die gesamte Paläarktis (ohne Japan). Bei zehn weiteren Arten umfasst das Areal auch Japan (*Halyzia sedecimguttata, Vibidia duodecimguttata, Adalia bipunctata, A. conglomerata, Calvia decemguttata, C. quatuordecimguttata, C. quindecimguttata, Coccinella septempunctata, Hippodamia tredecimpunctata, Propylea quatuordecimpunctata*).

Eine zweite Gruppe von 41 Arten besiedelt außer Europa noch weitere Teile der Paläarktis, aber nicht die Weiten des nördlichen Asien. Vier davon kommen auch in der südlichen Paläarktis vor, acht weitere außerdem in Nordafrika. Bei zehn Arten reicht das Areal bis Vorderasien, sieben davon kommen zusätzlich in Nordafrika vor. Insgesamt leben von den in Mitteleuropa vorkommenden Coccinellidae 33 Arten auch in Nordafrika.

Lediglich 14 Arten sind in ihrem Vorkommen auf Europa beschränkt. Die meisten sind unauffällige und seltene Marienkäfer, über deren Lebensweise keine oder nur sehr geringe Kenntnisse vorliegen (Tabelle 14). Es ist durchaus möglich, dass manche von ihnen auch außerhalb Europas vorkommen, aber noch nicht nachgewiesen wurden.

Tabelle 14: Liste der nur aus Europa bekannten Coccinellidae der mitteleuropäischen Fauna.

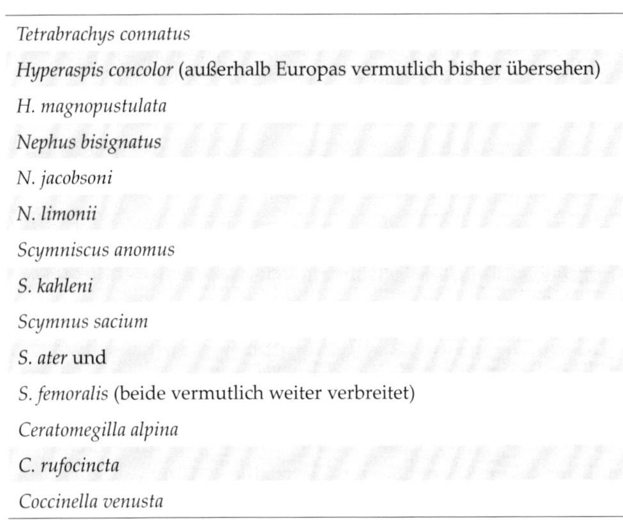

Tetrabrachys connatus
Hyperaspis concolor (außerhalb Europas vermutlich bisher übersehen)
H. magnopustulata
Nephus bisignatus
N. jacobsoni
N. limonii
Scymniscus anomus
S. kahleni
Scymnus sacium
S. ater und
S. femoralis (beide vermutlich weiter verbreitet)
Ceratomegilla alpina
C. rufocincta
Coccinella venusta

2.3 Übersicht der in Mitteleuropa nachgewiesenen Arten

Im Folgenden wird eine Übersicht aller in Mitteleuropa vorkommenden Unterfamilien, Tribus, Gattungen und Arten gegeben (Tabelle 15). Es wurden auch 18 importierte oder verschleppte sowie potenziell zu erwartende Arten aufgenommen. Manche von ihnen werden in Zukunft der Fauna Mitteleuropas zuzuordnen sein. Insgesamt sind es 119 Arten in 41 Gattungen, 14 Tribus und 7 Unterfamilien.

Unter Mitteleuropa werden in diesem Buch Ostfrankreich, Belgien, Luxemburg, die Niederlande, Dänemark, Deutschland, Polen, Tschechien, die Slowakei, Österreich, Liechtenstein und die Schweiz verstanden.

Tabelle 15: Systematische Übersicht der Marienkäferfauna Mitteleuropas.

Unterfamilie	Tribus	Gattung	Art
Microweiseinae LENG, 1920	Serangiini POPE, 1962	*Delphastus* CASEY, 1899	*Delphastus catalinae* (HORN, 1895)
Coccidulinae MULSANT, 1846	Coccidulini MULSANT, 1846	*Coccidula* KUGELANN, 1798	*Coccidula rufa* (HERBST, 1783)
			Coccidula scutellata (HERBST, 1783)
		Lindorus CASEY, 1899	*Lindorus forestieri* (MULSANT, 1853)
			Lindorus lophantae (BLAISDELL, 1892)
		Rhyzobius STEPHENS, 1829	*Rhyzobius chrysomeloides* (HERBST, 1792)
			Rhyzobius litura (FABRICIUS, 1787)
		Cryptolaemus MULSANT, 1853	*Cryptolaemus montrouzieri montrouzieri* MULSANT, 1853
	Tetrabrachini KAPUR, 1948	*Tetrabrachys* KAPUR, 1948	*Tetrabrachys connatus* (CREUTZER, 1796)
Scymninae MULSANT, 1846	Hyperaspidini MULSANT, 1846	*Hyperaspis* CHEVROLAT, 1836	*Hyperaspis campestris* (HERBST, 1783)
			Hyperaspis concolor SUFFRIAN, 1843
			Hyperaspis erythrocephala (FABRICIUS, 1787)
			Hyperaspis magnopustulata BOGAERT, 2012
			Hyperaspis pseudopustulata MULSANT, 1853
			Hyperaspis quadrimaculata L. REDTENBACHER, 1843

Unterfamilie	Tribus	Gattung	Art
Scymninae MULSANT, 1846	Hyperaspidini MULSANT, 1846	*Hyperaspis* CHEVROLAT, 1836	*Hyperaspis reppensis* (HERBST, 1783)
			Hyperaspis stigma A. G. OLIVIER, 1808
	Scymnini MULSANT, 1846	*Clitostethus* J. WEISE, 1885	*Clitostethus arcuatus* (P. ROSSI, 1794)
		Nephus MULSANT, 1846	*Nephus (Bipunctatus) bipunctatus* (KUGELANN, 1794)
			Nephus (Bipunctatus) bisignatus bisignatus (BOHEMAN, 1850)
			Nephus (Bipunctatus) bisignatus claudiae FÜRSCH, 1984
			Nephus (Bipunctatus) nigricans nigricans (J. WEISE, 1879)
			Nephus (Nephus) binotatus (C. N. F. BRISOUT DE BARNEVILLE, 1863)
			Nephus (Nephus) jacobsoni (BAROVSKIJ, 1906)
			Nephus (Nephus) limonii (DONISTHORPE, 1903)
			Nephus (Nephus) quadrimaculatus (HERBST, 1783)
			Nephus (Nephus) redtenbacheri (MULSANT, 1846)
		Scymniscus DOBRZHANSKIY, 1928	*Scymniscus anomus* (MULSANT & REY, 1852)
			Scymniscus biguttatus (MULSANT, 1850)
			Scymniscus horioni (FÜRSCH, 1965)
			Scymniscus kahleni (FÜRSCH, 1997)
		Scymnus KUGELANN, 1794	*Scymnus (Mimopullus) fennicus* J. R. SAHLBERG, 1886
			Scymnus (Mimopullus) flagellisiphonatus (FÜRSCH, 1970)
			Scymnus (Mimopullus) marinus (MULSANT, 1850)
			Scymnus (Mimopullus) sacium (ROUBAL, 1927)
			Scymnus (Neopullus) ater KUGELANN, 1794
			Scymnus (Neopullus) haemorrhoidalis HERBST, 1797
			Scymnus (Neopullus) limbatus STEPHENS, 1832

Unterfamilie	Tribus	Gattung	Art
			Scymnus (Neopullus) silesiacus J. WEISE, 1902
			Scymnus (Parapullus) abietis (PAYKULL, 1798)
			Scymnus (Pullus) auritus THUNBERG, 1795
			Scymnus (Pullus) ferrugatus (MOLL, 1785)
			Scymnus (Pullus) fraxini MULSANT, 1850
			Scymnus (Pullus) impexus MULSANT, 1850
			Scymnus (Pullus) subvillosus (GOEZE, 1777)
			Scymnus (Pullus) suturalis THUNBERG, 1795
			Scymnus (Scymnus) apetzi MULSANT, 1846
			Scymnus (Scymnus) bivulnerus BAUDI DI SELVE, 1894
			Scymnus (Scymnus) doriae CAPRA, 1924
			Scymnus (Scymnus) femoralis (GYLLENHAL, 1827)
			Scymnus (Scymnus) flavicollis L. REDTENBACHER, 1843
			Scymnus (Scymnus) frontalis (FABRICIUS, 1787)
			Scymnus (Scymnus) interruptus (GOEZE, 1777)
			Scymnus (Scymnus) jakowlewi J. WEISE, 1892
			Scymnus (Scymnus) magnomaculatus FÜRSCH, 1958
			Scymnus (Scymnus) marginalis (P. ROSSI, 1794)
			Scymnus (Scymnus) nigrinus KUGELANN, 1794
			Scymnus (Scymnus) rubromaculatus (GOEZE, 1777)
			Scymnus (Scymnus) schmidti FÜRSCH, 1958
			Scymnus (Scymnus) suffrianoides apetzoides CAPRA & FÜRSCH, 1967
	Stethorini DOBRZHANSKIY, 1924	*Stethorus* J. WEISE, 1885	*Stethorus pusillus* (HERBST, 1797)

Unterfamilie	Tribus	Gattung	Art
Chilocorinae MULSANT, 1846	Chilocorini MULSANT, 1846	*Chilocorus* LEACH, 1815	*Chilocorus bipustulatus* (LINNAEUS, 1758)
			Chilocorus nigritus (FABRICIUS, 1798)
			Chilocorus renipustulatus (L. G. SCRIBA, 1791)
		Exochomus L. REDTENBACHER, 1843	*Exochomus cedri* J. R. SAHLBERG, 1913
			Exochomus oblongus WEIDENBACH, 1859
			Exochomus quadripustulatus (LINNAEUS, 1758)
		Parexochomus BAROVSKIJ, 1922	*Parexochomus nigromaculatus* (GOEZE, 1777)
	Platynaspidini MULSANT, 1846	*Platynaspis* L. REDTENBACHER, 1843	*Platynaspis luteorubra* (GOEZE, 1777)
Ortaliinae MULSANT, 1850	Noviini MULSANT, 1850	*Novius* MULSANT, 1846	*Novius cruentatus* (MULSANT, 1846)
		Rodolia MULSANT, 1850	*Rodolia cardinalis* MULSANT, 1850
Coccinellinae LATREILLE, 1807	Halyziini MULSANT, 1846	*Halyzia* MULSANT, 1846	*Halyzia sedecimguttata* (LINNAEUS, 1758)
		Psyllobora CHEVROLAT, 1836	*Psyllobora vigintiduopunctata* (LINNAEUS, 1758)
			Psyllobora vigintimaculata (SAY, 1824)
		Vibidia MULSANT, 1846	*Vibidia duodecimguttata* (PODA VON NEUHAUS, 1761)
	Tytthaspidini CROTCH, 1874	*Anisosticta* CHEVROLAT, 1836	*Anisosticta novemdecimpunctata* (LINNAEUS, 1758)
			Anisosticta strigata (THUNBERG, 1795)
		Bulaea MULSANT, 1850	*Bulaea lichatschovii* HUMMEL, 1827
		Coccinula DOBRZHANSKIY, 1924	*Coccinula quatuordecimpustulata* (LINNAEUS, 1758)
			Coccinula sinuatomarginata (FALDERMANN, 1837)
		Tytthaspis CROTCH, 1874	*Tytthaspis sedecimpunctata* (LINNAEUS, 1761)
	Coccinellini LATREILLE, 1807	*Adalia* MULSANT, 1846	*Adalia* (*Adalia*) *bipunctata* (LINNAEUS, 1758)
			Adalia (*Adalia*) *decempunctata* (LINNAEUS, 1758)
			Adalia (*Adaliomorpha*) *conglomerata* (LINNAEUS, 1758)
		Anatis MULSANT, 1846	*Anatis ocellata* (LINNAEUS, 1758)

Unterfamilie	Tribus	Gattung	Art
		Aphidecta J. Weise, 1893	*Aphidecta obliterata* (Linnaeus, 1758)
		Calvia Mulsant, 1846	*Calvia decemguttata* (Linnaeus, 1767)
			Calvia quatuordecimguttata (Linnaeus, 1758)
			Calvia quindecimguttata (Fabricius, 1777)
		Ceratomegilla Crotch, 1873	*Ceratomegilla* (*Adaliopsis*) *alpina alpina* (A. Villa & G. B. Villa, 1835)
			Ceratomegilla (*Adaliopsis*) *alpina redtenbacheri* (Capra, 1928)
			Ceratomegilla (*Ceratomegilla*) *notata* (Laicharting, 1781)
			Ceratomegilla (*Ceratomegilla*) *rufocincta rufocincta* (Mulsant, 1850)
			Ceratomegilla (*Ceratomegilla*) *undecimnotata* (D. H. Schneider, 1792)
		Coccinella Linnaeus, 1758	*Coccinella* (*Chelonitis*) *venusta venusta* (J. Weise, 1879)
			Coccinella (*Coccinella*) *hieroglyphica hieroglyphica* Linnaeus, 1758
			Coccinella (*Coccinella*) *magnifica* L. Redtenbacher, 1843
			Coccinella (*Coccinella*) *quinquepunctata* Linnaeus, 1758
			Coccinella (*Coccinella*) *saucerottii* Mulsant, 1850
			Coccinella (*Coccinella*) *septempunctata* Linnaeus, 1758
			Coccinella (*Coccinella*) *transversoguttata transversoguttata* Faldermann, 1835
			Coccinella (*Coccinella*) *trifasciata trifasciata* Linnaeus, 1758
			Coccinella (*Spilota*) *undecimpunctata undecimpunctata* Linnaeus, 1758
			Coccinella (*Spilota*) *undecimpunctata tripunctata* Linnaeus, 1758
		Harmonia Mulsant, 1846	*Harmonia axyridis* (Pallas, 1773)
			Harmonia quadripunctata (Pontoppidan, 1763)

Unterfamilie	Tribus	Gattung	Art
Coccinellinae LATREILLE, 1807	Coccinellini LATREILLE, 1807	*Harmonia* MULSANT, 1846	*Harmonia yedoensis* (TAKIZAWA, 1917)
		Hippodamia CHEVROLAT, 1836	*Hippodamia (Hemisphaerica) septemmaculata* (DEGEER, 1775)
			Hippodamia (Hemisphaerica) tredecimpunctata (LINNAEUS, 1758)
			Hippodamia (Hippodamia) variegata (GOEZE, 1777)
		Myrrha MULSANT, 1846	*Myrrha octodecimguttata* (LINNAEUS, 1758)
		Myzia MULSANT, 1846	*Myzia oblongoguttata oblongoguttata* (LINNAEUS, 1758)
		Oenopia MULSANT, 1850	*Oenopia conglobata conglobata* (LINNAEUS, 1758)
			Oenopia doublieri (MULSANT, 1846)
			Oenopia impustulata (LINNAEUS, 1767)
			Oenopia lyncea agnatha (ROSENHAUER, 1847)
		Propylea MULSANT, 1846	*Propylea quatuordecimpunctata* (LINNAEUS, 1758)
		Sospita MULSANT, 1846	*Sospita vigintiguttata* (LINNAEUS, 1758)
Epilachninae MULSANT, 1846	Cynegetini C. G. THOMSON, 1866	*Cynegetis* CHEVROLAT, 1836	*Cynegetis impunctata* (LINNAEUS, 1767)
	Epilachnini MULSANT, 1850	*Henosepilachna* LI, 1961	*Henosepilachna argus* (GEOFFROY, 1785)
			Henosepilachna elaterii elaterii (P. ROSSI, 1794)
		Subcoccinella AGASSIZ, 1846	*Subcoccinella vigintiquatuorpunctata* (LINNAEUS, 1758)

Die folgende Übersicht (Tabelle 16) enthält 101 Arten, die in Mitteleuropa gesichert aktuell vorkommen. Außerdem werden elf Arten genannt, deren Areal an Mitteleuropa – in dem für dieses Buch verwendetem Umfang – angrenzt und deren Vorkommen deshalb möglich erscheint. Von einigen dieser Arten existieren Altfunde oder fragliche Nachweise. Hinzu kommen sieben weitere Arten, die zur Verwendung gegen Schädlinge in Gewächshäusern importiert wurden. Vorläufig kann deren Reproduktion über mehrere Generationen im Freiland ausgeschlossen werden, das kann sich jedoch ändern. Das gesamte, hier umrissene Artenspektrum – 119 Arten – wird auch im Speziellen Teil (Kapitel 13) abgehandelt sowie in den Bestimmungstabellen für die Imagines berücksichtigt.

Tabelle 16: Verbreitungsübersicht der Marienkäferfauna Mitteleuropas (nach Adriaens 2012, Bielawski 1962, 1971, 1978, Bogaert et al. 2012, Cuppen et al. 2017, Duverger 1990, Hansen et al. 1997, Hansen & Jørum 2017, Horion 1961, Jelínek 1993, Klausnitzer 2021a, Kovář 2007, Ruta et al. 2009, Segers 2015 sowie weiteren, einzelne Länder und Arten betreffenden Publikationen). Abkürzungen: FR = Ostfrankreich, BE = Belgien, LU = Luxemburg, NL = Niederlande, DN = Dänemark, DE = Deutschland, PL = Polen, CZ = Tschechien, SK = Slowakei, ÖS = Österreich, LS = Liechtenstein, SZ = Schweiz, + = Artnachweis, i = importiert, ? = fragliche Meldung. Bei Frankreich werden nur die im Osten und auch in Mitteleuropa vorkommenden Arten berücksichtigt.

Art	FR	BE	LU	NL	DN	DE	PL	CZ	SK	ÖS	LS	SZ
Delphastus catalinae						i						
Coccidula rufa	+	+	+	+	+	+	+	+	+	+	+	+
Coccidula scutellata	+	+	+	+	+	+	+	+	+	+	+	+
Lindorus forestieri	i	i										
Lindorus lophantae	i					i						
Rhyzobius chrysomeloides	+	+	+	+	+	+	+	+	+	+		+
Rhyzobius litura	+	+	+	+	+	+	+	+	+	+		+
Cryptolaemus montrouzieri montrouzieri	i	i			i	i	i					
Tetrabrachys connatus						?		+	+	+		
Hyperaspis campestris	+	+	+	+		+	+	+	+	+		+
Hyperaspis concolor	+	+				+	+	+	+	+		+
Hyperaspis erythrocephala					+		+	+	+			
Hyperaspis magnopustulata		+										
Hyperaspis pseudopustulata	+	+	+	+	+	+	+	+	+	+		
Hyperaspis quadrimaculata								+	+	+		
Hyperaspis reppensis	+			+		+	+	+	+	+		+
Hyperaspis stigma		+										
Clitostethus arcuatus	+	+		+	+	+	+	+	+	+		+
Nephus (Bipunctatus) bipunctatus		+	+	+	+	+	+	+	+	+		
Nephus (Bipunctatus) bisignatus bisignatus	+			+	+			+	+			
Nephus (Bipunctatus) bisignatus claudiae				+		+				+		
Nephus (Bipunctatus) nigricans nigricans										?		
Nephus (Nephus) binotatus	?											
Nephus (Nephus) jacobsoni									+	+		

Art	FR	BE	LU	NL	DN	DE	PL	CZ	SK	ÖS	LS	SZ
Nephus (Nephus) limonii				+	+	+						
Nephus (Nephus) quadrimaculatus	+	+		+	+	+	+	+	+	+		+
Nephus (Nephus) redtenbacheri	+	+		+	+	+	+	+	+	+	+	
Scymniscus anomus									+	+		
Scymniscus biguttatus									+			
Scymniscus horioni								+	+	+		
Scymniscus kahleni										+		
Scymnus (Mimopullus) fennicus												
Scymnus (Mimopullus) flagellisiphonatus								+	+	+		
Scymnus (Mimopullus) marinus												
Scymnus (Mimopullus) sacium												
Scymnus (Neopullus) ater	+	+		+	+	+	+	+	+	+		
Scymnus (Neopullus) haemorrhoidalis	+	+	+	+	+	+	+	+	+	+	+	+
Scymnus (Neopullus) limbatus	+	+		+	+	+	+	+	+	+		
Scymnus (Neopullus) silesiacus						?	+		+			
Scymnus (Parapullus) abietis	+	+			+	+	+	+	+	+		+
Scymnus (Pullus) auritus	+	+	+	+	+	+	+	+	+	+		+
Scymnus (Pullus) ferrugatus	+	+	+	+		+	+	+	+	+		+
Scymnus (Pullus) fraxini	+								+	+		
Scymnus (Pullus) impexus	+					+	+	+	+	+		+
Scymnus (Pullus) subvillosus	+					+		+	+	+		+
Scymnus (Pullus) suturalis	+	+	+	+	+	+	+	+	+	+	+	+
Scymnus (Scymnus) apetzi	+	+		+		+	+	+	+	+		+
Scymnus (Scymnus) bivulnerus												
Scymnus (Scymnus) doriae						+	+			+		

Art	FR	BE	LU	NL	DN	DE	PL	CZ	SK	ÖS	LS	SZ
Scymnus (Scymnus) femoralis		+		+		+	+	+	+	+	+	+
Scymnus (Scymnus) flavicollis										?		
Scymnus (Scymnus) frontalis	+	+	+	+	+	+	+	+	+	+	+	+
Scymnus (Scymnus) interruptus	+	+		+		+	+	+	+	+		+
Scymnus (Scymnus) jakowlewi												
Scymnus (Scymnus) magnomaculatus	+								+	+		
Scymnus (Scymnus) marginalis	+					?				+		
Scymnus (Scymnus) nigrinus	+	+		+	+	+	+	+	+	+		+
Scymnus (Scymnus) rubromaculatus	+	+	+	+	+	+	+	+	+	+		+
Scymnus (Scymnus) schmidti	+	+	+	+	+	+	+	+	+	+		
Scymnus (Scymnus) suffrianoides apetzoides	+					+	+		+	+		
Stethorus pusillus	+	+	+	+	+	+	+	+	+	+	+	
Chilocorus bipustulatus	+	+	+	+	+	+	+	+	+	+		+
Chilocorus nigritus												
Chilocorus renipustulatus	+	+	+	+	+	+	+	+	+	+	+	+
Exochomus cedri						+		+	+	+		
Exochomus oblongus						+		+		+		
Exochomus quadripustulatus	+	+	+	+	+	+	+	+	+	+		+
Parexochomus nigromaculatus	+	+		+	+	+		+	+	+		
Platynaspis luteorubra	+	+	+	+	+	+	+	+	+	+		
Novius cruentatus	+					+	+	+		+		
Rodolia cardinalis	i											
Halyzia sedecimguttata	+	+	+	+	+	+	+	+	+	+	+	
Psyllobora vigintimaculata				i								
Psyllobora vigintiduopunctata	+	+	+	+	+	+	+	+	+	+	+	+
Vibidia duodecimguttata	+	+	+		+	+	+	+	+	+		+
Anisosticta novemdecimpunctata	+	+	+	+	+	+	+	+		+	+	

Art	FR	BE	LU	NL	DN	DE	PL	CZ	SK	ÖS	LS	SZ
Anisosticta strigata												
Bulaea lichatschovii	+						i	i	i			
Coccinula quatuordecimpustulata	+	+	+	+	+	+	+	+	+	+		+
Coccinula sinuatomarginata	+							+	+			
Tytthaspis sedecimpunctata	+	+	+	+	+	+	+	+	+	+		+
Adalia (*Adalia*) *bipunctata*	+	+	+	+	+	+	+	+	+	+	+	+
Adalia (*Adalia*) *decempunctata*	+	+	+	+	+	+	+	+	+	+	+	+
Adalia (*Adaliomorpha*) *conglomerata*	+	+				+	+	+	+	+		+
Anatis ocellata	+	+		+	+	+	+	+	+	+	+	+
Aphidecta obliterata	+	+	+	+	+	+	+	+	+	+	+	+
Calvia decemguttata		+	+	+	+	+	+	+	+	+		+
Calvia quatuordecimguttata	+	+	+	+	+	+	+	+	+	+		+
Calvia quindecimguttata	+	+				+	+	+	+	+		+
Ceratomegilla (*Adaliopsis*) *alpina alpina*	+					?				+	+	+
Ceratomegilla (*Adaliopsis*) *alpina redtenbacheri*						+	+		+	+		
Ceratomegilla (*Ceratomegilla*) *notata*	+					+	+	+	+	+		+
Ceratomegilla (*Ceratomegilla*) *rufocincta rufocincta*												+
Ceratomegilla (*Ceratomegilla*) *undecimnotata*	+	+				+	+	+	+	+		+
Coccinella (*Chelonitis*) *venusta venusta*	+											+
Coccinella (*Coccinella*) *hieroglyphica*	+	+	+	+	+	+	+	+	+	+	+	+
Coccinella (*Coccinella*) *magnifica*		+	+	+	+	+	+	+	+	+		+
Coccinella (*Coccinella*) *quinquepunctata*	+	+	+	+	+	+	+	+	+	+		+
Coccinella (*Coccinella*) *saucerottii*							+	+	+			
Coccinella (*Coccinella*) *septempunctata*	+	+	+	+	+	+	+	+	+	+	+	+

Art	FR	BE	LU	NL	DN	DE	PL	CZ	SK	ÖS	LS	SZ
Coccinella (Coccinella) transversoguttata transversoguttata												
Coccinella (Coccinella) trifasciata trifasciata										+		+
Coccinella (Spilota) undecimpunctata tripunctata										+		
Coccinella (Spilota) undecimpunctata undecimpunctata	+	+	+	+	+	+	+	+	+	+		+
Harmonia axyridis	+	+	+	+	+	+	+	+	+	+	+	+
Harmonia quadripunctata	+	+	+	+	+	+	+	+	+	+	+	
Harmonia yedoensis												
Hippodamia (Hemisphaerica) septemmaculata	+	+		+	+	+	+	+	+	+		+
Hippodamia (Hemisphaerica) tredecimpunctata	+	+	+	+	+	+	+	+	+	+	+	+
Hippodamia (Hippodamia) variegata	+	+	+	+	+	+	+	+	+	+	+	+
Myrrha octodecimguttata	+	+	+	+	+	+	+	+	+	+		
Myzia oblongoguttata oblongoguttata	+	+	+	+	+	+	+	+	+	+		+
Oenopia conglobata conglobata	+	+	+	+	+	+	+	+	+	+	+	+
Oenopia doublieri	+											
Oenopia impustulata		+		+		+	+	+	+	+		
Oenopia lyncea agnatha	+					+	+	+	+	+		?
Propylea quatuordecimpunctata	+	+	+	+	+	+	+	+	+	+	+	+
Sospita vigintiguttata	+	+		+	+	+	+	+	+	+		+
Cynegetis impunctata	+	+		+	+	+	+	+	+	+		+
Henosepilachna argus	+	+		+		+	+	+	+	+		+
Henosepilachna elaterii elaterii			+			?		+	+	+		+
Subcoccinella vigintiquatuorpunctata	+	+	+	+	+	+	+	+	+	+		+
Summe	76	67	45	63	57	78	75	82	87	91	25	60
+ i	4	2		1	1	3	2	1	1			
+ ?	1					4				2		1

Die Artenzahlen für die einzelnen Länder sind nicht endgültig. Sofern keine zusammenfassenden Arbeiten vorliegen, können auch Funde einzelner Arten übersehen worden sein. Luxemburg und Liechtenstein haben wegen der geringen Flächengröße und dem damit verbundenem Fehlen einiger Habitate deutlich geringere Artenzahlen.

Insgesamt lässt sich ein Nord-Süd-Gefälle erkennen (vgl. Kapitel 2.2). So sind die Artenzahlen von Belgien, den Niederlanden und Dänemark mit 57 bis 67 die geringsten. Die Slowakei und Österreich als Länder mit deutlich stärkerem südlichen Einfluss haben die höchsten Artenzahlen 87 und 91. Polen, Deutschland und Tschechien liegen mit 75 bis 82 in der Mitte.

2.4 Marienkäferfauna von Deutschland

Wie alle Coleoptera wurde auch die Familie Coccinellidae von Horion (1951) in seinem »Verzeichnis der Käfer Deutschlands« zusammenfassend behandelt und später ausführlich im Band 8 seiner »Faunistik« von 1961. Seither ist erst 1998 eine zusammenfassende Neubearbeitung der Landesfauna vorgelegt worden (Köhler & Klausnitzer 1998), die seit einigen Jahren mit dem Deutschlandkatalog (DKat) weitergeführt wird.

Für einige Bundesländer oder einzelne Regionen existieren Verzeichnisse, die auch die Coccinellidae enthalten (Bäse 2008, Erber & Fried 1986, Fürsch 1958b, 1988, Gürlich et al. 1995, Klausnitzer 1961, 1985, 1986a, b, 1994a, 2017b, 2019e, 2020e, Klausnitzer et al. 2009, 2018, Ziegler 1991).

Aus Deutschland wurden bisher 80 Arten nachgewiesen (Tabelle 17). In diese Zahl sind *Tetrabrachys connatus* und *Scymnus silesiacus* einbezogen, die aber verschollen sind. Die in Gewächshäusern eingesetzten *Cryptolaemus montrouzieri* und *Lindorus lophantae* sowie der verschleppte *Delphastus catalinae* und *Scymnus marginalis*, deren dauerhaftes Vorkommen fraglich ist, wurden bei der Zählung nicht berücksichtigt, sind aber in der Tabelle enthalten.

Bei einer Reihe von Arten ist das Vorkommen in einzelnen Bundesländern nur durch alte Funde belegt. Der Anteil alter Funde ist aber insgesamt gering. Von den in Tabelle 17 eingetragenen Fundnachweisen (gerechnet ohne *Lindorus lophantae, Cryptolaemus montrouzieri, Delphastus catalinae, Scymnus marginalis*) sind 813 (91,6 %) aktuell (nach 2000), 58 (6,5 %) datieren zwischen 1950 und 1999, 8 (0,9 %) zwischen 1900 und 1949 und 9 (1,0 %) vor 1900.

Der Nachweis weiterer Arten ist nicht ausgeschlossen, weil sie in Nachbarländern gefunden wurden (vgl. Tabelle 16) oder ihr Areal nach Norden

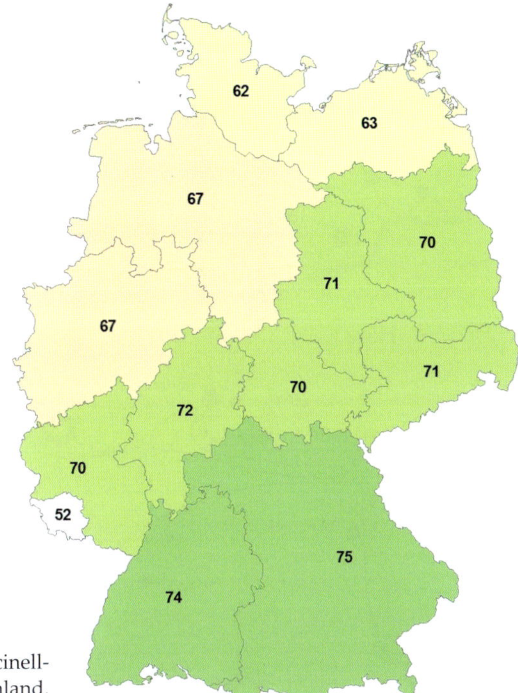

Abb. 26: Artengefälle der Coccinellidae innerhalb von Deutschland. Grafik: U. Klausnitzer.

verschieben, mitunter sicher auch infolge der Klimaerwärmung. Hinzu kommt die Möglichkeit, dass sich Arten der Gewächshausfauna auch im Freiland etablieren könnten. Auch muss immer mit der Einschleppung von Arten gerechnet werden, die sich vielleicht ansiedeln werden.

Die bisher bekannten Fundnachweise wurden nach den Bundesländern geordnet. Dabei zeigen sich nur relativ geringe Unterschiede in der Zahl der für die einzelnen Länder nachgewiesenen Arten (ohne die bei der Zählung ausgeschlossenen vier Arten). Ein Artengefälle von Süden nach Norden, wie es für andere Coleoptera nachgewiesen wurde, ist nicht besonders deutlich (Abb. 26). Die Bundesländer mit Anteilen des Alpenvorlandes und der Alpen sowie wärmegetönten Gebieten fallen durch höhere Artenzahlen auf (Bayern 75 Arten, Baden-Württemberg 74, Hessen 72). Das artenärmste Gebiet ist der Norden Deutschlands (Schleswig-Holstein 62, Mecklenburg-Vorpommern 63). Die Zahl vom Saarland (52) weicht deutlich ab und ist sicher nicht repräsentativ. Grund ist vor allem die geringe Flächengröße. Die Stadtstaaten Bremen, Hamburg und Berlin sind nicht separat angeführt, bekannte Nachweise gehen in den Vorkommen der jeweils umgebenden Flächenländer auf.

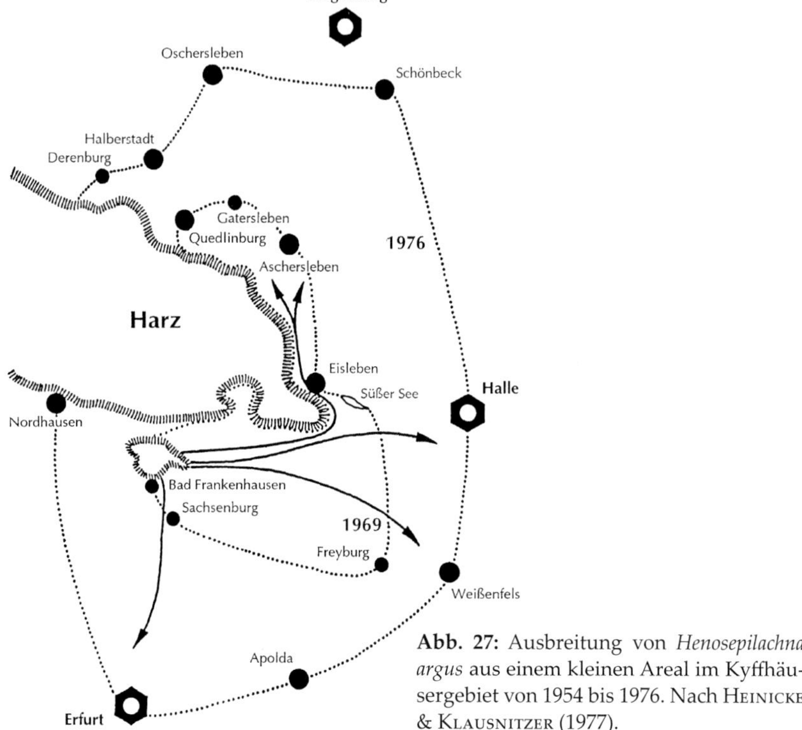

Abb. 27: Ausbreitung von *Henosepilachna argus* aus einem kleinen Areal im Kyffhäusergebiet von 1954 bis 1976. Nach Heinicke & Klausnitzer (1977).

60 Arten (= 75,0 %) wurden aus allen oder nahezu allen Bundesländern gemeldet (in den fehlenden Ländern sind sie zu erwarten). Es gibt aber regionale Unterschiede in der Fundortzahl. Einige Arten sind in den südlichen und mittleren Ländern ± weit verbreitet, nehmen aber nach dem Norden zu in ihrer Häufigkeit deutlich ab. Neun thermophile (11,3 %) und fünf (6,3 %) montane, subalpine und alpine Arten fehlen dort völlig, woraus sich die geringeren Artenzahlen für Schleswig-Holstein und Mecklenburg-Vorpommern hauptsächlich erklären. Ausschließlich im Norden kommt *Nephus limonii* vor (Salzwiesen der Nordseeküste). *Calvia quindecimguttata, Nephus bisignatus, Novius cruentatus, Oenopia impustulata* und *Scymnus doriae* wurden nur lokal begrenzt nachgewiesen und sind meist als selten gemeldet worden. Von *Hippodamia septemmaculata* gibt es kaum noch aktuelle Nachweise. Die Verbreitung der *Hyperaspis*-Arten ist so schlecht bekannt, dass sie sich für einige Arten vorläufig kaum beurteilen lässt (Günther 1959, Canepari et al. 1985, Klausnitzer 1985).

Als alpin gelten *Exochomus oblongus* und *Ceratomegilla alpina* (vgl. Kapitel 2.6). Mehr oder weniger bevorzugt montan bis subalpin sind *Scymnus im-*

pexus und *Ceratomegilla notata*, daneben auch *Adalia conglomerata*. In ihrem Vorkommen auf Wärmeinseln ± beschränkt sind *Scymnus apetzi*, *S. subvillosus* und *S. suffrianoides apetzoides*, außerdem *Oenopia lyncea agnatha*. Von *Scymnus silesiacus* und *Tetrabrachys connatus* werden für Deutschland nur alte Funde in der Literatur aufgeführt, neue Nachweise fehlen. Beide Arten dürften verschwunden sein. Bei den nicht mehr überprüfbaren Meldungen von *Scymnus apetzi* muss auch an Fehldeutungen gedacht werden, sein Vorkommen dürfte auf Südwest-Deutschland begrenzt sein.

Henosepilachna argus fiel in den vergangenen Jahrzehnten durch eine auffällige Arealausweitung auf (Dubberke & Creutzburg 1970, Witsack 1977) (Abb. 27). Auch in Österreich (Wiener Becken) wurde Ähnliches beobachtet (Kühnelt 1981). In jüngerer Zeit haben *Clitostethus arcuatus* (Bathon 1983, Fürsch 1992a, Gürlich 1991, Ziegler 1993, Pütz et al. 2000) und vielleicht auch *Scymnus subvillosus* (Klausnitzer 1992a, 1993b, Pütz 1994) ebenfalls ihr Areal vergrößert. Hinzu kommt die gigantische Ausbreitung von *Harmonia axyridis*.

Natürlich ist die Marienkäferfauna von Deutschland ungleichmäßig gut untersucht worden. Die Lücken betreffen im Wesentlichen aus taxonomischer Sicht *Scymnus*, *Nephus* und *Hyperaspis*. Die hier vorgelegte Liste (Tabelle 17) ist aus diesen und anderen Gründen als vorläufig anzusehen. Hinzu kommt natürlich die allgemein bekannte Dynamik, die allen faunistischen Erhebungen innewohnt.

Tabelle 17: Verbreitungsübersicht über die Marienkäferfauna Deutschlands (Quellen s. S. 74). Abkürzungen: MV = Mecklenburg-Vorpommern, SH = Schleswig-Holstein mit Hamburg, BB = Brandenburg mit Berlin, NI = Niedersachsen mit Bremen, NW = Nordrhein-Westfalen, ST = Sachsen-Anhalt, SN = Sachsen, TH = Thüringen, HE = Hessen, RP = Rheinland-Pfalz, SL = Saarland, BW = Baden-Württemberg, BY = Bayern.
• = vor 1900, – = vor 1950, + = vor 2000, * = seit 2000, ? = fragliche Meldung, i = (aus anderem Faunengebiet) importierte Art, v = (im Faunengebiet) verschleppte Art.

Art	MV	SH	BB	NI	NW	ST	SN	TH	HE	RP	SL	BW	BY
Delphastus catalinae				i									
Coccidula rufa	*	*	*	*	*	*	*	*	*	*	*	*	*
Coccidula scutellata	*	*	*	*	*	*	*	*	*	*	*	*	*
Lindorus lophantae				i	i		i			i		i	
Rhyzobius chrysomeloides	*	*	*	*	*	*	*	*	*	*	*	*	*
Rhyzobius litura	*	*	*	*	*	*	*	*	*	*	*	*	*
Cryptolaemus montrouzieri		i		i	i	i	i	i	i	i		i	

Art	MV	SH	BB	NI	NW	ST	SN	TH	HE	RP	SL	BW	BY
Tetrabrachys connatus						•							?
Hyperaspis campestris	*	*	*	*	*	*	*	*	*	*		*	*
Hyperaspis concolor	*	*	*	*		+	*	*	*	+		+	*
Hyperaspis pseudopustulata	+	*	*	*			+	*	*			+	+
Hyperaspis reppensis	*	*	+	*	+	*	*	–	*	*	*	*	+
Clitostethus arcuatus	*	*	*	*	*	*	*	*	*	*	*	*	*
Nephus (Bipunctatus) bipunctatus	*	*	*	*	*	*	*	*	*	*	*	*	*
Nephus (Bipunctatus) bisignatus claudiae	+	*	*	*		*			+	+		+	*
Nephus (Nephus) limonii		*		–									
Nephus (Nephus) quadrimaculatus	*	?	*	*	*	*	*	*	*	*	*	*	*
Nephus (Nephus) redtenbacheri	*	*	*	*	*	*	*	*	*	*	*	*	*
Scymnus (Neopullus) ater	*	+	+	*	*	*	*	*	*	*		+	*
Scymnus (Neopullus) haemorrhoidalis	*	*	*	*	*	*	*	*	*	*	*	*	*
Scymnus (Neopullus) limbatus	*	*	+	*	*	*	*	*	*	+	*	*	*
Scymnus (Neopullus) silesiacus			•										
Scymnus (Parapullus) abietis	*	*	*	*	*	*	*	*	*	*	*	*	*
Scymnus (Pullus) auritus	*	*	*	*	*	*	*	*	*	*	*	*	*
Scymnus (Pullus) ferrugatus	*	*	*	*	*	*	*	*	*	*		*	*
Scymnus (Pullus) impexus					*	+	–	•	•	+		*	*
Scymnus (Pullus) subvillosus			+	–	•		*	*	*	*		*	–
Scymnus (Pullus) suturalis	*	*	*	*	*	*	*	*	*	*	*	*	*
Scymnus (Scymnus) apetzi					v	+			*	*		*	*

Art	MV	SH	BB	NI	NW	ST	SN	TH	HE	RP	SL	BW	BY
Scymnus (Scymnus) doriae			*				*						+
Scymnus (Scymnus) femoralis	*	*	*	*	*	*	*	*	*	*		*	*
Scymnus (Scymnus) frontalis	*	*	*	*	*	*	*	*	*	*	*	*	*
Scymnus (Scymnus) interruptus	*		*	*	*	*	*	*	*	*	*	*	*
Scymnus (Scymnus) marginalis													?
Scymnus (Scymnus) nigrinus	*	*	*	*	*	*	*	*	*	*	*	*	*
Scymnus (Scymnus) rubromaculatus	*	*	*	*	*	*	*	*	*	*	*	*	*
Scymnus (Scymnus) schmidti	*	*	*	*	*	*	*	*	*	*	*	*	*
Scymnus (Scymnus) suffrianoides apetzoides					*			*	*	*		*	*
Stethorus pusillus	*	*	*	*	*	*	*	*	*	*	*	*	*
Chilocorus bipustulatus	*	*	*	*	*	*	*	*	*	*	*	*	*
Chilocorus renipustulatus	*	*	*	*	*	*	*	*	*	*	*	*	*
Exochomus cedri									*				
Exochomus oblongus												*	*
Exochomus quadripustulatus	*	*	*	*	*	*	*	*	*	*	*	*	*
Parexochomus nigromaculatus	*	*	*	*	*	*	*	*	*	*		+	*
Platynaspis luteorubra	*	*	*	*	*	*	*	*	*	*	*	*	*
Novius cruentatus		•	*	*	*	*	*	*	?			–	
Halyzia sedecimguttata	*	*	*	*	*	*	*	*	*	*	*	*	*
Psyllobora vigintiduopunctata	*	*	*	*	*	*	*	*	*	*	*	*	*
Vibidia duodecimguttata	+		*		•	*	*	*	*	*	+	*	*
Anisosticta novemdecimpunctata	*	*	*	*	*	*	*	*	*	*	*	*	*
Coccinula quatuordecimpustulata	*	*	*	*	*	*	*	*	*	*	*	*	*

Art	MV	SH	BB	NI	NW	ST	SN	TH	HE	RP	SL	BW	BY
Tytthaspis sedecimpunctata	*	*	*	*	*	*	*	*	*	*	*	*	*
Adalia (Adalia) bipunctata	*	*	*	*	*	*	*	*	*	*	*	*	*
Adalia (Adalia) decempunctata	*	*	*	*	*	*	*	*	*	*	*	*	*
Adalia (Adaliomorpha) conglomerata		*	*	*	*	*	*	*	*	*	*	*	*
Anatis ocellata	*	*	*	*	*	*	*	*	*	*	*	*	*
Aphidecta obliterata	*	*	*	*	*	*	*	*	*	*	*	*	*
Calvia decemguttata	*	*	*	*	*	*	*	*	*	*	*	*	*
Calvia quatuordecimguttata	*	*	*	*	*	*	*	*	*	*	*	*	*
Calvia quindecimguttata	+		+			*	*	+	+	+		+	*
Ceratomegilla (Adaliopsis) alpina alpina													*
Ceratomegilla (Adaliopsis) alpina redtenbacheri							**v**						
Ceratomegilla (Ceratomegilla) notata				*		*	*	*		**v**	**v**	*	*
Ceratomegilla (Ceratomegilla) undecimnotata	+		+	*	*	*	*	*	*	*		*	*
Coccinella (Coccinella) hieroglyphica	+	+	*	*	*	*	*	*	*	*	+	*	*
Coccinella (Coccinella) magnifica	*	*	*	*	*	*	*	*	*	*		+	*
Coccinella (Coccinella) quinquepunctata	*	*	*	*	*	*	*	*	*	*	*	*	*
Coccinella (Coccinella) septempunctata	*	*	*	*	*	*	*	*	*	*	*	*	*
Coccinella (Spilota) undecimpunctata	*	*	*	*	*	*	*	*	*	*	+	+	*
Harmonia axyridis	*	*	*	*	*	*	*	*	*	*	*	*	*
Harmonia quadripunctata	*	*	*	*	*	*	*	*	*	*	*	*	*
Hippodamia (Hemisphaerica) septemmaculata	+	+	+	+	–	+	*	*	•	+	+	+	*

Art	MV	SH	BB	NI	NW	ST	SN	TH	HE	RP	SL	BW	BY
Hippodamia (Hemisphaerica) tredecimpunctata	*	*	*	*	*	*	*	*	*	*	*	*	*
Hippodamia (Hippodamia) variegata	*	*	*	*	*	*	*	*	*	*	*	*	*
Myrrha octodecimguttata	*	*	*	*	*	*	*	*	*	*	+	*	*
Myzia oblongoguttata	*	*	*	*	*	*	*	*	*	*	*	*	*
Oenopia conglobata	*	*	*	*	*	*	*	*	*	*	*	*	*
Oenopia impustulata		*	*	*	*	*	*	*	+	*		+	*
Oenopia lyncea agnatha					+	+	*		*	*		*	*
Propylea quatuordecimpunctata	*	*	*	*	*	*	*	*	*	*	*	*	*
Sospita vigintiguttata	*	*	*	*	*	*	*	*	*	*	+	*	*
Cynegetis impunctata	*	*	*	*	*	*	*	*	*	*		+	*
Henosepilachna argus			*		*	*	*	*	*	*		*	+
Subcoccinella vigintiquatuorpunctata	*	*	*	*	*	*	*	*	*	*	*	*	*
•		1	1		2	1		1	2				
–				2	1		1	1				1	1
+	7	3	7	1	2	5	1	1	3	6	6	11	4
*	56	58	62	64	62	65	69	67	67	64	46	62	70
Gesamtsumme	63	62	70	67	67	71	71	70	72	70	52	74	75
importiert		1		3	2	1	2	1	1	2		2	

2.5 Eingeschleppte Arten

Gelegentlich treten bei uns Marienkäferarten auf, deren Verbreitungsgebiet Mitteleuropa nicht berührt und die sicher ungewollt verschleppt wurden. Eine Einbürgerung ist mitunter nicht ausgeschlossen. Andere Arten sind durch den Menschen bewusst verbreitet worden. Die meisten dieser Importe bleiben unauffällig und haben keinen Einfluss auf die heimische Fauna. Nur *Harmonia axyridis* ist eine Ausnahme.

Diese Art gehört zu den weltweit besonders gut untersuchten Marienkäferarten. Sie wurde z. B. als eine der ersten unter Laborbedingungen mit künstlicher Diät vermehrt (Okada 1970, 1971, Okada et al. 1971, Matsuka et al. 1972, Okada et al. 1972, Matsuka & Okada 1975, Niijima et al. 1977,

1986), eine wichtige Voraussetzung für Massenzuchten im Hinblick auf eine Anwendung zur Blattlausbekämpfung. Es wurde unter diesen Bedingungen sogar eine rein weibliche Nachkommenschaft erhalten (Matsuka et al. 1975), außerdem gibt es flügellose Mutanten (Freilandexperimente in Südfrankreich; Hodek & Honěk 1996).

Ursprünglich ist *Harmonia axyridis* im Osten der Paläarktis beheimatet und wurde mehrfach in anderen Faunengebieten ausgebracht, wobei der Gedanke, einen zusätzlichen Blattlaus-Prädator zu haben, im Vordergrund stand (z. B. Hawaii, Kalifornien). Seit Ende der 80er-Jahre ist sie in den USA weit verbreitet und kommt auch in Kanada mindestens bis zum 44. Grad nördlicher Breite vor (Brown & Miller 1998). *H. axyridis* wurde außerdem aus den fernöstlichen Teilen Russlands nach den mittelasiatischen Gebieten übertragen (Savoiskaja 1970a, b) und auch in Georgien sowie der westlichen Ukraine angesiedelt (Hodek & Honěk 1996). Duverger (1990) nennt sie von der Côte d'Azur, Ongagna et al. (1993) berichten bereits über den Lebenszyklus der Art in Südostfrankreich. Auch in Italien wurde sie eingeführt. In Nordfrankreich und im Elsass wurde *H. axyridis* zur Blattlausbekämpfung in Hopfenkulturen ausgesetzt (Weihrauch 2008).

Es war absehbar, dass *H. axyridis* früher oder später auch in Mitteleuropa im Freiland zu finden sein würde. Möglicherweise wird diese Art zu einem Kosmopoliten, da sie offenbar ein breites Spektrum verschiedener Umweltfaktoren tolerieren kann. Es gibt verschiedene Gründe, warum *H. axyridis* so erfolgreich ist:

- hohe Eizahl, nach Hukusima & Kamei (1970) 3800 Eier/Weibchen in Gelegen zu 20–50 Stück,
- kurze Entwicklungszeit, unter günstigen Bedingungen: Ei – 3 Tage, Larve – 11 Tage, Puppe – 5 Tage,
- kann eine große Zahl unterschiedlicher Biotope besiedeln,
- kann vielfältige Nahrung nutzen,
- verträgt niedrige Temperaturen,
- hat keine obligatorische Diapause (Hodek 2012, Raak-van den Berg 2017),
- kann deshalb mehrere Generationen pro Jahr erzeugen.

H. axyridis gilt als eine ernste Bedrohung heimischer Coccinellidae. Es ist oft darüber gesprochen und geschrieben worden, dass diese Art ein unmittelbarer Kontrahent von *Coccinella septempunctata* ist bzw. sein wird. Überschriften in der Tagespresse wie »Killerkäfer frisst unserem Glücksbringer alles weg«, »Verdrängt Asiatischer Marienkäfer Artgenossen?«, »Killerkäfer aus Asien überfallen Hessen« oder »Siebenpunkt in Not« geben der Stimmung Ausdruck. Exakte Untersuchungen fehlen weitgehend. Eine

Beurteilung von Veränderungen ist auch deshalb schwierig, weil quantitative Erhebungen über die Besiedlung unterschiedlicher Habitate durch Marienkäfer aus der Zeit vor dem Auftreten von *H. axyridis* in Mitteleuropa selten sind. Frühe Belege aus England für einen Rückgang der einheimischen Marienkäfer als Reaktion auf die Ankunft von *H. axyridis* beschreiben Brown et al. (2011).

Nach wie vor ist offen, wie sich diese Art in Bezug auf *Coccinella septempunctata* langfristig verhalten wird. Die Frage, wie die autochthone Marienkäferfauna auf diesen Zuwachs reagiert, ist jedenfalls nur in Ansätzen geklärt.

Es scheint so, als würde die neue Art die Strauch- und Baumschicht bevorzugen (Linden, Hopfen, Hecken). Dafür sprechen die Beobachtungen erster Massenauftreten auf Linden in Hamburg (Tolasch 2002) (Tabelle 18), weiterhin das plötzliche und starke Auftreten (»im Handstreich«) in Hopfengärten der Hallertau (Bayern) (Weihrauch 2008) sowie mehrjährige Beobachtungen des Verfassers in Dresden-Strehlen. Zudem besitzt *H. axyridis* in der Hämolymphe parasitische Mikrosporidien der Gattung *Nosema*, gegen die der Käfer selbst immun ist und die maßgeblich für den rasanten Bestandeseinbruch von *Adalia bipunctata* verantwortlich sind (vgl. Kapitel 10.4).

Tabelle 18: Gesamtzahl und prozentuale Verteilung der auf 50 im Hamburger Stadtzentrum untersuchten Linden festgestellten Marienkäferarten (03.10.2002). Nach Tolasch (2002).

Art	Imagines	Larven	Summe	Anteil
Harmonia axyridis	1 013	752	1 765	90,0 %
Adalia bipunctata	117	5	122	6,2 %
Coccinella septempunctata	12	7	19	1,0 %
Propylea quatuordecimpunctata	13	0	13	0,7 %
Adalia decempunctata	12	0	12	0,6 %
Calvia decemguttata	8	1	9	0,5 %
Calvia quatuordecimguttata	5	0	5	0,3 %
Aphidecta obliterata	5	0	5	0,3 %
Stethorus pusillus	3	0	3	0,2 %
Harmonia quadripunctata	2	0	2	0,1 %
Psyllobora vigintiduopunctata	2	0	2	0,1 %
Anatis ocellata	1	0	1	< 0,1 %
Halyzia sedecimguttata	1	0	1	< 0,1 %
Oenopia conglobata	1	0	1	< 0,1 %
Scymnus abietis	1	0	1	< 0,1 %

Man kann insgesamt von einer konkurrenzbedingten Beeinflussung der indigenen Marienkäferfauna sprechen. Hinzu kommt eine tiefgreifende Veränderung der Dynamik und Zusammensetzung des Blattlausfeindkreises. Manche Arten der einheimischen Blattlausfauna werden durch *H. axyridis* vermutlich nachhaltig geschädigt.

Es scheint so, dass die Populationsdichte von *H. axyridis* gegenüber den Anfangsjahren abnimmt, auch der Anteil der Art an den Marienkäfergesellschaften verschiedener Biotope. Dennoch ist sie vielerorts die dominierende Marienkäferart.

Zu erforschen wird auch sein, welche Parasitoide *H. axyridis* befallen werden. In Ostasien ist es ein Spektrum, das demjenigen von *Coccinella septempunctata* ähnelt (Kuznetsov 1987, Klausnitzer & Klausnitzer 1997).

Die gegenwärtige Situation in Europa ist kein Endstadium, sondern als Übergang zu werten. Noch immer scheint die Einpassung von *H. axyridis* in die indigenen Ökosysteme nicht abgeschlossen zu sein. In der Zukunft werden manche einheimische Arten vermutlich noch weiter abnehmen, aber wohl nicht völlig verdrängt werden, zumal noch andere Faktoren die Marienkäferfauna negativ beeinflussen (vgl. Kapitel 11).

Es ist nicht ausgeschlossen, dass auch *Harmonia yedoensis* in Mitteleuropa im Freien zu finden ist bzw. sein wird (Klausnitzer 2002a, Riedel & Bastian 2005). Sie stammt ebenfalls aus Ostasien (China, Korea, Japan) und wird zur Bekämpfung von Blattläusen verwendet. In ihrem äußeren Erscheinungsbild ähnelt sie *H. axyridis*, ihr fehlt jedoch die quere Bogenfalte am Ende der Elytren. Da auch bei *H. axyridis* Exemplare ohne dieses Merkmal vorkommen (in manchen Populationen sogar mit einem großen Anteil), sollten diese näher untersucht werden. Eine sichere Unterscheidung erfordert eine Untersuchung des männlichen Genitals, das gut sichtbare Unterschiede zeigt. Die Larven sind anhand der Färbung und der Struktur der Borsten ebenfalls gut zu trennen (vgl. Kapitel 8.2).

Zur Bekämpfung von Schildläusen (Coccina) und anderen Sternorrhyncha in Gewächshäusern wurden in Mitteleuropa vor allem in Botanischen Gärten verschiedene Coccinellidae eingeführt und kommerziell vertrieben, die sich bereits anderenorts als entsprechend geeignet erwiesen hatten. Vielfach leben sie Jahrzehnte in den entsprechenden Glashäusern und gelangen auch ins Freie. Jedoch sind es überwiegend Arten, die keinen Frost vertragen, sodass mit einer Ansiedlung nicht zu rechnen ist. Im Wesentlichen handelt es sich um sechs Arten (zu Einzelheiten vgl. Kapitel 13).

- *Delphastus catalinae* ist (sekundär) fast weltweit verbreitet und wurde in Deutschland auch im Freiland gefunden (Burgarth 2019).

- *Lindorus forestieri* und *L. lophantae* aus Australien werden weltweit als Gegenspieler von Coccina gehandelt.
- *Cryptolaemus montrouzieri montrouzieri* aus Australien wurde weltweit verbreitet und hat in klimatisch begünstigten Gebieten auch im Freiland Populationen gebildet.
- *Chilocorus nigritus* stammt aus der östlichen Paläarktis.
- *Rodolia cardinalis* – das klassische Beispiel für biologische Schädlingsbekämpfung – stammt aus Australien und kommt heute in allen subtropischen Gebieten der Erde vor und wird in Kapitel 9.2 behandelt.

Gelegentlich werden Arten gefunden, die sicher zufällig eingeschleppt wurden und sich vermutlich nicht ansiedeln können. Ein Beispiel ist *Nephus* (*Bipunctatus*) *conjunctus* (Wollaston, 1870) [Synonym: *N. includens* (Kirsch, 1871)]. Die Art kommt auf der Iberischen Halbinsel, in Italien, den Kanarischen Inseln, Nordafrika, Vorderasien und dem tropischen Afrika vor. Fürsch (1992a) nennt sie unter »*includens*« von der westfriesischen Insel Terschelling. Sie wurde dort in Dünentälern an Kriech-Weide (*Salix repens*) gefunden.

Ein weiteres Beispiel ist *Eriopis chilensis* Hofmann, 1970. Diese Art ist in Mittel- und Südchile weit verbreitet (Hofmann 1970, González 2014). Sie ernährt sich von Blattläusen. Ein Exemplar wurde in Schwerin an aus Chile importierten Weintrauben gefunden (Klausnitzer 2020b).

2.6 Vertikale Verbreitung

Viele Coccinellidae leben ± ausschließlich in der planaren und kollinen Stufe. Dies betrifft sowohl die Artenzahl als auch die Individuenzahl. Nur relativ wenige Arten kommen in montanen Gebieten und noch weniger im subalpinen oder alpinen Bereich vor. Zu beachten ist, dass die Höhenstufen zwischen den Randalpen und den Inneralpen in unterschiedlicher Höhe verlaufen. Der montane Bereich endet an der Waldgrenze. Diese liegt in den Randalpen bei etwa 1 600 m, in den Inneralpen bei 2 000 m. Ähnlich ist es mit dem anschließenden subalpinen Bereich, der bis zur Baum- und Krummholzgrenze geht und bis 1 800 bzw. 2 300 m reicht. Die alpine Zone ist durch einen geschlossenen Rasen gekennzeichnet und reicht bis 2 400 bzw. 2 800 m. Aus der oberhalb liegenden nivalen Stufe ist keine Entwicklung einer Marienkäferart bekannt. Lediglich vom Vorkommen verdrifteter Exemplare wird berichtet. Hornig (in litt.) fand z. B. *Harmonia axyridis* am 26.06.2008 auf der Tiroler Seite der Zugspitze in 2 750 m Höhe.

Einige Arten sind in der Lage, alle Höhenstufen zu besiedeln. *Subcoccinella vigintiquatuorpunctata* kommt von planaren bis in subalpine Lagen vor. Sie ist z. B. vom Risserkogel in Bayern bis ca. 1 650 m Höhe und aus Vorarlberg aus ca. 2 000 m Höhe bekannt. Auch die anderen, im Folgenden genannten Arten kommen vor allem in der Ebene und im Hügelland vor. Einige Beispiele sollen verdeutlichen, dass sie auch in subalpinen und alpinen Höhenstufen gefunden werden können. Meist ist aber nur der Nachweis von Imagines dokumentiert. Ob eine Entwicklung möglich ist, bleibt offen.

Cynegetis impunctata lebt noch in 1 888 m Höhe und *Scymnus abietis* in Vorarlberg in 2 000 m und im Glocknergebiet in ca. 2 500–2 600 m. *Hippodamia septemmaculata* kommt in Österreich ebenfalls bis in subalpine Lagen vor. *H. variegata* wurde in den italienischen Alpen in 2 660 m Höhe nachgewiesen. *Adalia decempunctata* wurde im Schwarzwald bis 1 200 m Höhe gefunden, in Vorarlberg bis 2 000 m (in Tirol nicht über 1 200 m). *Chilocorus renipustulatus* wurde in den bayerischen Alpen noch in 1 600 m Höhe beobachtet. Die meisten Angaben zitiert nach Horion (1961). *Nephus redtenbacheri* wurde nach Fürsch (1967) in den Alpen noch in 2 000 m Höhe aus *Loiseleuria-procumbens*-Rasen (Gämsheide) gesiebt. *Coccinella septempunctata* kommt nach Kreissl (1959b) in der Steiermark bis in 2 000 m Höhe vor.

Relativ wenige Arten besiedeln bevorzugt den montanen Bereich und kommen in der planaren und kollinen Höhenstufe nur ausnahmsweise vor. *Ceratomegilla notata* wird z. B. aus dem Schwarzwald bis zu einer Höhe von 1350 m gemeldet.

Einige Arten sind nur alpin anzutreffen. Auch die Entwicklung findet dort statt. *Ceratomegilla rufocincta* und *Coccinella venusta* kommen bis in eine Höhe von 2 500 m vor, *Ceratomegilla alpina* bis 2 000 m. *Coccinella trifasciata* wurde in 2 500 m Höhe gefunden. *Exochomus oblongus* lebt bereits in der montanen Höhenstufe, hat aber sein Hauptverbreitungsgebiet im subalpinen und alpinen Bereich.

2.7 Disjunkte Areale

Das Areal einiger Arten ist in mehrere Teilgebiete zerrissen, zwischen denen weite Zonen liegen, in denen die betreffende Art zu fehlen scheint oder wirklich fehlt. Als Beispiel für eine solche disjunkte Verbreitung können Arten dienen, die einerseits im Norden (boreal) und außerdem in den höheren Gebirgslagen Mitteleuropas leben (*Ceratomegilla notata* [boreomontan], *Coccinella trifasciata* [boreoalpin]).

Auch *Novius cruentatus* scheint disjunkt verbreitet zu sein, da diese auffällige Art nur aus wenigen, relativ isolierten Gebieten bekannt geworden ist, obwohl der Lebensraum – ausgedehnte Kiefernwälder – große Teile Mitteleuropas bedeckt (Klausnitzer et al. 1979).

Bielawski (1955)[14] vermutet eine Vikarianz der beiden *Rhyzobius*-Arten. Unter vikariierenden Arten versteht man solche, deren Verbreitungsgebiete sich nur berühren, eine wesentliche Überschneidung erfolgt nicht, sodass sie sich in ihrem Vorkommen ± ausschließen. Vermutlich vikariieren beide Arten im Bereich des nördlichen Mittelmeergebietes. *Rhyzobius chrysomeloides* kommt auf der Iberischen Halbinsel vor. *Rh. litura* ist aus dem südlichen Osteuropa bis zum asiatischen Teil der Türkei, von der Balkanhalbinsel und aus Italien bekannt. Beide Arten leben auch in Nordafrika und Vorderasien (Kovář 2007). In Mitteleuropa sind beide vorhanden. Die bisherigen Befunde deuten darauf hin, dass es hier eine ± breite Überlappungszone gibt. Vielleicht existieren Unterschiede in der Dichte der Fundorte. Für Deutschland hat sich bisher keine Verbreitungsgrenze finden lassen.

2.8 Exportierte Arten

Einige der in Mitteleuropa vorkommenden Coccinellidae leben auch in Nordamerika (Tabelle 19) (Beispiele ebenfalls in Kapitel 9.2). Mindestens zwölf von ihnen wurden exportiert oder verschleppt. Einige weitere sind als holarktisch anzusehen (*Calvia quatuordecimguttata, Hippodamia tredecimpunctata, Myzia oblongoguttata*). Zwei in der Paläarktis lebende Arten (*Coccinella hieroglyphica, C. trifasciata*) sind in Nordamerika durch andere Unterarten vertreten.

---

14 Von 1948 bis 1978 arbeitete Ryszard Bielawski (*14.09.1930 Lidzie/Lida (damals Weißrussland)) am Institut für Zoologie der Polnischen Akademie der Wissenschaften in Warschau. Er nahm an wissenschaftlichen Expeditionen nach China, Indien, Korea und in die Mongolei teil. Bielawski untersuchte Coccinellidae der paläarktischen, orientalischen und australischen Regionen. Die Ergebnisse fanden in 74 Publikationen und vielen Neubeschreibungen ihren Niederschlag. Seine Bearbeitung der Coccinellidae für die Reihe »Klucze do oznaczania owadów Polski« ist von grundlegender Bedeutung für die Kenntnis und die Unterscheidung der in Mitteleuropa vorkommenden Arten dieser Familie. Von 1979 bis 1995 leitete er das Terrarium im Zoologischen Garten in Breslau.

Tabelle 19: In Nordamerika und in Mitteleuropa vorkommende Coccinellidae.

Art	Bemerkungen	Quelle
Clitostethus arcuatus	verschleppt?	
Scymnus impexus	exportiert zur biologischen Bekämpfung	Horion (1961)
Scymnus suturalis	exportiert	Gordon (1982), Hoebeke (1984), McNamarra (1992), Schaefer & Dysart (1988), Wheeler (1987)
Stethorus pusillus	exportiert	Kovář (2007)
Chilocorus bipustulatus	exportiert zur biologischen Bekämpfung	
Exochomus quadripustulatus	exportiert zur biologischen Bekämpfung	Kovář (2007)
Anisosticta novemdecimpunctata		Horion (1961) fraglich
Adalia bipunctata	exportiert	Dillon & Dillon (1972), Gordon (1985)
Aphidecta obliterata	exportiert zur biologischen Bekämpfung	
Calvia quatuordecimguttata	Holarktis	Gordon (1985)
Coccinella hieroglyphica	Holarktis	andere Unterart in Fernost, Kamtschatka, Mongolei, Korea, Alaska, Kanada: *mannerheimi* Mulsant, 1850
Coccinella septempunctata	mehrfach exportiert zur biologischen Bekämpfung, rasante Ausbreitung	Angelet & Jacques (1975), Angelet et al. (1979), Hoebeke & Wheeler (1980), Rice (1992), Schaefer et al. (1987), Schaefer & Dysart (1988), Obrycki & Orr (1990), Horn (1991)
Coccinella trifasciata	Holarktis	Kuznetsov & Zakharov (2000), andere Unterart: *subversa* LeConte, 1854 (Fürsch 1967)
Coccinella undecimpunctata	exportiert, Holarktis?	Gordon (1985), Schaefer & Dysart (1988), Kuznetsov & Zakharov (2000), Kovář (2007), Smyth et al. (2013), Wheeler & Hoebeke (2008)
Harmonia quadripunctata	exportiert	Vandenberg (1990)
Hippodamia tredecimpunctata	Holarktis	Ewert & Chiang (1966), Kuznetsov & Zakharov (2000)
Hippodamia variegata	exportiert	Gordon (1987), Schaefer & Dysart (1988), Obrycki & Orr (1990)
Myzia oblongoguttata	Holarktis	Horion (1961). Andere Unterarten.
Propylea quatuordecimpunctata	exportiert	Chantal (1972), Dysart (1988), Larochelle & Larivière (1980), Wheeler (1990), Obrycki & Orr (1990)
Subcoccinella vigintiquatuorpunctata	verschleppt	LeSage (1991), Kovář (2007)

Einige Marienkäferarten sind in tropische Faunengebiete exportiert oder verschleppt worden (Tabelle 20).

Tabelle 20: Paläarktische Coccinellidae der mitteleuropäischen Fauna, die auch in anderen tiergeografischen Regionen nachgewiesen wurden.

Art	Region/Gebiet	Quelle
Clitostethus arcuatus	Aethiopis	Kovář (2007)
Nephus quadrimaculatus	Orientalis (Taiwan)	Kovář (2007)
Scymnus subvillosus	Aethiopis	Kovář (2007)
Scymnus rubromaculatus	Aethiopis	Kovář (2007)
Chilocorus bipustulatus	Aethiopis	Kovář (2007)
Vibidia duodecimguttata	Orientalis	
Coccinula quatuordecimpustulata	Aethiopis	Kovář (2007)
Adalia bipunctata	Aethiopis, Australis, Neotropis	Kovář (2007), Noriega (1986)
Calvia quatuordecimguttata	Orientalis, Neotropis	Kovář (2007)
Coccinella septempunctata	Orientalis, Aethiopis	Kovář (2007)
Coccinella undecimpunctata	Australis	Kovář (2007)
Hippodamia variegata	Orientalis	Kovář (2007)
Henosepilachna argus	Aethiopis	Kovář (2007)

2.9 Faunenelemente

Seit dem fundamentalen Werk von de Lattin (1967) bemüht man sich, aus den gegenwärtigen Verbreitungsbildern Rückschlüsse auf die während der letzten Eiszeit aufgesuchten Refugialgebiete zu ziehen, aus denen nach dem Rückzug der Gletscher die Besiedlung Europas (natürlich auch anderer Regionen) erfolgte. Wir verdanken ihm die Definition von Faunenelementen, von denen einige zur Beurteilung der Marienkäferfauna Mitteleuropas besonders bedeutsam sind. Wie alle Zuordnungen zu bestimmten Begriffseinheiten ist auch hier nicht immer ein unstrittiges Urteil möglich. Oft sind die Kenntnisse zu lückenhaft. Um aber eine Diskussionsgrundlage vorzulegen, werden die Areale möglichst vieler Arten einem Typ zugeordnet, wohl wissend, dass manche Einstufungen nur einen vorläufigen Charakter haben.

Sehr viele einheimische Arten sind über ganz Europa und Sibirien verbreitet und dringen in Asien unterschiedlich weit nach Süden und Norden vor. Mitteleuropa liegt also inmitten des Verbreitungsgebietes dieser Arten.

Etwa ein Drittel der in Mitteleuropa vorkommenden Marienkäferarten können als Sibirische Faunenelemente angesehen werden. Sie zeigen ein eurosibirisch-kontinentales Verbreitungsbild (auch die holarktischen Arten gehören hierher) und erreichen – von Ostsibirien, Korea und der Mongolei, aus dem mandschurischen Refugialraum kommend – den atlantischen Raum meist nicht. Als Beispiele seien *Scymnus haemorrhoidalis, S. abietis, S. ferrugatus, S. nigrinus, S. rubromaculatus, Stethorus pusillus, Halyzia sedecimguttata, Adalia conglomerata, Anatis ocellata, Calvia quatuordecimguttata?, Coccinella hieroglyphica, C. magnifica, C. septempunctata, Harmonia quadripunctata, Hippodamia septemmaculata, H. tredecimpunctata, Propylea quatuordecimpunctata* und *Subcoccinella vigintiquatuorpunctata* genannt. Die sibirischen Arten sind meist ± euryök.

Kuznetsov & Zakharov (2001) nennen 92 Arten Coccinellidae, die in Fernost vorkommen, 45 davon leben auch in Mitteleuropa. Der Anteil der sibirischen Faunenelemente geht dort offenbar deutlich über das Drittel hinaus. Die anderen zwei Drittel sind anders zu beurteilen, wobei bei vielen vorläufig keine Zuordnung getroffen werden kann.

Viele Arten sind rund um die gesamte Mediterraneis (einschließlich Nordafrika) verbreitet und haben dort die Eiszeiten überdauert (Holomediterranes Faunenelement). Sie sind nach deren Ende vermutlich unter Aussparung des Alpenmassivs (circumalpin) nach Mitteleuropa vorgedrungen, die expansiven unter ihnen weit nach Norden und Osten. Hier besiedeln sie – mitunter am Rande ihres Verbreitungsgebietes – gewöhnlich sonnige, trockene und warme Habitate (Wärmegebiete) und werden deshalb als thermophil (wärmeliebend) bzw. xerothermophil (Trockenheit und Wärme liebend) bezeichnet. Sie vermehren sich im Allgemeinen in Wärmeperioden besser und können dann auch häufiger gefunden werden. Viele mediterrane und submediterrane Arten bevorzugen krautartige Gewächse. Diese Anmerkungen treffen auch auf jene Arten zu, deren Refugialraum nur Teile des Mittelmeerraumes umfasst. Beispiele für holomediterrane Arten sind: *Clitostethus arcuatus, Scymnus subvillosus, Platynaspis luteorubra* und *Tytthaspis sedecimpunctata* sowie weitere zwei bis vier Arten.

Arten, die den europäischen Mediterranraum besiedeln, aber nicht in Nordafrika vorkommen, werden als Euromediterranes Faunenelement bezeichnet. Für das behandelte Gebiet können als Beispiele *Nephus quadrimaculatus, Scymniscus anomus, Scymnus apetzi, Parexochomus nigromaculatus* und *Vibidia duodecimguttata* (vielleicht noch einige weitere) genannt werden.

Der Schwerpunkt des atlantomediterranen Sekundärzentrums liegt auf der Iberischen Halbinsel, weiteren Teilen Südwesteuropas und dem westlichen Nordafrika. Ihre nacheiszeitliche Ausbreitung wurde vor allem durch die Pyrenäen und die Alpen erschwert. *Nephus limonii* (?), *Scymnus marinus* und *Henosepilachna argus* (?) können z. T. mit Vorbehalt als Atlantomediterrane Faunenelemente bezeichnet werden.

Das adriatomediterrane Sekundärzentrum umfasst Italien mit Sizilien. Die Alpen sind eine wichtige Ausbreitungsgrenze. Für die Marienkäfer können keine Beispiele für Adriatomediterrane Faunenelemente angeführt werden, aber zwei Arten können als Pontisch-adriatomediterran angesehen werden: *Hyperaspis reppensis* und *Scymnus suffrianoides apetzoides*.

Mindestens 15 Arten strahlen vom pontomediterranen Sekundärzentrum (Südwesten und Süden der Balkanhalbinsel bis zum Schwarzen Meer, westliche Türkei und Vorderer Orient) nach Mitteleuropa aus. Ein Teil der hier genannten Arten gehört wohl dem Kaspischen Zentrum an (Kaukasus, Küstenbereich des Kaspischen Meeres). Sie können hier nicht sicher differenziert werden. Pontomediterrane Faunenelemente sind z. B. *Tetrabrachys connatus, Hyperaspis quadrimaculata, Scymniscus horioni, Scymnus flagellisiphonatus, S. sacium* und *Ceratomegilla undecimnotata*.

Flusstäler können Einwanderungsstraßen sein. *Scymnus subvillosus* kommt z. B. an einigen Stellen der warmen Teile des Elbtals zwischen Dresden und Meißen – auch im Stadtgebiet von Dresden – vor. Ähnlich verhält es sich mit *Oenopia lyncea agnatha*, die ebenfalls im Elbtal lebt. Beide Arten charakterisieren das Elbtal als Einwanderungsstraße und Lebensraum südlicher Tierarten. Weitere Beispiele finden sich für das Oberrheingebiet.

Nach einer allgemein gültigen ökologischen Regel leben Tierarten in den Randgebieten ihres Areals in solchen Biotopen, wo die essenziellen Umweltgegebenheiten wenigstens in einem oder mehreren wesentlichen Faktoren optimal gegeben sind. Zum Beispiel kommen boreale Arten bei uns oftmals in Mooren vor, die durch ihre lokale Kälte und andere Eigenschaften den Populationen dieser Arten ihre Existenz ermöglichen. Als Beispiel soll *Hippodamia septemmaculata* genannt werden, die bei uns gewöhnlich nur in kalten und nassen Biotopen (vorwiegend Mooren), aber auch montan lebt.

2.10 Arealoszillationen

Die Größe und die Form des Areals einer Tierart hängen von verschiedenen, insbesondere ökologischen Faktoren ab. Die Ausdehnung der Areale ist niemals konstant, sondern unterliegt Schwankungen und Veränderungen in wechselnder Richtung. Einige Arten zeigen eine ausgesprochene Arealregression, die mit dem zunehmenden Verschwinden ihres Entwicklungsmilieus zusammenhängen kann. Jedoch sind auch andere Ursachen bekannt (vgl. Kapitel 11). Viele in Mitteleuropa vorkommende Arten zeigen einen negativen Bestandestrend, der u. a. durch die Roten Listen dokumentiert wird.

Den Arealeinengungen stehen Arealerweiterungen gegenüber. Schwankungen der Arealgröße sind besonders bei den wärmeliebenden (thermophilen) Coccinellidae auffällig, die einem langjährigen Häufigkeitswechsel (Massenwechsel) unterliegen können.

Unter den 80 aus Deutschland bekannten Marienkäferarten fallen drei Arten seit Jahrzehnten durch eine Arealerweiterung auf. Es handelt sich hierbei um *Scymnus subvillosus, Clitostethus arcuatus* und *Henosepilachna argus*. Alle drei Arten haben ihre Hauptverbreitung in der Mediterraneis. Sie erreichen in Mitteleuropa ihre nördliche Verbreitungsgrenze (vgl. die Abhandlungen in Kapitel 13.3 bzw. 13.7).

Die Geschichte der Arealverschiebungen der drei Arten in den letzten Jahrzehnten wurde in der faunistischen Literatur mehrfach dokumentiert (Zusammenfassung bei Klausnitzer & Klausnitzer 1997, Pütz 1994, 1997, Pütz et al. 2000). Die nördlichsten Nachweise für *Scymnus subvillosus* und *Henosepilachna argus* liegen derzeit in den Bundesländern Brandenburg und Berlin, wenn man vom Vorkommen der zweiten Art in Schleswig-Holstein absieht (Tolasch in DKat 2021).

2.11 Klimaerwärmung

Die entomologische Literatur enthält eine Fülle von Beobachtungsdaten, die zeigen, dass seit Jahrzehnten verschollene oder nur selten gefundene, mitunter auch neu auftretende thermophile Arten mediterranen Ursprungs zunehmend nachgewiesen werden. Entsprechende Beispiele gibt es auch bei den Coccinellidae (Tabelle 21). Hinzu kommt die fortschreitende Ausbreitung von einigen aus dem Süden Mitteleuropas bekannten Arten nach Norden und Osten. Dies betrifft vor allem solche Arten, bei denen das in diesem Buch behandelte Gebiet an der nördlichen Verbreitungsgrenze liegt. Derartige Beobachtungen werden meist mit der zunehmenden Klimaerwärmung in Zusammenhang gebracht.

Das Phänomen ist nicht neu, denn schon Horion (1938, 1939a) behandelt periodische Klimaschwankungen und das dadurch bedingte Auftreten thermophiler Käferarten in Deutschland, nennt unter seinen Beispielen jedoch keine Marienkäfer.

Für die Arktis, deren Veränderung infolge der Klimaerwärmung durch viele Fakten belegt werden kann, gibt es auch ein Marienkäferbeispiel.

Coccinella transversoguttata hat in Grönland ihr Areal 100 km nach Norden bis zu Wollaston Foreland ausgedehnt (Böcher 2009).

Andererseits werden kaltstenotherme Arten der Gebirge und der Moore vermutlich von der Klimaerwärmung benachteiligt. Beispiele wären *Hippodamia septemmaculata, Ceratomegilla notata, Exochomus oblongus*, wohl auch die anderen subalpinen und alpinen Arten. Hinzu kommt, dass konkurrierende andere Arten durch die Erwärmung Vorteile erfahren. In diesem Zusammenhang erscheint es eher unwahrscheinlich, dass einige im Norden vorkommende und hier als potenziell in Mitteleuropa zu erwarten aufgeführt sind, wirklich gefunden werden können, z. B. *Scymnus fennicus, S. jakowlewi, Anisosticta strigata* und *Coccinella transversoguttata*.

Tabelle 21: Coccinellidae der mitteleuropäischen Fauna, die durch die Klimaerwärmung vermutlich gefördert werden (Beispiele).

Art	Bemerkungen
Clitostethus arcuatus	Ausbreitung nach Norden und Nordosten seit etwa 1980
Henosepilachna argus	Zunahme zu erwarten
Oenopia lyncea agnatha	Nachweise fast ausschließlich in Wärmegebieten
Scymnus apetzi	Nachweise fast ausschließlich in Wärmegebieten
Scymnus schmidti	steigende Zahl von Nachweisen seit etwa 2000
Scymnus subvillosus	steigende Zahl von Nachweisen seit 1992
Scymnus suffrianoides apetzoides	Nachweise fast ausschließlich in Wärmegebieten

Die Klimaerwärmung zieht auch Änderungen der Phänologie nach sich. Zyklen beginnen früher, verlaufen in kürzerer Zeit, und es steigt die Möglichkeit zur Herausbildung einer 2. Generation (vgl. Kapitel 4). Andererseits werden manche Zyklen instabiler, weil es eine größere Schwankung der klimatischen Durchschnittswerte gibt. Vermutlich verschiebt sich auch der artspezifische Beginn der Überwinterung. Außerdem wirkt sich die Klimaerwärmung unterschiedlich auf die Marienkäfer und auf ihre Beutetiere aus, wodurch die Synchronisation gestört werden kann.

Die Wahrscheinlichkeit, dass sich Arten der Gewächshausfauna im Freiland erfolgreich fortpflanzen können, vergrößert sich. Ganz sicher sind z. B. *Cryptolaemus montrouzieri* und *Lindorus lophantae* in der Lage, unter günstigen örtlichen Verhältnissen den Winter außerhalb von Glashäusern zu überdauern (Remme 2021). Ob sie sich allerdings unter Freilandbedingungen im Jahreszyklus ernähren und vermehren können, bleibt vorläufig offen. Von einer Einbürgerung würde man erst nach mehreren Generationen sprechen können.

Es kann auch mit dem Auftreten einer Sommerdormanz bei manchen Arten gerechnet werden, die sonst nur aus wärmeren Ländern, z. B. der mediterranen Zone bekannt ist. MAJERUS (1986) beobachtete ein Überdauern heißer Sommerperioden unter Zapfenschuppen bei *Exochomus quadripustulatus*, *Anatis ocellata*, *Harmonia quadripunctata* und *Myzia oblongoguttata*.

Bei Arten mit roter bzw. schwarzer Grundfarbe (z. B. *Adalia bipunctata*) gibt es wahrscheinlich einen Zusammenhang zwischen dem Anteil der beiden Morphen und der Klimaerwärmung (BRAKEFIELD & DE JONG 2011) (vgl. Kapitel 1.5). Ein Einfluss auf die Pigmentierung der Elytren ist sicher auch bei anderen Arten zu erwarten.

2.12 Habitatbindung und -zugehörigkeit

Das Vorkommen der einzelnen Marienkäferarten in bestimmten Habitaten ist nicht zufällig, sondern von mehreren Faktoren, besonders dem Vorhandensein der essenziellen Nahrung und optimalen abiotischen Bedingungen (Mikroklima) sowie Habitatstrukturen (Überwinterungsplätze) abhängig. In ihren Ansprüchen an die Umwelt bestehen zwischen den verschiedenen Arten erhebliche Unterschiede. Tiere, die sehr stark auf bestimmte Umweltgegebenheiten spezialisiert sind, werden als stenök bezeichnet, ihre Beschränkung auf ein einziges Habitat als stenotop (Spezialisten). Solche mit einer weiten ökologischen Potenz als euryök bzw. eurytop (Generalisten). Zwischen diesen beiden Möglichkeiten, die nur Grenzfälle (Extreme) bezeichnen, gibt es viele Übergänge. Die Habitatbindung ist ein Maß dieser ökologischen Spezialisierung. Stenöke Arten sind gewöhnlich an ein einziges Habitat gebunden und pflanzen sich dort fort (z. B. *Coccinella hieroglyphica*, die überwiegend auf Heidekraut lebt), andere Habitate werden nur zufällig (weil benachbart) oder regelmäßig zum Nahrungserwerb und zur Überwinterung aufgesucht. Das andere Extrem sind euryöke Arten, die sich in vielen Habitattypen fortpflanzen können (z. B. *Propylea quatuordecimpunctata*, *Harmonia axyridis* u. a.). Als entscheidendes Kriterium für die Habitatzugehörigkeit gilt der vollständige Ablauf des Vermehrungszyklus in dem betreffenden Habitat.

Die Beziehung zum Habitat kann in unterschiedlichen Ebenen gesehen werden: ein großräumiges, geografisch definiertes Habitat (z. B. norddeutsche Kiefernwälder), ein kleinräumiges Habitat (z. B. Wald-Kiefern (*Pinus sylvestris*)) und ein Mikrohabitat (mit der Beute besetzte Kiefernnadeln). Man kann die Habitate auch nach der zeitlichen Verfügbarkeit gruppieren: konstant, saisonal, unvorhersehbar und kurzzeitig (ephemer). Eine räumliche Differenzierung wäre: kontinuierlich vorhanden, lückenhaft vorkommend und isoliert.

Die Bindung an Habitate kann in einer gestaffelten Enge gesehen werden (Beispiele in Klammern):

- Generalisten: es wird ein breites Spektrum von Kräutern und Bäumen besiedelt (*Coccinella septempunctata, Harmonia axyridis*)
- Generalisten mit Einschränkungen: es wird ein breites Spektrum von Kräutern und Bäumen besiedelt, aber es ist durch lokale Klimafaktoren, Feuchtigkeit und Bodentyp begrenzt (*Psyllobora vigintiduopunctata, Scymnus rubromaculatus*)
- Generalisten der Krautschicht (*Coccinella septempunctata, C. quinquepunctata, Hippodamia variegata, Propylea quatuordecimpunctata, Subcoccinella vigintiquatuorpunctata*)
- Generalisten der Baumschicht (*Anatis ocellata, Exochomus quadripustulatus*)
- Spezialisten an Laubbäumen (*Adalia bipunctata, A. decempunctata, Calvia quatuordecimguttata, Chilocorus renipustulatus, Oenopia conglobata*)
- Spezialisten an Nadelbäumen (*Aphidecta obliterata, Harmonia quadripunctata, Myzia oblongoguttata, Scymnus nigrinus*)
- Spezialisten an einzelnen Wirtspflanzen (*Adalia conglomerata, Coccinella hieroglyphica, Myrrha octodecimguttata, Parexochomus nigromaculatus, Scymnus suturalis*)

Grundsätzlich ist anzumerken, dass viele Marienkäferarten während ihres Lebens mehrere Habitate besiedeln. Geografische Unterschiede und Abweichungen von Jahr zu Jahr kommen vor:

- Entwicklungshabitat Larven: Für die Larvenentwicklung muss geeignete Nahrung vorhanden sein.
- Entwicklungshabitat Imagines: Nahrungsaufnahme der Imagines nach dem Schlüpfen aus der Puppe und nach der Überwinterung. Diese kann im gleichen Habitat wie die Larvenentwicklung erfolgen, muss aber nicht (Dispersionsflüge). Eine wichtige Besonderheit stellt der Blütenbesuch einiger Arten dar, für den meist ein anderer Habitatteil aufgesucht werden muss.
- Überwinterungshabitat: Die Überwinterung erfolgt bei den mitteleuropäischen Arten überwiegend als Imago. Dazu wird oft ein anderes Habitat aufgesucht und es werden mitunter beträchtliche Distanzen zurückgelegt. Eine Reihe von Arten überwintert im Entwicklungshabitat der Imagines, meist werden aber andere Strukturen aufgesucht.

Besonders jene Arten, die auf Feldern, Wiesen oder in anderen Habitaten leben, denen die Strauch- und Baumschicht weitgehend fehlen (Offenlandarten), suchen zur Überwinterung Wälder (meist die Ränder) oder kleinere

Gehölze (z. B. Feldgehölze) auf. Die für Trockenrasen charakteristische *Coccinula quatuordecimpustulata* überwintert in der Bodenstreu benachbarter Kiefernschonungen (Tabelle 23).

Die in Tabelle 22 angeführten Arten bevorzugen das jeweilige Habitat für die Larvenentwicklung, obwohl sie auch in anderen Lebensräumen anzutreffen sind. Wegen der Spezialisierung auf eine bestimmte Nahrung ist vielfach eine Bevorzugung definierter Pflanzen zu beobachten. Zu beachten ist, dass geographische sowie zeitliche Unterschiede existieren.

Tabelle 22: Übersicht über charakteristische Fundplätze (Habitate) und Entwicklungsorte für mitteleuropäische Marienkäferarten (Beispiele).

Habitat	Art(en)
Fichten	*Adalia conglomerata*
Kiefern	*Scymnus suturalis*
Kiefern (Wipfelregion)	*Myrrha octodecimguttata*
Nadelbäume (Fichten und Kiefern)	*Anatis ocellata, Myzia oblongoguttata, Aphidecta obliterata, Harmonia quadripunctata, Scymnus nigrinus*
Erlen	*Calvia quatuordecimguttata*
Pappeln	*Oenopia conglobata*
Obstbäume	*Adalia bipunctata, Coccinella septempunctata, Propylea quatuordecimpunctata*
Laubbäume	*Adalia bipunctata, A. decempunctata, Chilocorus renipustulatus*
Laub- und Nadelbäume	*Exochomus quadripustulatus*
Heidekraut	*Coccinella hieroglyphica, Parexochomus nigromaculatus*
Hopfen	*Scymnus rubromaculatus*
Trockenrasen, warme Ödländer	*Coccinula quatuordecimpustulata, Psyllobora vigintiduopunctata, Scymnus frontalis, Tytthaspis sedecimpunctata, Rhyzobius litura*
Krautschicht verschiedener Habitate, Felder	*Coccinella septempunctata, C. quinquepunctata, Hippodamia variegata, Propylea quatuordecimpunctata*
Ufervegetation von Gewässern	*Anisosticta novemdecimpunctata, Coccidula rufa, C. scutellata, Hippodamia tredecimpunctata*

Die Kenntnis des Habitatwechsels ist bedeutungsvoll für Maßnahmen der integrierten Schädlingsbekämpfung, weil die auf den Feldern lebenden und dort erwünschten Marienkäfer zur Überwinterung Hecken, Feldgehölze oder Ähnliches brauchen. Andere Coccinellidae wechseln ihr Habitat wegen der Nahrung. *Coccinella septempunctata* lebt im Frühjahr zunächst in der Strauch- und Baumschicht ihrer Überwinterungsplätze. Erst später suchen die Tiere die Krautschicht meist anderer Habitate auf, wo sie ihre essenzielle Nahrung finden und erst dann zur Eiablage schreiten.

Die Verhältnisse in einer Kiefernschonung sollen als Beispiel etwas genauer betrachtet werden, weil sie Rückschlüsse auf den Habitatwechsel zulassen (Tabelle 23). Entwicklungshabitat war sie für *Scymnus suturalis* und *S. nigrinus*, Entwicklungs- und Überwinterungshabitat für *Coccinella septempunctata, C. quinquepunctata, Harmonia quadripunctata, Anatis ocellata* und *Exochomus quadripustulatus*, Überwinterungshabitat für *Subcoccinella vigintiquatuorpunctata, Coccinella magnifica* und *Coccinula quatuordecimpustulata.*

Tabelle 23: Coccinellidae aus einer Kiefernschonung (Strauchschicht) in der Oberlausitz, erfasst am Ende der Fortpflanzungsphase und während der ersten Nahrungsaufnahme der Imagines (Anfang August) sowie am Beginn des Aufsuchens des Winterquartieres (Mitte Oktober) (Repräsentanzanalyse: die %-Zahlen beziehen sich mit Ausnahme der Summenspalte auf den Anteil der betreffenden Art im jeweiligen Habitat). Achtung: Nur zehn Arten mit einem Anteil von > 1 % sind berücksichtigt. Nach Klausnitzer 1965c und unveröffentlichten Notizen).

Art	**Anfang August**		**Mitte Oktober**		**Summe**	
	Ind.	%	Ind.	%	Ind.	%
Anatis ocellata	4	23,5	13	76,5	17	1,1
Coccinella magnifica	4	8,7	42	91,3	46	2,9
Coccinella quinquepunctata	267	50,6	261	49,4	528	32,9
Coccinella septempunctata	70	47,6	77	52,4	147	9,2
Coccinula quatuordecimpustulata	38	38,4	61	61,6	99	6,2
Exochomus quadripustulatus	66	22,3	230	77,7	296	18,4
Harmonia quadripunctata	15	30,0	35	70,0	50	3,1
Scymnus nigrinus	135	82,8	28	17,2	163	10,2
Scymnus suturalis	198	96,6	7	3,4	205	12,8
Subcoccinella vigintiquatuorpunctata	2	8,3	22	91,7	24	1,5
Summe Individuen	799		776		1 575	
Gesamtsumme Individuen (alle Arten)	803		802		1 605	
Gesamtsumme Arten	12		19		20	

Als ein weiteres Beispiel soll die Spezialisierung auf bestimmte Baumarten näher betrachtet werden, die vor allem mit der Spezifität der dort vorhandenen Nahrung zusammenhängt (Tabelle 24). Eine Repräsentanzanalyse ergab unterschiedliche Bindungsverhältnisse:

- nur auf einer Baumart vorhanden (autodominant): *Scymnus suturalis, S. nigrinus, Adalia conglomerata, A. bipunctata, Calvia quatuordecimguttata;*
- auf mehreren Baumarten ohne deutlichen Schwerpunkt (dispers): *Exochomus quadripustulatus, Coccinella septempunctata, Propylea quatuordecimpunctata.*

Tabelle 24: Coccinellidae von verschiedenen Baumarten (Jungwuchs) in der Umgebung von Dresden während der Fortpflanzungsphase und des Beginns der Nahrungsaufnahme der geschlüpften Imagines (Repräsentanzanalyse, siehe Tabelle 23). Achtung: Nur zehn Arten mit einem Anteil von > 1 % sind berücksichtigt, erreichen aber eine Dominanzsumme von reichlich 90 %. Nach Nissle & Klausnitzer (1969).

Art	**Eiche**		**Buche**		**Birke**		**Kiefer**		**Fichte**		**Summe**	
	Ind.	%	Ind.	%	Ind.	%	Ind.	%	Ind.	%	Ind.	%
Adalia bipunctata	5	3,6	7	5,1	124	90,5	–	–	1	0,7	137	5,9
Adalia conglomerata	–	–	1	2,7	–	–	2	5,4	34	91,9	37	1,6
Anatis ocellata	2	3,8	6	11,3	32	60,4	11	20,8	2	3,8	53	2,3
Calvia quatuordecim-guttata	7	6,3	14	12,6	88	79,3	1	0,9	1	0,9	111	4,8
Coccinella septempunctata	1	1,4	9	12,2	18	24,3	32	43,3	14	18,9	74	3,2
Exochomus quadripustulatus	17	4,2	86	21,1	64	15,7	162	39,8	78	19,2	407	17,8
Harmonia quadripunctata	–	–	1	1,9	27	50,0	22	40,7	4	7,4	54	2,3
Propylea quatuordecim-punctata	6	4,6	55	42,0	51	38,9	7	5,3	12	9,2	131	5,7
Scymnus nigrinus	2	0,2	14	1,4	3	0,3	958	95,3	28	2,8	1 005	43,6
Scymnus suturalis	–	–	2	0,8	4	1,7	228	95,0	6	2,5	240	10,4
Summe Individuen und Gesamt-dominanz	40	97,6	195	94,2	411	97,9	1 423	99,0	180	91,4	2 249	97,7
Gesamt-summe Arten	8	32,0	17	68,0	15	60,0	15	60,0	17	68,0	25	

Auf Eichen und Buchen wurden keine Spezialisten gefunden. Die Birken wurden von *Adalia bipunctata* und *Calvia quatuordecimguttata* bevorzugt. Auf Kiefern (individuenreichste Baumart) lebten *Scymnus suturalis* und *S. nigrinus*, die Fichten hatten ebenfalls einen Spezialisten: *Adalia conglomerata. Harmonia quadripunctata* war auf Birken und Kiefern zu etwa gleichen Teilen zu finden; ähnlich, aber mit deutlicher Bevorzugung der Birken, kam *Anatis ocellata* vor.

Die Marienkäferfauna von Obstplantagen hat vielfach besonderes Interesse gefunden, vor allem unter dem Gesichtspunkt einer insektizidfreien Bewirtschaftung mit dem Ziel einer Zurückdrängung der Blattlausdichte. OLSZAK & NIEMCZYK (1986) fanden in Apfelplantagen in Polen 18 Arten. Dominant waren *Coccinella septempunctata, Adalia bipunctata* und *Propylea quatuordecimpunctata* (zusammen etwa 80 %). Eine besondere Rolle spielte *Adalia bipunctata* als Gegenspieler von *Aphis pomi*. Der Zweipunkt war mehrfach die häufigste Art aller Coccinellidae – ein historischer Befund. Er war bevorzugt in dem Stratum oberhalb von 2 m zu finden (OLSZAK 1987).

Als ein anderes Beispiel kann uns die Marienkäferfauna der Ufervegetation eines Teiches dienen (Tabelle 25). Dispers waren *Adalia bipunctata, Coccinella septempunctata* und *Propylea quatuordecimpunctata* verteilt, ein Gemisch mehrerer Mikrohabitate besiedelten *Coccidula rufa, Hippodamia tredecimpunctata* und *Anisosticta novemdecimpunctata*. Binsen (*Juncus*) werden wahrscheinlich von *A. novemdecimpunctata* bevorzugt, Schilf (*Phragmites australis*) von *Coccidula scutellata*, Schilf und Rohrkolben (*Typha*) von *Subcoccinella vigintiquatuorpunctata* (phytophag an anderen Pflanzen) und *Exochomus quadripustulatus* (eigentlich eine Baumart). Rohrkolben (*Typha*) und Seggen (*Carex*) waren ohne Spezialisten. Die dispers verteilten Arten werden wohl nur die reiche Nahrungsquelle genutzt haben, während die meisten anderen als Spezialisten für Gewässerufer angesehen werden können.

Tabelle 25: Coccinellidae aus verschiedenen Habitaten der Ufervegetation eines Teiches in der Oberlausitz (Repräsentanzanalyse, siehe Tabelle 23). Aufgeschlüsselt sind nur die Arten, deren Anteil > 1 % der Gesamtsumme ist. Nach KLAUSNITZER & WENDLER (1971).

Art	*Phragmites, Carex, Juncus*		*Juncus*		*Phragmites*		*Typha*		*Carex*	
	Ind.	%	Ind.	%	Ind.	%	Ind.	%	Ind.	%
Adalia bipunctata	14	20,0	12	17,1	26	37,1	17	24,3	1	1,4
Anisosticta novemdecimpunctata	455	68,3	107	16,1	20	3,0	50	7,5	34	5,1
Coccidula rufa	54	56,8	10	10,5	25	26,3	4	4,2	2	2,1
Coccidula scutellata	113	11,1	72	7,1	497	48,7	315	30,8	24	2,4
Coccinella septempunctata	35	34,3	7	6,9	17	16,7	30	29,4	13	12,7
Exochomus quadripustulatus	5	10,9	1	2,2	21	45,7	19	41,3	–	–
Hippodamia tredecimpunctata	39	95,1	1	2,4	–	–	–	–	1	2,4

Art	*Phragmites, Carex, Juncus*		*Juncus*		*Phragmites*		*Typha*		*Carex*	
Propylea quatuor-decimpunctata	59	16,4	57	15,9	115	32,0	104	29,0	24	6,7
Subcoccinella vigintiquatuor-punctata	1	1,6	–	–	24	38,7	37	59,8	–	–
Summe Individuen (= 2 462)	775	31,5	267	10,8	745	30,3	576	23,4	99	4,0
Anteil Gesamtsumme (= 93,5 %)		97,4		88,1		93,7		95,0		74,4
Gesamtsumme Individuen (= 2 633)	796	30,2	303	11,5	795	30,2	606	23,0	133	5,1
Gesamtsumme Arten (= 25)	16		14		20		16		12	

Schmid (1992) untersuchte im Jahr 1991 in der Schweiz die Besiedlung von Ackerwildkräutern durch Coccinellidae. Er fand insgesamt 18 Marienkäferarten, von denen 15 auf typischen Arten der Segetalflora nachgewiesen wurden. An der Spitze stand *Hippodamia variegata* mit 1 231 Nachweisen auf 44 Pflanzenarten. Es folgten *Coccinella septempunctata* (749/43), *Adalia bipunctata* (357/21) und *Propylea quatuordecimpunctata* (322/50).

Unterschiedliche Habitatbindung kann geographische Ursachen haben. In Mitteleuropa (auch in Kanada) ist *Adalia bipunctata* charakteristisch für die Baum- und Strauchschicht verschiedener Habitate, jedoch lebt die gleiche Art in Großbritannien auf Rüben- und Bohnenfeldern. Dieser Unterschied dürfte mit den Ansprüchen an die Luftfeuchtigkeit zusammenhängen.

Es gibt eine relativ große Anzahl salzliebender (halophiler) Insekten, denen von manchen Autoren auch *Coccinella undecimpunctata* zugerechnet wird, weil sie auffällig reich entlang der Küste und an den Binnensalzstellen vorkommt. Jedoch lebt sie auch in vielen salzarmen Habitaten, sodass von einer Halophilie nicht gesprochen werden kann (Benham & Muggleton 1970, Růžička & Hodek 1978).

Oft liegen der Habitatbindung hohe Ansprüche an ein spezifisches Mikroklima zu Grunde. Die Mikrohabitatbeziehungen wurden von Ewert & Chiang (1966) an drei Marienkäferarten der Getreidefelder in Nordamerika untersucht. *Hippodamia convergens* und *H. tredecimpunctata* besiedeln die oberen Regionen der Pflanzen, während *Coleomegilla maculata* vorwiegend an den unteren Teilen der Pflanzen lebt. Die Ursachen dieser Unterschiede sind die Verteilung der geeigneten Nahrung, die verschiedenen geotaktischen und phototaktischen Bewegungsrichtungen der einzelnen Arten und deren Ansprüche an die Luftfeuchtigkeit.

Eine besonders auffällige Spezialisierung tritt uns in Gestalt der Wipfelfauna (akrodendrische Fauna) entgegen (Tabelle 26). Bei den Erhebungen von HÖREGOTT (1960) und MAJUNKE et al. (2001) in Kiefernkronen erwiesen sich die Coccinellidae und Curculionidae als die individuenreichsten Familien der Coleoptera. Individuenreich waren bei Letzterer auch die Salpingidae und die Chrysomelidae. Tabelle 27 zeigt eine Zusammenfassung von Ergebnissen verschiedener Untersuchungen zu den Coccinellidae der Wipfelfauna von Kiefern.

Tabelle 26: Obligatorisch akrodendrische Coccinellidae.

Nephus bipunctatus	*Halyzia sedecimguttata?*	*Myzia oblongoguttata*
Scymnus abietis	*Myrrha octodecimguttata*	*Oenopia conglobata?*
Novius cruentatus?		

Tabelle 27: Artenspektrum der Coccinellidae in Kiefernkronen aus Brandenburg (MAJUNKE et al. 2001 = M) und Sachsen (ENGEL 1941 = E, KLAUSNITZER unpubliziert = K, HÖREGOTT 1960 = H). Mit einem * gekennzeichnet sind jene Arten, bei denen eine Entwicklung im Kronenbereich wahrscheinlich ist.

Art	M	E	K	H
Adalia bipunctata		X		X
Adalia decempunctata	X	X		
**Anatis ocellata*	X	X	X	X
**Chilocorus bipustulatus*				X
Coccinella quinquepunctata	X	X		
Coccinella septempunctata	X	X	X	X
Coccinella undecimpunctata	X			
Coccinula quatuordecimpustulata	X	X	X	X
**Exochomus quadripustulatus*	X	X	X	X
**Harmonia quadripunctata*	X		X	
Hippodamia variegata			X	
Hyperaspis campestris				X
**Myrrha octodecimguttata*	X	X	X	X
**Myzia oblongoguttata*	X	X	X	X
**Novius cruentatus*	X			
Oenopia conglobata				X
Propylea quatuordecimpunctata	X	X		
Rhyzobius chrysomeloides	X			
**Scymnus nigrinus*			X	X
**Scymnus suturalis*	X	X	X	X
Sospita vigintiguttata			X	
Subcoccinella vigintiquatuorpunctata		X	X	
Summe Arten	14	12	12	12

Die Untersuchung der Marienkäferfauna von Linden-Hainbuchen-Wäldern ergab 17 Arten in der Strauchschicht und drei in der Kronenschicht (Stączek 1990). Eudominant waren *Propylea quatuordecimpunctata* und *Coccinella septempunctata*. Beide stellten auch die einzigen Vertreter der Wipfelfauna (hinzu kam *Calvia quatuordecimguttata*). Die Arten der Baumkronen wurden von Czechowska (1989) ebenfalls in Linden-Hainbuchen-Wäldern näher untersucht. Sie fand sogar 15 Arten in diesem Stratum: *Adalia decempunctata* (34,5 %), *Propylea quatuordecimpunctata* (15,3 %), *Scymnus auritus* (10,3 %), *Calvia quatuordecimguttata* (8,5 %), *Coccinella septempunctata* (7,3 %) und *Anatis ocellata* (6,4 %).

In Tabelle 28 wird eine Zusammenfassung unserer Kenntnisse über die Bevorzugung der einzelnen Strata und Habitate für weit verbreitete Arten gegeben.

Tabelle 28: Beispiele für bevorzugte Strata und Habitate (außer der Diapause). Die Quellenangaben sind Beispiele, außerdem sind eigene unveröffentlichte Daten eingeflossen.

Krautschicht	Strauch- und Baumschicht	Quelle
Coccidula scutellata (Ufer)		Horion (1961), Klausnitzer (1961), Klausnitzer & Wendler (1971)
	Novius cruentatus (Kiefern)	Horion (1961), Klausnitzer & Schulze (1975), Klausnitzer et al. (1979)
Scymnus frontalis (Trockenrasen)		Horion (1961), B. Klausnitzer in litt.
Scymnus interruptus (Trockenrasen)		Horion (1961), B. Klausnitzer in litt.
	Scymnus abietis (Fichten)	Kreissl (1959a, b), Horion (1961), B. Klausnitzer in litt.
	Scymnus nigrinus (Kiefern)	Kreissl (1959a, b), Klausnitzer (1961), 1965b, 1966, 1967a), Nissle & Klausnitzer (1969), Bastian (1982), Vohland (1996)
	Scymnus suturalis (Kiefern, auch Kronen)	Kreissl (1959a, b), Klausnitzer (1961), 1965b, 1966, 1967a, 1968a), Nissle & Klausnitzer (1969)
	Scymnus limbatus (Weiden, Pappeln)	Klausnitzer & Sieber (1996)
Platynaspis luteorubra (Trockenrasen)		Horion (1961), B. Klausnitzer in litt.
	Chilocorus bipustulatus (Nadel- und Laubbäume)	B. Klausnitzer in litt.
	Chilocorus renipustulatus (Laubbäume)	Horion (1961), Diesing (1989), B. Klausnitzer in litt.

Krautschicht	Strauch- und Baumschicht	Quelle
	Exochomus quadripustulatus (Nadel- und Laubbäume)	Kreissl (1959a, b), Horion (1961), Klausnitzer (1965b, 1966, 1967a), Nissle & Klausnitzer (1969), Bastian (1982)
Parexochomus nigromaculatus (*Calluna, Erica*)		Klausnitzer (1964)
Hippodamia tredecimpunctata (Ufer)		Kreissl (1959a, b), Horion (1961), Klausnitzer (1961), Klausnitzer & Wendler (1971)
Hippodamia variegata (Agrarflächen u. a.)		Honěk (1985b), Schmid (1992), Klausnitzer & Klausnitzer (1997), B. Klausnitzer in litt.
	Aphidecta obliterata (Nadelbäume)	Kreissl (1959a, b), Horion (1961), Klausnitzer & Bellmann (1969), Bastian (1982)
Anisosticta novemdecimpunctata (Ufer)		Kreissl (1959a, b), Horion (1961), Klausnitzer (1961), Klausnitzer & Wendler (1971)
	Adalia conglomerata (Fichten)	Kreissl (1959a, b), Horion (1961), Nissle & Klausnitzer (1969), Klausnitzer & Bellmann (1969), Bastian (1982)
Adalia bipunctata (Agrarflächen u. a.)	*Adalia bipunctata* (Laubbäume) – dominierend	Kreissl (1959a, b), Horion (1961), Nissle & Klausnitzer (1969), Stechmann (1982), Schmid (1992)
	Adalia decempunctata (Laubbäume)	Kreissl (1959a, b), Horion (1961), Stechmann (1982), Honěk (1985b)
Coccinella hieroglyphica (*Calluna*)		Kreissl (1959a, b), Horion (1961), Klausnitzer (1961)
Coccinella septempunctata (Agrarflächen u. a.) – dominierend	*Coccinella septempunctata* (Laub- und Nadelbäume)	Mader (1984): 51 000 Individuen/8 ha Bohnenfeld, Basedow (1982): 235 000 Individuen/ha Getreidefeld, Bastian (1982), Honěk (1983, 1985b), Schmid (1992), Triltsch et al. (1996)
Coccinella quinquepunctata (Agrarflächen u. a.) – dominierend	*Coccinella quinquepunctata* (Laubbäume)	Honěk (1983, 1985b), B. Klausnitzer in litt.
Coccinula quatuordecimpustulata (Trockenrasen)		Horion (1961), Klausnitzer (1961)
	Oenopia conglobata (Pappeln)	Horion (1961), B. Klausnitzer in litt.
	Harmonia quadripunctata (Nadelbäume)	Horion (1961), Klausnitzer (1961), Bastian (1982)

Krautschicht	Strauch- und Baumschicht	Quelle
	Myrrha octodecimguttata (Kiefern, Kronen)	Kreissl (1959a, b), Horion (1961), B. Klausnitzer (1968a)
	Sospita vigintiguttata (Laubbäume)	Kreissl (1959a, b), Horion (1961), B. Klausnitzer in litt.
	Myzia oblongoguttata (Nadelbäume)	Kreissl (1959a, b), Horion (1961), Klausnitzer & Bellmann (1969)
	Calvia quatuordecimguttata (Laubbäume)	Kreissl (1959a, b), Horion (1961), Nissle & Klausnitzer (1969), Stechmann (1982)
Propylea quatuordecimpunctata (Agrarflächen u. a.)	*Propylea quatuordecimpunctata* (Laubbäume)	Horion (1961), Nissle & Klausnitzer (1969), Honěk (1983), Schmid (1992), Triltsch et al. (1996)
	Anatis ocellata (Nadelbäume, auch Kronen)	Kreissl (1959a, b), Horion (1961), Gumoś & Klausnitzer (1961), Klausnitzer & Bellmann (1969)
Tytthaspis sedecimpunctata (Trockenrasen, Bodenoberfläche)		Horion (1961), Ricci (1986b, c), Ricci et al. 1983, Schmid (1992), B. Klausnitzer in litt.
	Psyllobora vigintiduopunctata (Laubbäume)	Horion (1961), B. Klausnitzer in litt.
Cynegetis impunctata		Schaeflein (1960), Horion (1961), Klausnitzer (1961), Klausnitzer & Klausnitzer (1997)
Henosepilachna argus		Horion (1961), Klausnitzer (1965a)
Subcoccinella vigintiquatuorpunctata		Horion (1961), Klausnitzer & Klausnitzer (1997)

2.13 Künstliches Licht

Einige Marienkäferarten werden regelmäßig an künstlichem Licht gefunden. Dies ist vielleicht ein Hinweis auf nächtliche Ausbreitungsflüge, den bereits die frisch geschlüpften Imagines vornehmen, wie hohe Anteile an Individuen mit noch wenig ausgehärteten Elytren nahelegen (Kreissl 1959a, b, Pulliainen 1964, Klausnitzer 1967b, Honěk 1977, Honěk & Kocourek 1986, Majerus & Williams 1989, Majerus 1990, Spalding 1990, Klausnitzer & Klausnitzer 1997, Wieser & Kofler 2002, Kofler 1999, 2006, Lorenz 2010, van Wielink 2017a, b).

Wir können am Licht sogar eine charakteristische Artengemeinschaft beobachten (Tabelle 29). Das Artenspektrum scheint begrenzt zu sein. Besonders häufig tritt die ansonsten meist selten gefundene *Calvia decemguttata* auf (Klausnitzer 1967b, Kreissl 1959a, b), sodass sie den Namen »Lichtmarienkäfer« erhielt. Ähnliches trifft für *Halyzia sedecimguttata* (Majerus & Williams 1989, Majerus 1990, Spalding 1990) und *Vibidia duodecimguttata* und neuerdings *Harmonia axyridis* zu. Honěk (1977) fand bei vierjährigen Untersuchungen in der Umgebung von Prag 15 Arten. Es dominierten *Adalia bipunctata* (45,4 %), *A. decempunctata* (24,6 %) und *Harmonia quadripunctata* (16,6 %).

Mit dem Auftreten von *Harmonia axyridis* in Mitteleuropa veränderte sich das Bild. van Wielink (2017a, b) hat in Nord-Brabant (Niederlande) Lichtfänge von 1997 bis 2015 ausgewertet. Er fand in 390 Nächten 23 Arten Coccinellidae in 11 011 Exemplaren (Tabelle 29, Auswahl). *H. axyridis* trat zuerst im Jahre 2003 auf, seither ist sie die häufigste Art und dominierte im Durchschnitt mit 7 630 Exemplaren (70 %). Der Anteil variierte zwischen 55 % (2014) und 91 % (2008). Die ♂♂ waren mit 72 % gegenüber den ♀♀ in der Überzahl. Sie werden offenbar stärker vom Licht angezogen. Bei den anderen Arten war der Sexualindex ausgeglichen.

Die Mengenverhältnisse zwischen den einzelnen Arten (ohne *Harmonia axyridis*) blieben die gesamte Untersuchungszeit nahezu konstant. Es gab zwei Ausnahmen: *Adalia bipunctata* nahm als einzige Art stark ab (nach van Wielink 2017b ein Resultat des Auftretens von *Harmonia axyridis*), der Anteil von *Myrrha octodecimguttata* stieg deutlich an. Die Gesamtzahl der Exemplare ist durch *H. axyridis* erheblich erhöht worden.

Tabelle 29: An künstlichem Licht beobachtete Coccinellidae (regelmäßig beobachtete Arten). Oberlausitz = eigene Beobachtungen (Klausnitzer et al. 2018, ergänzt), Kärnten = (Kofler 1999, 2006, Wieser & Kofler 2002), Steiermark STM (Anzahl der Exemplare, Auswahl) = (Kreissl 1959b), Nord-Brabant N-B (Anzahl der Exemplare, Auswahl) = (van Wielink 2017b).

Art	Oberlausitz	Kärnten	STM	N-B
Adalia bipunctata	oft (nur bis 1995 beobachtet)	einzeln		57
Adalia decempunctata	einzeln	einzeln		303
Anatis ocellata	oft	einzeln	1	158
Calvia decemguttata	regelmäßig	regelmäßig	74	1 339
Calvia quatuordecimguttata	oft	oft		45
Halyzia sedecimguttata	gelegentlich	regelmäßig	9	476
Harmonia axyridis	regelmäßig			7 786
Harmonia quadripunctata	oft	regelmäßig	58	267
Myrrha octodecimguttata	gelegentlich	regelmäßig	9	431
Myzia oblongoguttata	einzeln	regelmäßig	15	78
Vibidia duodecimguttata	oft		1	–

Die folgenden Arten wurden ebenfalls am Licht beobachtet, aber nur in einzelnen Exemplaren:

Aphidecta obliterata (Nord-Brabant), *Calvia quindecimguttata* (Oberlausitz, Kärnten), *Coccidula scutellata* (Oberlausitz, Nord-Brabant), *Coccinella hieroglyphica* (Nord-Brabant), *C. quinquepunctata* (Nord-Brabant), *C. septempunctata* (Nord-Brabant), *Hippodamia notata* (Kärnten), *Oenopia conglobata* (Nord-Brabant), *Platynaspis luteorubra* (Nord-Brabant), *Propylea quatuordecimpunctata* (Nord-Brabant), *Psyllobora vigintiduopunctata* (Nord-Brabant), *Rhyzobius chrysomeloides* (Nord-Brabant), *Scymnus abietis* (Kärnten, Nord-Brabant), *S. suturalis* (Nord-Brabant), *Sospita vigintiguttata* (Steiermark), *Subcoccinella vigintiquatuorpunctata* (Kärnten), *Tytthaspis sedecimpunctata* (Nord-Brabant).

Am Licht gewonnene phänologische Daten unterscheiden sich meist von solchen, die mit anderen Methoden gewonnen wurden. Die Ursache liegt außer der (auch geschlechtsspezifisch differierenden) artverschiedenen Attraktivität des künstlichen Lichtes auch an einem oft hohen Anteil frisch geschlüpfter Individuen.

Der Flug erfolgt besonders bei hoher Temperatur. Ein Optimum wird dann erreicht, wenn nach Sonnenuntergang noch 18–25 °C gemessen werden. Geringer Wind bis Windstille fördert den Anflug. Bei hoher Luftfeuchtigkeit, Nebel und Regen sowie kühleren Temperaturen (< 14 °C) ist die Flugaktivität gering oder fehlt völlig.

3 Entwicklung

3.1 Kopulation

Unmittelbar nach Beendigung der Überwinterung finden bei einigen Arten die ersten Kopulationen statt (*Exochomus quadripustulatus, Coccinella septempunctata, C. undecimpunctata, Myzia oblongoguttata*), oft an warmen, sonnigen Frühlingstagen. Bei anderen geschieht dies erst nach Beginn der Nahrungsaufnahme der Weibchen (*Anisosticta novemdecimpunctata, Halyzia sedecimguttata, Psyllobora vigintiduopunctata, Adalia bipunctata*). Einige Arten paaren sich schon vor Beginn der Diapause, und das Sperma wird über den Winter aufbewahrt (z. B. *Chilocorus renipustulatus*).

Die Überwinterung in Gruppen bietet Vorteile, da sie die Partnerfindung im Frühjahr erleichtert. Die Männchen können die Weibchen der gleichen Art an chemischen Ausscheidungen erkennen, die über die Elytren abgegeben werden. Exemplare anderer Arten werden im Regelfall nach einer Prüfung wieder verlassen (gelegentlich kommt es aber zu Paarungen über die Artgrenzen hinweg, vgl. Kapitel 1.8).

Ein besonderes Vorspiel scheint zu fehlen. Das beim Suchen der Weibchen sehr aktive Männchen ergreift die Elytren des Weibchens mit den Vorderbeinen und bringt sich in Kopulationsstellung. Die Spitze der Penis-Führungsrinne wird zwischen das 8. und 9. Sternit des Weibchens gehakt und spreizt die letzten Sternite, wodurch das Eindringen des Penis ermöglicht wird. Durch Heben des Abdomens, Streifen mit den Hinterbeinen, sogar seitliches Abrollen wird das Männchen nach Beendigung der Paarung vom Weibchen abgedrängt.

Die Weibchen bestimmen, wann es zu einer Paarung kommt. Sie werfen die Männchen ab, wenn sie zu jung sind, wenn sie sich gerade gepaart haben, wenn sie gerade mit der Eiablage beschäftigt sind oder wenn sie einen bestimmten Männchentyp bevorzugen (Majerus & Kearns 1989).

Foto 15: *Adalia bipunctata,* Paarung. Foto: E. Wachmann.

Foto 16: *Adalia bipunctata,* Paarung verschiedener Farbformen. Foto: F. Hecker/ H. Bellmann.

Foto 17: *Calvia quatuordecimguttata,* Paarung. Foto: E. Wachmann.

Foto 18: *Ceratomegilla notata,* Paarung. Foto: E. Wachmann.

Foto 19: *Coccinella septempunctata,* Paarung. Foto: E. Wachmann.

Foto 20: *Psyllobora vigintiduopunctata,* Paarung. Foto: E. Wachmann.

Foto 21: *Harmonia axyridis,* Paarung. Foto: E. WACHMANN.

Foto 22: *Harmonia axyridis,* Paarung verschiedener Farbformen. Foto: E. WACHMANN.

Die Männchen von *Coccinella septempunctata* und *Harmonia axyridis* sowie anderer Arten schieben ihren Körper während der Kopula bis zu 200 Mal hintereinander in Abständen von 25–30 Sekunden seitlich hin und her.

Foto 23: *Henosepilachna argus,* Paarung. Foto: E. WACHMANN.

Die Paarungen finden auch während der Nahrungsaufnahme des Weibchens statt. Bei *Adalia bipunctata* können sie 1,5–9 Stunden dauern, bei *Henosepilachna argus* 0,5–18 h (CHRISTIAN 1981). Auch bei anderen Arten wurde eine variable und z. T. lange Kopulationszeit beobachtet. Ein am 28.06.2020 ins Labor gebrachtes in Kopula befindliches Paar von *Hippodamia variegata* blieb bis zum 14.07. zusammen. Die Tiere trennten sich mehrfach kurzzeitig, wenn das ♀ fünf bis neun Eier ablegte, um sich dann sofort wieder in Paarungsstellung zu begeben. Das ♀ nahm in dieser Zeit regelmäßig Blattläuse auf, beim ♂ wurde dies nicht beobachtet (B. KLAUSNITZER in litt.). Die mechanische Verbindung zwischen den Partnern ist meist sehr fest.

Eine einzige Kopulation reicht aus, um einem Weibchen dauernde Fruchtbarkeit zu geben (Majerus et al. 1982a, b). Promiskuität ist bei den Coccinellidae weit verbreitet, meist finden mehrere Paarungen mit verschiedenen Partnern statt (bis zu 20). Meissner (1910) weist bereits auf diese Tatsache beim Zweipunkt hin: »Ein Männchen kann mehrere, ein Weibchen viele Ehen eingehen.« Nach Majerus (2016) paart sich ein Weibchen von *A. bipunctata* in freier Natur durchschnittlich 27,7 Mal. Die Eier eines einzigen Geleges können von bis zu sechs verschiedenen Männchen befruchtet worden sein. Die Promiskuität hat verschiedene Vorteile. Die Männchen können ihr Erbgut an viele Eier weitergeben, obwohl dem Weibchen eine einzige Paarung reichen würde. Die Kopulationen stimulieren die Eiablagerate, promiske Weibchen legen mehr Eier als monogame. Die Weibchen können genetisch guten Männchen begegnen und scheinen Männchen mit einem bestimmten Genotyp zu bevorzugen. Eine Mischung und ein Wettbewerb der Spermien sind von Vorteil. Es werden bis zu drei Spermatophoren übertragen (ein Sonderfall unter den Käfern), die jeweils durchschnittlich 10 000 Spermien enthalten. Weibchen von *Adalia bipunctata* können etwa 15 000 Spermien speichern. Es kann folglich nur einen Teil der Spermien aufbewahren. Die leeren Spermatophoren werden nach der Paarung vom Weibchen ausgestoßen und meist als eiweißreiche Nahrung aufgenommen (Majerus 1994).

Die meisten Arten besitzen eine Spermatheca, die dem Aufbewahren des Spermas dient (Katakura et al. 1994). *Stethorus pusillus* hat keine Bursa copulatrix, kein Receptaculum seminis und keine akzessorische Drüse, außerdem weist diese Art einen besonderen Bau der Vagina auf (Dobrzhanskiy 1924a). Die Spermatozoen werden im Ovidukt gesammelt, sodass Kopulationen über die gesamte Fortpflanzungszeit unerlässlich sind.

3.2 Das Ei

Die Eier der Coccinellidae werden in den paarig angelegten Ovarien gebildet und reifen in den meroistisch telotrophen Eiröhren (Ovariolen) heran (Abb. 28). Bei etwa 100 daraufhin untersuchten Marienkäfern schwankt ihre Zahl zwischen 4 und 164. Bezogen auf die mitteleuropäische Fauna (40 untersuchte Arten) liegt der geringste Wert bei *Stethorus pusillus* bei 4 Ovariolen auf jeder Seite (Moter 1959, Rathour & Singh 1991). *Scymnus*-Arten haben 8 bis 14. Größere Marienkäfer besitzen eine höhere Zahl: *Anatis ocellata* (56), *Coccinella septempunctata* (96–119), *Hippodamia tredecimpunctata* (48–60), *Harmonia axyridis* (64–76). Bei mittelgroßen Arten und den Chilocorinae liegt ihre Zahl erwartungsgemäß niedriger: *Anisosticta*

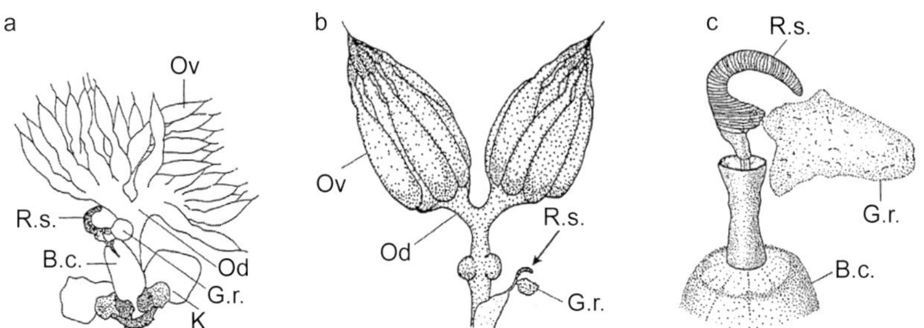

Abb. 28: Weibliche Geschlechtsorgane. **a** *Coccinella hieroglyphica*; **b** *Subcoccinella vigintiquatuorpunctata*; **c** *Coccinella septempunctata*. Ov Ovariole, Od Ovidukt, R.s. Receptaculum seminis, G.r. Glandula receptaculi, B.c. Bursa copulatrix, K Kittdrüse. Nach Dobrzhanskiy (1925) (a), Tanasijevic (1958) (b), de Gunst (1978) (c).

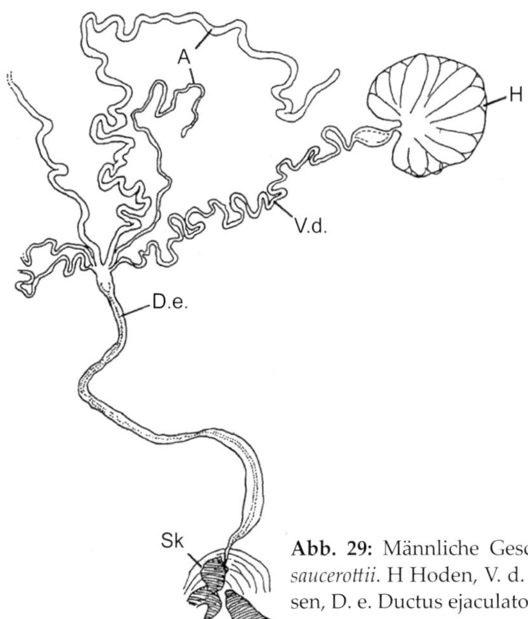

Abb. 29: Männliche Geschlechtsorgane von *Coccinella saucerottii*. H Hoden, V. d. Vas deferens, A Anhangsdrüsen, D. e. Ductus ejaculatorius, Sk Siphonalkapsel. Nach Dobrzhanskiy (1925).

novemdecimpunctata (24), *Chilocorus bipustulatus* (25), *Coccinella hieroglyphica* (28–34), *Coccinula quatuordecimpustulata* (20), *Exochomus quadripustulatus* (26), *Hyperaspis campestris* (19–21), *Oenopia conglobata* (24), *Tytthaspis sedecimpunctata* (20–21) (Zahlen nach Dobrzhanskiy 1924a, b). Die Zahl kann innerhalb der Art schwanken und auch asymmetrisch sein.

Das Ei ist dann legefertig, wenn die Bildung der äußeren Eihülle, des Chorions, abgeschlossen ist. Durch den Ovariolenstiel und den relativ langen, zunächst paarigen Eileiter gelangt es über den unpaaren mittleren Ovidukt in die der schlauchförmigen Vagina anhängende, von einer Muskelschicht umgebene Bursa copulatrix. Dort erfolgt die Befruchtung mit Sperma, das seit der Kopulation im chitinisierten Receptaculum seminis (Abb. 28) gespeichert wurde. In dieses mündet eine akzessorische Drüse (Glandula receptaculi). Die Spermien dringen über die Mikropyle in die Eier ein. Danach erfolgt die Eiablage.

Der Bau der inneren männlichen Geschlechtsorgane ist in Abbildung 29 dargestellt.

Die Poren und Kanäle des Chorions dienen neben der Ermöglichung des Eindringens der Spermien auch der Sauerstoffversorgung des Eies. Bei *Adalia bipunctata* bilden sie zwei Ringe mit 40–50 schlauchförmigen Kanälen am Ende des Eies. Bei anderen Arten ist nur ein Ring ausgebildet. *Platynaspis luteorubra* hat zwei Gruppen von Poren an beiden Enden der Eier, und bei *Chilocorus* findet sich zusätzlich eine trompetenförmige Struktur (Majerus 1994).

Nach der Verteilung des Dotters im Ei gehören die Eier der Coccinellidae dem zentrolecithalen Typ an, das heißt, die Dottermasse ist in der Mitte des Eies konzentriert. Die Eireifung beginnt unmittelbar im Anschluss an die Befruchtung mit der Teilung des Kerns der Eizelle. Die Furchung des Eies erfolgt wie bei den meisten Insekten superfiziell. Es kommt zur Herausbildung eines Keimstreifens und zur Entwicklung des Embryos.

Das Chorion ist im Vergleich zu vielen anderen Coleoptera verhältnismäßig dick, wohl eine Anpassung an die ungeschützte und exponierte Ablage. Es besteht aus mehreren Schichten, außen befindet sich gewöhnlich eine dünne Wachsschicht. Bei den meisten Arten sind die Eier außerdem von einer dünnen transparenten Membran bedeckt, außer bei *Platynaspis luteorubra, Chilocorus* und *Subcoccinella vigintiquatuorpunctata* (Majerus 1994). Die für manche Arten charakteristische Oberflächenstruktur der Eier (vgl. Abb. 204) wird von den Epithelzellen des Follikels geprägt.

Die Dauer der Eientwicklung ist insbesondere von der Temperatur (Abb. 30), aber auch von der Luftfeuchtigkeit und anderen Faktoren abhängig. Unter Freilandbedingungen beträgt sie etwa fünf bis zehn Tage. Wenn die Temperatur unterhalb des artspezifischen Entwicklungsnullpunktes liegt, bei *Coccinella septempunctata* und *Stethorus pusillus* jeweils etwa 12 °C (Basedow 1982 bzw. Moter 1959), tritt ein Stillstand ein. Triltsch et al. (1996) geben für *Coccinella septempunctata* folgende Werte für den Entwicklungsnullpunkt an: Ei 10,5 °C, Larve 12,6 °C, Puppe 12,1 °C. Für die

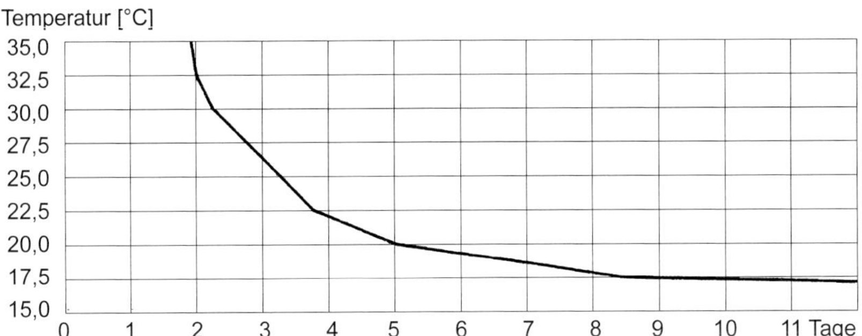

Abbildung 30: Abhängigkeit der Entwicklungsdauer der Eier von *Coccinella septempunctata* von der Temperatur. Nach Jöhnssen (1930).

Temperatursumme oberhalb dieser Werte nennen sie folgende Taggrade: Ei 43,4; Larve 125,4 und Puppe 55,6.

Gegen Abschluss der Eientwicklung ist die aus dem Embryo entstandene Larve durch das Chorion hindurch zu sehen. Das Ei nimmt eine dunkelgraue Färbung an. Nach dem Schlüpfen bleiben die Larven etwa einen Tag auf dem Gelege (Fotos 29, 32).

Die noch im Ei befindlichen Larven vieler Coccinellidae (z. B. Coccinellinae, Epilachninae) haben auf dem Rücken des Prothorax und auf dem Kopf sogenannte Eizähne (Abb. 31, 32), die dem Öffnen des Chorions von innen dienen. Bei *Henosepilachna argus* werden die Spitzen der Eizähne des Prothorax durch das Chorion gestochen und die Larve auf diese Weise im Ei befestigt. Nun wird mit den kronentragenden Kopfborsten (Foto 24) die Eihülle entlang zweier zur Eiachse paralleler Linien im Verlauf von etwa einer Stunde aufgeschabt (Christian 1981). Die Larve kann nach etwa einer weiteren Stunde das Ei verlassen. Die Larven von *Chilocorus bipustulatus* haben ein Paar spatelförmiger Eizähne auf dem Kopf. Ähnlich sind die Verhältnisse bei den anderen Chilocorini. *Clitostethus arcuatus* besitzt auf dem Kopf einen Ring von kurzen Dornen, die einen hornähnlichen Zentraldorn umgeben (Majerus 1994). Bei *Platynaspis luteorubra* befinden sich je ein Paar Eizähne auf jedem Thoraxsegment.

Die Eizähne bewirken die erste Öffnung des Chorions. Es folgt deren Erweiterung durch den Druck der Hämolymphe. Bei der 1. Häutung verlieren die Larven ihre Eizähne.

Da bei den Marienkäfern mehrere Eier gleichzeitig reif werden, geschieht die Ablage vielfach portionsweise (Fotos 25, 26). Die Weibchen der Coccidulini, Platynaspidini und Scymninae legen (soweit bekannt) die Eier jedoch voneinander entfernt einzeln und liegend in die Nähe von Beutetieren ab.

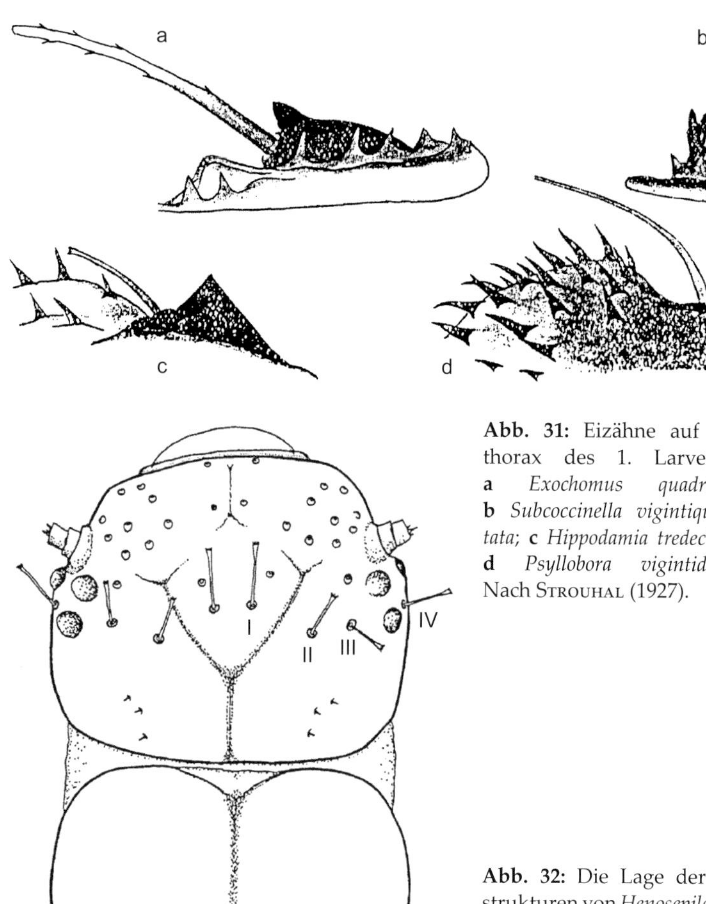

Abb. 31: Eizähne auf dem Prothorax des 1. Larvenstadiums. **a** *Exochomus quadripustulatus*; **b** *Subcoccinella vigintiquatuorpunctata*; **c** *Hippodamia tredecimpunctata*; **d** *Psyllobora vigintiduopunctata*. Nach STROUHAL (1927).

Abb. 32: Die Lage der Eisprengstrukturen von *Henosepilachna argus*. I–IV Kronenborsten, EZ Eizähne des Prothorax, Makrochaeten des Kopfes und Scoli weggelassen. Nach CHRISTIAN (1981).

Die Chilocorinae geben ihre Eier ebenfalls meist einzeln und waagerecht neben oder an ein Beutetier (Schildlaus) ab. *Chilocorus bipustulatus* schiebt mehrere Eier unter den Körper der Beute. Die geschützte Lage verhindert ein Austrocknen des Eies, dessen Chorion keine äußere Schutzschicht aufweist. *Platynaspis luteorubra* legt die Eier einzeln und horizontal auf der Blattunterseite meist neben den Blattnerven ab. Die Scymninae bevorzugen zur Eiablage Ritzen der Borke, Blattfalten oder sonstige gedeckte Stellen. *Coccidula* legt ihre Eier frei auf Blätter ab. Bei *Rhyzobius litura* dienen lange

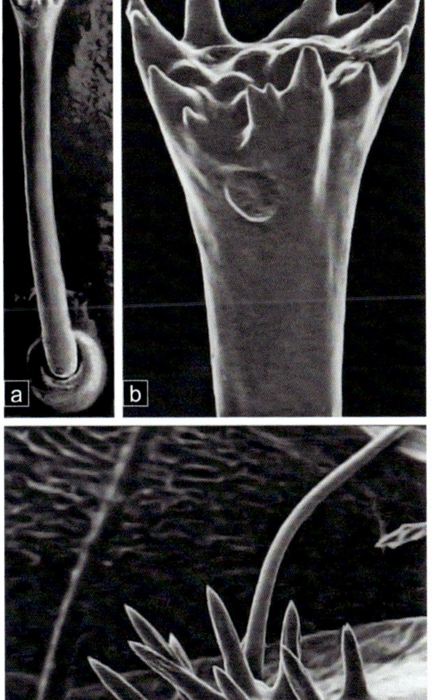

Foto 24: *Henosepilachna argus*, Eisprengstrukturen. **a** Kronenborste; **b** Schneidekrone; **c** prothorakale Eizähne. REM-Fotos: E. CHRISTIAN.

Foto 25: *Propylea quatuordecimpunctata*, Eigelege. Foto: I. ALTMANN.

Foto 26: *Ceratomegilla undecimnotata*, Eigelege. Foto: B. HINNERSMANN.

Foto 27: *Coccinella septempunctata*, Weibchen bei der Eiablage. Foto: F. HECKER/H. BELLMANN.

Borsten auf den Styli zur Anfertigung einer Höhlung in ein Blatt für jedes Ei, kurze Borsten helfen dabei, das Ei in die geeignete Position zu bringen.

Ganz anders ist die Art der Eiablage bei den Epilachninae und den Coccinellinae (Fotos 27–32). Die Weibchen befestigen ein Ei dicht neben das andere senkrecht mit dem stumpfen Pol auf dem Substrat, sodass ± regelmäßige Gelege entstehen. Borsten auf den Styli der Weibchen helfen dabei, die Eier senkrecht und nebeneinander aufzustellen.

Die Zahl der in einem Gelege zusammengefassten Eier ist sehr unterschiedlich. Große Gelege können bis zu 60 Eier enthalten, meist sind es 20 bis 40. Die Gelegegröße von *Halyzia sedecimguttata* betrug 1 bis 24 (durchschnittlich 6,25), maximal wurden für *Coccinella septempunctata* 113 Eier/Gelege gefunden (Majerus 1994). Bei *Adalia bipunctata* schwankt die Gelegegröße zwischen 1 bis 47 bei einem Durchschnitt von 11,0 bis 16,4 (Baungaard & Hämäläinen 1981). Eine Anzahl zwischen 5 und 20 scheint einem Optimum zu entsprechen und hängt mit der zeitlichen Staffelung der Eireife zusammen. Es gibt eine physiologische Obergrenze, die durch die Zahl der Ovariolen bedingt wird, die beim Zweipunkt 48 beträgt (Robertson 1961, Ellingsen 1969a). Mitunter werden Gelege gefunden, deren Eizahl größer ist als die Anzahl der Eiröhren. Sie entstehen dadurch, dass eine zweite Ablage unmittelbar neben das erste Gelege erfolgt.

Der Eiablageort ist oft die Unterseite von Blättern, mitunter auch deren Oberseite. Die nadelholzbewohnenden Arten legen ihre Eier mit Vorliebe in Reihen an die Nadeln ab, außerdem auch an die Baumrinde.

Fast immer werden die Eier an solchen Stellen platziert, wo die später ausschlüpfenden Larven reichlich Nahrung finden (Brutfürsorge). Bevorzugt werden bei den aphidophagen Arten vor allem junge, wachsende Blattlauskolonien, die auch durch die Produktion von Honigtau angezeigt werden können. Die Nähe zur Nahrung ist wichtig, da die Junglarven nach Verlassen des Geleges meist nur etwa einen reichlichen Tag hungern können, lange Beutesuchwege sind deshalb problematisch (siehe dazu den Zwillings-Kannibalismus, Kapitel 10.1.5). Die Weibchen können auch chemische Signale wahrnehmen, die die Anwesenheit anderer Marienkäferlarven anzeigen und solche Stellen für die Eiablage meiden (Roy & Brown 2018). Die coccidophagen Arten legen ihre Eier vielfach direkt neben oder auf ihre Beute, sodass die schlüpfenden Larven ihre Erstnahrung nicht suchen müssen. Die mycophagen und phytophagen Arten geben ihre Eiere in kleinen Gruppen direkt auf die Nahrung, sodass sich die frisch geschlüpften Larven inmitten eines Überflusses befinden.

Foto 28: *Coccinella septempunctata,* Eigelege. Foto: F. Hecker/H. Bellmann.

Foto 29: *Coccinella septempunctata,* Eigelege mit schlüpfenden Larven. Foto: F. Hecker/H. Bellmann.

Foto 30: *Calvia quatuordecimguttata,* Weibchen bei der Eiablage. Foto: I. Altmann.

Foto 31: *Calvia quatuordecimguttata,* Eigelege. Foto: I. Altmann.

Foto 32: *Calvia quatuordecimguttata,* Eigelege mit schlüpfenden Larven. Foto: I. Altmann.

Die Vermehrungspotenz der Coccinellidae ist im Vergleich zu anderen Insekten nicht rekordverdächtig hoch. Sie wird in den gemäßigten Breiten durch das weitgehende Fehlen einer 2. Generation beschränkt, aber auch durch die Eizahl je Weibchen. Tanasijevic (1958) gibt für *Subcoccinella vigintiquatuorpunctata* 200–300 Stück an, Sundby (1966) für *Coccinella septempunctata* im Durchschnitt 814 Eier, Kesten (1969) für *Anatis ocellata* etwa 300, Moter (1959) für *Stethorus pusillus* bis zu 180 und Witsack (1971) unter Laborbedingungen etwa 40 für *Oenopia lyncea agnatha.* Die Zahl der abgelegten Eier hängt von der Nahrung ab, die die Weibchen aufgenommen haben, auch die Größe der schlüpfenden Larven. Hariri (1966) fand bei *Adalia bipunctata* eine Gesamtzahl von 738/Weibchen (durchschnittlich 9,3/Tag) bei einer Ernährung mit *Aphis fabae; Acyrthosiphon pisum* ermöglichte 1 535 Eier (durchschnittlich 20,4/Tag). Roy & Brown (2018) nennen für den Zweipunkt 10–20 Eier/Gelege bei einer Gesamtzahl von 1 500/Weibchen.

Größe, Form und Farbe der Eier der Marienkäfer sind sehr unterschiedlich. Die Eier von *Stethorus pusillus,* einer der kleinsten einheimischen Arten, sind 0,4 mm lang. *Anatis ocellata,* als größte Art, legt Eier mit einer Länge von 1,9–2,0 mm. Die Eier von *Coccinella septempunctata* sind im Durchschnitt 1,3 mm, die von *Adalia bipunctata* 1,0 mm und die von *Henosepilachna argus* 1,7 mm lang (und 0,6 mm breit) (vgl. Kapitel 8.4).

Die Gestalt der Marienkäfereier ist stets ± langgestreckt. Schon in der Form werden Artunterschiede sichtbar, die man grob erfassen kann, wenn aus Länge und Durchmesser ein Index gebildet wird. Auf diese Weise können schlanke, mittlere und gedrungene Eier unterschieden werden. Die Eier der Chilocorini sind z. B. weniger länglich als die der Coccinellini. Bei *Platynaspis luteorubra* haben sie in liegender Position einen flachen Boden und sind nach oben gewölbt. Abweichend von der Durchschnittsform ist das Ei von *Henosepilachna argus,* das in eine lange Spitze ausgezogen ist. Einige Scymnini zeigen eine kurze fadenförmige Erhöhung auf dem Ei. Weiterhin ist die Form des freien Poles artspezifisch, und man kann einen spitzen, mittleren und gerundeten Pol unterscheiden (vgl. Abb. 205). Bei *Rhyzobius litura* und anderen Arten ist die Oberfläche mit feinen Körnchen bedeckt, bei anderen ist sie glatt, z. B. bei *Adalia bipunctata.* Eine auffällige Chorionskulptur kommt nach bisheriger Kenntnis nur bei den Epilachninae vor (Klemm 1929). Sie äußert sich im Vorhandensein ± deutlicher vieleckiger, meist sechseckiger Felder, die bei *Henosepilachna argus* 17 bis 40 µm Durchmesser haben (Klausnitzer 1965a, Christian 1981).

Die Eier von *Stethorus pusillus* sind weißgrau, die der anderen Marienkäferarten – soweit sie bisher bekannt sind – hellgelb, zitronengelb bis dunkelorange mit verschiedenen Zwischenstufen und Helligkeitsunterschieden. Der Grundton der Eifarbe ist wahrscheinlich artspezifisch, jedoch gibt es einen individuellen Farbwechsel während der Eientwicklung, der mit der Herausbildung der Larve im Inneren des Eies zusammenhängt und sich in einem Dunklerwerden des Eies zeigt. Die Eier vieler Marienkäferarten sind mit kleinen Tröpfchen unklarer Herkunft bedeckt. Diese Tröpfchen sind farblos oder entsprechen der Grundfarbe des Eies. Sie dienen der chemischen Abwehr und bewirken auch, dass diese Eier ungenießbar für andere Coccinellidae sind, auch für *Harmonia axyridis* (Roy & Brown 2018). Die Eier von *Calvia quatuordecimguttata* tragen kleine weinrote Tröpfchen und sind deshalb recht auffällig (Klausnitzer 1969d, Klausnitzer & Klausnitzer 1997).

3.3 Die Larve

Die Larven der in Mitteleuropa vorkommenden Marienkäfer sind in ihrer Grundfarbe grau bis braun oder gelb. Vor allem die Larven der Coccinellinae tragen im 3. und/oder 4. Stadium oft gelbe, orange oder rote Flecken auf Thorax und Abdomen. Meist sind einzelne Sklerite oder Borsten gefärbt (Foto 33). Bei den gelben und weißlichen Larven sind sie schwarz (z. B. die Halyziini und *Calvia decemguttata*) (vgl. Fotos 118, 121–123). Die Färbung ist meist – im Gegensatz zu den Imagines – relativ konstant und zur Kennzeichnung vieler Arten geeignet (vgl. Kapitel 8.2). Eine der wenigen Ausnahmen bildet *Adalia bipunctata*, bei der die Fleckenzeichnung der adulten Larven deutlich variiert (Abb. 33) (Strouhal 1927, Klausnitzer & Förster 1973). Das Spektrum reicht von dunklen Exemplaren ohne orange Flecken bis zu solchen mit sieben deutlichen Makeln. Es wurden 16 verschiedene Färbungsformen gefunden. Interessant ist, dass zwischen dem Geschlecht und der Färbung der Imagines und der der Larven nach bisheriger Kenntnis kein deutlicher Zusammenhang besteht. Auch die Larven von *Calvia quindecimguttata, Coccinella hieroglyphica, Harmonia quadripunctata, Hippodamia variegata, Propylea quatuordecimpunctata* und *Psyllobora vigintiduopunctata* zeigen eine Variabilität einzelner Farbmerkmale, die bei der Bestimmung der Arten zu beachten ist.

Der Körper der Larven ist gerade, schlank, nach hinten etwas verengt und schwach abgeflacht. Zur Morphologie siehe auch die Abbildungen 184–192 in Kapitel 8.2. Meist sind die Larven mit borstentragenden Tuberkeln ± auffällig bedeckt (Einzelheiten vgl. Kapitel 8.2). Die Stigmen haben eine einzige ungegliederte Öffnung (annular). Sie sind klein und münden auf dem 1.–8. Abdominalsegment. Der Kopf ist hypognath, meist gerundet, mitunter oval oder transvers (z. B. *Hyperaspis* und *Platynaspis luteorubra*). Die Kopfkapsel ist fast immer komplett sklerotisiert. Eine Epicranialnaht fehlt, sie ist aber bei der Gattung *Chilocorus* und den Epilachninae vorhanden.

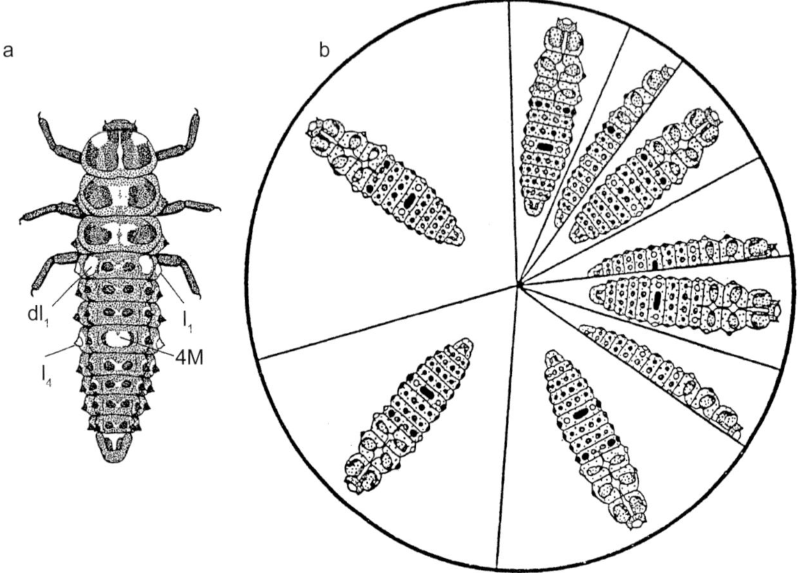

Abb. 33: a *Adalia bipunctata,* Schema der Färbung; **b** prozentuale Verteilung der verschiedenen Färbungsformen des 4. Larvenstadiums von *Adalia bipunctata* nach Material aus Dresden. Schwarze Flecken = orangegelbe Färbung. Orig.

Frontalnaht V-förmig, verkehrt Omega-förmig oder nicht ausgeprägt (Tabelle 30). Eine Frontoclypealnaht ist nur bei den Epilachninae vorhanden. Das Labrum ist durch eine Naht deutlich vom Clypeus abgesetzt und transvers (Ausnahme *Platynaspis*). Bei den Larven des 3. und 4. Stadiums der Hyperaspidini, Scymnini und *Platynaspis luteorubra* sind keine Kopfnähte ausgebildet. Auf jeder Seite der Kopfkapsel befinden sich drei Stemmata.

Die Antennen sind dreigliedrig, mit einem großen dornartigen Anhang (Sinneskegel) auf dem 2. Antennenglied, das fast immer länger als das 1. ist (vgl. Abb. 186). Das 3. Antennenglied ist meist relativ klein und vielfach reduziert. Die Zahl der Antennenglieder kann deshalb verringert sein. Zwei Glieder haben die Antennen der Noviini und *Chilocorus,* eingliedrig sind sie bei den Stethorini und *Clitostethus arcuatus.*

Die Mandibeln sind in ihrem Bau sehr verschieden (Tabelle 30). Eine Mola ist vorhanden, aber reduziert (sie fehlt bei den Epilachninae). Ausgehend von der Tatsache, dass Larven und Imagines wenigstens zeitweise die gleichen Biotope besiedeln und auch gleiche Nahrung aufnehmen, ergeben sich einige interessante Parallelen im Bau der Mundwerkzeuge, besonders der Mandibeln bei den Epilachninae, Halyziini und Coccinellini. Bei diesen Gruppen sind die Oberkiefer der Larven und Imagines prinzipiell gleichartig in ihrem Bau (vgl. Kapitel 7.4).

Tabelle 30: Übersicht zum Bau der Mandibeln (Zahl der Zähne an der Spitze = n) und der Form der Fontalnaht.

n	Frontalnaht	Taxon
1	verkehrt Omega-förmig	*Exochomus, Parexochomus*
1	V-förmig	*Novius*
1	fehlend	Scymninae, *Platynaspis*
2	verkehrt Omega-förmig	Coccidulinae, *Tetrabrachys, Chilocorus*, Coccinellinae
3	V-förmig	*Bulaea*
4–5	Y-förmig	Epilachninae
5–7	verkehrt Omega-förmig	Halyziini

Die Maxillarpalpen sind dreigliedrig, bei *Novius cruentatus* zweigliedrig (vgl. Abb. 188). Die Galea (Mala) ist zugespitzt, mit deutlichem Stylus (Chilocorini, Coccinellinae), abgerundet und groß (Scymninae, *Novius cruentatus, Platynaspis luteorubra*) oder mit zahlreichen Borsten besetzt (Epilachninae).

Die Labialpalpen sind zweigliedrig oder eingliedrig (Hyperaspidini). Die Ligula ist mit dem Submentum verschmolzen (vgl. Abb. 188).

Der Prothorax trägt zwei oder vier ± sklerotisierte Platten, der Meso- und Metathorax je zwei (vgl. Abb. 190). Die Beine sind lang und schlank, bei den Stethorini und den Hyperaspidini kurz. Bei den Coccinellinae sind die Vorderbeine meist etwas länger als die Mittel- und Hinterbeine. Auf den Tibiotarsen befinden sich an der Spitze gekeulte oder abgeflachte Borsten (Haftborsten, Ausnahme *Tetrabrachys connatus*) (vgl. Abb. 189). Bei den Scymnini sind es ein oder zwei Paare, bei den Stethorini und den Hyperaspidini sind es fünf Paar, bei den anderen Taxa 10 bis 15 Paar. Die Klauen sind gebogen und an der Basis verdickt, mitunter ist diese zahnartig abgesetzt. Man kann verschiedene Klauentypen charakterisieren, die für die Unterscheidung einzelner Arten wichtig sind (vgl. Abb. 189).

Das Abdomen besteht aus zehn Segmenten. An dessen Basis sind sie am breitesten, nach hinten werden sie schmaler. Vorn am Seitenrand der Tergite münden Drüsenöffnungen. Das 9. Abdominalsegment besitzt keine Urogomphi, seine Form und Beborstung sind sehr verschieden, bei einigen Gattungen ist eine terminale Spitze vorhanden (vgl. Abb. 191). Das 10. Abdominalsegment liegt unter dem 9., es ist als Pygopodium (»Nachschieber«) ausgebildet und formt mitunter eine Haftscheibe. Beim Klettern auf den Pflanzen dient es als zusätzliches Bewegungsorgan.

Mit Ausnahme der Stethorini und *Clitostethus arcuatus* sind die Larven aller Scymninae auf ihrer Oberseite mit Wachs bedeckt (Foto 34). Die Wachsausscheidungen können sehr umfangreich sein (bis 25 % des Körpervolumens). Es können verschiedene Porentypen auf der Körperoberfläche dieser Larven unterschieden werden, durch die das von Drüsen produzierte Wachs nach außen tritt. Daneben gibt es Wachsausscheidungen auch bei den Coccidulinae (Foto 35), Noviini und Telsimiini (Flanders 1930, Pope 1979), jedoch nicht bei den in Mitteleuropa autochthonen Arten.

Über die Funktion der Wachsbedeckung ist noch immer nichts Abschließendes bekannt. Vor Parasitierung schützt sie nicht, wie aus dem Kapitel 10 über die »Feinde« ersichtlich ist. Die wachsbedeckten Larven werden nicht (oder weniger) von Ameisen beachtet, das ist sicher ein großer Vorteil (Eisner et al. 1978, Völkl & Vohland 1996). Durch die UV-Reflexion des Wachses sind sie für ein räuberisches Insekt nicht von ebenfalls wachsbedeckten Schildläusen, von denen sich viele Arten ernähren, zu unterscheiden. Meist wird die Wachsbedeckung als passiver Schutz gegenüber Prädatoren gedeutet (Pope 1979).

Einen völlig abweichenden Bau hat die Larve von *Platynaspis luteorubra* (vgl. Foto 106) (Korschefsky 1934). Die Unterseite ist sehr flach, die Oberseite ein wenig gewölbt, der Umriss breit-oval. Am Rande ist die Larve mit einer Reihe feiner Borsten besetzt.

Die Larven der Epilachninae sind durch ihre großen verzweigten Borsten (Scoli; vgl. Kapitel 8.2) auf der Rückenseite gekennzeichnet (vgl. Fotos 113–115). Auch die Chilocorini haben dorsal große Fortsätze (Parascoli oder Senti) (vgl. Fotos 109–112). Dies ist aber kein Ausdruck einer näheren Verwandtschaft beider Gruppen, das Auftreten ähnlicher Borstentypen dürfte eine Parallelentwicklung sein, von denen es noch mehr zwischen den Epilachninae und den Chilocorini gibt. Bemerkenswert ist beispielsweise das Vorhandensein einer Epicranialnaht bei der Gattung *Chilocorus*, weil diese Kopfkapselnaht sonst nur bei den Epilachninae vorkommt.

Die Larve von *Tetrabrachys connatus* ist durch mehrere Merkmale, die der Bestimmungstabelle entnommen werden können, von allen anderen Marienkäferlarven getrennt. Vor allem das Fehlen von Haftborsten am Tibiotarsus könnte eine Anpassung an die Lebensweise unter Steinen sein.

Die Größe der Marienkäferlarven reicht von < 1,5 mm bei frisch geschlüpften Larven von *Stethorus pusillus* und anderen sehr kleinen Arten bis etwa 15 mm bei erwachsenen Larven von *Anatis ocellata*. Weltweit erreichen die

Foto 33: *Coccinella septempunctata,* Larve, 4. Stadium. Foto: E. Wachmann.

Foto 34: *Scymnus* sp., Larve mit Wachsausscheidungen. Foto: E. Wachmann.

Foto 35: *Cryptolaemus montrouzieri,* Larve mit Wachsausscheidungen. Foto: E. Wachmann.

Foto 36: *Harmonia axyridis,* Larve, 4. Stadium unmittelbar nach der Häutung, noch nicht voll ausgefärbt. Foto: I. Altmann.

Larven der größten Arten 30 mm. Die Genauigkeit von Längenangaben ist bei Insektenlarven meist nicht sehr groß. Sie können nur über die ungefähre Größe orientieren. Will man über das Wachstum nach den Häutungen genauere Angaben erhalten, muss beispielsweise die Kopfkapselbreite oder die Vordertibialänge gemessen werden. Diese an relativ starren Chitinteilen gewonnenen Maße sind weitgehend unabhängig vom augenblicklichen Ernährungszustand, der Konservierung oder anderen die Körperlänge beeinflussenden Faktoren. Es wird deshalb, soweit möglich, die Kopfkapselbreite des 4. Larvenstadiums für einige häufige Arten angegeben (Minimalwert – Durchschnitt – Maximalwert) (Tabelle 31).

Tabelle 31: Kopfkapselbreiten [mm] der einzelnen Stadien ausgewählter Arten. L_1 bis L_4 = 1.–4. Larvenstadium. Nach KLAUSNITZER (1970a). Weitere Maße in Kapitel 8.2.

Art	L_1	L_2	L_3	L_4
Adalia bipunctata	0,32-(0,34)-0,40	0,48-(0,59)-0,64	0,68-(0,78)-0,84	0,88-(0,91)-1,04
Adalia decempunctata	0,28-(0,33)-0,40	0,44-(0,46)-0,48	0,56-(0,60)-0,64	0,76-(0,81)-0,88
Anatis ocellata	0,52-(0,57)-0,64	0,68-(0,75)-0,80	0,96-(1,05)-1,16	1,20-(1,38)-1,60
Anisosticta novemdecimpunctata	0,28-(0,31)-0,32	0,40-(0,50)-0,56	0,64-(0,71)-0,80	0,84-(0,88)-0,92
Aphidecta obliterata	0,36-(0,39)-0,44	0,48-(0,51)-0,56	0,60-(0,65)-0,68	0,72-(0,79)-0,88
Calvia quatuordecimguttata	0,40-(0,41)-0,44	0,52-(0,57)-0,60	0,68-(0,77)-0,84	0,88-(0,97)-1,04
Ceratomegilla notata	0,40	0,60	0,80-(0,81)-0,84	0,96-(0,99)-1,04
Coccidula scutellata	0,28	0,36	0,40-(0,47)-0,48	0,56-(0,63)-0,68
Coccinella magnifica	0,36-(0,38)-0,40	0,48-(0,52)-0,54	0,96-(1,00)-1,04	1,12-(1,15)-1,20
Coccinella quinquepunctata	0,32-(0,35)-0,36	0,44-(0,47)-0,48	0,64-(0,67)-0,72	0,80-(0,87)-0,92
Coccinella septempunctata	0,40-(0,43)-0,48	0,56-(0,60)-0,64	0,80-(0,84)-0,92	1,00-(1,13)-1,28
Coccinella undecimpunctata	0,32-(0,36)-0,44	0,52-(0,55)-0,56	0,72-(0,81)-0,92	1,12-(1,17)-1,20
Cynegetis impunctata	0,40-(0,42)-0,48	0,52	0,60-(0,65)-0,72	0,80-(0,84)-0,92
Exochomus quadripustulatus	0,28-(0,33)-0,36	0,40-(0,49)-0,52	0,52-(0,61)-0,64	0,64-(0,70)-0,72
Harmonia axyridis	0,42-0,44	0,59-0,61	0,81-0,90	1,25-1,28
Harmonia quadripunctata	0,40-(0,45)-0,48	0,52-(0,59)-0,62	0,80-(0,82)-0,88	1,00-(1,13)-1,26
Henosepilachna argus	0,44	0,52-(0,56)-0,60	0,72-(0,79)-0,84	0,92-(1,02)-1,12
Hippodamia variegata	0,32-(0,33)-0,36	0,44-(0,46)-0,48	0,60-(0,61)-0,64	0,76-(0,82)-0,92
Myzia oblongoguttata	0,40-(0,49)-0,56	0,60-(0,70)-0,80	0,92-(0,98)-1,08	1,12-(1,26)-1,40
Oenopia conglobata	0,28-(0,38)-0,40	0,48	0,64-(0,65)-0,68	0,80-(0,83)-0,88
Propylea quatuordecimpunctata	0,32-(0,37)-0,40	0,48-(0,49)-0,52	0,56-(0,64)-0,68	0,72-(0,81)-0,88
Scymnus rubromaculatus	0,20-(0,23)-0,24	0,24-(0,25)-0,28	0,28-(0,32)-0,36	0,40-(0,41)-0,44

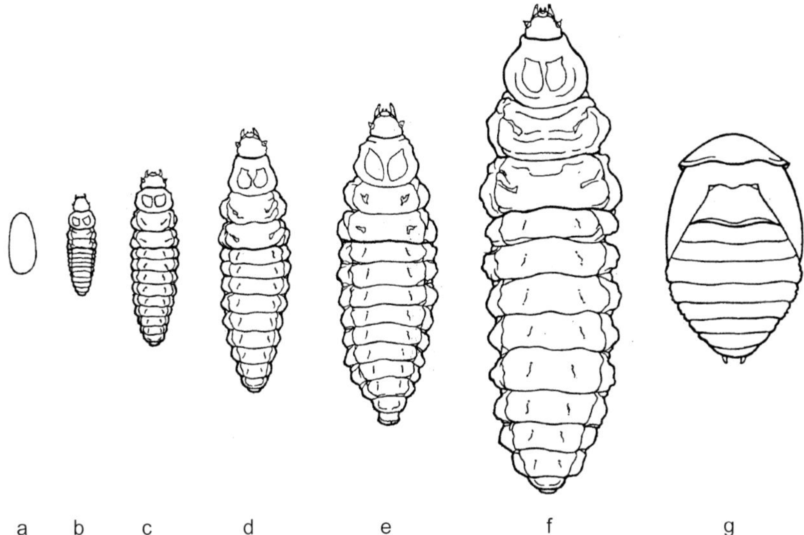

Abbildung 34: Körperwachstum bei *Scymnus impexus*. **a** Ei; **b** 1. Larvenstadium; **c** 2. Larvenstadium; **d** 3. Larvenstadium; **e** 4. Larvenstadium; **f** 4. Larvenstadium erwachsen; **g** Puppe. Nach Delucchi (1954).

Die meisten in ihrer Entwicklung bekannten Marienkäferarten haben vier Larvenstadien, zwischen denen drei Häutungen liegen. Bei einer Zucht von *Chilocorus bipustulatus* häuteten sich unter Laborbedingungen zwei von elf Larven viermal (Yinon 1969b). Einen ähnlichen Befund teilt Hecht (1936) für die gleiche Art mit. Auch andere, in Mitteleuropa nicht vorkommende Arten, können fünf Stadien haben, auch *Chilocorus nigritus*. Bemerkenswert ist, dass in kanadischen Populationen von *Harmonia axyridis* bis zu einem Drittel der Larven vier Häutungen durchlaufen (Labrie et al. 2006).

Die Häutungsphase ist für die Larve besonders gefährlich (Feinde, Vertrocknungsgefahr, Störungen während des Häutungsgeschehens). Nach den Häutungen, die etwa eine Stunde dauern, sind die Larven zunächst noch weich und hell (Fotos 36, 37), das Exoskelett braucht einige Stunden, um auszuhärten. Bei jeder Häutung nehmen Volumen, Gewicht und Größe der Larven zu (Abb. 34). Dabei kann die Wachstumsgeschwindigkeit einzelner Körperteile unterschiedlich sein (allometrisches Wachstum). Exakte Messungen ergaben, dass bei den meisten bisher untersuchten Arten, z. B. *Coccidula scutellata, Exochomus quadripustulatus, Coccinella septempunctata, Anatis ocellata* die Vordertibia schneller wächst als die Kopfkapsel. Nur bei wenigen Arten nimmt die Kopfkapsel schneller an Größe zu als die

Vordertibia (z. B. *Henosepilachna argus*). Einige Arten (z. B. *Hippodamia variegata*) zeigen keine Unterschiede in der Wachstumsgeschwindigkeit der beiden untersuchten Körperteile. Am Rande sei erwähnt, dass die Gewinnung von exakten Maßen für die Bestimmung des Larvenstadiums praktische Bedeutung haben kann.

Das 1. Larvenstadium unterscheidet sich besonders deutlich von den anderen Stadien. Es ist an den Eizähnen (Abb. 31, 32) sowie – außer den absoluten Maßen – auch an proportionalen Unterschieden in der Größe der Kopfkapsel (relativ groß), des Abdomens (relativ klein), der Beine (relativ lang), der Borsten (relativ lang) u. a. zu erkennen. Als Beispiele können einige Abbildungen herangezogen werden (Abb. 35). Die späteren Stadien unterscheiden sich ebenfalls durch die Proportionen und die Beborstung, aber auch durch die Färbung: L_1 und L_2 sind meist einfarbig und wenig sklerotisiert, L_3 und L_4 sind stärker sklerotisiert und weisen (wenn überhaupt vorhanden) die artcharakteristische Färbung auf (bei der L_3 meist noch nicht vollständig ausgeprägt).

Tabelle zur Unterscheidung der Larvenstadien (nach Klausnitzer 1999)

1 Borsten auf den Tergiten des Thorax schwach sklerotisiert, dieser nur mit wenigen Chalazae oder Setae bedeckt. Bei der L_1 finden sich Eizähne (immer?). Die Scoli, Senti, Parascoli, Strumae oder Verrucae auf den Tergiten des Abdomens sind klein. Epicranialnaht immer (?) entwickelt. Körper einfarbig.

L_1, L_2

1* Borsten auf den Tergiten des Thorax kräftig sklerotisiert, dieser mit mehreren Chalazae bzw. Setae, artverschieden auch anderen Borstentypen bedeckt. Die Scoli, Senti, Parascoli, Strumae oder Verrucae auf den Tergiten des Abdomens gut ausgebildet. Epicranialnaht fehlt meist. Körper mehrfarbig oder einfarbig.

L_3, L_4

Die Dauer der Larvenentwicklung insgesamt und auch die der einzelnen Stadien ist von mehreren Faktoren abhängig, insbesondere von der Temperatur (Ellingsen 1969b, Hodek 1958, 1973, Weismann et al. 1971) und dem Nahrungsangebot. Deshalb lassen sich kaum allgemeingültige Angaben darüber bringen (Tabelle 32). Bei vielen einheimischen Arten vergehen zwischen dem Schlüpfen aus dem Ei und der Verpuppung unter durchschnittlichen Freilandbedingungen drei bis sechs Wochen. Jöhnssen (1930) gibt für *Coccinella septempunctata* unter Zuchtbedingungen 33,7 Tage und für *Adalia bipunctata* 30,5 Tage an. Sundby (1966) hat für *Coccinella septempunctata* 5 Tage für die Eientwicklung, 15 Tage für die Larvenstadien und 8,5 Tage für die Puppenzeit ermittelt. Nach Christian (1981) beträgt

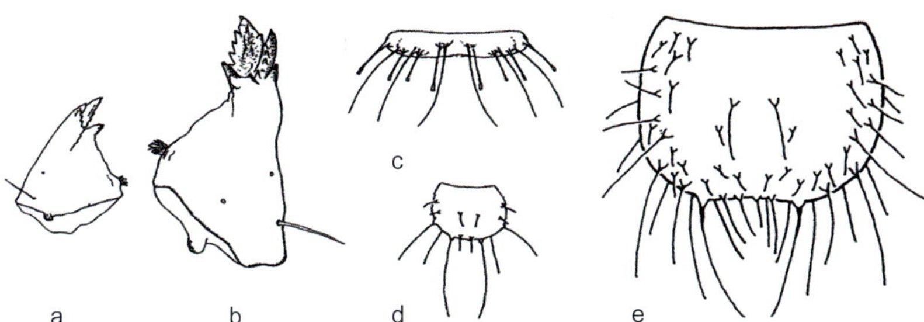

Abbildung 35: a, b *Henosepilachna argus,* Mandibel, **a** L_1, **b** L_4; **c** *Scymnus auritus,* L_1, 3. Abdominalsegment, dorsal; **d, e** *Coccidula scutellata,* 9. Abdominalsegment, dorsal, **d** L_1, **e** L_4. Nach Christian (1981) (a, b), Binaghi (1941b) (c), Klausnitzer (1970a) (d, e).

die durchschnittliche Dauer der einzelnen Stadien von *Henosepilachna argus* unter Freilandbedingungen: Ei (6,5 Tage), 1. Larvenstadium (4,1), 2. Stadium (4,9), 3. Stadium (5,8), 4. Stadium (12,6) und Puppe (5,8), insgesamt also 39,7 Tage.

Tabelle 32: Einfluss der Temperatur (°C) auf die Entwicklungszeit (in Tagen) der einzelnen Morphen von *Coccinella septempunctata.* Nach Hodek (1973).

Temperatur	Ei	Larve	Puppe	gesamt
15,0	10,3	35,5	15,0	60,8
20,0	5,0	18,6	8,4	32,0
25,6	2,6	8,7	4,0	15,3
30,0	1,9	6,7	2,9	11,5
35,0	1,8	5,4	2,5	9,7

Die erwachsene Larve beendet ihre Nahrungsaufnahme etwa einen Tag, bevor sie sich mit ihrem Hinterende an einer Unterlage festheftet. Mehrere Stunden bis zwei Tage bleibt sie dann noch in gekrümmter Stellung hängen (Vorpuppe = Präpupa), ehe sie sich verpuppt (Fotos 38–48). Die Häutung zur Puppe beginnt am Kopf und läuft nach hinten.

Foto 37: *Harmonia axyridis*, Larve, 4. Stadium, ausgefärbt. Foto: E. WACHMANN.

Foto 38: *Exochomus quadripustulatus*, Vorpuppe. Foto: I. ALTMANN.

Foto 39: *Halyzia sedecimguttata*, Vorpuppe. Foto: E. WACHMANN.

Foto 40: *Anisosticta novemdecimpunctata*, Vorpuppe. Foto: E. WACHMANN.

Foto 41: *Tytthaspis sedecimpunctata*, Vorpuppe. Foto: I. ALTMANN.

Foto 42: *Adalia decempunctata*, Vorpuppe. Foto: E. WACHMANN.

Foto 43: *Calvia quatuordecimguttata,* Vorpuppe. Foto: E. Wachmann.

Foto 44: *Ceratomegilla undecimnotata,* Vorpuppen und Puppen. Foto: B. Hinnersmann.

Foto 45: *Coccinella septempunctata,* Vorpuppe. Foto: I. Altmann.

Foto 46: *Hippodamia variegata,* Vorpuppe. Foto: E. Wachmann.

Foto 47: *Propylea quatuordecimpunctata,* Vorpuppe. Foto: I. Altmann.

Foto 48: *Psyllobora vigintiduopunctata,* Vorpuppe. Foto: I. Altmann.

3.4 Die Puppe

Im Gegensatz zu den meisten anderen Käfergruppen ist die Puppe der Coccinellidae eine Mumienpuppe (Pupa obtecta). Die Beine und Antennen liegen nicht frei, sondern sind mit dem Körper fest verbunden (Foto 49). Die Segmentgrenzen des Thorax und des 1.–5. Abdominalsegments sind deutlich zu sehen, die des 6.–9. sind meist weniger klar erkennbar. Außer bei Marienkäfern kommt dieser Puppentyp bei den Federflüglern (Ptiliidae), einigen Raubkäfern (Staphylinidae-Staphylininae), den Stäublingskäfern (Endomychidae) und den Faulholzkäfern (Corylophidae) sowie einigen Blattkäfern (Chrysomelidae), z. B. *Chrysomela*-Arten, *Plagiodera versicolora, Plagiosterna aenea* und *Prasocuris*-Arten, vor.

Bei den Chilocorini und Noviini geschieht die Verpuppung im Inneren der alten Larvenhaut, die auf der Rückenseite ± weit aufplatzt, den Blick auf die Puppe freigibt, sie aber andererseits völlig umhüllt (vgl. Fotos 145 und 146).

Auch die Scymnini, Hyperaspidini und Epilachninae verpuppen sich z. T. innerhalb der Larvenhaut, sie umschließt bei den ersten beiden Tribus mit den Wachsausscheidungen den hinteren Teil der Puppe (vgl. Fotos 147–149). Das Vorderende liegt frei, die Larvenhaut ist artspezifisch unterschiedlich weit zurückgeschoben.

Völlig frei liegen die Puppen der Coccinellinae und Coccidulini, die Larvenhaut ist am Hinterende an der Anheftungsstelle fast völlig zusammengeschoben. Die meist braunen bis dunkelbraunen oder hellbraunen bis rötlichbraunen oder grauen Puppen sind oft mit helleren oder dunkleren Flecken in artcharakteristischer Farbe und Anordnung gezeichnet, sodass vielfach eine Bestimmung möglich ist (vgl. Fotos 151–169 in Kapitel 8.3). Die Färbung der Puppen kann innerhalb mancher Arten variieren.

Während der individuellen Entwicklung der Puppe verändert sich ihre Färbung bei vielen Arten (Fotos 50–58). Dieser Vorgang wird durch die Temperatur und die Luftfeuchtigkeit beeinflusst. Bei *Coccinella septempunctata* ist die Puppe bei hohen Umgebungstempertaturen hellorange, bei niedrigeren dunkelbraun bis schwärzlich.

Gewöhnlich verpuppen sich Marienkäferlarven auf Blättern, an Zweigen, an der Borke von Stämmen oder an anderen Pflanzenteilen, mitunter auch an festem Substrat (Steine, Wände von Gebäuden).

Bei Beunruhigung (z. B. durch Parasitoide) können sich die Puppen der Coccinellinae mit ihrem Vorderende mehrfach hintereinander heftig auf und ab bewegen. Sie pocht »bei Störungen zwar nicht auf ihr gutes Recht, sondern heftig auf ihre Unterlage« (Meissner 1910). Dazu sind sie unmit-

Foto 49: *Psyllobora vigintiduopunctata,* Puppe, ventral. Foto: E. Wachmann.

Foto 50: *Halyzia sedecimguttata,* Puppe, frisch. Foto: E. Wachmann.

Foto 51: *Halyzia sedecimguttata,* Puppe, ausgefärbt. Foto: E. Wachmann.

Foto 52: *Adalia decempunctata,* Puppe, frisch. Foto: E. Wachmann.

telbar nach der Verpuppung bis einige Stunden vor dem Schlüpfen der Imagines in der Lage. Gegen den Überfall karnivorer Larven, auch gegen den Kannibalismus helfen die Abwehrbewegungen wenig, die Puppen werden von der Unterseite her dennoch angegriffen. Manche Arten (z. B. *Platynaspis luteorubra*) besitzen chemische Abwehrstoffe, die durch besondere Drüsen ausgeschieden werden (vgl. Foto 151).

Foto 53: *Adalia decempunctata,* Puppe, ausgefärbt. Foto: E. Wachmann.

Foto 54

Foto 55

Foto 56

Foto 57

Fotos 54–58: *Harmonia axyridis,* Puppen in verschiedenen Phasen der Ausfärbung. Fotos: I. Altmann.

Foto 58

Die Dauer der Puppenentwicklung ist vor allem von der Temperatur (Tabelle 32) und der Luftfeuchtigkeit abhängig. Bei vielen einheimischen Arten beträgt sie unter Freilandbedingungen etwa 7–12 Tage.

3.5 Das Schlüpfen der Imagines

Der schlüpfende Käfer spaltet die Puppenhaut am Vorderende (Thorax) auf der Oberseite in Längs- und Querrichtung. Das Schlüpfen selbst dauert nur wenige Minuten, und es bleibt die leere Puppenhülle (Exuvie) zurück, auf der die Imago zunächst sitzen bleibt.

Unmittelbar nach dem Schlüpfen hängen die Hinterflügel nach außen. Nach dem Einpumpen der Hämolymphe werden sie unter den Elytren zusammengefaltet. Diese sind zunächst noch sehr hell, Flecken und Zeichnungen sind noch nicht erkennbar (Fotos 59–66). Das Pronotum ist aber bei manchen Arten bereits bei den frisch geschlüpften Exemplaren dunkel.

Foto 59: *Calvia quatuordecimguttata,* frisch geschlüpfte Imago, die Hinterflügel sind noch nicht eingefaltet. Foto: E. Wachmann.

Foto 60: *Calvia quatuordecimguttata,* frisch geschlüpfte Imago, die Flügeldecken sind noch nicht ausgefärbt. Foto: E. Wachmann.

Foto 61: *Coccinella septempunctata,* Imago beim Schlüpfen aus der Puppe. Foto: I. Altmann.

Foto 62: *Coccinella septempunctata,* frisch geschlüpfte Imago, die Hinterflügel sind noch nicht eingefaltet. Foto: I. Altmann.

Foto 63: *Coccinella septempunctata,* frisch geschlüpfte Imago, die Flügeldecken sind noch nicht ausgefärbt. Foto: I. ALTMANN.

Foto 64: *Halyzia sedecimguttata,* Imago beim Schlüpfen aus der Puppe. Foto: I. ALTMANN.

Foto 65: *Halyzia sedecimguttata,* frisch geschlüpfte Imago, die Hinterflügel sind noch nicht eingefaltet. Foto: E. WACHMANN.

Foto 66: *Halyzia sedecimguttata,* Exuvien. Foto: E. WACHMANN.

Eine soeben geschlüpfte *Adalia bipunctata* hat zunächst fast weiße, später hell-gelbliche und erst langsam das Rot zeigende weiche Elytren, die nach einigen Stunden hellrot werden und dann auch die schwarzen Punkte erkennen lassen. Bei *Adalia decempunctata* und anderen Arten, z. B. *Propylea quatuordecimpunctata,* erfolgt die Ausfärbung der dunklen Flecke und Punkte in gesetzmäßiger Reihenfolge, sodass von einer Ontogenie der Fleckenfärbung gesprochen werden kann (YAKHONTOV 1938, ZARAPKIN 1930, 1938).

Die hellen Farben der Elytren (gelb, orange, rot, beige, braun) sind im Allgemeinen Derivate von Carotinoiden (Lycopin, α- und β-Carotin), die schwarzen Pigmente sind Melanine. Die völlige Ausfärbung nach dem

Schlüpfen aus der Puppe dauert meist mehrere Tage, wobei neben artspezifischen Unterschieden die Umgebungstemperatur eine Rolle spielt. Meist ist sie nach zwei Tagen vorläufig beendet. Besonders das Rot verändert sich aber noch. An dem helleren Rot mit mehr Gelb-Anteil lassen sich bei *Coccinella septempunctata* und anderen *Coccinella*-Arten, *Adalia bipunctata* u. a. »junge« Käfer von überwinterten Individuen unterscheiden.

Bei manchen Coccinellidae kann das Erreichen der endgültigen Färbung sehr lange dauern. Dies ist besonders von *Sospita vigintiguttata* bekannt, wo die frisch geschlüpften Tiere eine braune Grundfarbe haben, die über den ganzen Sommer bis in den Herbst erhalten bleibt und sich erst während der Überwinterung zum Schwarz verändert (Kreissl 1959b) (vgl. Fotos 337, 338). Ähnliches trifft für *Anisosticta novemdecimpunctata* zu, deren frisch geschlüpfte Exemplare eine rosa Grundfarbe der Elytren aufweisen, die sich nach der Überwinterung in einen gelben Ton verändert hat. Für *Exochomus quadripustulatus* wurde nachgewiesen, dass die Ausfärbung des zunächst hell gefärbten Käfers zum schwarzen Individuum vor allem von der Temperatur (20 °C und weniger) abhängig ist, auch von der Luftfeuchtigkeit (Erhöhung) und dem Licht (Verminderung) (Uygun 1980). Die frisch geschlüpften Imagines brauchen bei dieser Art etwa vier Wochen bis zur völligen Ausfärbung.

4 Voltinismus

Wenn eine Marienkäferart ein großes Areal besiedelt, kann man beobachten, dass die Zahl der Generationen pro Jahr von den klimatischen Bedingungen des jeweiligen Teilareals abhängig ist. Die weit verbreitete *Coccinella septempunctata* ist ein Beispiel dafür. In Nord-, Mittel- und Westeuropa entsteht normalerweise nur eine Generation im Jahr, eine partielle 2. Generation ist möglich. Schon in den weiter südlich gelegenen Teilen der Ukraine und im Vorderen Orient sind zwei Generationen die Regel. Diese können infolge klimatischer Bedingungen durch eine Übersommerungspause weit voneinander getrennt sein. Unter den tropischen Bedingungen Indiens ist die Zahl der aufeinanderfolgenden Generationen weit größer. In manchen Gebieten dieses Landes wird die Generationenfolge jedoch durch eine Überwinterung unterbrochen, während sie sonst ohne Pause das ganze Jahr hindurch abläuft. Die Länge der Entwicklungsphase beträgt in Mitteleuropa etwa 40 bis 60 Tage, in Indien nur 16 bis 18 Tage, woraus sich die für Indien beobachtete Zahl von 15 bis 20 Generationen je Jahr mit erklärt (Krengel et al. 2012).

Wie bereits aus diesem Beispiel ersichtlich ist, sind mehrere grundsätzlich verschiedene Typen des Voltinismus (Abb. 36) unterscheidbar, die Wirklichkeit ist noch variabler, weil zusätzliche Kombinationen vorkommen:

1. Univoltine Arten. Eine einzige Fortpflanzungsperiode in der warmen Jahreszeit, anschließend Überwinterung (Fall 1). Infolge besonderer klimatischer Bedingungen kann vor der Überwinterung eine Sommerruheperiode liegen und dadurch die aktive Phase sehr verkürzt sein (Fall 1a).
2. Bivoltine Arten. Zwei Generationen sind vorhanden, die entweder unmittelbar aufeinanderfolgen (Fall 2) oder durch eine Sommerruhe voneinander getrennt sind (Fall 2a).
3. Polyvoltine Arten mit Diapause. Mehrere Generationen folgen aufeinander, an die sich eine Überwinterung anschließt.
4. Polyvoltine Arten mit ununterbrochen ablaufender Generationsfolge.

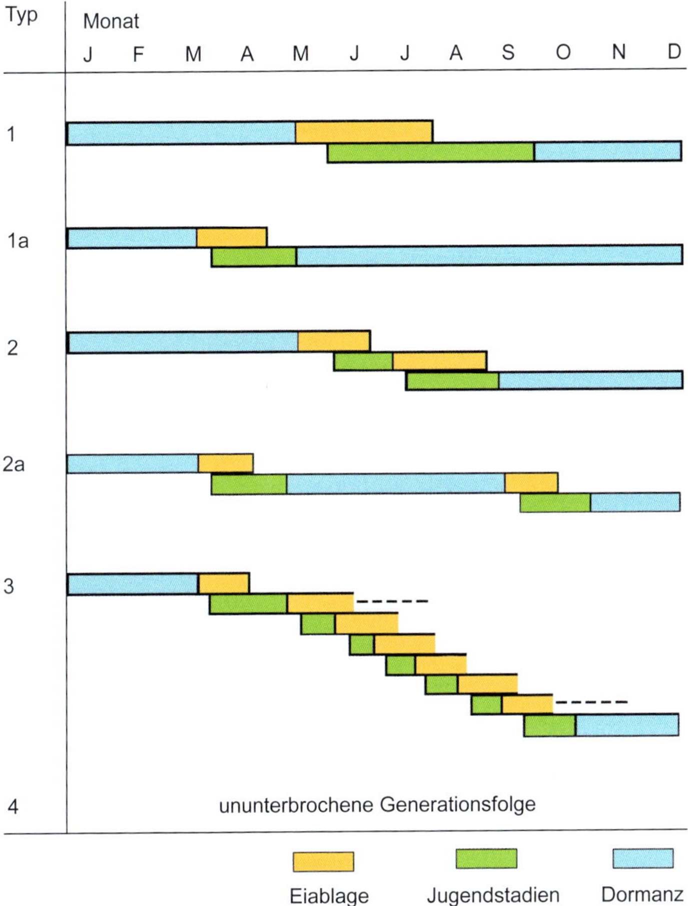

Abb. 36: Haupttypen des Voltinismus bei Coccinelliden, Erklärungen im Text. Verändert nach Hagen (1962).

Zum 1. Typ gehören die meisten der bei uns heimischen Marienkäferarten unter mitteleuropäischen Klimaverhältnissen. Da die Phänologie und damit die Zahl der Generationen vom Klima und den aktuellen Wetterbedingungen abhängig sind, kann sie von Jahr zu Jahr variieren und es gibt ganz sicher einen Einfluss der Klimaerwärmung. Eine partielle 2. Generation wird in Zukunft bei manchen Arten vermutlich häufiger auftreten als dies gegenwärtig der Fall ist. Mehrfach wurde eine solche bei *Adalia bipunctata, A. decempunctata, Coccinella septempunctata, C. magnifica,*

Harmonia quadripunctata, Hippodamia variegata sowie *Chilocorus bipustulatus* (?) beobachtet (Jöhnssen 1930, Hodek & Čerkasov 1961, Hodek 1962b, Bonnemaison 1964, Hämäläinen & Markkula 1972a, b, Klausnitzer 1993a, Majerus 1994, Klausnitzer & Klausnitzer 1997). Die 2. Generation tritt aber meist nur lokal in Erscheinung und ist bisher nicht regelmäßig beobachtet worden, sondern auf einzelne Jahre beschränkt. *Stethorus pusillus* ist bivoltin. Die Imagines der 1. Generation erscheinen im Juni/Juli, die der 2. im August/September. In Mittelasien (Taschkent) ist *Chilocorus bipustulatus* polyvoltin (Zaslavskij & Bogdanova 1965); für das St. Petersburger Gebiet wird aber nur eine Generation/Jahr angegeben (Zaslavskij 1970). *Harmonia axyridis* bildet in Mitteleuropa zumindest lokal eine 2. Generation aus (Klausnitzer 2019d). Van Wielink (2017a) verweist sogar auf zwei bis drei Generationen.

Die Imagines der 2. Generation können ihren Eltern begegnen, worauf bereits Meissner (1910) hinwies: »Bis tief in den Juli, ja bis zum August halten sich vereinzelte Exemplare der alten Generation, die also ihre Kinder auch im Imagozustand befindlich sehen können.« Es kann deshalb zu einer gemeinsamen Überwinterung von Individuen beider Generationen kommen. Bei einigen Arten sind die frisch geschlüpften Imagines bereits nach wenigen Tagen geschlechtsreif. Gelegentlich kommt es dann zur Paarung zwischen jungen ♀♀ und älteren ♂♂ (seltener), häufiger zwischen älteren ♀♀ und jungen ♂♂. Der 1. Fall wurde bei sechs Arten beobachtet, der 2. bei zwölf Arten, bei sieben Arten wurden Paarungen zwischen den Imagines der 2. Generation nachgewiesen (Majerus 1994). Dies ist vor allem in Jahren mit günstigen Wetterbedingungen zu erwarten, wenn das Frühjahr zeitig einsetzt und ein warmer Sommer folgt. Dann können sich die beiden Generationen leicht überlappen.

In südlicher gelegenen Gebieten sind viele Marienkäferarten bivoltin. Der Voltinismustyp 2a kommt besonders in solchen subtropischen Landschaften vor, die durch eine lange Sommertrockenzeit gekennzeichnet sind (z. B. Nordafrika). Das Auftreten polyvoltiner Arten ist im Wesentlichen auf Regionen mit tropischem Klima beschränkt (Indien, Venezuela, Hawaii, Florida, Südchina).

Die Dauer des Entwicklungszyklus ist insbesondere von der Temperatur abhängig und damit vom betreffenden Jahr, der geografischen Breite und der Höhenlage. Er verläuft bei den aphidophagen Arten meist viel schneller als bei den coccidophagen; diese sind wiederum etwas schneller als die mycophagen und phytophagen. Der Zyklus der mycophagen Arten liegt wegen der späteren Maxima der Mehltaupilze später. Dennoch ist der Lebenslauf bei allen univoltinen Arten in Mitteleuropa ähnlich (Abb. 37), sodass eine gewisse Verallgemeinerung die Übersicht erleichtern kann. In

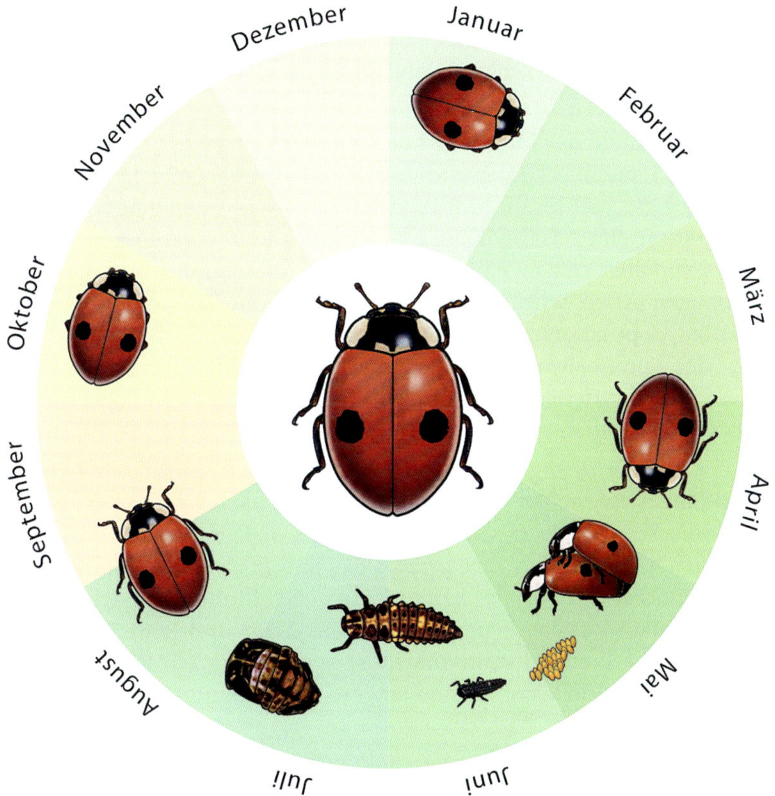

Abb. 37: Lebenszyklus von *Adalia bipunctata*. Original. Zeichnungen: P. Schüle.

den mittleren und südlichen Teilen von Deutschland ist im Auftreten der meisten Marienkäferarten etwa der folgende, in vier Abschnitte gliederbare Zeitablauf zu beobachten.

1. Von Anfang Oktober bis Ende April überwintern die Marienkäfer oder sind im Herbst noch aktiv beim Aufsuchen der Winterquartiere bzw. im Frühjahr beim Verlassen derselben anzutreffen.
2. Die nächste Phase beginnt mit dem Ausfliegen der Imagines (Dispersion nach der Überwinterung) und dem Aufsuchen der ersten Nahrung.
3. Es schließt sich die Fortpflanzungsperiode (Mitte Mai bis Ende Juli) an und der Migrationsdrang geht zurück. Zu Beginn haben die verschiedenen Arten das zur Fortpflanzung geeignete spezifische Habitat aufgesucht. Dort erfolgen die Eiablage, die Entwicklung der Larven und die

Verpuppung. Abgeschlossen wird dieser Zeitabschnitt mit dem Schlüpfen der Imagines der neuen Generation. Diese Periode korreliert mit der optimalen Verfügbarkeit der Nahrung.

4. Der Übergang zur sich anschließenden Periode des Beginns der Nahrungsaufnahme der Jungkäfer vor der Überwinterung (Anfang August bis Ende September) ist besonders fließend, da über einen längeren Zeitraum (beobachtet bis zu fünf Wochen) Larven und Imagines der neuen Generation einer Marienkäferart nebeneinander vorkommen können. Die Jungkäfer zeigen einen starken Migrationsdrang. Bei den aphidophagen Arten wird dieser Zeitabschnitt vom Zusammenbruch der Blattlauspopulationen begleitet, Alternativnahrung (z. B. andere Insekten, der Kannibalismus, Pollen) gewinnt an Bedeutung. Beendet wird diese Zeit mit dem Aufsuchen des Winterlagers (Dispersionsflüge zur Überwinterung).

Die Lebensdauer beträgt bei den meisten einheimischen Coccinellidae etwa ein Jahr. Von einigen Arten ist eine 2. Überwinterung bekannt, z. B., *Calvia quindecimguttata* (Kanervo 1946) und *Stethorus pusillus* (Putman 1955), auch *Anatis ocellata, Adalia bipunctata* und *Propylea quatuordecimpunctata.* Imagines von *Harmonia axyridis* lebten nach Einfuhr der Art aus fernöstlichen Teilen Russlands nach Mittelasien sogar drei Jahre (Savoiskaja 1970a, b). Unter Freilandbedingungen ist es schwierig, ein solches Geschehen zu erfassen. Vielleicht ist eine längere Lebensdauer weiter verbreitet, bleibt aber unerkannt.

5 Wanderzüge

Bei Marienkäfern kommen mehrere Formen der Ausbreitung durch Flug vor, angefangen mit niedrigen Flügen von einem Habitatteil zum anderen bei der Nahrungssuche (vgl. Kapitel 7.5) bis zu großen Ausbreitungsflügen über weite Distanzen und ausgesprochenen Wanderzügen, die meist dem Aufsuchen der Überwinterungsorte dienen (Hodek et al. 1993). Die Orientierung erfolgt bei den wellenförmigen Langstreckenflügen gelegentlich optisch (hypsotaktische Arten) oder durch eine Serie von Faktoren (klimatotaktische Arten). Diese Flüge sind normalerweise passiv und stehen nur teilweise unter der Kontrolle des Käfers. Besonders stark werden sie durch den Wind beeinflusst. Erst am Ende der Wanderung dürfte die Hypsotaxis entscheidenden Einfluss haben (vgl. Kapitel 6.2). In bestimmten Teilen Nordamerikas hat man versucht, die regelmäßigen Wanderzüge von *Hippodamia convergens* (Abb. 38) wirtschaftlich zu nutzen (vgl. Kapitel 9.2).

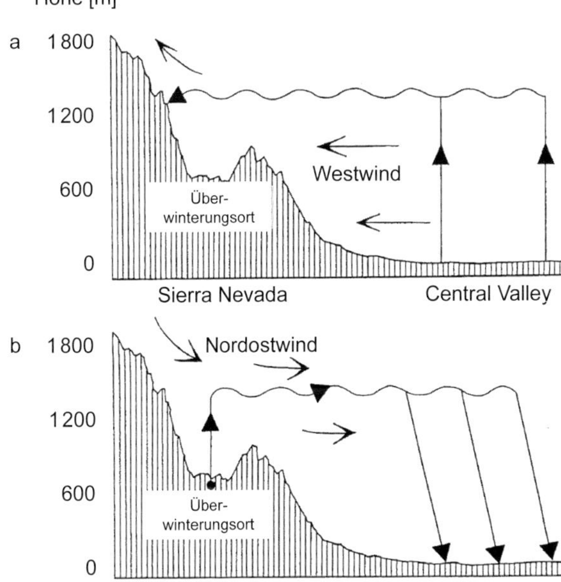

Abb. 38: Schematische Darstellung der Wanderzüge von *Hippodamia convergens* in Kalifornien. **a** Flug zu den Aggregationsorten; **b** Rückflug nach Ende der Überwinterung. Vereinfacht nach Hagen (1962).

Einige Arten, z. B. *Cynegetis impunctata* und die in Asien lebende *Ceratomegilla ulkei* CROTCH, 1873 [*Spiladelpha barovskii*], können überhaupt nicht fliegen. POPE (1977) weist darauf hin, dass bei mehreren mitteleuropäischen Arten Brachypterie und Flügel-Polymorphismus auftreten, z. B. gab es bei *Rhyzobius litura* nur 7 % Individuen mit voll entwickelten Flügeln (vgl. Kapitel 1.1). In Großbritannien waren nur wenige Exemplare von *Subcoccinella vigintiquatuorpunctata* voll geflügelt, während deren Anteil in süd- und osteuropäischen Ländern größer ist (BALDWIN 1990). Wenn britische Tiere unter osteuropäischen Bedingungen gezüchtet wurden, erhöhte sich der Anteil an vollgeflügelten (makropteren) Individuen.

Ausgesprochene Wanderzüge von Marienkäfern kommen in Mitteleuropa nur selten vor. Am häufigsten werden sie an Meeresküsten beobachtet. Dort kann man mitunter riesige Mengen angespülter Marienkäfer finden, die Reste von Massenflügen sein können, vielleicht aber auch zufällig verdriftet und schließlich an den Strand zurück gespült wurden (Tabelle 33). Marienkäferansammlungen an den Spülsäumen von Meeresküsten, insbesondere der Ostsee, haben immer wieder die Aufmerksamkeit von Entomologen erregt (EITSCHBERGER & STEINIGER 1977, HABERMAN 1971, KLAUSNITZER 1989b, 1992b, PAUKSTADT 1989, SPITTLER 1963, WILLIAMS 1958). Von SCHILDER (1955) wurden sie für variationsstatistische Untersuchungen verwendet. SPITTLER (1963) fand im Juli 1961 am Weststrand des Darß auf 1 m^2 965 *Coccinella septempunctata*, 214 *Propylea quatuordecimpunctata*, 9 *Coccinella quinquepunctata*, 4 *Adalia bipunctata* und 3 *Anatis ocellata*.

Über die Ursache für das Zustandekommen der mitunter beachtlich großen Ansammlungen an Meeresküsten ist man weitgehend einig. Viele Arten führen unter bestimmten Witterungsbedingungen und zum Abschluss ihrer Individualentwicklung Schwärmflüge durch, die wohl vor allem der Suche nach neuen Nahrungsquellen dienen. Dabei können sie vom ablandigen Wind über das Meer verdriftet werden. Dort gelangen sie früher oder später auf die Wasseroberfläche und werden wieder an Land getrieben. Der große Luftraum unter den Elytren verleiht ihnen eine hohe passive Schwimmfähigkeit, sodass sie nicht so leicht untergehen. Detaillierte Zusammenhänge zwischen Umweltfaktoren und Verfrachtung sind jedoch kaum bekannt und sicher auch schwer zu erfassen. Eine Vorhersage über das Massenauftreten von Marienkäfern (auch anderen Insekten) in den Spülsäumen ist deshalb kaum möglich.

Eigenartigerweise hat die ökologische Aussagekraft der Ansammlungen kaum Beachtung gefunden, obwohl z. B. gewisse Rückschlüsse auf die quantitative Zusammensetzung der Fauna des angrenzenden Landes möglich erscheinen. Natürlich muss man als Fehlerquelle einrechnen, dass nicht alle Arten überhaupt schwärmen und dass dies nicht gleichzeitig geschieht. Wie groß die Unterschiede sein können, zeigt schon der Vergleich von Stichproben (Tabelle 33), die nur durch einen einzigen Tag getrennt sind (Wellengang hatte den ersten Saum vernichtet). Die entscheidende Differenz ist durch die Veränderung der Mengenverhältnisse von *Anatis ocellata* und *Coccinella septempunctata* bedingt. Nach dem Renkonen-Index beträgt die Ähnlichkeit der zwei Proben nur 56,89 %.

Tabelle 33: Coccinellidae aus einem Spülsaum am Weststrand des Darß (Esper Ort). Erfasst wurden je Probe alle Tiere auf einer Strecke von 10 m (am 10.07.89 erfolgten zwei Proben). Zum Vergleich sind quantitative Erhebungen aus Kiefernforsten angeführt (Klausnitzer 1965b = K65, 1967a = K67, Nissle & Klausnitzer 1969 = NK), um wenigstens einen gewissen Vergleich zur Marienkäferfauna des angrenzenden Landbereiches (mit hohem Kiefernanteil) zu ermöglichen.

Art	09.07. 1989	10.07. 1989	10.07. 1989	Summe	%	K65	K67	NK
Scymnus suturalis	–	–	–	–	–	104	490	228
Scymnus nigrinus	–	–	–	–	–	69	419	958
Chilocorus bipustulatus	–	–	–	–	–		39	
Exochomus quadripustulatus	–	–	–	–	–	24	136	162
Hippodamia tredecimpunctata	2	1		3		–	–	–
Hippodamia variegata	11	9	7	27	0,4	1	1	–
Aphidecta obliterata	78	255	162	495	8,2	–	–	–
Adalia decempunctata	71	84	77	232	3,9	–	4	–
Adalia bipunctata	29	13	8	50	0,8	–	2	–
Coccinella septempunctata	810	76	97	983	16,3	38	71	32
Coccinella quinquepunctata	63	6	6	75	1,2	146	77	5
Coccinella undecimpunctata	–	7	4	11	0,2	–	–	–
Coccinula quatuordecimpustulata	–	–	–	–	–	21	6	3
Harmonia quadripunctata	21	9	6	36	0,6	8	64	22
Myrrha octodecimguttata	21	25	17	63	1,0	–	13	1
Myzia oblongoguttata	8	11	7	26	0,4	–	3	2
Calvia quatuordecimguttata	22	8	9	39	0,6	–	2	1
Propylea quatuordecimpunctata	181	143	135	459	7,6	–	91	7
Anatis ocellata	694	1 550	1 265	3 509	58,4	2	24	11
Halyzia sedecimguttata	1	4	–	5	0,1	–	–	–
andere Arten	–	–	–	–	–	4	13	6
Summe	**2 012**	**2 201**	**1 800**	**6 013**		**417**	**1 455**	**1 438**

Bei den am Weststrand des Darß ausgezählten Coccinellidae handelte es sich überwiegend (vielleicht ausschließlich) um »junge« Imagines, erkennbar vor allem an der noch nicht beendeten Ausfärbung und Aushärtung der Elytren. Fast alle Individuen dürften durch das Wasser, die Brandung, das Einsanden, Vertrocknen oder aus anderen Gründen zugrunde gehen, nur ein winziger Bruchteil ist in der Lage, das Landesinnere (wieder) aufzusuchen.

Die wegen ihrer Häufigkeit in den angrenzenden Kiefernwäldern zu erwartenden beiden *Scymnus*-Arten sind vielleicht zu klein, um den Vorgang des Verdriftens durchzuhalten, oder aber sie schwärmen nicht. Andere kleine Käfer hingegen (z. B. Latridiidae, Alticinae, *Meligethes*) sind in den Spülsäumen enthalten. Die ebenfalls im angrenzenden Gebiet vorhandenen Chilocorinae scheinen eine geringe Flugaktivität zu haben. Auffällig ist dennoch eine Vergesellschaftung von typischen Kiefernarten (68,7 % des Gesamtmaterials), die die Herkunft der meisten Individuen aus Kiefernforsten wahrscheinlich macht (Klausnitzer 1965b, 1966, 1967a, 1968, Nissle & Klausnitzer 1969). Es ist also ein Teilausschnitt der Fauna, der uns am Strand begegnet, die tatsächlich im Land existierenden Mengenverhältnisse sind jedoch vermutlich erheblich anders (Tabelle 33). Bedenkt man, dass sich die Spülsäume auf einer beobachteten Länge von 5 km erstreckten und dass die untersuchten Stichproben keinesfalls an ausgewählt dichten Stellen erhoben wurden, eher im Gegenteil, so ergeben sich gewaltige Zahlen für einzelne Arten, die uns den Überschuss der im (angrenzenden?) Land produzierten Marienkäfer erahnen lassen (Tabelle 34).

Tabelle 34: Aus den in Tabelle 33 genannten Aufsammlungen berechnete Zahlen von Marienkäfern vom Weststrand des Darß (auf 5 km Länge). Nach Klausnitzer (1989b).

Art	09.07.1989	10.07.1989
Anatis ocellata	347 000	700 000
Coccinella septempunctata	400 000	43 000
Aphidecta obliterata	39 000	100 000
Myrrha octodecimguttata	10 000	10 000
Coccinellidae insgesamt	ca. 1 000 000	ca. 1 000 000

Vergleicht man nun die Listen der Spülsäume vom 09./10.07.1989 mit denen vom 13.07.1992, an dem wiederum ein auffälliges Marienkäferauftreten beobachtet wurde, und die beide genau am gleichen Ort entstanden (Tabelle 35), so ergeben sich überraschende Ergebnisse. *Propylea quatuordecimpunctata* war 1992 superdominant, *Hippodamia variegata* auffällig häufig. Andererseits fällt die relative Seltenheit von *Anatis ocellata* und *Aphidecta obliterata* auf, die 1989 wesentlich häufiger waren. Das Beispiel weist auf deutliche Unterschiede in der Populationsentwicklung der Coccinellidae des angrenzenden Landes und eine möglicherweise unterschiedliche Herkunft der Tiere hin.

Tabelle 35: Dominante Arten (> 3 %) von Spülsäumen am Weststrand des Darß (Esper Ort) auf einer Länge von 20 m (Zahlen für den 09.07.1989 aus 10 m hochgerechnet). Nach Klausnitzer (1992b).

Art	**09.07. 1989**		**10.07. 1989**		**13.07. 1992**	
	Summe	%	Summe	%	Summe	%
Anatis ocellata	1 388	34,49	2 815	70,36	38	3,50
Coccinella septempunctata	1 620	40,26	173	4,32	97	8,94
Propylea quatuordecimpunctata	362	9,00	278	6,95	773	71,24
Aphidecta obliterata	156	3,88	417	10,42	1	0,09
Adalia decempunctata	142	3,53	161	4,02	14	1,29
Coccinella quinquepunctata	126	3,13	12	0,30	24	2,21
Hippodamia variegata	22	0,55	16	0,40	99	9,12
übrige Arten	208	5,17	129	3,22	39	3,59
Summe	**4 024**		**4 001**		**1 085**	
Artenzahl	**14**		**15**		**16**	

Im Jahre 1989 wurde ein gewaltiger Wanderzug von *Coccinella septempunctata* beobachtet, der den gesamten Ostseeraum erfüllt haben dürfte. Am 22.07.1989 fiel am Weststrand des Darß ab 13 Uhr ein Schwärmen des Siebenpunktes auf, das bis etwa 16 Uhr unvermindert anhielt, danach jedoch allmählich abklang (Klausnitzer 1989b). Bei Hochdruckwetterlage, Sonnenschein und schwachem NW-Wind wurden die Käfer über das Meer in dichten Scharen herangetragen, wobei es schien, dass die Schwärme schubweise eintrafen. Natürlich liegt die Vermutung nahe, dass sie entsprechend der Windrichtung aus Dänemark stammen (Luftlinie: Falster etwa 40 km) (vgl. Paukstadt 1989). Der Zuflug erfolgte auf der gesamten kontrollierten Länge des Strandes (5 km). Es wurden Zählungen der je Minute eintreffenden *Coccinella septempunctata* versucht. Für den gesamten beobachteten Strandabschnitt trafen demnach in den drei Stunden des Hauptzufluges zwischen 27 und 78 Millionen Tiere ein! Vielerorts kam es zu auffälligen Ansammlungen, z. B. auf gelben und rötlichen Windschutztüchern (100 Individuen/m^2), Hölzern und Baumstämmen (ein Wegweiser war dicht an dicht bedeckt), auf dem trockenen Material des Anspülichts, vor allem aber im dünenbedeckenden Strandhafer (*Ammophila arenaria*) (Fotos 67, 68). Dort wurden an der strandbegrenzenden Kante zwischen

Foto 67: *Coccinella septempunctata*, nach Masseneinflug angeschwemmt an der Küste der Ostsee. Foto: F. HECKER/H. BELLMANN.

800 und 1 100 Individuen pro m² gezählt. Die einzelnen Ährenrispen waren mit 60–80 Tieren besetzt (noch 20:30 Uhr MESZ). Rechnet man nur 2 m Breite der Dünenkante auf 5 km, so ergeben sich bereits acht bis elf Millionen *Coccinella septempunctata* allein in diesem Strandbereich. Relativ zahlreich (aber nicht auffallend viel) waren auch die auf dem Wasser gelandeten Individuen, die allmählich angespült wurden. In den Dünen saßen noch am 25.07.1989 100–200 *Coccinella septempunctata* pro m² auf der Vegetation, vor allem an dem Strandhafer. Dies wurde in einer Breite von mindestens 20 m beobachtet. Daraus ergibt sich eine dort vorhandene Individuenzahl von 10 bis 20 Millionen.

HÜSING (1990) schreibt über seine Beobachtungen an einem anderen Ort der Ostseeküste (Rerik, Insel Rügen): »Der Massenflug begann am 22. Juli 1989 gegen 16 Uhr (MESZ). Es schwebten schätzungsweise 70–80 Tiere im m³ Luft. Der Boden war mit rund 18 Tieren pro dm² besetzt, und an den Hauswänden befanden sich durchschnittlich 8 pro m². ... Zur Masse der Käfer kann mitgeteilt werden, dass sie auf der Straße eimerweise zusammengekehrt werden konnten; in der Stadt wurde eine Straßenkehrmaschine eingesetzt, um die toten Käfer zu beseitigen.«

Foto 68: *Coccinella septempunctata*, nach Masseneinflug sammeln sich überlebende Exemplare auf dem Strandhafer. Foto: F. HECKER/H. BELLMANN.

Coccinella septempunctata war nicht die einzige Art, die ankam, dominierte jedoch mit etwa 99 %. Es handelte sich ausschließlich um »junge«, noch unausgefärbte Käfer. Ihr Nahrungsbedarf (Feuchtigkeit?) schien sehr groß zu sein, denn zertretene oder zerfahrene Artgenossen wurden ± sofort aufgezehrt. Meist wurde die Beute von hinten aufgenommen, der Käfer steckte zwischen den gespaltenen Elytren des toten Artgenossen und verzehrte den Inhalt des Hinterleibes ± vollständig. Der Kannibalismus verstärkte sich von Tag zu Tag. Auch das bekannte Hautzwicken trat recht auffällig vor allem an den Folgetagen in Erscheinung (vgl. Kapitel 10.1.5).

H. GRIMM hat zwischen 1956 und 1988 seine Funde von *Coccinella septempunctata* auf der Vitter Heide und dem angrenzenden Weststrand der Insel Hiddensee notiert. Massenauftreten beobachtete er 1959, 1972, 1974, 1976 und 1988 (in litt. 1988). Schon aus dem Jahre 1807 wird von Massenauftreten von Marienkäfern an der Küste von Brighton (Großbritannien) berichtet (SPENCE & KIRBY 1816). MAJERUS (1994) nennt 23,5 Milliarden *Coccinella septempunctata*, die zwischen Juli und August 1976 auf einer Länge von mindestens 650 km an der südlichen und östlichen Küste von England geschätzt wurden. Zur gleichen Zeit flog ein Pilot mit einem Leichtflugzeug in einen Schwarm des Siebenpunktes in etwa 460 m Höhe, ein Segelflieger sogar in über 900 m Höhe.

Ähnliche Massenerscheinungen gab es z. B. 1976 besonders im südlichen Mitteleuropa (Eitschberger & Steiniger 1977) oder 1970 an der estnischen Ostseeküste (Haberman 1971). Auch aus der Schwäbischen Alb (Randecker Maar) wurde eine Massenwanderung von *Coccinella septempunctata* 1972 beschrieben (Gatter & Gatter 1973).

Coccinella septempunctata wurde vor allem auf Ackerflächen zahlenmäßig erfasst (z. B. Clayhills & Markkula 1974, Honěk 1982a, b). Sie dominierte beispielsweise auf Getreidefeldern in Schleswig-Holstein (Basedow 1982). Der Untersucher beobachtete während der Nahrungsaufnahme der Imagines der neuen Generation von Mitte Juni bis Anfang Juli 1976–1978 zwischen 0,3 und 5,7 Individuen/m^2. Im Juli 1976 (dem Jahr eines dokumentierten Massenauftretens) wurden sogar 23,5 Exemplare gezählt, das sind 235 000 *Coccinella septempunctata* pro ha! Auf einem Bohnenfeld bei Euskirchen (Land Nordrhein-Westfalen) wurden durch einen Insektizideinsatz 51 000 Coccinellidae (vorwiegend *Coccinella septempunctata*) auf 8 ha am 20.06.1984 getötet (Mader 1984). Bereits diese beiden Beispiele lassen die unter günstigen Bedingungen mögliche sehr große Zahl des Siebenpunktes in verschiedenen Kulturbiotopen erkennen, sodass die Quelle des Massenauftretens auf dem Darß durchaus nicht rätselhaft erscheint.

Es sei auch darauf hingewiesen, dass Marienkäfer durch Winter-Hochwässer (Schneeschmelze) in auffälliger Menge verdriftet werden können, wie dies Dries (1994) vom Rhein berichtete und B. Klausnitzer (in litt.) an der Elbe bei Meißen beobachtete.

Minchin (2010) berichtet von einem Kreuzfahrtschiff, auf dem im April 2009 im Hafen von Marokko mehrere Tausend *Coccinella septempunctata* landeten. Er hält eine Verschleppung dieser und anderer Arten durch die Seefahrt für möglich.

Verschiedene bei entomologischen Untersuchungen verwendete Fallentypen können auch Marienkäfer anlocken und damit die Flugaktivität dokumentieren.

Ohm et al. (1994) untersuchten Beifänge aus Borkenkäfer-Pheromonfallen im Osterzgebirge, 95 % der Fänge waren Scolytinae. Unter den anderen in den Fallen zu findenden Insekten stellten die Coleoptera mit 65 % die größte Gruppe. Nach den Elateridae bildeten die Coccinellidae (überwiegend *Coccinella septempunctata*) mit 19 % den zweitgrößten Anteil. Als Ursache werden die Häufigkeit und die hohe Flugaktivität gesehen. Ein Zusammenhang mit dem Pheromon scheint nicht vorzuliegen.

Gelbschalen werden zum Nachweis unterschiedlicher Insektengruppen verwendet. Es verwundert nicht, dass auch Coccinellidae zu den Besuchern gehören. Der Blütenbesuch und die Anlockung durch gelbe Farbe sind bekannt. Ricci (1986d) hat in Olivenhainen in Nord- und Mittelitalien bei mehrjährigen Fängen insgesamt 22 Arten mit dieser Methode nachgewiesen. Besonders regelmäßig wurden *Chilocorus bipustulatus, Exochomus quadripustulatus, Scymnus subvillosus, S. apetzi, S. rubromaculatus, Stethorus pusillus* und *Psyllobora vigintiduopunctata* gefunden.

6 Dormanz

6.1 Überwinterung

In Mitteleuropa überwintern Marienkäfer fast ausschließlich als Imago. Allerdings wurde auch schon die überwinternde Larve einer *Scymnus*-Art, wahrscheinlich *S. abietis*, gefunden (Klausnitzer 1972a). Nedvěd (2020) berichtet von der Überwinterung von Eiern und Larven dieser Art. Nach Delucchi (1054) und Horion (1961) überwintern bei *S. impexus* auch Eier.

Die Überwinterung erfolgt bei einigen Arten im gleichen Habitat wie die Fortpflanzung (z. B. *Exochomus quadripustulatus, Scymnus nigrinus*), andere Arten suchen spezielle Überwinterungsorte auf, z. B. *Coccinula quatuordecimpustulata, Coccinella septempunctata, Harmonia axyridis, Subcoccinella vigintiquatuorpunctata*.

Viele Arten überwintern an der Bodenoberfläche, unter Laub, Nadelstreu, Moos- und Graspolstern (z. B. *Coccinella septempunctata*) (Foto 69). Die Arten, die Aggregationen bilden, sammeln sich sehr oft in den Hohlräumen zwischen und unter Steinen (z. B. *Ceratomegilla undecimnotata*). Warme Lokalitäten werden bevorzugt (*Coccinella septempunctata;* Honěk 1989).

Andere Marienkäferarten überwintern unter der Borke lebender und toter Bäume sowie in Baumstümpfen (z. B. *Scymnus impexus, Chilocorus renipustulatus* (Diesing 1989), *Aphidecta obliterata* (Parry 1980), *Myrrha octodecimguttata* (Pulliainen 1966), *Oenopia conglobata*). Unter einem Stück Kiefernborke saßen auf etwa 50 cm² Fläche über 200 *Harmonia quadripunctata* dicht zusammengedrängt. Von der gleichen Art wurden Ende Februar bei Dresden 177 Exemplare in einer von Borke überdeckten Nische zwischen zwei Wurzelausläufern eines Fichtenstammes gefunden (B. Klausnitzer in litt.). Auch in hohlen Pflanzenstängeln (z. B. *Phragmites australis*) findet man überwinternde Coccinellidae (*Coccidula, Anisosticta novemdecimpunctata, Hippodamia tredecimpunctata*).

Manche Arten suchen Gebäude auf und sammeln sich auf Hausböden und in Fensterspalten (*Adalia bipunctata, Oenopia conglobata*) (Klausnitzer 1961) (Foto 70). Auffällig sind vor allem die Massenansammlungen von *Harmonia axyridis* (Foto 71).

Foto 69: *Coccinella septempunctata,* im Frühjahr beim Verlassen des Winterquartiers in der Laubstreu. Foto: F. HECKER/H. BELLMANN.

Foto 70: *Adalia bipunctata,* gemeinschaftliche Überwinterung verschiedener Farbformen. Foto: F. HECKER/H. BELLMANN.

Foto 71: *Harmonia axyridis,* gemeinschaftliche Überwinterung verschiedener Farbformen in einem Gebäude. Foto: F. HECKER/H. BELLMANN.

Foto 72: *Tytthaspis sedecimpunctata*, Aggregation. Foto: A. Kruithof.

Nur wenige Marienkäferarten überwintern einzeln, die meisten bilden kleine Gruppen (Foto 72) und manche die in Kapitel 6.2 erwähnten großen Aggregationen. Eine gemeinschaftliche Überwinterung mehrerer Arten kommt selten vor. Bekannt wurde sie bei der Untersuchung von Winterquartieren von *Oenopia conglobata*, die bis zu etwa 20 % *Adalia bipunctata* enthielten (Klausnitzer 1961). Majerus & Kearns (1989) und Majerus (1994) nennen *Adalia bipunctata* (beobachtet mit 13 anderen Arten), *Coccinella septempunctata* (18) und *Tytthaspis sedecimpunctata* (11), die oft gemischte Aggregationen bilden.

Der Überwinterungsmodus ist in vielen Fällen artspezifisch, jedoch zeigen manche Marienkäferarten eine große Variation bei der Auswahl der Winterquartiere, die bei *Coccinella septempunctata* wahrscheinlich mit der Heterogenität des Voltinismus zusammenhängen dürfte.

Im Winter ist die Mortalitätsrate der Coccinellidae besonders hoch. Sie hängt von mehreren Faktoren ab:

- Ernährungszustand (Speicherung von Fetten und Glykogen),
- Temperatur und Feuchtigkeit während des Winters,
- Zeitpunkt des Beginns des Frühjahres,
- Temperaturstürze, zeitige und späte Fröste,
- Verfügbarkeit der Nahrung zu Beginn der aktiven Phase.

Die Kälteresistenz ist artverschieden. Arten, die am Boden überwintern sind meist empfindlicher als solche, die unter Borke o. Ä. ihr Winterquartier nehmen.

6.2 Aggregationen

Eines der faszinierendsten Phänomene aus der Biologie der Coccinellidae ist die Bildung von Aggregationen für die Überwinterung (Diapause) im Zusammenhang mit Wanderungen. Solche Massierungen von Marienkäfern werden in vielen Teilen der Welt, vor allem in den gemäßigten Zonen der Holarktis beobachtet. Alle Marienkäferarten, die Aggregationen bilden, sind durch einige gemeinsame biologische Eigentümlichkeiten gekennzeichnet. Vor allem besteht die Hauptnahrung dieser Arten aus relativ kurzzeitig und in Menge auftretenden Beutetieren (meist Blattläusen). Andere Marienkäfer, die von sesshafteren Sternorrhyncha (vorwiegend Schildläusen) leben, bilden nur selten Aggregationen, z. B. Vertreter der Hyperaspidini, Scymnini und Chilocorini mit Ausnahme von zwei Arten. Ein Sonderfall ist die phytophage Art *Epilachna dregei* MULSANT, 1850 aus Afrika, die Aggregationen auf Termitenhügeln und zwischen Steinen bildet, weil ihre Nahrung wegen der Trockenperiode nur kurze Zeit zur Verfügung steht. Zweitens haben alle Arten, die Aggregationen bilden, lange Dormanzperioden. Die Neigung zu sozialer Überwinterung scheint genetisch festgelegt zu sein.

Die einzelnen Arten wählen sehr unterschiedliche Orte zur Aggregationsbildung aus. Viele sammeln sich unterhalb von Gebirgsgipfeln (z. B. mehrere amerikanische *Hippodamia*-Arten, in Mitteleuropa *Hippodamia variegata* und *Ceratomegilla undecimnotata*). Andere Arten bevorzugen kahle Gipfel und trockene Hügel, während weitere, z. B. *Hippodamia convergens* und *Coleomegilla maculata*, ihre Aggregationen an der Basis von hervorragenden Objekten in weiten Ebenen oder breiten Tälern bilden. Nach der Orientierung beim Aufsuchen der Überwinterungsorte können hypsotaktische und klimatotaktische Aggregationen unterschieden werden. Als Hypsotaxis bezeichnet man die Orientierung nach hervorragenden Landschafts-Silhouetten, die im flachen Gelände z. B. Baumgruppen, Hügel oder Gebäude sein können. Die betreffenden Marienkäferarten sammeln sich an solchen Orten zur gemeinschaftlichen Überwinterung. *Ceratomegilla undecimnotata* ist eine sehr bekannte »hypsotaktische« Art, die z. B. unterhalb der Gipfel von steilen Hügeln (Felsen, Gemäuer u. Ä.) im tschechischen Mittelgebirge in Spalten und zwischen Gesteinsbrocken oft große Aggregationen aus Tausenden von Käfern bildet. Unter den überwinternden Individuen befinden sich oft Schichten von toten Exemplaren, die in früheren Wintern abgestorben sind, ein Hinweis auf mehrfache Nutzung geeigneter Quartiere.

Klimatotaktische Aggregationen formieren sich unter Ausnutzung einer Serie physikalischer Faktoren, von denen Windströmungen, Temperatureinflüsse und die Feuchtigkeit die wichtigsten sind. Der physiologische

Bedarf an freiem Wasser erwies sich als grundsätzlicher Unterschied zwischen den hypsotaktischen und klimatotaktischen Aggregatoren und bestimmt die Auswahl des Mikrohabitats zur Aggregationsbildung zusammen mit Temperatur und Licht. Die Wasserabhängigkeit beider Typen kommt morphologisch im unterschiedlichen Bau der Malpighischen Gefäße zum Ausdruck. Ausgelöst wird die Aggregationsbildung vorwiegend durch Temperaturerniedrigung, die die Thigmotaxis der Käfer steigert.

Manche Autoren bezweifeln, dass zwischen der hypsotaktischen und klimatotaktischen Winterquartiersuche ein klarer Unterschied besteht. Sie sehen die Hypsotaxis mindestens für alle die Arten, die zur Überwinterung ihr Habitat tauschen, als die allgemeine Orientierungsweise der Coccinellidae in der nahen Landschaft an. Beim direkten Aufsuchen des Überwinterungsortes werden die Marienkäfer dann durch positive Geotaxis, negative Phototaxis, positive Chemotaxis und Thigmotaxis geleitet. Am Anfang der Winterquartiersuche steht der Langstreckenflug mit passiver Verfrachtung, darauf folgt die hypsotaktische Orientierung und schließlich die Mikrohabitatsuche unter Ausnutzung der genannten Reflexe.

Der Umfang einer Aggregation reicht von kleinen Ansammlungen (10–12 Individuen) unter Blättern, Gebüschen und Baumstümpfen über mittelgroße (mehrere hundert) bis zu Massenansammlungen. Williams (1960) nennt 50 000 *Adalia bipunctata*. Eine große Aggregation kann bis viele Millionen Individuen umfassen. Eine solche von *Hippodamia convergens* in Kalifornien wurde zu 42 Millionen Tieren berechnet (Hagen 1962). Aus Großbritannien berichten Majerus & Kearns (1989) und Majerus (1994) von 500 Exemplaren *Exochomus quadripustulatus*, 1 000 *Psyllobora vigintiduopunctata*, 30 000 *Tytthaspis sedecimpunctata* und sogar 250 000 *Adalia bipunctata*! Hawkins (2000) nennt eine Überwinterunggesellschaft von 3 300 *T. sedecimpunctata* an Eschenstämmen. Die Tiere saßen in Gruppen von etwa 100 Exemplaren in Spalten und Höhlungen der Borke bis in eine Höhe von 5 m. Einhundert Proben entlang eines Zaunes ergaben am 09.12.1984 auf einer Länge von 200 m 17 100 Imagines.

6.3 Dormanzerscheinungen

Bei den Coccinellidae kommt Dormanz nach unserer bisherigen Kenntnis überwiegend bei Imagines vor (vgl. Kapitel 6.1). Die drei Erscheinungsformen – Überwinterung, Übersommerung und Überwinterung mit dazwischenliegender Vermehrungsphase sowie Übersommerung mit unmittelbar anschließender Überwinterung – sind ökophysiologisch von sehr unterschiedlicher Wertigkeit (Müller 1970).

Die Überwinterung erfolgt stets mit leerem Verdauungskanal. Fortpflanzung und Nahrungsaufnahme sind ausgeschlossen, die Stoffwechsel- und Energievorgänge auf ein anderes Niveau verschoben. Bei polyvoltinen Arten kann unter tropischen und subtropischen Bedingungen bei günstiger Witterung Nahrungsaufnahme und Eiablage fakultativ erfolgen. Im Gegensatz dazu ist die Überwinterung wohl aller karnivoren Arten in den gemäßigten Zonen wahrscheinlich eine Eudiapause und deshalb stets obligatorisch. Die Erforschung der Diapause mitteleuropäischer Coccinellidae geschah hauptsächlich durch Hodek und Mitarbeiter (Hodek 1970, 1979, Hodek & Landa 1971, Hodek & Růžička 1977). Auf diese Arbeiten beziehen sich vor allem die Angaben in diesem Kapitel.

Die Ovarien der diapausierenden Arten entwickeln sich vom Ende des Sommers an bis zum Beginn des Frühjahrs sehr langsam und sind inaktiv. Sie werden erst nach dem Beginn der Nahrungsaufnahme funktionstüchtig. Obwohl bei den meisten dieser Arten die Ovarien der diapausierenden Weibchen nicht reif sind, gibt es einzelne Individuen, die bereits vor der Überwinterung Eier abgelegt haben (bekannt von *Coccinella quinquepunctata*) und mit resorbierten Ovarien überwintern (z. B. *Stethorus pusillus*). Bei *Adalia bipunctata, A. decempunctata* und *Propylea quatuordecimpunctata* sind die Ovarien gleich nach dem Schlüpfen aus der Puppe funktionstüchtig, ohne dass die Notwendigkeit einer Diapause besteht. Bei anderen Arten, z. B. *Coccinella septempunctata, C. quinquepunctata* und *C. undecimpunctata* ist sie genetisch festgelegt.

Bei den Männchen ist das Follikelgewebe der Hoden sowohl zu Beginn als auch am Ende der Diapause aktiv, die Spermatogenese ist aber während der kalten Periode unterbrochen (bei *Coccinella septempunctata, Adalia bipunctata, Ceratomegilla undecimnotata* und *Propylea quatuordecimpunctata* unterhalb 12 °C).

Vor dem Aufsuchen der Winterquartiere werden von den jungen Imagines Fette, Lipoide und Glykogen im Körper gesammelt. Der Fettkörper wird dabei so stark vergrößert, dass sein Trockengewicht bei beiden Geschlechtern zu Beginn der Diapause ungefähr 40–50 % des Körpergewichts beträgt. Oft herrscht in dieser Zeit Nahrungsmangel, sodass alternative Nahrung verstärkt aufgenommen wird: nicht-essenzielle Blattläuse, andere Insekten, Pollen, Nektar, Honigtau.

Die Stoffwechselaktivität und damit die Atmung sind während der Überwinterung sehr niedrig. Bei beiden Geschlechtern ist die Verwertung der Fettreserven etwa auf die Hälfte herabgesetzt, der Glykogenverbrauch bei den Männchen um 20 % und bei den Weibchen um 30 % reduziert. Besonders während warmer Zeiten im Herbst und Frühjahr werden die Nahrungsreserven angegriffen, sodass das Körpergewicht am Ende der

Überwinterung stark reduziert ist. Unmittelbar vor Beendigung der Diapause werden die Reserven wesentlich schneller verbraucht. *Coccinella septempunctata* verbraucht während der Überwinterung 50 % ihrer Reserven, *Propylea quatuordecimpunctata* 70 % und *Adalia bipunctata* 75 % (Majerus & Kearns 1989).

Der Eintritt der Diapause wird durch einen Komplex verschiedener Faktoren bewirkt und ist genetisch beeinflusst. Es besteht entweder eine Tendenz zu obligatorischer Diapause (Eudiapause) mit univoltinem Generationszyklus oder zu einer fakultativen Dormanz mit bi- oder polyvoltinem Zyklus, der meist stark von einem Komplex ökologischer Faktoren abhängig ist (Temperatur- und Fotoperiode, Häufigkeit und Qualität der Nahrung, Populationsdichte). Es wurde zunächst angenommen, dass die Temperaturerniedrigung und der Nahrungsmangel die entscheidenden Faktoren zur Auslösung einer Eudiapause sind, bis bekannt wurde, dass die Länge der Fotoperiode für die meisten Arten im Zusammenhang mit der Temperatur der entscheidende Auslöser ist (bei *Hippodamia convergens* ist es die Nahrung). Bei vielen mitteleuropäischen Coccinellidae wird die Eudiapause bei 12–8 h Licht je Tag (Kurztagsbedingungen) eingeleitet.

Unter Langtagsbedingungen (16–18 h Licht) kann man im Experiment Individuen mit einer Tendenz zum Polyvoltinismus und fakultativer Diapause aus der Masse der Tiere, die streng univoltin sind und eine obligatorische Diapause haben, herauslesen. Die Populationen von *Coccinella septempunctata* bestehen in Tschechien in der 1. Generation aus 70–80 % univoltinen Individuen. Im Verlauf von vier oder fünf Generationen ist es unter experimentellen Bedingungen möglich, die polyvoltinen Weibchen auszusondern und entsprechende Populationen aufzubauen.

Hohe Sommertemperatur in Zusammenhang mit niedriger Luftfeuchtigkeit können im Mittelmeerraum bei *Coccinella septempunctata* nach Abschluss der 1. Generation eine Sommerruhe (Quieszenz) auslösen. Ähnliche Verhältnisse gibt es in Mittelasien. Mit dem Absinken der Temperatur und dem Einsetzen von Niederschlägen wird die Quieszenz abgebrochen, Eiablage und Entwicklung der 2. Generation erfolgen. Im Experiment kann die Sommerruhe ohne Schwierigkeit verhindert werden. Sehr oft ist die auf die 2. Generation folgende Überwinterung eine Eudiapause.

In Gebieten mit sehr langen, heißen trockenen Sommern kann nach der Fortpflanzungsperiode im Frühjahr eine Dormanz eintreten, die mit einer Sommerruhe (Quieszenz) beginnt. Die ökologischen Bedingungen gestatten aber am Ende des Sommers keine Fortpflanzung, sodass sich der Quieszenz mehr oder weniger nahtlos die Eudiapause anschließt (z. B. bei *Coccinella septempunctata* in der Türkei).

7 Nahrung

7.1 Nahrungsgruppen

Die Nahrung der Marienkäfer ist sehr vielseitig (Fotos 73–77). Es werden sowohl Blütenpflanzen (Angiospermen), Mehltaupilze (Erysiphaceae) als auch Spinnmilben (Tetranychidae), Mottenschildläuse (Aleyrodina), Blattflöhe (Psyllina), Schildläuse (Coccina), Blattläuse (Aphidina), Wanzen (Heteroptera) und Blasenfüße (Thysanoptera) sowie Larven von Schmetterlingen (Lepidoptera), Käfern (Coleoptera) und Blattwespen (Tenthredinidae) verzehrt (Abb. 39). Es scheint so zu sein, dass die Blattläuse (Aphidina) nicht als eine einheitliche Nahrungsgruppe angesehen werden können, weil es Spezialisten für Tannenläuse (Adelgidae) und Aphididae (Blattläuse im engeren Sinne), vielleicht auch für Zwergläuse (Phylloxeridae) gibt. Außerdem werden Pollen, Nektar und Honigtau aufgenommen und die Imagines (Larven?) trinken Tau und Regentropfen. Das Nahrungsverhalten ist von Region zu Region unterschiedlich, und es verändert sich im Jahreszyklus.

Die Diskussion über Nahrungsspezialisierung hatte neue Aspekte erhalten, seit ausgehend von den Pionierarbeiten Hodeks (1956, 1957, 1962a)[15] zwischen essenzieller und alternativer Nahrung unterschieden wird. Später definierte Hodek (1973, 1996) noch zwei weitere Nahrungskategorien.

Nach experimentellen Untersuchungen hängt von der essenziellen Nahrung die Fruchtbarkeit, also die Funktionsfähigkeit der Ovarien und Hoden ab, außerdem die Entwicklungsgeschwindigkeit, das Körpergewicht sowie

15 Ivo Hodek (*03.06.1931 Prag) arbeitete an der Karls-Universität Prag und am Entomologischen Institut der Akademie der Wissenschaften in České Budějovice. Von besonderer Bedeutung sind seine Forschungen zur Dormanz und der Nahrung der Coccinellidae, seine internationalen Symposien zu aphidophagen Insekten (Hodek 1966, 1986) und seine zusammenfassenden Bücher »Ecology of Aphidophaga«, »Biology of Coccinellidae« und »Ecology of Coccinellidae« – Meilensteine im Schrifttum zu den Marienkäfern.

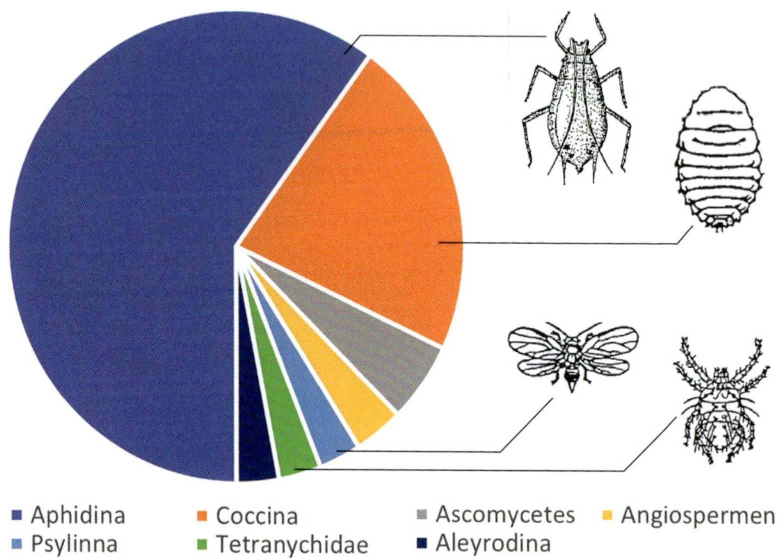

Abb. 39: Prozentualer Anteil der Hauptnahrungsgruppen bei den mitteleuropäischen Coccinelliden. Orig.

die Mortalität der Larven. Bezüglich der Bedeutung der Nahrung können vier Gruppen unterschieden werden:

- essenzielle Nahrung = für die Entwicklung einer Marienkäferart unbedingt notwendig,
- alternative Nahrung = im Wesentlichen nur der Energiegewinnung dienend,
- giftige (toxische) Nahrung,
- Beute, die abgelehnt und überhaupt nicht angegriffen wird.

In vielen Fällen besteht ein Zusammenhang zwischen einzelnen systematischen Kategorien innerhalb der Coccinellidae und den Hauptnahrungsgruppen. Oft wird davon ausgegangen, dass sich die mitteleuropäischen Arten überwiegend von Blattläusen ernähren (aphidophag). Tatsächlich trifft dies aber nur für etwa 65 % der Arten zu (*Scymnus* s. str., Platynaspidini, Coccidulini, Tytthaspidini, Coccinellini). Im Weltmaßstab sind es sogar nur 20 %, die Coccina (Schildläuse) sind dort die dominierende Nahrungsgruppe mit 36 %. In der mitteleuropäischen Fauna sind sie mit etwa 20 % vertreten (*Nephus*, Hyperaspidini, *Scymnus* (*Neopullus*, *Pullus*) partim, Noviini, Chilocorini) und rangieren auf dem 2. Platz (Abb. 39). Das mag damit zusammenhängen, dass das Hauptverbreitungsgebiet sowohl der Schildläuse als auch der Coccinellidae in wärmeren Regionen liegt.

Foto 73: *Coccinella septempunctata*, Larve, 4. Stadium, in einer Blattlauskolonie. Foto: F. HECKER/H. BELLMANN.

Foto 74: *Coccinella septempunctata* in einer Blattlauskolonie. Foto: F. HECKER/H. BELLMANN.

Foto 75: *Ceratomegilla notata* bei der Nahrungsaufnahme. Foto: E. WACHMANN.

Foto 76: *Coccinula quatuordecimpustulata* beim Verzehren einer Blattlaus. Foto: M. BRÄU.

Foto 77: *Platynaspis luteorubra*, zwei Larven in einer Blattlauskolonie. Foto: A. KRUITHOF.

Mitunter ist die Zuordnung von Arten zu Nahrungsgruppen nicht eindeutig zu treffen (Klausnitzer 1967f, 1972c, 1993d, Kreissl 1959a, b, Schilder & Schilder 1928). Vor allem einige Vertreter der Gattung *Scymnus* (*Pullus*) und der Chilocorini nehmen sowohl Blattläuse (Aphidina) als auch Schildläuse (Coccina) zu sich.

Triltsch (1997) analysierte den Inhalt des Magen-Darm-Kanals von 600 Exemplaren von *Coccinella septempunctata* zur Zeit der Reproduktion (Mitte Juni bis Juli) auf Winterweizenfeldern in der Magdeburger Börde. Er fand Reste von Blattläusen bei 77–92 % der sezierten Individuen, Reste anderer Arthropoda 13–22 %, Pilzsporen (vor allem Schwärzepilze – *Alternaria*) 50–64 %, Pollen 0–3 %, Bodenteilchen 8–36 %. Der hohe Anteil der Pilzsporen ist überraschend. Möglicherweise sind sie nicht direkt, sondern über den aufgenommenen Honigtau in den Darm gelangt

Es gibt auch einen Zusammenhang zwischen der Körpergröße der Marienkäfer und der ihrer Beute. Spezialisten passen sich in ihrer Größe ihrer Beute an, sind also groß oder klein. Generalisten, die sich von Beutetieren unterschiedlicher Größe ernähren, sind meist mittelgroß. Folglich ist zu erwarten, dass Spezialisten bei Betrachtung des gesamten Artenspektrums eine größere Vielfalt ihrer Körpergröße aufweisen als Generalisten.

Neben Blattläusen (Aphidina) und Schildläusen (Coccina) sind noch weitere Beutetiere bekannt, auf die andere zoophage Arten mehr oder weniger spezialisiert sind. Dies betrifft *Stethorus pusillus* (einziger mitteleuropäischer Vertreter der Stethorini), der sich sowohl als Larve als auch als Imago ausschließlich von Tetranychidae (Spinnmilben) aller Stadien ernährt (Goux 1953, Putman 1955, Berker 1958). Houck (1991) berichtet von *Stethorus punctum* aus Nordamerika, dass die Weibchen 45,1 % ihrer Zeit für Beutetiersuche, 14,4 % für Nahrungsaufnahme (*Tetranychus urticae*) verwenden und 40,5 % dient dem Ausruhen. Die Larven haben keine Ruhezeit, sie verwenden 78,4 % für Suche und 21,6 % für die Nahrungsaufnahme.

Clitostethus arcuatus ist ein Nahrungsspezialist für Mottenschildläuse (Aleyrodina, mehrere Arten) (Goux 1948, Kleinert 1972, Bathon 1983, Bathon & Pietrzik 1986, Pietrzik 1986, Ricci & Cappelletti 1990).

Calvia quatuordecimguttata nimmt bevorzugt Blattflöhe (Psyllina) auf (Semyanov 1980), ernährt sich aber auch von anderen Beutetieren, vor allem von Blattläusen, Zwergzikaden, Blattkäferlarven und Pollen.

Blattkäferlarven und -puppen sind neben den Larven anderer Coccinellidae bzw. solchen der eigenen Art (Kannibalismus) die einzigen Käferlarven, die von Marienkäfern aufgenommen werden. Außer von *H. axyridis* wird dies auch von *Calvia decemguttata*, *C. quatuordecimguttata* und *Coccinella quinquepunctata* (Klausnitzer & Klausnitzer 1997) sowie *Oenopia*

Foto 78: *Harmonia axyridis*, Larve, 4. Stadium beim Verzehren einer Puppe von *Chrysomela vigintipunctata*. Foto: B. Klausnitzer.

Foto 79: *Harmonia axyridis*, Die Puppe bäumt sich auf. Foto: B. Klausnitzer.

conglobata berichtet, letzterer an *Galerucella lineola* und *Plagiosterna aenea* (Kanervo 1946, Hippa et al. 1978). Bei *H. axyridis* wurde beobachtet, dass die Entwicklung der Larven des 3. und 4. Stadiums ausschließlich mit den Larven und Puppen von *Chrysomela vigintipunctata* erfolgen kann (Fotos 78, 79). Es war eine zeitliche Übereinstimmung zwischen Beutetier und Prädator festzustellen (Klausnitzer 2020d).

In diesen Fällen werden jedoch die Chrysomelidae nur als Zusatznahrung angesehen, auch als Ausweich, wenn anderes nicht zur Verfügung steht, im Falle von *H. axyridis* handelt es sich wohl um die Nutzung eines zusätzlichen Nahrungsangebotes.

Savoiskaja (1983) berichtet davon, dass die in Asien verbreitete *Aiolocaria hexaspilota* (Hope, 1831) ein spezieller Prädator der präimaginalen Stadien von *Chrysomela populi* ist.

Möglicherweise sind *Calvia quindecimguttata* und *Coccinella hieroglyphica* zwei Ausnahmen in der Fauna Mitteleuropas, weil sie sich obligatorisch von Blattkäferlarven ernähren. Hinzu kommt *Oenopia impustulata* (Koch 2021).

Nach KANERVO (1940, 1946) leben die Imagines von *Calvia quindecimguttata* von den Eiern und Puppen, die Larven darüber hinaus auch von den Larven von *Plagiosterna aenea*, einer weit verbreiteten, auf Erlen lebenden Art. Vermutlich ist diese Art ein Nahrungsspezialist für Blattkäfer (Chrysomelidae), Blattläuse (Aphidina) scheinen nur eine alternative Beute zu sein. Eine Nachuntersuchung dieser Nahrungsbeziehung wäre erstrebenswert, ist jedoch in Mitteleuropa bisher nicht erfolgt. Imagines wurden im Frühjahr auch auf Blüten von *Prunus padus* beobachtet (KOCH in litt.).

Coccinella hieroglyphica ist wahrscheinlich ein spezieller Prädator der Larven von *Lochmaea suturalis*, die wie der Marienkäfer selbst an Heidekraut (*Calluna vulgaris*) lebt (KANERVO 1940, B. KLAUSNITZER in litt.). Allerdings sprechen experimentelle Ergebnisse dafür, dass sich die Art auch von Blattläusen ernährt. HIPPA et al. (1982, 1984) fütterten Larven von *C. hieroglyphica* mit Eiern verschiedener Chrysomelidae (allerdings mit Arten, die im Lebensraum des Marienkäfers nicht vorkommen), die mit dieser Diät das Imaginalstadium erreichten. Bei zusätzlicher Fütterung mit verschiedenen Blattläusen (Aphidina) konnten sie die Mortalität der Larven senken und das Gewicht der Puppen erhöhen. In Nordfinnland und Südlappland lebt *C. hieroglyphica* von Eiern und Larven aller Stadien von *Galerucella sagittariae* (Chrysomelidae), die an Moltebeere (*Rubus chamaemorus*) lebt (HIPPA et al. 1978). MAJERUS (2016) konnte in England *C. hieroglyphica* mit Blattläusen (Aphidina) nicht züchten, wenn ihnen ausschließlich diese als Nahrung gereicht wurden. Vermutlich kommt aber *Aphis callunae* dennoch als Nahrung infrage.

In Nordamerika wurde beobachtet, dass sich *Coccinella septempunctata* auf Luzernefeldern neben Blattläusen (Aphidina) auch von der dort schädlichen *Hypera postica* (Rüsselkäfer – Curculionidae) ernährt, aber offenbar nur alternativ (KALASKAR & EVANS 2001).

Regelmäßig wird auch von weiterer tierischer Nahrung berichtet, z. B. den Larven verschiedener Schmetterlinge (Lepidoptera) und Blattwespen (Tenthredinoidea) sowie von Wanzen (Heteroptera), Holzläusen (Psocoptera) und Blasenfüßen (Thysanoptera) (FULMEK 1956/1957, KLAUSNITZER 1967f, KREISSL 1959a, b, SCHILDER & SCHILDER 1928). Jedoch dürfte es sich in diesen Fällen wohl nur um Ausweichnahrung handeln.

Eine größere Rolle scheint der Kannibalismus zu spielen (DIMETRY 1976). Im Experiment und bei Massenzuchten kann er einen hohen Anteil der aufgenommenen Nahrung betragen (TAKAHASHI 1987, AGARWALA & DIXON 1992). Er kommt aber auch unter Freilandbedingungen vor (Fotos 80–83). Betroffen sind davon alle Entwicklungsstadien, besonders häufig wohl das Ei (BANKS 1956, DIMETRY 1974) und niedrigere Larvenstadien. Auf den Zwillings-Kannibalismus wird in Kapitel 10.1.5 näher eingegangen. Sehr

Foto 80: *Anatis ocellata*, Larve des 4. Stadiums beim Verzehren einer Larve des 3. Stadiums der gleichen Art. Foto: E. WACHMANN.

Foto 81: *Harmonia axyridis*, Larve des 4. Stadiums greift eine Puppe der gleichen Art an. Foto: I. ALTMANN.

Fotos 82 und 83: *Harmonia axyridis*, Larve des 4. Stadiums in verschiedenen Phasen des Verzehrs der Puppe. Fotos: E. WACHMANN.

oft ist weiterhin das Aufessen von Puppen durch die Larven meist der gleichen Art zu beobachten. Überhaupt wird der Kannibalismus vor allem von den Larven, weniger von den Imagines ausgeübt. Er erhöht bei den Larven die Chancen zur Vollendung der Metamorphose bei einer niedrigen Beutetierdichte (Hodek 1973, Dimetry 1976, Agarwala 1991, Osawa 1992a). Als ein Sonderfall des Kannibalismus wäre das massenhafte Verzehren der Imagines von *Coccinella septempunctata* durch die Imagines der gleichen Art bei einem Massenvorkommen zu betrachten (Klausnitzer 1989b) (vgl. Kapitel 5).

Nach bisheriger Kenntnis ist davon auszugehen, dass Larven und Imagines die gleiche Nahrung aufnehmen. Unterschiede bestehen höchstens in der Größe der Beutetiere.

Junge Marienkäferlarven bevorzugen meist entsprechend kleine Beutetiere. Sie beißen gewöhnlich ihre Beute an, injizieren Enzyme und saugen dann den vorverdauten Inhalt aus. Die Haut und die Beine bleiben übrig. Mitunter erklettern sie auch viel größere Blattläuse, die sie auf ihnen »reitend« von der Rückenseite her angreifen.

Weiterentwickelte Larven und die Imagines zerkauen ihre Nahrung bis auf die Antennen und die Beine vollständig. Sie geben aber ebenfalls Enzyme aus dem Darm in den Beutetierkörper, die die Beute teilweise vorverdauen.

Die Größe einer Blattlaus kann sie als Beutetier aber auch völlig ausschließen. Nach Klingauf (1967) können Larven des 3. und 4. Stadiums von *Adalia bipunctata* 90–100 % aller Individuen von *Myzus persicae* verzehren, Larven des 1. und 2. Stadiums nur 60–70 %.

Vor allem Blattlausarten mit langen Siphonen scheiden Exkrete aus, die den Coccinellidae besonders bei niedrigen Temperaturen die Mundwerkzeuge verkleben (Klingauf 1967). Während sich der Marienkäfer reinigt, kann die Blattlaus entweichen, wobei recht komplexe Interaktionen vorliegen können (Dixon 1958, 1959). Blattläuse können aber auch »Alarm«-Pheromone ausscheiden, die andere Mitglieder der Kolonie zum Weglaufen veranlassen. Auch Abwehrbewegungen sind zu beobachten: Die Blattläuse treten mit den Beinen, weichen den Marienkäfern aus oder lassen sich fallen. Wenn Aphiden die Wirtspflanze wechseln, indem sie abfliegen, kann es passieren, dass die Coccinellidae ohne Nahrung zurückbleiben.

In den Blattlauskolonien befinden sich meist auch Exemplare, die von Parasitoiden befallen sind (»Blattlausmumien«). Diese wurden im Experiment von *Coccinella septempunctata* und *C. undecimpunctata* als Beute angenommen, sogar bevorzugt gegenüber lebenden Blattläusen (Hodek & Evans 2012).

Bei Deckelschildläusen hat deren Körpergröße einen großen Einfluss auf die Synchronisation mit den Prädatoren, weil die ersten Larvenstadien der Coccinellidae nur die kleinsten Schildläuse verzehren können und verhungern müssen, wenn nur erwachsene Schildläuse vorhanden sind.

Die Halyziini ernähren sich – soweit bekannt – ausschließlich von verschiedenen Askomyzeten (Schlauchpilze), vor allem Erysiphaceae (Mehltaupilze) (Strouhal 1926)[16]. In neuerer Zeit wurde nachgewiesen, dass auch *Tytthaspis sedecimpunctata* und *Rhyzobius litura* partiell mycophag sind (außerdem nehmen sie Pollen bzw. Blattläuse zu sich) (Ricci 1982, 1986a, Ricci et al. 1983, 1988). Da die genannten Arten unterschiedlichen Unterfamilien und Tribus angehören (Coccinellinae-Halyziini und Tytthaspidini bzw. Coccidulinae-Coccidulini), ist davon auszugehen, dass diese Spezialisierung mehrfach stattgefunden hat. Es ist nicht ausgeschlossen, dass sich auch noch andere Marienkäferarten, fakultativ oder ergänzend, von Pilzen ernähren. Inwieweit Spezialisierungen innerhalb der Askomyzeten bei den oben genannten Taxa vorliegen, vermag bisher nicht gesagt zu werden. Die wenigen Beobachtungen, bei denen die Nahrung exakt bestimmt wurde, lassen vorläufig keine derartigen Schlüsse zu.

Die Vertreter der Unterfamilie Epilachninae sind phytophag und ernähren sich von verschiedenen Blütenpflanzen (Angiospermen). *Subcoccinella vigintiquatuorpunctata* hat sich dadurch sogar einen gewissen Ruf als Pflanzenschädling erworben. Die vier mitteleuropäischen Arten sind bezüglich ihrer Nahrung ± spezialisiert: *Henosepilachna argus, H. elaterii* (Kürbisgewächse – Cucurbitaceae), *Subcoccinella vigintiquatuorpunctata* (Schmetterlingsblütengewächse – Fabaceae, Nelkengewächse – Caryophyllaceae, Korbblütengewächse – Asteraceae, Gänsefußgewächse – Chenopodiaceae), *Cynegetis impunctata* (Süßgräser – Poaceae. Kapur 1950 nennt für diese Art noch andere Familien, in Mitteleuropa dürften aber verschiedene

---

16 Hans Strouhal (02.10.1897 Wien – 25.01.1969 Wien) verdanken wir u. a. eine der ersten variationsstatistischen Untersuchungen am Beispiel von *Hippodamia variegata* (1939). Hervorgehoben werden soll aber vor allem seine grundlegende Arbeit über mycophage Coccinellidae aus dem Jahre 1926, eine Entdeckung zu einer Zeit, als man den Marienkäfern neben Blatt- und Schildläusen höchstens den Verzehr einiger Angiospermen zutraute. Strouhals Verdienste um die Erforschung der Marienkäfer gehen aber noch wesentlich weiter. Er publizierte 1927 die erste zusammenfassende Bestimmungstabelle für die Larven in deutscher Sprache, die durch zahlreiche Originalabbildungen illustriert ist. Wenngleich diese Arbeit nur die Unterfamilie Coccinellinae beinhaltet, ist sie für diese eine wesentliche Grundlage für alle späteren Bearbeiter – bis heute – geblieben. Strouhal beschrieb in dieser Arbeit auch als erster die Eizähne des 1. Larvenstadiums verschiedener Arten, die später immer wieder die Aufmerksamkeit der Coccinellidologen erregten und für taxonomische und phylogenetische Untersuchungen von großer Bedeutung sind (Beier 1969, Schönmann 1969, Klausnitzer 2003).

Foto 84: *Subcoccinella vigintiquatuorpunctata*, Nagespuren. Foto: E. WACHMANN.

Foto 85: *Henosepilachna argus*, Nagespuren der Imago an Blättern der Rotfrüchtigen Zaunrübe (*Bryonia dioica*). Foto: E. CHRISTIAN.

Foto 86: *Coccinella septempunctata* in einer Weintraube. Foto: R. TRUSCH.

Gräser die Hauptnahrung sein). Diese Arten erzeugen sogar charakteristische Nagespuren (Klemm 1929, Klausnitzer 1965a, Christian 1981, Voicu et al. 1990) (Foto 84), die nicht nur durch den Bau der Mundwerkzeuge, sondern auch ethologisch bedingt sind. *Henosepilachna argus* nagt zunächst eine quere Bogenlinie in die Blattunterseite zwischen den Blatträndern (Foto 85). In dem so abgegrenzten Feld folgt dann das Nagen von Löchern bis zur Skelettierung des Blattes.

Auch für karnivore Arten werden gelegentlich Pflanzen als Nahrung angegeben. Relativ oft wird davon berichtet, dass sich Marienkäfer an reifem Obst laben (Foto 86). Gerisch (1981) fand an reifen Süßkirschen ausgesprochen viele *Coccinella septempunctata*, bis zu zehn in einer einzelnen Kirsche, außerdem einzelne Exemplare von *Adalia bipunctata, Aphidecta obliterata, Anatis ocellata, Calvia quatuordecimguttata* und *Myzia oblongoguttata. Harmonia axyridis* kann durch diese Form der Ernährung sogar wirtschaftlichen Schaden erzeugen (vgl. Kapitel 9.1).

Die Angaben zur Nahrung sind in vielen Fällen nicht unproblematisch (auch die Nomenklatur der Beutetiere hat sich gelegentlich geändert, und es ist nicht immer sicher, wie korrekt die Bestimmung bei Literaturangaben war). Die Namen wurden von Buch zu Buch weitergegeben, dabei ging oftmals der Bezug zur Quelle verloren. Mitunter ist es gar nicht erwiesen, dass sich die betreffende Art tatsächlich mit der genannten Nahrung entwickelt hat. Für die Zukunft sind neue, aus sorgfältiger Beobachtung resultierende Befunde von großem Wert und anzustreben.

Tabelle 36: Überblick über die Nahrung der meisten mitteleuropäischen Marienkäferarten. Zur Nahrung finden sich zusammenfassende Angaben bei Schilder & Schilder (1928), Fulmek (1956/1957), Kreissl (1959a, b), Klausnitzer (1967f, 1993d), Klausnitzer & Klausnitzer (1997). Wenn einzelne Arten der Nahrung genannt werden, handelt es sich fast immer um belegbare Beispiele.

Arten	Nahrungsgruppe	Nahrung
Unterfamilie Coccidulinae		
Tribus Coccidulini		
Coccidula rufa	aphidophag	Blattläuse an *Phragmites* und *Typha*, z. B. *Hyalopterus pruni*
Coccidula scutellata	aphidophag	Blattläuse an *Phragmites* und *Typha*, z. B. *Hyalopterus pruni*
Rhyzobius chrysomeloides	aphidophag	*Chaetosiphon fragaefolii*
Rhyzobius litura	aphidophag, mycophag	*Aphis fabae, Metopolophium dirhodum, Rhopalosiphum padi, Sitobion avenae, S. fragariae, Uroleucon cirsii, U. jaceae.* Pollen. Zur Pilznahrung vgl. Kapitel 13.2.

Arten	Nahrungsgruppe	Nahrung
Tribus Tetrabrachini		
Tetrabrachys connatus	karnivor	Insecta
Unterfamilie Scymninae		
Tribus Hyperaspidini		
Hyperaspis campestris	coccidophag	*Chloropulvinaria floccifera, Pseudococcus,* außerdem kommen Blattläuse und Mottenschildläuse infrage
Hyperaspis erythrocephala	coccidophag	*Pulvinaria*
Hyperaspis pseudopustulata	coccidophag	*Pseudococcus.* Pollen, Nektar, Honigtau
Hyperaspis reppensis	coccidophag	verschiedene Schildläuse
Tribus Scymnini		
Clitostethus arcuatus		Mottenschildläuse (Aleyrodina)
Nephus bipunctatus	coccidophag	Nahrung in Mitteleuropa ungeklärt (Pseudococcidae?), SO-Asien und Kalifornien *Pseudococcus*-Arten
Nephus bisignatus	coccidophag	Pseudococcidae
Nephus limonii	coccidophag	
Nephus quadrimaculatus	coccidophag	*Phenacoccus aceris, Pseudococcus*
Nephus redtenbacheri	coccidophag	Pseudococcidae
Scymnus (Neopullus) ater	coccidophag	*Chionaspis salicis, Kermes quercus*
Scymnus (Neopullus) haemorrhoidalis	aphidophag (Phylloxeridae)	*Viteus vitifoliae*
Scymnus (Pullus) limbatus	coccidophag	Schildläuse an *Salix* (*Chionaspis salicis*), verschiedene unterirdisch lebende Schildlausarten an *Calluna* und Poaceae (*Pseudococcus calluneti, Trionymus perrisii*)?
Scymnus (Parapullus) abietis	aphidophag (Adelgidae)	*Adelges (Dreyfusia) nordmannianae, A. (D.) piceae*
Scymnus (Pullus) auritus	aphidophag (Phylloxeridae)	*Phylloxera*-Arten an *Quercus*, z. B. *Ph. glabra.* Pollen
Scymnus (Pullus) ferrugatus	coccidophag, aphidophag	*Parthenolecanium corni, Hyalopterus pruni*
Scymnus (Pullus) fraxini	aphidophag, coccidophag	mediterran an *Saissetia oleae*
Scymnus (Pullus) impexus	aphidophag (Adelgidae)	*Adelges (Dreyfusia) piceae, Adelges (Sacchiphantes) abietis*
Scymnus (Pullus) subvillosus	aphidophag	verschiedene Blattlausarten, auch *Aphis sambuci*
Scymnus (Pullus) suturalis	aphidophag (Adelgidae)	verschiedene Adelgidae, bes. *Pineus pini.* Pollen

Arten	Nahrungsgruppe	Nahrung
Scymnus (Scymnus) apetzi	aphidophag	
Scymnus (Scymnus) femoralis	aphidophag	Blattläuse. Pollen, Nektar
Scymnus (Scymnus) frontalis	aphidophag	verschiedene Aphididae (z. B. *Aphis lactucae, Metopeurum fuscoviride*). Pollen, Nektar
Scymnus (Scymnus) interruptus	aphidophag	*Aphis frangulae gossypii, Metopeurum fuscoviride* u. a. Aphididae. Pollen
Scymnus (Scymnus) nigrinus	aphidophag	verschiedene Adelgidae (*Adelges (Gilettiella) cooleyi*) und Lachninae, z. B. *Schizolachnus pineti, Cinara pinea.* Pollen
Scymnus (Scymnus) rubromaculatus	aphidophag	*Metopeurum fuscoviride* u. a. Aphididae. Pollen
Scymnus (Scymnus) schmidti	aphidophag	*Aphis frangulae gossypii* u. a. Aphididae. Pollen
Scymnus (Scymnus) suffrianoides apetzoides	aphidophag	
Tribus Stethorini		
Stethorus pusillus	acarophag	Spinnmilben (Tetranychidae), z. B. *Metatetranychus ulmi, Phyllacotes* sp., *Paratetranychus pilosus* (Obstbaumspinnmilbe), *Tetranychus urticae* (Gemeine Spinnmilbe, Bohnenspinnmilbe). Pollen, Honigtau
Unterfamilie Chilocorinae		
Tribus Chilocorini		
Chilocorus bipustulatus	coccidophag, aphidophag	große Zahl von Schildlausarten vor allem Diaspididae, auch Asterolecaniidae, Coccidae und Pseudococcidae, alternativ verschiedene Blattlausarten
Chilocorus renipustulatus	coccidophag	*Chionaspis salicis* u. a. Diaspididae
Exochomus cedri	coccidophag	*Carulaspis juniperi*
Exochomus oblongus	coccidophag	
Exochomus quadripustulatus	aphidophag, coccidophag	viele Blattlaus- und Schildlausarten (z. B. *Chionaspis salicis, Preudochermes fraxini, Pulvinaria regalis*), auch Adelgidae. Gelegentlich Puppen von *Plagiosterna aenea.* Pollen, Nektar, Honigtau
Parexochomus nigromaculatus	coccidophag	*Peliococcus calluneti, Phyllostroma myrtilli* und *Rhizococcus devoniensis*
Tribus Platynaspidini		
Platynaspis luteorubra	aphidophag	*Uroleucon sonchi, Metopeurum fuscoviride, Aphis fabae, A. craccivora, Brachycaudus cardui, Dysaphis crataegi*

Arten	Nahrungsgruppe	Nahrung
Unterfamilie Ortaliinae		
Tribus Noviini		
Novius cruentatus	coccidophag, aphidophag	*Palaeococcus fuscipennis*, auch Blattläuse, aber wahrscheinlich vorwiegend Schildläuse
Unterfamilie Coccinellinae		
Tribus Halyziini		
Halyzia sedecimguttata	mycophag	Mehltaupilze (Erysiphaceae), vgl. Kapitel 13.6. Honigtau
Vibidia duodecimguttata	mycophag	Mehltaupilze (Erysiphaceae), vgl. Kapitel 13.6
Psyllobora vigintiduopunctata	mycophag	Mehltaupilze (Erysiphaceae), vgl. Kapitel 13.6
Tribus Tytthaspidini		
Anisosticta novemdecimpunctata	aphidophag, palynophag	*Hyalopterus pruni* u. a. Aphididae. Pollen, Nektar, Honigtau
Bulaea lichatschovii	palynophag	Pollen (Chenopodiaceae). Nektar, Blätter
Coccinula quatuordecimpustulata	aphidophag	*Aphis nasturtii, Aphis frangulae gossypii, Myzus persicae*. Pollen
Coccinula sinuatomarginata	aphidophag	
Tytthaspis sedecimpunctata	aphidophag, mycophag, zoophag, palynophag	Aphidina, Mehltaupilze (Erysiphaceae), Thysanoptera, Acari, Gräserpollen, Nektar. Näheres zur Nahrung vgl. Kapitel 13.6.
Tribus Coccinellini		
Adalia bipunctata	aphidophag	viele Blattlausarten (essenziell über 45), auch *Aphis sambuci*. Pollen, Nektar, Honigtau
Adalia conglomerata	aphidophag (Adelgidae)	verschiedene Adelgidae, z. B. *Adelges* (*Gilettiella*) *cooleyi*
Adalia decempunctata	aphidophag	viele Blattlausarten (essenziell etwa 10). Pollen, Nektar, Honigtau
Anatis ocellata	aphidophag	Lachninae, Adelgidae (*Adelges* (*Dreyfusia*) *piceae, Pineus pini*), Aphididae (*Euceraphis punctipennis, Schizolachnus pineti*), Larven von Blattwespen und Schmetterlingen. Pollen, Honigtau
Aphidecta obliterata	aphidophag	verschiedene Adelgidae (*Adelges* (*Dreyfusia*) *nordmannianae, Pineus pini*), Lachninae und Aphidinae (*Elatobium abietinum*)
Calvia decemguttata	aphidophag	Aphidina, aber auch Psocoptera, Psyllina und Larven von Chrysomelidae

Arten	Nahrungsgruppe	Nahrung
Calvia quatuordecimguttata	Psyllina, aphidophag,	Blattflöhe (*Psylla alni, Cacopsylla mali, C. pyricola*) und verschiedene Blattläuse (*Aphis pomi, Eucallipterus tiliae, Euceraphis punctipennis, Hyalopterus pruni, Pterocallis alni, Rhopalosiphum insertum, Rh. padi*), Larven von Chrysomelidae. Pollen, Honigtau
Calvia quindecimguttata	Chrysomelidae, aphidophag?	Entwicklungsstadien von *Plagiosterna aenea*, alternativ Blattläuse, Staubläuse. Pollen, Nektar
Ceratomegilla alpina	aphidophag	
Ceratomegilla notata	aphidophag	Blattläuse, Pollen
Ceratomegilla undecimnotata	aphidophag	*Aphis fabae, Hyalopterus pruni, H. amygdali, Myzus persicae, Schizaphis graminum.* Pollen
Coccinella venusta	aphidophag	
Coccinella hieroglyphica	Chrysomelidae, aphidophag	Eier und Larven von *Lochmaea suturalis, Aphis callunae*?
Coccinella magnifica	aphidophag	verschiedene Blattlausarten. Nektar, Honigtau
Coccinella quinquepunctata	aphidophag	viele Blattlausarten, auch Psyllina und gelegentlich Eier und Larven von Chrysomelidae (*Plagiosterna aenea*). Pollen, Nektar, Honigtau
Coccinella septempunctata	aphidophag	viele Blattlausarten (essenziell mindestens 30), gelegentlich Thysanoptera und Larven von Chrysomelidae. Pollen, Nektar, Honigtau
Coccinella transversalis	aphidophag	*Aphis cracciphora, Lipaphis erysimi*
Coccinella) trifasciata	aphidophag	
Coccinella undecimpunctata	aphidophag	verschiedene Blattlausarten, gelegentlich Schildläuse. Pollen, Nektar, Honigtau
Harmonia axyridis	aphidophag	primär aphidophag, aber in der Lage polyphag zu sein: Psyllina, Coccina, Heteroptera, Thysanoptera, Larven und Eier von Chrysomelidae und Lepidoptera. Pollen, Nektar, Honigtau, saftige Früchte
Harmonia quadripunctata	aphidophag	*Cinara*-Arten, *Schizolachnus, Pineus pini.* Pollen, Nektar, Honigtau
Hippodamia septemmaculata	aphidophag	
Hippodamia tredecimpunctata	aphidophag	Blattläuse der Ufervegetation stehender Gewässer (*Hyalopterus pruni* (Wirtswechsel zwischen *Prunus* und *Phragmites*), *Schizaphis graminum, Sipha glyceriae*) und an *Salix* (*Aphis farinosa*). Pollen, Nektar

Arten	Nahrungsgruppe	Nahrung
Hippodamia variegata	aphidophag	Blattläuse der Krautschicht. Pollen, Nektar, Honigtau
Myrrha octodecimguttata	aphidophag	*Pineus pini* u. a. Blattläuse auf Kiefern. Pollen
Myzia oblongoguttata	aphidophag	*Cinara pilicornis, Adelges (Dreyfusia) piceae.* Honigtau
Oenopia conglobata	aphidophag	Blattläuse auf Laubhölzern (*Brachycaudus amygdalinus, Hyalopterus pruni* u. a.). Entwicklungsstadien von *Plagiosterna aenea* u. a. Chrysomelidae
Oenopia impustulata	Chrysomelidae aphidophag	Larven von Chrysomelidae (*Altica quercetorum*)
Oenopia lyncea agnatha	aphidophag	*Dysaphis sorbi, Eucallipterus tiliae*
Propylea quatuordecimpunctata	aphidophag	viele Blattlausarten (essenziell etwa 12). Pollen, Nektar, Honigtau
Sospita vigintiguttata	aphidophag	Blattläuse, auch Blattflöhe und Staubläuse
Unterfamilie Epilachninae		
Tribus Cynegetini		
Cynegetis impunctata	phytophag	Poaceae (vgl. Kapitel 13.7)
Tribus Epilachnini		
Henosepilachna argus	phytophag	*Bryonia dioica,* auch *B. alba* und andere Cucurbitaceae
Henosepilachna elaterii	phytophag	verschiedene Cucurbitaceae (vgl. Kapitel 13.7)
Subcoccinella vigintiquatuorpunctata	phytophag	Fabaceae (*Medicago, Trifolium*), Caryophyllaceae (*Dianthus, Gypsophila, Melandrium, Saponaria, Silene*), Asteraceae (*Dahlia*), Chenopodiaceae (*Atriplex, Beta, Chenopodium*) (vgl. Kapitel 13.7). Nektar

Die Nahrungsmenge, die die einzelnen Larvenstadien und die Imagines verbrauchen, ist sehr unterschiedlich. Einige Autoren haben absolute Zahlen angegeben, die sich auf bestimmte Marienkäfer- und Beutetierarten sowie bestimmte Umweltbedingungen beziehen. Da diese Zahlen meist im Labor ermittelt wurden, ist ihr allgemeiner Aussagewert relativ gering. Bei vielen aphidophagen Coccinellidae beträgt der tägliche Nahrungsbedarf der Imagines nach diesen Erhebungen etwa 100 Blattläuse, die Larven verbrauchen während ihrer Entwicklung 200 bis 600 Blattläuse, 60–70 % davon werden vom 4. Larvenstadium verzehrt. Sundby (1966) nennt als

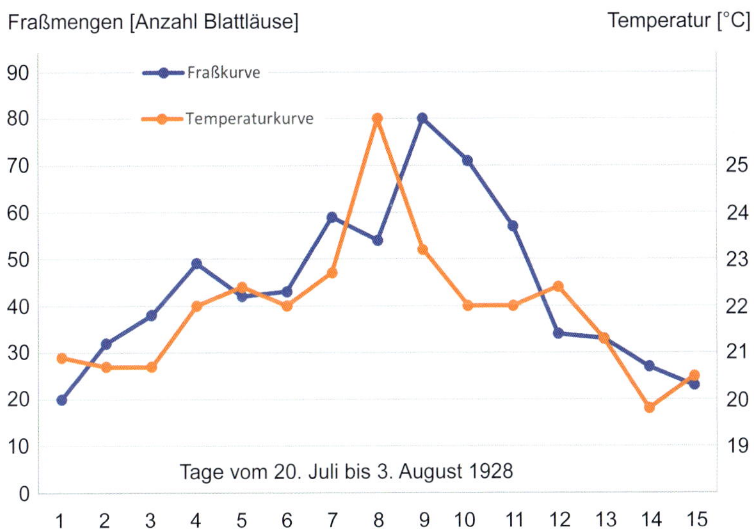

Abb. 40: Abhängigkeit der Nahrungsmenge von *Coccinella septempunctata* von der Temperatur. Nach Jöhnssen (1930).

Zahl der je Larve vertilgten Blattläuse für *Coccinella septempunctata* 420. Sie schätzt, dass die Nachkommen eines Weibchens dieser Art 129 780 Blattläuse während einer Vegetationsperiode verzehren. Andere Autoren nennen z. T. höhere Zahlen. So berichten Hämäläinen et al. (1975) von über 1 300 *Myzus persicae* je Individuum bei 20 °C.

Der Nahrungsverbrauch ist neben abiotischen Umweltfaktoren von der Populationsdichte der Beute abhängig. Larven benötigen höhere Beutetierdichten als Imagines (Frazer et al. 1981). Bei einer großen Beutetierabundanz kann der Nahrungsverbrauch bei den Larven sogar wesentlich höher sein als das für ihre Entwicklung notwendige Ernährungsminimum. Weiterhin ist er mit der Außentemperatur korreliert: Temperatursteigerung erhöht die tägliche Nahrungsrate (Abb. 40), ebenso sinkende relative Luftfeuchtigkeit. Wesentlich stärker als eine Temperaturerhöhung wirkt ein Temperaturwechsel. Eierlegende Weibchen benötigen wesentlich mehr Beutetiere als nicht Eier legende Weibchen oder Männchen.

7.2 Blütenbesuch

Für die Imagines einer ganzen Reihe von Arten scheinen die Pollen und der Nektar (auch extraflorale Nektarien) von Blütenpflanzen eine wichtige Ergänzung der tierischen Nahrung darzustellen (Fotos 87, 88) (vgl. Tabelle 36). Sie gleichen bis zu einem gewissen Grad einen Mangel an Insektennahrung aus. Diese Nahrung erlaubt die Existenz mit einer reduzierten Mortalität bei Mangel an Insektennahrung und gestattet die rasche Wiederaufnahme der Eiablage bei erneutem Angebot an essenzieller Nahrung. Sie erhöht sogar die Fruchtbarkeit von *Coccinella septempunctata*, wie Blackman (1967b) an *Acyrthosiphon pisum* zeigen konnte. Hemptinne et al. (1988) fanden, dass *Propylea quatuordecimpunctata* nach Beendigung der Überwinterung zunächst Pollen aufnimmt. Bei *Adalia bipunctata* spielen die Pollen von Rosengewächsen (Rosaceae) besonders im zeitigen Frühjahr eine bedeutende Rolle für die Reifung der Ovarien und werden vermutlich regelmäßig neben verschiedenen Blattlausarten aufgenommen (Hemptinne & Desprets 1986). Ricci (1982, 1986b, c), Ricci et al. (1983) konnten nachweisen, dass *Tytthaspis sedecimpunctata* und *Anisosticta novemdecimpunctata* stets Pollen bestimmter Pflanzenarten neben anderen Nahrungsbestandteilen aufnehmen (Foto 89). Auch bei *Rhyzobius litura* scheinen sie zur Nahrung zu gehören (Ricci 1986a, b, Ricci et al. 1988). Iwan (1988) fand bei einer vergleichenden Untersuchung blütenbesuchender Käfer auf Möhrenblüten (*Daucus carota*) einen Anteil von 28,8 % *Coccinella septempunctata* nach dem Rapsglanzkäfer *Meligethes aeneus* (46,9 %).

Für *Harmonia axyridis* finden sich Angaben bei Berkvens et al. (2008a, b), de Clerq et al. (2005), Dietrich (2018), Koch et al. (2004) und Smith (1961). Es zeigt sich, dass Pollen eine wichtige Ersatznahrung darstellen, wenn Insektennahrung ± fehlt, auch wenn sie eine suboptimale Nahrung sind, die die Reproduktionsrate reduziert. Stark & Klausnitzer (2010) berichten vom Blütenbesuch und der wahrscheinlichen Aufnahme von Pollen und Nektar durch Larven. In diesem Fall handelte es sich um Roten Hartriegel (*Cornus sanguinea*) (Fotos 90, 91). Die Larven von *Coccinella septempunctata* wurden bei der Aufnahme von Pollen an Margerite (*Leucanthemum*) und die von *Coccinula quatuordecimpustulata* am Bergsandglöckchen (*Jasione montana*) beobachtet (B. Klausnitzer, in litt.).

Alternative Aufnahme von Pollen, Nektar und Honigtau wurde von einer größeren Zahl weiterer Arten in Mittel- und Nordeuropa beobachtet (nach Majerus 1994 und B. Klausnitzer in litt.) (vgl. Tabelle 36). Die alternative Nahrung ist bedeutsam für die Anlage von Fettreserven vor der Überwinterung. Eine vollständige Entwicklung ist mit ausschließlicher Ernährung von Pollen jedoch nicht möglich.

Foto 87: Fünf Arten (*Propylea quatuordecimpunctata, Coccinella quinquepunctata, C. septempunctata, C. undecimpunctata, Harmonia axyridis*) beim Blütenbesuch an Rainfarn (*Tanacetum vulgare*). Foto: A. KRUITHOF.

Foto 88: *Coccinella septempunctata* beim Blütenbesuch. Foto: E. WACHMANN.

Foto 89: *Tytthaspis sedecimpunctata* beim Blütenbesuch. Foto: E. WACHMANN.

Foto 90: *Harmonia axyridis*, Larve, 4. Stadium beim Blütenbesuch an Rotem Hartriegel (*Cornus sanguinea*). Foto: A. Stark.

Foto 91: *Harmonia axyridis*, Larve, 4. Stadium bedeckt mit Pollen von Rotem Hartriegel (*Cornus sanguinea*). Foto: A. Stark.

Während in den meisten dieser Fälle vor allem die Imagines diese Nahrungsquellen erschließen, lebt bei *Bulaea lichatschovii* auch die Larve vorwiegend von Pollen (Savoiskaja 1983). Diese gilt als Beispiel für eine obligatorisch palynophage Art, sie soll keine andere Nahrung zu sich nehmen (Capra 1947)[17]. Spätere Untersuchungen haben jedoch gezeigt, dass sie auch Nektar und Blätter aufnimmt (Hodek & Honěk 1996).

Pollen können aber auch für andere Arten eine essenzielle Nahrung darstellen, z. B. für Hochgebirgsbewohner (Hodek & Honěk 1996). Die asiati-

17 Felice Capra (14.07.1896 – 07.10.1991) war ein sehr vielseitiger Entomologe. Zu seinen Forschungsgebieten gehörten auch die Coccinellidae, zu denen er grundlegende Arbeiten von 1915–1976 publizierte, z. B. über *Ceratomegilla alpina, Hyperaspis, Scymnus,* auch über Larven, z. B. *Bulaea lichatschovii* (Poggi 1993).

sche *Coccinella reitteri* J. Weise, 1891 lebt von Edelweißpollen (*Leontopodium alpinum*) und ist praktisch phytophag – eine absolute Ausnahme in dieser Gattung, deren andere Vertreter aphidophag sind.

Für das Gewinnen von Gräserpollen und das Abweiden von Pilzrasen (Konidien und Hyphen) können kammartige Zahnreihen an den Mandibeln ausgebildet sein (vgl. Kapitel 7.4).

7.3 Einschränkungen des Nahrungsspektrums

Im Vergleich zu phytophagen Insekten gibt es bei den Coccinellidae nur verhältnismäßig wenige Nahrungsspezialisten. Monophagie im engeren Sinne – Spezialisierung auf eine einzige Nahrungsart – ist selten (zur Definition vergleiche auch Hering 1951, Klausnitzer 1985b). Bei den meisten hier als monophag bezeichneten Arten liegt eine Spezialisierung auf eine einzige Gattung vor (Monophagie im weiteren Sinne). Die Beschränkung auf eine einzige Wirtsart ist in diesen Fällen unsicher oder nicht vorhanden. Enge Nahrungsbindungen zeigen in vielen Fällen geografische Unterschiede, die sich auch im Jahreszyklus verändern können. Mitunter liegt sogar eine lokale Monophagie vor, eine Verallgemeinerung der Bezeichnung »monophag« für eine bestimmte Marienkäferart ist deshalb nicht unproblematisch.

Als oligophag bezeichnen wir generell solche Arten, die von mehreren Gattungen der gleichen Familie leben. Polyphag sind solche, die ganz unterschiedliche Nahrungsgruppen aufnehmen.

Die folgenden Beispiele beziehen sich auf den hier behandelten geografischen Raum. Natürlich spiegeln derartige Klassifizierungen immer den gegenwärtigen Wissensstand wider und sind nicht als starre Definitionen aufzufassen.

Ausgesprochene Monophagie scheint bei den Coccinellidae kaum vorzukommen. Außer *Coccinella hieroglyphica* (vgl. Kapitel 7.1) wären höchstens noch *Scymnus* (*Pullus*) *impexus* an *Adelges* (*Dreyfusia*) *piceae* (*Abies*) sowie *Adelges* (*Sacchiphantes*) *abietis* und *Scymnus* (*Pullus*) *suturalis* an *Pineus pini* (*Pinus sylvestris*) (Klausnitzer 1967a) zu erwähnen, wobei die Nahrungsbeschränkung nicht gesichert ist.

Relativ weit verbreitet scheint ein eingeschränktes Nahrungsspektrum zu sein, das vielleicht als Oligophagie zu bezeichnen wäre. Hierher gehören *Stethorus pusillus* (Spinnmilben – Tetranychidae) und *Clitostethus arcuatus* (Mottenschildläuse – Aleyrodina). Auch *Cynegetis impunctata* und die beiden *Henosepilachna*-Arten wären wohl als Arten mit einem eingeschränkten

Nahrungsspektrum aufzufassen, während *Subcoccinella vigintiquatuorpunctata* als polyphag angesehen werden muss.

Wir kennen nur von wenigen Arten das Nahrungsspektrum hinreichend genau, um die essenziellen Elemente von den alternativen abgrenzen zu können. Es deutet sich jedoch eine Tendenz an, dass über die essenzielle Nahrung eine erhebliche Einschränkung des Beutetierspektrums vorliegen kann, sodass vielleicht eine ganze Reihe der aphidophagen Arten ebenfalls wenigstens als oligophag angesehen werden müssen (Mills 1981, Olszak 1986a). Die Verträglichkeit der alternativen Nahrung kann von einem Optimum innerhalb eines breiten Spektrums verschiedener Beutetiere (Abb. 41) bis zu toxischen Effekten reichen. *Acyrthosiphon pisum* war z. B. für *Coccinella septempunctata* eine viel geeignetere Nahrung als *Macrosiphum rosae* oder *Myzus persicae. Aphis fabae* erwies sich für *Adalia bipunctata* ungünstiger als *Myzus persicae* u. a. Arten. *Hyalopterus pruni* ist essenziell für *C. septempunctata* und toxisch für *A. bipunctata,* wie aus entsprechenden Laborbefunden hervorgeht (Roy & Brown 2018). Nach Hodek (1973) kann *Coccinella septempunctata* toxische Blattläuse nur sehr eingeschränkt von anderen Arten unterscheiden.

Bereits Jöhnssen (1930) machte in seiner klassischen Arbeit über die Biologie von *Coccinella septempunctata* darauf aufmerksam, dass vom Siebenpunkt mehr Nahrung aufgenommen wird, sobald im Experiment *Aphis sambuci* gegen *Aphis hederae* ausgetauscht wird. Erst Hodek (1956, 1957) erkannte jedoch das Ausmaß der nachteiligen Wirkung der Holunderblattlaus auf *Coccinella septempunctata* (Abb. 42) und zeigte, dass sich Larven nicht verpuppen können und sterben, wenn sie ausschließlich mit *Aphis sambuci* gefüttert werden (Tabelle 37), wobei die Auswirkungen umso schlimmer waren, je mehr Blattläuse aufgenommen wurden. Bei ausschließlicher Fütterung der L_1 bis L_3 bzw. nur der L_4 ergab sich eine erhöhte Mortalität von 32 bzw. 24 % (Kontrolle mit anderen Blattlausarten 8 %) und eine Verlängerung der Larvenzeit auf 9,2 bzw. 11,2 Tage (Kontrolle 7,8 Tage). Frisch geschlüpfte Imagines starben nach durchschnittlich 17,5 Tagen, wenn sie nur mit *A. sambuci* gefüttert wurden. Überwinterte Imagines besuchen hingegen im Frühjahr sogar den Holunder, der mitunter in der Nähe von Winterquartieren wächst und nehmen dort Holunderblattläuse auf. Im Experiment wurde jedoch auch bei solchen Individuen die Eiablage gehemmt. Blackman (1965, 1967b) züchtete mit ausschließlicher Ernährung durch *A. sambuci* und 50 % Mortalität *Coccinella septempunctata,* die jedoch erheblich leichter waren (durchschnittlich 18,4 mg) als mit geeigneten Blattlausarten aufgezogene Individuen: z. B. 36,4 mg (*Myzus persicae*), 36,3 mg (*Aphis fabae*), 37,2 mg (*Acyrthosiphon pisum*) (Tabelle 38).

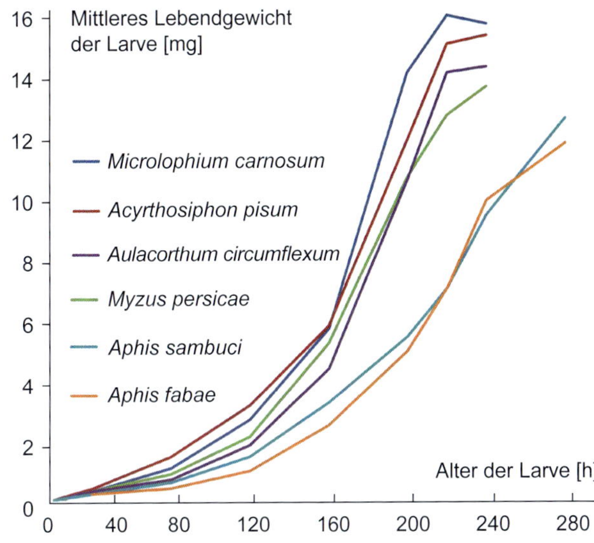

Abb. 41: Entwicklung der Larven von *Adalia bipunctata* mit verschiedenartiger Blattlausnahrung. Nach Blackman (1967b).

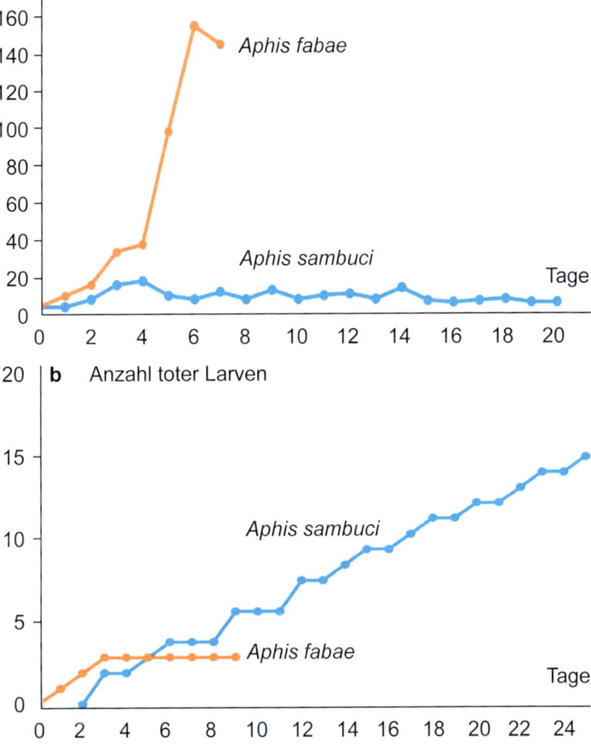

Abb. 42: Einfluss von *Aphis sambuci* auf die Larvalentwicklung von *Coccinella septempunctata*. **a** Zahl der aufgenommenen Blattläuse; **b** Mortalität der Larven. Nach Hodek (1973).

Tabelle 37: Ergebnisse der Zucht von *Coccinella septempunctata* mit verschiedenen Blattlausarten. Abkürzungen: LE = Larvenentwicklung [Tage] (Mittelwert), LM = Larvenmortalität [%], G = Gewicht der gezüchteten Imagines [mg] (Mittelwert). Nach Blackman (1965, 1967b).

Blattlausart	LE	LM	G
Myzus persicae	13,0	12,5	36,4
Aphis fabae	13,6	9,1	36,3
Acyrthosiphon pisum	13,3	18,6	37,2
Megoura viciae	14,8	13,4	33,5
Aphis sambuci	19,5	50,0	18,4

Die Ursache für die toxischen Wirkungen von *Aphis sambuci* sieht man in dem Glykosid Sambunigrin, das von der Holunderblattlaus mit dem Phloemsaft aufgenommen wird und im Körper des Marienkäfers enzymatisch gespalten werden kann. Dabei wird Cyanwasserstoff (HCN) frei, der die Zellatmung blockiert (Teuscher & Lindequist 1988). Dennoch wird *A. sambuci* offenbar als alternative Nahrung ± vertragen, wobei erhebliche Unterschiede zwischen einzelnen Marienkäferarten zu verzeichnen sind. Gelegentlich werden z. B. *Oenopia conglobata* und *Propylea quatuordecimpunctata* in den Kolonien der Holunderblattlaus gefunden, die sich jedoch nicht mit *A. sambuci* entwickeln können.

Adalia bipunctata galt lange Zeit als einziger Marienkäfer, der sich dauerhaft und vollständig von *Aphis sambuci* ernähren und für den auch diese Blattlausart als geeignete Nahrung gelten kann. Obwohl *A. sambuci* eine regelmäßige und häufige Beute von *A. bipunctata* ist, erwies sie sich im Vergleich mit anderen Blattlausarten als eine relativ ungeeignete Nahrung, die eine längere Larvenzeit und höhere Mortalität bewirkt (Blackman 1965, 1966, 1967a, b) (Tabelle 38).

Überraschend stellte sich in jüngerer Zeit heraus, dass sich *Scymnus subvillosus* neben anderen Blattläusen ausschließlich an der Holunderblattlaus entwickeln kann, 1992 offenbar in völliger zeitlicher Übereinstimmung (Klausnitzer 1992a, 1993b).

Tabelle 38: Ergebnisse der Zucht von *Adalia bipunctata* mit verschiedenen Blattlausarten. Abkürzungen: LE = Larvenentwicklung [Tage], LM = Larvenmortalität [%], G = Gewicht der gezüchteten Imagines [mg]. Nach Blackman (1965, 1967b).

Blattlausart	LE	LM	G
Myzus persicae	10,4	17,8	11,8
Aphis fabae	13,0	27,6	7,9
Aulacorthum circumflexum	9,5	16,7	11,9
Acyrthosiphon pisum	10,8	13,9	12,6
Aphis sambuci	13,4	25,0	8,0
Microlophium carnosum	10,6	9,1	12,4

Im Jahre 2007 fiel erstmals auf, dass in den Kolonien von *Aphis sambuci* Imagines von *Harmonia axyridis* zu finden waren. In den Jahren 2008 und 2009 war es dann möglich, im Freiland die vollständige Entwicklung von *H. axyridis* in Kolonien von *A. sambuci* zu beobachten. Mit dem Auftreten der Blattlauskolonien im Frühjahr fanden sich sofort Imagines von *H. axyridis* ein. Es fanden Kopulae statt, die Tiere wurden bei der Nahrungsaufnahme angetroffen, schließlich erfolgte die Eiablage. Die Larven aller Stadien waren nach und nach in den Kolonien zu finden, nahmen die Holunderblattläuse auf und verpuppten sich schließlich. Auch das Schlüpfen der Imagines aus diesen Puppen wurde beobachtet (Klausnitzer 2019c).

Die Beobachtungen lassen den Schluss zu, dass *Harmonia axyridis* seine gesamte Entwicklung mit *Aphis sambuci* bestreiten kann. Untersuchungen, ob eine Veränderung physiologischer Parameter erfolgt – wie sie für *Coccinella septempunctata* und *Adalia bipunctata* vorgenommen wurden –, stehen noch aus. Dennoch ist es bemerkenswert, dass *H. axyridis* offenbar in der Lage ist, mit dem Sambunigrin zurecht zu kommen – als dritte Marienkäferart in Mitteleuropa neben *Adalia bipunctata* und *Scymnus subvillosus*.

Hodek (1967) gibt eine Liste von acht Blattlausarten, die artspezifisch für fünf häufige Marienkäferarten toxisch sind (Tabelle 39).

Tabelle 39: Für Coccinellidae toxische Blattlausarten. Abkürzungen: *A. b.* = *Adalia bipunctata*, *A. d.* = *Adalia decempunctata*, *C. s.* = *Coccinella septempunctata*, *C. u.* = *Ceratomegilla undecimpunctata*, *P. q.* = *Propylea quatuordecimpunctata*. Nach Hodek (1967).

Blattlausart	***A. b.***	***A. d.***	***C. s.***	***C. u.***	***P. q.***
Aphis cracciphora				+	
Aphis nerii					+
Aphis sambuci			+		
Aphis urticae	+				
Brachycaudus cardui			+		
Macrosiphoniella artemisiae				+	
Megoura viciae	+	+			
Neoaulacorthum magnoliae			+		

Die weit verbreitete Annahme, dass das Beutetierspektrum der räuberischen Marienkäfer, besonders der aphidophagen Arten, sehr breit sei und große taxonomische Einheiten umfasse, bedarf also einer Einschränkung, weil die geschilderten Fälle keine Einzelbeispiele sind. Es wird z. B. auch auf *Macrosiphum albifrons* an Luzerne hingewiesen, deren erworbene Toxizität *Coccinella septempunctata* beeinflusst (Emrich 1991). Allerdings können toxische Effekte auf bestimmte Jahreszeiten beschränkt sein, da die Pflanzeninhaltsstoffe mitunter saisonabhängig gebildet werden. Für *Harmonia axyridis* ist beispielsweise nur die Frühjahrspopulation von *Aphis craccivora* schädlich, die von Robinie stammt.

Das Spektrum der essenziellen Nahrung kann andererseits bei einigen Marienkäferarten ausgesprochen breit sein, z. B. werden für *Coleomegilla maculata* Spinnmilben, Blattläuse und Getreidepollen angegeben. Diese Art war – begünstigt durch ihr breites Nahrungsspektrum – die erste Marienkäferart, die mit einer künstlichen Diät (Leber) gezüchtet wurde. Unterdessen gelang es verschiedenen Forschern, mit künstlicher Nahrung (Mischungen von Hefe, Honig, Agar, Weiselfuttersaft, Mineralien, Vitaminen u. a.) mehrere andere Marienkäferarten vollständig durchzuzüchten.

Tote Blattläuse ermöglichen die Entwicklung von Marienkäferlarven nicht, während tiefgefrostete Exemplare, auch andere Insekten, etwa pulverisierte Drohnenlarven, von manchen Marienkäferarten angenommen werden und die Eiablage gestatten. Künstliche Diäten haben große Bedeutung für Massenzuchten von Marienkäfern. Es gibt eine Reihe von Verfahren mit z. T. hervorragenden Ergebnissen, die es ermöglichen, Marienkäfer mit Trockennahrung und künstlichen Diäten zu züchten (Chen 1989, Chumakova 1962, Haug 1938, Hodek 1973, Kariluoto 1978, 1980, Kariluoto et al. 1976, Matsuka et al. 1975, Okada et al. 1972, Shands et al. 1966, Smirnoff 1958, Smith, B. C., 1960, 1965).

7.4 Morphologische Anpassungen der Mandibeln

Die sehr unterschiedliche Nahrung hat den Bau der Mundwerkzeuge der Coccinellidae, vor allem der nach innen gebogenen Mandibeln und der Maxillen erheblich beeinflusst (Minelli & Pasqual 1977, Ricci & Stella 1988a, Ricci & Rossodivita 1989, Klausnitzer 1993e), wobei durch die gleiche Nahrung bedingte Ähnlichkeiten zwischen Larven und Imagines auffallen. Die Mandibeln weisen bei den Imagines eine Incisivus-Region und eine Mola-Region auf. Auf der Mola entspringen zwei schräg nebeneinander stehende und oft unterschiedlich große Zähne. Zwischen den beiden Regionen befindet sich eine membranöse Prostheca, die eine durchgehende Reihe von Borsten trägt (Fotos 92–95).

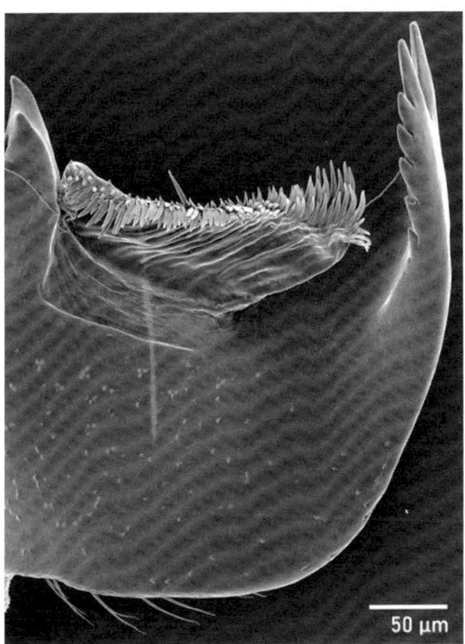

Foto 92: *Halyzia sedecimguttata,* Imago, Mandibel. REM-Foto: Ch. Kutzscher.

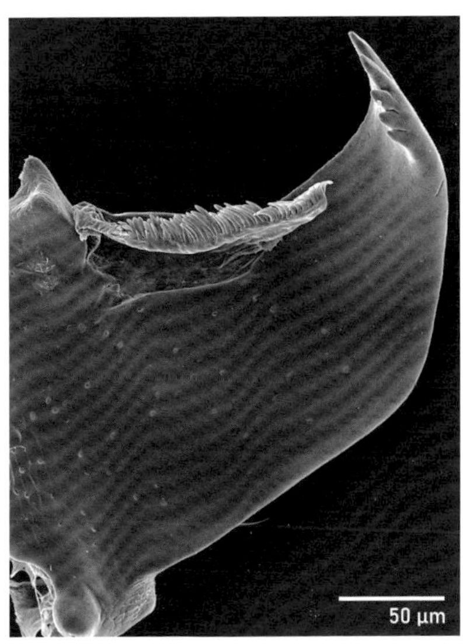

Foto 93: *Psyllobora vigintiduopunctata,* Imago, Mandibel. REM-Foto: Ch. Kutzscher.

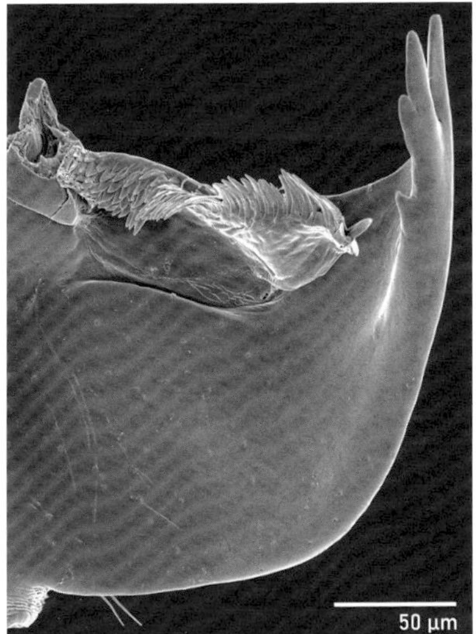

Foto 94: *Vibidia duodecimguttata,* Imago, Mandibel. REM-Foto: Ch. Kutzscher.

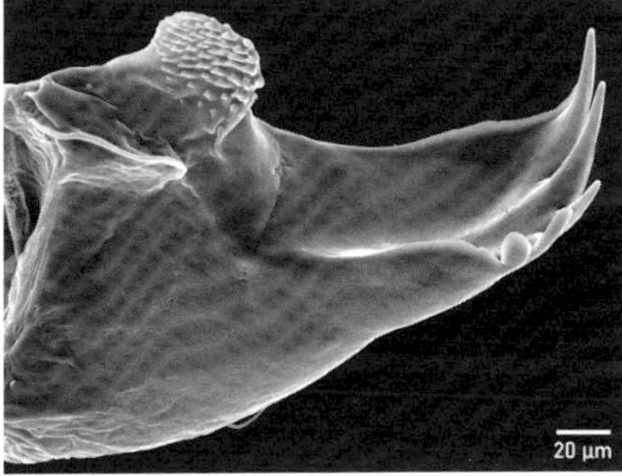

Foto 95: *Halyzia sedecimguttata,* Larve, Mandibel. REM-Foto: Ch. Kutzscher.

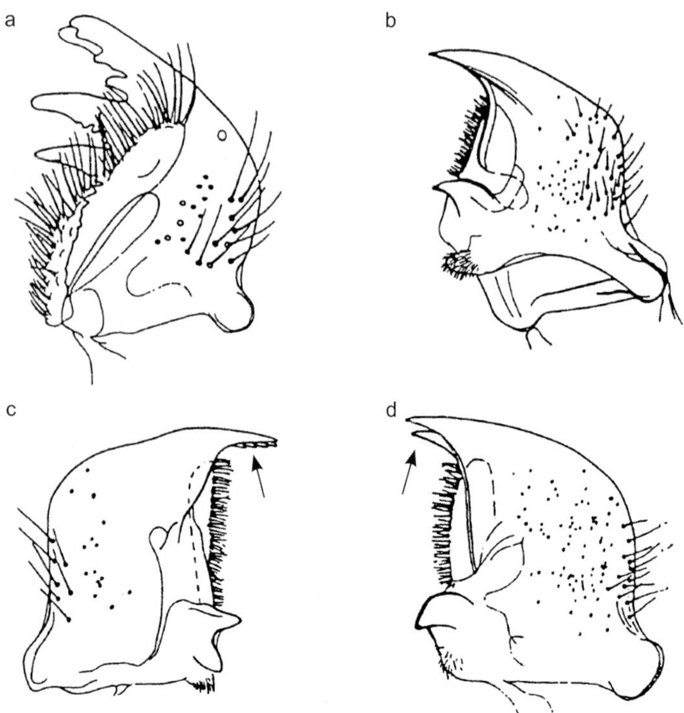

Abb. 43: Mandibeln, Imagines, **a** *Subcoccinella vigintiquatuorpunctata*; **b** *Chilocorus renipustulatus*; **c** *Psyllobora vigintiduopunctata*; **d** *Adalia bipunctata*. Nach Hodek (1973).

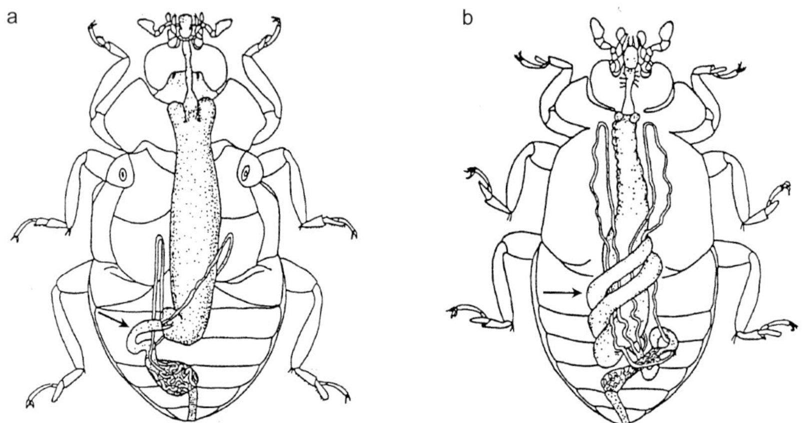

Abb. 44: Verdauungstrakt einer zoophagen Art (**a** *Coccinella septempunctata*) und einer phytophagen (**b** *Epilachna indica*). Man beachte die bedeutend größere Länge des Mitteldarmes (Pfeil). Nach Pradhan (b: 1936) (b), (a: 1938).

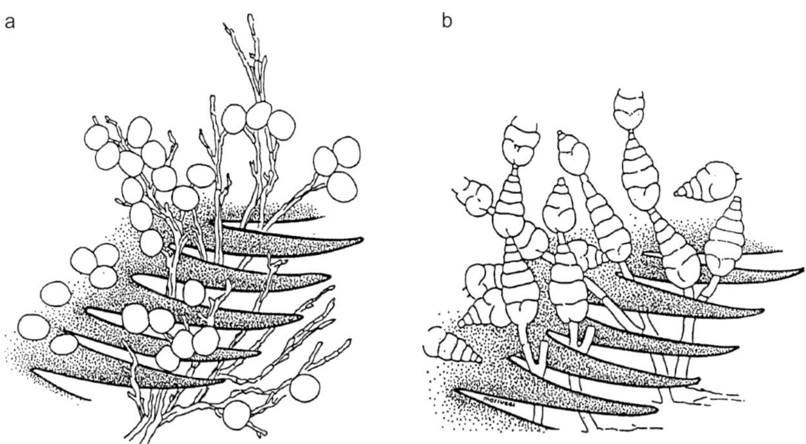

Abb. 45: Mandibel der Larve von *Tytthaspis sedecimpunctata* bei der Aufnahme der Pollen von *Lolium perenne* **(a)** und von *Alternaria* sp. **(b)**. Nach Ricci (1982).

Die phytophagen Arten (Epilachninae) haben Mandibeln mit vier oder drei in sich gezähnten Kauspitzen. Bei ihnen sind keine Basalzähne auf der Mola (Abb. 43a) bzw. bei den Larven kein Retinaculum vorhanden (vgl. Abb. 187a, f). Durch diese Zähne und die kräftige Mola-Region sind sie in der Lage, das Pflanzengewebe abzuschaben und erzeugen so die schon erwähnten Nagespuren. Ihr Mitteldarm ist länger als bei aphidophagen Arten (Abb. 44b Pfeil) (Pradhan 1936, 1939). Auch die Malpighischen Gefäße sind bei phytophagen Arten länger als bei karnivoren.

Die Beißmandibel der zoophagen Arten kann einspitzig (Abb. 43b; vgl. Abb. 187b, d, e, p) oder zweispitzig (Abb. 43d; vgl. Abb. 187i, l, m) ausgebildet sein. Bei den aphidophagen Coccinellini ist sie fast immer zweispitzig. Der Innenrand zwischen Incisivus und Mola ist glatt.

Einspitzige Mandibeln zeigen der acarophage *Stethorus pusillus* (Stethorini), dessen Imagines ganze Milben zerkauen und aufnehmen, während die Larven ihre Beute anstechen und nach der Ausscheidung von Enzymen aussaugen. Die Larve von *Clitostethus arcuatus* sticht vor allem die Eier seiner Beutetiere (Aleyrodina) an und saugt sie aus (Ricci & Cappelletti 1990). Verschiedene coccidophage Arten, z. B. aus der Tribus Chilocorini (Abb. 43b; vgl. Abb. 187d) haben ebenfalls einspitzige Mandibeln.

Einen Sonderfall stellen die Mundwerkzeuge der Larven von *Platynaspis luteorubra* (Platynaspidini) dar (vgl. Abb. 187b), die mit gewisser Berechtigung als stechend-saugend bezeichnet werden können (Ricci 1979). Die

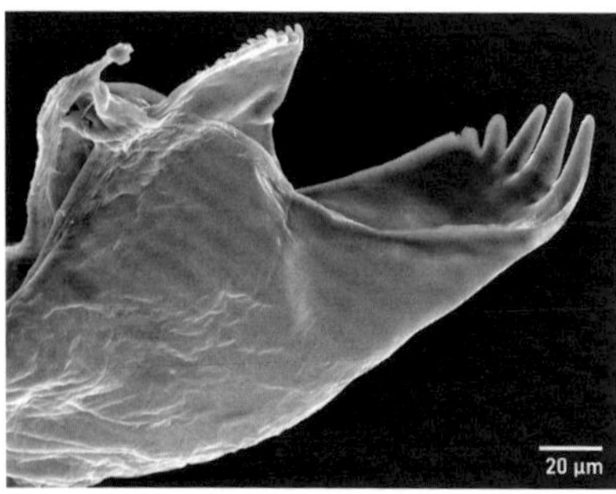

Foto 96: *Vibidia duodecimguttata,* Larve, Mandibel. REM-Foto: Ch. Kutzscher.

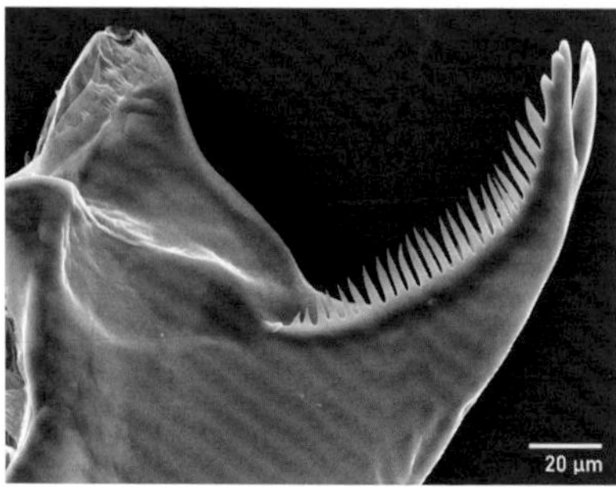

Foto 98: *Tytthaspis sedecimpunctata,* Larve, Mandibel. REM-Foto: Ch. Kutzscher.

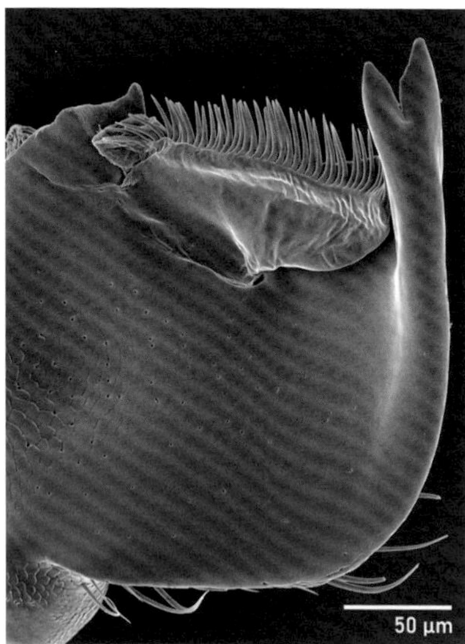

Foto 97: *Tytthaspis sedecimpunctata,* Imago, Mandibel. REM-Foto: Ch. Kutzscher.

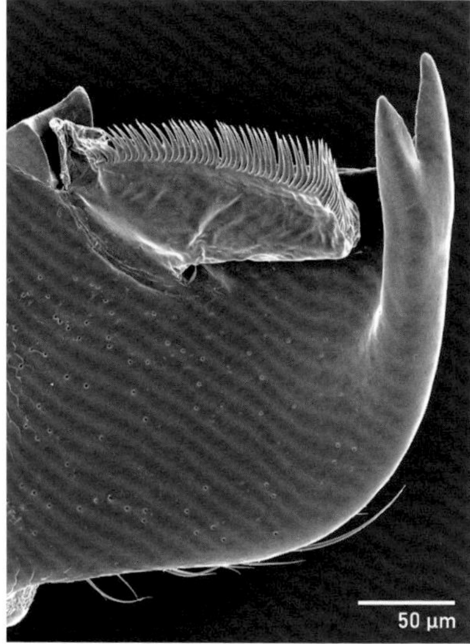

Foto 99: *Anisosticta novemdecimpunctata,* Imago, Mandibel. REM-Foto: Ch. Kutzscher.

Beutetiere (Aphidina) werden angestochen und ihr nach Ausscheidung von Verdauungssäften verflüssigter Inhalt (extraintestinale Verdauung) wird aufgesaugt.

Eine besondere Anpassung erfordert das Abweiden von Pilzrasen bei den mycophagen Arten, vor allem um die Sporenträger zu erfassen. So ist bei den Imagines der Halyziini der ventrale Incisivuszahn in eine Reihe kleiner Zähnchen gespalten, deren Größe sich zur Basis hin verringert (Strouhal 1926, Turian 1969 u. a.) (Fotos 92–96; Abb. 43c; vgl. Abb. 187g, h, k). Die

Borsten der Prostheca (Fotos 92–94) unterstützen die Aufnahme der Pilze. Auch bei den Larven ist der Incisivus in mehrere kleine Zähnchen gegliedert (Fotos 95, 96).

Bei den Imagines von *Tytthaspis sedecimpunctata* ist die dorsale Innenkante mit 7–8 kurzen, zahnartigen und die ventrale mit 30–38 schmalen, rechenartig angeordneten Zähnchen besetzt, die gleichzeitig auch das Erfassen der Pollen mancher Pflanzenarten gestatten, vor allem von Gräsern, sodass über die Mandibel die morphologische Grundlage für eine Doppelernährung (Myco-Palynophagie) vorliegt (Abb. 45; vgl. Abb. 187n) (Foto 97). Hinzu kommt der zweispitzige Incisivus. Bei den Larven ist ebenfalls ein Kamm aus etwa 25 schmalen Zähnchen ausgebildet. Hinzu kommt der in mehrere Zähne gegliederte Incisivus (Foto 98).

Bei den myco-aphidophagen Arten trägt die Mandibel eine Greifspitze wie bei den aphidophagen Arten (*Rhyzobius litura*) (Ricci et al. 1988). Sie können aber auch Pilzhyphen und bestimmte Sporen (Konidien) sowie Pollen aufnehmen.

Eine gebogene Mandibel mit einem zweispitzigen Incisivus zeigen die palyno-aphidophagen Arten (*Anisosticta novemdecimpunctata*) (vgl. Abb. 187l). Der dorsale Zahn ist groß und ungeteilt, der Rand des ventralen trägt einen Rechen mit über 40 festen zahnartigen Fortsätzen (Foto 99).

7.5 Beutesuchverhalten

Imagines und Larven entdecken ihre Beute erst bei direktem Kontakt (Banks 1954, Dixon 1959, Schaller & Bänsch 1963, Bänsch 1964, Nakamuta 1984). Die erwachsenen *Adalia bipunctata* müssen z. B. mit den Maxillarpalpen die Blattlaus berühren, ehe sie diese als Beute erkennen. Danach streifen sie in unmittelbarer Nähe weiter und haben deshalb besonders bei Beutetierkolonien Erfolg. Die Pflanzen bilden ein »kompliziertes räumliches System aufwärts-, abwärts- und seitwärts führender Wege« (Schaller & Bänsch 1963). Die Blattläuse sitzen gewöhnlich an den Enden der Zweige, sodass Schwerkraft und Himmelslicht Orientierungshilfen sein können. Die Erfolgsaussichten werden dann vergrößert, wenn die Tiere in relativ dichten Pflanzenbeständen mit gegenseitiger Berührung suchen, wodurch bei erfolgloser Suche auf einer Pflanze die nächste mit relativ geringem Laufaufwand erreicht werden kann (Collet 1988). Einzeln stehende Krautpflanzen sollten deshalb weniger oft aufgesucht werden (?). Vohland (1996) stellte fest, dass Larven und Imagines von *Scymnus nigrinus* vor allem an den äußeren und oberen Teilen der Kiefern auf den Nadeln nach Beute (*Schizolachnus pineti*) suchen, wo die Nadeldichte größer ist als im Inneren des Baumes. Der Erfolg wird demnach auch von Strukturen der Pflanzen beeinflusst (Carter et al. 1984). Sowohl glatte, als auch mit Honigtau benetzte sowie stark behaarte Blätter beeinflussen die Fortbewegung der Larven in unterschiedlicher Weise. Banks (1957) hat für die Larven des 1. Stadiums von *Propylea quatuordecimpunctata* folgende mittleren Geschwindigkeiten [mm/Minute] gemessen: Papier 151, glattes Bohnenblatt 154, honigtaubedecktes Bohnenblatt 104, behaartes Kartoffelblatt 54. Blattadern können die Beweglichkeit erleichtern.

Generell sind die meisten Marienkäferarten sehr beweglich, besonders bei optimalen Temperaturen, und können alle Arten von Oberflächen belaufen. Hinzu kommt die hohe Flugfreudigkeit sehr vieler Arten. Meist starten die Tiere von Grashalmen, Blattspitzen oder ähnlichen exponierten Stellen. Sie öffnen zunächst die Flügeldecken und entfalten dann die Hinterflügel. Männchen zeigen eine höhere Flugaktivität als Weibchen. Die Flughöhe kann 150 bis 500 m erreichen, ist aber bei den Suchflügen nach Beute meist deutlich geringer. Gewöhnlich sind kurze Flüge von Pflanze zu Pflanze die Regel.

Nur große Marienkäferarten (z. B. *Anatis ocellata* und *Aiolocaria hexaspilota*) können Beutetiere ohne physischen Kontakt aus einer Entfernung von 2–3 cm optisch wahrnehmen, wodurch sich ihr Beutefindevermögen wesentlich erhöht. Dies wurde auch für *Coccinella septempunctata* nachgewiesen (Nakamuta 1984). Wegen ihrer Körpergröße neigen die großen Arten außerdem zu Polyphagie und erschließen sich dadurch ein besonders breites Beutetierspektrum.

Die jungen Larven sind positiv phototaktisch und negativ geotaktisch. Sie laufen an Pflanzen suchend nach oben und gelangen dadurch in potenzielle Beutetierregionen (Bänsch 1964, Ferran & Deconchat 1992, Ferran & Dixon 1993, Ferran et al. 1994, Frazer & MacGregor 1994). Vor allem die aphidophagen Arten profitieren dabei vom kolonieweisen Vorkommen ihrer Nahrung, das andere Findestrategien unnötig macht. Larven unter 24 h Alter und ältere Larven (L_4) gegen Ende ihrer Entwicklungszeit sind negativ phototaktisch. Beim Suchen der Nahrung zeigen die Larven eine große Beweglichkeit (80 cm/min.; Kaveira & Perry 1989, Carter & Dixon 1984b). Sie kommen zufällig unter Ausnutzung der genannten Effekte zum Ziel (Abb. 46). Auf diesen beruht auch ihr Verbleiben in Beutetierkolonien bestimmter Größe (vgl. Kapitel 7.1). Für das 1. Larvenstadium ist das Beutefinden demzufolge am schwierigsten. Seine Überlebenschance erhöht sich durch das Vertilgen der Eihäute und der noch nicht geschlüpften, vor allem aber der nicht fertilen Eier desselben Geleges (auch 10–12 % der fertilen Eier enden so) (vgl. Kapitel 10.1).

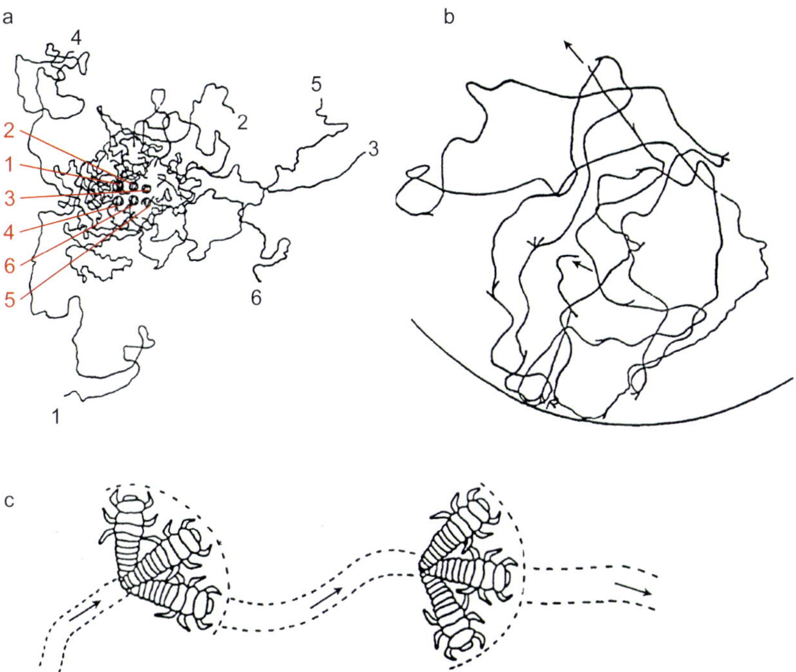

Abb. 46: Beutesuchverhalten. **a** Zerstreuung der Junglarven von *Adalia bipunctata* in den ersten 5 Minuten ihrer Aktivität. In der Mitte sind die Eier des Geleges angedeutet; **b** Spur einer hungrigen Larve (L_3) von *Coccinella septempunctata* während 5 Minuten erfolgloser Beutesuche. Der Kreisbogen deutet den Rand des Versuchsgefäßes an; **c** halbkreisförmige Bewegungsweise einer Larve von *Chilocorus bipustulatus* bei der Beutesuche. Nach Bänsch (1964) (a, b), Podoler & Henen (1986) (c).

Das Finden der Beute wird auch durch chemische Signale unterstützt. So können von Blattläusen befallene Pflanzen Stoffe aussenden, die Marienkäfer anlocken, gleichsam »um Hilfe rufen« (Roy & Brown 2018). Außerdem senden auch die Beutetiere (Blattläuse) Zeichen aus.

Im Tagesablauf dominieren vier Verhaltensweisen: Ruhen (Thermoregulation, Zeit zwischen Suchaktivitäten), Nahrung aufnehmen, Körperpflege (Antennen u. a.), Umherlaufen (Nahrungssuche, Partnersuche, »zielloses« Laufen). Die zeitlichen Anteile sind abhängig von der Art, der Lebensphase und den Witterungsbedingungen. Vor allem zwischen der Suche nach Nahrung verbringen viele Coccinellidae größere Phasen bewegungslos. Nach Frazer (1988) verbrachten sie in Freilandkäfigen drei Viertel des Tages mit Nichtstun. Honěk (1985) fand bei *Coccinella septempunctata* im Freiland eine Ruhezeit von 50 %. Für das Umherlaufen und die Nahrungsaufnahme werden vielfach je ca. 20 % verwendet, für die Körperpflege 10 %.

8 Bestimmungstabellen

8.1 Imagines

8.1.1 Bestimmungstabelle

Die folgenden Bestimmungstabellen beruhen naturgemäß auf früheren Schlüsseln, sie können nicht neu erfunden werden. Die einzelnen Merkmalskombinationen zur Trennung der Taxa wurden von Kennern der Materie im Laufe von über 170 Jahren herausgearbeitet, erprobt und überprüft, sodass ein gewisses Optimum erreicht sein dürfte.

Die wichtigsten Quellen sind REDTENBACHER (1849, 1858), WEISE (1879), GANGLBAUER (1899), REITTER (1911), KUHNT (1913)[18], BIELAWSKI (1959), FÜRSCH (1967, 1992a) sowie KLAUSNITZER (2011b). Die meisten der beigegebenen Abbildungen gehen auf BIELAWSKI (1959) zurück. Vielfach wurden sie umgezeichnet (del. SCHÜLE) und verbessert. Einige entstammen den Werken von FÜRSCH (1967, 1992a) und GOURREAU (1974). Es wird immer die ursprüngliche Quelle angegeben.

Die Bestimmungstabellen gelten nur für Tiere aus Mitteleuropa. In anderen Teilen des Verbreitungsgebietes gibt es mitunter Farbformen, die hier nicht oder nur sehr selten vorkommen. Von manchen Arten gibt es in der Paläarktis mehrere Unterarten. Hier werden nur jene berücksichtigt, die im Gebiet anzutreffen sind. Wichtige Synonyme sind in eckigen Klammern beigefügt, eine größere Übersicht findet sich bei den einzelnen Arten in Kapitel 13.

---

18 Die 1913 erschienenen »Illustrierten Bestimmungs-Tabellen der Käfer Deutschlands« des Apothekers PAUL KUHNT aus Berlin sind ein leider wenig verbreitetes, aber sehr brauchbares Bestimmungswerk, das dem »REITTER« durchaus ebenbürtig ist. Die am Fuße der Seiten angebrachten morphologischen Skizzen waren ein Vorbild für die Gestaltung des »FREUDE-HARDE-LOHSE«.

Die Benutzerin, der Benutzer sollte – wann immer sich die Gelegenheit bietet – die gefundenen Tiere mit sicher determiniertem Sammlungsmaterial vergleichen, wobei zu berücksichtigen ist, dass präparierte Exemplare oft ausbleichen. Vor allem bei den roten Farben macht sich dies bemerkbar. Auch empfiehlt es sich, vor allem Färbung und Habitus anhand der beigegebenen Fotos in Kapitel 13 zu überprüfen. Manche Arten sind durch ihre Färbung so eindeutig charakterisiert, dass für ihre Bestimmung ein gutes Foto ausreicht. Dies trifft aber keineswegs für alle Arten der mitteleuropäischen Fauna zu. Eine dem hier behandelten Arteninventar angepasste Liste findet sich in Kapitel 8.1.3.

Alle in dieses Buch aufgenommenen Arten werden als Habitusfoto oder, wenn dies nicht möglich ist, als Präparatfoto abgebildet (Fotos 192–347). Diese sind, dem System folgend, in Kapitel 13 zu finden. Sie sollten zum Vergleich herangezogen werden. Im folgenden Text sind entsprechende Hinweise eingefügt.

Es wird versucht, möglichst gut sichtbare Merkmale zu verwenden. Vielfach ist aber auch das Studium der Unterseite nicht zu umgehen. Die Tiere müssen also eventuell vom Klebeplättchen abgeweicht werden. Es gibt auch durchsichtige Klebeplättchen, die das Erkennen der Merkmale ohne Ablösung gestatten. Wichtig ist in jedem Falle eine sorgfältige Präparation, es sollte darauf geachtet werden, dass die Antennen und die Beine, vor allem die Klauen, gut zu sehen sind.

In den meisten Fällen sind die Schlüssel dichotom angelegt. Wenn zusätzliche Merkmale genannt werden, sind diese durch einen – abgetrennt.

Manche Arten sind allein nach äußerlich sichtbaren Merkmalen nur sehr schwer oder gar nicht zu unterscheiden. In solchen Fällen muss die Art durch eine Untersuchung der männlichen Genitalien (vgl. Abb. 13) diagnostiziert werden. Dies betrifft vor allem die Gattungen *Rhyzobius, Hyperaspis, Nephus, Scymniscus* und *Scymnus*. Die entsprechenden Abbildungen sind sorgfältig zu vergleichen. Ein besonderes Problem stellt die große Variabilität mancher Arten dar. Deshalb kommt es immer wieder vor, dass aberrant gefärbte Stücke falsch bestimmt oder gar nicht erkannt werden.

Zur Bestimmung der Imagines (insgesamt oder einzelne Gattungen) kann außer den oben genannten Werken folgende weitere Literatur verwendet werden:

Alle Arten: MADER (1926–1937, 1955); Coccinellinae: IABLOKOFF-KHNZORIAN (1979, 1982)[19], *Rhyzobius*: BIELAWSKI (1955); *Hyperaspis*: CANEPARI et al. (1985), FÜRSCH (1985), GÜNTHER (1959), IABLOKOFF-KHNZORIAN (1971); Scymnini: MADER (1924), CANEPARI (1983), FÜRSCH (1958b, 1962, 1965b, 1980, 1987), FÜRSCH, KREISSL[20] & CAPRA (1967), GOURREAU (1974), IABLOKOFF-KHNZORIAN (1976), POPE (1973); *Oenopia*: ZIEGLER & TEUNISSEN (1992).

Auf die zur biologischen Bekämpfung in Gewächshäusern eingeführten Arten (Ausnahmen *Delphastus catalinae*, Kapitel 13.1 Foto 192, und *Chilocorus nigritus*, Kapitel 13.4 Foto 255) sowie auf verschiedene, aus angrenzenden Gebieten bekannte Arten wird in den Bestimmungstabellen hingewiesen, sie sind aber nicht immer in die dichotomen Schlüssel integriert.

Als Einführung in die morphologischen Merkmale können die Abb. 7 und 8 herangezogen werden. Die verschiedenen Klauentypen werden in Abb. 10 zusammengefasst.

Die Größenangaben in den Bestimmungstabellen sind Minimal- und Maximalwerte und dürften die Spannbreite der Variabilität widerspiegeln. Sie entstammen sowohl der Bestimmungsliteratur (z. B. REITTER, KUHNT, BIELAWSKI, FÜRSCH) als auch eigenen Messungen. Den Autoren ist natürlich klar, dass die publizierten Angaben von der Genauigkeit des Messens, der Definition von Maßstrecken und der Art der Präparation abhängen. Sie vermitteln also wirklich nur eine Größenordnung. Es wäre nötig, die Maßangaben durch Mittelwert, Standardabweichung und Anzahl der gemessenen Exemplare sowie deren Herkunft und die Definition von Messstrecken zu präzisieren (z. B. Körperlänge = Strecke zwischen Vorderrand des Pronotums und Abdomenende – der Kopf ist oft z. T. in den Prothorax eingezogen, meist als Präparationsartefakt). Solche Maße können aber nicht vorgelegt werden.

---

19 STEPAN MIRONOVICH IABLOKOFF-KHNZORIAN (17.10.1904 – 04.11.1996) war ein universeller armenischer und russischer Koleopterologe. Von besonderer Bedeutung für das Thema dieses Buches ist sein Werk »Les Coccinelles, Coléoptères – Coccinellidae« aus dem Jahre 1982 sowie weitere grundlegende Arbeiten über diese Familie.

20 Das Verdienst ERICH KREISSLS (31.10.1927 Graz – 25.09.1995 Graz) liegt vor allem in der subtilen Klärung von Artumgrenzungen innerhalb der Gattung *Hyperaspis* (1985) und bei verschiedenen Artengruppen der Gattung *Scymnus* (1967, 1980, 1983, 1985), z. T. in Koautorschaft mit C. CANEPARI, F. CAPRA, H. FÜRSCH und N. UYGUN. Seine genauen Arbeitsmethoden gestatteten es ihm nachzuweisen, dass mehrere Autoren »Artunterschiede« durch verschiedene Methoden der Genitalpräparation erzeugt hatten. Diese Erkenntnis und eine daraus folgende Überarbeitung aller betreffenden Arten nach einheitlicher Methodik stellt eine unerlässliche Grundlage für die Determination innerhalb der betreffenden Gattungen in Europa dar. Zu erwähnen sind auch seine Faunenübersichten über die Steiermark (1959b) und Oberösterreich (1959a) (KLAUSNITZER 1996a, 2003, SPITZENBERGER 1996).

Bestimmungstabelle der Unterfamilien und Tribus sowie einzelner Gattungen und Arten

1 Körperoberseite, vor allem Pronotum und Elytren behaart (bei manchen Arten sehr fein). 2

1* Körperoberseite unbehaart, glatt. 6

2 Antennen in einer tiefen seitlichen Ausrandung der Stirn zwischen den Augen im Niveau der vorderen Augenhälfte eingefügt (vgl. Abb. 1d Pfeil), nach oben frei beweglich. Augen ohne Einbuchtung. Mandibeln ohne Basalzahn, mit großen Spitzenzähnen (vgl. Abb. 43a).

Epilachninae Mulsant, 1846 (siehe weitere Bestimmungstabelle S. 258)

2* Antennen dicht vor den Augen unter dem Seitenrand der Stirn und meist hinter einer Verlängerung der Wange eingefügt, die in den Innenrand der Augen eingreift (vgl. Abb. 1e rechter Pfeil), nicht nach oben beweglich. Augen eingebuchtet (vgl. Abb. 1e linker Pfeil). Mandibeln mit zwei meist deutlich voneinander getrennten Basalzähnen (vgl. Abb. 43b–d). 3

3 Antennen relativ kurz, höchstens etwa zwei Drittel so lang wie die Kopfbreite. 4

3* Antennen relativ lang, gewöhnlich länger als zwei Drittel der Kopfbreite, meist so lang wie der Kopf breit ist. 5

4 Kopfschild vor den Augen stark erweitert (vgl. Abb. 3), er greift tief in die Augen ein und bedeckt die Antennenbasis und die mit dem Kopfschild verbundene Oberlippe vollkommen. – Elytren schwarz, mit je zwei orangeroten rundlichen Makeln, der vordere ist größer, der hintere kleiner (vgl. Foto 261), selten sind sie miteinander verbunden oder der hintere fehlt. Pronotum mit gelben bis gelbroten Vorderwinkeln und meist gelbem bis gelbrotem Seitenrand. ♂ Kopf gelb, ♀ Kopf schwarz. Basis des Pronotums dicht an die Basis der Elytren anschließend. Oberseite des Körpers gelb behaart. Zwischen kürzeren, mehr anliegenden Haaren stehen längere (vgl. Foto 1). Die Haare sind im hinteren Teil der Elytren parallel zur Naht gerichtet. Antennen zehngliedrig. Beine rotbraun mit schwarzen Schenkeln. Klauen mit einem Zahn an der Basis. Körperlänge 2,7–3,5 mm. [Verwechslungsgefahr mit einem *Scymnus*.]

Platynaspidini Mulsant, 1846

Platynaspis luteorubra (Goeze, 1777)

4* Kopfschild nicht erweitert, die Antennenbasis liegt frei (vgl. Abb. 1f).

Scymnini Mulsant, 1846 und Stethorini Dobrzhanskiy, 1924 (siehe weitere Bestimmungstabellen S. 204)

5(3) Körper breit oval, flach gewölbt. Hinterecken des Pronotums und Schultern der Elytren breit abgerundet. Antennen achtgliedrig (vgl. Abb. 1h). Augen fein facettiert, nicht ausgerandet (Einzelaugen mit 10-facher Lupe nicht sichtbar) (vgl. Abb. 2 rechts). Elytren rot (verblasst bei präparierten Exemplaren) mit schwarzer Zeichnung (vgl. Fotos 262, 263). Pronotum schwarz mit rotem Vorder- und Seitenrand. Körperlänge 2,5–4,0 mm.

Ortaliinae Mulsant, 1850 (siehe weitere Bestimmungstabelle S. 231)

5* Körper ± langgestreckt. Antennen zehn- oder elfgliedrig. Augen grob facettiert (vgl. Abb. 2 links). Pronotum und Elytren anders gezeichnet oder einfarbig.

Coccidulinae Mulsant, 1846 (siehe weitere Bestimmungstabelle S. 196)

6(1) Antennen relativ kurz, höchstens etwa zwei Drittel so lang wie die Kopfbreite. 7

6* Antennen relativ lang, gewöhnlich länger als zwei Drittel der Kopfbreite, meist so lang wie der Kopf breit ist. 8

7 Kopfschild vor den Augen stark erweitert (vgl. Abb. 1c Pfeil), er greift tief in die Augen ein und bedeckt die Antennenbasis vollkommen. Seiten der Elytren aufgebogen.

Chilocorini Mulsant, 1846 (siehe weitere Bestimmungstabelle S. 229)

7* Kopfschild nicht erweitert, die Antennenbasis liegt frei. Augen ohne Augenkiel. Seiten der Elytren steil abfallend. – Das Pronotum schließt sehr dicht an die Elytren an (vgl. Fotos 202–207). Hinterecken des Pronotums rechteckig.

Hyperaspidini Mulsant, 1846

Hyperaspis Chevrolat, 1836 (siehe weitere Bestimmungstabelle S. 200)

8(6) Mandibeln an der Spitze mit fünf bis sieben kleinen Zähnen (vgl. Abb. 43c Pfeil) oder zweizähnig und Schneide mit einem Kamm feiner Zähne (vgl. Fotos 92–94). Elytren hellbraun bis orangebraun mit weißen Makeln (vgl. Fotos 264, 267) oder gelb mit 16 oder 22 schwarzen Punkten (vgl. Fotos 265, 273). 9

8* Mandibelspitze zweizähnig (vgl. Abb. 43d Pfeil). Färbung der Elytren anders, wenn braun mit weißen Makeln, dann Anordnung und Zahl der Makeln anders. Gelbe Elytren mit schwarzen Punkten zeigen ein anderes Muster und eine andere Zahl der Punkte.

Coccinellini Latreille, 1807 (siehe weitere Bestimmungstabelle S. 233)

9 Schildchen deutlich sichtbar. Elytren hellbraun bis orangebraun mit weißen Makeln (vgl. Fotos 264, 267) oder gelb mit 22 schwarzen Punkten (vgl. Foto 265). Körperlänge 3,0–7,0 mm.

Halyziini Mulsant, 1846 (siehe weitere Bestimmungstabelle S. 231)

9* Schildchen sehr klein, kaum sichtbar. Körperoberseite hellgelb, Elytren jeweils mit acht schwarzen Punkten (1–2–2–2–1), vier Punkte stehen in einer Längsreihe nahe der Naht hintereinander, die anderen befinden sich am Seitenrand. Der 2.–4. sind fast immer miteinander verbunden. Elytren mit einem schwarzen, nach hinten schmaler werdenden Nahtstrich (vgl. Fotos 273, 274). – Pronotum vorn mit vier in einer Querreihe stehenden Punkten, an der Basis befinden sich zwei weitere (Abb. 47), die eine schwarze Zackenlinie bilden können. Kopf gelb, bei den ♂♂ mit schwarzer Basis, bei den ♀♀ mit einem schwarzen Makel in der Mitte. Körper gerundet, hoch gewölbt. Beine braun. Körperlänge 2,5–2,9 mm.

Tytthaspis sedecimpunctata (Linnaeus, 1761)

Abb. 47: *Tytthaspis sedecimpunctata*, Pronotum. Zeichnung: P. Schüle.

Bestimmungstabelle der Unterfamilie Coccidulinae Mulsant, 1846

Cryptolaemus montrouzieri wird in der Bestimmungstabelle der Scymninae abgehandelt.

1 Tarsen scheinbar dreigliedrig (vgl. Abb. 9b Pfeil), das 3. Glied ist sehr klein und liegt im 2. Glied verborgen, das in einen langen Fortsatz ausgezogen ist (vgl. Abb. 9b, d). Antennen elfgliedrig. Coccidulini Mulsant, 1846. 2

1* Tarsen deutlich viergliedrig (vgl. Abb. 9a Pfeil), das 2. Glied ist nur sehr kurz gelappt, sodass das 3. Glied frei liegt und etwa gleichlang dem 2. ist. Antennen zehngliedrig. – Körper doppelt so lang wie breit (vgl. Foto 201). Pronotum in der Mitte am breitesten, mit außen dick wulstig gerandetem und kielig erhobenem, bewimperten Seitenrand, Hinterwinkel scharf abgesetzt, schmaler als die Elytren. Elytren mit winkeligen Schulterecken, doppelt punktiert (fein und grob), Seitenrand scheinbar doppelt gerandet. Kopf mit Ausnahme der Mundwerkzeuge und der Stirn schwarz, Pronotum rötlich, Elytren schwarzbraun, oft mit braunroter Spitze. Beine und Antennen rotbraun. Klauen mit einem kleinen Zahn in der Mitte. Körperlänge 2,7–3,6 mm. [*Lithophilus connatus*]

Tetrabrachini Kapur, 1948 [Lithophilinae]

Tetrabrachys connatus (Creutzer, 1796)

2 Körper länglich, doppelt so lang wie breit. Körperlänge 2,5–3,0 mm. Antennen kürzer. Seiten der Elytren nahezu parallel (vgl. Fotos 193, 194). Pronotum nach vorn und hinten deutlich verengt, größte Breite in oder vor der Mitte. Elytren zwischen der feinen Grundpunktur mit groben grubenförmigen Punkten, die in unregelmäßigen Reihen stehen. Klauen gespalten (vgl. Abb. 9e).

Coccidula Kugelann, 1798 (siehe weitere Bestimmungstabelle)

2* Körper mehr oval, 1,6-mal so lang wie breit. Körperlänge 2,5–3,5 mm. Antennen etwas länger. Seiten der Elytren nach außen gebogen (vgl. Fotos 198, 199). Pronotum nur nach vorn deutlich verengt, größte Breite an der Basis. Die groben Punkte der Elytren sind unregelmäßig verteilt. Klauen einzähnig (vgl. Abb. 9f). [*Rhizobius*]

Rhyzobius Stephens, 1829 (siehe weitere Bestimmungstabelle)

2** Körper rundlich, 1,3–1,4-mal so lang wie breit. Körperlänge 1,7–2,8 mm. Antennen kürzer. Seiten der Elytren nach außen gebogen (vgl. Fotos 196, 197). Seiten des Pronotums parallel, erst vorn etwas konvergierend. Elytren einfach punktiert, Behaarung relativ lang und doppelt. Klauen einzähnig. – Kopf und Pronotum rostrot bis rotbraun, mitunter geschwärzt, dann aber Vorderwinkel rot, Beine rotbraun, Elytren einfarbig dunkelbraun bis schwarz, mit leichtem Bronzeglanz. [*Rhyzobius lophantae*]

Lindorus lophantae (Blaisdell, 1892)

2*** Körper breit oval, 1,3-mal so lang wie breit (vgl. Foto 195). Körperlänge 3,0–3,5 mm. Antennen kürzer. Seiten der Elytren nach außen gebogen. Seiten des Pronotums parallel, erst vorn etwas konvergierend. Elytren doppelt punktiert, Behaarung relativ lang, doppelt. Klauen einzähnig. – Kopf, Pronotum und Beine schwarzbraun, Elytren einfarbig schwarz, Abdomen orange. [*Rhyzobius forestieri*]

Lindorus forestieri (Mulsant, 1853)

Gattung *Coccidula* Kugelann, 1798

1 Elytren gelb- bis rotbraun, meist mit je zwei in einem Bogen angeordneten schwarzen Flecken, einem größeren länglichen an der Seite und einem kleineren runden in der Mitte. Sie können miteinander verflossen sein oder es fehlt der äußere (Abb. 48). Außerdem ist ein gemeinsamer dreieckiger Scutellummakel vorhanden (vgl. Foto 194). Sehr selten kommen einfarbig schwarzbraune Exemplare vor oder solche, die nur den Mittelfleck besitzen. Pronotum deutlich schmaler als die Elytren, weniger als 0,75-mal so breit wie die Elytren. Seitliche Elytrenränder im basalen Teil nicht von oben sichtbar. Kiellinien der Vorderbrust deutlich ausgebildet, etwas gebogen und bis zum Vorderrand reichend. Körperlänge 2,5–3,0 mm.

C. scutellata (Herbst, 1783)

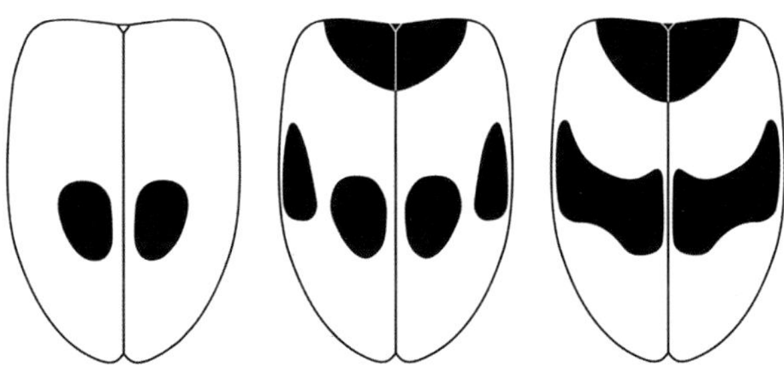

Abb. 48: *Coccidula scutellata*, Elytren, Variationsbreite (häufigste Form in der Mitte). Nach Bielawski (1959). Zeichnungen: P. Schüle.

1* Elytren einfarbig rot (vgl. Foto 193). Selten kommen Exemplare mit je einem schwachen kleinen undeutlich begrenztem schwarzen Fleck hinter dem Scutellum, an den Schultern oder hinter der Mitte in der Nähe der Naht vor. Pronotum nur wenig schmaler als die Elytren, mehr als 0,75-mal so breit wie die Elytren. Seitliche Elytrenränder im basalen Teil von oben sichtbar. Kiellinien der Vorderbrust gerade, nach vorn undeutlich. Körperlänge 2,5–3,0 mm. [*Coccidula conferta* Reitter, 1890]

C. rufa (Herbst, 1783)

Gattung *Rhyzobius* Stephens, 1829

Zur sicheren Trennung der beiden Arten ist eine Genitaluntersuchung zu empfehlen, wenigstens die Untersuchung der Kiellinien der Vorderbrust.

1 Seiten des Pronotums hinten fast parallel, nach vorn deutlich konvergierend. Körper länglicher oval, flacher (vgl. Foto 198). Elytren mit schwarzen Makeln, die im hinteren Teil ein U formen können oder ± miteinander verbunden sind, außerdem oft mit länglichen parallelen Makeln neben der Naht (Abb. 49). Die Kiellinien der Vorderbrust konvergieren vorn in einem Bogen (Abb. 50d). Aedoeagus (Abb. 50a, b), Genitalplatte ♀ (Abb. 50c). Körperlänge 2,5–3,2 mm.

R. chrysomeloides (Herbst, 1792)

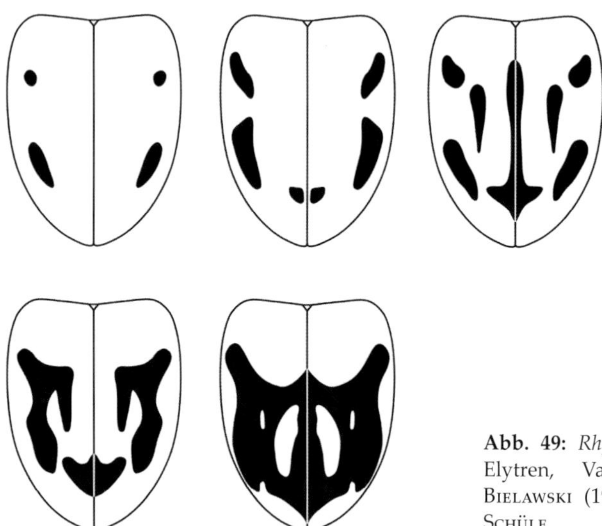

Abb. 49: *Rhyzobius chrysomeloides*, Elytren, Variationsbreite. Nach Bielawski (1959). Zeichnungen: P. Schüle.

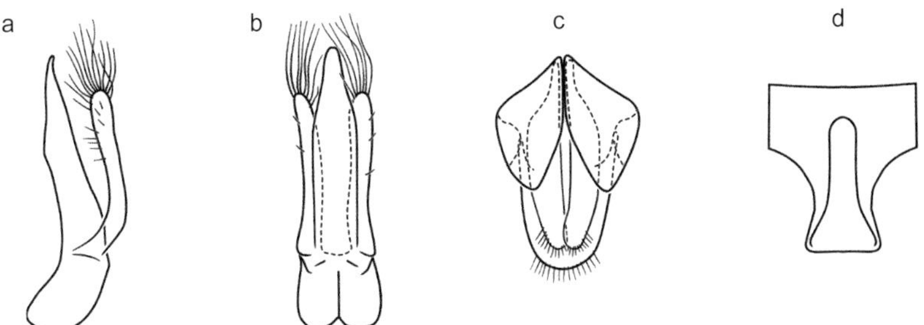

Abb. 50: *Rhyzobius chrysomeloides*, **a, b** Aedoeagus, lateral, dorsal, **c** Genitalplatte (♀), **d** Kiellinien. Nach Bielawski (1959). Zeichnungen: P. Schüle.

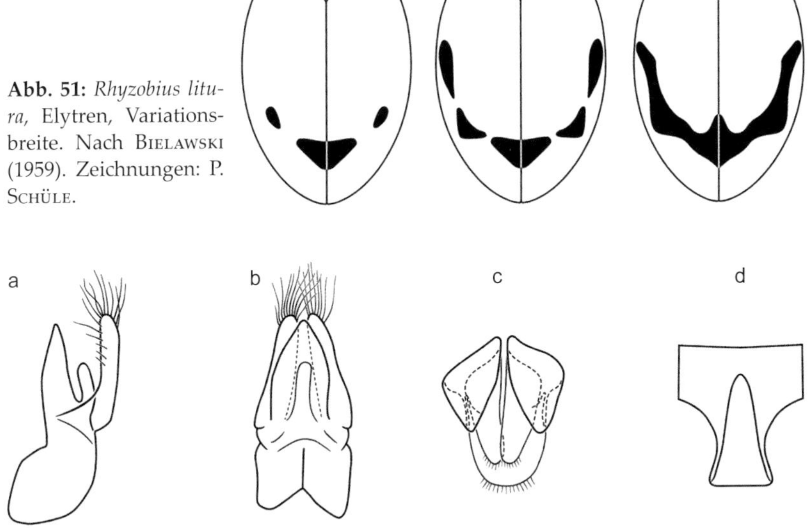

Abb. 51: *Rhyzobius litura*, Elytren, Variationsbreite. Nach Bielawski (1959). Zeichnungen: P. Schüle.

Abb. 52: *Rhyzobius litura*, **a, b** Aedoeagus, lateral, dorsal, **c** Genitalplatte (♀), **d** Kiellinien. Nach Bielawski (1959). Zeichnungen: P. Schüle.

1* Seiten des Pronotums nach vorn gleichmäßig konvergierend. Körper kürzer oval, ziemlich gewölbt (vgl. Foto 199). Elytren mit einzelnen schwarzen, meist weniger deutlichen Makeln, die im hinteren Teil manchmal einen nach vorn offenen Bogen formen können (Abb. 51). Die Kiellinien der Vorderbrust konvergieren in einem spitzen Winkel oder sind nicht miteinander verbunden (Abb. 52d). Aedoeagus (Abb. 52a, b), Genitalplatte ♀ (Abb. 52c). Körperlänge 2,5–3,0 mm.

R. litura (Fabricius, 1787)

Gattung *Hyperaspis* Chevrolat, 1836

Eine Genitaluntersuchung ist zur Absicherung der Determination erforderlich. In einigen Fällen können nur die ♂♂ sicher bestimmt werden.

1 Elytren ohne Flecken, einfarbig schwarz (Abb. 54), höchstens mit sehr kleinem, kaum sichtbarem Humeralmakel (Schulterstrich)..................2

1* Elytren mit gelblichen oder rötlichen Flecken oder mit einem deutlichen Humeralmakel. 3

2 Hinterecken des Pronotums gerundet. Körper kurz oval, 1,3-mal so lang wie breit, Seiten stark gerundet (vgl. Foto 203). Elytren glänzend. – Pronotum an den Seiten breit, am Vorderrand schmal gelb gesäumt. Körperlänge 2,7–3,0 mm. [*Hyperaspis inexpectata* Günther, 1959]

Hyperaspis concolor Suffrian, 1843 ♀

2* Hinterecken des Pronotums scharf. Körper länglich oval, Seiten teilweise parallel. Elytren matt, völlig schwarz.

Hyperaspis reppensis (Herbst, 1783) (schwarze Form)

3(1) Elytren nur mit einem kleinen orangen Fleck in der Humeralecke. – Kopf gelb, auf der Stirn vor dem Pronotum schwarz. Aedoeagus (Abb. 60). Körperlänge 2,7–3,0 mm.

Hyperaspis concolor Suffrian, 1843 ♂

3* Elytren mit großen orangeroten Flecken..4

4 Elytren mit einem Fleck. 5

4* Elytren mit mehr als einem Fleck (Humeralmakel nicht gezählt). Körper länglich oval, Seiten teilweise fast parallel.......................................7

5 Elytren mit einem rötlichen runden Makel im zweiten Drittel (vgl. Foto 202) (Abb. 53). Ein Humeralmakel ist nicht vorhanden. – Pronotum mit orangem Seitenrand, Vorderrand oft schmal hell gesäumt. Körper kurz oval, 1,3-mal so lang wie breit, Umriss fast kreisrund. ♂ Clypeus hell, ♀ Clypeus dunkel (allgemein in der Gattung gültig). Aedoeagus (Abb. 59). Körperlänge 2,3–4,0 mm.

Hyperaspis campestris (Herbst, 1783)

5* Elytren mit einem gelben bis rötlichen Fleck unmittelbar vor der Spitze. Humeralmakel vorhanden oder fehlend..6

6 Elytren mit einem großen Apikalmakel (Abb. 56), beim ♂ zusätzlich mit einem hellen Humeralmakel (vgl. Foto 205 Pfeil). Seitenrand des Pronotums breit orange, Vorderrand oft ebenfalls orange gesäumt. Körper länglich oval, 1,4-mal so lang wie breit, Seiten teilweise fast parallel. Aedoeagus (Abb. 62). Körperlänge 3,0–4,0 mm.

Hyperaspis pseudopustulata Mulsant, 1853

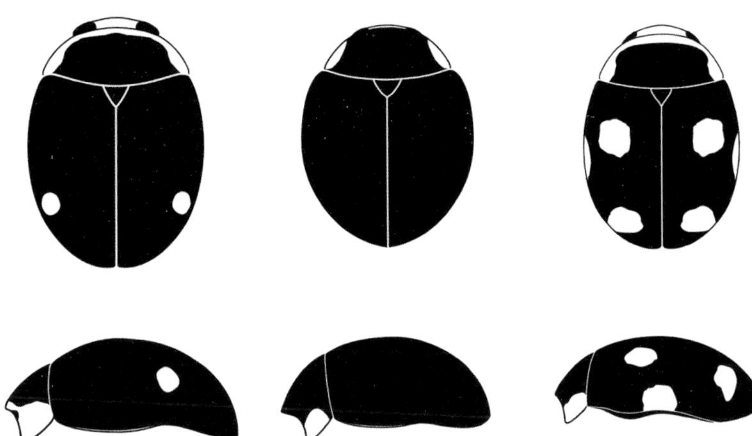

Abb. 53: *Hyperaspis campestris,* Körper, dorsal, lateral. Nach CANEPARI et al. (1985), GÜNTHER (1959). Zeichnung: P. SCHÜLE.

Abb. 54: *Hyperaspis concolor,* ♀ Körper, dorsal, lateral. Nach CANEPARI et al. (1985), GÜNTHER (1959). Zeichnung: P. SCHÜLE.

Abb. 55: *Hyperaspis erythrocephala,* Körper, dorsal, lateral. Nach CANEPARI et al. (1985), GÜNTHER (1959). Zeichnung: P. SCHÜLE.

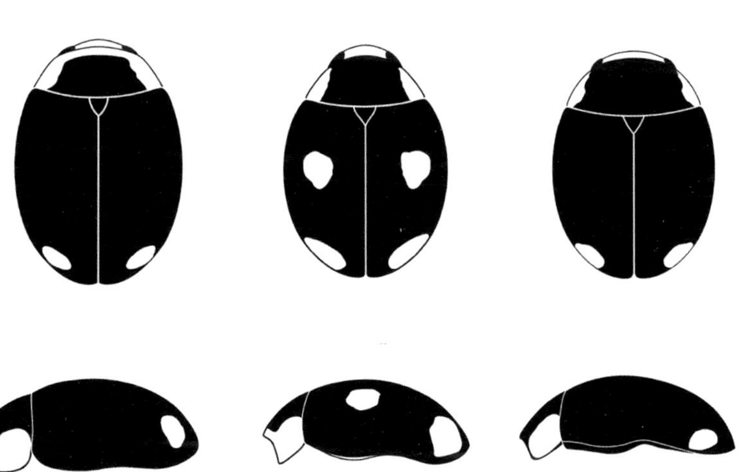

Abb. 56: *Hyperaspis pseudopustulata,* ♀ Körper, dorsal, lateral. Nach CANEPARI et al. (1985), GÜNTHER (1959). Zeichnung: P. SCHÜLE.

Abb. 57: *Hyperaspis quadrimaculata,* Körper, dorsal, lateral. Nach CANEPARI et al. (1985), GÜNTHER (1959). Zeichnung: P. SCHÜLE.

Abb. 58: *Hyperaspis reppensis,* Körper, dorsal, lateral. Nach CANEPARI et al. (1985), GÜNTHER (1959). Zeichnung: P. SCHÜLE.

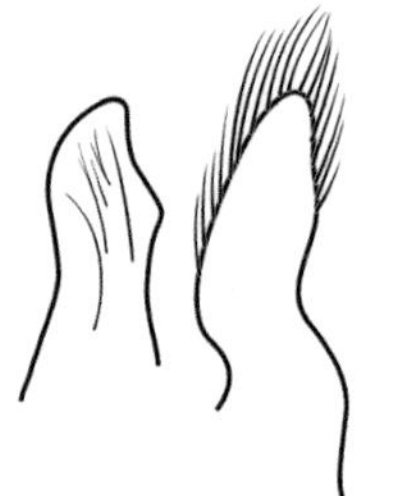

Abb. 59: *Hyperaspis campestris*, Aedoeagus, dorsal. Nach Canepari et al. (1985), Günther (1959). Zeichnung: P. Schüle.

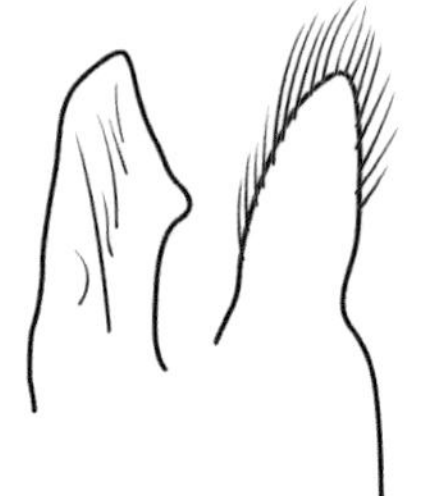

Abb. 60: *Hyperaspis concolor*, Aedoeagus, dorsal. Nach Canepari et al. (1985), Günther (1959). Zeichnung: P. Schüle.

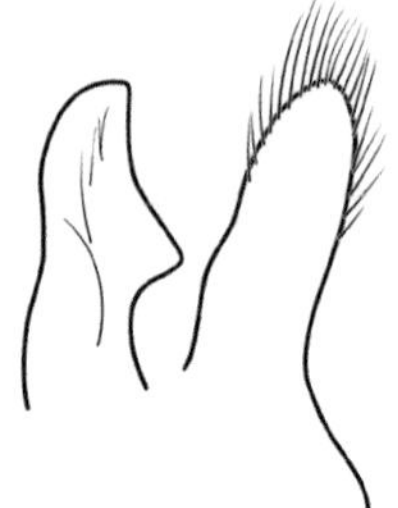

Abb. 61: *Hyperaspis erythrocephala*, Aedoeagus, dorsal. Nach Canepari et al. (1985), Günther (1959). Zeichnung: P. Schüle.

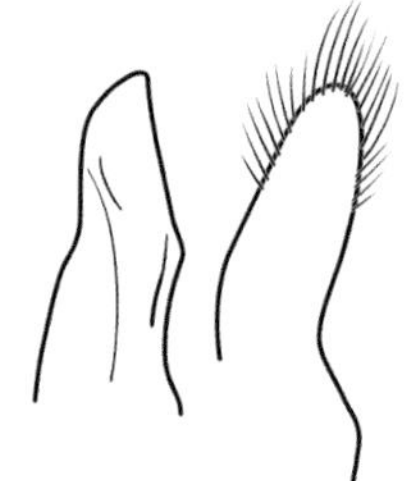

Abb. 62: *Hyperaspis pseudopustulata*, Aedoeagus, dorsal. Nach Canepari et al. (1985), Günther (1959). Zeichnung: P. Schüle.

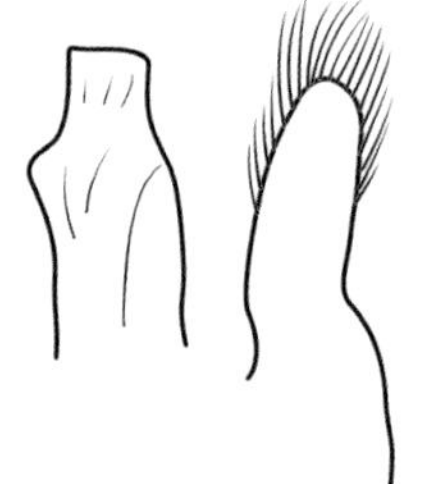

Abb. 63: *Hyperaspis quadrimaculata*, Aedoeagus, dorsal. Nach Canepari et al. (1985), Günther (1959). Zeichnung: P. Schüle.

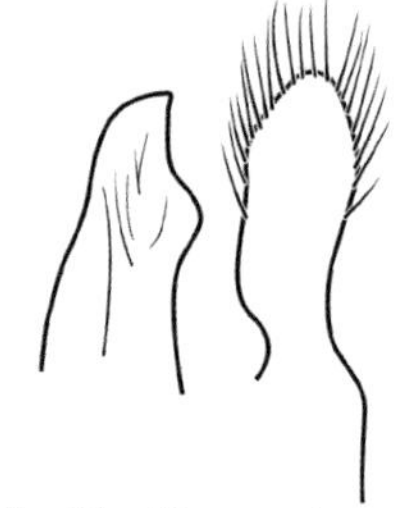

Abb. 64: *Hyperaspis reppensis*, Aedoeagus, dorsal. Nach Canepari et al. (1985), Günther (1959). Zeichnung: P. Schüle.

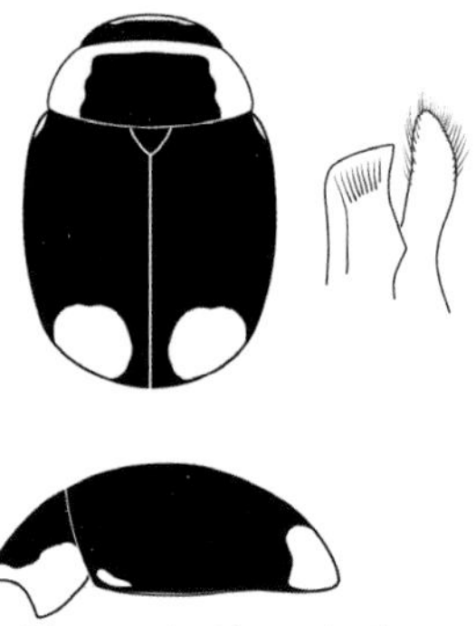

Abb. 65: *Hyperaspis stigma*, Aedoeagus, dorsal. Nach Canepari et al. (1985). Zeichnung: P. Schüle.

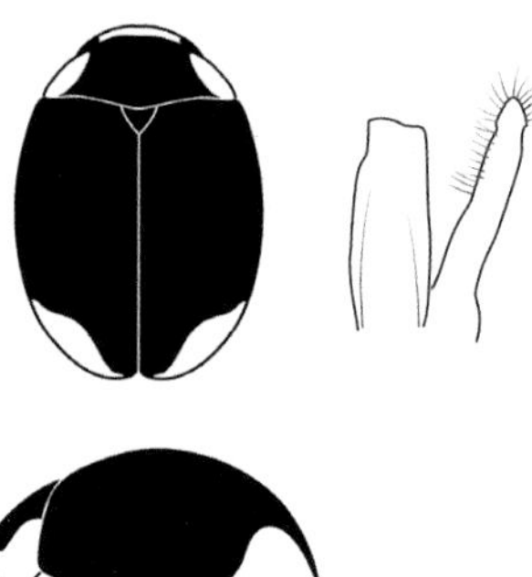

Abb. 66: *Hyperaspis magnopustulata*, Aedoeagus, dorsal. Nach Bogaert et al. (2012). Zeichnung: P. Schüle.

Hinweis: Aus Belgien sind *Hyperaspis magnopustulata* Bogaert, 2012 (ohne Humeralmakel) und *H. stigma* A. G. Olivier, 1808 (mit Humeralmakel) nachgewiesen. Zur Identifikation ist eine Genitaluntersuchung erforderlich. Aedoeagus und Habitus Abb. 63 bzw. 64.

6* Elytren ohne Humeralmakel, mit einem kleineren gelbroten Fleck an der Spitze (vgl. Foto 207) (Abb. 58). Pronotum mit breitem orangen Seitenrand, ♂ mit schmalem orangen Vorderrand. Körper länglich oval, 1,4-mal so lang wie breit, Seiten teilweise fast parallel. Aedoeagus (Abb. 66). Körperlänge 3,1–3,9 mm.

Hyperaspis reppensis (Herbst, 1783)

7(4) Elytren mit je zwei hintereinander stehenden hellen Makeln, die den Seitenrand nicht erreichen, ein kleinerer vor der Mitte und ein etwas größerer vor der Spitze, ohne Humeralmakel (vgl. Foto 206) (Abb. 57). Pronotum mit breit orangem Seitenrand, beim ♂ mit schmalem orangen Vorderrand. Stirn auffällig stark gewölbt, stufenförmig vom Clypeus abgesetzt. Körper kurz oval, 1,3-mal so lang wie breit. Aedoeagus (Abb. 65). Körperlänge 3,2–4,5 mm.

Hyperaspis quadrimaculata L. Redtenbacher, 1843

7* Elytren mit je drei Flecken, ohne Humeralmakel (vgl. Foto 204) (Abb. 55). Der Seitenmakel reicht bis zu den Epipleuren, der hintere Fleck ist meist bogenförmig. Elytren zwischen den Punkten fein chagriniert, nicht so stark glänzend wie die übrigen Arten (diese ohne Chagrinierung). Pronotum mit breiten orangen Seitenrändern und einem schmalen Vorderrand. Kopf der ♂♂ vorn gelb. Klauen ohne Basalzahn (die anderen Arten mit Basalzahn). Körper breit oval. Aedoeagus (Abb. 61). Körperlänge 2,5–4,2 mm. [*Oxynychus erythrocephala* (Fabricius, 1787)]

Hyperaspis erythrocephala (Fabricius, 1787)

Bestimmungstabelle der Tribus Scymnini Mulsant, 1846 und Stethorini Dobrzhanskiy, 1924

1 Die Behaarung ist bis zum Ende der Elytren an der Naht parallel nach hinten gerichtet. 2

1* Die Behaarung ist im hinteren Drittel der Elytren schräg nach außen gerichtet.

Scymnini Mulsant, 1846: *Nephus* Mulsant, 1846, *Scymnus* Kugelann, 1794, *Cryptolaemus* Mulsant, 1853, *Scymniscus* Dobrzhanskiy, 1928 (siehe weitere Bestimmungstabellen S. 205, 206, 212)

2 Körper einfarbig schwarz (vgl. Foto 253), weiß behaart. Antennen, Mundwerkzeuge und Beine gelb, Schenkel schwarz. Pronotum wie die Elytren stark punktiert. Augen vorn ganzrandig. Vorderbrust am Vorderrand dachförmig erhoben, in der Mitte lappenförmig vorgezogen (vgl. Abb. 1a Pfeil). Körperlänge 1,1–1,5 mm. [*Stethorus punctillum* (J. Weise, 1891)] [Verwechslungsgefahr mit *Scymnus ater*]

Stethorini Dobrzhanskiy, 1924

Stethorus pusillus (Herbst, 1797)

2* Elytren braun bis schwarzbraun, mit doppelt hufeisenförmiger gelber, rotbrauner und schwarzer Zeichnung (vgl. Foto 208), die gelegentlich variieren kann. Körper weißgelb behaart. Antennen und Beine gelb. Pronotum gelbbraun bis braun, mit hellen Seitenrändern und einem dunklen Fleck oder einzelnen Punkten in der Mitte, sehr fein punktiert. Augen am Innenrand vor der Antennenbasis eingeschnitten. Vorderbrust am Vorderrand flach und gerade abgeschnitten (vgl. Abb. 1b). Kopf weißlich oder dunkelbraun. Körperlänge 1,2–1,5 mm.

Scymnini Mulsant, 1846

Clitostethus arcuatus (P. Rossi, 1794)

Bestimmungstabelle für die Gattungen der Scymnini ohne *Clitostethus arcuatus* (primäre Merkmale)

1 Tarsen viergliedrig (Abb. 67). Körper 1,4–1,6-mal so lang wie breit.
Scymnus Kugelann, 1794 (S. 206, 212)

1* Tarsen dreigliedrig (Abb. 68). Körper 1,5–1,7-mal so lang wie breit....2

2 Die Schenkellinien formen einen fast vollständigen Halbkreis, sie enden am Seitenrand des Sternit (Abb. 69 Pfeil).
Scymniscus Dobrzhanskiy, 1928 (S. 208)

2* Die Schenkellinien formen keinen Halbkreis, sie enden, ohne den Vorderrand oder den Seitenrand des Sternit zu berühren (Abb. 70).
Nephus Mulsant, 1846 (S. 206, 212)

Abb. 67: *Scymnus marinus,* Tarsus. Nach Fürsch (1987). Zeichnung: P. Schüle.

Abb. 68: *Scymniscus horioni,* Tarsus. Nach Fürsch (1987). Zeichnung: P. Schüle.

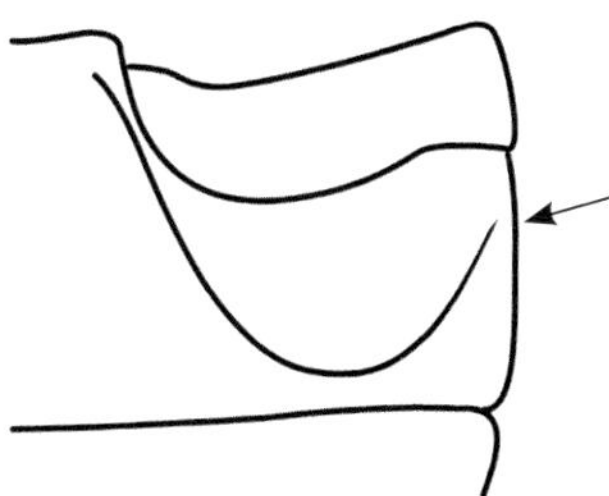

Abb. 69: *Scymniscus biguttatus,* Schenkellinie (Pfeil). Nach Bielawski (1959). Zeichnung: P. Schüle.

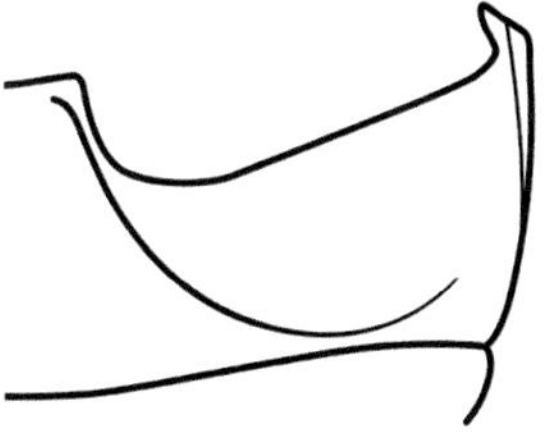

Abb. 70: *Nephus (Nephus) quadrimaculatus,* Schenkellinie. Nach Gourreau (1974). Zeichnung: P. Schüle.

Bestimmungstabelle für die Untergattungen von *Nephus* Mulsant, 1846 und *Scymnus* Kugelann, 1794 (primäre Merkmale)

1 Vorderbrust mit Kiellinien (Abb. 71 Pfeil). 2

1* Vorderbrust ohne Kiellinien, bei einer Art schwach angedeutet (Abb. 72). 6

2 Schenkellinie unvollständig, sie endet in der Mitte des 1. Abdominalsegments (Abb. 73). 3

2* Schenkellinie vollständig, sie formt einen Halbkreis und kehrt zum Vorderrand des 1. Abdominalsegments zurück (Abb. 74). 4

3 Antennen elfgliedrig.

Scymnus (*Scymnus*) Kugelann, 1794

3* Antennen zehngliedrig. – Körper gelbbraun (vgl. Fotos 230, 231).

Scymnus (*Parapullus*) *abietis*, *Scymnus* (*Neopullus*) *silesiacus*

4(2) Antennen elfgliedrig.

Scymnus (*Pullus*) Mulsant, 1846

4* Antennen zehngliedrig. 5

5 Körper einschließlich der Beine schwarz (vgl. Foto 249). Körperlänge 2,0–2,8 mm.

Scymnus (*Scymnus*) *nigrinus*

5* Körper nicht einfarbig schwarz, wenn ja, dann Körperlänge 1,0–1,5 mm (*S. ater*).

Scymnus (*Neopullus*) Sasaji, 1971 (S. 212)

6(1) Schenkellinie vollständig, sie formt einen Halbkreis und kehrt zum Vorderrand des 1. Abdominalsegments zurück (Abb. 75). Antennen elfgliedrig.

Scymnus (*Mimopullus*) Fürsch, 1987 (S. 210)

6* Schenkellinie unvollständig, sie endet in der Mitte oder am Hinterrand des 1. Abdominalsegments ohne den Vorder- oder Seitenrand zu berühren (Abb. 70). Antennen neun- oder elfgliedrig 7

7 Antennen neungliedrig.

Nephus (*Bipunctatus*) Fürsch, 1987

7* Antennen elfgliedrig.

Nephus (*Nephus*) Mulsant, 1846

Abb. 71: *Scymnus (Scymnus) frontalis*, Vorderbrust, ventral, mit Kiellinien (Pfeil). Nach GOURREAU (1974). Zeichnung: P. SCHÜLE.

Abb. 72: *Nephus (Nephus) quadrimaculatus*, Vorderbrust, ventral, ohne Kiellinien. Nach BIELAWSKI (1959). Zeichnung: P. SCHÜLE.

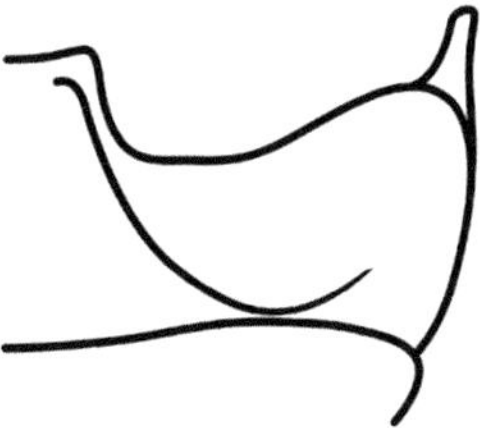

Abb. 73: *Scymnus (Scymnus) frontalis*, Schenkellinie. Nach GOURREAU (1974). Zeichnung: P. SCHÜLE.

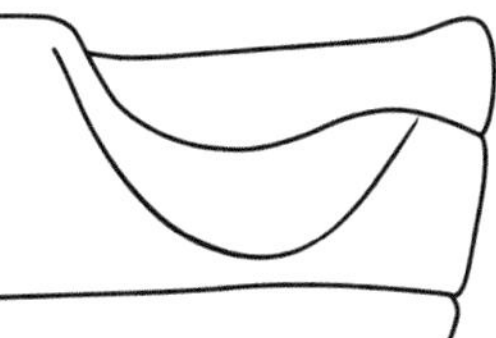

Abb. 74: *Scymnus (Pullus) ferrugatus*, Schenkellinie. Nach BIELAWSKI (1959). Zeichnung: P. SCHÜLE.

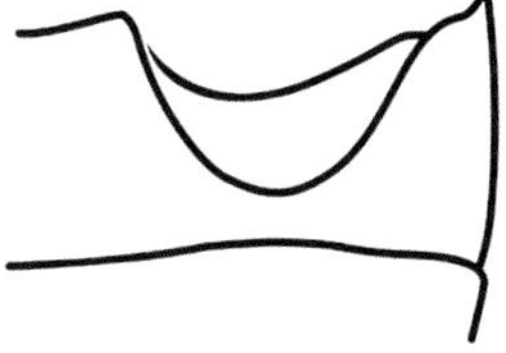

Abb. 75: *Scymnus (Mimopullus) flagellisiphonatus*, Schenkellinie. Nach GOURREAU (1974). Zeichnung: P. SCHÜLE.

Artenübersicht Gattung *Scymniscus* Dobrzhanskiy, 1928

Merkmal	***anomus* (Mulsant & Rey, 1852)**	***biguttatus* (Mulsant, 1850)**	***horioni* (Fürsch, 1965)**	***kahleni* (Fürsch, 1997)**
Habitus	(vgl. Foto 219)	(vgl. Foto 220)	(vgl. Foto 221)	(vgl. Foto 222)
Pronotum	dunkel rotbraun	schwarz	schwarz	schwarzbraun
Pronotum, Punktierung	auffallend kräftig, Abstand 1,5–2-mal ihres Durchmessers	fein, Oberfläche stark gerunzelt	spärlich, etwas weiter vorn	fein, etwas weiter hinten; Punktzwischenräume etwa doppelt so breit wie die Punktdurchmesser
Elytren	rotbraun, jederseits ein winziger Makel an der Spitze; Hinterrand etwas heller	Makel im hinteren Drittel, gerundet; Hinterrand hell gesäumt	Makel größer, länglich oval; Hinterrand hell gesäumt	Makel kleiner, unauffällig, länglich oval; Hinterrand schmal hell gesäumt
Areal	mediterran, Ungarn	Slowakei	Österreich, Tschechien, Slowakei	Österreich
Körperlänge [mm]	1,4–1,7	1,3–1,7	1,3–1,8	1,8
Aedoeagus	Abb. 76	Abb. 77	Abb. 78	Abb. 79

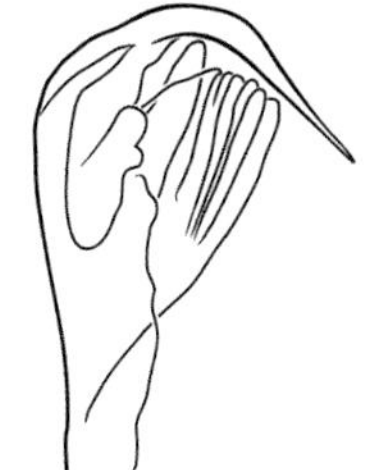

Abb. 76: *Scymniscus anomus*, Aedoeagus, lateral, Siphospitze. Nach FÜRSCH (1965b). Zeichnung: P. SCHÜLE.

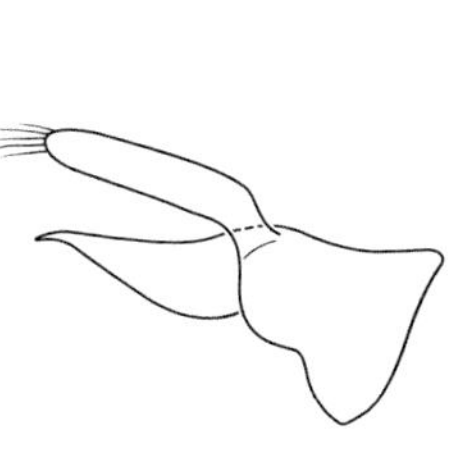
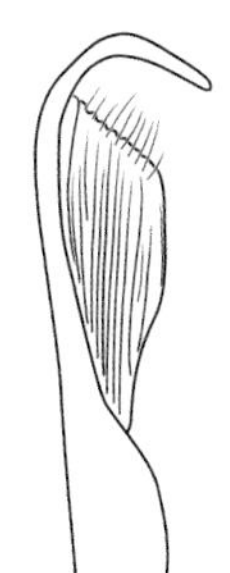

Abb. 77: *Scymniscus biguttatus*, Aedoeagus, lateral, Siphospitze. Nach BIELAWSKI (1959), FÜRSCH (1965b). Zeichnung: P. SCHÜLE.

Abb. 78: *Scymniscus horioni*, Aedoeagus, lateral, Siphospitze. Nach FÜRSCH (1965b). Zeichnung: P. SCHÜLE.

Abb. 79: *Scymniscus kahleni*, Aedoeagus, lateral, Siphospitze. Nach FÜRSCH (1997b). Zeichnung: P. SCHÜLE.

Artenübersicht Untergattung *Mimopullus* FÜRSCH, 1987

Merkmal	*fennicus* J. R. SAHLBERG, 1886	*flagellisiphonatus* (FÜRSCH, 1970)	*marinus* (MULSANT, 1850)	*sacium* (ROUBAL, 1927)
Habitus	(vgl. Foto 223)	(vgl. Foto 224)	(vgl. Foto 225)	(vgl. Foto 226)
Pronotum	rotbraun	schwarz	schwarz	dunkelbraun
Elytren	schwarz, Hinterende ± rötlich oder völlig schwarz	dunkelbraun, in der Mitte mit einem großen länglichovalen rötlichbraunem Makel oder einfarbig braun	schwarz, in der Mitte mit einem großen länglichovalen roten Makel oder einfarbig hellbraun	braunschwarz bis schwarz, in der Mitte mit einem großen schmalen, in der Länge variablem ovalen gelben Makel, der vorn unscharf aufgehellt ist oder einfarbig hellbraun; Hinterrand der Elytren hell
Körper	wenig gewölbt	gewölbt	gewölbt	flach
Areal	Nordeuropa	Österreich, Tschechien, Slowakei	Slowenien	Österreich?, Ungarn
Körperlänge [mm]	0,9–1,1	1,4–1,8	1,0–1,8	1,2–1,8
Aedoeagus	Abb. 80	Abb. 81 Siphospitze in einen Faden ausgezogen	Abb. 82	Abb. 83

Abb. 80: *Scymnus (Mimopullus) fennicus*, Aedoeagus, lateral, dorsal, Siphospitze. Nach FÜRSCH (1994). Zeichnung: P. SCHÜLE.

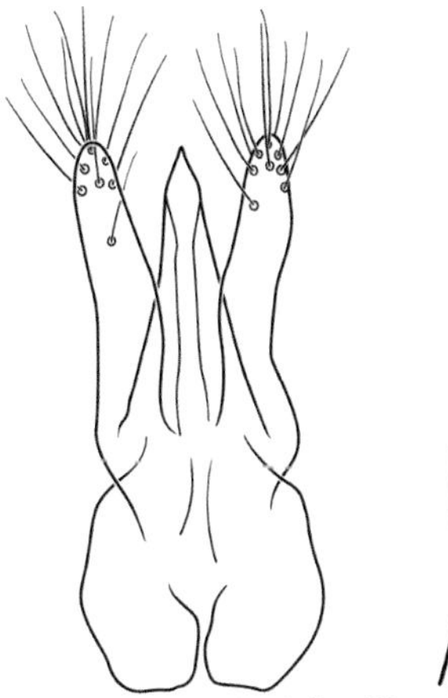

Abb. 81: *Scymnus (Mimopullus) flagellisiphonatus*, Aedoeagus, lateral, dorsal, Siphospitze. Nach GOURREAU (1974). Zeichnung: P. SCHÜLE.

Abb. 82: *Scymnus (Mimopullus) marinus*, Aedoeagus, lateral, dorsal. Nach FÜRSCH (1967). Zeichnung: P. SCHÜLE.

Abb. 83: *Scymnus (Mimopullus) sacium*, Aedoeagus, lateral, dorsal. Nach FÜRSCH (1967). Zeichnung: P. SCHÜLE.

Artenübersicht für die Untergattung *Neopullus* Sasaji, 1971
(nach Wanntorp 2004, ergänzt)

1 Elytren spärlich behaart, nicht gewirbelt, Haare hauptsächlich nach hinten gerichtet, nur hinten schräg nach außen gerichtet. Körper einfarbig schwarz (vgl. Foto 227). Körperlänge 1,0–1,5 mm.

ater Kugelann, 1794

1* Elytren dicht behaart, gewirbelt. Körperlänge 1,6–2,3 mm. 2

2 Körper schwarz, Kopf und Spitzen der Elytren rotgelb (vgl. Foto 228).

haemorrhoidalis Herbst, 1797

2* Körper anders gefärbt. Da sich beide Arten in ihrer Färbung überschneiden können, ist ein Genitalpräparat zu empfehlen. 3

3 Behaarung der Elytren stark gewirbelt, die Haare in der Nähe des Scutellum sind schräg nach außen gerichtet. Schenkellinie vollständig. Elytren dunkelbraun mit schwarzer Basis und Nahtlinie, die in der Mitte erweitert ist, sowie schwarzem Seiten- und Hinterrand (vgl. Foto 229) oder teilweise bis völlig schwarz. Körperlänge 1,6–2,0 mm.

limbatus Stephens, 1832

3* Behaarung der Elytren schwächer gewirbelt, die Haare in der Nähe des Scutellum sind nach rückwärts gerichtet. Schenkellinie unvollständig. Körper einfarbig gelbbraun (vgl. Foto 230) oder schwarz mit einem rötlichen Längsfleck. Körperlänge 1,8–2,3 mm.

silesiacus J. Weise, 1902

Gattungen *Nephus* Mulsant, 1846, *Scymnus* Kugelann, 1794, *Cryptolaemus* Mulsant, 1853 und *Scymniscus* Dobrzhanskiy, 1928
(Bestimmungstabelle nach leicht sichtbaren Merkmalen)

1 Elytren einfarbig braun oder schwarz. 2

1* Elytren mit einer Zeichnung. 11

2 Elytren einfarbig braun. 3

2* Elytren einfarbig schwarz. 5

3 Behaarung an den Seiten schräg nach innen gerichtet, sehr stark gewirbelt, nach mehreren Richtungen gewunden (vgl. Foto 235). Antennen elfgliedrig. Schenkellinie vollständig. – Körperoberseite einfarbig gelbbraun. Elytren doppelt punktiert (dicht und fein mit wenigen groben Punkten bedeckt, die in Reihen angeordnet sind). Körper stark gewölbt, 1,6-mal so lang wie breit. Vorderbrust mit Kiellinien. Körperlänge 2,0–2,5 mm. [Verwechslungsgefahr mit *Scymnus abietis*]

Scymnus (*Pullus*) *impexus* Mulsant, 1850

3* Behaarung nicht wirbelig, an den Seiten nach hinten gerichtet. Antennen zehngliedrig. Schenkellinie unvollständig. 4

4 Körperlänge 2,2–3,0 mm. Körper gelbbraun, matt (vgl. Foto 231). Schulterbeule deutlich. Elytren gleichmäßig und dicht punktiert, rau behaart. Körper mehr gewölbt, 1,5-mal so lang wie breit. Vorderbrust mit Kiellinien. Aedoeagus (Abb. 84).

Scymnus (*Parapullus*) *abietis* (PAYKULL, 1798)

4* Körperlänge 1,8–2,3 mm. Körper einfarbig gelbbraun (vgl. Foto 230), selten schwarz mit einem rötlichen Längsfleck. Elytren sehr dicht und fein punktiert, dazwischen weniger dicht mit gröberen Punkten durchsetzt. Körper weniger gewölbt, 1,6-mal so lang wie breit. Vorderbrust mit Kiellinien. Aedoeagus (Abb. 85). (Genitaluntersuchung erforderlich). [Verwechslungsmöglichkeit mit *Scymnus limbatus* – ohne wirbelige Behaarung]

Scymnus (*Neopullus*) *silesiacus* J. WEISE, 1902

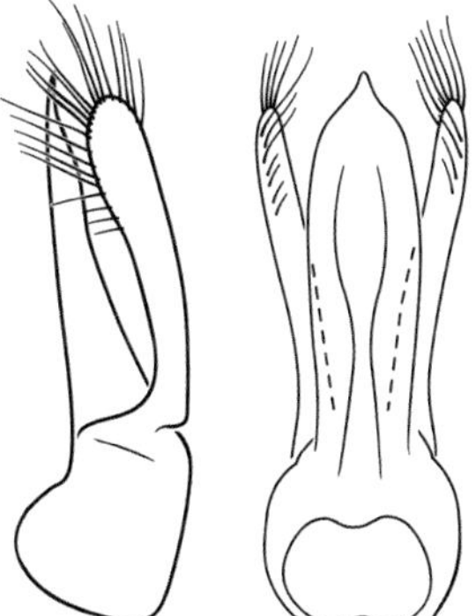

Abb. 84: *Scymnus (Parapullus) abietis*, Aedoeagus, lateral, dorsal. Nach BIELAWSKI (1959). Zeichnung: P. SCHÜLE.

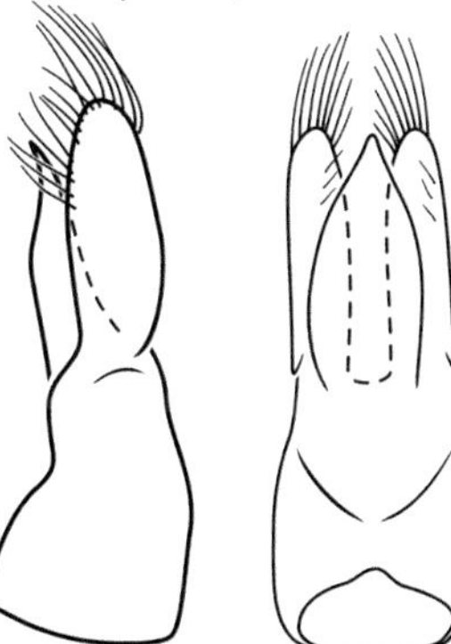

Abb. 85: *Scymnus (Neopullus) silesiacus*, Aedoeagus, lateral, dorsal. Nach BIELAWSKI (1959). Zeichnung: P. SCHÜLE.

Vergleiche die Artenübersicht für die Untergattung *Neopullus* S. 212.

5(2) Wenigstens Teile von Kopf und Pronotum gelbrot. 8

5* Auch Kopf und Pronotum schwarz. 6

6 Körperlänge 1,0–1,5 mm. Vorderbrust mit Kiellinien. Schenkellinie vollständig. Antennen zehngliedrig. – Körper einfarbig schwarz (vgl. Foto 227), länglich oval, 1,6-mal so lang wie breit, gewölbt. Kopf und Pronotum fein und spärlich punktiert, Elytren grob punktiert, dazwischen sind feine Punkte zu sehen. [Verwechslungsgefahr mit *Stethorus pusillus*]

Scymnus (*Neopullus*) *ater* KUGELANN, 1794

6* Körper länger als 1,5 mm. Vorderbrust mit Kiellinien. Schenkellinie unvollständig. Antennen zehn- oder elfgliedrig. 7

7 Beine zum größten Teil hell, Schenkel dunkel (selten völlig hell). Elytren und Pronotum schwarz (vgl. Foto 241). Vordere Hälfte des Kopfes schwarz mit gelben Mundwerkzeugen. Körper oval, 1,5-mal so lang wie breit. Antennen elfgliedrig. Elytren einförmig fein punktiert, neben der Naht weniger ausgeprägt. Schenkellinie unvollständig. Körperlänge 1,7–2,3 mm. [Verwechslungsgefahr mit *S. rubromaculatus*] (Die Bestimmung einzelner ♀♀ ist problematisch).

Scymnus (*Scymnus*) *femoralis* (Gyllenhal, 1827) ♀

7* Auch Beine ganz schwarz, die Tarsen sind meist dunkelbraun. Körperoberseite einfarbig schwarz (vgl. Foto 249). Körper oval, 1,5-mal so lang wie breit. Antennen zehngliedrig. Elytren dicht und fein punktiert. Schenkellinie unvollständig, bei manchen Exemplaren vollständig. Körperlänge 2,0–2,8 mm. Vorzugsweise in Kiefernwäldern.

Scymnus (*Scymnus*) *nigrinus* Kugelann, 1794

Hier auch schwarze Form von *Scymnus frontalis* beachten! Diese Art hat elfgliedrige Antennen, die Beine sind rötlich, nur die Schenkel sind teilweise dunkel. Sie kommt in der Krautschicht trockenwarmer Lebensräume vor.

8(5) Elytren völlig schwarz. 9

8* Spitzensaum der Elytren gelbrot. 10

9 Schulterbeule deutlich abgesetzt. Beine zum größten Teil rotbraun, Schenkel dunkel rotgelb (selten völlig hell). Vordere Hälfte des Kopfes rötlich. Pronotum völlig rot mit einem ausgedehnten dunklen Fleck am Hinterrand. Körper oval, 1,5-mal so lang wie breit. Aedoeagus (Abb. 86). Körperlänge 1,6–2,3 mm. (Genitaluntersuchung zur Absicherung der Bestimmung empfehlenswert).

Scymnus (*Scymnus*) *femoralis* (Gyllenhal, 1827) ♂

9* Schulterbeule undeutlich. Beine gelbbraun, Basis der Hinterschenkel dunkelbraun. Spitze des Abdomens dunkel (vgl. Foto 250). ♂: Kopf rot mit schwarzen Punkten am Hinterrand oder völlig gelb, Pronotum rot, in der Mitte mit einem schwarzen Punkt am Hinterrand; ♀: Kopf schwarz, nur Labrum gelb, Pronotum schwarz, manchmal mit schmalem gelbem Vorderrand. Antennen und Mundwerkzeuge gelb. Körper breit oval, 1,4-mal so lang wie breit, ziemlich gewölbt. Aedoeagus (Abb. 87). Körperlänge 1,8–2,3 mm.

Scymnus (*Scymnus*) *rubromaculatus* (Goeze, 1777)

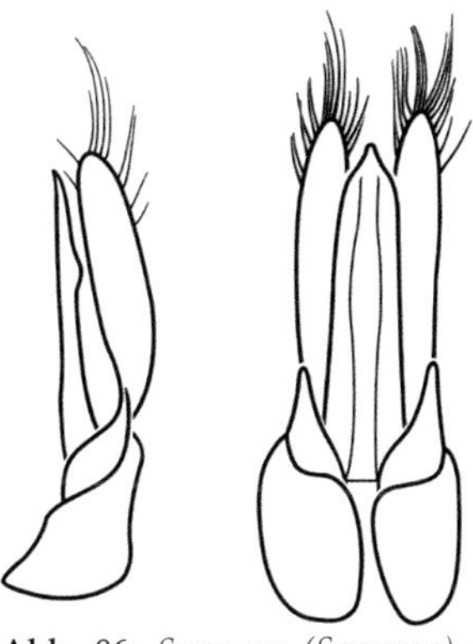

Abb. 86: *Scymnus (Scymnus) femoralis*, Aedoeagus, lateral, dorsal. Nach Pope (1973). Zeichnung: P. Schüle.

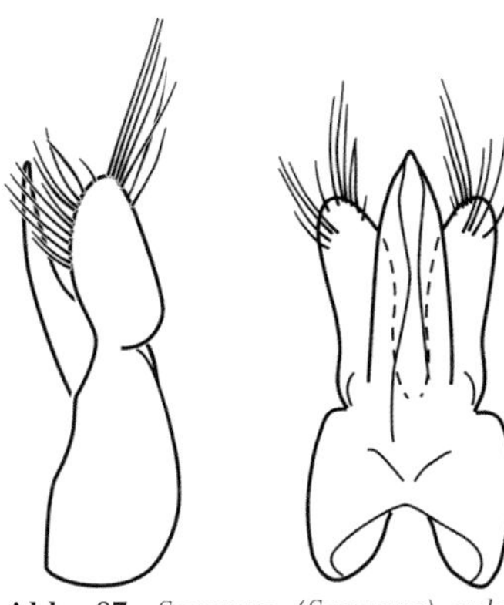

Abb. 87: *Scymnus (Scymnus) rubromaculatus*, Aedoeagus, lateral, dorsal. Nach Bielawski (1959). Zeichnung: P. Schüle.

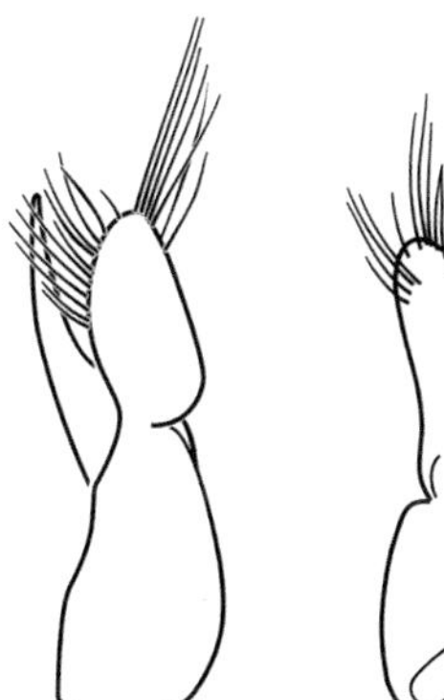

Abb. 88: *Scymnus (Pullus) auritus*, Aedoeagus, lateral, dorsal. Nach Bielawski (1959). Zeichnung: P. Schüle.

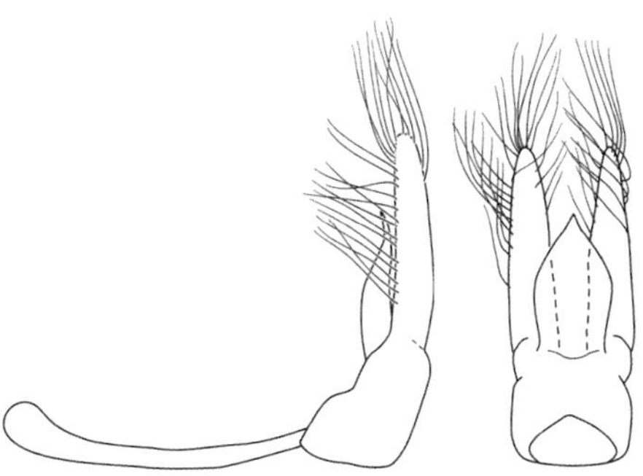

Abb. 89: *Scymnus (Pullus) fraxini*, Aedoeagus, lateral, dorsal. Nach Gourreau (1974). Zeichnung: P. Schüle.

10(8) Körper breit oval, 1,4-mal so lang wie breit. Elytren schwarz, Spitze schmal (2 % der Länge) rot bis gelbrot gesäumt (vgl. Foto 232). ♂ Pronotum rot, in der Mitte mit dunklem Makel am Hinterrand, ♀ Pronotum schwarz mit schmalem rötlichem Vorder- und Seitenrand. Kopf gelbrot (♂) oder schwarz (♀). Antennen und Beine gelbbraun. Schenkellinie vollständig. Klauen gespalten. Aedoeagus (Abb. 88). Körperlänge 2,0–2,5 mm.

Scymnus (*Pullus*) *auritus* Thunberg, 1795

Es sollte auf *Scymnus* (*Pullus*) *fraxini* Mulsant, 1850 geachtet werden (vgl. Foto 234). Die Art ist ähnlich gefärbt, aber kleiner (1,6–1,9 mm). Die Punktur der Elytren ist weniger dicht, aber auffallend kräftig. Aedoeagus (Abb. 89).

10* Körper oval, 1,5-mal so lang wie breit. Elytren schwarz, am Spitzenrand oft bräunlich, Exemplar ohne Flecken als *schmidti* beschrieben. Kopf der ♂♂ rot, der ♀♀ schwarz. Vorderwinkel des Pronotums rotgelb. Antennen und Mundwerkzeuge rot. Beine rotbraun (♂) oder schwarz mit braunen Tibiae (♀). Neben der Elytrennaht sind einige stärker eingestochene Punktreihen deutlich. 5. Abdominalsegment des ♂ breit und tief ausgerandet. Schenkellinie unvollständig. Aedoeagus (Abb. 109). Körperlänge 2,1–3,3 mm. [*Scymnus mimulus* Capra & Fürsch, 1967]. (Genitaluntersuchung erforderlich) [Verwechslungsgefahr mit *S. frontalis*]

Scymnus (*Scymnus*) *schmidti* Fürsch, 1958

11(1) Elytren schwarz mit ausgedehnter rötlicher Spitze. – Vorderbrust mit Kiellinien. Schenkellinie vollständig. 12

11* Elytren anders gezeichnet. 14

12 Körperlänge 4,5–6,0 mm. – Kopf und Pronotum orange. Elytren schwarz, Hinterrand scharf abgegrenzt orange (10 % bei Sicht von oben) (vgl. Foto 200). Hinterleibsende orange, es überragt die Elytren etwas. Bei den ♀♀ sind die Tibien der Vorderbeine dunkelgrau bis schwarz, bei den ♂♂ gelb.

Cryptolaemus montrouzieri montrouzieri Mulsant, 1853

12* Körperlänge höchstens 3 mm. 13

13 Körperlänge 1,5–2,3 mm. Elytren schwarz, hinten unscharf abgegrenzt gelbrot (15 % bei Sicht von oben) (vgl. Foto 228). Elytren doppelt punktiert, zwischen der feinen Grundpunktur befinden sich viele größere Punkte (Foto 103), Behaarung gewirbelt. Die ersten drei sichtbaren Sternite schwarz, die beiden letzten rot. Kopf der ♂♂ rotbraun, der ♀♀ schwarz. Pronotum schwarz, mit ± ausgedehnter roter Färbung des Vorder- und Seitenrandes, beim ♂ meist völlig rot, mit einem dunklen dreieckigen Fleck hinten in der Mitte. Körper oval bis länglich oval, 1,5–1,6-mal so lang wie breit. Schulterbeule deutlich. Antennen zehngliedrig.

Scymnus (*Neopullus*) *haemorrhoidalis* Herbst, 1797

13* Körperlänge 2,5–3,0 mm. Elytren schwarz, hinten scharf abgegrenzt gelbrot (8 % bei Sicht von oben) (vgl. Foto 233). Elytren gleichmäßig punktiert (Foto 104), Behaarung wirbelig. Alle Sternite sind rot gefärbt. Kopf rötlich. Pronotum schwarz, beim ♀ mit ausgedehnter roter Färbung des Vorder- und Seitenrandes, beim ♂ meist völlig rot mit einem schwarzen Punkt vor dem Hinterrand. Körper oval, 1,5-mal so lang wie breit. Klauen mit spitzem Basalzahn. Schulterbeule deutlich. Antennen elfgliedrig.

Scymnus (*Pullus*) *ferrugatus* (Moll, 1785)

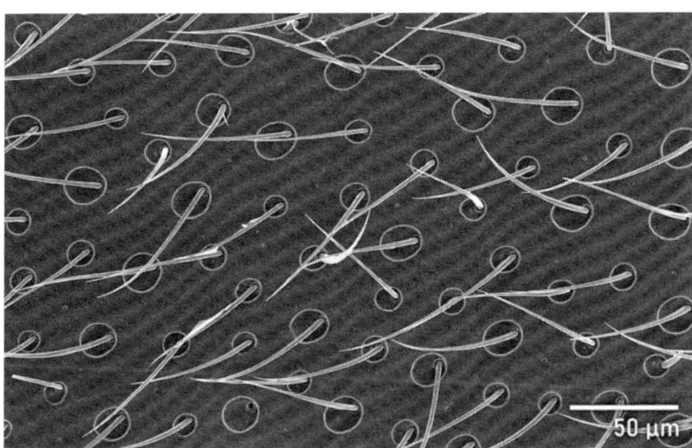

Foto 103: *Scymnus haemorrhoidalis,* Elytre, Ausschnitt. REM-Foto: Ch. Kutzscher.

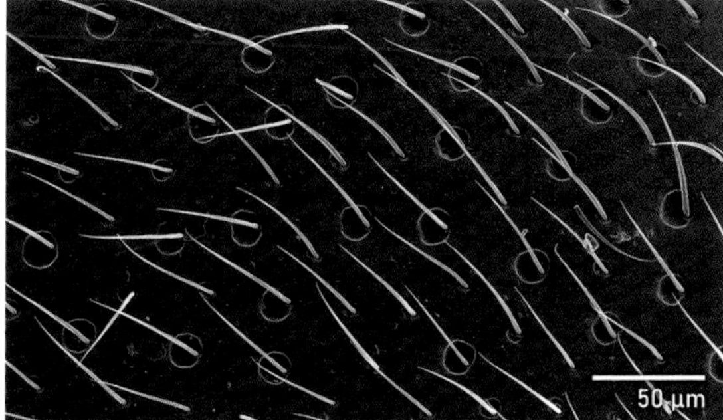

Foto 104: *Scymnus ferrugatus,* Elytre, Ausschnitt. REM-Foto: Ch. Kutzscher.

14(11) Die Mitte der dunklen Elytren mit einem braunen Makel über die gesamte Länge 15

14* Die dunklen Elytren mit je einer oder zwei getrennten Makeln, die sich nie über die gesamte Länge erstrecken 17

15 Behaarung auffällig grob und zottig, Schulterbeule deutlich abgesetzt. – Elytren mit je einem hellbraunen großen Längsfleck, der sich nach hinten erweitert, und einem deutlichen dreieckigen schwarzen Basalfleck, der vom Scutellum neben der Naht nach hinten zieht und sich verjüngt (vgl. Foto 237). Mitunter sind die Elytren (fast) völlig hell. Kopf schwarz, Augen sehr klein. Pronotum schwarz, Vorderrand schmal rötlich gesäumt, Vorderecken rötlich. Schenkel angedunkelt. Körper länglich oval, 1,65-mal so lang wie breit. Vorderbrust mit Kiellinien. Schenkellinie vollständig. Körperlänge 1,5–2,2 mm.

Scymnus (*Pullus*) *suturalis* Thunberg, 1795

15* Behaarung mehr anliegend, Schulterbeule kaum erkennbar. 16

Hinweis auf *Nephus (Nephus) jacobsoni* (Barovskij, 1906): Elytren mit einem länglichen, rotbraunen Fleck vor allem in der vorderen Hälfte (vgl. Foto 214). Aedoeagus (Abb. 90). [Verwechslungsgefahr mit *N. redtenbacheri*].

16 In Salzwiesen der Nordseeküste am Gewöhnlichen Strandflieder (*Limonium vulgare*). Elytren dunkel mit einem hellen langgestreckten Makel, der in der Mitte eingeschnürt und sogar in zwei Teile getrennt sein kann, von denen dann der hintere der größere ist (vgl. Foto 215). Körper hinter der Mitte am breitesten. Pronotum einheitlich punktiert, Seiten gerade. Hinterschenkel immer angedunkelt. Vorderbrust ohne Kiellinien. Schenkellinie unvollständig. Antennen elfgliedrig. Körperlänge 1,4–1,9 mm.

Nephus (Nephus) limonii (Donisthorpe, 1903)

16* In anderen Biotopen. Elytren schwarz mit einem hellen langgestreckten, scharf begrenzten, in der Form variablen Makel, der den Seitenrand und die Naht nicht erreicht (vgl. Foto 218), gelegentlich kommen völlig schwarze Exemplare vor. Körper etwa in der Mitte am breitesten. Seiten der Elytren von oben nicht zu sehen. Spitze der Elytren mit schmalem gelben Rand. Punktur der Elytren tief. Hinterschenkel meist nicht angedunkelt. Pronotum mit sehr schmalem gelbweißen Vorderrand und Vorderecken. Körper länglich, 1,7-mal so lang wie breit. Vorderbrust ohne Kiellinien. Schenkellinie unvollständig. Antennen elfgliedrig. Aedoeagus (Abb. 91). Körperlänge 1,3–1,9 mm.

Nephus (Nephus) redtenbacheri (Mulsant, 1846)

Hinweis auf *Nephus (Nephus) binotatus* (C. N. F. Brisout de Barneville, 1863): Elytren strohgelb mit rotbrauner, nach hinten spitz zulaufender Querbinde an der Basis und einem kleinen schwarzen strichförmigen Quermakel vor der Spitze dicht neben der Naht (vgl. Foto 213). Aedoeagus (Abb. 92).

16** In anderen Biotopen. Behaarung wolkig, auch an den Seiten nach innen gekämmt. Elytren dunkelbraun mit schwarzer Basis und Nahtlinie, die in der Mitte erweitert ist, sowie schwarzem Seiten- und Hinterrand (vgl. Foto 229). Manchmal kommen fast schwarze Exemplare vor, die Zeichnung ist jedoch meist noch zu erkennen, nur ausnahmsweise sind sie völlig schwarz. Kopf schwarz. Pronotum schwarz. Körper länglich oval, 1,6-mal so lang wie breit. Vorderbrust mit Kiellinien. Schenkellinie vollständig. Antennen zehngliedrig. Aedoeagus (Abb. 93). Körperlänge 1,6–2,0 mm.

Scymnus (Neopullus) limbatus Stephens, 1832

Vergleiche die Artenübersicht für die Untergattung *Neopullus* S. 212.

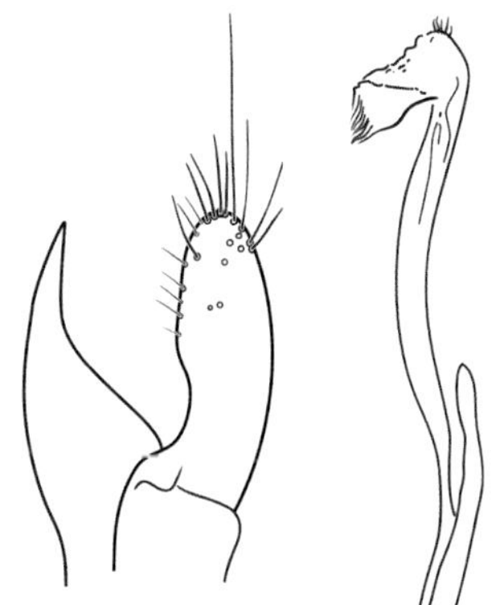

Abb. 90: *Nephus (Nephus) jacobsoni*, Aedoeagus, lateral, Siphospitze. Nach FÜRSCH (1986). Zeichnung: P. SCHÜLE.

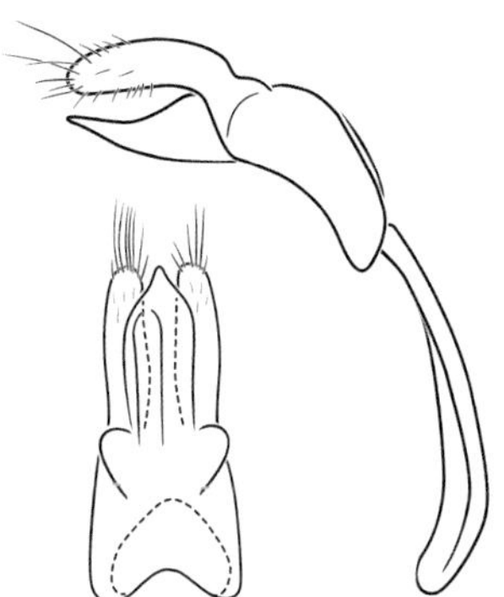

Abb. 91: *Nephus (Nephus) redtenbacheri*, Aedoeagus, dorsal, lateral. Nach BIELAWSKI (1959). Zeichnung: P. SCHÜLE.

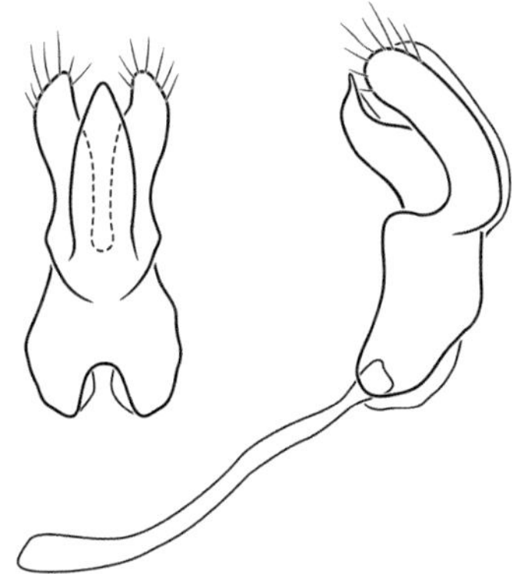

Abb. 92: *Nephus (Nephus) binotatus*, Aedoeagus, dorsal, lateral. Nach GOURREAU (1974). Zeichnung: P. SCHÜLE.

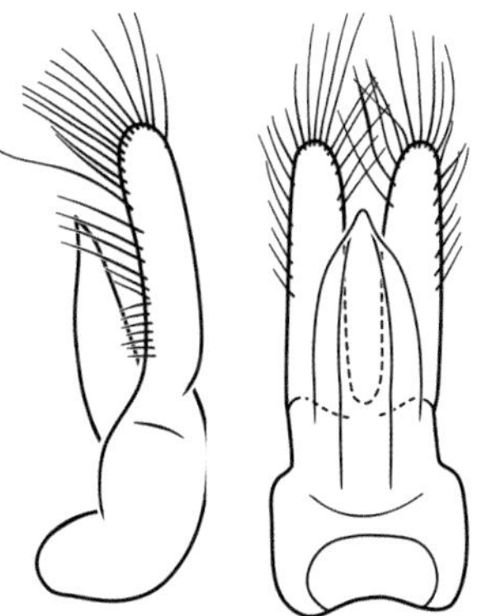

Abb. 93: *Scymnus (Neopullus) limbatus*, Aedoeagus, lateral, dorsal. Nach BIELAWSKI (1959). Zeichnung: P. SCHÜLE.

16*** In anderen Biotopen. Elytren dunkelbraun mit rötlichbraunem ovalen Längsfleck (vgl. Foto 224), selten einfarbig dunkelbraun. Elytren hinten mit schmalem rötlichen Rand. Punktur dicht und stark, dazwischen mit wenigen kleinen Punkten. Körper länglich oval, 1,6-mal so lang wie breit. Vorderbrust mit sehr feinen Kiellinien (!). Schenkellinie vollständig. Antennen elfgliedrig. Aedoeagus (Abb. 81), Siphospitze in einen Faden ausgezogen. Körperlänge 1,4–1,8 mm.

Scymnus (Mimopullus) flagellisiphonatus (FÜRSCH, 1970)

Vergleiche die Artenübersicht für die Untergattung *Mimopullus* S. 210.

17(14) Elytren jeweils mit nur einem hellen Fleck. 18

17* Elytren jeweils mit zwei hellen Flecken. 28

18 Der Elytrenfleck steht hinter der Mitte. Antennen neun-, zehn- oder elfgliedrig. Vorderbrust ohne oder mit Kiellinien. Schenkellinie unvollständig oder vollständig. 19

18* Der Elytrenfleck steht vor oder in der Mitte. Antennen elfgliedrig. Vorderbrust mit Kiellinien. Schenkellinie unvollständig. 22

19 Vorderbrust mit Kiellinien. Schenkellinie unvollständig. Antennen elfgliedrig. Tarsen viergliedrig. – Elytren mit einem blassgelben, oft schwer sichtbaren Makel auf der hinteren Hälfte (vgl. Foto 246). Aedoeagus (Abb. 94). Körperlänge 2,5 mm.

Scymnus (Scymnus) jakowlewi J. Weise, 1892

19* Vorderbrust ohne Kiellinien. Schenkellinie vollständig oder unvollständig. Antennen neun- oder zehngliedrig. Tarsen dreigliedrig. 20

20 Schenkellinie unvollständig. Antennen neungliedrig. 21

20* Schenkellinie vollständig, steil gebogen. Antennen zehngliedrig. – Elytren dicht punktiert, mit schwach ausgebildeter Mikrostruktur. Elytren mit je einem ovalen roten Fleck im hinteren Teil nahe der Naht und mit schmalem hellen Hinterrand (vgl. Foto 221), selten sind sie völlig schwarz. Körper länglich, 1,75-mal so lang wie breit, flach. Schulterbeule nicht ausgeprägt. Antennen, Mundwerkzeuge und Beine hell. Aedoeagus (Abb. 78). Körperlänge 0,9–1,8 mm.

Scymniscus horioni (Fürsch, 1965)

Vergleiche die Artenübersicht für die Gattung *Scymniscus* S. 208.

21 Pronotum kaum punktiert, nur mit einer deutlichen Netzung versehen, es schimmert matt. Punkte der Elytren groß, der Abstand der Punkte entspricht ihrem Durchmesser. Körperseiten regelmäßig oval, 1,6-mal so lang wie breit. Elytren schwarz, jederseits meist mit einem variablen rotbraunen bis orangen Fleck vor der Spitze oder einfarbig schwarz. Hinterrand schmal hell gesäumt (vgl. Fotos 210, 211). Vorderrand des Pronotums mit einem feinen braunen Rand. Körper gewölbt, Umriss mehr oval. Schulterbeule nur schwach erkennbar. Aedoeagus (Abb. 95, 96). Körperlänge 1,5–2,0 mm.

Nephus (Bipunctatus) bisignatus (Boheman, 1850)

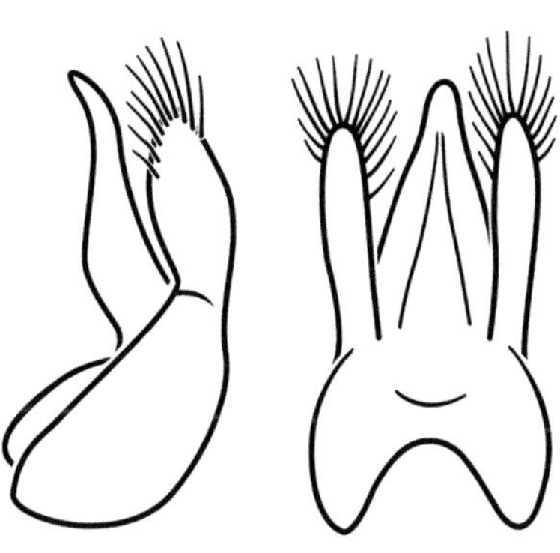

Abb. 94: *Scymnus (Scymnus) jakowlewi*, Aedoeagus, lateral, dorsal. Nach Bielawski (1959). Zeichnung: P. Schüle.

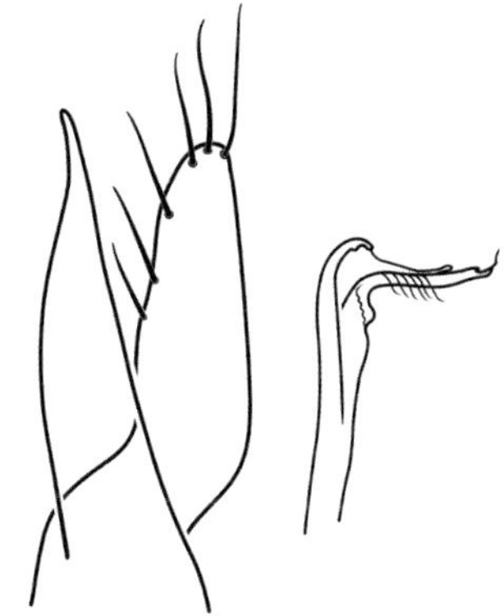

Abb. 95: *Nephus (Bipunctatus) bisignatus bisignatus*, Aedoeagus, lateral, Siphospitze. Nach Fürsch (1965b). Zeichnung: P. Schüle.

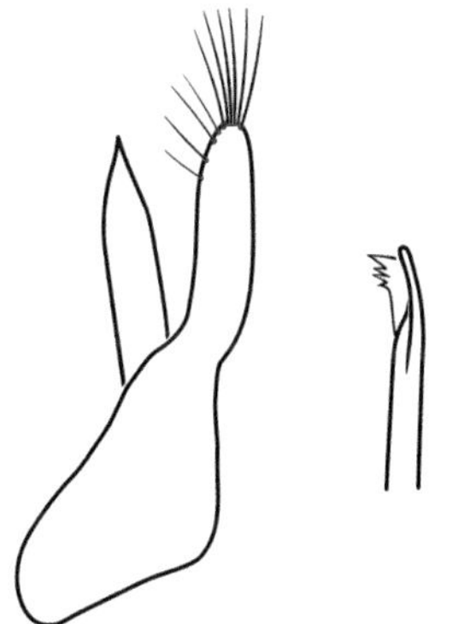

Abb. 96: *Nephus (Bipunctatus) bisignatus claudiae*, Aedoeagus, lateral, Siphospitze. Nach Fürsch (1992a). Zeichnung: P. Schüle.

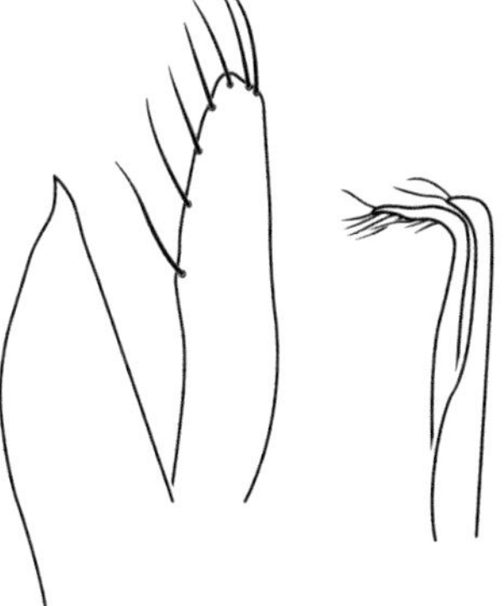

Abb. 97: *Nephus (Bipunctatus) bipunctatus*, Aedoeagus, lateral, Siphospitze. Nach Fürsch (1965b). Zeichnung: P. Schüle.

Aedoeagus (Abb. 95). Siphospitze lang ausgezogen. Elytren schwarz, jederseits meist mit einem variablen rotbraunem bis orangen Fleck vor der Spitze.

Nephus (Bipunctatus) bisignatus bisignatus (Boheman, 1850)

Aedoeagus (Abb. 96). Siphospitze kürzer. Elytren schwarz oder mit einem Fleck.

Nephus (Bipunctatus) bisignatus claudiae (Fürsch, 1984)

21* Pronotum deutlich punktiert, mit Grübchen auf der Scheibe. Punkte der Elytren groß, Abstand der Punkte 2–3-mal ihr Durchmesser. Körperseiten nahezu parallel, 1,6-mal so lang wie breit. Elytren schwarz, mit je einem roten runden Punkt hinter der Mitte (selten einfarbig schwarz), Hinterrand schmal gelbweiß gesäumt (vgl. Foto 209). Vorderrand des Pronotums schmal hell. Körper hoch gewölbt, Seiten mehr parallel. Schulterbeule deutlich. Aedoeagus (Abb. 97). Körperlänge 1,5–2,5 mm.

Nephus (*Bipunctatus*) *bipunctatus* (Kugelann, 1794)

Hinweis auf *Nephus* (*Bipunctatus*) *nigricans nigricans* (J. Weise, 1879): Körper breit oval, 1,4-mal so lang wie breit, deutlich gerundet, stark gewölbt. Makeln auf den Elytren meist groß (vgl. Foto 212), sie können auch fehlen. Hinterrand der Elytren nicht aufgehellt. Punktur der Elytren schwach. Aedoeagus (Abb. 98). Körperlänge 1,3–1,9 mm.

22(18) Der Elytrenfleck greift auf die Epipleuren über. 23

22* Der Elytrenfleck greift nicht auf die Epipleuren über. 24

23 Hinterrand der Elytren schwarz. Elytren schwarz, mit einem großen gelben bis roten Fleck, der auf die Epipleuren übergreifende Teil ist kürzer als die Hälfte der Elytren (vgl. Foto 245). Die Elytren können auch zunehmend bis fast vollständig hell sein. ♂ Kopf und Vorderwinkel des Pronotums rotgelb, ♀ nur Labrum gelb. Körper breit oval, 1,4-mal so lang wie breit. Beine gelbrot. Schulterbeule deutlich. Aedoeagus (Abb. 99). Körperlänge 1,6–2,2 mm.

Scymnus (*Scymnus*) *interruptus* (Goeze, 1777)

23* Hinterrand der Elytren schmal hell. Elytren schwarz, mit einem großen gelbroten Schultermakel, der die Schulterbeule einschließt, sich auf die Epipleuren ausdehnt und sich meist auf mehr als die Hälfte des Seitenrandes erstreckt (Abb. 101) (vgl. Foto 248). Kopf beim ♂ rötlich, beim ♀ schwarz mit gelben Mundwerkzeugen. Vorderrand des schwarzen Pronotum: ♂ breit hell gesäumt, ♀ nur Vorderwinkel schmal hell. Körper breit oval. Aedoeagus (Abb. 100). Körperlänge 2,0–2,8 mm. (Genitaluntersuchung erforderlich). [Verwechslungsgefahr mit *S. interruptus*]. [*Scymnus incertus* Mulsant, 1846].

Scymnus (*Scymnus*) *marginalis* (P. Rossi, 1794)

24(22) Körper breit oval bis oval, 1,4–1,5-mal so lang wie breit. 25

24* Körper oval bis länglich oval, 1,5–1,6-mal so lang wie breit. 26

Scymnus apetzi, doriae, frontalis, magnomaculatus, schmidti und *suffrianoides apetzoides* sind nur durch die Untersuchung der männlichen Genitalien sicher zu bestimmen.

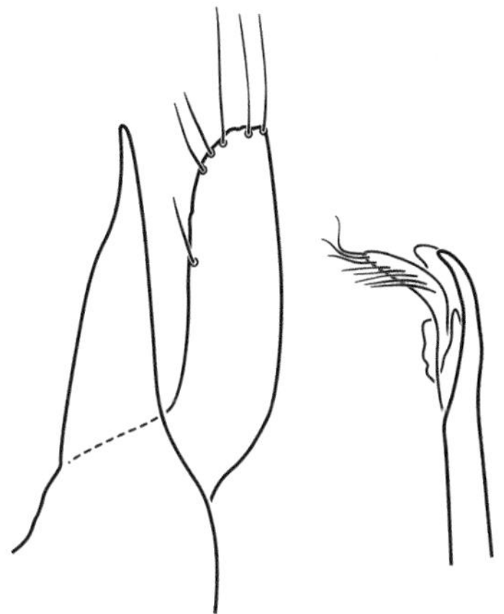

Abb. 98: *Nephus (Bipunctatus) nigricans*, Aedoeagus, lateral, Siphospitze. Nach Fürsch (1965). Zeichnung: P. Schüle.

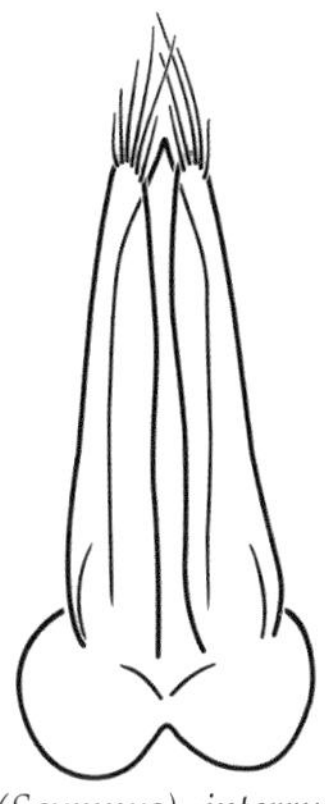

Abb. 99: *Scymnus (Scymnus) interruptus*, Aedoeagus, lateral, dorsal. Nach Bielawski (1959). Zeichnung: P. Schüle.

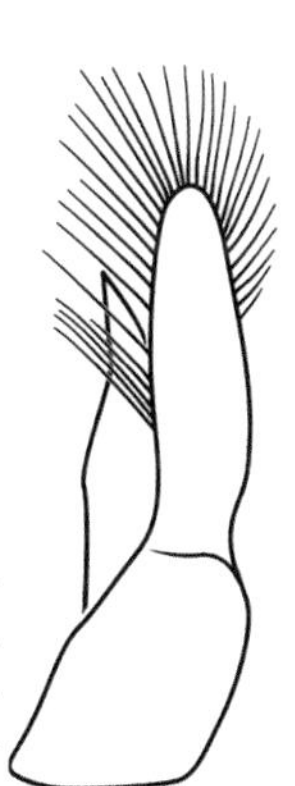

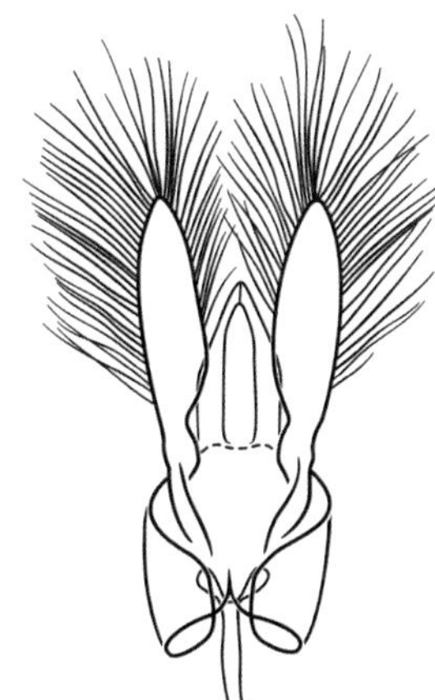

Abb. 100: *Scymnus (Scymnus) marginalis*, Aedoeagus, lateral, dorsal. Nach Canepari (1983), dorsal, Gourreau (1974) lateral. Zeichnung: P. Schüle.

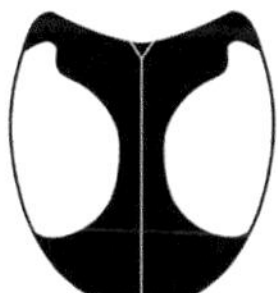

Abb. 101: *Scymnus (Scymnus) marginalis*, Elytren, Variationsbreite. Nach Canepari (1983). Zeichnung: P. Schüle.

25 Körper breit oval, 1,4–1,5-mal so lang wie breit. Haare dichter, kürzer und feiner. Elytren schwarz, mit einem rundlichen bis quer ovalen roten Fleck (ca. ein Viertel der Elytrenlänge) vor der Mitte (vgl. Foto 238), der manchmal hinten einen rötlichen Rand hat. Elytren dicht und schwächer punktiert. Schulterbeule kräftiger. ♂ vordere Hälfte des Kopfes rötlich, ♀ nur Labrum hell. Pronotum schwarz, höchstens Vorderwinkel schmal hell. Mittel- und Hinterbeine bis auf die Tarsen dunkel, Vorderbeine hell. 7. Sternit des ♂ breit und tief ausgerandet. Aedoeagus (Abb. 102). Körperlänge 2,0–3,0 mm. (Genitaluntersuchung erforderlich).

Scymnus (*Scymnus*) *apetzi* Mulsant, 1846

Eine ähnliche Färbung zeigen auch die folgenden zwei Arten.

Scymnus (*Scymnus*) *bivulnerus* Baudi di Selve, 1894: Körper kurz und breit oval. Körperlänge ca. 2,0 mm. Elytren mit einem großen gelbroten Makel. Habitus (vgl. Foto 239). Aedoeagus (Abb. 103).

Scymnus (*Scymnus*) *flavicollis* L. Redtenbacher, 1843: Körper kurz und breit oval, stark gewölbt. Körperlänge 1,8–2,0 mm. Elytren mit einem gelbroten schräg gestellten Quermakel, bei manchen Exemplaren ist ein zweiter Makel vorhanden (Fürsch 1962). Habitus (vgl. Foto 242). Aedoeagus (Abb. 104).

25* Körper oval, 1,5-mal so lang wie breit. Haare spärlicher, länger und dichter. Elytren schwarz, mit einem (oder zwei) rundlichen rötlichgelben Fleck(en) (ca. ein Drittel der Elytrenlänge) etwas vor der Mitte (vgl. Foto 252). Elytren dichter und kräftiger punktiert. Hinterbeine gelbbraun. Schulterbeule schwächer. Beim ♂ ist die vordere Hälfte des Kopfes hell, beim ♀ schwarz. Pronotum des ♂ meist mit schmalem roten Vorderrand und roten Vorderecken. Aedoeagus (Abb. 105). Körperlänge 2,0–3,0 mm. (Genitaluntersuchung erforderlich) [*Scymnus pallipediformis apetzoides* Capra & Fürsch, 1967].

Scymnus (*Scymnus*) *suffrianoides apetzoides* Capra & Fürsch, 1967

26(24) Mittel- und Hinterschienen deutlich gebogen. – Elytren schwarz, meist mit zwei roten Makeln (selten ist nur eine vorhanden), Hinterrand schmal hell gesäumt. Pronotum schwarz, Vorder- und Seitenrand breit gelbrot gesäumt, Vorderecken ebenfalls gelbrot. Körper länglich oval, 1,6-mal so lang wie breit. 7. Sternit des ♂ stark ausgerandet. Aedoeagus (Abb. 106). Körperlänge 2,0–3,0 mm. (Genitaluntersuchung erforderlich) [Besonders unter vierfleckigen Formen von *Scymnus frontalis* kann sich auch *S. doriae* unerkannt verbergen.]

Scymnus (*Scymnus*) *doriae* Capra, 1924

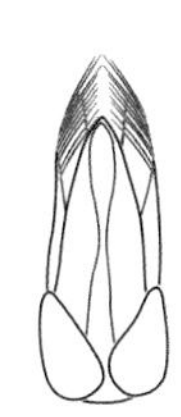

Abb. 102: *Scymnus (Scymnus) apetzi*, Aedoeagus, lateral, dorsal, Siphospitze. Nach Canepari (1983). Zeichnung: P. Schüle.

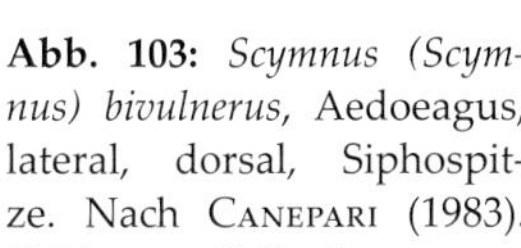

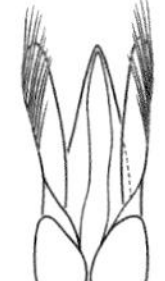

Abb. 103: *Scymnus (Scymnus) bivulnerus*, Aedoeagus, lateral, dorsal, Siphospitze. Nach Canepari (1983). Zeichnung: P. Schüle.

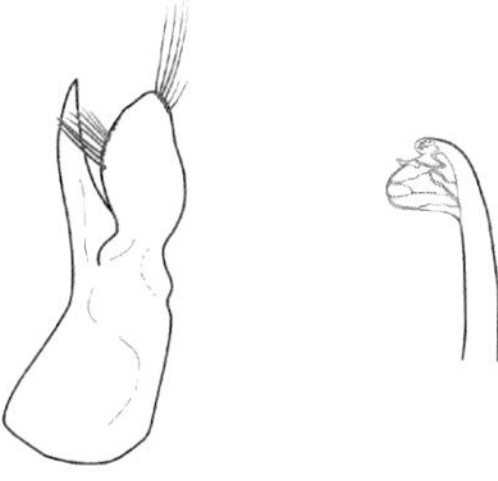

Abb. 104: *Scymnus (Scymnus) flavicollis*, Aedoeagus, lateral, Siphospitze. Nach Fürsch et al. (1967). Zeichnung: P. Schüle.

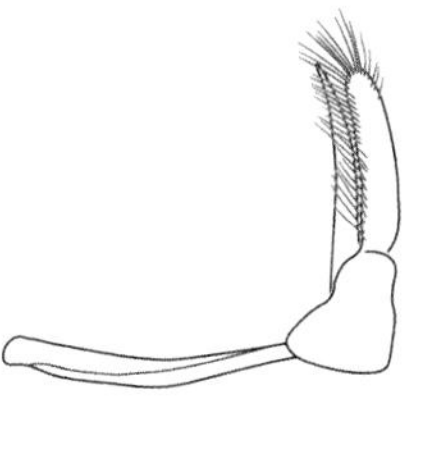
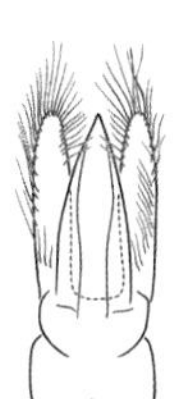

Abb. 105: *Scymnus (Scymnus) suffrianoides apetzoides*, Aedoeagus, lateral, dorsal, Siphospitze. Nach Bielawski (1959), lateral Canepari (1983). Zeichnung: P. Schüle.

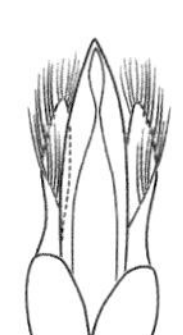
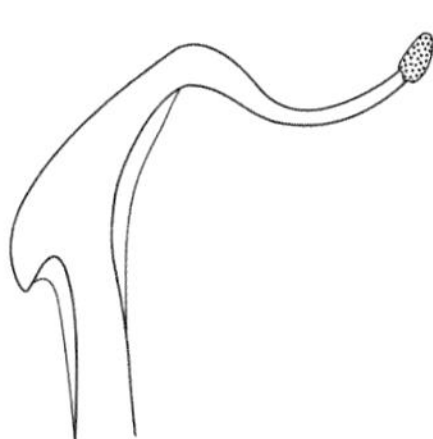

Abb. 106: *Scymnus (Scymnus) doriae*, Aedoeagus, lateral, dorsal, Siphospitze. Nach Canepari (1983). Zeichnung: P. Schüle.

26* Mittel- und Hinterschienen gerade, höchstens schwach gebogen......27

27 Punktur der Elytren einfach. Elytren schwarz, mit einem (oder zwei) roten Makeln (Abb. 107) (vgl. Foto 243), gelegentlich fehlen diese. Hinterrand der Elytren schwarz. ♂ Kopf rot, ♀ Kopf schwarz. Pronotum des ♂ vorn und an den Seiten rot, beim ♀ völlig schwarz. Beine rot, Schenkel manchmal dunkler. Schulterbeule gut entwickelt. Körper oval bis länglich oval, 1,5–1,6-mal so lang wie breit. 7. Sternit des ♂ tief ausgerandet. Aedoeagus (Abb. 108). Körperlänge 2,0–3,2 mm. (Genitaluntersuchung erforderlich).

Scymnus (*Scymnus*) *frontalis* (Fabricius, 1787)

27* Punktur der Elytren doppelt, neben der Naht sind einige stärker eingestochene Punktreihen deutlich. Körper oval, 1,5-mal so lang wie breit. Elytren schwarz mit einem roten schrägen Makel vor der Mitte (als *mimulus* beschrieben) (vgl. Foto 251), selten zwei. Hinterrand der Elytren schmal braun oder gelb. Kopf der ♂♂ und die Vorderwinkel des Pronotums rotgelb. Antennen, Mundwerkzeuge und Beine rotbraun. Aedoeagus (Abb. 109). Körperlänge 2,1–3,3 mm. (Genitaluntersuchung erforderlich) [*Scymnus mimulus* Capra & Fürsch, 1967]

Scymnus (*Scymnus*) *schmidti* Fürsch, 1958

28(17) Die Makel sind transvers (vgl. Foto 236). Schenkellinie vollständig. – Elytren schwarz, mit je zwei hellen Quermakeln hintereinander, von denen die vordere breiter und schräg gestellt ist. Manchmal sind die Elytren fast einfarbig hellbraun oder die Querbinden sind sehr ausgedehnt und ± miteinander verbunden (Abb. 111). Kopf hell. Pronotum beim ♂ rot, in der Mitte mit einem schwarzen Punkt im hinteren Teil, beim ♀ schwarz mit schmalem gelbem Vorder- und Seitenrand. Körper breit oval, 1,4-mal so lang wie breit. Antennen und Beine rot, Schenkel ± angedunkelt. Körperlänge 2,0–2,5 mm.

Scymnus (*Pullus*) *subvillosus* (Goeze, 1777)

28* Die Makeln sind ± rund. Schenkellinie unvollständig. 29

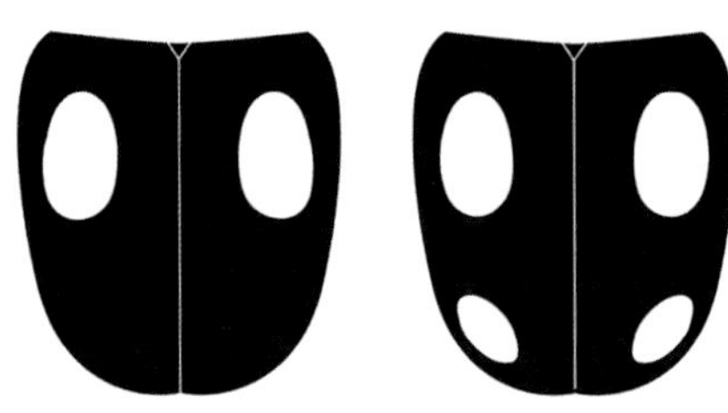

Abb. 107: *Scymnus (Scymnus) frontalis*, Elytren, zweifleckige und vierfleckige Form. Nach Bielawski (1959). Zeichnung: P. Schüle.

29 Die Elytrenmakeln sind gelb, bohnenförmig und etwas quer (vgl. Fotos 216, 217), der vordere steht etwas schräg (selten fehlt der hintere, stets kleinere Makel). Vorderbrust ohne Kiellinien. – Hinterrand der Elytren mit einem schmalen gelben Saum. Punktierung der Elytren flach. Pronotum des ♂ mit schmalem hellen Vorderrand. Körper länglich oval, 1,6-mal so lang wie breit. Körperlänge 1,5–2,0 mm.

Nephus (Nephus) quadrimaculatus (Herbst, 1783)

29* Die Elytrenmakeln sind rötlich und ± rund. Vorderbrust mit Kiellinien. 30

30 Hinterrand der Elytren schwarz. 31

30* Hinterrand der Elytren mit einem schmalen gelben Saum. 32

31 Körper länglich oval, 1,6-mal so lang wie breit. Elytren schwarz, mit zwei roten Makeln (vgl. Foto 244), die selten durch einen schmalen Strich miteinander verbunden sind, gelegentlich fehlen diese. ♂ Kopf rot, ♀ Kopf schwarz. Pronotum vorn und an den Seiten meist rot, selten völlig schwarz. Beine rot, Schenkel manchmal dunkler. Aedoeagus (Abb. 108). Körperlänge 2,0–3,0 mm. (Genitaluntersuchung nötig).

Scymnus (Scymnus) frontalis (Fabricius, 1787)

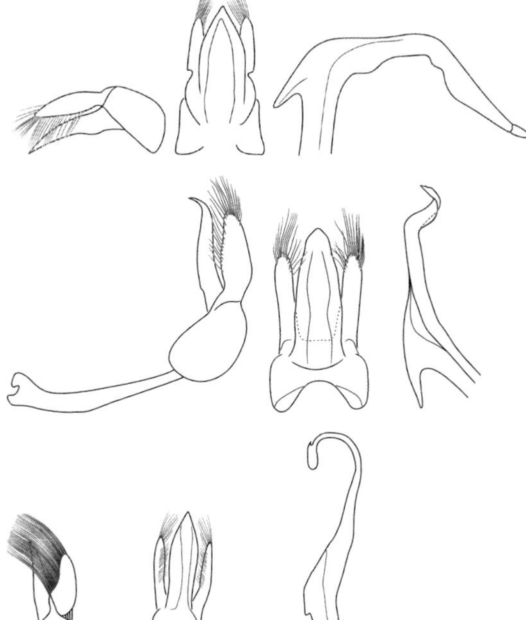

Abb. 108: *Scymnus (Scymnus) frontalis*, Aedoeagus, lateral, dorsal, Siphospitze. Nach Canepari (1983), Fürsch et al. (1967) (dorsal). Zeichnung: P. Schüle.

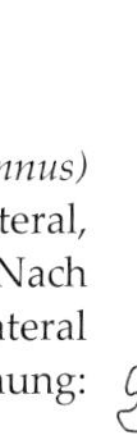

Abb. 109: *Scymnus (Scymnus) schmidti*, Aedoeagus, lateral, dorsal, Siphospitze. Nach Bielawski (1959), lateral Canepari (1983). Zeichnung: P. Schüle.

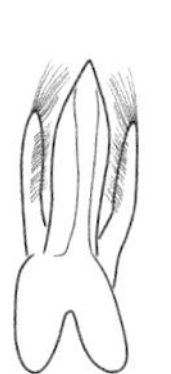

Abb. 110: *Scymnus (Scymnus) magnomaculatus*, Aedoeagus, lateral, dorsal, Siphospitze. Nach Fürsch et al. (1967). Zeichnung: P. Schüle.

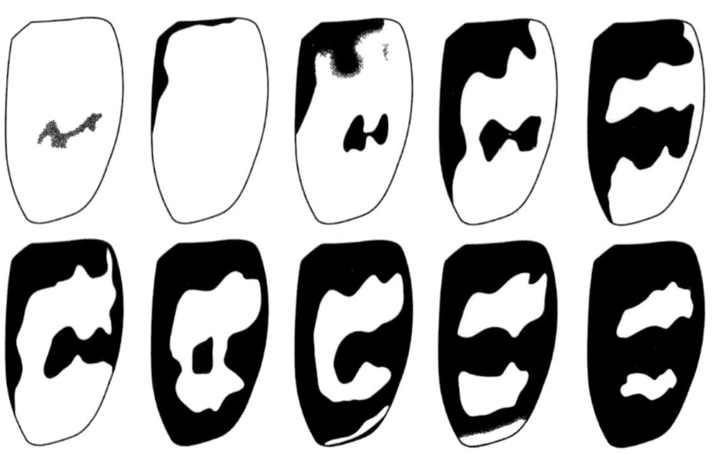

Abb. 111: ***Scymnus (Pullus) subvillosus***, Elytren, Variationsbreite. Nach Kreissl (1975). Zeichnung: P. Schüle.

31* Körper oval, 1,5-mal so lang wie breit. Haare spärlicher, länger und dichter. Elytren schwarz, mit zwei rundlichen rötlichgelben Fleck(en) (ca. ein Drittel der Elytrenlänge) in der Mitte. Elytren dichter und kräftiger punktiert. Hinterbeine gelbbraun. Schulterbeule schwächer. Beim ♂ ist die vordere Hälfte des Kopfes hell, beim ♀ schwarz. Pronotum des ♂ mit schmalem roten Vorderrand und roten Vorderecken. Aedoeagus (Abb. 105). Körperlänge 2,0–3,0 mm. (Genitaluntersuchung erforderlich).

Scymnus (*Scymnus*) *suffrianoides apetzoides* Capra & Fürsch, 1967

32(30) Körper länglich oval, 1,6-mal so lang wie breit. Mittel- und Hinterschienen deutlich gebogen. Elytren schwarz, mit zwei roten Makeln (selten nur einem), Hinterrand hell gesäumt (vgl. Foto 240). Pronotum schwarz, am Vorder- und Seitenrand meist breit gelbrot gesäumt, Vorderecken ebenfalls gelbrot. 7. Sternit des ♂ stark ausgerandet. Aedoeagus (Abb. 106). Körperlänge 2,0–3,0 mm. (Genitaluntersuchung erforderlich).

Scymnus (*Scymnus*) *doriae* Capra, 1924

32* Körper oval, 1,5-mal so lang wie breit. Mittel- und Hinterschienen nur schwach gebogen. Elytren mit je zwei großen rötlichen Flecken (vgl. Foto 247), die manchmal miteinander verschmolzen sind. Kopf rot. Pronotum schwarz mit roten Vorderecken und Rand. Schulterbeule deutlich. Aedoeagus (Abb. 110). Körperlänge 2,3–2,6 mm. (Genitaluntersuchung erforderlich).

Scymnus (*Scymnus*) *magnomaculatus* Fürsch, 1958

Bestimmungstabelle für die Tribus Chilocorini Mulsant, 1846

1 Elytren an der Schulter mit einem gebogenen roten Fleck oder ganz schwarz (vgl. Fotos 257–260). Vorderrand des Clypeus nicht gerandet, vorn in der ganzen Breite ausgebuchtet, Labrum fast völlig freiliegend. Körper rundlich bis breit oval, 1,2–1,4-mal so lang wie breit, weniger konvex. Das Pronotum schließt mit der Basis dichter an die Elytren an, es bleibt nur ein schmaler Spalt offen. Vordertibia ohne einen Zahn am Außenrand. Klauen mit Basalzahn (vgl. Abb. 9g Pfeil) (*E. oblongus* ohne Basalzahn, vgl. Abb. 9h Pfeil). Antennen neun- oder zehngliedrig. 2

1* Elytren ohne roten Schulterfleck, aber nie ganz schwarz (vgl. Fotos 254, 256). Vorderrand des Clypeus fein gerandet. Körper breit gerundet, 1,1–1,2-mal so lang wie breit, hoch gewölbt, konvex. Das Pronotum ist an der Basis gerundet und schließt nicht dicht an die Elytren an, es klafft ein offener Winkel. Vordertibia mit einem Zahn am Außenrand. Klauen mit Basalzahn. Antennen achtgliedrig (vgl. Abb. 11).

Chilocorus Leach, 1815 (siehe weitere Bestimmungstabelle)

Bei Exemplaren mit völlig schwarzen Elytren sollte auch *Chilocorus nigritus* (Fabricius, 1798) in Betracht gezogen werden (vgl. Foto 255).

2 Elytren schwarz mit je zwei (selten drei) roten Flecken, der vordere umgreift meist die Schulterbeule (vgl. Foto 257–259). Elytren deutlich fein punktiert. Scutellum etwa 20-mal schmaler als der Körper. Pronotum schwarz oder mit gelbroten Vorderecken. Beine schwarzbraun. Antennen neun- oder zehngliedrig.

Exochomus L. Redtenbacher, 1843 (siehe weitere Bestimmungstabelle)

2* Elytren einfarbig schwarz (vgl. Foto 260), sehr fein punktiert. Scutellum etwa 16-mal schmaler als der Körper. Pronotum schwarz mit breitem gelbroten Seitensaum. Beine gelbweiß bis rot. Antennen neungliedrig. – Kopf beim ♂ vorn gelb, beim ♀ schwarz. Körperlänge 3,0–4,5 mm. [*Exochomus flavipes* (Thunberg, 1781)]

Parexochomus nigromaculatus (Goeze, 1777)

Gattung *Chilocorus* Leach, 1815

1 Elytren schwarz, glänzend, mit je einem roten bis gelblichen, runden, elliptischen bis bohnenförmigem Makel (vgl. Foto 256). Kopf schwarz, Hinterleib rot, Pronotum und Beine schwarz. Körperlänge 4,0–5,0 mm.

Ch. renipustulatus (L. G. Scriba, 1791)

1* Elytren schwarzbraun bis rotbraun, mit je drei kleinen rotgelben Flecken, die in einer ± verschmolzenen Querreihe angeordnet sind (vgl. Foto 254), ihr Ursprung aus Einzelflecken bleibt meist erkennbar. Kopf, Unterseite und Beine dunkelbraun. Körperlänge 2,7–4,0 mm.

Ch. bipustulatus (LINNAEUS, 1758)

Gattung *Exochomus* L. REDTENBACHER, 1843

1 Antennen zehngliedrig. Mundwerkzeuge schwarz. Klauen an der Basis nicht gezähnt (vgl. Abb. 9h Pfeil). Körper im Umriss etwas länglicher, 1,3–1,4-mal so lang wie breit. Epipleuren horizontal, flach. – Elytren schwarz, mit je zwei roten, selten gelben Makeln, der vordere umgreift die Schulterbeule, der hintere ist klein und rund (vgl. Foto 258). Seitenrand der Elytren nicht breit abgesetzt. Pronotum schwarz, Vorderecken bei manchen Exemplaren etwas gelbweiß aufgehellt. Körperlänge 2,6–3,8 mm. [*Brumus oblongus* (WEIDENBACH, 1859)]

E. oblongus WEIDENBACH, 1859

1* Antennen neungliedrig. Mundwerkzeuge braun. Klauen an der Basis gezähnt (vgl. Abb. 9g Pfeil). Körper im Umriss mehr rund, 1,2–1,3-mal so lang wie breit. Epipleuren sehr stark umgeschlagen und gegen die Dorsalfläche gedrückt. 2

2 Pronotum schwarz, selten mit angedeuteten hellen Vorderwinkeln. Körper im Umriss fast rund, 1,2-mal so lang wie breit. Seitenrand der Elytren nach außen erweitert. Epipleuren geneigt, innerer Vorderteil mit einem roten Streifen. Elytren schwarz, mit je zwei roten, selten gelben Makeln, der vordere umgreift meist halbmondförmig die Schulterbeule und schließt den Seitenrand nicht ein (vgl. Foto 259). Der hintere Makel kann fehlen. Klauenzähne spitz. Körperlänge 3,0–5,0 mm. [Verwechslungsmöglichkeit mit *Adalia bipunctata* Forma *quadrimaculata*].

E. quadripustulatus (LINNAEUS, 1758)

2* Vorderwinkel des Pronotums und manchmal auch der Seiten- und der Vorderrand gelb. Körper breit oval, 1,3-mal so lang wie breit. Seitenrand der Elytren schmaler, kaum nach außen erweitert. Innerer Vorderteil der Epipleuren mit einem orangen Streifen. Elytren schwarz, mit je zwei (mitunter drei) orangen bis gelben Makeln, der vordere umgreift die Schulterbeule (vgl. Foto 257). Klauenzähne weniger spitz. Körperlänge 3,0–4,0 mm.

E. cedri J. R. SAHLBERG, 1913

Bestimmungstabelle für die Unterfamilie Ortaliinae Mulsant, 1850

1 Elytren tiefrot (verblasst bei präparierten Exemplaren) mit je fünf schwarzen Flecken, drei der Länge nach neben der Naht, zwei mit dem Seitenrand verschmolzen (vgl. Foto 262), sie können zu drei Querstrichen und zwei Längsstrichen verschmelzen, oder die Elytren erscheinen schwarz mit drei Paaren roter Punkte und einem roten Rand. Naht der Elytren niemals völlig schwarz. Pronotum schwarz mit rotem Vorder- und Seitenrand. Prosternalfortsatz so lang wie breit, ohne Kiellinien. Klauen mit einem kleinen Zahn an der Basis. Körperlänge 2,8–4,0 mm.

Novius cruentatus (Mulsant, 1846)

1* Elytren orangerot mit je zwei schwarzen Makeln, ein größerer neben der Schulter, ein kleinerer hinter der Mitte, der mit dem dunklen Seitenrand im hinteren Drittel der Elytren und der Naht verbunden ist sowie einem gemeinsamen Fleck hinter dem Scutellum (vgl. Foto 263). Naht der Elytren völlig schwarz und hinten in einem Bogen mit dem schwarzen Seitenrand verbunden. Pronotum gelbrot, Basis mit einem transversen schwarzen Fleck. Prosternalfortsatz so lang wie breit, mit zwei Kiellinien. Klauen tief in zwei Spitzen gespalten. Körperlänge 3,0–4,0 mm.

Rodolia cardinalis (Mulsant, 1850)

Bestimmungstabelle für die Tribus Halyziini Mulsant, 1846

1 Körperoberseite zitronengelb mit elf schwarzen Punkten (3–4–1–2–1) (vgl. Foto 265). Vier stehen in einer Längsreihe neben der Naht, drei ebenfalls in einer Längsreihe in der Mitte, drei längs neben dem Seitenrand und ein kleiner direkt am Seitenrand vor der Mitte. Einzelne Punkte können fehlen, mitunter sind sie auch vergrößert oder fließen sogar quer zusammen. Das Pronotum lässt die Augen unbedeckt. – Pronotum mit vier halbkreisförmig angeordneten schwarzen Flecken und einem fünften, dreieckigen vor dem Scutellum. Labrum beim ♂ völlig gelb, beim ♀ schwarz gefleckt. Vorderbrust ohne Kiellinien. Klauen mit einem Zahn an der Basis. Körperlänge 3,0–4,5 mm. [*Thea vigintiduopunctata* (Linnaeus, 1758)]

Psyllobora vigintiduopunctata (Linnaeus, 1758)

Foto 100: *Halyzia sedecimguttata,* Kopf von vorn. Foto: A. Kruithof.

Man sollte auch auf *Psyllobora (Psyllobora) vigintimaculata* (Say, 1824) achten, bei der einige Punkte auf den Elytren größer und meist miteinander verflossen sind (vgl. Foto 266).

1* Körperoberseite hellbraun bis orangebraun, mit weißlichen Flecken (vgl. Fotos 264, 267). 2

2 Elytren mit je acht rundlichen Flecken (1–2–2–2–1), die z. T. mit dem hellen Seitenrand verschmolzen sein können. Sie stehen zu je fünf in einer Längsreihe neben der Naht und drei an jeder Seite. Pronotum mit einem schmalen gelblichen Mittelfleck, je zwei gelblichen Flecken daneben und einem breiten durchscheinenden Seitenrand. Vorder- und Hinterwinkel des Pronotums breit abgesetzt, aufgebogen, gelb. Elytren mit breit abgesetztem Seitenrand (vgl. Foto 264). Augen beim Blick von oben vom Vorderrand des Pronotums völlig bedeckt (Foto 100). Körper relativ flach. Antennen länger, 1,4-mal länger als der Kopf breit ist. Vorderbrust nur mit schwach erkennbaren Kiellinien. Klauen mit Basalzahn. Körperlänge 5,0–7,0 mm.

Halyzia sedecimguttata (Linnaeus, 1758)

2* Elytren mit zwölf runden Flecken (1–1–1–2–1). Sechs sind in einem Halbkreis angeordnet, die vordersten stehen neben dem Scutellum (vgl. Foto 267). Je zwei weitere Makeln befinden sich dicht am Seitenrand (selten fehlen einzelne Makeln). Pronotum mit einem dunklem Mittelfleck und einem breitem weißlichen sowie einem gelblichen Vorderrand. Vorder- und Hinterwinkel des Pronotums nicht breit abgesetzt. Elytren mit schmal abgesetztem Seitenrand (selten besitzen die Elytren eine quere Bogenfalte). Augen vom Vorderrand des Pronotums nur zur reichlichen Hälfte bedeckt. Körper konvex. Antennen kürzer, 1,2-mal länger als der Kopf breit ist. Vorderbrust mit deutlichen Kiellinien. Klauen mit Basalzahn. Körperlänge 3,0–4,0 mm.

Vibidia duodecimguttata (Poda von Neuhaus, 1761)

Bestimmungstabelle für die Tribus Coccinellini LATREILLE, 1807 und Tytthaspidini CROTCH, 1874

1 Seiten des Pronotums ± gleichmäßig gerundet, größte Breite vor oder in der Mitte. Elytren meist länglich. Die Mittel- und Hinterschenkel überragen den Seitenrand der Elytren. 2

1* Pronotum an der Basis am breitesten, nach vorn verjüngt. Elytren mehr rundlich. Die Mittel- und Hinterschenkel überragen den Seitenrand der Elytren nicht oder nur wenig. 6

2 Basis des Pronotums fein gerandet (leicht zu übersehen). 3

2* Basis des Pronotums völlig ohne abgesetzten Rand. 4

3 Elytren rötlich mit einem gemeinsamen schwarzen Scutellarfleck, der das Scutellum einschließt und bis zu zwölf schwarzen Punkten (1–2–2–1), die z. T. miteinander verflossen sind oder auch fehlen können, besonders häufig der Schultermakel oder andere der vorderen Hälfte (Abb. 112). Pronotum mit schwarzer Basis, nach vorn laufen vier, mitunter fingerförmig verlängerte schwarze Fortsätze, die mit der schwarzen Basis ± verschmolzen sind, meist bleibt jederseits ein kleiner weißer Punkt frei (Abb. 114) (vgl. Foto 326). Klauen an der Basis mit einem spitzen Zahn (vgl. Abb. 9n). Mittel- und Hinterschienen mit je zwei kurzen Spornen (vgl. Abb. 9o Pfeil). Kopf mit querer schwarzer Scheitelbinde, beim ♂ vorn weiß mit zwei kleinen schwarzen Flecken, die verschmolzen sein können, beim ♀ ist der Kopf vorn schwarz mit zwei weißen Flecken. Körperlänge 3,0–5,8 mm. [*Adonia variegata* (GOEZE, 1777)]

Hippodamia (*Hippodamia*) *variegata* (GOEZE, 1777)

3* Elytren gelblich bis bräunlich, einfarbig hell oder hell mit je einem schrägen, länglichen schwarzen Makel an der Seite vor der Spitze oder mit zwei dunklen, teilweise aufgelösten Längslinien, oder die Elytren sind dunkel mit heller rötlicher Basis und einem hellen Makel in der Mitte sowie einigen hellen Längsflecken bis völlig dunkel (nur ♀♀) (Abb. 113) (vgl. Fotos 286, 287). Pronotum gleichförmig hell oder mit einer oft nur schwach ausgebildeten, aus einzelnen Flecken bestehenden M-förmigen Zeichnung (Abb. 115), bei dunklen ♀♀ ist es schwarzbraun mit einem hellem Seitenrand oder einfarbig schwarzbraun. Klauen mit einem Basalzahn. Mittel- und Hinterschienen ohne Sporne. Kopf mit zwei schwarzen, meist unterbrochenen Längsstrichen, bei dunklen ♀♀ fast völlig dunkelbraun. Körperlänge 3,5–4,9 mm. [Verwechslungsgefahr mancher Exemplare mit *Adalia conglomerata*]

Aphidecta obliterata (LINNAEUS, 1758)

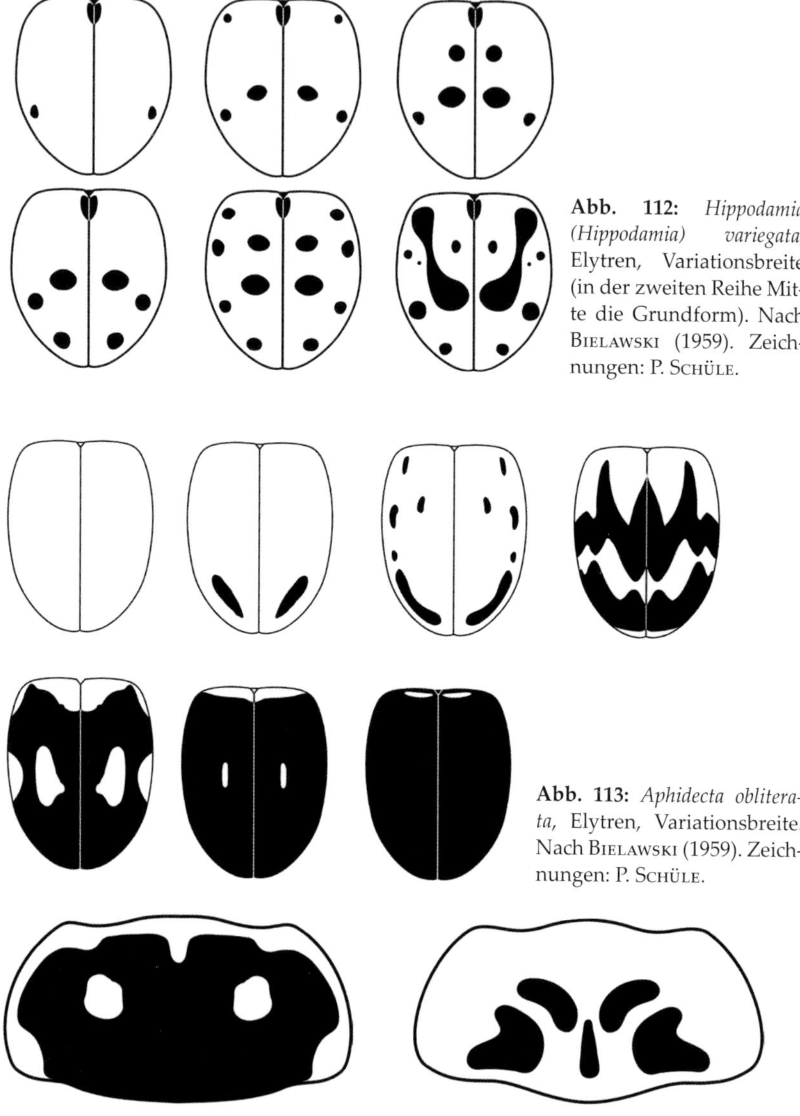

Abb. 112: *Hippodamia (Hippodamia) variegata*, Elytren, Variationsbreite (in der zweiten Reihe Mitte die Grundform). Nach Bielawski (1959). Zeichnungen: P. Schüle.

Abb. 113: *Aphidecta obliterata*, Elytren, Variationsbreite. Nach Bielawski (1959). Zeichnungen: P. Schüle.

Abb. 114: *Hippodamia variegata*, Pronotum. Zeichnung: P. Schüle.

Abb. 115: *Aphidecta obliterata*, Pronotum. Zeichnung: P. Schüle.

4(2) Vorderrand des Pronotums fast gerade abgeschnitten. Schenkellinie fehlt. – Klauen in der Mitte mit einem scharfen Zahn.

Hippodamia (*Hemisphaerica*) Chevrolat, 1836
(siehe weitere Bestimmungstabelle S. 255)

4* Vorderrand des Pronotums beiderseits der Mitte ± tief eingebuchtet. Schenkellinie vorhanden. 5

5 Elytren gelb (bei jungen Exemplaren rosa), jeweils mit neun kleinen schwarzen Punkten (1–2–1–2–2–1) und einem gemeinsamen Scutellarfleck (vgl. Foto 268). Einzelne Punkte können fehlen, selten alle, ebenfalls selten sind einige miteinander verbunden. Körper langgestreckt, flach, 1,8-mal so lang wie breit. Klauen ungezähnt (vgl. Abb. 9i). – Pronotum mit sechs größeren schwarzen Makeln: vorn vier in einer Querreihe, dahinter zwei, die den Hinterrand schwach berühren (Abb. 116). Körperoberseite mit tiefen Punkten, Pronotum zwischen den Punkten fein chagriniert. Kopf mit einer in der Mitte unterbrochenen schwarzen Querbinde auf dem Scheitel. Körperlänge 2,8–4,0 mm.

Anisosticta novemdecimpunctata (LINNAEUS, 1758)

Es sollte auch auf *Anisosticta strigata* (THUNBERG, 1795) geachtet werden. Bei dieser Art sind die Abdominalsternite gelb und die meisten Makeln auf den Elytren der Länge nach verflossen (vgl. Foto 269).

5* Elytren rot mit schwarzer Zeichnung oder schwarz mit roten Makeln oder einem roten Seitensaum. Körper oval, etwas mehr gewölbt. Klauen an der Basis mit einem Zahn. [*Semiadalia*]

Ceratomegilla CROTCH, 1873 (siehe weitere Bestimmungstabelle S. 244)

6(1) Nahtkante der Elytren hinten mit einem flachen, dicht, fein und kurz behaarten Ausschnitt (Abb. 117). Körperlänge 7,5–9,0 mm. – Elytren rot bis rotbraun, mit je neun runden schwarzen Flecken (1–4–3–1), die von einem hellen Hof umgeben sind und einem kleinen getrennten Scutellarfleck (vgl. Foto 284). Die Zeichnung variiert, mitunter fehlen einige Makeln, oder einige sind in unterschiedlicher Art miteinander verbunden. Es kommen auch Exemplare vor, denen die schwarzen Flecken völlig fehlen und nur die Höfe vorhanden sind (vgl. Foto 285) oder solche, denen die Höfe um die schwarzen Punkte fehlen. Seitenkanten der Elytren fein schwarz gerandet. Pronotum weißlich mit einer schwarzen M-förmigen Zeichnung in der Mitte und kleinen dunklen Flecken am Seitenrand (Abb. 118). Kopf schwarz mit zwei gelben Flecken zwischen den Augen.

Anatis ocellata (LINNAEUS, 1758)

6* Nahtkante der Elytren ohne behaarten Ausschnitt. Körperlänge meist geringer. 7

7 Antennenkeule kompakt, die vorletzten Glieder breiter als lang (vgl. Abb. 1m). Augen von oben vollständig sichtbar. 8

7* Antennen lose gegliedert, die vorletzten Glieder länger als breit (vgl. Abb. 1n, o). Augen wenigstens in der hinteren Hälfte vom Pronotum bedeckt. 13

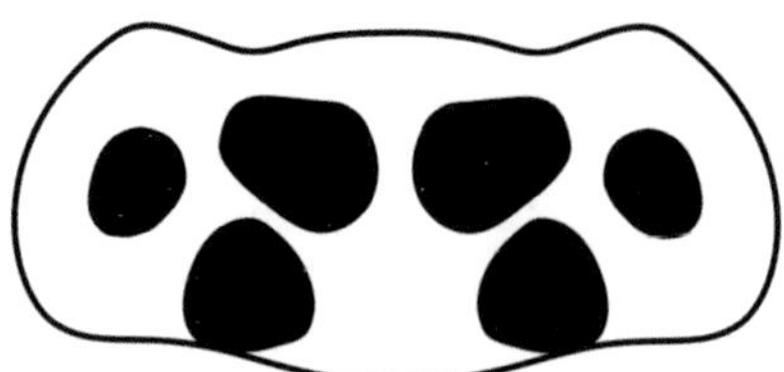

Abb. 116: *Anisosticta novemdecimpunctata,* Pronotum. Zeichnung: P. Schüle.

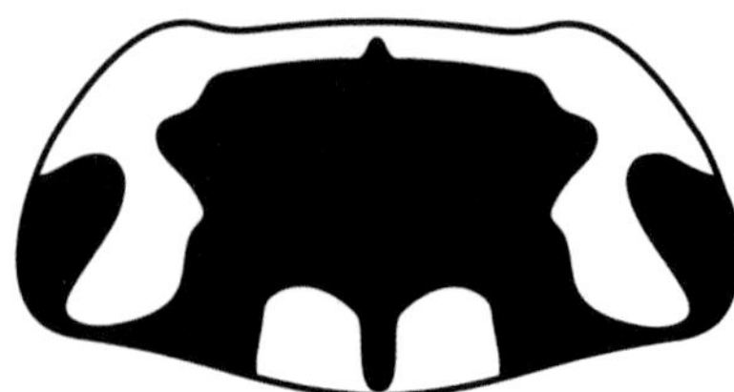

Abb. 118: *Anatis ocellata,* Pronotum. Zeichnung: P. Schüle.

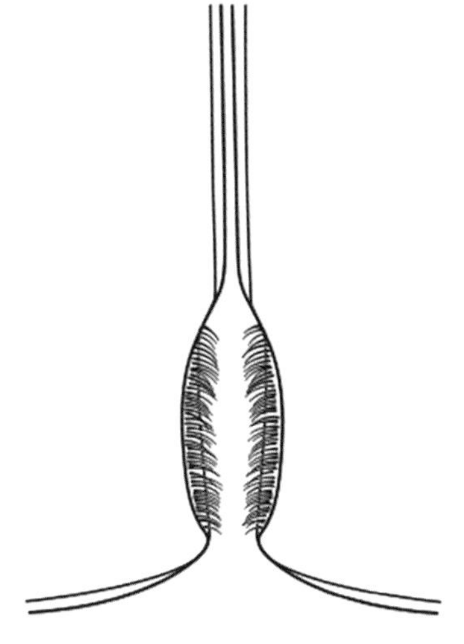

Abb. 117: *Anatis ocellata,* Elytrenende. Nach Bielawski (1959). Zeichnung: P. Schüle.

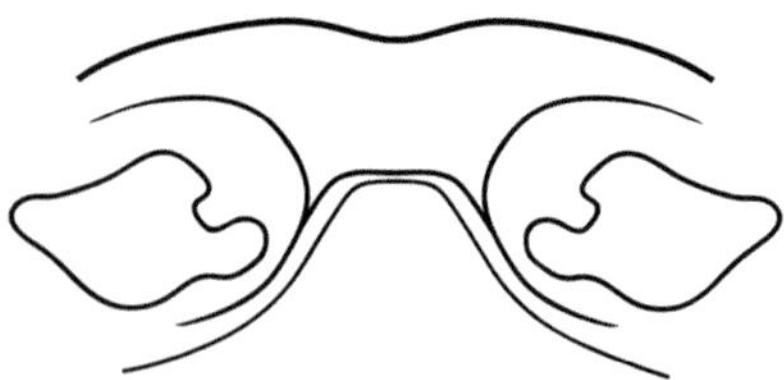

Abb. 119: *Harmonia quadripunctata,* Mittelbrust, Vorderrand. Nach Fürsch (1967). Zeichnung: P. Schüle.

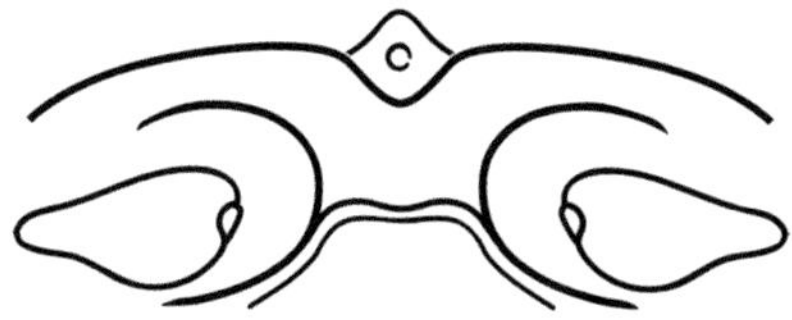

Abb. 120: *Coccinula quatuordecimpustulata,* Mittelbrust, Vorderrand. Nach Fürsch (1967). Zeichnung: P. Schüle.

8 Vorderbrust gewölbt, ohne Kiellinien. Schenkellinie vollständig. Färbung der Elytren und des Pronotums vgl. Fotos 275–283.

Adalia Mulsant, 1846 (siehe weitere Bestimmungstabelle S. 231)

8* Vorderbrust flach gedrückt, meist mit zwei Kiellinien. Schenkellinie unvollständig. Färbung der Elytren und des Pronotums anders......... 9

9 Hinterschienen mit deutlichen Endspornen. Vorderrand der Mittelbrust gerade (Abb. 119). 10

9* Hinterschienen ohne oder nur mit sehr kleinen Endspornen. Vorderrand der Mittelbrust mit dreieckigem Vorsprung (Abb. 120). 12

10 Klauen mit einem Zahn an der Basis. Mandibeln ohne feine Zähne hinter dem gespaltenen Incisivus, Innenseite glatt.............................. 11

10* Klauen einfach, ohne Zahn. Mandibeln mit feinen Zähnen hinter dem gespaltenen Incisivus. – Elytren rosenrot bis hellorange, mit einem gemeinsamen Scutellarfleck und je neun schwarzen Punkten (1–2–3–2–1), von denen einige fehlen können. Pronotum gelb mit drei paarigen schwarzen Punkten, die in einem doppelten V stehen, dahinter in der Mitte ein kleiner Punkt und je ein weiterer kleiner, manchmal undeutlicher Punkt vor den mittleren großen (vgl. Foto 270). Kopf gelb mit zwei schwarzen Flecken hinter den Augen am Hinterrand. Antennen so lang wie die Breite der Stirn (0,6-mal die Kopfbreite). Antennen und Beine orange. Körper breit oval bis oval, 1,4–1,5-mal so lang wie breit, konvex, dicht punktiert. Körperlänge 3,8–5,6 mm.

Bulaea lichatschovii Hummel, 1827

11 Elytren schwarz, mit runden gelben bis gelbroten Makeln (vgl. Fotos 271, 272).

Coccinula Dobrzhanskiy, 1924 (siehe weitere Bestimmungstabelle S. 239)

11* Elytren rot mit schwarzen Punkten oder Querstreifen (vgl. Fotos 300–310), bei einer Art gelb bis gelbrot mit schwarzen länglichen Makeln (vgl. Foto 298) oder völlig schwarz (vgl. Foto 299), eine weitere Art mit breitem roten Seitenrand der Elytren (vgl. Foto 297). – Kopf bei den meisten Arten schwarz, mit zwei hellen Flecken zwischen den Augen. Pronotum schwarz, mit weißen Vorderecken.

Coccinella Linnaeus, 1758 (siehe weitere Bestimmungstabelle S. 247)

12(9) Hinterschienen mit zwei sehr kleinen Endspornen. Elytrenzeichnung vgl. Fotos 329, 330 oder schwarz mit gelben Punkten (vgl. Foto 334) oder völlig schwarz (vgl. Fotos 332, 333). Körperlänge 3,0–5,4 mm. [*Synharmonia*]

Oenopia Mulsant, 1850 (siehe weitere Bestimmungstabelle S. 256)

12* Hinterschienen ohne Endsporne. Elytrenzeichnung anders (vgl. Fotos 311–323). Körperlänge 5,2–8,2 mm.

Harmonia Mulsant, 1846 (siehe weitere Bestimmungstabelle S. 252)

13(7) Klauen in der Mitte mit einem scharfen Zahn (vgl. Abb. 9k Pfeil). Elytren hellbraun mit je zwei weißgelben, teilweise unterbrochenen Längsstreifen, einem hellen Seitenrand und zwei getrennten hellen Scutellarflecken (vgl. Foto 328). Die hellen Längsflecken können so breit sein, dass die hellbraune Grundfarbe fast völlig verdrängt wird. – Pronotum in der Mitte mit einem trapezförmigen dunklen Fleck (selten einer schwarzbraunen M-förmigen Zeichnung) und einem breiten hellen Rand (Abb. 121). Körperlänge 6,5–8,8 mm. [*Neomysia oblongoguttata* (Linnaeus, 1758), *Paramysia oblongoguttata* (Linnaeus, 1758)]

Myzia oblongoguttata oblongoguttata (Linnaeus, 1758)

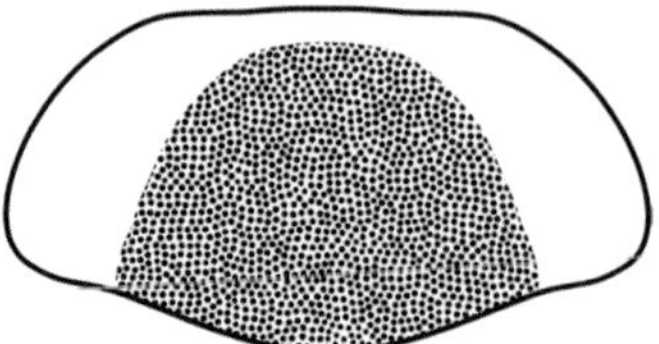

Abb. 121: *Myzia oblongoguttata,* Pronotum. Zeichnung: P. SCHÜLE.

Abb. 122: *Sospita vigintiguttata,* Pronotum. Zeichnung: P. SCHÜLE.

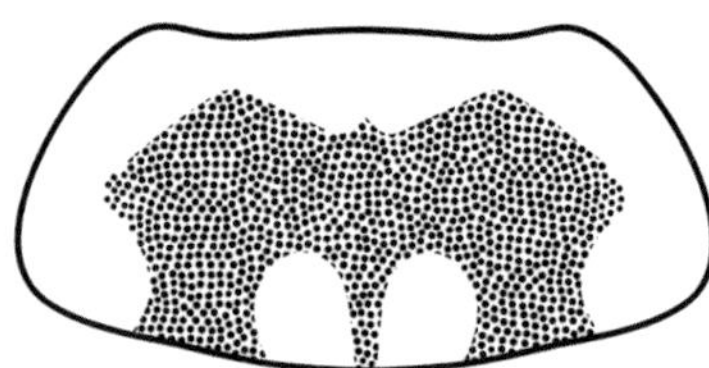

Abb. 123: *Myrrha octodecimguttata,* Pronotum. Zeichnung: P. SCHÜLE.

13* Klauen an der Basis mit einem kürzeren Zahn. Elytren anders gezeichnet. 14

14 Vorderrand der Mittelbrust gerade. Elytren vgl. Fotos 327, 337 und 338. 15

14* Vorderrand der Mittelbrust mit tiefem, gerundetem Ausschnitt. Elytren vgl. Fotos 288–290, 335, 336. 16

15 Körperlänge 5,0–6,5 mm. Ohne Schildchenfleck. Körperoberseite schwarz oder hellbraun, im Sommer (neue Generation) hellbraun und weiß, nach der Überwinterung schwarz und gelb (vgl. Fotos 337, 338). Elytren je mit zehn runden weißen Flecken (1–2–1–3–2–1), vier stehen in einem Halbkreis um das Scutellum, sechs bilden vor der Mitte einen 2. Halbkreis, je drei weitere, oft verschmolzene am Seitenrand und zwei weitere vor der Spitze. Pronotum schwarz oder hellbraun, mit einem weißen bogenförmigen Makel am Seitenrand und zwei hellen Flecken vor dem Hinterrand. Man kann die Zeichnung auch als M mit seitlichen Flügeln auffassen (Abb. 122).

Sospita vigintiguttata (LINNAEUS, 1758)

15* Körperlänge 3,5–4,9 mm. Körperoberseite braun. Elytren mit einem großen L-förmig gebogenen Makel neben dem Scutellum (vgl. Foto 327) und je acht, z. T. rechteckigen, gelbweißen Makeln (1–1–3–2–1), die meist z. T. miteinander verbunden sein können. Pronotum mit breit gebogenem weißlichen Seitenrand, einer M-förmigen braunen Zeichnung in der Mitte und einem Paar ± quadratischer grellweißer Flecken am Hinterrand vor dem Scutellum (Abb. 123).

Myrrha octodecimguttata (LINNAEUS, 1758)

16(14) Elytren braun, mit hellen, runden Makeln (vgl. Fotos 288–290). Letztes Antennenglied breit, abgestutzt (vgl. Abb. 1p).

Calvia Mulsant, 1846 (siehe weitere Bestimmungstabelle S. 243)

16* Elytren schwarz-gelb gezeichnet (vgl. Fotos 335, 336), die Flecken sind meist rechteckig, sie stehen einzeln oder sind ± miteinander verbunden bis verschmolzen. Es sind entweder sieben (2–1–2–1–1) schwarze Makeln und wenigstens vorn eine schwarze Naht auf gelbem Grund ausgebildet, oder die Zeichnung erscheint als gelbes Muster auf schwarzem Untergrund mit einem wenigstens teilweise ausgeprägten gelben Seitenrand (Abb. 124). Letztes Antennenglied abgerundet (vgl. Abb. 1o). – Kopf hinten schwarz, vorn weiß bis gelblich, Scheitel beim ♂ mit gewellter, beim ♀ mit gerader Linie. Prosternum der ♂♂ weiß, bei den ♀♀ schwarz. 8. Sternit der ♂♂ eingebogen oder eingekerbt, der ♀♀ rund. Das Pronotum heller Exemplare trägt sechs oder sieben dunkle Punkte, die als ein W oder zwei V angeordnet und mitunter teilweise miteinander verschmolzen sind. Dunkle Exemplare zeigen einen großen dunklen Fleck auf dem Pronotum, dessen Vorderrand vierlappig ausgeprägt ist (Abb. 125). Elytren dichter und stärker punktiert als das Pronotum. Körperlänge 3,5–5,0 mm. [Verwechslungsgefahr mit *Oenopia conglobata*]

Propylea quatuordecimpunctata (Linnaeus, 1758)

Gattung *Coccinula* Dobrzhanskiy, 1924

1 Vorderrand und Vorderecken des Pronotums weiß, die Grenzen zwischen schwarz und weiß sind wellenförmig bis gezackt (Abb. 126) (vgl. Foto 271). Elytren schwarz mit sieben gelben Flecken (2–2–2–1). Die äußeren Flecken am Seitenrand der Elytren stehen fast immer einzeln, selten sind sie z. T. miteinander verflossen (Abb. 128). Hinterster Makel der Elytren meist nierenförmig eingebuchtet. Vorderbeine gelbbraun, Mittelbeine teilweise, Hinterbeine meist schwarz. – Kopf der ♂♂ gelbweiß mit schwarzem Scheitel, bei den ♀♀ schwarz mit einem Paar weißer Flecken neben den Augen. Körperlänge 3,0–4,0 mm.

C. quatuordecimpustulata (Linnaeus, 1758)

1* Vorder- und Seitenrand des Pronotums weiß, von der schwarzen Basis gerade abgesetzt, nicht wellenförmig (Abb. 127). Elytren schwarz mit gelben Flecken (2–2–2–1) (vgl. Foto 272). Die äußeren Makeln, wenigstens die seitlichen, sind miteinander verbunden und bilden einen gewellten hellen Seitenrand (Abb. 129) (gelegentlich sind aber alle Makeln getrennt). Hinterster Makel der Elytren dreieckig bis halbkreisförmig, er berührt den Seitenrand. Schenkel schwarz, mindestens teilweise, Schienen gelbbraun. Körperlänge 2,6–3,5 mm. [Verwechslungsgefahr mit *Oenopia lyncea agnatha*]

C. sinuatomarginata (FALDERMANN, 1837)

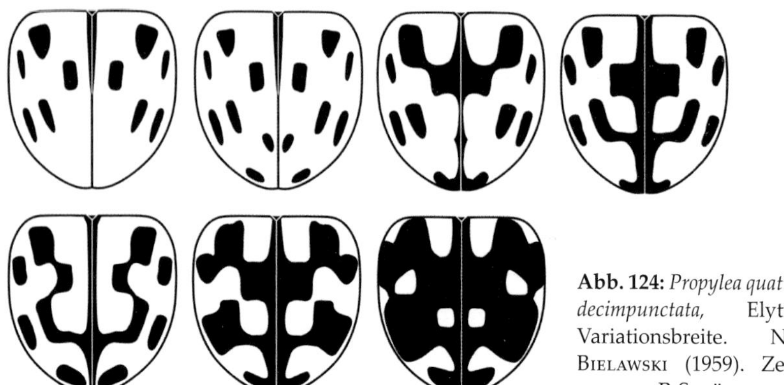

Abb. 124: *Propylea quatuordecimpunctata,* Elytren, Variationsbreite. Nach BIELAWSKI (1959). Zeichnungen: P. SCHÜLE.

Abb. 125: *Propylea quatuordecimpunctata,* Pronotum. Zeichnung: P. SCHÜLE.

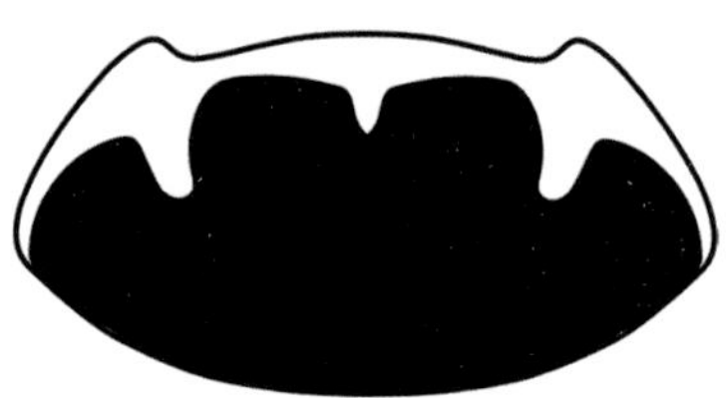

Abb. 126: *Coccinula quatuordecimpustulata,* Pronotum. Zeichnung: P. SCHÜLE.

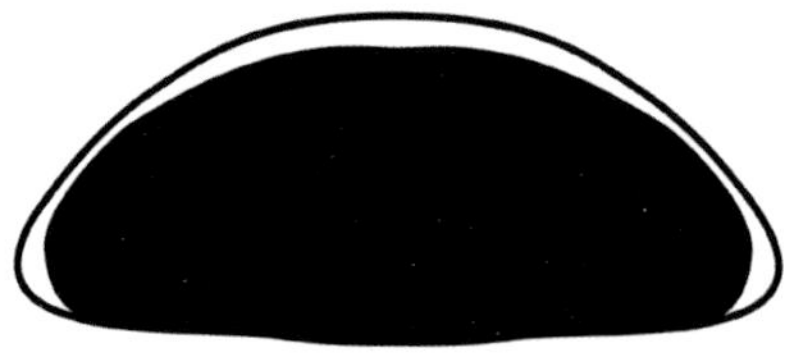

Abb. 127: *Coccinula sinuatomarginata,* Pronotum. Zeichnung: P. SCHÜLE.

Abb. 129: *Coccinula sinuatomarginata,* Elytren. Nach BIELAWSKI (1959). Zeichnung: P. SCHÜLE.

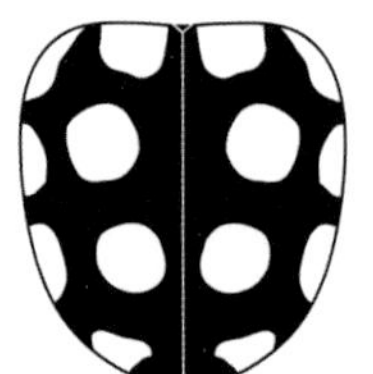

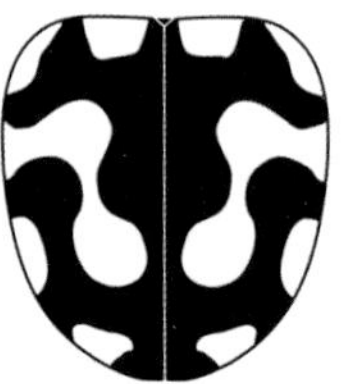

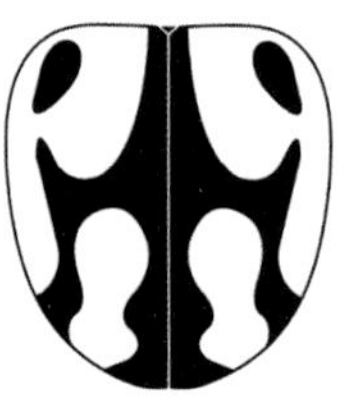

Abb. 128: *Coccinula quatuordecimpustulata,* Elytren, Variationsbreite (links die Nominatform). Nach BIELAWSKI (1959). Zeichnungen: P. SCHÜLE.

Gattung *Adalia* Mulsant, 1846

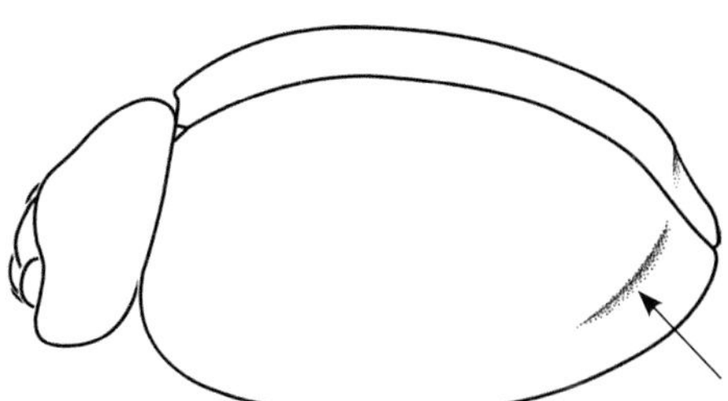

Abb. 130: *Adalia (Adalia) decempunctata,* Elytren, Bogenfalte. Zeichnung: P. Schüle.

1 Elytren hinten vor der Spitze meist mit einer deutlichen queren Bogenfalte (Abb. 130 Pfeil), die auch schwach ausgeprägt sein und sogar fehlen kann. Die Epimeren der Mittelbrust sind gelblichweiß, orange oder braun. Beine rotgelb bis braun. Unterseite des Körpers orange oder gelblich. Vorderrand des Mesosternums zwischen den Hüften eingekerbt. Körper fast rund. Schenkellinie einen scharfen Winkel bildend. – Elytren sehr variabel (vgl. Abb. 15) (Abb. 131), häufig sind drei Färbungsformen: 1. Elytren rot, gelb oder ocker, meist zweifarbig, mit je fünf (oder sechs) braunen oder schwarzen Punkten (1–3–1 oder 1–3–2) (Forma *decempunctata*), die z. T. oder völlig fehlen können (vgl. Foto 277). 2. Elytren braun oder schwarz mit fünf großen, gelben oder roten Flecken (2–2–1), die z. T. miteinander verschmolzen sein können (Forma *decempustulata*) (vgl. Fotos 278, 279). 3. Elytren braun oder schwarz mit je einem halbmondförmigen hellen Fleck an der Schulterbeule, der den Seitenrand meist nicht erreicht (Forma *bimaculata*) (vgl. Fotos 280, 281). Umgebung des Scutellums bei der Forma *decempunctata* hell, bei anderen Farbformen dunkel. Pronotum weiß mit fünf schwarzen Flecken, die ein M formen können (Forma *decempunctata*, Forma *decempustulata*), sowie je einem weiteren Punkt am Seitenrand oder schwarz mit einem breiten hellen Seitenrand und schmalem hellen Vorderrand (Forma *decempustulata*, Forma *bimaculata*) (Abb. 134). Klauen lang, mit deutlichem Basalzahn. Körperlänge 3,5–5,0 mm.

A. (*Adalia*) *decempunctata* (Linnaeus, 1758)

1* Elytren ohne quere Bogenfalte. Die Epimeren der Mittelbrust sind schwarz. Beine schwarz. Unterseite des Körpers schwarz. Vorderrand des Mesosternums zwischen den Hüften nicht eingekerbt. Körper oval. Schenkellinie halbkreisförmig oder gerundet winkelförmig. – Elytren rot mit je einem schwarzen Punkt (Forma *typica*) (vgl. Foto 275) oder schwarz mit je zwei (Forma *quadrimaculata*) (vgl. Foto 276) oder sechs (Forma *sexpustulata*) roten Flecken (Abb. 132). Die vorderen roten Flecken schließen fast immer den Seitenrand der Elytren ein. Weitere Farbformen kommen vor (vgl. Abb. 16). Scutellum schwarz.

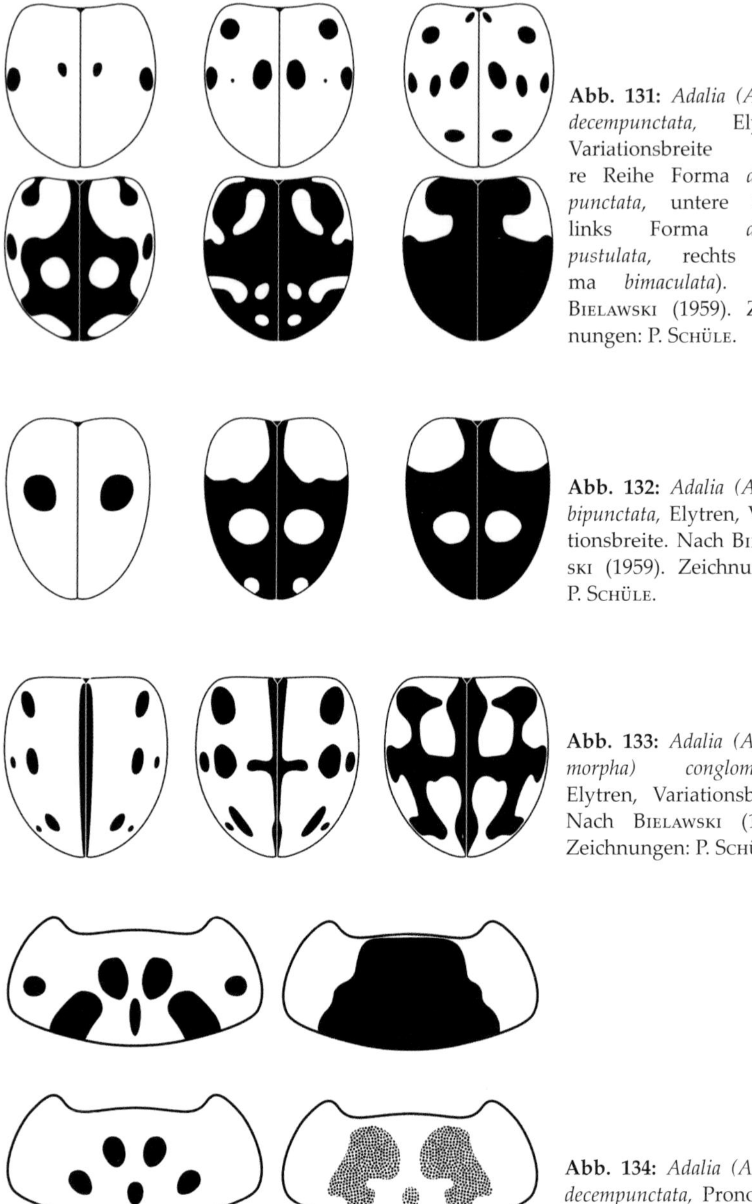

Abb. 131: *Adalia (Adalia) decempunctata,* Elytren, Variationsbreite (obere Reihe Forma *decempunctata,* untere Reihe links Forma *decempustulata,* rechts Forma *bimaculata*). Nach BIELAWSKI (1959). Zeichnungen: P. SCHÜLE.

Abb. 132: *Adalia (Adalia) bipunctata,* Elytren, Variationsbreite. Nach BIELAWSKI (1959). Zeichnungen: P. SCHÜLE.

Abb. 133: *Adalia (Adaliomorpha) conglomerata,* Elytren, Variationsbreite. Nach BIELAWSKI (1959). Zeichnungen: P. SCHÜLE.

Abb. 134: *Adalia (Adalia) decempunctata,* Pronotum. Zeichnungen: P. SCHÜLE.

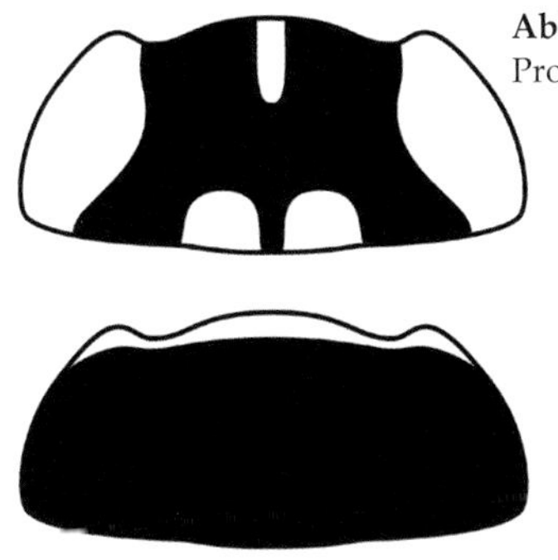

Abb. 135: *Adalia (Adalia) bipunctata*, Pronotum. Zeichnungen: P. SCHÜLE.

Abb. 136: *Adalia (Adaliomorpha) conglomerata*, Pronotum. Zeichnung: P. SCHÜLE.

Pronotum entweder weiß mit schwarzen Flecken, die ein (manchmal verflossenes) M formen (rote Form) (Abb. 135) oder schwarz mit schmalem weißen Seiten- und Vorderrand (schwarze Formen). Klauen lang, mit deutlichem Basalzahn. Körperlänge 3,5–5,5 mm. [*Adalia fasciatopunctata* (FALDERMANN, 1835); *Adalia revelieri* (MULSANT, 1866)]

Adalia (*Adalia*) *bipunctata* (LINNAEUS, 1758)

1** Elytren ohne quere Bogenfalte. Beine gelb. Unterseite dunkelbraun, Seiten des Hinterleibs gelb. Körper oval. – Elytren gelbrot mit variabler schwarzer Zeichnung, die Naht ist schwarz, daneben befindet sich in der Mitte je eine Längsreihe von drei schwarzen Punkten (außen meist noch zwei oder drei kleine Punkte) (1–3–2), die zu einem Längsstreifen verschmolzen und außerdem quer verbunden sein kann (vgl. Fotos 282, 283) (Abb. 133). Scutellum schwarz. Pronotum weiß oder gelb mit dunklen länglichen Flecken, die ein ± deutliches M mit breiter Basis formen (Abb. 136). Klauen kurz, mit sehr kleinem, schwer sichtbarem Basalzahn. Körperlänge 3,0–4,5 mm. (Verwechslungsgefahr mit *Coccinella hieroglyphica*).

A. (*Adaliomorpha*) *conglomerata* (LINNAEUS, 1758)

Gattung *Calvia* MULSANT, 1846

1 Elytren gelbbraun mit je fünf runden gelbweißen Tropfen (2–2–1) (vgl. Foto 288), die z. T. oder völlig fehlen können. Punktur der Elytren gleichförmig. – Pronotum gelbbraun mit weißem Seiten- und Vorderrand und mit sechs weißen Flecken vor dem Hinterrand, selten mit dunkler M-Zeichnung). Antennen 1,2-mal länger als die Kopfbreite. Körperlänge 5,0–6,7 mm.

C. decemguttata (LINNAEUS, 1767)

1* Elytren hellbraun bis braun, mit je sieben gelbweißen Tropfen (vgl. Fotos 289, 290). Punktur der Elytren etwas ungleichmäßig. 2

2 Elytren braun, drei weiße bis gelbweiße Tropfen stehen in einer Querreihe vor der Mitte (1–3–2–1) (vgl. Foto 289). Die hellen Flecken können schmal schwarz umrandet oder z. T. miteinander verbunden sein. Pronotum braun, mit schmalem weißen Vorder- und Seitenrand, schmaler heller Mittellinie und mit je einem Paar weißer Flecken in den Hinterecken. Antennen kürzer als der Kopf. Seitenrand der Elytren schmal. Körperlänge 4,5–6,0 mm.

C. quatuordecimguttata (Linnaeus, 1758)

2* Elytren hellbraun, die gelbweißen Tropfen (2–2–2–1) in der Mitte sind nicht in einer Querreihe aus drei Flecken angeordnet, sondern vier in einer Längsreihe neben der Naht, zwei neben den Seiten und ein kleiner am Vorderrand der Schulterbeule (vgl. Foto 290), der auch fehlen kann. Pronotum gelbbraun, mit gelbweißen Flecken in den Vorder- und Hinterecken, meist mit einem weißen Fleck hinter der Mitte. Antennen so lang wie der Kopf. Seitenrand der Elytren breit abgesetzt. Körperlänge 5,0–6,0 mm.

C. quindecimguttata (Fabricius, 1777)

Gattung *Ceratomegilla* Crotch, 1873

1 Elytren schwarz, mit vier oder sechs roten Makeln oder mit rotem Seitensaum (vgl. Fotos 291–293, 295). 3. Antennenglied ohne lateralen Fortsatz. Pronotum schwarz mit weißgelben Vorderecken. Elytren am Ende breit abgerundet....................2

1* Elytren orangerot, mit schwarzen Makeln oder Punkten (vgl. Fotos 294, 296). 3. Antennenglied bei den ♂♂ mit einem lateralen Fortsatz (Fotos 101, 102). Pronotum schwarz mit weißgelben Vorderecken oder hellem Seiten- und Vorderrand. Elytren am Ende spitz abgerundet...4

2 Elytren schwarz, mit vier oder sechs roten Makeln, der vordere umgreift die Schulterbeule (vgl. Fotos 291–293). Pronotum schwarz mit roten Vorderecken....................3

2* Elytren schwarz mit rotem Seitensaum (vgl. Foto 295). Vorderrand des Pronotums beim ♂ gelb gesäumt. – Kopf einfarbig schwarz. Vorderschienen rötlichgelb. Vorderbrust ohne Kiellinien. Schenkellinie vollständig. Körperlänge 3,5 mm. [*Semiadalia rufocincta* (Mulsant, 1850)] [Verwechslungsgefahr *Coccinella* (*Chelonitis*) *venusta venusta*, siehe a/a*].

Ceratomegilla (*Ceratomegilla*) *rufocincta rufocincta* (Mulsant, 1850)

a *Ceratomegilla rufocincta*: Kopf ohne helle Stirnflecken. Vorderrand des Pronotums beim ♂ vollständig gelb gerandet. Der helle Seitenrand der Elytren endet bei der Schulterbeule. Vorderschienen rötlichgelb. Vorderbrust ohne Kiellinien. Schenkellinie vollständig.

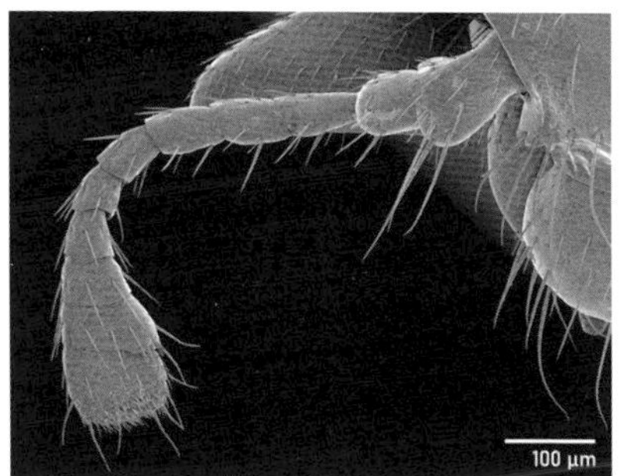

Foto 101: *Ceratomegilla undecimnotata,* ♀, Antenne. REM-Foto: Ch. Kutzscher.

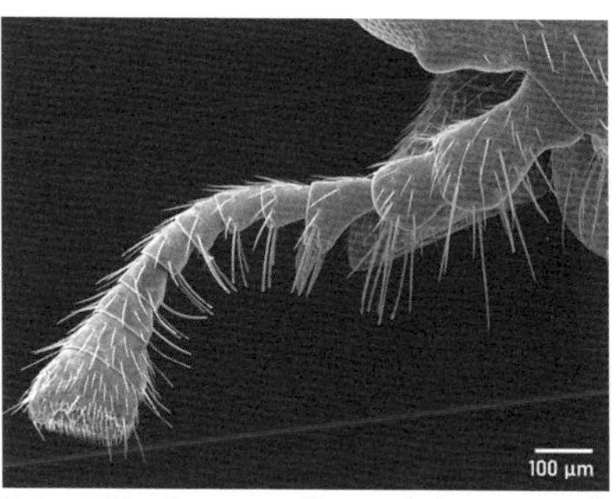

Foto 102: *Ceratomegilla undecimnotata,* ♂, Antenne. REM-Foto: Ch. Kutzscher.

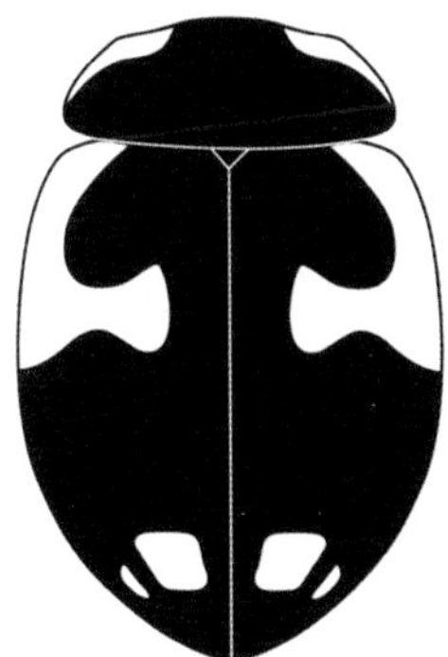

Abb. 137: *Ceratomegilla (Adaliopsis) alpina alpina,* Pronotum + Elytren. Nach Fürsch (1967). Zeichnung: P. Schüle.

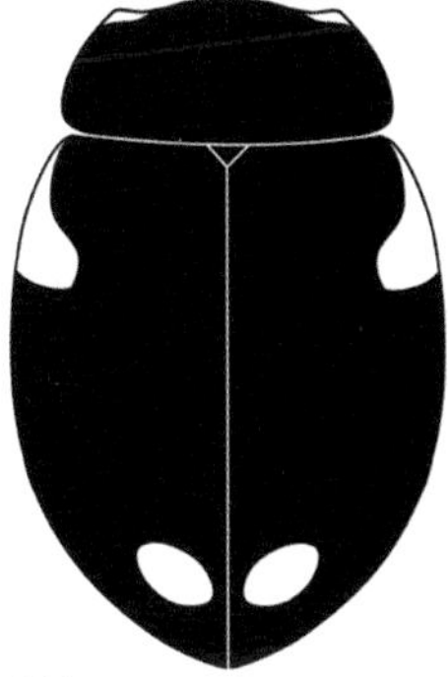

Abb. 138: *Ceratomegilla (Adaliopsis) alpina redtenbacheri,* Pronotum + Elytren. Nach Fürsch (1967). Zeichnung: P. Schüle.

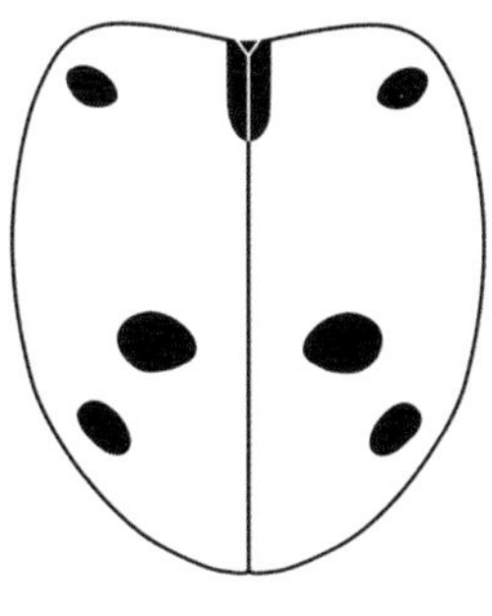

Abb. 139: *Ceratomegilla (Ceratomegilla) undecimnotata,* Pronotum. Nach Bielawski (1959). Zeichnung: P. Schüle.

Abb. 140: *Ceratomegilla (Ceratomegilla) notata,* Pronotum. Nach Bielawski (1959). Zeichnung: P. Schüle.

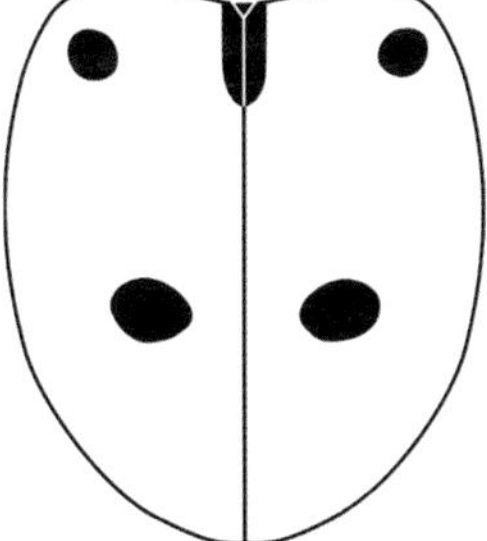

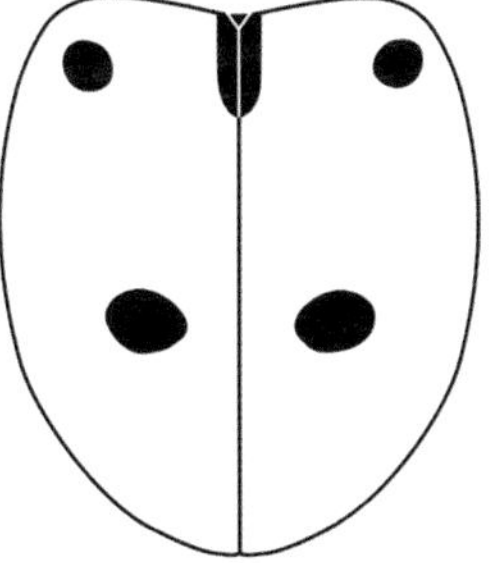

Abb. 141: *Ceratomegilla (Ceratomegilla) undecimnotata,* Elytren, Variationsbreite. Nach Bielawski (1959). Zeichnungen: P. Schüle.

a* *Coccinella venusta*: Kopf mit zwei hellen Stirnflecken. Vorderrand des Pronotums beim ♂ und ♀ nicht vollständig gelb gerandet. Heller Seitenrand der Elytren fast bis zum Scutellum reichend (vgl. Foto 297). Vorderschienen schwarz. Vorderbrust mit Kiellinien. Schenkellinie unvollständig.

3 Der rote Schulterfleck nimmt (von oben gesehen) zwei Drittel bis drei Viertel der Breite der Elytren und etwa die Hälfte des Seitenrandes ein (vgl. Foto 291). Der hintere Makel kann die Form einer transversen Binde haben, oder er besteht aus zwei getrennten Flecken (Abb. 137). Körperlänge 3,7–4,5 mm. [Verwechslungsgefahr *Exochomus quadripustulatus*]

C. (*Adaliopsis*) *alpina alpina* (A. Villa & G. B. Villa, 1835)

3* Der rote Schulterfleck nimmt (von oben gesehen) nur etwa ein Viertel der Breite der Elytren ein (vgl. Fotos 292, 293). Der hintere Makel besteht nur aus einem Fleck (Abb. 138), Variationen kommen vor. Körperlänge 3,0–3,8 mm.

C. (*Adaliopsis*) *alpina redtenbacheri* (Capra, 1928)

4(1) Pronotum schwarz, mit gelbroten Vorderecken (♂ und ♀) (Abb. 139) und schmal gelbem Vorderrand (♂), oder dieser ist schwarz (♀). Elytren rot mit je drei (manchmal zwei) oder mehr schwarzen Punkten (gelegentlich fehlt der letzte Punkt) (1–1–2–1 oder 1–0–2–0) und einem gemeinsamen schmalen Scutellummakel (Abb. 141), der manchmal nur strichförmig ausgebildet ist. Vorderrand der Elytren neben dem Scutellum gleichmäßig rot (vgl. Foto 296). Kopf beim ♂ hinten schwarz, vorn gelblich, beim ♀ schwarz mit zwei weißen Punkten neben den Augen. 3. Antennenglied des ♂ mit einer stumpf zahnförmig vorstehenden Ecke (Fotos 101, 102). Körperlänge 5,0–7,0 mm. [Verwechslungsgefahr *Coccinella septempunctata*].

C. (*Ceratomegilla*) *undecimnotata* (D. H. Schneider, 1792)

4* Pronotum schwarz, mit weißgelb gewelltem vierlappigem Vorderrand (Abb. 140). Elytren orangerot mit je fünf schwarzen Flecken (1–1–2–1 oder 1–2–2) und einem gemeinsamen tropfenförmigen, nach außen gebogenem Scutellummakel (vgl. Foto 294). Die Flecken können mit dem Seitenrand der Elytren verschmelzen. Vorderrand der Elytren neben dem Scutellum weißlich. Elytren zwischen den Punkten fein chagriniert. Kopf des ♀ schwarz, mit hellem Querfleck auf dem Clypeus. Kopf des ♂ gelbweiß, manchmal mit zwei kleinen schwarzen Punkten und schwarzem Hinterrand. 3. Antennenglied des ♂ an der Spitze schräg zahnförmig ausgezogen. Körperlänge 4,5–5,8 mm. [Verwechslungsgefahr *Hippodamia*]

C. (*Ceratomegilla*) *notata* (Laicharting, 1781)

Gattung *Coccinella* LINNAEUS, 1758

1 Elytren braungelb bis rötlich mit variabler schwarzer, zu Längs- und Querbinden verflossener charakteristischer Fleckenzeichnung (vgl. Foto 298), oft eine breite schwarze gezackte Querbinde kurz vor der Mitte, die zum Scutellum und an den Seiten jeweils einen Ast nach vorn entsendet und über die Naht verbunden ist. Nach hinten läuft ebenfalls jeweils ein weiterer Ast, der nach innen gebogen ist. Die dunkle Zeichnung kann bei manchen Exemplaren auch auf Längsstriche im Schulterbereich, einen Scutellummakel und jeweils einen oder zwei Punkte reduziert sein (Abb. 142). Gelegentlich sind die Elytren völlig schwarz (melanistische Form) (vgl. Foto 299). – Pronotum schwarz, mit weißen Vorderecken (Abb. 143). Körperlänge 3,6–5,0 mm.

C. (*Coccinella*) *hieroglyphica* LINNAEUS, 1758

1* Elytren rot, mit schwarzen Punkten, die bei manchen Arten zu Querbinden verfließen, jedoch nicht zu Längsbändern, nie völlig schwarz oder Elytren rot mit einem breiten roten Außensaum. 2

2 Elytren rot mit einem breiten roten Außensaum und roter Basis, der an der Basis bis zum Schildchen reicht. Pronotum schwarz mit hellen Vorderecken (vgl. Foto 297). Kopf schwarz, mit zwei hellen Flecken auf der Stirn. Körperlänge 3,5–4,0 mm. [Verwechslungsgefahr *Ceratomegilla rufocincta*, siehe dort].

Coccinella (*Chelonitis*) *venusta venusta* (J. WEISE, 1879)

2* Elytren rot, mit schwarzen Punkten, die bei manchen Arten zu Querbinden verflossen sind, jedoch nicht zu Längsbändern, nie völlig schwarz. 3

3 Unterseite, auch die Epimeren der Mittel- und Hinterbrust schwarz. Elytren mit einem gemeinsamen Scutellummakel und je fünf Punkten, von denen einige fehlen oder aber miteinander verschmolzen sein können oder nur einem Punkt in der Mitte (Form *lutshniki*) (vgl. Fotos 303, 304). Körperlänge 4,5–7,0 mm.

Coccinella (*Coccinella*) *saucerottii* MULSANT, 1850

3* Mindestens die Epimeren der Mittelbrust weißlich. Elytren mit mehr als einem Punkt oder mit schwarzen Querbinden. 4

4 Elytren rot mit drei schwarzen geraden Querbinden, die den Seitenrand nicht erreichen 5

4* Elytren rot mit schwarzen Punkten, nie mit waagerechten Binden. 6

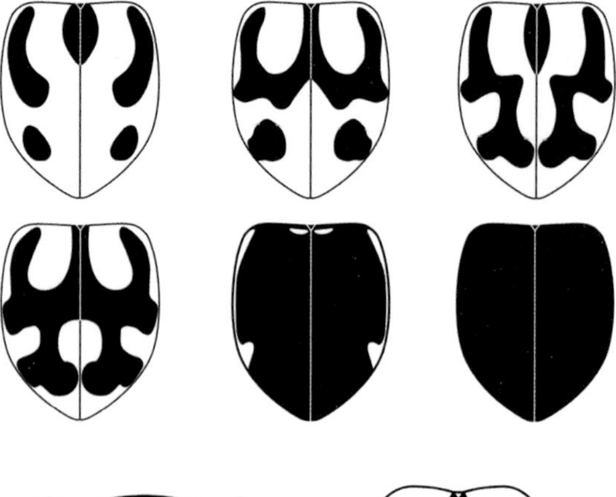

Abb. 142: *Coccinella (Coccinella) hieroglyphica,* Elytren, Variationsbreite. Nach Bielawski (1959). Zeichnungen: P. Schüle.

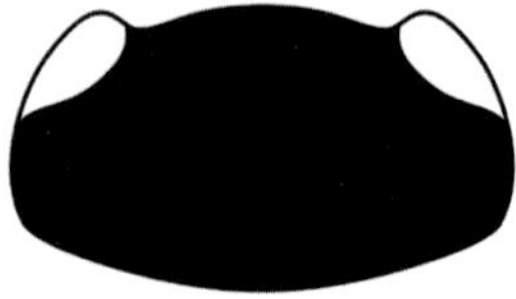

Abb. 143: *Coccinella (Coccinella) hieroglyphica,* Pronotum. Zeichnung: P. Schüle.

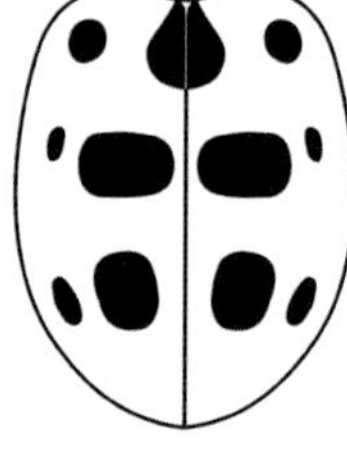

Abb. 146: *Coccinella (Coccinella) trifasciata,* Pronotum. Zeichnung: P. Schüle.

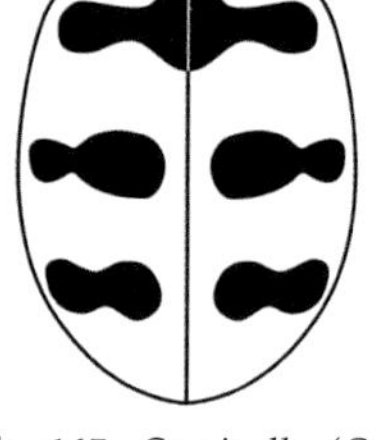

Abb. 144: *Coccinella (Coccinella) trifasciata,* Elytren. Nach Fürsch (1967). Zeichnung: P. Schüle.

Abb. 145: *Coccinella (Coccinella) transversoguttata,* Elytren, Variationsbreite. Nach Fürsch (1967). Zeichnungen: P. Schüle.

Abb. 147: *Coccinella (Coccinella) transversoguttata,* Pronotum. Zeichnung: P. Schüle.

5 Die vordere Querbinde schließt das Scutellum ein und ist an der Naht nicht unterbrochen (vgl. Foto 307), die 2. befindet sich in der Mitte, die 3. hinter der Mitte, beide sind an der Naht unterbrochen (Abb. 144). Die Querbinden sind hell umrandet. Die hellen Vorderecken des Pronotums umgreifen die Unterseite breit (Abb. 146). Vorderrand des Pronotums beim ♂ blassgelb bis weißlich gerandet. Körperlänge 4,0–5,8 mm.

Coccinella (Coccinella) trifasciata trifasciata Linnaeus, 1758

5* Neben der mittleren und hinteren Querbinde befindet sich am Seitenrand je ein kleiner Punkt (vgl. Foto 306), der aber auch dem Quermakel anhängen kann (Abb. 145). Die hellen Vorderecken des Pronotums umgreifen die Unterseite schmal (Abb. 147). Körperlänge 5,2–7,2 mm.

Coccinella (Coccinella) transversoguttata Faldermann, 1835

6(4) Körperlänge 5,0–8,0 mm. Elytren mit je drei Punkten (2–1) und einem gemeinsamen Scutellummakel, neben dem sich jederseits je ein kleiner weißer Fleck befindet (vgl. Foto 301) (sehr selten sind weniger oder mehr Punkte vorhanden). 7

6* Körperlänge 3,0–5,0 mm. Elytren mit anderer Punktzahl. 8

7 Seitenrand der Elytren vorn mit aufgebogenem Wulst (Abb. 148). Unterseite nur am Mesothorax (Epimeren) mit je einem dreieckigen weißen Fleck (Abb. 150 Pfeil). Mittlerer Punkt auf den Elytren nicht auffällig größer als die anderen beiden (vgl. Foto 305). Elytren glatt. Der helle Seitenfleck des Pronotums greift nur als schmaler Saum bis ein Drittel nach hinten auf die Unterseite über (Abb. 152). Vorderecken des Pronotums zugespitzt. Körper weniger erhöht. Aedoeagus (Abb. 154). Körperlänge 5,0–8,0 mm.

C. (Coccinella) septempunctata Linnaeus, 1758

7* Seitenrand der Elytren gleichmäßig gewölbt, ohne Wulst (Abb. 149). Unterseite am Meso- und Metathorax (Epimeren) mit je einem dreieckigen weißen Fleck (Abb. 151 Pfeile). Mittlerer Punkt auf den Elytren meist deutlich größer als die anderen beiden (vgl. Fotos 300, 301). Elytren zwischen den Punkten fein genetzt. Der helle Seitenfleck des Pronotums reicht auf der Unterseite bis über die Mitte nach hinten (Abb. 153). Vorderecken des Pronotums gerundet. Körper mehr erhöht. Aedoeagus (Abb. 155). Körperlänge 6,0–8,0 mm. [*Coccinella distincta* Faldermann, 1837; *C. divaricata* auct. nec Olivier, 1808]

C. (Coccinella) magnifica L. Redtenbacher, 1843

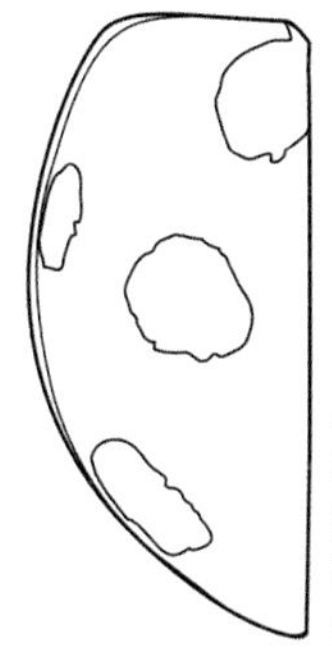

Abb. 148: *Coccinella (Coccinella) septempunctata,* Elytre. Nach Fürsch (1967). Zeichnung: P. Schüle.

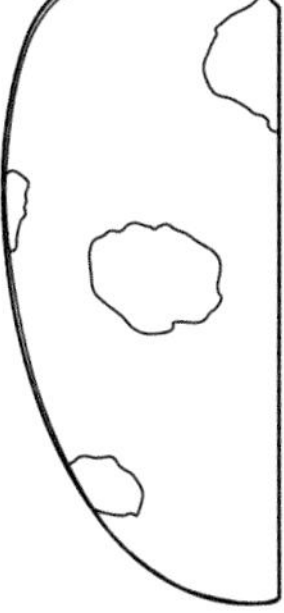

Abb. 149: *Coccinella (Coccinella) magnifica,* Elytre. Nach Fürsch (1967). Zeichnung: P. Schüle.

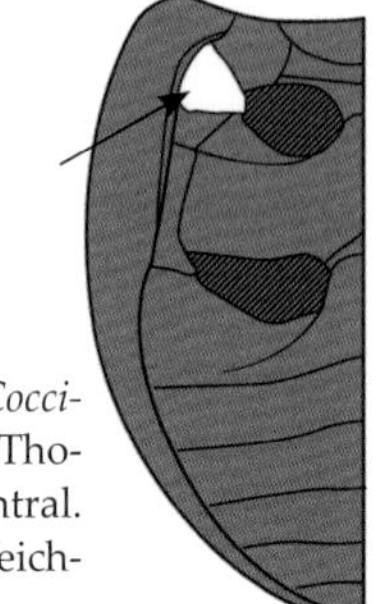

Abb. 150: *Coccinella (Coccinella) septempunctata,* Thorax, Abdomen, ventral. Nach SEGERS (2015). Zeichnung: P. SCHÜLE.

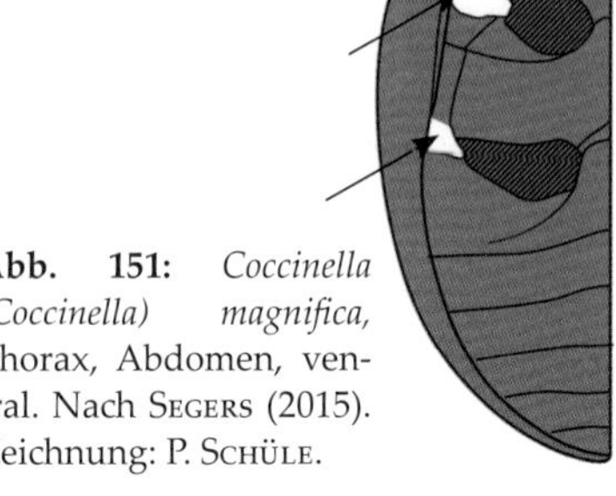

Abb. 151: *Coccinella (Coccinella) magnifica,* Thorax, Abdomen, ventral. Nach SEGERS (2015). Zeichnung: P. SCHÜLE.

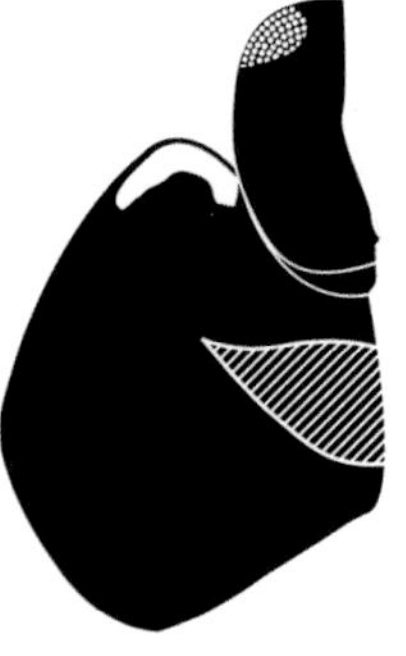

Abb. 152: *Coccinella (Coccinella) septempunctata,* Pronotum, Unterseite. Nach FÜRSCH (1967). Zeichnung: P. SCHÜLE.

Abb. 153: *Coccinella (Coccinella) magnifica,* Pronotum, Unterseite. Nach FÜRSCH (1967). Zeichnung: P. SCHÜLE.

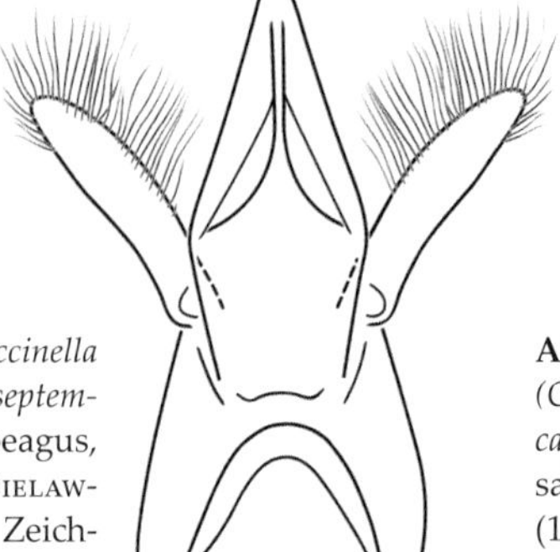

Abb. 154: *Coccinella (Coccinella) septempunctata,* Aedoeagus, dorsal. Nach BIELAWSKI (1959). Zeichnung: P. SCHÜLE.

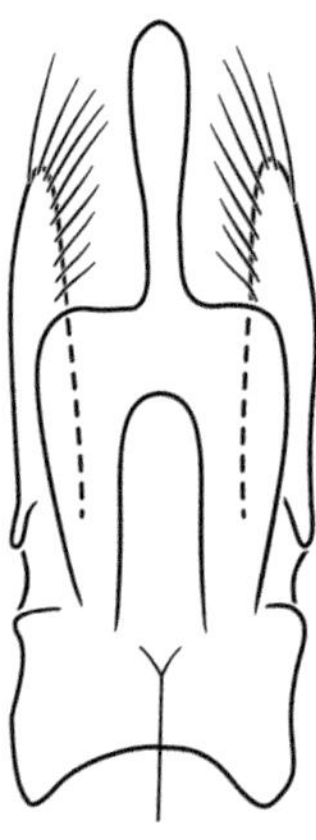

Abb. 155: *Coccinella (Coccinella) magnifica,* Aedoeagus, dorsal. Nach BIELAWSKI (1959). Zeichnung: P. SCHÜLE.

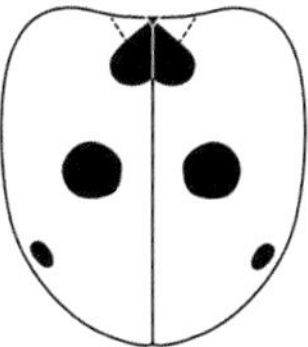
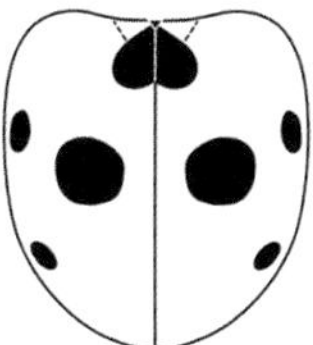
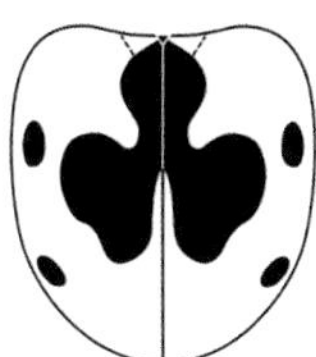

Abb. 156: *Coccinella (Coccinella) quinquepunctata,* Elytren, Variationsbreite (links Nominatform). Nach Bielawski (1959). Zeichnungen: P. Schüle.

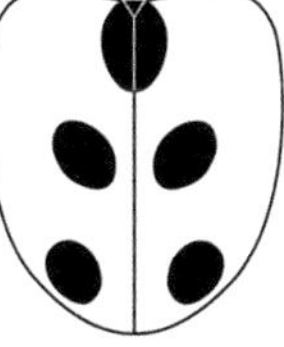
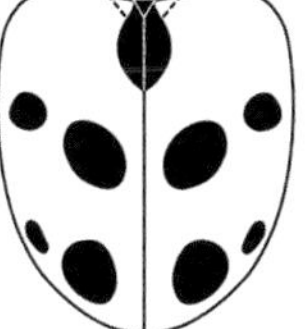
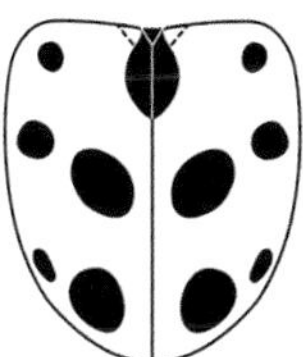

Abb. 157: *Coccinella (Spilota) undecimpunctata,* Elytren, Variationsbreite (Mitte Nominatform). Nach Bielawski (1959). Zeichnungen: P. Schüle.

8(6) Elytren mit je zwei Punkten (1–1) (sehr selten weniger oder mehr) und einem gemeinsamen Scutellummakel (vgl. Foto 302) (Abb. 156). Die weißen Flecken neben dem Scutellummakel sind breiter und gehen über die Breite dieses Makels deutlich hinaus. Körper gerundet, 1,25-mal so lang wie breit. Die Punkte auf dem Kopf zwischen den Augen sind durch ihren eigenen Durchmesser oder weniger voneinander getrennt. – Körperlänge 3,5–5,0 mm.

C. (*Coccinella*) *quinquepunctata* Linnaeus, 1758

8* Elytren einschließlich des Scutellummakels zusammen mit elf oder neun (selten weniger) Punkten oder nur mit zwei. Die weißen Flecken neben dem Scutellummakel sind kleiner und kommen über die Breite dieses Makels kaum hinaus. Körper oval, 1,5-mal so lang wie breit. Die Punkte auf dem Kopf zwischen den Augen sind mehr als durch ihren eigenen Durchmesser voneinander getrennt. 9

9 Elytren mit einem gemeinsamen Scutellummakel und mit je fünf oder vier (selten weniger) Punkten (1–2–2) (Abb. 157) (vgl. Foto 308), die auch z. T. miteinander verschmolzen oder von hellen Ringen umgeben sein können (vgl. Foto 309). Körperlänge 3,5–5,5 mm.

C. (*Spilota*) *undecimpunctata undecimpunctata* Linnaeus, 1758

9* Elytren mit einem gemeinsamen Scutellummakel und nur mit je einem kleinen Punkt vor der Spitze (vgl. Foto 310).

C. (*Spilota*) *undecimpunctata tripunctata* Linnaeus, 1758

Gattung *Harmonia* Mulsant, 1846

1 Elytren vor dem Ende meist mit einer queren Bogenfalte (auch *Adalia decempunctata* hat meist eine quere Bogenfalte, kann aber allein schon durch die Größe (3,5–5,0 mm) kaum verwechselt werden). Elytren bräunlichgelb, orange bis rot, mit je (0) einem bis (oft) neun punktartigen Flecken, die ± miteinander verflossen sein können (Forma *succinea*) (Abb. 158a–j) (vgl. Fotos 311–314) bis zu völlig schwarzen Exemplaren, oder die Grundfarbe ist schwarz. Bei der Forma *succinea* kann ein großer Scutellarfleck vorhanden sein (vgl. Fotos 313, 314) oder völlig oder weitgehend fehlen (vgl. Fotos 311, 312). Das Pronotum zeigt meist eine M-förmige Zeichnung, die auch in fünf einzelne Punkte aufgelöst sein kann (Abb. 160a, b). Die Elytren können bei den schwarzen Formen mit je einem (Forma *conspicua*) (vgl. Fotos 316–318) oder zwei roten Flecken (Forma *spectabilis*) (Abb. 158n–p bzw. k–m) (vgl. Foto 319) versehen sein, oder sie tragen je sechs rote Flecken, die ebenfalls miteinander verschmolzen sein können (Forma *axyridis*) (Abb. 158q–s) (vgl. Foto 315), mitunter so stark, dass der Käfer rot erscheint, mit einem schwarzen Rand (Forma *aulica*) (Abb. 158t). Hinzu kommen die Forma *intermedia* mit einem großen roten Fleck unterschiedlicher Form, der einzelne schwarze Punkte enthält (Abb. 158u, v) und die Forma *equicolor*, bei der der rote Fleck auf die vordere Hälfte der Elytre beschränkt ist und auch den Seitenrand einschließen kann (Abb. 158w, x). Bei den dunklen Formen ist die Zeichnung des Pronotums meist zu einem geschlossenen schwarzen Mittelfleck erweitert, nur der Seitenrand (mitunter sogar nur die Vorderecken) sind hell (Abb. 160c). Seitenrand der Elytren vorn erweitert. Labrum des ♀ schwarz, auf dem Clypeus befindet sich ein schwarzer Punkt, beim ♂ nicht. Körperlänge 5,9–8,2 mm.

H. axyridis (Pallas, 1773)

Die Ausbildung der elytralen Bogenfalte wurde von Köhler (2007) an 61 Exemplaren anhand ihrer Prominenz und Einbuchtung vier Kategorien zugeordnet: stark (10 Ind.), mittel (35 Ind.), schwach (13 Ind.) und fehlend (3 Ind.). Demnach besaßen drei Viertel der Käfer eine halbwegs gut ausgebildete, für diese Art charakteristische elytrale Bogenfalte, während sie nur wenigen Exemplaren völlig fehlte. Dieser Befund trifft die allgemeine Situation.

Bei Exemplaren ohne quere Bogenfalte könnte es sich auch um *H. yedoensis* (Takizawa, 1917) handeln (vgl. Foto 323), von der aber bisher (2021) noch keine Freilandfunde in Mitteleuropa bekannt sind. Die Unterscheidung erfordert eine Untersuchung des Aedoeagus (Abb. 162, 163).

1* Elytren ohne quere Bogenfalte, bräunlichgelb bis rot, die rote Grundfarbe wird von je einem orangen Längsband oder einzelnen Flecken unterbrochen. Jede Elytre mit (1), 2 bis 8, (9) punktartigen Flecken (1–3–3–1), oft sind jederseits nur zwei am Seitenrand vorhanden (Abb. 159) (vgl. Fotos 321, 322). Die Flecken können undeutlich sein oder auch z. T. fehlen oder ± miteinander verflossen sein. Selten sind die Elytren nahezu schwarz. Pronotum-Zeichnung meist aus neun oder elf einzelnen Punkten bestehend, fünf in der Mitte formen ein ± deutliches M, daneben stehen je zwei kleine Punkte und ein weiterer in der Vorderecke bzw. am Seitenrand (Abb. 161). Seitenrand der Elytren schmal, vorn nicht erweitert. Auf dem Kopf befinden sich zwei Längsreihen mit je vier schwarzen Punkten, von denen der hintere der größte ist. Körperlänge 5,2–6,8 mm.

H. quadripunctata (PONTOPPIDAN, 1763)

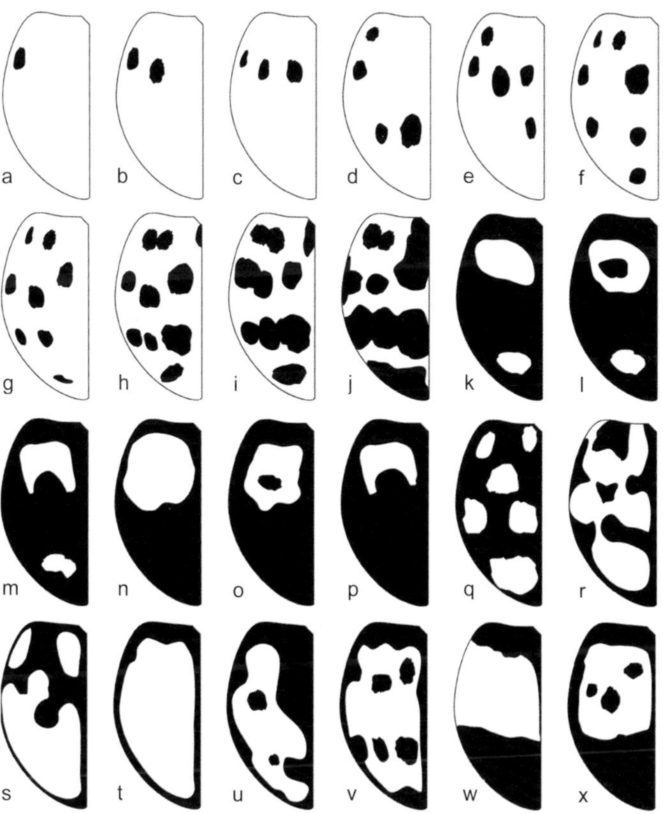

Abb. 158: *Harmonia axyridis*, Elytren, Variationsbreite. Nach MADER (1926–1937). Zeichnungen: P. SCHÜLE.

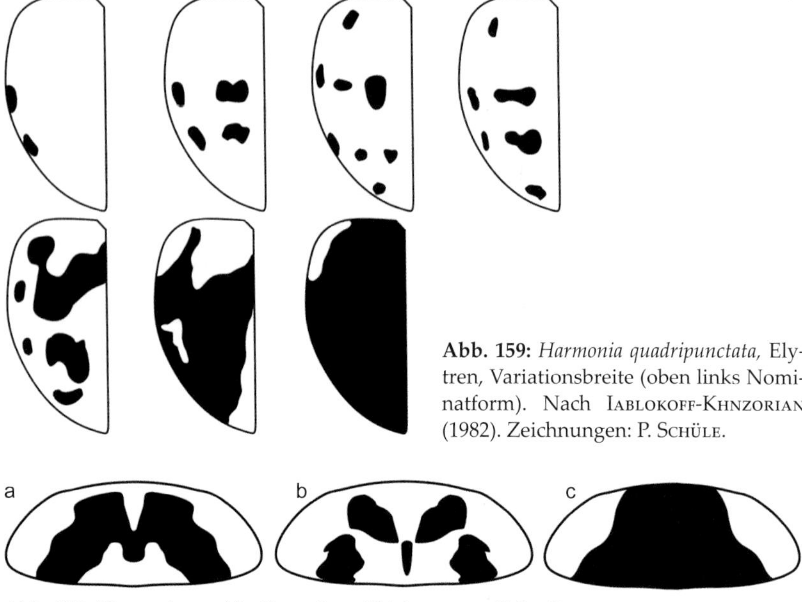

Abb. 159: *Harmonia quadripunctata,* Elytren, Variationsbreite (oben links Nominatform). Nach IABLOKOFF-KHNZORIAN (1982). Zeichnungen: P. SCHÜLE.

Abb. 160: *Harmonia axyridis,* Pronotum. Zeichnungen: P. SCHÜLE.

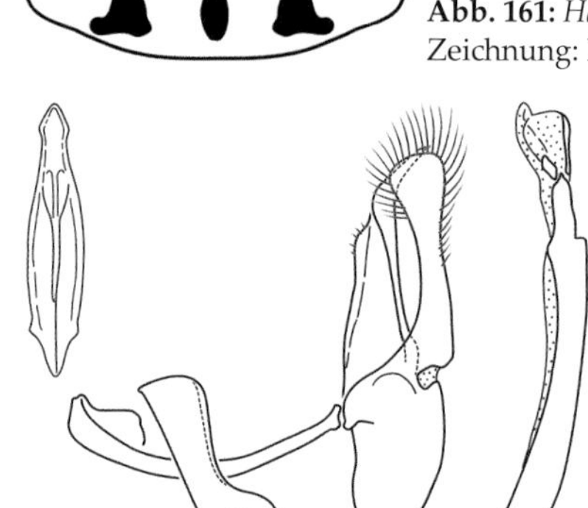

Abb. 161: *Harmonia quadripunctata,* Pronotum. Zeichnung: P. SCHÜLE.

Abb. 162: *Harmonia axyridis,* Penisspitze (links), Aedoeagus, lateral. Nach RIEDEL & BASTIAN (2005). Zeichnung: P. SCHÜLE.

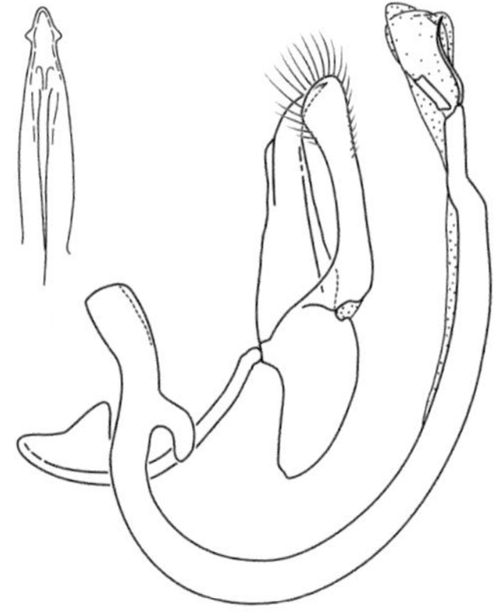

Abb. 163: *Harmonia yedoensis,* Penisspitze (links), Aedoeagus, lateral. Nach RIEDEL & BASTIAN (2005). Zeichnung: P. SCHÜLE.

Gattung *Hippodamia* Chevrolat, 1836

Hippodamia (*Hippodamia*) *variegata* (Goeze, 1777) wurde in der Bestimmungstabelle für die Tribus Coccinellini abgehandelt.

1 Pronotum weißgelb, neben dem großen trapezförmigen schwarzen Mittelfleck jederseits mit einem schwarzen Randpunkt (Abb. 166), der oft mit dem Mittelfleck verbunden ist (vgl. Foto 325). Elytren rot mit je sechs schwarzen Punkten (1–2–2–1) und einem meist rundem Scutellummakel. Die Punkte können z. T. oder völlig fehlen oder stark vergrößert und miteinander verflossen sein (Abb. 164), sodass die Elytren fast schwarz erscheinen. Vorderrand des Pronotums gerade. Beine hellbraun, nur Schenkel schwarz. Körperlänge 4,5–7,0 mm.
H. (*Hemisphaerica*) *tredecimpunctata* (Linnaeus, 1758)

1* Pronotum mit gelbem Seiten- und Vorderrand und einem einheitlichem schwarzen Mittelfleck (Abb. 167) (vgl. Foto 324). Elytren rot mit je drei schwarzen Punkten in der hinteren Hälfte (selten weniger), einem Punkt auf der Schulter, einer unterschiedlichen Zahl weiterer Punkte (1–2–2–0, 1–1–2–1, 1–0–2–1) und einem schmalem Scutellummakel, der nach hinten oft seitlich erweitert (umgekehrt T-förmig) ist (Abb. 165). Vorderrand des Pronotums etwas nach vorn gebogen. Beine braun, Schienen schwarzbraun, Schenkel schwarz. Körperlänge 5,0–7,0 mm.
H. (*Hemisphaerica*) *septemmaculata* (DeGeer, 1775)

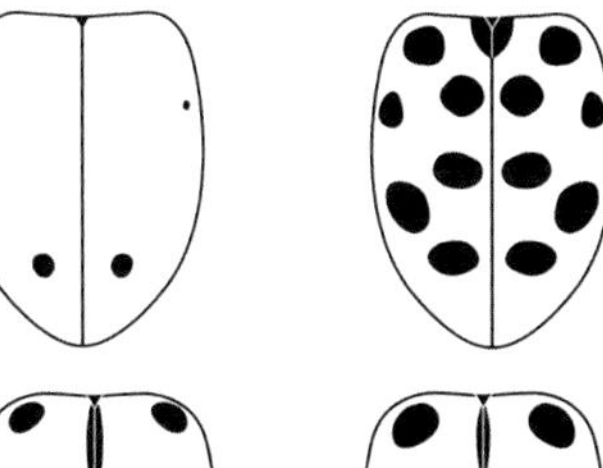
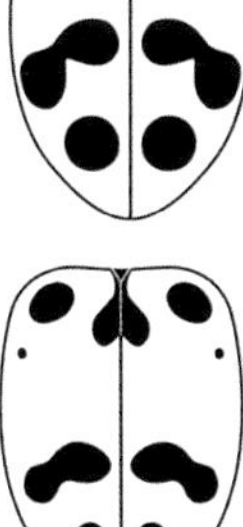

Abb. 164: *Hippodamia (Hemisphaerica) tredecimpunctata,* Elytren, Variationsbreite (Mitte Nominatform). Nach Bielawski (1959). Zeichnungen: P. Schüle.

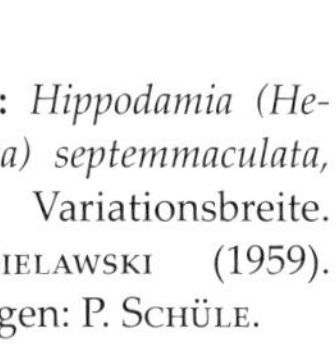
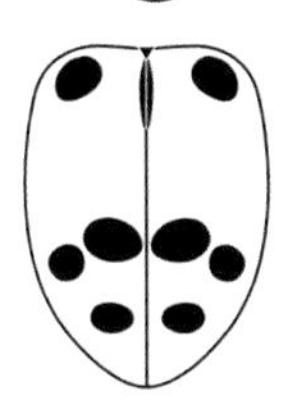

Abb. 165: *Hippodamia (Hemisphaerica) septemmaculata,* Elytren, Variationsbreite. Nach Bielawski (1959). Zeichnungen: P. Schüle.

Abb. 166: *Hippodamia (Hemisphaerica) tredecimpunctata,* Pronotum. Zeichnung: P. Schüle.

Abb. 167: *Hippodamia (Hemisphaerica) septemmaculata,* Pronotum. Zeichnung: P. Schüle.

Gattung *Oenopia* MULSANT, 1850

1 Elytren schwarz mit je sechs gelben runden Flecken (2–2–1–1), von denen drei neben der Naht liegen, die anderen sind mit dem gelben Seiten- und Hinterrand teilweise verbunden (vgl. Foto 334). – Pronotum schwarz, Seitenrand und meist auch der Vorderrand gelbweiß (Abb. 168). Körperlänge 3,0–4,5 mm. [Verwechslungsgefahr *Coccinula*].

Oenopia lyncea agnatha (ROSENHAUER, 1847)

1* Elytren anders gefärbt..2

2 Pronotum weiß, mit sieben miteinander z. T. verflossenen schwarzen Punkten, von denen vier einen Halbkreis bilden mit einem fünften Punkt am Hinterrand, die anderen beiden stehen seitlich (Abb. 169). Elytren rosa bis gelb mit schwarzen, ± stark verflossenen Makeln (2–2–1–2–1) bis zu nahezu schwarzen Exemplaren (Abb. 171), der mittlere Fleck formt mit der schwarzen Naht meist einen deutlichen L-förmigen großen Makel (vgl. Fotos 329, 330). Die vorletzten beiden Flecken sind meist Z-förmig miteinander verbunden. Körper mehr länglich. Seitenrandabsetzung der Elytren deutlich schmaler (Abb. 172). Körperlänge 3,3–5,4 mm.

Oenopia conglobata conglobata (LINNAEUS, 1758)

Es sollte auf *Oenopia doublieri* (MULSANT, 1846) geachtet werden. Farbe und Fleckenzahl sind ähnlich, jedoch erscheint der L-förmige Fleck in Form einer liegenden 5, der Schulterfleck ist schmal und lang. Die vorletzten beiden Flecken sind nicht miteinander verbunden (vgl. Foto 331). Körperlänge 3,0–4,0 mm.

2* Pronotum in der Mitte schwarz, an den Seiten läuft die schwarze Färbung jeweils halbkreisförmig aus, oder es ist ein schwarzer Punkt abgesetzt, Seiten- und Vorderrand mit Ausnahme der Mitte weiß (Abb. 170). Elytren einfarbig schwarz (vgl. Fotos 332, 333), selten mit irregulären hellen Flecken. Körper breiter. Seitenrandabsetzung der Elytren deutlich breiter (Abb. 173). Körperlänge 3,5–5,3 mm.

Oenopia impustulata (LINNAEUS, 1767)

Abb. 168: *Oenopia lyncea agnatha,* Pronotum. Zeichnung: P. SCHÜLE.

Abb. 169: *Oenopia conglobata,* Pronotum, Variationsbreite. Nach Ziegler & Teunissen (1992). Zeichnungen: P. Schüle.

Abb. 170: *Oenopia impustulata,* Pronotum, Variationsbreite. Nach Ziegler & Teunissen (1992). Zeichnungen: P. Schüle.

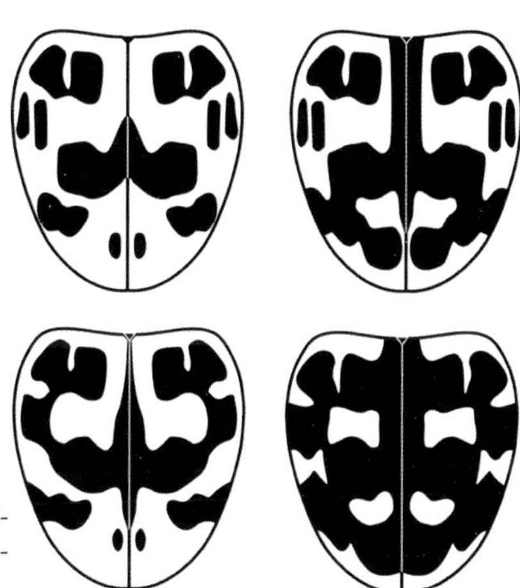

Abb. 171: *Oenopia conglobata,* Elytren, Variationsbreite. Nach Bielawski (1959). Zeichnungen: P. Schüle.

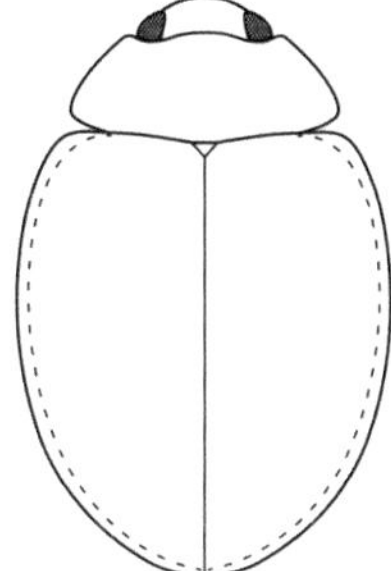

Abb. 172: *Oenopia conglobata,* Körperumriss. Nach Ziegler & Teunissen (1992). Zeichnung: P. Schüle.

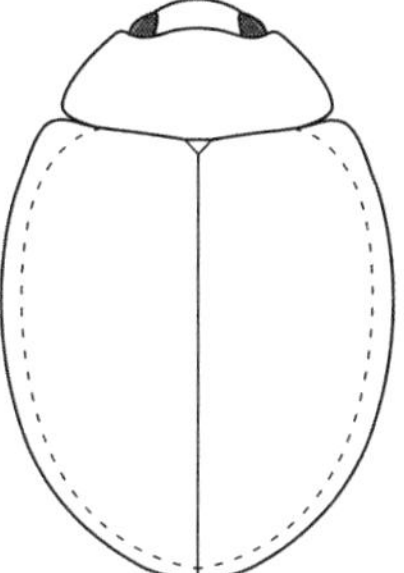

Abb. 173: *Oenopia impustulata,* Körperumriss. Nach Ziegler & Teunissen (1992). Zeichnung: P. Schüle.

Bestimmungstabelle für die Unterfamilie Epilachninae Mulsant, 1846

1 Klauen ungespalten, mit einem Basalzahn (Abb. 174). – Körper oval, stark gewölbt (am stärksten unter allen Arten). Körperoberseite ocker bis matt braun (vgl. Foto 339). Elytren einfarbig, sehr selten mit wenigen schwarzen Flecken, die z. T. miteinander verbunden sein können (Abb. 177). Pronotum mit einem schwarzen Punkt oder Strich in der Mitte. Kopf schwarz. Vorderschienen stark erweitert, kurz und breit (vgl. Foto 340). Elytren ohne Schulterbeule, Hinterflügel fehlend. Elytren mit doppelter Punktur (fein und grob) (Abb. 180). Mittel- und Hinterschenkel ohne Furchen zur Aufnahme der Tarsen. Epipleuren mit flachen Grübchen zur Aufnahme der Schenkelspitzen. Körperlänge 3,0–4,5 mm. [Verwechslungsgefahr mit *Subcoccinella vigintiquatuorpunctata*]

Cynegetini C. G. Thomson, 1866

Cynegetis impunctata (Linnaeus, 1767)

1* Klauen in zwei spitze Zähne gespalten, mit (Abb. 175) oder ohne Basalzahn (Abb. 176). Epilachnini Mulsant, 1850.................................2

2 Körperlänge 6,0–10,0 mm. Pronotum seitlich gebogen, von den Elytren abgesetzt. Elytren rot bis orange mit je fünf oder sechs, nur selten miteinander verschmolzenen schwarzen Punkten und einem Scutellarfleck (vgl. Fotos 341, 342). Pronotum einfarbig rot. Körper nicht auffällig stark gewölbt. Klauen gespalten, mit einem Basalzahn (Abb. 175). – 6. Abdominalsegment der ♀♀ gespalten (Abb. 182).

Henosepilachna Li, 1961 (siehe weitere Bestimmungstabelle)

2* Körperlänge 3,0–4,5 mm. Pronotum an der Basis am breitesten, mit den Elytren einen nahezu gleichmäßigen Bogen bildend. Elytren rot mit je zwölf Punkten (3–3–1–3–2) (vgl. Fotos 343–347), die oft z. T. miteinander verschmolzen sind, bis hin zu nahezu einfarbig schwarzen Exemplaren bzw. solchen mit einer geringeren Zahl von Punkten bis zu fast einfarbig roten Exemplaren (Abb. 178). Pronotum rot mit einem schwarzen Makel in der Mitte, meist außerdem mit je einem kleinen Punkt an der Seite oder mit einem rechteckigen schwarzen Fleck, der nur den Vorder- und/oder Seitenrand hell lässt (Abb. 179) oder Zeichnung undeutlich und Pronotum einfarbig rot. Kopf gelblich bis rotbraun. Körper halbkugelig gewölbt. Klauen gespalten, ohne einen Basalzahn (Abb. 176). – Elytren mit einfacher Punktur (Abb. 181).

Subcoccinella vigintiquatuorpunctata (Linnaeus, 1758)

Abb. 174: *Cynegetis impunctata,* Klaue. Nach Bielawski (1959). Zeichnung: P. Schüle.

Abb. 175: *Henosepilachna elaterii,* Klaue. Nach Bielawski (1959). Zeichnung: P. Schüle.

Abb. 176: *Subcoccinella vigintiquatuorpunctata,* Klaue. Nach Bielawski (1959). Zeichnung: P. Schüle.

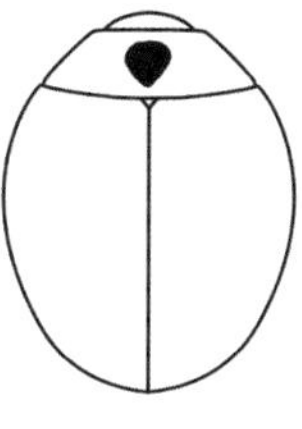

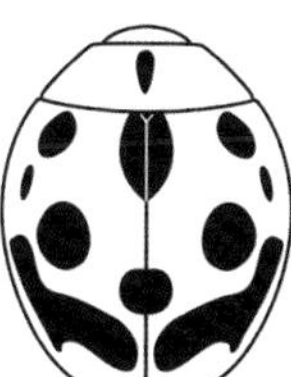

Abb. 177: *Cynegetis impunctata,* Elytren, Pronotum, Variationsbreite. Nach Bielawski (1959). Zeichnungen: P. Schüle.

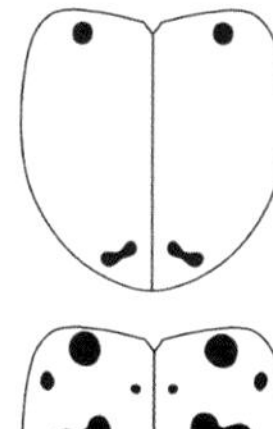
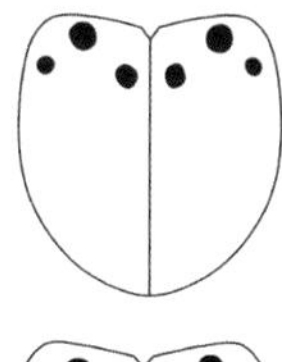
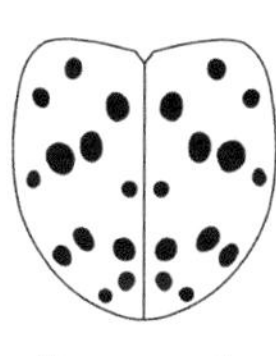
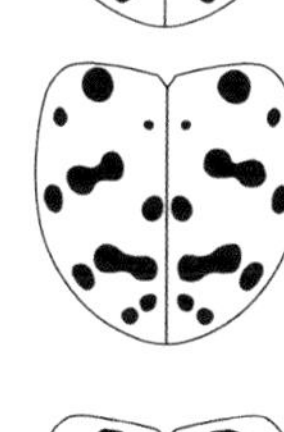
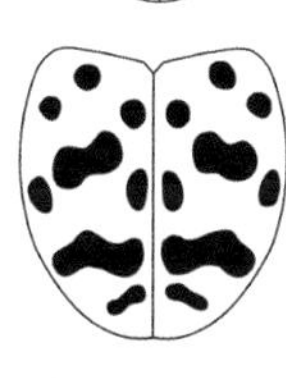
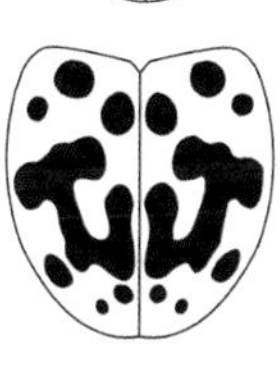
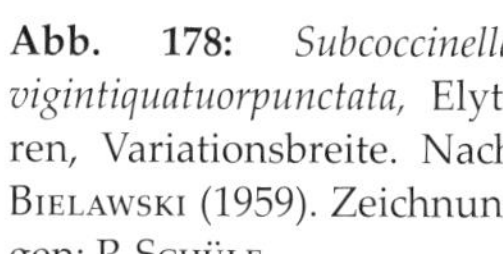
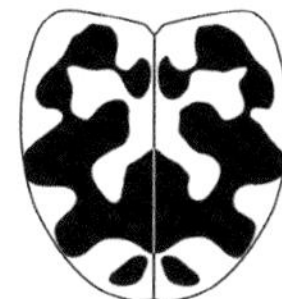
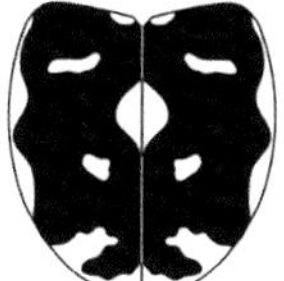
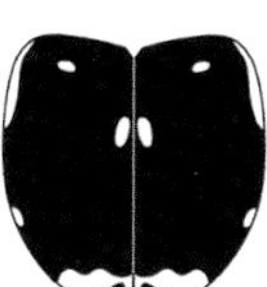

Abb. 178: *Subcoccinella vigintiquatuorpunctata,* Elytren, Variationsbreite. Nach Bielawski (1959). Zeichnungen: P. Schüle.

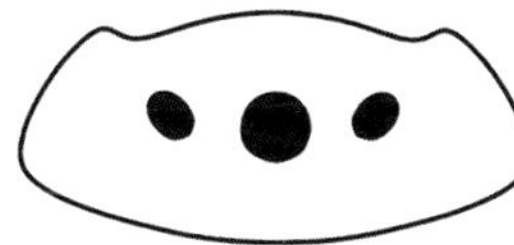

Abb. 179: *Subcoccinella vigintiquatuorpunctata,* Pronotum. Zeichnungen: P. Schüle.

Gattung *Henosepilachna* Li, 1961

1 Die beiden Scutellarflecken stoßen unmittelbar an der Naht zusammen und bilden einen Doppelfleck (vgl. Foto 341). Die zehn schwarzen Punkte (1–2–1–1) auf den Elytren sind klein, mitunter fehlen die apikalen, manchmal sind sie teilweise miteinander verschmolzen. Elytren nach hinten zugespitzt verrundet. Körperlänge 6,0–8,0 mm.

H. argus (Geoffroy, 1785)

1* Die beiden Scutellarflecken sind immer deutlich voneinander getrennt und berühren die Naht nicht (vgl. Foto 342). Die zwölf schwarzen Punkte (2–2–1–1) auf den Elytren sind groß, manchmal von einem hellen Ring umgeben, gelegentlich sind die hinteren Makeln der Länge nach V-förmig miteinander verflossen (Abb. 183). Elytren bauchig verrundet. Körperlänge 7,0–10,0 mm. [*Epilachna elaterii* (P. Rossi, 1794), *E. chrysomelina* auct. nec (Fabricius, 1775)]

H. elaterii elaterii (P. Rossi, 1794)

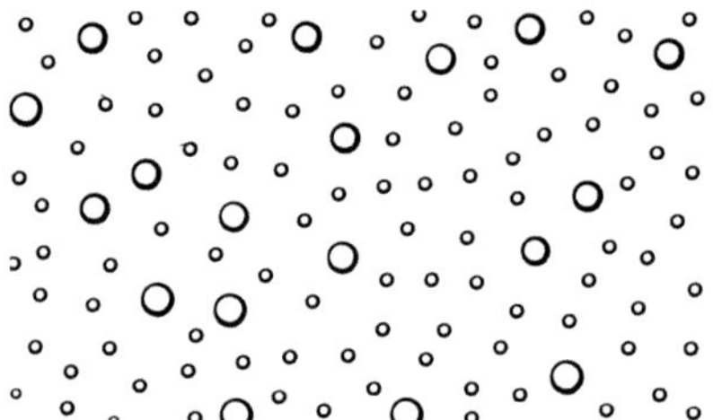

Abb. 180: *Cynegetis impunctata,* Elytren, Punktur. Nach Bielawski (1959). Zeichnung: P. Schüle.

Abb. 181: *Subcoccinella vigintiquatuorpunctata,* Elytren, Punktur. Nach Bielawski (1959). Zeichnung: P. Schüle.

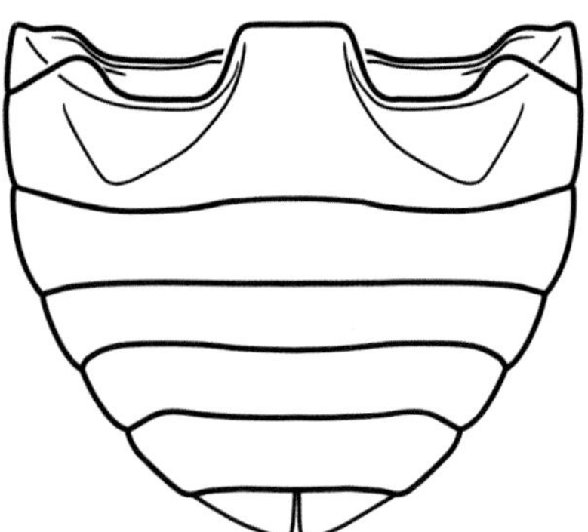

Abb. 182: *Henosepilachna vigintioctopunctata,* 6. Abdominalsegment ♀, ventral. Nach Sasaji (1968b). Zeichnung: P. Schüle.

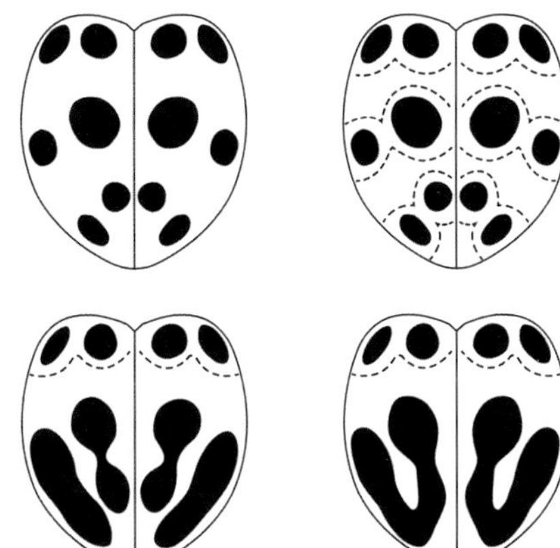

Abb. 183: *Henosepilachna elaterii,* Elytren, Variationsbreite. Nach Bielawski (1959). Zeichnungen: P. Schüle.

8.1.2 Hilfstabelle zur Bestimmung der Imagines (Chilocorinae, Coccinellinae)

Eine Einteilung der Marienkäfer in die großen, relativ leicht kenntlichen Arten einerseits und die kleinen, schwieriger bestimmbaren Arten andererseits – wie vielfach praktiziert – sollte im Grundsatz vermieden werden. Ein nicht zu unterschätzender Nutzen einer solchen Trennung liegt jedoch in der Möglichkeit, auf diese Weise Interessenten zu gewinnen, von denen mancher später auch die Kleinen kennenlernen will (man denkt an ähnliche Effekte bei den »Groß- und Kleinschmetterlingen«). Dem gleichen Ziel dienen auch die Bestimmungstabellen von Moon (1986), Nötzold (1997), Cuppen et al. (2015) und Seegers (2015).

Die meisten der großen und bunten Arten lassen sich im Gelände gut unterscheiden, auch auf Fotos (Kapitel 8.1.3). Die folgende Hilfstabelle ist für eine schnelle Orientierung und einen ersten Einstieg in die Kenntnis der Marienkäfer gedacht und soll den interessierten Leserinnen und Lesern den Zugang zum richtigen Erkennen häufiger und bunter Arten erleichtern. Es wird angeraten, das Ergebnis mit der Bestimmungstabelle der Imagines (Kapitel 8.1.1) zu überprüfen. Dort und in Kapitel 13 finden sich auch erläuternde Abbildungen und Fotos, die zum Vergleich herangezogen werden sollten.

Arten der Gewächshausfauna und potenziell vorkommende sind nicht enthalten. Seltene Farbformen werden ebenfalls nicht berücksichtigt. Die Hilfstabelle enthält nur Arten der Unterfamilien Coccinellinae und Chilocorinae, deren Flügeldecken und Halsschild **unbehaart** sind.

Ein Teil der behaarten Arten (Gattung *Coccidula, Platynaspis luteorubra, Novius cruentatus*, Unterfamilie Epilachninae) kann ebenfalls relativ leicht nach äußerlich sichtbaren Merkmalen nach der Bestimmungstabelle der Imagines (Kapitel 8.1.1) erkannt werden.

Gattungen und Artengruppen, die eine besondere Vergrößerung oder Präparation erfordern (Strukturen der Unterseite, Bau der Klauen und Fühler, Genitalmerkmale) werden hier natürlich nicht berücksichtigt.

Die große Variabilität von *Harmonia axyridis* birgt die Gefahr von Fehlbestimmungen in sich, vor allem dann, wenn es sich um kleine Exemplare handelt und/oder die quere Bogenfalte am Ende der Flügeldecken nur schwach ausgebildet ist oder fehlt. Die meisten Individuen sind jedoch deutlich größer, sodass auch die Körperlänge ein Hinweis ist. Bei ähnlicher Färbung können dennoch einige heimische Arten mit *H. axyridis* verwechselt werden, weshalb diese Art an mehreren Stellen der Hilfstabelle auftaucht.

Alle in dieser Hilfstabelle abgehandelten Arten werden als Habitusfoto abgebildet. Diese sind, dem System folgend, in Kapitel 13 zu finden. Im folgenden Text sind entsprechende Abbildungshinweise eingefügt. Diese Fotos sollten zum Vergleich herangezogen werden.

Nach dem Farbmuster werden acht Gruppen unterschieden:

Gruppe 1: Flügeldecken einfarbig schwarz

Außer den hier genannten, kommen Exemplare mit schwarzen Flügeldecken auch bei einigen anderen Arten als seltene Ausnahmen vor (vgl. Kapitel 1.4), die hier nicht aufgeschlüsselt werden.

1 Seiten des Halsschildes mit einem gelbroten oder roten Fleck............2

1* Nur Vorderecken des Halsschildes mit einem weißen Fleck oder Halsschild mit schwarzer Zeichnung..3

2 Seiten des Halsschildes breit gelbrot gesäumt (vgl. Foto 260). Kopfschild stark verbreitert. Seiten der Elytren aufgebogen. Körperlänge 3,0–4,5 mm.

Schwarzer Schildlaus-Marienkäfer (*Parexochomus nigromaculatus*)

2* Seiten des Halsschildes nur mit roten Vorderecken, Vorderrand rot (vgl. Foto 203). Kopfschild nicht verbreitert. Seiten der Elytren steil abfallend. Körperlänge 2,3–4,5 mm.

Kurzhorn-Marienkäfer (*Hyperaspis* sp.)

3(1) Halsschild schwarz, mit weißen Vorderecken (vgl. Foto 299). Körperlänge 3,5–5,0 mm.

Heidekraut-Marienkäfer (*Coccinella hieroglyphica* (schwarze Form))

3* Halsschild schwarz, nur mit schmalen weißen Vorderecken und Seitenrand oder hell mit einer schwarzen Zeichnung (vgl. Fotos 332, 333). Körperlänge 3,5–5,3 mm.

Ungefleckter Marienkäfer (*Oenopia impustulata*)

Gruppe 2: Flügeldecken schwarz mit roten Flecken

1* Flügeldecken jeweils nur mit einem roten Makel, der auch als geteilte Querreihe ausgebildet sein kann. 2

1* Flügeldecken jeweils mit mehr als einem roten Makel. 6

2 Halsschild einfarbig schwarz. Kopfschild stark verbreitert. 3

2* Seiten des Halsschildes hell. Kopfschild nicht verbreitert. 4

3 Makel auf den Flügeldecken groß und rund (vgl. Foto 256). Körperlänge 4–5 mm.

Rundfleckiger Schildlaus-Marienkäfer (*Chilocorus renipustulatus*)

3* Auf den Flügeldecken befinden sich drei kleine Makel, die z. T. verschmolzen in einer Querreihe stehen (vgl. Foto 254). Körperlänge 2,7–4,0 mm.

Strichfleckiger Schildlaus-Marienkäfer (*Chilocorus bipustulatus*)

4(2) Flügeldecken nur an der Schulterbeule mit einem nach innen gebogenen roten Fleck (vgl. Foto 280). Flügeldecken am Ende meist mit einer queren Bogenfalte. Körperlänge 3,5–5,0 mm.

Zehnpunkt (*Adalia decempunctata* (Forma *bimaculata*))

4* Schulterbeule schwarz, der rote Fleck steht frei auf der Flügeldecke. . 5

5 Seiten des Halsschildes mit roten Vorderecken. Roter Punkt auf den Flügeldecken klein, rund, hinter oder in der Mitte stehend (vgl. Fotos 202, 207). Körperlänge 2,3–4,5 mm.

Kurzhorn-Marienkäfer (*Hyperaspis* sp.)

5* Halsschild weiß mit einem trapezoiden schwarzen Fleck. Der rote Punkt auf den Flügeldecken steht in der Mitte und ist groß, meist unregelmäßig geformt, manchmal mit einem kleinen schwarzen Punkt in der Mitte (vgl. Fotos 316–318). Flügeldecken am Ende meist mit einer queren Bogenfalte. Körperlänge 5,9–8,2 mm.

Asiatischer Marienkäfer (*Harmonia axyridis* (Forma *conspicua*))

6(1) Halsschild einfarbig schwarz. Jede Flügeldecke mit zwei roten Flecken. Der bohnenförmige rote Schultermakel erreicht nicht den Seitenrand der Flügeldecken (vgl. Foto 259). Kopfschild stark verbreitert. Körperlänge 3,0–5,0 mm.

Vierfleckiger Schildlaus-Marienkäfer (*Exochomus quadripustulatus*)

6* Halsschild nicht einfarbig schwarz. Kopfschild nicht verbreitert. 7

7 Basis der Flügeldecken rot, weitere rote Makeln im hinteren Drittel (vgl. Foto 287), Halsschild fast ganz schwarz. Körperlänge 3,5–5,0 mm.

Nadelbaum-Marienkäfer (*Aphidecta obliterata*)

7* Basis der Flügeldecken schwarz. 8

8 Seitenrand und meist auch der Vorderrand des Halsschildes hell. Der rote Schultermakel schließt den Seitenrand der Flügeldecken ein (vgl. Foto 276). Körperlänge 3,5–5,5 mm.

Zweipunkt (*Adalia bipunctata* (vier Flecke = Forma *quadrimaculata*, sechs Flecke = Forma *sexpustulata*))

8* Halsschild weiß mit einem trapezoiden schwarzen Fleck. Der vordere, größere rote Punkt steht mitten auf der Flügeldecke und erreicht den Seitenrand nicht (vgl. Foto 319). Flügeldecken am Ende meist mit einer queren Bogenfalte. Körperlänge 5,9–8,2 mm.

Asiatischer Marienkäfer (*Harmonia axyridis* (Forma *spectabilis*))

Gruppe 3: Flügeldecken schwarz mit gelben oder weißlichen Punkten oder Flecken

1 Flügeldeckenzeichnung unregelmäßig, keine runden Punkte bildend. 2

1* Flügeldecken mit runden Punkten...3

2 Halsschild mit schwarzer Basis und vier nach vorn gerichteten Zacken, Vorder- und Seitenrand gelb (vgl. Foto 335). Flügeldecken je mit sieben meist eckigen Flecken, die z. T. miteinander verschmolzen sind, ohne quere Bogenfalte. Körperlänge 3,5–5,0 mm.

Schachbrett-Marienkäfer (*Propylea quatuordecimpunctata*)

2* Halsschild mit schwarzer M-förmiger Zeichnung, die zu einem trapezoiden Fleck verschmolzen ist, und einem breiten weißen Seitenrand. Die Flecken auf den Flügeldecken sind von ungleicher Größe (vgl. Foto 315) und oft miteinander verschmolzen. Flügeldecken am Ende meist mit einer queren Bogenfalte. Körperlänge 5,9–8,2 mm.

Asiatischer Marienkäfer (*Harmonia axyridis* (Forma *axyridis*))

Die Flügeldeckenzeichnung kann auch aus ± regelmäßigen Punkten bestehen (vgl. Foto 315). Körpergröße, quere Bogenfalte und Färbung des Halsschildes weisen aber die Zugehörigkeit zu dieser Art aus.

3(1) Flügeldecken mit je zehn Punkten, ohne einen Schildchenmakel (vgl. Foto 337). Körperlänge 5,0–6,5 mm.

Schöner Marienkäfer (*Sospita vigintiguttata* (Form nach der Überwinterung))

3* Flügeldecken mit weniger Punkten. 4

4 Seiten des Halsschildes weiß, Mitte mit schwarzer, aus einzelnen Flecken bestehender, oft verflossener Zeichnung. Flügeldecken jeweils mit fünf großen, runden Punkten (vgl. Foto 278), die wenigstens am Seitenrand meist miteinander verbunden sind, am Ende meist mit einer queren Bogenfalte. Körperlänge 3,5–5,0 mm.

Zehnpunkt (*Adalia decempunctata* (Forma *decempustulata*))

4* Basis des Halsschildes mit schwarzer zusammenhängender gezackter Zeichnung. Flügeldecken jeweils mit sechs oder sieben Punkten, am Ende ohne eine quere Bogenfalte. 5

5 Flügeldecken jeweils mit sechs Punkten, Seitenrand mit drei, die z. T. miteinander verbunden sind (vgl. Foto 334). Schwarze Halsschildzeichnung in der Mitte nach vorn gezogen oder tief eingeschnitten. Körperlänge 3,0–4,5 mm.

Wärmeliebender Marienkäfer (*Oenopia lyncea agnatha*)

5* Flügeldecken jeweils mit sieben Punkten, die vier Punkte am Seitenrand sind nicht miteinander verbunden (vgl. Foto 271). Schwarze Halsschildzeichnung eine Zackenlinie bildend, in der Mitte nicht tief eingeschnitten. Körperlänge 3,0–4,0 mm.

Trockenrasen-Marienkäfer (*Coccinula quatuordecimpustulata*)

Gruppe 4: Flügeldecken braun mit weißlichen oder gelben Punkten, Flecken oder Strichen

1 Die Zeichnung der Flügeldecken besteht aus hellen Streifen (vgl. Foto 328). Körperlänge 6,8–8,8 mm.

Gestreifter Marienkäfer (*Myzia oblongoguttata*)

1* Die Zeichnung der Flügeldecken besteht aus hellen Punkten oder Flecken. 2

2 Flügeldecken mit je zehn Punkten, ohne Schildchenmakel (vgl. Foto 338). Körperlänge 5,0–6,5 mm.

Schöner Marienkäfer (*Sospita vigintiguttata* (Form vor der Überwinterung))

2* Flügeldecken mit weniger Punkten oder Flecken. 3

3 Flügeldecken mit je fünf Punkten. 4

3* Flügeldecken mit je sechs bis neun Punkten oder Flecken. 5

4 Seiten des Halsschildes weiß, Mitte mit schwarzer, aus einzelnen Flecken bestehender Zeichnung. Flügeldecken jeweils mit fünf großen, runden Punkten, die wenigstens am Seitenrand meist miteinander verbunden sind, am Ende meist mit einer queren Bogenfalte. Flügeldecken manchmal ± schwarz. Körperlänge 3,5–5,0 mm.

Zehnpunkt (*Adalia decempunctata* (Forma *decempustulata*))

4* Halsschild braun, in der Mitte mit weißlichen Flecken und hellem Seitenrand (vgl. Foto 288). Flecken auf den Flügeldecken nicht miteinander verschmolzen, Flügeldecken am Ende ohne eine quere Bogenfalte. Körperlänge 5,0–6,7 mm.

Licht-Marienkäfer (*Calvia decemguttata*)

5(3) Flügeldecken mit je neun Flecken, die vorderen neben dem Schildchen sind L-förmig miteinander verbunden (vgl. Foto 327). Makeln z. T. von eckiger Form. Körperlänge 3,5–4,9 mm.

Kiefernwipfel-Marienkäfer (*Myrrha octodecimguttata*)

5* Flügeldecken mit je einem runden Punkt neben dem Schildchen, alle Makeln sind rund. 6

6 Körperlänge 3,0–4,0 mm. Flügeldecken jeweils mit sechs Punkten (vgl. Foto 267).

Zwölffleckiger Pilz-Marienkäfer (*Vibidia duodecimguttata*)

6* Körperlänge 4,5–7,0 mm. Flügeldecken jeweils mit sieben oder acht Punkten. 7

7 Flügeldecken orange, jeweils mit acht weißen Punkten, Seitenrand durchscheinend (vgl. Foto 264). Seitenrand des Halsschildes ebenfalls durchscheinend. Körperlänge 5,0–7,0 mm.

Sechzehnfleckiger Pilz-Marienkäfer (*Halyzia sedecimguttata*)

7* Flügeldecken braun, jeweils mit sieben Punkten, Seitenrand nicht hell abgesetzt. Seitenrand des Halsschildes weiß, nicht durchscheinend. .8

8 Punktreihung auf den Flügeldecken 1–3–2–1. Die drei Punkte der zweiten Reihe sind auffällig nebeneinander angeordnet und stehen in einer Querreihe (vgl. Foto 289). Körperlänge 4,5–6,0 mm.

Blattfloh-Marienkäfer (*Calvia quatuordecimguttata*)

8* Punktreihung auf den Flügeldecken 2–2–2–1 (vgl. Foto 290). Körperlänge 5,0–6,0 mm.

Erlen-Marienkäfer (*Calvia quindecimguttata*)

Gruppe 5: Flügeldecken einfarbig rot bis orange mit schwarzen Punkten

1 Halsschild schwarz, Vorderecken weiß. 2

1* Halsschild anders gefärbt. 6

2 Schildchenfleck rund. Schulterecke ohne schwarzen Punkt 3

2* Schildchenfleck länglich, tropfenförmig. Schulterecke mit einem schwarzen Punkt, hinter der Mitte mit je zwei weiteren Punkten (vgl. Foto 296). Körperlänge 5,0–7,0 mm.

Hügel-Marienkäfer (*Ceratomegilla undecimnotata*)

3 Flügeldecken mit sieben Punkten. Körperlänge 5,0–8,0 mm 4

3* Flügeldecken mit anderer Punktzahl. Körperlänge 3,5–5,5 mm 5

4 Seitenrand der Flügeldecken vorn mit aufgebogenem Wulst. Unterseite nur an der Mittelbrust mit je einem dreieckigen weißen Fleck. Mittlerer Punkt auf den Flügeldecken nicht auffällig größer als die anderen beiden (vgl. Foto 305). Der helle Seitenfleck des Halsschildes greift nur als schmaler Saum bis ein Drittel nach hinten auf die Unterseite über.

Siebenpunkt (*Coccinella septempunctata*)

4* Seitenrand der Flügeldecken gleichmäßig gewölbt, ohne Wulst. Unterseite sowohl an der Mittel- als auch an der Hinterbrust mit je einem dreieckigen weißen Fleck. Mittlerer Punkt auf den Flügeldecken meist deutlich größer als die anderen beiden (vgl. Foto 300). Der helle Seitenfleck des Halsschildes reicht auf der Unterseite bis über die Mitte nach hinten.

Ameisen-Marienkäfer (*Coccinella magnifica*)

5(3) Flügeldecken mit fünf Punkten (vgl. Foto 302).

Fünfpunkt (*Coccinella quinquepunctata*)

5* Flügeldecken elf oder neun (selten weniger) Punkten, die über die gesamte Flügeldecke verteilt sind (vgl. Foto 308), oder nur mit zwei.

Elfpunkt (*Coccinella undecimpunctata*)

6(1) Halsschild mit einzelnen dunklen Punkten, Strichen oder einer M-förmigen Zeichnung. 7

6* Halsschild an der Basis mit einem geschlossenen dunklen Band oder einem dunklen Fleck, der fast das gesamte Halsschild ausfüllt. 11

7 Halsschild mit einer deutlichen schwarzen M-förmigen Zeichnung und einem breiten weißen Seitenrand. 8

7* Halsschild mit einzelnen dunklen Punkten oder Strichen. 10

8 Körperlänge 3,5–5 mm. Flügeldecken nur mit einem Punkt in der Mitte (vgl. Foto 275).

Zweipunkt (*Adalia bipunctata* (Nominatform))

8* Körperlänge 5,0–9,5 mm. Flügeldecken meist mit größerer Punktzahl. 9

9 Flügeldecken mit 2–18 schwarzen Punkten, die nicht von einem Ring umgeben sind, an der Schulter stehen oft zwei Punkte. Ein Schildchenfleck kann fehlen oder vorhanden sein (vgl. Fotos 311–314). Seitenrand des Halsschildes weiß. Flügeldecken am Ende meist mit einer queren Bogenfalte. Körperlänge 5,9–8,2 mm.

Asiatischer Marienkäfer (*Harmonia axyridis* (Forma *succinea*))

9* Flügeldecken mit 18 schwarzen Punkten, die meist von einem hellen Ring umgeben sind (mitunter fehlen einige oder alle Makeln oder einige sind in unterschiedlicher Art miteinander verbunden), an der Schulter befindet sich meist ein Punkt. Schildchenflecken klein, getrennt und strichförmig (vgl. Fotos 284, 285). Seitenrand des Halsschildes mit schwarzer Zeichnung. Flügeldecken ohne eine quere Bogenfalte. Körperlänge 7,5–9,5 mm.

Augenfleck-Marienkäfer (*Anatis ocellata*)

10(7) Flügeldecken mit zwei bis acht Punkten, oft sind jederseits nur zwei am Seitenrand vorhanden (vgl. Fotos 321, 322), ohne eine quere Bogenfalte. Halsschild mit elf einzelnen Punkten, die z. T. miteinander verbunden sein können. Körperlänge 5,2–6,8 mm.

Vierpunktiger Marienkäfer (*Harmonia quadripunctata*)

10* Flügeldecken mit je fünf (oder sieben, mitunter weniger) braunen oder schwarzen Punkten (vgl. Foto 277), am Ende meist mit einer queren Bogenfalte. Halsschild mit fünf schwarzen Flecken, die z. T. miteinander verbunden sein können, sowie je einem weiteren Punkt am Seitenrand. Körperlänge 3,5–5,0 mm.

Zehnpunkt (*Adalia decempunctata* (Forma *decempunctata*)

11(6) Nur Basis des Halsschildes mit schwarzer Zeichnung. 12

11* Halsschild weitgehend dunkel, nur Vorder- und Seitenrand hell. 13

12 Die schwarze Basis des Halsschildes bildet eine Zackenlinie. Flügeldecken mit je fünf schwarzen Flecken und einem gemeinsamen tropfenförmigen Schildchenmakel (vgl. Foto 294). Körperlänge 4,5–5,8 mm.

Berg-Marienkäfer (*Ceratomegilla notata*)

12* Halsschild mit schwarzer Basis, nach vorn laufen vier fingerförmige oder kürzere schwarze Fortsätze (vgl. Foto 326). Flügeldecken mit einem gemeinsamen schwarzen Schildchenfleck und meist mit sieben Punkten, sechs davon stehen auf der hinteren Hälfte, die z. T. miteinander verflossen sind oder auch fehlen können, besonders häufig der Schultermakel oder andere der vorderen Hälfte. Körperlänge 3,0–5,8 mm.

Variabler Flach-Marienkäfer (*Hippodamia variegata*)

13(11) Halsschild neben dem großen trapezförmigen Mittelfleck jederseits mit einem schwarzen Randpunkt, der oft mit dem Mittelfleck verbunden ist (vgl. Foto 325). Flügeldecken mit je sechs schwarzen Punkten und einem schmalem Schildchenfleck. Körperlänge 4,5–7,0 mm.

Dreizehnpunktiger Flach-Marienkäfer (*Hippodamia tredecimpunctata*)

13* Halsschild mit einem einheitlichem schwarzen Mittelfleck (vgl. Foto 324). Flügeldecken rot mit je drei schwarzen Punkten in der hinteren Hälfte, einem Punkt auf der Schulter, einer unterschiedlichen Zahl weiterer Punkte und einem schmalen Schildchenfleck, der nach hinten meist seitlich erweitert (T-förmig) ist. Körperlänge 5,0–7,0 mm.

Siebenpunktiger Flach-Marienkäfer (*Hippodamia septemmaculata*)

Gruppe 6: Flügeldecken rosa mit schwarzen Punkten und/oder Flecken

1 Körper länglich. Die 18 Punkte auf den Flügeldecken stehen einzeln. Der Schildchenfleck ist klein und setzt sich nicht auf der Naht fort. Körperlänge 2,8–4,0 mm.

Teich-Marienkäfer (*Anisosticta novemdecimpunctata* (Form vor der Überwinterung))

1* Körper rundlich. Die meist zehn Punkte auf den Flügeldecken sind z. T. miteinander verbunden (vgl. Fotos 329, 330). Der Schildchenfleck setzt sich auf der Naht fort und ist L-förmig. Körperlänge 3,5–5,4 mm.

Pappel-Marienkäfer (*Oenopia conglobata*)

Gruppe 7: Flügeldecken gelb, rötlich bis bräunlich mit schwarzer Zeichnung, ohne Punkte

1 Halsschild schwarz, mit weißen Vorderecken. Flügeldecken rötlich, mit je einer schwarzen Längsbinde, beide sind in der Mitte verbunden, sodass vom Schildchen bis kurz vor der Mitte die Naht geschwärzt ist (vgl. Foto 298). Körperlänge 3,6–5,0 mm.

Heidekraut-Marienkäfer (*Coccinella hieroglyphica*)

1* Halsschild weiß, mit schwarzer Zeichnung. Flügeldecken gelb oder bräunlich, Zeichnung anders. 2

2 Flügeldecken gelb, mit schwarzer Naht und je einer seitlichen Längsbinde, die drei Längsbinden können mindestens in der Mitte miteinander verbunden sein (vgl. Fotos 282, 283). Halsschild mit drei schwarzen, parallel stehenden, z. T. miteinander verbundenen Längsflecken. Körperlänge 3,0–4,5 mm.

Fichten-Marienkäfer (*Adalia conglomerata*)

2* Flügeldecken bräunlich, Naht nicht auffällig schwarz. Flügeldecken mit je einem schrägen dunklen Makel im hinteren Drittel, oft mit weiteren Flecken, die miteinander verbunden sein können (vgl. Foto 286). Es kommen auch fast schwarze Exemplare vor (vgl. Foto 287). Halsschild mit M-förmiger Zeichnung oder ganz schwarz. Körperlänge 3,5–5,0 mm.

Nadelbaum-Marienkäfer (*Aphidecta obliterata*)

Gruppe 8: Flügeldecken gelb mit schwarzen Punkten oder Flecken

1 Körperlänge 5,9–8,2 mm. Flügeldecken jeweils mit einem bis neun schwarzen Punkten, mit oder ohne und einen Schildchenfleck (vgl. Fotos 311–314), am Ende meist mit einer queren Bogenfalte.

Asiatischer Marienkäfer (*Harmonia axyridis* (Forma *succinea*))

1* Körperlänge 2,8–5,0 mm. Flügeldecken jeweils mit sieben, acht, neun oder elf schwarzen Punkten, mit oder ohne einen Schildchenfleck, am Ende ohne eine quere Bogenfalte. 2

2 Körper länglich, flach. Flügeldecken jeweils mit neun schwarzen Punkten und einem Schildchenfleck (vgl. Foto 268). Körperlänge 2,8–4,0 mm.

Teich-Marienkäfer (*Anisosticta novemdecimpunctata* (Form nach der Überwinterung))

2* Körper rund, gewölbt. Flügeldecken jeweils mit sieben, acht oder elf schwarzen Punkten. 3

3 Körperlänge 2,5–2,9 mm. Flügeldecken jeweils mit acht runden schwarzen Punkten, von denen drei am Rande stehende meist miteinander verbunden sind, ohne Schildchenfleck. Naht schwarz (vgl. Foto 273). Halsschild mit fünf einzelnen Punkten in einer Querreihe und zwei gezackten Makeln an der Basis.

Sechzehnpunkt (*Tytthaspis sedecimpunctata*)

3* Körperlänge 3,0–5,0 mm. Flügeldecken jeweils mit sieben oder elf schwarzen Punkten oder Flecken, von denen bei manchen Exemplaren einige miteinander verbunden sind. Naht schwarz oder nicht......4

4 Flügeldecken mit je sieben, meist rechteckigen bis quadratischen Flecken, die z. T. miteinander verbunden sein können, Naht wenigstens vorn schwarz (vgl. Foto 336). Halsschild mit einem einheitlichen schwarzen Makel, selten mit einzelnen Punkten, dann aber mit zwei zusätzlichen Makeln an der Basis. Körperlänge 3,5–5,0 mm.

Schachbrett-Marienkäfer (*Propylea quatuordecimpunctata*)

4* Flügeldecken mit je elf runden Punkten, Naht nicht schwarz markiert (vgl. Foto 265). Halsschild mit vier runden Punkten in einem Halbkreis, an der Basis mit einem dreieckigen Makel in der Mitte. Körperlänge 3,0–4,5 mm.

Gemeiner Pilz-Marienkäfer (*Psyllobora vigintiduopunctata*)

8.1.3 Bestimmen/Erkennen nach Fotos

Marienkäfer sind beliebte Fotoobjekte und es herrscht vielfach die Ansicht, für die Determination der heimischen Arten reichen Fotos, wenn sie hinreichend gut sind. Dem muss energisch widersprochen werden. Zwar locken Marienkäfer selbstverständlich zum Fotografieren, die Fotopirsch wird zum Naturerlebnis, die Bildsammlung eine wichtige Grundlage auch für faunistische Erhebungen. Mancher ist auf diesem Weg schon zu einer vertieften Kenntnis gelangt. Hinzu kommt, dass Naturschutzgedanken, Genehmigungsverpflichtungen u. Ä. eine wichtige Rolle spielen. Letztlich geht es aber für viele Fragestellungen nicht ohne Belegexemplare und die Anlage einer Sammlung. Vor allem viele kleinere Arten können allein nach Fotos oft nicht sicher erkannt werden.

Natürlich gibt es Marienkäfer, die leicht und eindeutig nach einem Habitusfoto – entsprechende Qualität vorausgesetzt – zu erkennen sind, aber das sind nur die knappe Hälfte der Arten (Kategorie A in Tabelle 40). Die meisten von ihnen sind in einer Hilfstabelle zusammengefasst (Kapitel 8.1.2). Bei einem zweiten Teil relativ leicht erkennbarer Arten ist ein besonders gutes Habitusfoto Voraussetzung (B), wesentliche Unterscheidungsmerkmale müssen genau zu sehen sein (z. B. Strukturen der Unterseite, Bau der Klauen und Antennen). Sollte dies nicht der Fall sein, kann keine sichere Bestimmung erfolgen. Schließlich gibt es eine letzte Gruppe (C), das sind Arten, die höchstens von ausgesprochenen Kennerinnen und Kennern der Coccinellidae ohne anatomische Untersuchung zweifelsfrei erkannt werden können. Es sind vor allem jene Arten, bei denen eine Untersuchung des im Hinterleib liegenden Genitalapparates erforderlich ist.

Weitere Probleme können sich daraus ergeben, dass atypisch gefärbte Exemplare abgebildet wurden. Mitunter fehlen zudem Angaben zum Fundort, dem Lebensraum, der Größe des Tieres und dem Datum der Aufnahme. Will man die Möglichkeiten für eine sichere Determination erhöhen, empfiehlt es sich, den Käfer von verschiedenen Seiten abzubilden und auf die scharfe Wiedergabe von Details zu achten. Gegen künstlerisch gestaltete Fotos ist nichts zu sagen, nur kann bei solchen Bildern oftmals keine seriöse Bestimmung erfolgen.

Tabelle 40 ordnet die in diesem Buch behandelten Arten bzw. Gattungen den soeben erwähnten Kategorien zu. Selbstverständlich wird jede derartige Zusammenstellung subjektive Züge tragen, und es ist auch ein Unterschied, ob die Betrachterin, der Betrachter gerade beginnt, sich mit Marienkäfern zu befassen oder ob bereits große Erfahrungen vorhanden sind. In der Einarbeitungsphase ist ein genaues Studium von Vergleichsmaterial (Sammlungen, Fotodokumentationen, Literatur) unerlässlich. Abgesehen von der Lückenhaftigkeit und Unsicherheit ist die »Bilderbuchmethode« auch nicht besonders gut geeignet, den Käfer wirklich genau zu betrachten. Die Benutzung einer Bestimmungstabelle zwingt zu einem viel intensiverem Studium des Körperbaus.

Die Tabelle gilt nur für die Imagines (vgl. auch Kapitel 8.1.2). Larven und Puppen einiger Arten können ebenfalls zweifelsfrei nach Fotos erkannt werden. Dies trifft aber nur für wenige Arten zu und es soll hier keine entsprechende Auflistung vorgelegt werden.

Tabelle 40: Die in Mitteleuropa vorkommenden Coccinellidae und Möglichkeiten ihrer Bestimmung/Erkennung nach Fotos. A bis C sind die oben im Text erwähnten Kategorien.

Kategorie	Art/Gattung
A 42,7 %	*Coccidula*-Arten, *Clitostethus arcuatus*, *Chilocorus*-Arten, *Exochomus quadripustulatus*, *Parexochomus nigromaculatus*, *Platynaspis luteorubra*, *Novius cruentatus*, *Halyzia sedecimguttata*, *Psyllobora vigintiduopunctata*, *Vibidia duodecimguttata*, *Anisosticta novemdecimpunctata*, *Coccinula quatuordecimpustulata*, *Tytthaspis sedecimpunctata*, *Adalia*-Arten, *Anatis ocellata*, *Aphidecta obliterata*, *Calvia*-Arten, *Ceratomegilla notata*, *C. undecimnotata*, *Coccinella hieroglyphica*, *C. quinquepunctata*, *C. septempunctata*, *C. trifasciata*, *C. undecimpunctata*, *Harmonia*-Arten, *Hippodamia*-Arten, *Myrrha octodecimguttata*, *Myzia oblongoguttata*, *Oenopia conglobata*, *Propylea quatuordecimpunctata*, *Sospita vigintiguttata*, *Cynegetis impunctata*, *Henosepilachna*-Arten, *Subcoccinella vigintiquatuorpunctata*
B 24,3 %	*Lindorus*-Arten, *Cryptolaemus montrouzieri*, *Tetrabrachys connatus*, *Nephus quadrimaculatus*, *N. redtenbacheri*, *Scymnus abietis*, *S. auritus*, *S. ferrugatus*, *S. haemorrhoidalis*, *S. impexus*, *S. interruptus*, *S. nigrinus*, *S. rubromaculatus*, *S. subvillosus*, *S. suturalis*, *Stethorus pusillus*, *Exochomus oblongus*, *Rodolia cardinalis*, *Bulaea lichatschovii*, *Coccinula sinuatomarginata*, *Ceratomegilla alpina*, *Coccinella magnifica*, *Oenopia impustulata*, *O. lyncea*
C 33,0 %	*Rhyzobius*-Arten, *Hyperaspis*-Arten, *Nephus bipunctatus*, *N bisignatus*, *N. jacobsoni*, *N. limonii*, *Scymniscus*-Arten, *Scymnus apetzi*, *S. ater*, *S. doriae*, *S. femoralis*, *S. flagellisiphonatus*, *S. fraxini*, *S. frontalis*, *S. limbatus*, *S. magnomaculatus*, *S. marginalis*, *S. schmidti*, *S. silesiacus*, *S. suffrianoides apetzoides*, *Exochomus cedri*, *Ceratomegilla rufocincta*, *Coccinella saucerottii*, *C. venusta*

8.2 Larven

Die Kenntnis der Larven der in Mitteleuropa autochthon vorkommenden Coccinellidae ist im Vergleich zu anderen Familien der Coleoptera gut. Fast aus allen 41 Gattungen sind Larven bekannt (*Scymniscus* fehlt) und können nach morphologischen Merkmalen determiniert werden. Von den 119 insgesamt behandelten Arten kennt man die Larven von 77 (64,7 %). Die größten Lücken bestehen bei *Scymnus* und *Nephus* sowie *Hyperaspis*. Sonst fehlen nur wenige Arten.

Da der Nachweis von Larven eine bedeutend größere Aussagekraft hat als das Auffinden der Imagines, kommt der Möglichkeit, sie zu bestimmen, besonderes Gewicht bei faunistischen und ökologischen Untersuchungen sowie in der Praxis der Umweltbeurteilung, der Bioindikation (Kapitel 9.3) und des Pflanzenschutzes zu. Oftmals ergeben sich außerdem aus der Untersuchung der Larven ergänzende Vorstellungen über phylogenetische Zusammenhänge – mehr, als die alleinige Bearbeitung der Imagines zeigt.

Die Larvalsystematik der Coccinellidae wurde von GAGE (1920) modern begründet, später arbeiteten besonders VAN EMDEN[21], KAMIYA-SASAJI, STROUHAL, SAVOISKAJA[22] und KLAUSNITZER auf diesem Gebiet. Im Folgenden wird ein Bestimmungsschlüssel für mitteleuropäische Marienkäferlarven gegeben, der bei den Coccidulinae, Chilocorinae, Ortaliinae, Coccinellinae und Epilachninae zu fast allen Arten führt. Bei der Unterfamilie Scymninae wurde auf eine Differenzierung der einzelnen Arten verzichtet. Ihre Determination erfordert immer eine schwierige Präparation. Die Larven der in Gewächshäusern importierten Arten wurden nicht berücksichtigt, ebenso die vor allem in Nachbargebieten Mitteleuropas vorkommenden Arten.

Außer den in der Tabelle verwendeten morphologischen Details (Bau der Mundwerkzeuge [Abb. 187, 188], Kopfkapsel [Abb. 185], Borstentypen [Abb. 184] und 9. Abdominalsegment [Abb. 191]) sind zur Bestimmung der Gattungen und Arten weitere Borstenmerkmale (Abb. 190, 192), der Bau der Tarsalklauen (Abb. 189), der Antennen (Abb. 186) und auch die Färbung bedeutungsvoll. Da Letztere ohne nähere Untersuchung bzw. Präparation beurteilt werden kann, wird sie nach Möglichkeit als erstes Merkmal genannt. Hier ist auch der Vergleich mit den zahlreichen Habitusfotos hilfreich. Dies soll nicht dazu verleiten, die anderen Kennzeichen unbeachtet zu lassen.

Vor allem die auf Skleriten stehenden, meist komplexen borstentragenden Tuberkeln auf dem Thorax und dem Abdomen sind in ihrem Bau und in ihrer Färbung wichtige Bestimmungsmerkmale. Meist sind zwölf Sklerite je Abdominalsegment vorhanden und auf den Abdominalsegmenten 1–8 in sechs dorsalen und sechs ventralen Längsreihen angeordnet (Abb. 184a, b). Diese Reihen werden als dorsal (D), dorsolateral (DL) und lateral (L) bzw. ventral (V), ventrolateral (VL) und paralateral (PL) bezeichnet. Sie sind auch auf den Thoraxsegmenten erkennbar und werden dort im gleichen

---

21 ISIDORE FRITZ VAN EMDEN (03.10.1898 Amsterdam – 02.09.1958 London) studierte von 1918 bis 1922 Naturwissenschaften an der Universität Leipzig und promovierte 1921 bei JOHANNES MEISENHEIMER mit einer Arbeit zur Brutpflege von Käfern. Er arbeitete anschließend bei WALTHER HORN am Deutschen Entomologischen Institut. Im Jahre 1927 wurde er Kurator für Entomologie am Staatlichen Museum für Tierkunde und Völkerkunde in Dresden. Wegen seiner jüdischen Abstammung wurde er entlassen und flüchtete mit seiner Familie 1936 nach Großbritannien. VAN EMDEN forschte dort als Taxonom an calyptraten Diptera am Imperial Institute of Entomology. Sein Hauptinteresse galt jedoch den Coleoptera, insbesondere der Larvalsystematik. Er publizierte zahlreiche Bestimmungstabellen, darunter eine über die Larven der Coccinellidae, die eine wesentliche, noch immer gültige Grundlage für dieses Gebiet darstellt.

22 Der russischen Koleopterologin G. I. SAVOISKAJA verdanken wir eine umfassende Bearbeitung der Larven der Coccinellidae. Hervorgehoben werden soll ihr Buch »Licinki kokzinnelid fauny SSSR«.

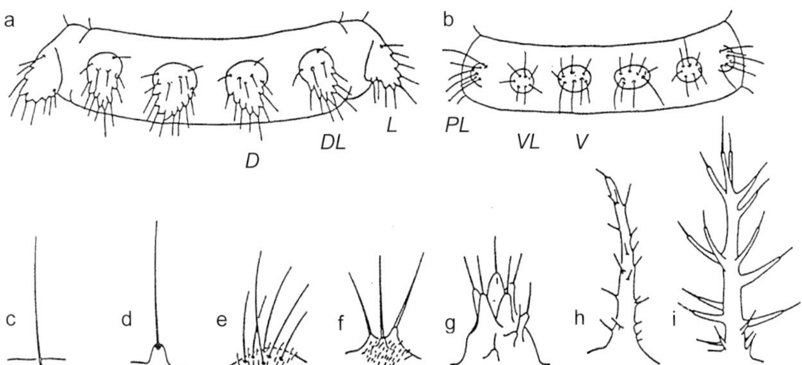

Abb. 184: *Coccinella septempunctata,* 4. Abdominalsegment. **a** dorsal; **b** ventral. Borstentypen (schematisch). **c** Seta; **d** Chalaza; **e** Verruca; **f** Struma; **g** Parascolus; **h** Sentus; **i** Scolus. Nach Savoiskaja (1983) (a, b), LeSage (1991) (c–i).

Sinne benannt. Die Thoraxsegmente werden in der Bestimmungstabelle mit römischen Ziffern (I–III), die Abdominalsegmente mit arabischen Ziffern (1–9) bezeichnet.

Da die Kenntnis der einzelnen Borstentypen eine unerlässliche Voraussetzung für die Unterscheidung der Larven der Coccinellidae ist, folgt zunächst eine kurze Übersicht (mitunter kommen intermediäre Bildungen vor):

Seta	direkt auf der Körperoberfläche entspringende Borste (Abb. 184c)
Chalaza	eine Seta, die auf einem kleinen Sockel steht (Abb. 184d)
Verruca	eine flache Erhebung, die von mehreren Setae bedeckt ist (Abb. 184e)
Struma	eine etwas höhere Erhebung, die höchstens so hoch wie breit ist und die mehrere Chalazae trägt (Abb. 184f)
Parascolus	eine noch etwas höhere Erhebung, die aber weniger als dreimal so hoch wie breit ist und die mehrere Chalazae trägt (Abb. 184g)
Sentus	eine viel höhere, nicht verzweigte Erhebung (mehr als fünfmal so hoch wie breit), auf der mehrere Setae entspringen (Abb. 184h)
Scolus	eine viel höhere, verzweigte Erhebung (mehr als fünfmal so hoch wie breit), jeder Fortsatz trägt am Ende eine Seta (Abb. 184i)

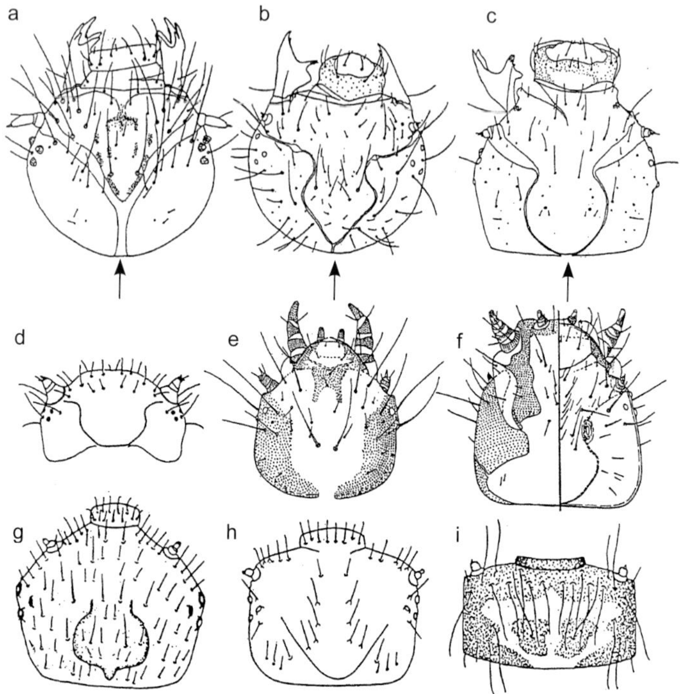

Abb. 185: Kopfkapseln. **a** *Subcoccinella vigintiquatuorpunctata;* **b** *Chilocorus renipustulatus;* **c** *Coccinella undecimpunctata;* **d** *Tetrabrachys connatus;* **e** *Scymnus auritus;* **f** *Exochomus quadripustulatus* (links ventral, rechts dorsal); **g** *Psyllobora vigintiduopunctata;* **h** *Tytthaspis lineola;* **i** *Hyperaspis desertorum.* Nach van Emden (1949) (a–c), Klausnitzer (1969c) (d), Binaghi (1941a, b) (e, f), Savoiskaja (1983) (g–i).

Die Bestimmungstabelle für die Larven gilt für das 4. (letzte) Stadium, das sich vom 3. in den hier genannten Merkmalen meist nicht wesentlich unterscheidet, jedoch vielfach in der Färbung. Die ersten beiden Larvenstadien können nach dieser Tabelle nicht sicher determiniert werden, ihre Unterscheidung bereitet generell Schwierigkeiten.

Grundlage der Bestimmungstabelle sind vor allem folgende Publikationen, die auch weiterführende Studien ermöglichen: Strouhal (1927), van Emden (1949), Kamiya (1965), Sasaji (1968b), Klausnitzer (1969c, 1970a, b, 1971a, b, 1973a, b, 1978, 1999), Klausnitzer & Kovář (1973), Savoiskaja & Klausnitzer (1973), Savoiskaja (1983), Rees et al. (1994), LeSage (1991), Klausnitzer & Klausnitzer (1997).

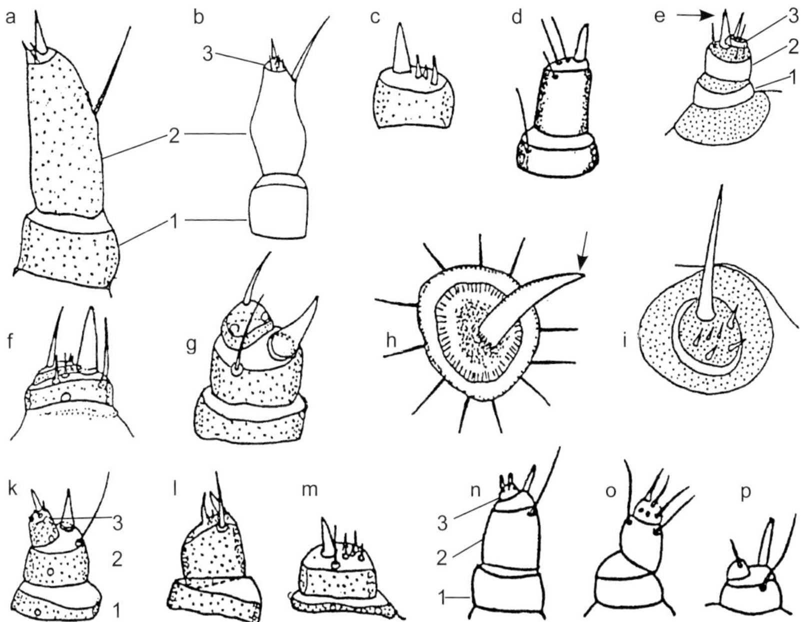

Abb. 186: Antennen. **a** *Subcoccinella vigintiquatuorpunctata;* **b** *Epilachna varivestis;* **c** *Chilocorus renipustulatus;* **d** *Platynaspis luteorubra;* **e** *Hyperaspis japonica;* **f** *Scymnus suturalis;* **g** *Scymnus auritus;* **h** *Clitostethus arcuatus;* **i** *Stethorus japonicus;* **k** *Coccidula rufa;* **l** *Coccinella undecimpunctata;* **m** *Adalia decempunctata;* **n** *Hippodamia tredecimpunctata;* **o** *Tytthaspis lineola;* **p** *Nephus* sp. Nach van Emden (1949) (a, c, f–h, k–m), LeSage (1991) (b), Savoiskaja (1983) (d, n–p), Kamiya (1965) (e, i).

Die folgende Bestimmungstabelle ist – soweit möglich – nach leicht sichtbaren Merkmalen aufgebaut. Sie enthält aber auch weitere Kennzeichen, die nur durch spezielle Präparation beurteilt werden können. Zusatzinformationen werden von den Hauptunterscheidungsmerkmalen durch einen Gedankenstrich (–) getrennt. Es sollte immer alles geprüft werden. Die Tabelle soll dazu anregen, den Larven größere Aufmerksamkeit zu widmen. Eigene Kenntnisse zu erwerben erfordert Geduld. Aber die Freude über erzielte Erfolge in der Kenntnis auch dieser Gestalt der Marienkäfer entschädigt für alle Mühen.

Abb. 187: Mandibeln des 4. Larvenstadiums. **a** *Henosepilachna argus;* **b** *Platynaspis luteorubra;* **c** *Chilocorus bipustulatus;* **d** *Exochomus auritus;* **e** *Novius cruentatus;* **f** *Subcoccinella vigintiquatuorpunctata;* **g** *Vibidia duodecimguttata;* **h** *Halyzia sedecimguttata* (Spitze); **i** *Tetrabrachys connatus;* **k** *Psyllobora vigintiduopunctata;* **l** *Anisosticta novemdecimpunctata;* **m** *Coccinella* sp.; **n** *Tytthaspis sedecimpunctata* (links dorsal, rechts ventral); **o** *Bulaea lichatschovii;* **p** *Scymnus auritus.* Nach CHRISTIAN (1981) (a), RICCI (1979) (b), BINAGHI (1941a) (c, d), KLAUSNITZER & SCHULZE (1975) (e), VAN EMDEN (1949) (f, h, k, l, p), SAVOISKAJA (1983) (g), KLAUSNITZER (1969c) (i), LESAGE (1991) (m), RICCI (1982) (n), CAPRA (1947) (o).

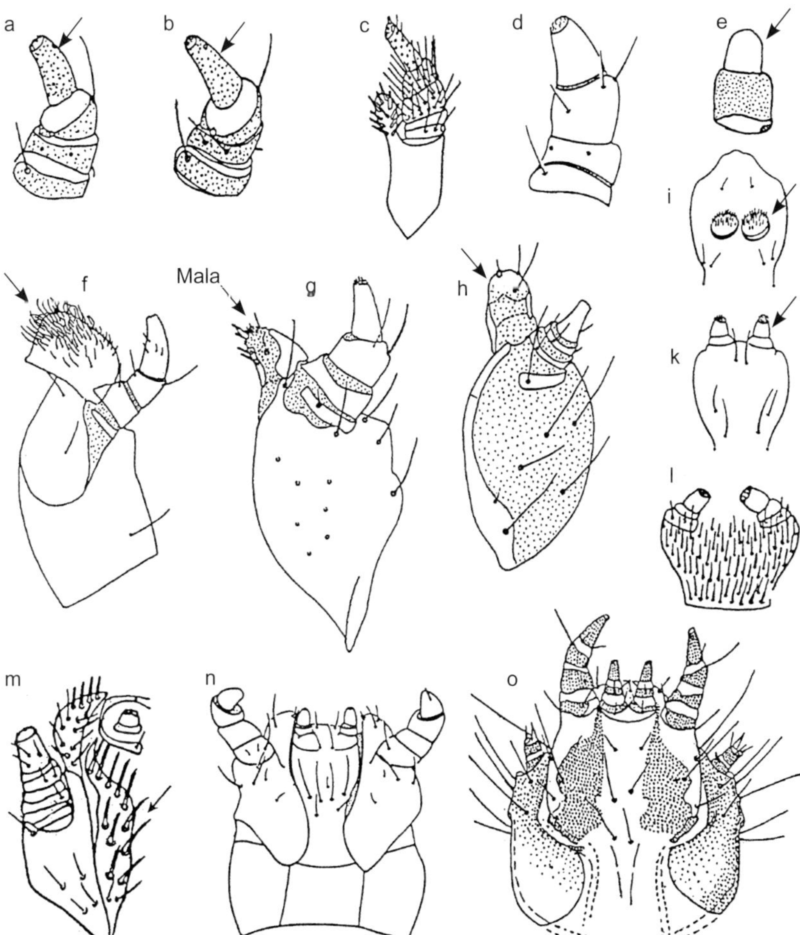

Abb. 188: Maxillarpalpus. **a** *Coccidula rufa;* **b** *Rhyzobius litura;* **c** *Tytthaspis lineola;* **d** *Coccinella transversoguttata;* **e** *Novius cruentatus.* Maxille. **f** *Henosepilachna vigintioctopunctata;* **g** *Harmonia axyridis;* **h** *Stethorus japonicus.* Labium. **i** *Hyperaspis binotata;* **k** *Scymnus collaris;* **l** *Tytthaspis lineola.* Maxille. **m** *Psyllobora vigintiduopunctata.* Kopfkapsel, ventral. **n** *Hippodamia tredecimpunctata;* **o** *Scymnus auritus.* Nach VAN EMDEN (1949) (a, b), SAVOISKAJA (1983) (c, l, m), LESAGE (1991) (d, i, k, n), KLAUSNITZER & SCHULZE (1975) (e), KAMIYA (1965) (f–h), BINAGHI (1941b) (o).

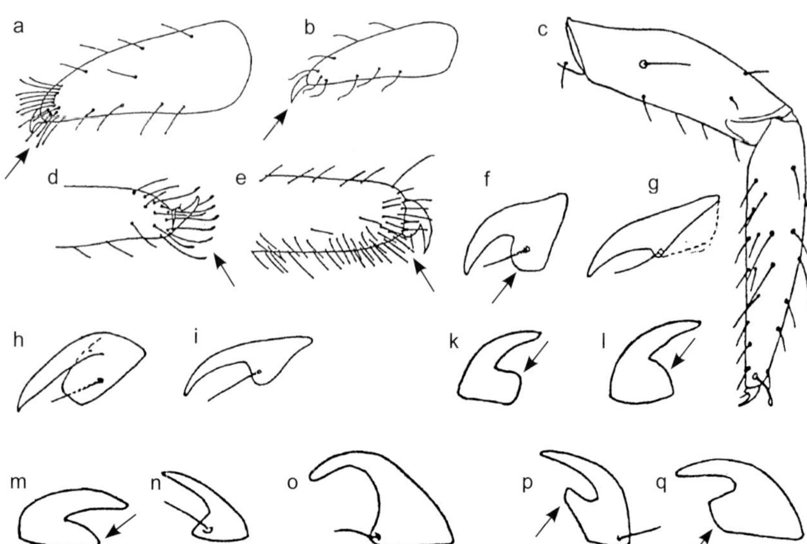

Abb. 189: Tibiotarsus. **a** *Chilocorus bipustulatus;* **b** *Tetrabrachys connatus;* **c** *Scymnus haemorrhoidalis* (Bein); **d** *Stethorus japonicus;* **e** *Henosepilachna vigintioctopunctata.* Klauen. **f** *Rhyzobius litura;* **g** *Coccidula rufa;* **h** *Adalia bipunctata;* **i** *Coccinella undecimpunctata;* **k** *Psyllobora vigintiduopunctata;* **l** *Vibidia duodecimguttata;* **m** *Halyzia sedecimguttata;* **n** *Anisosticta novemdecimpunctata;* **o** *Myzia oblongoguttata;* **p** *Propylea quatuordecimpunctata;* **q** *Calvia quatuordecimguttata.* Nach Klausnitzer (1970a) (a, b), van Emden (1949) (c, f–i), Kamiya (1965) (d, e), Savoiskaja (1983) (k–q).

1 Kopfkapsel ohne Epicranial- und Frontalnaht (Abb. 185e). Larven mit oder ohne weiße Wachsausscheidungen (um die Merkmale erkennen zu können, muss die Wachsbedeckung abgehoben werden). Tuberkeln auf dem Abdomen klein. Larven ohne Wachsausscheidungen maximal 4,0 mm lang. Unterfamilie Scymninae. 2

1* Kopfkapsel mit Epicranial- und/oder Frontalnaht (Abb. 185a–c Pfeile). Larven ohne Wachssausscheidungen. Übrige Merkmalkombination anders, Larven meist deutlich größer. 6

2 Körper oval bis elliptisch (Abb. 193), mit Wachsausscheidungen. Kopf deutlich quer, etwas mehr als doppelt so breit wie lang (Abb. 185i). Dorsalseite ohne deutliche Sklerite oder borstentragende Tuberkeln, bedeckt mit feinen Borsten, auch die Ventralseite. 10. Abdominalsegment auf der Ventralseite gelegen. Labialpalpen eingliedrig (Abb. 188i Pfeil). Antennen dreigliedrig, 2. Glied mit einem konischen Sinnesanhang (Abb. 186e Pfeil). *H. campestris*: Körper unter der Wachsschicht dunkel rosa, Kopf und Beine braun.

Tribus Hyperaspidini (Gattung *Hyperaspis*)

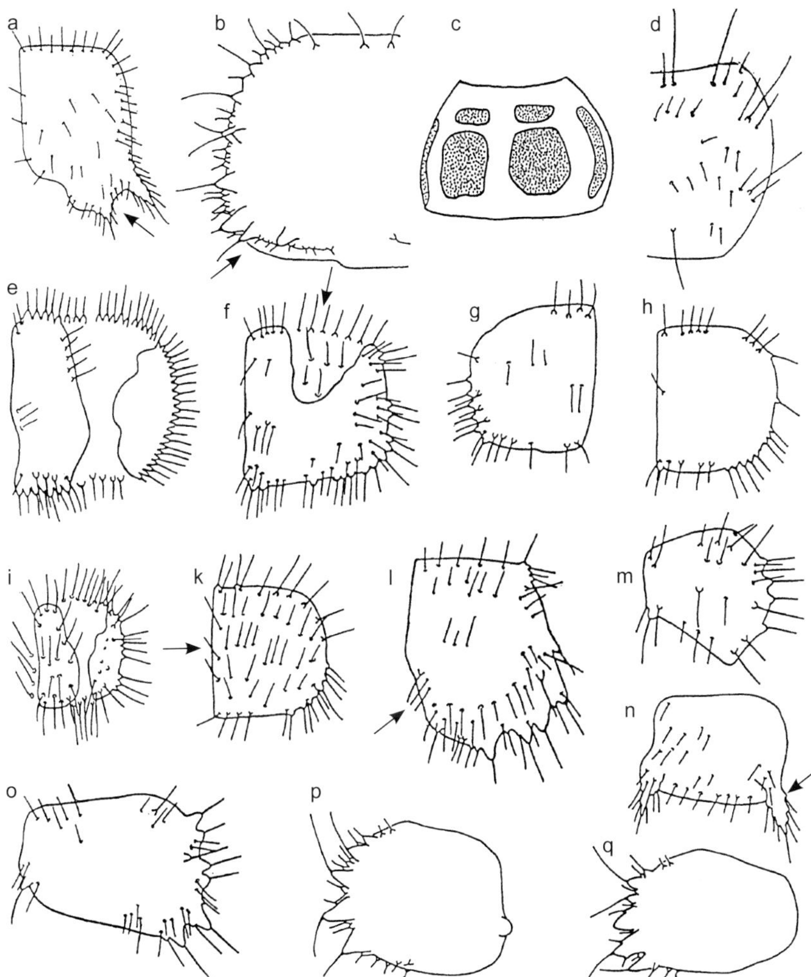

Abb. 190: Sklerite des Pronotums. a *Anatis ocellata;* **b** *Sospita vigintiguttata;* **c** *Tetrabrachys connatus;* **d** *Scymnus apetzi;* **e** *Coccinella septempunctata;* **f** *Adalia decempunctata;* **g** *Coccinula quatuordecimpustulata;* **h** *Oenopia conglobata;* **i** *Anisosticta sibirica;* **k** *Propylea quatuordecimpunctata;* **l** *Calvia quatuordecimguttata.* Sklerite des Mesothorax. **m** *Propylea quatuordecimpunctata;* **n** *Calvia quatuordecimguttata;* **o** *Sospita vigintiguttata.* Sklerite des Metathorax. **p** *Anatis ocellata;* **q** *Sospita vigintiguttata.* Nach SAVOISKAJA (1983) (a, d–n, p), KLAUSNITZER (1970a) (b, o, q), KLAUSNITZER (1969c) (c).

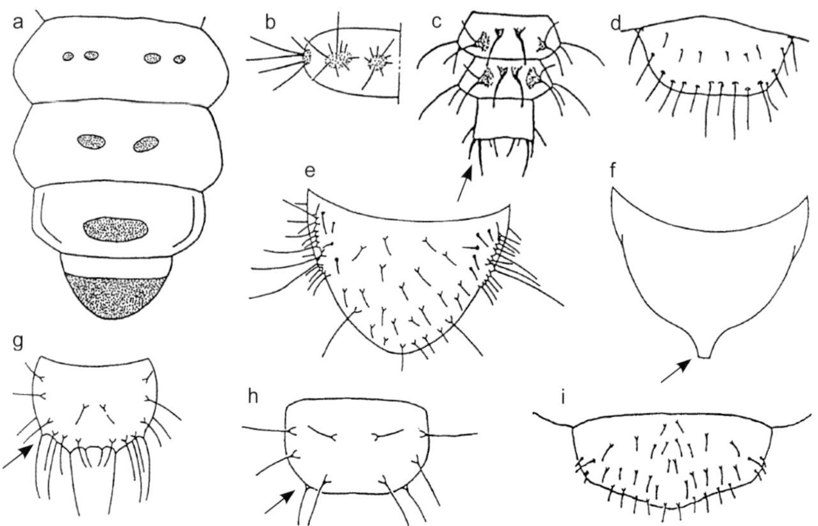

Abb. 191: Abdomenende. **a** *Tetrabrachys connatus.* Abdominalsegment, linke Hälfte. **b** *Stethorus punctum.* Abdomenende. **c** *Clitostethus arcuatus.* 9. Abdominalsegment. **d** *Scymnus apetzi;* **e** *Sospita vigintiguttata;* **f** *Calvia quatuordecimguttata;* **g** *Coccidula scutellata;* **h** *Rhyzobius chrysomeloides;* **i** *Novius cruentatus.* Nach KLAUSNITZER (1969c) (a), LESAGE (1991) (b), VAN EMDEN (1949) (c), SAVOISKAJA (1983) (d), KLAUSNITZER (1970a) (e–h), KLAUSNITZER & SCHULZE (1975) (i).

2* Körper länglich gestreckt, mit oder ohne Wachsausscheidungen. Kopf nur wenig breiter als lang, nicht transvers (Abb. 185e). Dorsalseite wenigstens mit einigen borstentragenden Skleriten (Abb. 191d, 195, 196). 10. Abdominalsegment terminal. Labialpalpen zweigliedrig (Abb. 188k Pfeil). Antennen ein-, zwei- oder dreigliedrig (Abb. 186f–i, p). 3

3 Alle Thoraxsegmente mit gut entwickelten sklerotisierten Platten, auch D, DL und L 1–8 deutlich sklerotisiert, mit Verrucae, die je drei oder mehr Setae tragen (Abb. 191b, 194). Ohne Wachsausscheidungen. Von niedrigen Larvenstadien (L_1, L_2) der Scymnini durch die charakteristische Färbung der Kopfkapsel zu unterscheiden: Seiten braun, Mitte hell mit einigen kleinen dunklen Flecken (bei den Scymnini ist sie einfarbig dunkel). Die vorderen beiden Stemmata sind deutlich größer als das 3. Stemmatum. Antennen eingliedrig (Abb. 186i). Körperlänge 2,5 mm. Kopfkapselbreite L_4 0,24–(0,28)–0,32 mm.

Tribus Stethorini (*Stethorus pusillus*)

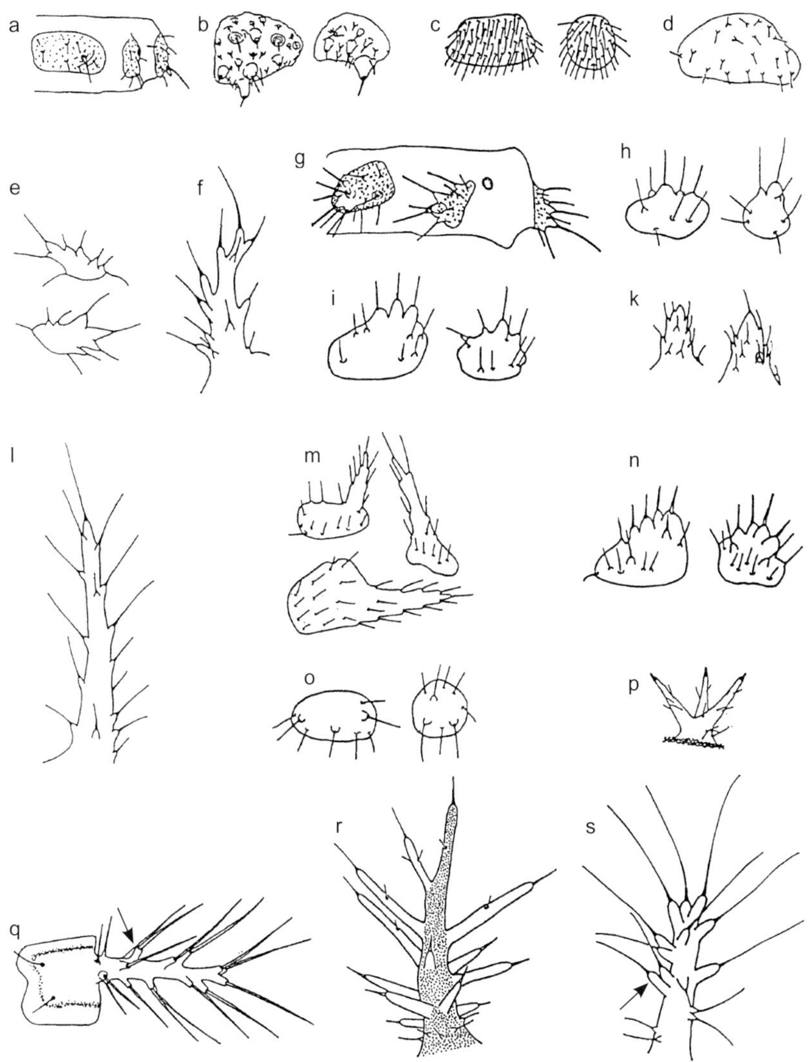

Abb. 192: Borsten. **a** *Myrrha octodecimguttata* (4. Abdominalsegment, rechts); **b** *Aphidecta obliterata* (D4, DL4); **c** *Myzia oblongoguttata* (D2, DL2); **d** *Adalia conglomerata* (D2); **e** *Exochomus oblongus* (L3, DL7); **f** *Exochomus quadripustulatus* (L2); **g** *Coccinella septempunctata* (4. Abdominalsegment, rechts); **h** *Oenopia conglobata* (D2, DL2); **i** *Hippodamia tredecimpunctata* (D2, DL2); **k** *Sospita vigintiguttata* (D7, DL6); **l** *Chilocorus renipustulatus* (L3); **m** *Anatis ocellata* (D2, DL2, L2); **n** *Adalia decempunctata* (D2, DL2); **o** *Coccinula quatuordecimpustulata* (D2, DL2); **p** *Harmonia quadripunctata* (DL1); **q** *Subcoccinella vigintiquatuorpunctata* (DL2); **r** *Henosepilachna argus* (DL1); **s** *Cynegetis impunctata* (DL3). Nach van Emden (1949) (a, b, g, p, q), Savoiskaja (1983) (c, h, i, m–o), Klausnitzer (1970a) (d–f, k, l, r, s).

3* Thoraxsegmente ohne sklerotisierte Platten oder diese sind nur wenig entwickelt (Abb. 195, 196). D, DL und L 1–8 wenig sklerotisiert, mit einer bis drei Setae. Mit oder ohne Wachsausscheidungen. Stemmata von gleicher Größe. Antennen ein-, zwei- oder dreigliedrig (Abb. 186f–h, p). Körperlänge meist größer als 2,5 mm. Kopfkapselbreite L_4 meist 0,40–0,45 mm. Tribus Scymnini (Larven von *Scymniscus* sind unbekannt). 4

4 Körper ohne Wachsausscheidungen. Hinterecken des 9. Abdominalsegmentes mit je zwei Paar kräftigen, zugespitzten Borsten auf einem Vorsprung (Abb. 191c Pfeil). D 1–8 mit einer, DL 1–8 mit zwei Setae, L 1–9 mit zwei Setae. Antennen eingliedrig (Abb. 186h Pfeil), mit einem langen Fortsatz. – Körper weißlich. Thorax ohne sklerotisierte Platten. Verrucae und Strumae des Abdomens schwach sklerotisiert, seitlich deutlich abstehend. 9. Abdominalsegment dunkler. Kopf fast so lang wie breit.

Clitostethus arcuatus

4* Körper mit Wachsausscheidungen (Foto 105). Hinterecken des 9. Abdominalsegmentes ohne kräftige, zugespitzte Borsten und ohne Vorsprung (Abb. 191d). D und DL mit ein oder zwei Setae. Antennen zwei- oder dreigliedrig (Abb. 186f, g, p). 5

5 Prothorax in der Mitte mit zwei einzelnen Skleriten, die sich nicht berühren oder ohne Sklerite (Abb. 190d). Meso- und Metathorax ohne deutliche Sklerite (Abb. 195). Antennen dreigliedrig, bei einigen Arten zweigliedrig (Abb. 186f, g). Wachsfäden der Körperoberfläche lang (Foto 105). – Körper unter dem Wachs vielfach gelbweiß, hellgelb oder gelblich. Kopfkapselbreite (*S. rubromaculatus*) L_4 0,40–(0,41)–0,44 mm.

Gattung *Scymnus*

5* Prothorax mit zwei dreieckigen Skleriten, die am Vorderrand miteinander verbunden sind. Meso- und Metathorax jeweils mit zwei deutlichen Dorsalskleriten (Abb. 196). Antennen zweigliedrig (Abb. 186p). Wachsfäden der Körperoberfläche kürzer.

Gattung *Nephus*

6(1) Körper auffällig breit oval, fast rund und flach, lederartig gerunzelt, graugelb bis braun, etwas gezeichnet (Foto 106). Am Rande des Körpers stehen Setae, die einen dichten Haarsaum bilden, die Dorsalseite ist kahl, nur lateral befindet sich eine Reihe Chalazae. – Antennen dreigliedrig, 2. Glied zylindrisch (Abb. 186d). Mandibeln an der Spitze mit einem einzigen Zahn (Abb. 187b Pfeil). Frontalnaht nicht ausgebildet. Maxillarpalpen dreigliedrig. Sichtbarer Teil des Kopfes doppelt so breit wie lang. Körperlänge 4,5 mm, Körperbreite 3,0 mm. Kopfkapselbreite L_4 0,40–(0,44)–0,49 mm.

Tribus Platynaspidini (*Platynaspis luteorubra*)

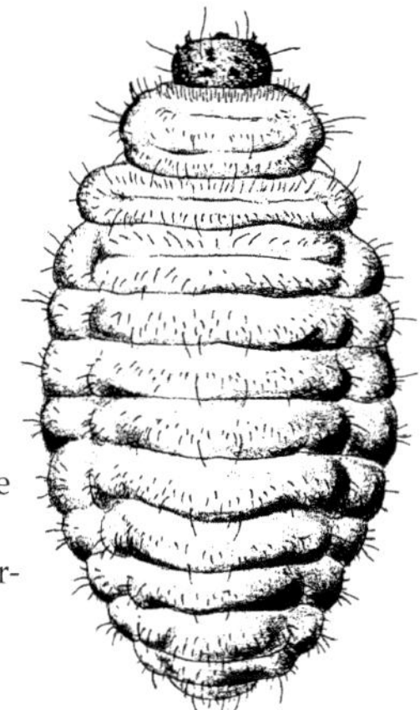
Abb. 193: Larve von *Hyperaspis japonica.* Körperlänge 3,5 mm. Nach SASAJI (1968a).

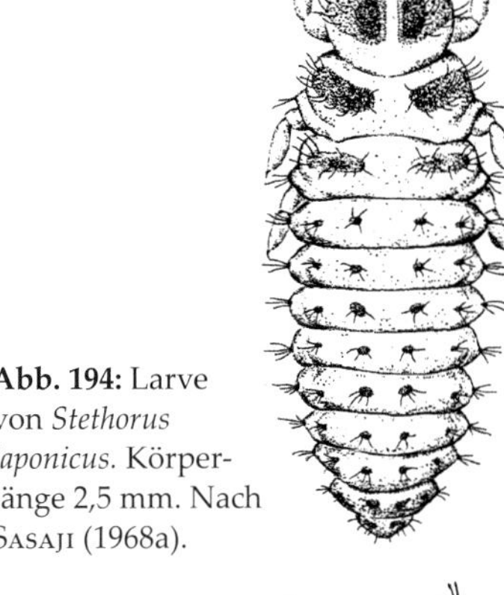
Abb. 194: Larve von *Stethorus japonicus.* Körperlänge 2,5 mm. Nach SASAJI (1968a).

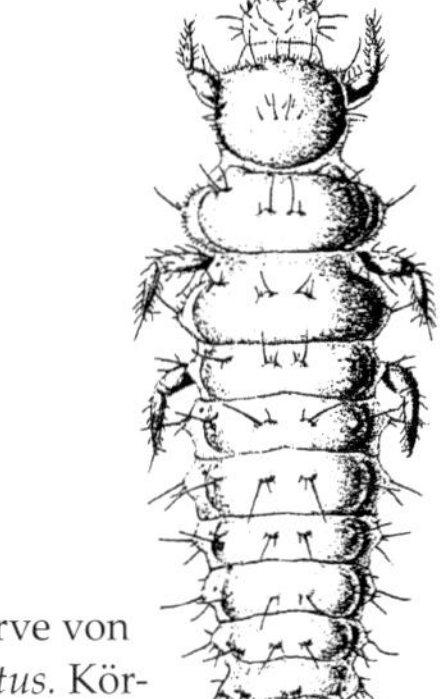
Abb. 195: Larve von *Scymnus auritus.* Körperlänge 5 mm. Nach BINAGHI (1941b).

Abb. 196: Larve von *Nephus* sp. Körperlänge 3,5 mm. Nach SAVOISKAJA (1983).

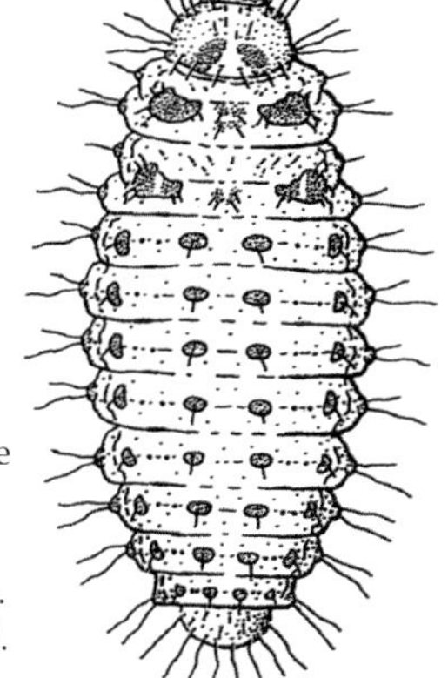
Abb. 197: Larve von *Rodolia cardinalis.* Körperlänge 5 mm. Nach REES et al. (1994).

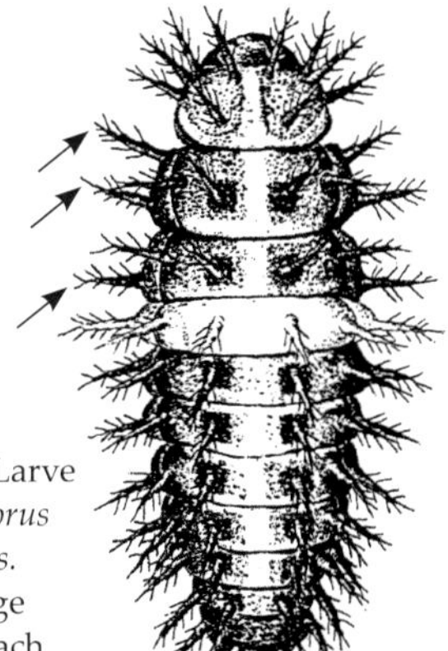
Abb. 198: Larve von *Chilocorus bipustulatus.* Körperlänge 6,5 mm. Nach BINAGHI (1941a).

6* Körper breit elliptisch (6 mm lang, 4 mm breit), bräunlich bis rötlich und mit einem weißlichen Überzug bedeckt (Foto 107). Prothorax, Meso- und Metathorax sowie Abdomen dorsal mit kleinen Verrucae (Abb. 197). 9. Abdominalsegment breit gerundet (Abb. 191i). – Kopf klein. Antennen zweigliedrig, klein, die Antennenglieder sehr kurz. Mandibeln einspitzig, auffällig klein (Abb. 187e). Frontalnaht V-förmig. Maxillarpalpen kurz, zweigliedrig (Abb. 188e Pfeil). Beine lang, schwärzlich.

Unterfamilie Ortaliinae (*Novius cruentatus*)

6** Körper langgestreckt. 7

7 Mesothorax lateral mit zwei beborsteten Fortsätzen (Abb. 198 obere Pfeile). 8

7* Mesothorax lateral mit nur einem beborsteten Fortsatz (Abb. 199 Pfeil). 13

8 Abdominaltergite mit Strumae. Antennen dreigliedrig (Abb. 186o). – Körper einfarbig, hellocker, mit dunkelbraunen Skleriten (Foto 108). Setae schwarz. Mandibeln zweispitzig, am Innenrand mit einer Reihe von 20–26 kleinen Zähnen (Abb. 187n Pfeil) (vgl. Foto 98). Auch Metathorax lateral mit zwei beborsteten Fortsätzen. Sklerite des Mesothorax breit oval. Frontalnaht V-förmig (Abb. 185h). Beine kurz, dunkelgrau. Körperlänge 5,0–6,0 mm. Kopfkapselbreite L_4 durchschnittlich 0,76 mm. [Verwechslungsgefahr mit *Adalia conglomerata*: außer Merkmal 7 auch in anderen Habitaten lebend.]

Tytthaspis sedecimpunctata

8* Abdominaltergite mit Senti, Scoli oder Parascoli. Antennen zweigliedrig (Abb. 186c). 9

9 Dorsalseiten von Thorax und Abdomen mit langen, dünnen, schwarzen Senti, die ca. 5- bis 13-mal so lang wie breit sind (Abb. 192l). Metathorax mit einem lateralen Fortsatz (Abb. 198 unterer Pfeil). Epicranialnaht gut entwickelt (Abb. 185b Pfeil). Mandibeln mit zwei Zähnen an der Spitze (Abb. 187c Pfeil). Meso- und Metathorax ohne plattenförmige Sklerite. Kopf schwarz. Gattung *Chilocorus*. 10

9* Dorsalseiten von Thorax und Abdomen mit Scoli oder Parascoli, die höchstens 3- bis 4-mal so lang wie breit sind (Abb. 192e, f, 200, 201). Metathorax mit zwei lateralen Fortsätzen (Abb. 200, 201 Pfeile). Epicranialnaht fehlt (Abb. 185f). Mandibeln nur mit einem Zahn an der Spitze (Abb. 187d). Meso- und Metathorax mit je zwei plattenförmigen Skleriten. Kopf schwarz oder vorn hell. 11

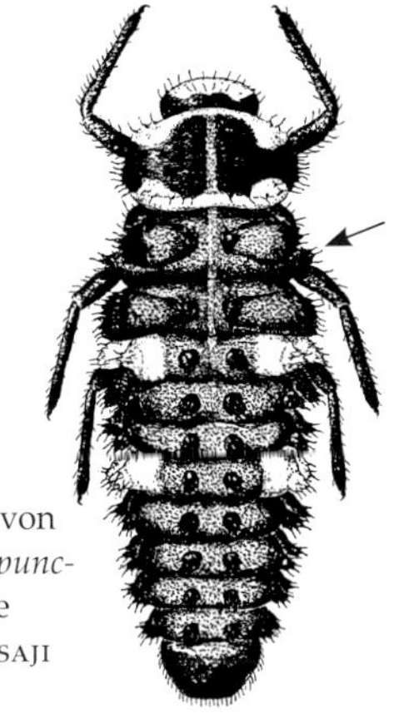

Abb. 199: Larve von *Coccinella septempunctata.* Körperlänge 11 mm. Nach SASAJI (1968a).

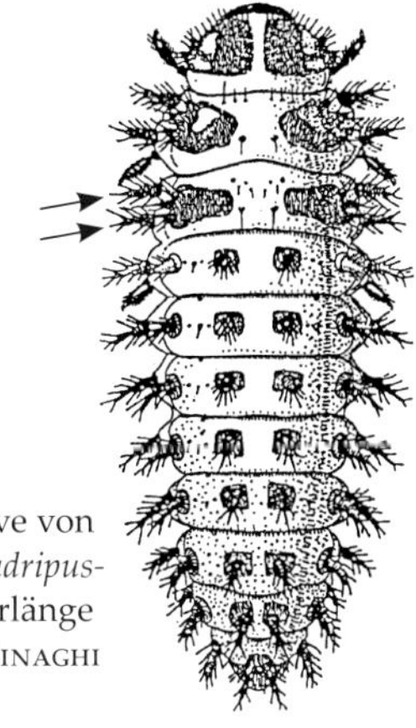

Abb. 200: Larve von *Exochomus quadripustulatus.* Körperlänge 8 mm. Nach BINAGHI (1941a).

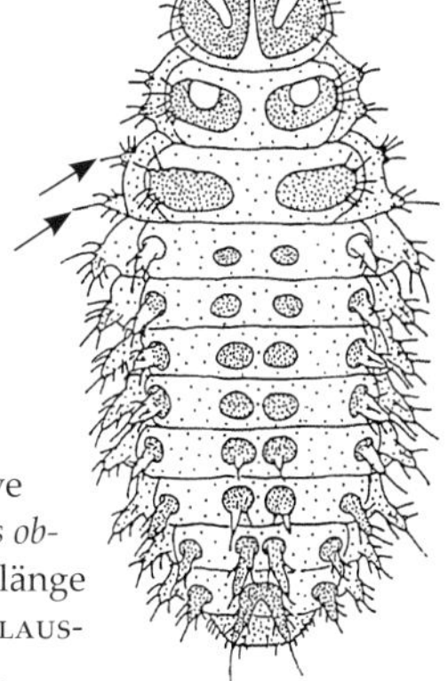

Abb. 201: Larve von *Exochomus oblongus.* Körperlänge 6 mm. Nach KLAUSNITZER (1970b).

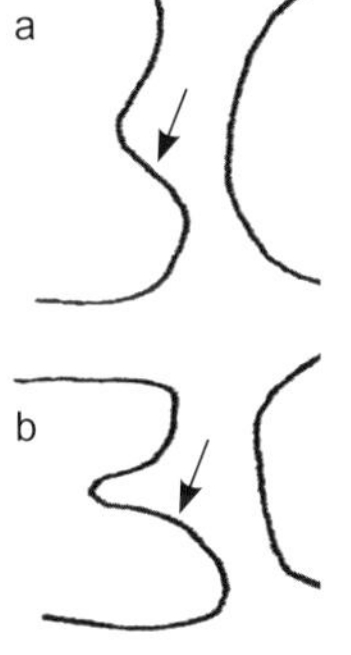

Abb. 202: 3. Abdominalsegment, schematisch, links DL, rechts D, Innenränder der Sklerite. **a** *Subcoccinella vigintiquatuorpunctata,* **b** *Cynegetis impunctata.* Nach KLAUSNITZER (1970a).

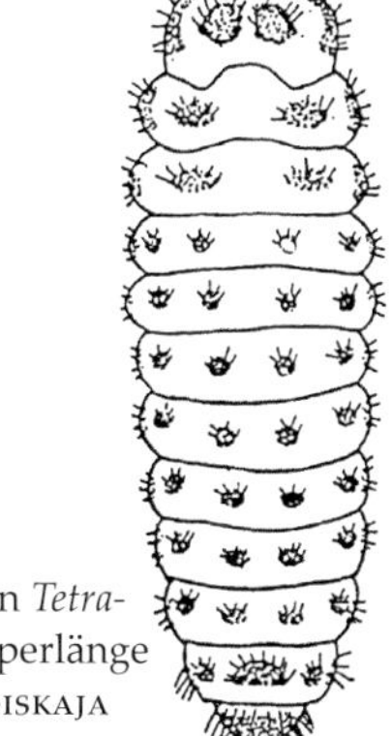

Abb. 203: Larve von *Tetrabrachys kozlovi.* Körperlänge 5,5 mm. Nach SAVOISKAJA (1983).

10 D, DL und L 1 sowie das gesamte 1. Abdominalsegment weiß, höchstens die Spitzen der Senti dunkel (Foto 109). Der Hinterrand des Prothorax ist aufgehellt. Körper schwarzbraun, Abdomen mit einer schmalen hellen Mittellinie. Senti kürzer, ca. 3- bis höchstens 5-mal so lang wie breit, mit etwa zehn Ästen. Senti am Vorderrand des Prothorax nicht in einer Reihe stehend (Abb. 198). Klauen mit einem breiten Zahn an der Basis. Körperlänge 5,8–6,1 mm. Kopfkapselbreite L_4 0,76–(0,79)–0,80 mm.

Chilocorus bipustulatus

10* D, DL und L 1 schwarz. Körper einfarbig rotbraun, die Sklerite sind schwarzbraun (Foto 110). Senti länger, ca. 5- bis 7-mal so lang wie breit, mit etwa 14 bis 17 Ästen (Abb. 192l). Die drei Senti-Paare am Vorderrand des Prothorax sind in einer geraden Querreihe angeordnet. Körperlänge ca. 6,0 mm. Kopfkapselbreite L_4 0,68–(0,80)–1,00 mm.

Chilocorus renipustulatus

11(9) Körper mit Parascoli (Abb. 201). D-Parascoli kurz, dreieckig (Abb. 192e). D 7 und D 8 3-mal so lang wie breit. Prothoraxsklerite dunkel, mit einem kleinen länglichen, schräg gestellten gelben Makel, Sklerite des Mesothorax mit einem hellen Fleck am Vorderrand (Abb. 201). – Hintere L III, DL 1, Spitzen von DL 2–5 sowie L 1–8 hell. Kopf schwarz. Körper dunkelbraun. In der Mitte des Prothorax eine helle Linie, in der Mitte des Meso- und Metathorax helle Flecken.

Exochomus oblongus

11* Körper mit Scoli. D-Scoli lang (Abb. 192f). D 7 und D 8 4-mal so lang wie breit. Prothorax dunkel, mit größeren gelben Makeln. 12

12 Kopfkapsel dorsal vollständig dunkel. L 1 und DL 1 orange (Foto 111). Platten des dunklen Prothorax mit je einem Paar (ein größerer und ein kleinerer) oranger Flecken (Abb. 200). Außenrand der Sklerite des Prothorax mit drei längeren Parascoli und zahlreichen Chalazae mit längerer Basis. Senti der Abdominalsegmente länger, mit ca. 15 langen Ästen (Abb. 192f). Senti braun bis schwarz. PL, VL und V-Verrucae hell und schwach sklerotisiert. Körperlänge 7,8–8,2 mm. Kopfkapselbreite L_4 0,64–(0,70)–0,72 mm.

Exochomus quadripustulatus

12* Kopfkapsel vorn ± hell, hinter den Stemmata an den Seiten und am Hinterrand dunkel. L 1 dunkel, DL 1 meist orange (Foto 112). Prothorax orange, es sind nur ein kleiner dunkler Seitenstreifen und ein nach hinten erweiterter geteilter schwarzer Mittelfleck vorhanden, dadurch ist jederseits ein einziger großer heller Fleck ausgebildet. Prothorax nur mit zwei kurzen Parascoli und mehreren Chalazae mit kürzerer, runder Basis am Außenrand. Senti der Abdominalsegmente kürzer, mit ca. zehn kurzen Ästen. Senti schwarzbraun. PL, VL und V-Verrucae dunkel und stark sklerotisiert. Körperlänge 5,0–6,4 mm. Kopfkapselbreite L_4 0,48–(0,52)–0,56 mm.

Parexochomus nigromaculatus

13(7) Frontalnaht Y-förmig (Abb. 185a Pfeil), Epicranialnaht lang, Frontoclypealnaht gut entwickelt. Dorsalseite des hellen Körpers mit langen (5-mal so lang wie breit), vielästigen Scoli (Abb. 192q–s). Körper dick, konvex. Beine relativ kurz. Antennen dreigliedrig, mehr als 3-mal so lang wie breit, 2. Glied mehr als 3-mal so lang wie das erste (Abb. 186a, b). Mandibeln ohne Mola oder Retinaculum, an der Spitze mit vier oder fünf großen Zähnen, die wiederum gezähnt sind (Abb. 187a, f). Galea lang-oval, mit abgestutzter Spitze, die mit zahlreichen Setae besetzt ist (Abb. 188f Pfeil). Tibiotarsen distal mit schwach gekeulten Borsten (Abb. 189e Pfeil). Unterfamilie Epilachninae. 14

13* Frontalnaht verkehrt Omega-förmig (Abb. 185c Pfeil), selten V-förmig oder U-förmig. Epicranialnaht meist fehlend (wenn vorhanden, dann sind die Antennen sehr kurz). Frontoclypealnaht unvollständig entwickelt. Dorsalseite des Körpers mit Setae, Chalazae, Verrucae, Strumae, Parascoli oder Senti, falls mit Scoli, dann sind diese nur zwei- bis dreiästig und kürzer. Körper schlank. Beine relativ lang. Antennen höchstens 2-mal so lang wie breit, jedes Glied nur wenig länger als breit (Abb. 186k–n). Mandibeln mit Mola, meist mit Retinaculum und einem oder zwei großen Zähnen an der Spitze des Oberkiefers, daneben kann noch ein kleinerer Zahn oder eine Reihe kleiner Zähnchen vorhanden sein (Abb. 187g–m). Galea verschieden gebaut, nicht mit abgestutzter dicht behaarter Spitze (Abb. 188g Pfeil). Tibiotarsus mit oder ohne gekeulte Borsten. 17

14 Größere Arten (Kopfkapselbreite der L_4 größer als 1,00 mm). Äste der Scoli lang, ca. 5- bis 7-mal so lang wie breit. Setae kürzer als oder höchstens so lang wie die Äste der Scoli, auf denen sie stehen (Abb. 192r). Antennen dreigliedrig (Abb. 186b). Gattung *Henosepilachna*.... 15

14* Kleinere Arten (Kopfkapselbreite der L_4 kleiner als 1,00 mm). Äste der Scoli kurz, nur so lang wie breit oder wenig länger. Setae sehr lang und dünn, 5- bis 8-mal länger als die Äste der Scoli, auf denen sie stehen (Abb. 192q, s). Antennen zweigliedrig (Abb. 186a)...................... 16

15 Zwischen den D und DL 1–8 befindet sich ein kleiner schwarzer Punkt. 2. Antennenglied kurz, nur wenig länger als breit, 3. Antennenglied nur schwach ausgebildet. D-I-Scoli mit nur einem Ast an der Spitze. Körper gelbbraun, Sklerite schwarz, abzweigende Borsten auf den Scoli weiß. Körperlänge (L_4) ca. 10 mm. Kopfkapselbreite L_4 0,92–(1,02)–1,12 mm.

Henosepilachna argus

15* Zwischen den D und DL 1–8 befindet sich kein kleiner schwarzer Punkt. 2. Antennenglied länger, ca. 1,5-bis 2-mal so lang wie breit, 3. Antennenglied kuppelförmig. D-I-Scoli an der Spitze mehrfach verzweigt. Körper gelblich, Sklerite und Scoli schwarz (Foto 113). Körperlänge (L_4) 10,2–10,5 mm. Kopfkapselbreite L_4 1,20–(1,30)–1,40 mm.

Henosepilachna elaterii

16(14) Innenrand der DL nur schwach eingebuchtet (Abb. 202a Pfeil). Basis der Scoli DL und L braun umsäumt. D-II-Scolus an der Spitze mit zwei Ästen. Mandibeln mit breiter Basis, an der Spitze befinden sich zwei große und drei kleine Zähne (Abb. 187f). Abdominale Stigmen ohne umgebendes Sklerit. Äste der Scoli etwas kürzer, etwa so lang wie breit (Abb. 192q Pfeil). Körper gelb bis hellbraun, Scoli etwas dunkler (Foto 114). Kopfkapselbreite L_4 0,80–(0,88)–0,96 mm.

Subcoccinella vigintiquatuorpunctata

16* Innenrand der DL tief eingeschnitten, dieses dadurch zweilappig (Abb. 202b Pfeil). Basis der Scoli DL und L nicht auffällig braun umsäumt. D-II-Scolus an der Spitze mit vier Ästen. Mandibeln mit schmaler Basis, an der Spitze befinden sich ein großer und drei kleine, kurze Zähne. Abdominale Stigmen von ringförmigen Skleriten umgeben. Äste der Scoli etwas länger, maximal ein wenig länger als breit (Abb. 192s Pfeil). Körper weißgelb, Scoli hell (Foto 115). Kopfkapselbreite L_4 0,80–(0,84)–0,92 mm.

Cynegetis impunctata

17(13) 9. Abdominalsegment in eine scharf abgesetzte caudale Spitze auslaufend (Abb. 191f Pfeil). Vordertibia länger als die Thoraxbreite.....18

17* 9. Abdominalsegment an der Spitze gerundet, eingebuchtet oder abgestutzt (Abb. 191e, g, h). Vordertibia kürzer als die Thoraxbreite. ..21

18 Abdominalsegmente mit Senti, die etwa 4-mal so lang wie breit sind (Abb. 190l, n Pfeil). – L III; DL und L 1; D (teilweise), DL 4 und L 4–7 weiß (Foto 116). Vordere Kopfhälfte weißlich, hinterer Teil dunkel. Körper dunkelgrau, Mitte des Meso- und Metathorax zwischen den Skleriten weiß. Beine schwarz. Prothorax mit zwei nur durch eine

schmale weiße Naht voneinander getrennten Platten, die kurze Senti tragen. Klauen mit einem großen Basalzahn (Abb. 189q Pfeil). Körperlänge 6,0–9,0 mm. Kopfkapselbreite L_4 0,88–(0,97)–1,04 mm.

Calvia quatuordecimguttata

18* Abdominalsegmente mit Strumae 19

19 Körper schwarz. Meso- und Metathorax mit großen weißlichen, fast rechteckigen Dorsalflecken (Foto 117). Ein kleinerer, weißer Mittelfleck befindet sich auf dem 1., ein großer auf dem 4. Abdominalsegment. Auf dem 2., 3. und 5.–8. Abdominalsegment befindet sich je ein kleiner weißer Mittelfleck zwischen den D-Skleriten. D 4, DL 4, DL 1 und die abdominalen L 1 sowie L 4–8 weiß, bei manchen Exemplaren sind L 2 und 3 schwarz. Innenrand der Prothoraxsklerite gerade (Abb. 190k Pfeil). Sklerite des Meso- und Metathorax gerundet, so lang wie breit (Abb. 190m). Klauen mit kleinem Zahn an der Basis (Abb. 189p Pfeil). Fortsatz des 9. Abdominalsegments doppelt so lang wie breit. Die Sklerite des Prothorax sind nur durch eine schmale Naht voneinander getrennt. – Körper dunkelgrau. Kopf gelb, hinten schwarz. Vorderbeine schwarz, Basis der Femora gelb. Kopfkapselbreite L_4 0,72–(0,81)–0,88 mm.

Propylea quatuordecimpunctata

19* Körper weiß, mit schwarzen und hellen Skleriten. Innenrand der Prothoraxsklerite mit einem dreieckigen Einschnitt an der Basis (Abb. 190l Pfeil). Sklerite auf dem Meso- und Metathorax queroval (Abb. 190n). Klauen mit großem, robusten Zahn an der Basis (Abb. 189q Pfeil). Fortsatz des 9. Abdominalsegments so lang wie breit. Prothorax mit zwei hinten weit voneinander getrennten ovalen Platten. 20

20 DL 1, D 4 und L 1–8 weißgelb wie die Grundfarbe des Körpers (Foto 118). Kopf orangegelb mit schwarzen Maxillarpalpen und braunem Fleck jederseits des Scheitels nahe dem Hinterrand. Durch die scharf abgegrenzte schwarze Färbung der Sklerite auf Thorax und Abdomen auf nahezu weißem Grund entsteht der Eindruck einer Zweifarbigkeit. Sklerite des Prothorax länglich, des Meso- und Metathorax rund. Beine schwarz, Basis der Femora und Tibiae weiß. Kopfkapselbreite L_4 0,96 mm.

Calvia decemguttata

20* DL 1, D 4 und L 1–8 weiß bis gelbweiß. Bei manchen Exemplaren sind DL 4 und L 2 und 3 dunkel. 1.–5. Abdominalsegment mit hellem Mittelstreifen. Prothorax weiß, übriger Körper in der Mitte und an den Seiten weiß, zwischen den D und DL schwarz. Kopf vorn weiß, hinten schwarz. Die Sklerite auf Thorax und Abdomen sind schwarz. Beine schwarz.

Calvia quindecimguttata

21(17) 9. Abdominalsegment eingebuchtet oder ± abgestutzt bis schwach gerundet, Hinterecken (z. T. auch der Hinterrand) durch einige große Chalazae markiert (Abb. 191g, h Pfeile). Thorax und Abdomen mit Strumae. Körper (L_3, L_4) ± einfarbig, dunkel, mit einer dünnen Wachsschicht puderartig bedeckt. Maxillarpalpen dreigliedrig, Endglied lang und schmal (Abb. 188a, b Pfeile). Antennen lang, 3. Antennenglied groß und deutlich (Abb. 186k). Tribus Coccidulini. 22

21* 9. Abdominalsegment deutlich gerundet (Abb. 191e), mit zahlreichen Setae und/oder kleinen Chalazae bedeckt (es sind keine großen Chalazae vorhanden). Thorax und Abdomen mit Strumae, Parascoli, Scoli oder Senti. Körper (L_3, L_4) oft mit bunter Zeichnung. Maxillarpalpen dreigliedrig, Endglied gedrungener (Abb. 188d, g). Antennen relativ lang (Abb. 186l, n), 3. Glied ± reduziert, dadurch mitunter zweigliedrig erscheinend (Abb. 186m). 24

22 9. Abdominalsegment ± eingebuchtet (Abb. 191g). Klauen zur Basis hin erweitert, aber ohne deutlichen Zahn (Abb. 189g). 3. Glied der Maxillarpalpen hell, außen konvex (Abb. 188a Pfeil). Setae an den Enden zugespitzt. Gattung *Coccidula*. 23

22* 9. Abdominalsegment gerade abgestutzt (Abb. 191h) oder schwach konvex. Klauen mit großem, rechteckigem Basiszahn (Abb. 189f Pfeil). 3. Glied der Maxillarpalpen dunkel, außen fast gerade (Abb. 188b Pfeil). Setae spitzenwärts verdickt (schwach geknöpft). Kopfkapselbreite (*R. litura*) L_4 0,44–(0,50)–0,52 mm.

Gattung *Rhyzobius* (Foto 119)

23 D und DL des 1.–8. Abdominalsegments hell (Foto 120). Spitze des 9. Tergit flach ausgeschnitten, innere Setae lang, Basis der an der Spitze liegenden Chalazae flacher (Abb. 191g Pfeil). Vorderer Tibiotarsus 0,40-mal so lang wie der Kopf breit ist. Sklerite des Thorax mit Chalazae, auf dem Prothorax stehen diese in drei Querreihen (vorn, Mitte, hinten), auch am Seitenrand befindet sich eine Doppelreihe. Clypeolabralnaht gerade. Kopfkapselbreite L_4 0,56–(0,63)–0,68 mm.

Coccidula scutellata

23* D und DL des 1.–8. Abdominalsegments dunkel. Spitze des 9. Tergit tiefer ausgeschnitten, innere Setae kurz, Basis der an der Spitze liegenden Chalazae höher. Vorderer Tibiotarsus ca. halb (0,44–0,50) so lang wie der Kopf breit ist. Prothorax mit randständigen Chalazae, die am Seiten- und Hinterrand unregelmäßig zweireihig angeordnet sind; in der Mitte ist mit einigen Chalazae eine Querreihe angedeutet. Clypeolabralnaht leicht konkav. Kopfkapselbreite L_4 0,56–(0,58)–0,61 mm.

Coccidula rufa

24(21) Grundfarbe des Abdomens gelb oder weißlich, fast alle Sklerite heben sich dunkel ab. Mandibeln an der Spitze mit fünf bis sieben kleinen Zähnen (Abb. 187g, h, k oberer Pfeil), deren Größe zur Basis hin abnimmt (vgl. Fotos 95, 96). Kopf von gerundet dreieckigem Umriss (Abb. 185g). Abdominaltergite mit Strumae. Retinaculum mit Zähnen (Abb. 187k unterer Pfeil). Tribus Halyziini. 25

24* Grundfarbe des Abdomens hellgrau bis schwarz. Mandibeln mit zwei größeren Zähnen an der Spitze (Abb. 187m oberer Pfeil) (bei *Anisosticta* folgen auf die beiden Spitzenzähne sechs bis zehn weitere Zähnchen auf der Innenseite, Abb. 187l oberer Pfeil). Kopfumriss verschiedenartig (Abb. 185c). Abdominaltergite mit Strumae, Parascoli, Scoli oder Senti. Retinaculum ungezähnt, dicht behaart (Abb. 187n untere Pfeile). 27

25 Körper einfarbig zitronengelb, Kopf und Beine schwarzbraun (Foto 121). Zahn an der Basis der Klauen rechteckig (Abb. 189k Pfeil). DL 1 und L 1 gelb, Spitzen schwarz, alle anderen Abdominalsklerite schwärzlich. – D-Strumae in der horizontalen Ebene oval, DL-Strumae rund. Mandibeln mit sechs Zähnchen (Abb. 187k oberer Pfeil). Kopfkapselbreite L_4 0,64–(0,71)–0,80 mm.

Psyllobora vigintiduopunctata

25* Körper weißlich, Prothorax und die Streifen zwischen den D und DL zitronengelb (Fotos 122, 123). Kopf mit heller Zeichnung. Beine hell. Zahn an der Basis der Klauen rund (Abb. 189l, m Pfeile). DL 1 und L 1 wie alle anderen Abdominalsklerite schwarz 26

26 Prothorax nur mit zwei, Meso- und Metathorax mit drei Paar dunkel pigmentierten Skleriten (Foto 122). DL 1 schwarz, L 1–3 schwarz, L 4–8 gelb. D- und DL-Strumae rund. Mandibelspitze mit fünf Zähnchen (Abb. 187g) (vgl. Foto 96). Zahn an der Basis der Klauen kurz (Abb. 189l Pfeil).

Vibidia duodecimguttata

26* Jedes Thoraxsegment mit zwei Paar kleinen schwarzen Skleriten, Meso- und Metathorax mit einem dritten Paar an der Seite (Foto 123). DL 1 schwarz. L 1–5 schwärzlich, L 6–8 gelb. D-Strumae rund, DL-Strumae in der vertikalen Ebene oval. Mandibeln mit sechs Zähnchen (Abb. 187h) (vgl. Foto 95). Zahn an der Basis der Klauen länger (Abb. 189m Pfeil). Kopfkapselbreite L4 0,80–(0,86)–0,92 mm.

Halyzia sedecimguttata

27(24) Alle Abdominalsklerite von gleicher Farbe. 28

27* Einige Abdominalsklerite heller oder dunkler als die anderen. 30

Das Merkmalspaar 28/28* kann für die mittleren und nördlichen Länder übersprungen werden.

28 Tibiotarsen distal ohne keulenförmige oder anders zur Spitze erweiterte Borsten (Abb. 189b Pfeil). Prothorax von sechs Teilskleriten bedeckt (Abb. 190c). 9. Abdominalsegment mit einer deutlichen Chitinplatte auf seiner caudalen Hälfte (Abb. 191a). – 1.–7. Abdominalsegment dorsal mit nur schwach entwickelten kleinen D- und DL-Skleriten und zwei mehrzeiligen Querreihen von nach hinten gebogenen Setae je Segment. Die D- und DL-Sklerite sind auf dem 7. Abdominalsegment jederseits und auf dem 8. Abdominalsegment insgesamt miteinander verschmolzen (Abb. 191a). Epicranialnaht und Frontoclypealnaht fehlen (Abb. 185d). Mandibeln zweispitzig, mit einem spitzen Retinaculum (Abb. 187i). Körper schwach sklerotisiert (Abb. 203). Kopfkapsel teilweise sklerotisiert. Kopfkapselbreite L_4 0,40–(0,43)–0,48 mm.

Tribus Tetrabrachini (*Tetrabrachys connatus*)

28* Tibiotarsen distal mit keulenförmigen Borsten (Haftborsten) (Abb. 189a Pfeil). Prothorax mit zwei oder vier Teilskleriten (Abb. 190e, f) oder ohne Sklerite. 9. Abdominalsegment vollständig oder nur in der vorderen Hälfte sklerotisiert. 29

29 Körper braun. D 1–8 dunkler (schwarz) als die DL und L 1–8, diese braun bis grau (Foto 124). Zwischen den D sowie den D und DL befindet sich jeweils ein heller Längsstreifen. Thorax in der Mitte mit einem hellen Längsband. Innenrand der Mandibeln nach der geteilten Spitze mit sechs bis zehn kleinen Zähnchen (Abb. 187l oberer Pfeil). D und DL der Abdominalsegmente mit Strumae. Beine schwarz, Klauen ungezähnt (Abb. 189n). Prothorax mit vier Skleriten (Abb. 190i). 2. Glied der Maxillarpalpen rund und mit vielen Borsten besetzt. Körperlänge 7,0–8,0 mm. Kopfkapselbreite L_4 0,84–(0,88)–0,92 mm.

Anisosticta novemdecimpunctata

29* Körper grau bis grauweiß. Sowohl die D als auch die DL 1–8 sind dunkelgrau, die L 1–8 sind hell. Innenrand der Mandibeln nach der geteilten Spitze ohne kleine Zähnchen. D und DL der Abdominalsegmente mit Verrucae (Abb. 192d). Kopf und Beine schwarz, Klauen zur Basis erweitert, ohne Basalzahn. Prothorax mit zwei Skleriten. Thoraxsklerite grau. 2. Glied der Maxillarpalpen nicht mit vielen Borsten besetzt. Körperlänge 4,5–5,0 mm. Kopfkapselbreite L_4 0,68–(0,79)–0,84 mm.

Adalia conglomerata

30(27) D- und DL-Parascoli mit zwei oder drei Ästen, die einer ± langen, gemeinsamen Basis entspringen (Abb. 192p). Scoli DL 1–4 einschließlich der umgebenden Haut sowie D 4 gelborange. Gattung *Harmonia*.....31

30* Abdominaltergite ohne zwei- oder dreispitzige Parascoli, mit einfachen Senti, Parascoli, Strumae oder Verrucae. DL 2 und 3 dunkel. ...32

31 D-Fortsätze des 1., 4. und 5. Abdominalsegments gelborange, D 4 und 5 mit dunkler Basis (Foto 125). DL-Fortsätze des 1.–5. Abdominalsegments orange, diejenigen des 6. und 7. Abdominalsegments schwarz, L 1 hell. Die DL-Fortsätze auf dem 3.–7. Abdominalsegment sind in zwei Äste geteilt, die D-Fortsätze haben drei Äste. D III zweispitzig. Hinterrand des Prothorax mit vier einspitzigen Senti bzw. Chalazae in einer Reihe. Körper der Larven schwarz.

Harmonia axyridis

Hinweis auf die Larven von *H. yedoensis* (Sasaji 1982, Klausnitzer 2002a):

a D-Fortsätze des 1., 4. und 5. Abdominalsegments gelborange. DL-Fortsätze des 1.–5. Abdominalsegments orange, diejenigen des 6. und 7. Abdominalsegments schwarz. D- und DL-Fortsätze stärker entwickelt, mit langer Basis, als Scoli anzusehen.

H. axyridis

a* D-Fortsätze aller Abdominalsegmente schwarz. DL-Fortsätze des 1.–7. Abdominalsegments orange. D- und DL-Fortsätze schwächer entwickelt, mit kürzerer Basis, als Parascoli (eventuell Strumae) zu bezeichnen.

H. yedoensis

Tabelle 41: Kopfkapselbreiten [mm] der einzelnen Stadien der *Harmonia*-Arten:

Art	L1	L2	L3	L4
axyridis	0,42–0,44	0,59–0,61	0,81–0,90	1,25–1,28
yedoensis	0,41–0,45	0,57–0,59	0,85–0,91	1,10–1,18
quadripunctata	0,40–0,43	0,52–0,62	0,80–0,88	1,00–1,26

31* DL 1–4 einschließlich ihrer Umgebung und D 4 orangegelb, bei den D 4 ist die Basis schwarz (Foto 126). Bei manchen Exemplaren sind L 1 und 4 hell. Sowohl die DL- als auch die D-Fortsätze auf dem 3.–7. Abdominalsegment sind in drei Äste geteilt (Abb. 192p). D III dreispitzig. Hinterrand des Prothorax mit sechs einspitzigen Senti in einer Reihe.

Harmonia quadripunctata

Das Merkmalspaar 32/32* kann für die mittleren und nördlichen Länder übersprungen werden.

32(30) Mandibeln dreispitzig (Abb. 187o), Retinaculum mit nach hinten gedrehten Haaren. Frontalnaht V-förmig. – Abdomen mit quadratischen Strumae. Körper hellgelb, Sklerite braun. Antennen dreigliedrig. 2. Glied der Maxillarpalpen mit zahlreichen Borsten. Klauen ohne Basalzahn. Körperlänge 5,0–7,0 mm.

Bulaea lichatschovii

32* Mandibeln zweispitzig. Frontalnaht verkehrt Omega-förmig. Übrige Merkmale in anderer Kombination....................33

33 L 2 hell. 34

33* L 2 dunkel. 39

34 L 3 und 4 mit dunkler Basis und ± heller Spitze. – In der Mitte des Prothorax-Hinterrandes befindet sich ein roter Fleck, Hinterrand des Metathorax mit einem Paar heller Flecken (Foto 127). Die L 1 und 2 sind orange mit heller Basis. Abdomen mit schwarzen D-Senti, die 3-mal so lang wie breit sind (Abb. 192m). Hinterrand des Prothorax mit sechs Senti in einer einzigen Reihe. Meso- und Metathorax mit je einem Sentus in der D-, DL- und L-Position (Abb. 190a Pfeil, p). Körper dunkelbraun bis grau, Kopf vorn hell, hinten schwarz, Thoraxsklerite glänzend schwarz, Hinterrand hell, Beine schwarz. Körperlänge 14,0–16,0 mm. Kopfkapselbreite L_4 1,20–(1,38)–1,60 mm.

Anatis ocellata

34* L 3 und 4 einheitlich hell....................35

35 D 4 und DL 4 hell (Fotos 128, 129). Abdominaltergite mit kleinen Parascoli (Abb. 192h). Zwischen den D-4-Skleriten befindet sich ein großer heller Fleck. – Flecken auf den Mesothoraxskleriten in der Mitte etwas eingeschnürt (Abb. 190h). Larven rosa oder rot mit weißen, orangen und schwarzen Flecken. Gattung *Oenopia*....................36

35* D 4 und DL 4 dunkel. Abdominaltergite mit flachen Verrucae, die mit einfachen Haaren bedeckt sind. Zwischen den D-4-Skleriten befindet sich kein großer heller Fleck. – DL 1 und L 1 orange....................38

36 1.–8. Abdominalsegment mit gleichbreiter, durchgehender, weiß bis oranger, breiter und nicht unterbrochener Mittellinie, alle L, DL 1 und 4 und auch die D 4 sind hell. Kopf nur hinter den Stemmata pigmentiert. Prothorax nur mit zwei schmalen Pigmentflecken. Auf dem Meso- und Metathorax sind nur die Sklerite pigmentiert, die übrigen Teile der beiden Segmente sind hell. Tibiotarsus gleichmäßig pigmentiert. – Körperlänge 5,0–6,0 mm. Kopfkapselbreite L_4 0,80 mm.

Oenopia lyncea

36* Mittellinie auf dem 1.–8. Abdominalsegment schmal oder in verschieden große Flecken aufgelöst (Fotos 128, 129). Alle L, DL 1 und 4, D 4 sind weiß gefärbt, die Mitte des 5.–8. Abdominalsegments ist weiß. D 3 bis 7 mit schwarzen Parascoli (außer D 4). Kopf fast vollständig pigmentiert. Prothorax mit zwei großen dunklen Pigmentflecken. Meso- und Metathorax mit einem weißen oder zinnoberfarbigen Mittelfleck und einem hellen Fleck hinter den DL II und III. Tibiotarsus ungleichmäßig pigmentiert, Mittelteil meist schwach pigmentiert. ..37

37 Die schmale helle Mittellinie des Abdomens ist auf dem 3. Abdominalsegment wenig, auf dem 4. stark erweitert. Pigmentflecke des Prothorax klein, sodass die helle Grundfarbe dominiert (Foto 128). Körperlänge 7,0–7,5 mm (8,0–11,0). Kopfkapselbreite L_4 0,80–(0,83)–0,88 mm.

Oenopia conglobata

37* Die schmale helle Mittellinie ist auf dem 1.–3. Abdominalsegment nur in Form kleiner Flecke ausgebildet, auf dem 4. ist sie als heller Fleck vorhanden. Pigmentflecken des Prothorax groß, sodass nur am Hinterrand die helle Grundfarbe in Erscheinung tritt (Foto 129). Körperlänge 4,8–6,3 mm (7,5–9,0). Kopfkapselbreite L_4 0,88–(0,92)–0,96 mm.

Oenopia impustulata

38(35) Beine schwarz und weiß, Spitze des Tibiotarsus und distale zwei Drittel des Femur schwarz, Tibiotarsus länger als die Dorsalseite des Femur. D- und DL-Verrucae auf den Abdominaltergiten mit einzelnen schwachen Chalazae und einer etwas größeren Chalaza (Abb. 192a). Grundfarbe des Körpers braun bis graubraun, Sklerite des Thorax und Abdomen schwarz, glänzend (Foto 130). DL und L 1 gelborange, L 2–7 weiß (Umfang der weißen Färbung nach hinten abnehmend). Klauen mit Basalzahn. Kopfkapselbreite L_4 0,84–(0,92)–1,00 mm.

Myrrha octodecimguttata

38* Beine einfarbig dunkel, Tibiotarsus so lang wie oder kürzer als die Dorsalseite des Femur. D- und DL-Strumae auf den Abdominaltergiten mit ca. 20 zarten und drei größeren Chalazae mit breiterer Basis (Abb. 192b). Grundfarbe des Körpers graugelb bis graubraun, Thorax- und Abdominalsklerite dunkelgrau. DL und L 1 orange, L hellgrau (außer L 1) (Foto 131). Die großen braunen Sklerite des Prothorax grenzen eng aneinander und nehmen fast die gesamte Dorsalseite ein. Klauen mit einem Basalzahn. Kopfkapselbreite L_4 0,72–(0,79)–0,88 mm.

Aphidecta obliterata

39(33) DL 4 dunkel. 40

39* DL 4 hell. 45

40 D, DL, L 4 dunkel. – Larven dunkelgrau. Klauen an der Basis erweitert, jedoch ohne abgesetzten Zahn 41

40* D 4 oder L 4 sind entweder ganz oder teilweise hell gefärbt. 42

41 DL und L 1 orangegelb, die übrigen schwarzbraun (andere Farbform unter 49), in der Mitte mit einem hellen Strich und einem hellen Hinterrand (Foto 132). Meso- und Metathorax zwischen den D mit einem hellen Fleck. Prothorax dunkel, mit vier Skleriten, die seitlichen sind von den mittleren weit entfernt. Basis der D-Parascoli oval, die Chalazae darauf entlang des Innenrandes stehend. – Kopf schwarzbraun, Labrum und Clypeus gelb. Körperlänge 6,0–8,0 mm. Kopfkapselbreite L_4 0,76–(0,82)–0,92 mm.

Hippodamia variegata

41* DL 1 und L 1 hell, die übrigen sind dunkel. Prothorax dunkel, jederseits an der Basis mit einem kleinen gelblichen Fleck. Prothorax mit zwei Skleriten, jedes hat hinten einen tiefen schmalen Ausschnitt. Basis der D-Parascoli rund, mit großen Chalazae, die auf deren Spitze konzentriert sind. Außenrand der lateralen Sklerite gekrümmt. Nur die Spitzen der D-Parascoli mit großen Chalazae. – Körperlänge 7,5–8,2 mm.

Hippodamia septemmaculata

42(40) Mitte des 4. Abdominalsegments dunkel. D 4 komplett dunkel. Abdomen mit Senti oder Verrucae. Körper relativ schmal, Beine länger. Prothorax mit zwei Platten. 43

42* Mitte des 4. Abdominalsegments hell. D 4 teilweise hell. Abdomen mit Parascoli. Körper relativ breit, Beine kürzer. Prothorax mit vier Platten 44

43 Abdomen mit schwarzen Senti, die D-Senti auf dem Abdomen sind 1,5-mal so lang wie breit (Abb. 192k). DL 1, L 1 und L 4–8 sowie L II und III gelbweiß (Foto 134). Prothorax gelbweiß, mit zwei schwarzen Flecken. Meso- und Metathorax in der Mitte gelbweiß. Prothorax am Hinterende, Meso- und Metathorax am Außenrand mit drei Senti und Chalazae (Abb. 190b Pfeil, o, q). Klauen mit breiter Basis und scharfer Spitze. Thoraxsklerite mit je vier, oft zu Paaren verschmolzenen hellen Flecken. Körper graugelb, Sklerite schwarz. Kopf gelbbraun, hintere Hälfte dunkel. Beine schwarz, Basis des Femur und der Tibia gelb. Körperlänge 9,0–11,0 mm. Kopfkapselbreite L_4 0,96–(1,01)–1,08 mm.

Sospita vigintiguttata

43* Abdomen mit breiten Verrucae, die mit zahlreichen dünnen Setae bedeckt sind (Abb. 192c). DL 1, L 1, 4 und 6 rötlichgelb. L II und III mit schwarzer Verruca (Foto 135). D 1, D-2-Verrucae flach, D 3 bis D 8 konisch. Thoraxsklerite ebenfalls mit zahlreichen Setae. Basis der Klauen ohne Zahn (Abb. 189o). Vorderrand des Prothorax mit einem orangen Fleck, alle Thoraxsklerite in der Mitte durch ein hellgraues Band getrennt. Körper hellgrau bis dunkelgrau, Sklerite dunkel, glänzend. Sklerite des Prothorax groß, rechteckig und schwarz. Kopf schwarz, Beine einfarbig schwarzbraun. Körperlänge 12,0–14,0 mm. Kopfkapselbreite L_4 1,12–(1,26)–1,40 mm.

Myzia oblongoguttata

44(42) 4. Abdominalsegment in der Mitte gelborange, D-4- und DL-1-Strumae orange, die anderen D- und DL-Strumae schwarz (Foto 136). L 1 und 4 gelb oder orange oder mit oranger Basis und schwarzer Spitze, die anderen weiß mit grauer oder schwarzer Spitze. L 2, 3, 5–8 dunkel (manchmal ist auch L 4 dunkel). Färbung variabel (vgl. Abb. 33): das Spektrum reicht von dunklen Exemplaren ohne orange Flecken bis zu solchen mit sieben deutlichen Makeln. Grundfarbe des Körpers graubraun bis grauschwarz. Prothorax mit vier Skleriten oder mit zwei, dann sind diese aber vorn tief eingeschnitten, Mesothoraxsklerite nicht ausgeschnitten. Die Thoraxsklerite sind gelbweiß umrandet. D, DL-Strumae des Abdomens mit vier bis fünf großen und einigen kleinen Chalazae. Sockel der Chalazae niedriger. Endglied der Labialpalpen nicht oder wenig länger als breit. Klauen an der Basis mit einem Zahn (Abb. 189h). Körperlänge 7,0–9,0 mm. Kopfkapselbreite L_4 0,88–(0,91)–1,04 mm.

Adalia bipunctata

44* 4. Abdominalsegment in der Mitte weiß bis gelbweiß, D 4 und DL-1-Strumae gelb. L 1 und 4 gelb oder orange oder mit gelber Basis und schwarzer Spitze, L 3–8 weißlich, L 2 dunkel (Foto 137). Grundfarbe des Körpers cremeweiß bis hellgrau. Prothorax mit zwei Skleriten, diese sind an den Vorderecken wie die Mesothoraxsklerite tief ausgeschnitten (Abb. 190f Pfeil). Die Thoraxsklerite sind weiß umrandet. D und DL-Strumae des Abdomens mit fünf großen und mehreren kleinen Chalazae (Abb. 192n). Sockel der Chalazae höher. Endglied der Labialpalpen deutlich länger als breit. Klauen an der Basis mit einem Zahn. Körperlänge 7,0–8,2 mm. Kopfkapselbreite L_4 0,76–(0,81)–0,88 mm.

Adalia decempunctata

45(39) Abdomen zwischen den D- und DL-Skleriten des 1.–7. Abdominalsegments mit je einem auffälligen weißen Längsstreifen (Foto 138). – DL 1 und 4 sowie L 1 und 4 ausgedehnt weiß. Prothorax in der Mitte mit einem weißen Fleck, mit dunklen, rundlichen bis viereckigen Skleriten (Abb. 190g). Meso- und Metathorax in der Mitte mit ausgedehnten weißen Flecken. Körper dunkel, die Sklerite sind dunkelbraun oder schwarz. Oberseite des Abdomens mit flachen Strumae, die mit Chalazae bedeckt sind. Klauen mit rechteckigem Zahn an der Basis. Gattung *Coccinula*....................46

45* Abdomen zwischen den D- und DL-Skleriten des 1.–7. Abdominalsegments ohne auffällige weiße Längsstreifen....................47

46 DL und L 1 und 4 weiß, die übrigen L weiß mit dunkler Spitze. Larve zart und schlank, weiß mit braunen Skleriten und Strumae. Kopf dunkelbraun mit hellem Vorderteil. Prothoraxsklerite vorn gerade, auf jedem Außenrand mit ca. 10 Chalazae. Körperlänge 4,6–6,4 (8–10) mm. Nicht in den nördlichen und mittleren Ländern.

Coccinula sinuatomarginata

46* DL und L 1 und 4 weiß bis gelb (Foto 138). Larve kräftiger, außerhalb der weißen Zeichnung dunkel, mit schwarzen Skleriten und Strumae (Abb. 192o). Thoraxseiten mit weißen Flecken. Kopf völlig dunkel. Prothoraxsklerite vorn gerade, aber Außenecken abgestutzt, auf jedem Außenrand mit ca. 15 Chalazae (Abb. 190g). Körperlänge 5,2–6,8 (8–10) mm. Kopfkapselbreite L_4 0,72–(0,76)–0,80 mm.

Coccinula quatuordecimpustulata

47(45) Antennen relativ lang, 2. Glied deutlich länger und dünner als das 1., das 3. Glied ist gut entwickelt und kuppelförmig (Abb. 186n)...........48

47* Antennen relativ kurz, 2. Glied etwa so lang wie breit, das 3. Glied ist meist klein und flach (Abb. 186l). – Kopf vorn hell, hinten dunkel. Gattung *Coccinella.* 52

48 Klauen zur Basis etwas erweitert, die umgebenden Setae sind nicht geknöpft und nach oben gebogen. 49

48* Klauen mit einem Basalzahn, der von geknöpften und nach oben gebogenen Setae umgeben ist. Gattung *Ceratomegilla.* 50

49 DL 1 und 4 sowie L 1 orange (Foto 132). Prothorax gelbrot, mit vier schwarzen Skleriten, die seitlichen von den mittleren weit entfernt und durch ein gelbliches, schräges Band getrennt. Meso- und Metathorax hell, nur die Sklerite sind dunkel. – Kopf schwarzbraun, Labrum und Clypeus gelb. Körperlänge 6,0–8,0 mm. Kopfkapselbreite L_4 0,76–(0,82)–0,92 mm. [DL 4 kann hell oder dunkel sein, deshalb erscheint diese Art zweimal in der Tabelle.]

Hippodamia variegata

49* D 4, DL 1 und 4 sowie L 1 und 4 gelbweiß, die restlichen Sklerite dunkel (Foto 133). Larven dunkelgrau, z. T. auf dem 5.–8. Abdominalsegment mit hellen Flecken zwischen D und DL. Prothorax mit vier eng nebeneinander stehenden dunklen Skleriten, die durch ein schmales, gelbliches Band getrennt sind. Meso- und Metathorax dunkel, in der Mitte mit je einem hellen Fleck. Metathorax hinter den Skleriten jederseits mit einem kleinen hellen Fleck, auch L III gelbweiß. – Körperlänge 7,0–8,5 mm. Kopfkapselbreite L_4 0,92–(0,94)–1,04 mm.

Hippodamia tredecimpunctata

50(48) Prothorax mit vier Platten. – Grundfarbe des Abdomens gelbrot bis orangebraun. DL 1 und L 1 sowie DL 4 und L 4 dunkelorange, die übrigen braunschwarz (Foto 139). Prothoraxsklerite dunkel, mit einem schmalen hellen Mittelstreifen und einem breiten gelbroten Rand. Meso- und Metathorax in der Mitte breit gelbrot gefärbt, L III gelbrot. 4.–6. Abdominalsegment zwischen den D und DL mit einem breiten gelbroten Streifen. Parascoli hoch, die abdominalen D werden in Richtung Hinterende des Körpers größer (besonders die Basis der zwei großen, apikalen Chalazae). Chalazae besonders am Innenrand der Sklerite des Abdomens konzentriert. Körperlänge 5,8–8,1 mm.

Ceratomegilla undecimnotata

50* Prothorax mit zwei Platten, vorn jeweils tief ausgeschnitten........ 51

51 D 4 gelbweiß. Tibiotarsus der Vorderbeine der L_4 durchschnittlich 0,60 mm lang; Kopfkapsel durchschnittlich 0,79 mm breit. – DL 1 und 4 sowie L 1 und 4 gelbweiß. Körper dunkelgrau mit hellen Flecken in der Mitte des Thorax. Sklerite des Thorax und des Abdomens schwarz. Kopfkapsel hinter den Antennen und innerhalb des bauchigen Teils der Frontalnaht dunkel, ebenso der hintere Teil des Seitenrandes und der Mittelteil des Prothorax. Dieser Mittelteil ist von einem hellen Längsstreifen durchbrochen, der Hinterrand des Prothorax ist hell. DL II und III dunkel, desgleichen D 1–3 und 5–8, L und DL 2, 3, 5–8. Die DL-II- und III-Strumae mit 8–10 Chalazae, L II und III mit 4–6 Chalazae. V I mit einer, V II und III mit zwei großen Setae. Kopfkapselbreite L_4 0,76–(0,79)–0,80 mm.

Ceratomegilla alpina

51* D 4 schwarz. Tibiotarsus der Vorderbeine der L_4 durchschnittlich länger als 1 mm. Kopfkapsel durchschnittlich 0,99 mm breit. – DL 1 und L 1 sowie DL 4 und L 4 weiß oder gelb, die übrigen schwarz (Foto 140). Grundfarbe des Abdomens gelblich-braun bis dunkelgrau. Außenrand des Prothorax dunkel, Hinterrand hell. Meso- und Metathorax zwischen den D mit hellen Flecken, L II und L III hell. Hinterer Teil der Kopfkapsel hinter den Antennen und innerhalb der Frontalnaht dunkel. Zwischen den D 1–8 befinden sich schwache helle Flecken. Parascoli flach, D-Parascoli auf allen Abdominalsegmenten etwa gleich groß. DL-II- und III-Strumae mit ca. zehn Chalazae, L II und III mit 5–8 Chalazae. V I–III mit zwei Setae. Körperlänge 7,2–9,3 mm. Kopfkapselbreite L_4 0,96–(0,99)–1,04 mm.

Ceratomegilla notata

52(47) Prothorax mit zwei Skleriten, die am Vorder- und Hinterrand etwas ausgeschnitten sind. Parascoli mit weniger als acht Chalazae, deren Basis niedrig ist. Prothorax ausgedehnt dunkel, nur Vorder- und Hinterrand aufgehellt. Körperlänge 4,8–7,0 mm. 53

52* Prothorax mit vier Skleriten, die am Vorder- und Hinterrand nicht ausgeschnitten sind (Abb. 190e). Parascoli mit mehr als acht Chalazae, deren Basis hoch ist (Abb. 192g). Prothorax anders gefärbt. Körperlänge 6,0–13,0 mm. 54

53 D-Parascoli klein, mit zwei großen und zwei kleinen Chalazae. Basis der Chalazae niedrig, rund. Klauen der L_4 an der Basis erweitert, nur mit einem winzigen Zahn (Abb. 189i). DL 1 und L 1 sowie DL 4 und L 4 gelborange (Foto 141). Larven blaugrau. Platten auf dem Thorax und dem Abdomen schwarz. Körperlänge 5,2–7,0 mm. Kopfkapselbreite L_4 1,12–(1,17)–1,20 mm.

Coccinella undecimpunctata

53* D-Parascoli größer, oft sehr groß, mit nie weniger, aber oft mehr als acht Chalazae. Klauen mit gut entwickeltem Zahn an der Basis. DL und L 1 sowie DL 4 und L 4 gelbweiß (bei manchen Exemplaren ist L 4 dunkel). Larven dunkelgrau. Meso- und Metathorax in der Mitte mit je einem gelben Fleck. Körperlänge 4,8–5,0 mm. Kopfkapselbreite L_4 1,04–(1,08)–1,12 mm.

Coccinella hieroglyphica

54(52) DL 6 und 7 orange, DL 1 und 4 sowie L III, L 1 und 4 orangegelb. Prothorax an den Seiten ausgedehnt orange, in der Mitte dunkel (Foto 142). – Die inneren Sklerite des Prothorax sind ± viereckig. Setae der abdominalen Parascoli dunkel, dünn, kräftig, etwa 5-mal so lang wie der längste der Sockel, auf denen sie stehen. Parascoli lang, nach hinten kürzer werdend. D-Parascoli mit mehr als acht Chalazae auf hoher Basis. Setae 5-mal länger als die Basis der Chalaza. Körper blaugrau. Thorax- und Abdominalsklerite schwarz. Beine schwarz. Körperlänge 6,0–8,0 mm. Kopfkapselbreite L_4 0,80–(0,87)–0,92 mm.

Coccinella quinquepunctata

54* DL 6 und 7 schwarz. Prothorax an den Seiten und in der Mitte dunkel, dazwischen befindet sich ein helles, sanduhrförmiges Band, um die Sklerite gelbweiß. Larven größer, Körperlänge L_4 7,0–12,3 mm.........55

55 L des Metathorax hell. DL, L 1 und 4 weißlich (Foto 143). Innere Prothoraxsklerite annähernd birnenförmig, an der Innenkante eingebuchtet. Äußerer dunkler Fleck des Mesothorax nach vorn verjüngt. D-Parascoli hoch, etwa so lang wie die Abdominalsegmente. Setae der abdominalen Parascoli kürzer, meist nur halb so lang wie der längste der Sockel, auf denen sie stehen. V 2 und 3 halb so breit wie der Tibiotarsus. Äußere Teile der seitlichen Prothoraxsklerite erhaben, sie tragen ca. 30 Chalazae. Körperlänge 8,2–11,6 (–13) mm. Kopfkapselbreite L_4 1,12–(1,15)–1,20 mm.

Coccinella magnifica

55* L des Metathorax schwärzlich. DL, L 1 und 4 orange (DL 4 manchmal hell mit dunkler Spitze) (Foto 144). Äußerer dunkler Fleck des Mesothorax gleichmäßig oval. Innere Prothoraxsklerite annähernd sechseckig, Innenkante fast gerade (Abb. 190e). D-Parascoli niedriger, kürzer als die Abdominalsegmente. Setae der abdominalen Parascoli dünn, doppelt bis 3-mal so lang wie der längste der Sockel, auf denen sie stehen (Abb. 192g). V 2 und 3 so breit wie der Tibiotarsus. Äußere Teile der seitlichen Prothoraxsklerite nicht erhaben, sie tragen ca. 20 Chalazae. Larven blaugrau. Körperlänge 7,0–12,3 (–13) mm. Kopfkapselbreite L_4 1,00–(1,13)–1,28 mm.

Coccinella septempunctata

Foto 105: *Scymnus frontalis,* 4. Stadium. Foto: I. ALTMANN.

Foto 106: *Platynaspis luteorubra,* 4. Stadium. Foto: L. GRABOW.

Foto 107: *Rodolia cardinalis,* 4. Stadium. Foto: A. KRUITHOF.

Foto 108: *Tytthaspis sedecimpunctata,* 4. Stadium. Foto: I. ALTMANN.

Foto 109: *Chilocorus bipustulatus,* 4. Stadium. Foto: I. ALTMANN.

Foto 110: *Chilocorus renipustulatus,* 4. Stadium. Foto: I. ALTMANN.

Foto 111: *Exochomus quadripustulatus*, 4. Stadium. Foto: I. ALTMANN.

Foto 112: *Parexochomus nigromaculatus*, 4. Stadium. Foto: F. KÖHLER.

Foto 113: *Henosepilachna elaterii*, 4. Stadium. Foto: S. KREJČÍK.

Foto 114: *Subcoccinella vigintiquatuorpunctata*, 4. Stadium. Foto: E. WACHMANN.

Foto 115: *Cynegetis impunctata*, 4. Stadium, daneben die Haut des 3. Stadiums. Foto: E. WACHMANN.

Foto 116: *Calvia quatuordecimguttata*, 4. Stadium. Foto: E. WACHMANN.

Foto 117: *Propylea quatuordecimpunctata,* 4. Stadium. Foto: E. Wachmann.

Foto 118: *Calvia decemguttata,* 4. Stadium. Foto: I. Altmann.

Foto 119: *Rhyzobius* sp., 4. Stadium. Foto: E. Wachmann.

Foto 120: *Coccidula scutellata,* 4. Stadium. Foto: E. Wachmann.

Foto 121: *Psyllobora vigintiduopunctata,* 4. Stadium. Foto: E. Wachmann.

Foto 122: *Vibidia duodecimguttata,* 4. Stadium. Foto: E. Wachmann.

Foto 123: *Halyzia sedecimguttata,* 4. Stadium. Foto: E. WACHMANN.

Foto 124: *Anisosticta novemdecimpunctata,* 4. Stadium. Foto: E. WACHMANN.

Foto 125: *Harmonia axyridis,* 4. Stadium. Foto: E. WACHMANN.

Foto 126: *Harmonia quadripunctata,* 4. Stadium. Foto: E. WACHMANN.

Foto 127: *Anatis ocellata,* 4. Stadium. Foto: E. WACHMANN.

Foto 128: *Oenopia conglobata,* 4. Stadium. Foto: I. ALTMANN.

Foto 129: *Oenopia impustulata,* 4. Stadium. Foto: A. Kruithof.

Foto 130: *Myrrha octodecimguttata,* 4. Stadium. Foto: E. Wachmann.

Foto 131: *Aphidecta obliterata,* 4. Stadium. Foto: I. Altmann.

Foto 132: *Hippodamia variegata,* 4. Stadium. Foto: E. Wachmann.

Foto 133: *Hippodamia tredecimpunctata,* 4. Stadium. Foto: A. Kruithof.

Foto 134: *Sospita vigintiguttata,* 4. Stadium. Foto: I. Altmann.

Foto 135: *Myzia oblongoguttata,* 4. Stadium. Foto: I. ALTMANN.

Foto 136: *Adalia bipunctata,* 4. Stadium. Foto: I. ALTMANN.

Foto 137: *Adalia decempunctata,* 4. Stadium. Foto: I. ALTMANN.

Foto 138: *Coccinula quatuordecimpustulata,* 4. Stadium. Foto: E. WACHMANN.

Foto 139: *Ceratomegilla undecimnotata,* 4. Stadium. Foto: B. HINNERSMANN.

Foto 140: *Ceratomegilla notata,* 4. Stadium. Foto: I. ALTMANN.

Foto 141: *Coccinella undecimpunctata,* 4. Stadium. Foto: A. Kruithof.

Foto 142: *Coccinella quinquepunctata,* 4. Stadium. Foto: A. Kruithof.

Foto 143: *Coccinella magnifica,* 4. Stadium. Foto: A. Kruithof.

Foto 144: *Coccinella septempunctata,* 4. Stadium. Foto: E. Wachmann.

8.3 Puppen

Es ist möglich, die Puppen der Coccinellidae zu bestimmen. Erfahrene Larvalsystematikerinnen und -systematiker können dies anhand der an der Puppe verbleibenden Haut des letzten Larvenstadiums (Exuvie) meist sehr genau vornehmen. Zusätzlich gibt es allgemeine Puppenmerkmale (Verpuppungsart, Färbung, Form, Größe), die sich besonders zur Unterscheidung höherer Taxa eignen. Die Kenntnis der Puppen ist aber noch zu lückenhaft, um schon eine brauchbare Bestimmungstabelle vorlegen zu können. Viele häufige Arten aus der Unterfamilie Coccinellinae können aber an ihrem Farbmuster erkannt werden.

Es lassen sich verschiedene große Gruppen unterscheiden:

1 Die Verpuppung erfolgt vollständig innerhalb der Haut des 4. Larvenstadiums, die die Puppe umhüllt (Fotos 145, 146).

Chilocorini, Noviini

1* Die Verpuppung erfolgt z. T. innerhalb der Haut des 4. Larvenstadiums, diese umhüllt die Puppe etwa bis zur Mitte (Fotos 147–149).

Scymnini und Hyperaspidini mit weißen Wachsausscheidungen, Epilachninae

1** Die Haut des 4. Larvenstadiums wird am Hinterende der Puppe zusammengeschoben, die Puppe liegt nahezu völlig frei..........................2

2 Puppe länglich (Foto 150).

Coccidulini (*Coccidula*)

2* Puppe flach, rundlich (Foto 151).

Platynaspis luteorubra

2** Puppe erhaben (Fotos 152–169).

Coccinellinae

Foto 145: *Chilocorus bipustulatus*, Puppe. Foto: I. Altmann.

Foto 146: *Exochomus quadripustulatus*, Puppe. Foto: I. Altmann.

Foto 147: *Scymnus frontalis,* Puppe. Foto: I. ALTMANN.

Foto 148: *Henosepilachna argus,* Puppe. Foto: E. WACHMANN.

Foto 149: *Subcoccinella vigintiquatuorpunctata,* Puppe. Foto: E. WACHMANN.

Foto 150: *Coccidula scutellata,* Puppe. Foto: E. WACHMANN.

Foto 151: *Platynaspis luteorubra,* Puppe. Foto: I. ALTMANN.

Foto 152: *Halyzia sedecimguttata,* Puppe. Foto: E. WACHMANN.

Foto 153: *Psyllobora vigintiduopunctata*, Puppe. Foto: E. WACHMANN.

Foto 154: *Vibidia duodecimguttata*, Puppe. Foto: E. WACHMANN.

Foto 155: *Anisosticta novemdecimpunctata*, Puppe. Foto: I. ALTMANN.

Foto 156: *Coccinula quatuordecimpustulata*, Puppe. Foto: E. WACHMANN.

Foto 157: *Tytthaspis sedecimpunctata*, Puppe. Foto: E. WACHMANN.

Foto 158: *Adalia bipunctata*, Puppe. Foto: I. ALTMANN.

Foto 159: *Adalia decempunctata,* Puppe. Foto: E. Wachmann.

Foto 160: *Anatis ocellata,* Puppe. Foto: E. Wachmann.

Foto 161: *Aphidecta obliterata,* Puppe. Foto: I. Altmann.

Foto 162: *Calvia quatuordecimguttata,* Puppe. Foto: I. Altmann.

Foto 163: *Ceratomegilla undecimnotata,* Puppe. Foto: E. Wachmann.

Foto 164: *Coccinella septempunctata,* Puppe. Foto: I. Altmann.

Foto 165: *Harmonia axyridis*, Puppe. Foto: E. WACHMANN.

Foto 166: *Hippodamia variegata*, Puppe. Foto: E. WACHMANN.

Foto 167: *Myrrha octodecimguttata*, Puppe. Foto: E. WACHMANN.

Foto 168: *Myzia oblongoguttata*, Puppe. Foto: I. ALTMANN.

Foto 169: *Propylea quatuordecimpunctata*, Puppe. Foto: I. ALTMANN.

8.4 Eier

Die morphologischen Merkmale lassen sich zu einer Bestimmungstabelle für die Eier zusammenfassen, die allerdings nur einen lückenhaften Charakter hat (Klausnitzer 1969d). Sie führt nach Möglichkeit bis zu den Tribus. Es fehlen die Hyperaspidini, Tetrabrachini und Noviini, da bisher von den Arten dieser Taxa kaum Eier bekannt wurden. Wesentliche Unterscheidungsmerkmale sind Größe, Form (Abb. 205), Farbe und Ablegemodus.

Provisorische Bestimmungstabelle für die Eier mitteleuropäischer Coccinellidae. Nach Klausnitzer (1969d).

1 Chorionoberfläche mit wabenartiger Skulptur (Abb. 204). – Eier stehend, in Gelegen angeordnet.

Epilachninae

1* Chorionoberfläche ohne wabenartige Skulptur. 2

2 Eier liegend, meist einzeln abgelegt, selten in Gelegen. 3

2* Eier stehend, meist in Gelegen (vgl. Fotos 25, 26, 28, 31), zitronengelb bis orange; 0,8–2,0 mm lang.

Coccinellinae

3 Eier weißgelb bis blassgelb, durchschnittlich kürzer als 0,7 mm. 4

3* Eier orange, durchschnittlich länger als 0,8 mm.

Coccidulinae (Coccidulini)

Chilocorini

4 Eier mit flachem Boden, nach oben gewölbt.

Platynaspidini

4* Eier 0,4 mm lang, weißgrau (Eiablage einzeln auf Blätter inmitten von Spinnmilbenkolonien).

Stethorini

4** Eier durchschnittlich länger als 0,6 mm.

Scymnini

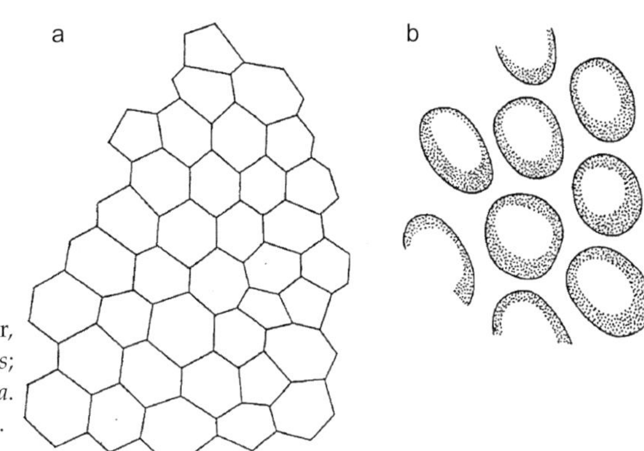

Abb. 204: Chorionskulptur, **a** *Henosepilachna argus;* **b** *Cynegetis impunctata.* Nach KLAUSNITZER (1969d).

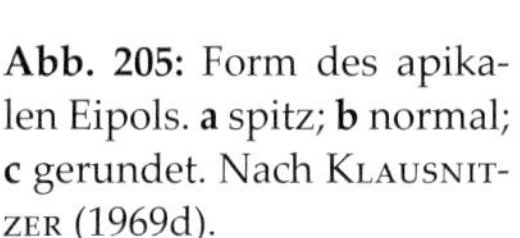

Abb. 205: Form des apikalen Eipols. **a** spitz; **b** normal; **c** gerundet. Nach KLAUSNITZER (1969d).

9 Wirtschaftliche Bedeutung

9.1 »Schadauftreten« von Marienkäfern

In Mitteleuropa leben vier phytophage Marienkäferarten, von denen lediglich *Subcoccinella vigintiquatuorpunctata* als gelegentlicher Schädling an Luzerne, Klee, Runkelrüben, Zuckerrüben, Nelken, Dahlien und Wicken beobachtet wurde. Außerdem lebt sie noch an verschiedenen Wildpflanzen (Tabelle 36).

Schäden durch diesen Marienkäfer sind vor allem aus Ländern mit wärmerem Klima bekannt, wo zwei, mitunter sogar drei Generationen im Jahr auftreten (Tanasijevic 1958, Mohamed Ali 1979). Die bekanntesten entstehen an Luzerne (Luzerne-Marienkäfer), besonders in verschiedenen Mittelmeerländern und in Kleinasien, sowie an Zuckerrüben in Italien und der Türkei. Seltener werden Schäden aus nördlicheren Ländern gemeldet (z. B. an Runkelrüben und Klee in Dänemark). *S. vigintiquatuorpunctata* wurde auch in die USA eingeschleppt.

Eine gewisse Rolle hat *S. vigintiquatuorpunctata* auch als Schädling an Gartennelken und Dahlien gespielt, weswegen sich in der Pflanzenschutzliteratur auch der Name »Nelken-Marienkäfer« eingebürgert hat. Nelkenkulturen können vor allem deshalb geschädigt werden, weil der Verkaufswert der Nelken aufgrund der weißlich werdenden Trockenflächen der charakteristischen Nagestellen sinkt.

Aus der Gattung *Epilachna* sensu lato treten mehrere Arten als Schädlinge verschiedenster Kulturpflanzen in tropischen und subtropischen Ländern auf (Tabelle 42) (Schmidt 1954). Die wichtigste dürfte *Epilachna varivestis* (Mexican bean beetle) sein. Dieser Käfer ist ein bedeutender Bohnengroßschädling in Mexiko, den USA und den südlichen Teilen Kanadas. Er befällt alle Bohnensorten, besonders Buschbohnen, bei denen er, vor allem an Jungpflanzen, die Blätter zerstört. *E. varivestis* vermehrt sich sehr rasch. Es können bis zu vier Generationen im Jahr auftreten. Die Eizahl je Weibchen beträgt bis zu 650 Stück. Man hat den Käfer mit verschiedenen Mitteln großflächig zu bekämpfen versucht, neben Pestiziden auch durch veränderte Anbaumaßnahmen. Der Versuch einer biologischen Bekämpfung mit der Tachinide *Paradexodes epilachnae* scheiterte daran, dass der Parasit in den USA nicht heimisch werden konnte. Man wendet auch Chemosterilantien an, mit denen die Männchen von *E. varivestis* sterilisiert werden, um die Population entscheidend zu beeinflussen.

Tabelle 42: Übersicht über vorwiegend außereuropäische Marienkäferarten, die als Pflanzenschädlinge eine ± große Bedeutung erlangt haben. Nach SCHMIDT (1954), ergänzt.

Art	geschädigte Kulturpflanze	Befallsgebiet
Chnootriba-Arten	Sorghumhirse, Weizen	Afrika
Cleta punctipennis (MULSANT, 1850)	Sonnenblumenblätter	Ostafrika
Declivitata-Arten	Kulturgräser	Afrika
Diekeana admirabilis (CROTCH, 1874)	Luffa und andere Kürbisgewächse	Japan
Epilachna borealis (FABRICIUS, 1775)	Kürbisgewächse	Nordamerika
Epilachna cacica (GUERÍN-MENEVILLE, 1844)	Kürbisarten	Brasilien
Epilachna canina (FABRICIUS, 1775)	Kartoffeln, Tomaten, Spinat, Bohnen, Sesam	Ost- und Südafrika
Epilachna paenulata (GERMAR, 1824)	Kürbisgewächse	Argentinien
Epilachna pavonia (OLIVIER 1808)	Kartoffeln	Madagaskar
Epilachna similis (THUNBERG, 1781)	Mais, Sorghumhirse, Fingerhirse (*Eleusine*), Roggen, Weizen, Gerste, seltener Kartoffeln und Baumwolle	Ost- und Südostafrika
Epilachna varivestis MULSANT, 1850	Bohnen, Luzerne, Erdnüsse, auch an Ostindischem Hanf (*Crotolaria*), alles Hülsenfrüchtler	USA, Mexiko, Südkanada
Henosepilachna argus	Melonen	Spanien
Henosepilachna elaterii	Kürbisgewächse, besonders Melonen und Kürbisse	vom Mittelmeergebiet bis Turkestan und Südafrika
Henosepilachna guttatopustulata (FABRICIUS, 1775)	Kartoffeln	Australien
Henosepilachna hirta (THUNBERG, 1781)	Baumwolle, Mais, Kartoffeln, Bittermelone (*Momordica*)	Ostafrika
Henosepilachna indica (MULSANT, 1850)	verschiedene Gemüsearten	Südasien

Art	geschädigte Kulturpflanze	Befallsgebiet
Henosepilachna vigintiocto-maculata (Motschulsky, 1857)	Kürbisgewächse, Schmetterlingsblütengewächse, Auberginen, Tabak, Kartoffeln, Kirschen	Ostasien, Japan, Australien
Henosepilachna vigintiocto-punctata (Fabricius, 1775)	Kürbisgewächse, Auberginen, Tomaten, Luzerne, Tabak, Kartoffeln	Indien, Sri Lanka, Ostasien, Japan, Malaysischer Archipel, Australien, Java
Verania-Arten	Kulturgräser, besonders Mais	Java

Dass Marienkäfer gelegentlich Menschen anfliegen und in die Haut beißen, ist seit Langem bekannt (Svihla 1952, Eichler 1971, Gough 1984, Klausnitzer 1989b, 2018c). An den kleinen Verletzungsstellen der Haut tritt etwas Lymphe aus, die von den Coccinellidae aufgenommen wird. Offenbar dient dies dem Ausgleich eines Flüssigkeitsdefizits.

Svihla (1952) beobachtete ein solches Verhalten Ende September 1951 bei *Adalia bipunctata*, als diese in größerer Zahl auf dem Weg in das Winterquartier waren. Er berichtet vom Anfliegen der Käfer und Bissen, die unangenehm waren. Nach dem Abstreifen kehrten die Marienkäfer nicht wieder zurück. Gough (1984) weist auf Nachrichten aus der medizinischen Praxis hin, nach denen das Beißen von Marienkäfern zu Hautverfärbungen und Blasenbildung führen kann. Er kann solche Auswirkungen aber aus eigener Erfahrung nicht bestätigen.

Die ausführliche Darstellung von Eichler (1971) beschreibt nach Beobachtungen auf Hiddensee ein regelmäßiges Anfliegen und gelegentliches Beißen mit den Mandibeln durch *Coccinella septempunctata* und *C. undecimpunctata* vor allem in empfindliche, dünnhäutige Körperregionen. Als Ursache sieht er ebenfalls ein Flüssigkeitsdefizit an.

Bei einem Massenanflug von *Coccinella septempunctata* an der Ostsee trat das bekannte Hautzwicken ebenfalls recht auffällig in Erscheinung (Klausnitzer 1989b). Außer dieser Art bissen damals auch noch *Propylea quatuordecimpunctata* und *Coccinella undecimpunctata*. Viele Badegäste verließen deshalb den Strand. Personen wirkten offenbar als Silhouetten und wurden bevorzugt angeflogen (Hypsotaxis) (Eichler 1971).

Sehr auffällig war diese Erscheinung Mitte Juni 2017 in Oppitz/Kreis Bautzen, an heißen und schwülen Tagen an *Harmonia axyridis* zu beobachten. Die Imagines flogen vor allem in den Nachmittagsstunden die Arme und den Nacken an und bissen durchaus merkbar in die Haut. Im August 2019 waren am gleichen Ort sehr viele Larven von *H. axyridis* vorhanden, die ebenso eifrig in die Haut bissen (Klausnitzer 2018c).

Im Herbst dringt *H. axyridis* meist im Oktober in viele Gebäude zu Tausenden ein (vgl. Kapitel 6.1). Die großen Mengen können zu Angstzuständen führen, vor allem, wenn die Tiere durch Wärme angeregt herumlaufen und fliegen. Dies wird von manchen Personen als Belästigung empfunden. Auch wird von allergischen Reaktionen, Hautreizungen und Atemwegsproblemen (Rhinoconjunctivitis) berichtet. Das »Reflexblut« kann Flecken auf den Wänden oder Möbeln verursachen.

Das Annagen von Früchten und deren Verschmutzung mit Wehrsekret durch *H. axyridis* kann insbesondere im Weinbau zu Schäden führen. Hinzu kommt, dass gerade zur Weinlesezeit die Asiatischen Marienkäfer geschützt vor Witterungseinflüssen in den Weintrauben übernachten. Wenn die Käfer bei der Weinlese in die Verarbeitung der Trauben gelangen, so geht deren Hämolymphe mit in die Maische oder den Most über und die Weinqualität kann erheblich beeinträchtigt werden. Durch die Ausscheidung von 2-Isopropyl-3-methoxypyrazin (IPMP) können von 4–8 Imagines/100 Riesling-Trauben gerade teure Weine (Spätlese, Eisweine) unbrauchbar gemacht werden. Der IPMP-Gehalt liegt bei *H. axyridis* etwa 100-mal höher als bei *Coccinella septempunctata*. Auch Stachelbeeren u. a. Beerenfrüchte können durch *H. axyridis* geschädigt werden. Eine nachteilige Wirkung wird vor allem bei überreifem Obst beobachtet, das in kommerziell geführten Betrieben jedoch kaum vorhanden ist.

9.2 Coccinellidae als Prädatoren von »Schadinsekten« und Spinnmilben

Art und Menge der Nahrung haben schon frühzeitig zu den kühnsten Hoffnungen für eine Verwendung verschiedener Coccinellidae als Gegenspieler von »Schadinsekten« Anlass gegeben, wobei solche Zahlen, wie sie z. B. Sundby (1966) publizierte, zu Grunde gelegt wurden (vgl. Kapitel 7.1).

Durch die hohe Suchaktivität der Marienkäfer (vgl. Kapitel 7.5), die Besiedlung aller Lebensstätten der betreffenden Beutetiere, ihre meist hohe ökologische Potenz und die Möglichkeit der Massenzucht sind einige Arten bei der Einschränkung von Beutetierpopulationen durchaus wirksam. Ein weiterer Vorteil ist die oft geringe Spezialisierung hinsichtlich der alternativen Nahrung, sodass bei sprunghafter Abnahme der Wirtstierhäufigkeit die Prädatoren mit Ausweichnahrung überleben können. Manche Marienkäferarten können ihre Vermehrungsrate den Veränderungen der Beutetierhäufigkeit anpassen. Das absolute Wachstum der Marienkäferpopulationen ist für die Wirksamkeit gegen Blattläuse nicht so entscheidend wie das Verhältnis zwischen der wirtschaftlich tragbaren Blattlauszahl an der betreffenden Kulturpflanze und der Beutetierzahl, die nötig ist, damit die Coccinellidae überhaupt in dem betreffenden Habitat verbleiben. Unterschreitet die Beutetierdichte nämlich eine bestimmte artspezifische Zahl, so wandern die Marienkäfer ab. Nach Honěk (1980) liegt der Wert für Getreide bei 8,7–23,6 Blattläusen pro m^2. Außer von der Habitatqualität, vor allem der Nahrung, ist die »Bleibeschwelle« auch von den mikroklimatischen Verhältnissen (Temperatur, Feuchtigkeit) abhängig. Lockere Bestände der Wirtspflanzen ermöglichen den Marienkäfern »Sonnenbaden« zur Optimierung ihrer Körpertemperatur. Die Anwesenheit von Artgenossen kann ebenfalls zur Abwanderung führen (Hemptinne & Dixon 1991). Hinzu kommen physiologische Gegebenheiten der betreffenden Entwicklungsphase.

Die Kenntnis der Größe dieser Schlüsselfaktoren ist für die Beurteilung der wirtschaftlichen Bedeutung jeder Marienkäferart wichtig. Genaue Kenntnisse haben wir aber nur von wenigen Arten, z. B. *Hippodamia convergens* oder *Stethorus pusillus*. Die Wirksamkeit der Marienkäfer ist bei gruppenweise lebenden Beutetieren besonders hoch und kann sich durch bestimmte Verhaltensweisen der eierlegenden Weibchen noch weiter erhöhen. Bekannt ist dies von *Rodolia cardinalis*, deren Weibchen jeweils ein einzelnes Ei zu einem weiblichen Beutetier legen, an dessen Eiern sich dann die Larve des Prädatoren entwickelt, ohne dass eine Beutesuche nötig ist (Priore 1963).

Gelegentlich wurde die Rolle der Marienkäfer unabsichtlich demonstriert: Durch Pestizidbehandlung gegen Obstbaumspinnmilben und Kartoffelblattläuse vernichtete man auch die natürlichen Feinde dieser Tiere, darunter die Marienkäfer, und es kam jeweils zu einer Massenvermehrung (Galecka 1966). Ohne Zweifel haben die Coccinellidae einen bedeutenden Einfluss auf die Populationsentwicklung ihrer Beutetiere. Die »Nützlichkeit« der Marienkäfer lässt sich jedoch nur schwer berechnen, vor allem deshalb, weil sich alle Faktoren sowohl auf die Beutetiere als auch auf die Prädatoren auswirken. Temperaturerhöhung bewirkt z. B. gleichzeitig eine raschere Vermehrung der Blattläuse wie auch eine Erhöhung des Nahrungsverbrauchs der Marienkäfer. Beispielsweise erzeugt ein Weibchen der Erbsenblattlaus im Experiment unter 10 °C mehr Junge und bei höherer Temperatur weniger Nachkommen, als von einer unter gleichen Bedingungen gehaltenen *Coccinella septempunctata* vertilgt werden können (Gaudchau 1979). Der höhere Nahrungsbedarf des Marienkäfers überdeckt demnach die Erhöhung der Vermehrungsrate des Beutetiers.

Die Effektivität der Coccinellidae ist am ehesten durch einen Vergleich ihrer Populationsentwicklung mit der der Beutetiere abzuschätzen (Abb. 206) (van Emden 1966, Müller 1966, Hagen & van den Bosch 1968, Baumgärt-

NER et al. 1987). Eine isolierte Betrachtung der Marienkäfer ist in solchem Zusammenhang jedoch nicht gerechtfertigt, vielmehr müssen alle Glieder des Blattlausfeindkreises berücksichtigt werden. Das Wort »Feinde« sollte eigentlich vermieden werden, weil die Coccinellidae und auch die anderen Prädatoren und Parasitoide für die Blattläuse nützlich sein können, indem sie eine Überbevölkerung samt ihrer schädlichen Folgen (z. B. Pilzkrankheiten) verhindern können.

Leider wird die Wirksamkeit der Coccinellidae durch verschiedene Faktoren stark herabgesetzt, sodass ein Überschreiten der Schadschwelle von ihnen meist nicht verhindert werden kann. Wichtige Begrenzungsfaktoren können eine niedrige Beutetierzahl im Vorjahr, der Effekt der angrenzenden Habitate, das geringe Überleben der Coccinellidae unter ungünstigen abiotischen Bedingungen sowie der Einfluss ihrer Gegenspieler sein. Der Befallsgrad der Parasitoide kann im Einzelfall sehr hoch sein: von *Homalotylus* wurden an der Schwarzmeerküste 90–95 % der *Chilocorus bipustulatus* befallen, in Indien fast 100 % bei *Rodolia cardinalis,* in Frankreich waren 60 % von *Adalia bipunctata* mit »*Tetrastichus*« belegt (vgl. Kapitel 10.3.1).

Vielfach ist die ökologische Potenz der Marienkäfer kleiner als die ihrer Beutetiere, sodass eine Nutzensschwelle nicht erreicht werden kann. Arten mit geringer ökologischer Potenz sind am anfälligsten, während solche mit höherer ökologischer Amplitude wesentlich plastischer sind und unsere Wünsche besser erfüllen. Die höchste Wirksamkeit entfaltet ein Komplex mehrerer Marienkäferarten mit unterschiedlichen ökologischen Ansprüchen kombiniert mit anderen Blattlausfeinden.

Bedeutender als gegen Blattläuse sind die Möglichkeiten des Einflusses von Marienkäfern auf Schildläuse. Bestimmte Arten können Schildläuse sehr lange Zeit, theoretisch fast unbegrenzt, unterhalb der Schadschwelle halten, weil ihre Fruchtbarkeit und Entwicklungsgeschwindigkeit mit der der Beute in idealer Weise übereinstimmt. Ähnliches trifft für *Stethorus pusillus* zu, der vor allem bei Kulturen unter Glas erfolgreich gegen Spinnmilben eingesetzt wird.

Seit Langem versucht der Mensch mit verschiedenen Methoden, die Marienkäfer in ihrer Wirksamkeit gegen Schildläuse, Blattläuse und Spinnmilben zu unterstützen bzw. diese durch Importe faunenfremder Arten überhaupt erst zu ermöglichen. Schon LINNÉ hat 1752 in einer Vorlesung auf die Möglichkeit einer biologischen Schädlingsbekämpfung hingewiesen. Bereits 1816 empfahlen SPENCE und KIRBY Massenzuchten von Coccinellidae mit dem Ziel, diese gegen Blattläuse anzuwenden. Die erste tatsächlich durchgeführte Maßnahme einer biologischen Bekämpfung mit Marienkäfern war der 1874 erfolgte Export von *Coccinella undecimpunctata* aus England nach Neuseeland zur Bekämpfung von Blattläusen. Während

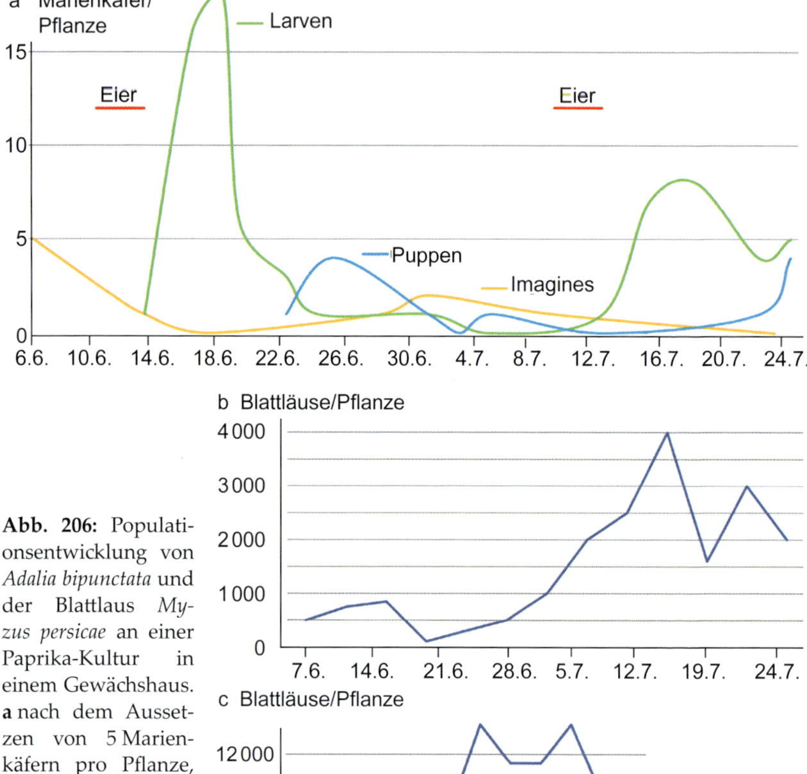

Abb. 206: Populationsentwicklung von *Adalia bipunctata* und der Blattlaus *Myzus persicae* an einer Paprika-Kultur in einem Gewächshaus. **a** nach dem Aussetzen von 5 Marienkäfern pro Pflanze, dargestellt sind Mittelwerte pro Pflanze; **b** Individuenzahlen der Blattlaus; **c** Populationsentwicklung von *Myzus persicae* ohne Einfluss von Coccinelliden. Nach HÄMÄLÄINEN (1977).

diese Maßnahme kaum von sich reden machte, gilt die 1889 erfolgte Einbürgerung des aus Australien stammenden und dort seltenen Marienkäfers *Rodolia cardinalis* in Kalifornien als erster großer Erfolg der biologischen Schädlingsbekämpfung überhaupt. Da dieser Import für die Geschichte der angewandten Entomologie so bedeutsam ist und den Marienkäfern so viel internationales Ansehen brachte, soll in Form einer Zeittafel Vorgeschichte und Ablauf dieser Maßnahme dargestellt werden (Tabelle 43). Heute ist *R. cardinalis* in klimatisch geeigneten Regionen aller Kontinente verbreitet.

Tabelle 43: Geschichte der Entdeckung und des Einsatzes von *Rodolia cardinalis* zur biologischen Bekämpfung von *Icerya purchasi*. Nach SACHTLEBEN (1941), FRANZ (1961) u. a. Autoren.

Datum	Ereignisse
1869?	Einschleppung der Schildlaus *Icerya purchasi* von Australien nach Kalifornien.
1872	Erstes Auftreten auf Orangenbäumen.
1881	Vorschlag, nützliche Insekten zur Bekämpfung dieser Schildlaus einzuführen.
1883	*I. purchasi* wird ein ernster Schädling der Citrus-Kulturen, der Anbau ist infrage gestellt.
1888	Im Auftrag des Bureau of Entomology reist der deutsch-amerikanische Entomologe ALBERT KOEBELE (28.02.1853 Siensbach/Breisgau – 28.12.1924 Waldkirch) nach Australien.
1888	Der australische Fotograf und Entomologe F. S. CRAWFORD (1829 – 30.10.1890) sendet eine Fliege nach Kalifornien, die er als Parasitoid der Schildlaus festgestellt hatte: *Cryptochaetum iceryae* (WILLISTON, 1888).
1888–1889	KOEBELE sammelte etwa 12 000 Individuen dieser Fliege und sendet sie nach Kalifornien.
15.10.1888	KOEBELE stellte in einem Garten in Nordadelaide *Rodolia cardinalis* als Feind von *I. purchasi* fest.
30.11.1888	Erste Sendung von *R. cardinalis* (28 Exemplare) nach Kalifornien, der weitere (44 und 57 Exemplare) folgten.
1889	Die importierten Exemplare wurden unter einem Zelt auf einen mit *Icerya purchasi* besetzten Baum gebracht. Anfang April waren alle Schildläuse verzehrt. Danach erfolgte eine künstliche Ausbreitung von *R. cardinalis* in Kalifornien. Die Ansiedlung gelang in fast allen Fällen.
1890	Erfolgreiche Einbürgerung von *R. cardinalis* auf Hawaii durch KOEBELE.
1891–1892	Zweite Reise KOEBELES nach Australien. Er fand eine weitere *Rodolia*-Art als Feind von *I. purchasi*: *Rodolia koebelei* (OLLIFF, 1892). Des Weiteren entdeckte er als Schildlausfeind *Cryptolaemus montrouzieri* und sandte Material nach Kalifornien.
1892	Einführung von *Rodolia koebelei* in Kalifornien. Diese Art erwies sich ebenfalls als sehr wirksam zur biologischen Bekämpfung der Schildlaus.
1892	Die Citrus-Kulturen in Kalifornien waren praktisch von ihrem Schädling frei, insbesondere durch die Einwirkung von *R. cardinalis*
1936	*R. cardinalis* war in 40 Ländern (u. a. Neuseeland, Kuba, Guatemala, Peru, Brasilien, Uruguay, Argentinien, Chile, Hawaii, Japan, Südafrika, Ägypten, Algerien, Marokko, Türkei, Griechenland, Italien, Schweiz, Südfrankreich, Spanien) eingeführt worden, in 32 hatte sie sich eingebürgert (Abb. 207).

Cryptolaemus montrouzieri ist heute genau wie *Rodolia cardinalis* in sehr vielen Ländern eingeführt worden. Im Gegensatz zu *Rodolia* muss *Cryptolaemus* für den Einsatz im Freiland durch Massenzuchten ständig vermehrt und anschließend ausgesetzt werden. Man züchtet diese Art an Schildläusen der Gattung *Pseudococcus* an Kartoffelkeimen. Dieses Verfahren ist billig,

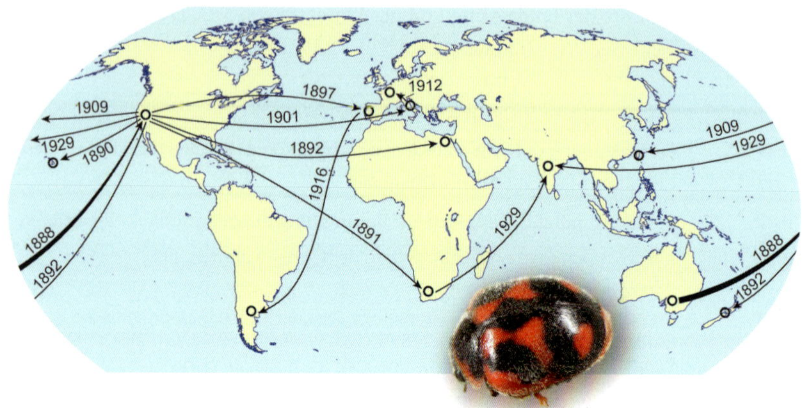

Abb. 207: Die ersten Schritte der Ausbreitung des australischen Marienkäfers *Rodolia cardinalis* (unten im Bild) durch den Menschen. Voller Punkt = Ursprungsgebiet, Kreise = Zentren der Ansiedlung und Vermehrung. Zeichnung Daniela Veit nach Ricci & Stella (1988b).

sodass die Massenzuchten wirtschaftlich sind. In der Mitte der zwanziger Jahre wurden in Kalifornien über 42 Mio. Käfer in Insektarien gezüchtet und ausgesetzt. Franz (1961) gibt an, dass 1918 75 Mio. *Cryptolaemus* und insgesamt seit 1916 mehr als 500 Mio. in Kalifornien gezüchtet und freigelassen wurden. Bei den sehr erfolgreichen Arten *Rodolia cardinalis* und *Cryptolaemus montrouzieri* genügt es, wenn man je zehn Imagines als Stammkolonie ausbringt.

Die weitere Verbreitung der importierten Marienkäferarten geschah in der Regel von Kalifornien aus und hatte meist auf Inseln (z. B. Hawaii, Fidschiinseln, Neuseeland) durch die Abgeschlossenheit des Territoriums (auch für Kalifornien lässt sich eine »Inselwirkung« annehmen) besonders großen Erfolg.

Gegen die Kokospalmenschildlaus (*Aspidiotus destructor*), die 1905 auf den Fidschiinseln eingeschleppt wurde und dort großen Schaden nicht nur an Kokospalmen, sondern auch an Bananen und 20 weiteren Wirtspflanzen hervorrief, konnte mit dem Import mehrerer Marienkäferarten ein entscheidendes Gegengewicht geschaffen und der Schaden dieser Schildlaus auf ein wirtschaftlich vertretbares Maß herabgedrückt werden.

Vor allem bei Importen auf Inseln kann es dazu kommen, dass sich die Prädatoren gegenseitig ausrotten, nachdem sie die Populationen ihrer Beutetiere zerstört haben und Ersatznahrung nicht vorhanden ist. Das größte Problem beim Aufbau einer Dauerwirkung von importierten Marienkäfern besteht in der Konstruktion eines abgepufferten biozönotischen Konnexes, in dem die Populationsentwicklung des Prädatoren und der Beute übereinstimmt und am Rande einer wirtschaftlich vertretbaren Beutetierdichte liegt. Die eben genannten, sehr durchschlagenden Erfolge des Marienkäferimportes dürfen nicht darüber hinwegtäuschen, dass es sehr viele Fehlschläge gerade auf diesem Gebiet gegeben hat. Franz (1961) schreibt, dass von etwa 390 aus allen Teilen der Erde nach den USA exportierten Parasitoiden- und Prädatorenarten nur 95 beständig heimisch wurden. Nach Gordon (1985) wurden in den vergangenen 100 Jahren 179 Marienkäferarten aus allen Teilen der Welt nach Nordamerika gebracht, von denen nur 16 heimisch wurden. Im Weltkatalog von de Bach (1964) wurden unter den »Fällen von biologischer Bekämpfung von Schadinsekten durch importierte entomophage Insekten« 40 Schildlaus- und sieben Blattlausarten als Zielobjekte genannt. Dabei spielen Coccinellidae nur als Schildlausfeinde eine größere Rolle.

Einen gewissen Einfluss haben dabei auch Exporte europäischer Arten nach Nordamerika gehabt, auf die hier etwas näher hingewiesen wird, da sich damit das Areal dieser, auch in Mitteleuropa heimischen Arten, erheblich vergrößert hat (Tabelle 44).

Tabelle 44: Nach Nordamerika exportierte Marienkäferarten europäischer Herkunft (Beispiele).

Art	Zeitraum und Geschichte
Aphidecta obliterata	1900
Coccinella septempunctata	1956, zeigte eine schnelle Ausbreitung über große Entfernungen; bereits 1973 erreichte sie Kanada (Quebec), zunächst wurden östliche und mittlere Gebiete von Nordamerika besiedelt (Abb. 208), vor etwa 30 Jahren erfolgte die Überquerung der Rocky Mountains, verbunden mit Funden bis in eine Höhe von 3 500 m (Rice 1992)
Coccinella undecimpunctata	1912, Südosten von Kanada (Prince Edward Island, New Brunswick und Quebec), nordwestliche USA
Harmonia quadripunctata	1924, jetzt im Nordosten der USA verbreitet, die Populationen entstammen einer einzigen Gründerpopulation
Hippodamia variegata	1984 (Montreal)
Propylea quatuordecimpunctata	1968 nahe Quebec (Kanada), zeigte eine relativ geringe Ausbreitung (nur etwa 500 km)
Scymnus impexus	ca. 1950
Scymnus suturalis	1972 Pennsylvania (USA), spätestens ab 1981 in Kanada
Stethorus pusillus	1950, östliches Nordamerika
Subcoccinella vigintiquatuorpunctata	Pennsylvanien 1972, mit Luzernepflanzen

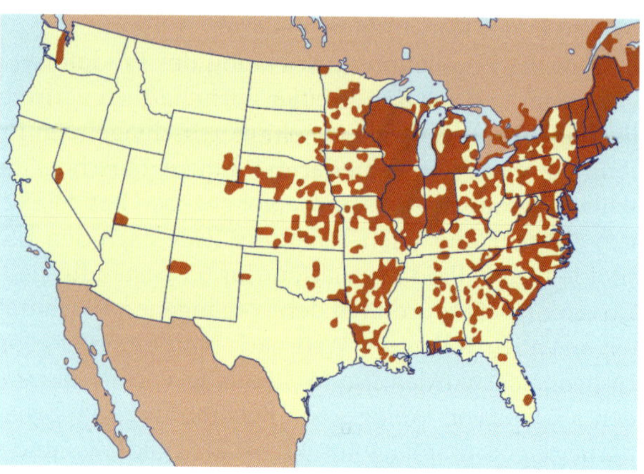

Abb. 208: Ausbreitung von *Coccinella septempunctata* in Nordamerika (Stand: Juli 1987). Die braunen Flächenanteile sind vom Siebenpunkt besiedelt, der sich von Osten nach Westen ausgebreitet hat. Zeichnung Daniela Veit nach Schaefer & Dysart (1988).

Hippodamia convergens wurde aus Kalifornien nach Polen gebracht (Lipa 1976), eine in Nordamerika weitverbreitete Art, auf die in diesem Buch mehrfach hingewiesen wird. Sie scheint sich aber nicht ausgebreitet zu haben. Weitere Arten aus der Fauna Nordamerikas sind vermutlich nicht in Mitteleuropa eingeführt worden. Vor einigen Jahrzehnten wurden *Harmonia axyridis* sowie *Aiolocaria hexaspilota* aus den fernöstlichen Teilen Russlands nach den mittelasiatischen Gebieten übertragen und *Scymnus impexus* in Schweden eingebürgert (Eidmann & Ehnström 1975).

In jüngster Zeit scheint eine Welle von Importen und deren Kommerzialisierung über mitteleuropäische Länder, besonders Deutschland hereinzubrechen, die neben der verstärkten Ausbreitung schon länger bekannter und in Gewächshäusern eingeführter Arten (*Cryptolaemus montrouzieri*, *Lindorus lophantae*) auch etliche neue umfasst, z. B. *Delphastus pusillus* (LeConte, 1852) (Mittel- und Südamerika) und verschiedene *Chilocorus*-Arten aus Indien, Indonesien, China und Australien. Neben dem Einsatz in Glashäusern wird von den Firmen auch eine Anwendung in Freizeitparks unter Glas, in großen begrünten Empfangshallen u. Ä. empfohlen. Ein Aussetzen im Freiland ohne Genehmigung ist verboten. Welche Folgen für die autochthone Fauna zu erwarten wären, bleibt nahezu völlig offen, ganz abgesehen von der »Faunenverfälschung«. Ein herausragendes Beispiel mit negativen Auswirkungen ist *Harmonia axyridis* auf die in Kapitel 2.5 näher eingegangen wurde.

Vorläufig rätselhaft bleiben die Nachweise von *Delphastus catalinae* in Niedersachsen im Freiland (Burgarth 2019). Gewächshäuser oder Ähnliches befanden sich nicht im Fundgebiet. Die Art war aus Europa nach Kovář (2007) bisher nicht bekannt. Sie wird zur Bekämpfung von Mottenschildläusen (Aleyrodina) eingesetzt und auch in Deutschland gehandelt.

Stethorus pusillus wurde gegen Spinnmilben (*Tetranychus urticae*) an Wein und Obst unter Glas in den Niederlanden gemeinsam mit Raubmilben sehr wirksam. Auch wurde erfolgreich versucht, *Myzus persicae* auf Chrysanthemen und *Macrosiphum rosae* auf Rosen mit *Coccinella septempunctata* und *Adalia bipunctata* zu bekämpfen (Markkula et al. 1972, Hämäläinen 1977).

Neben den Importen können mit der künstlichen Verbreitung von indigenen Arten innerhalb ihres Areals gewisse Erfolge erzielt werden. Als klassisches Beispiel dafür gilt die Nutzung der Aggregationen von *Hippodamia convergens* (Hodek 1967, 1973). Diesen Marienkäfer sammelte man in seinen Winterquartieren in Kalifornien in großen Massen und brachte ihn bis zum Ende der Winterruhe an geeignete, niedriger gelegene Stellen. Von dort wurden die Käfer im Frühjahr an die kalifornischen Farmer verteilt (im Jahr bis zu 75 Mio. Stück). Jedoch war der Nutzen dieser hoffnungsvollen Transaktionen sehr gering, weil sich die *H. convergens* unmittelbar nach ihrem Aussetzen rasch über weite Gebiete verteilten, sodass ein Nutzen bei der Unterdrückung örtlicher Blattlausmassenvermehrungen fast nie eintrat. Man hat versucht, eine größere Ortstreue durch Fütterung mit künstlicher Nahrung zu erzielen. Auch kann man die Marienkäfer vor dem Aussetzen hungern lassen.

Gegen die an Tee schädliche Schildlaus *Chloropulvinaria floccifera* wurde in Georgien *Hyperaspis campestris* in Massen gefangen und auf die Teeplantagen überführt (Bogdanova 1956). In Kasachstan hat man mit gutem Erfolg auf Feldern gesammelte *Adalia bipunctata* und *Coccinella septempunctata* in Obstgärten zur Blattlausbekämpfung gebracht (Savoiskaja 1966).

Das erste Beispiel für eine integrierte Bekämpfung mit Marienkäfern waren Maßnahmen gegen *Therioaphis trifolii* in Kalifornien, die einen großen Erfolg hatten, weil alle Voraussetzungen erfüllt waren, die für eine integrierte Bekämpfung nötig sind (de Fluiter 1966). Dazu gehören besonders die gründliche Kenntnis des gesamten Prädatoren- und Parasitoidenkomplexes der zu bekämpfenden Tierart und deren Populationsdynamik einschließlich der sie bestimmenden Faktoren. Zu beachten sind außerdem Konkurrenzerscheinungen zwischen einzelnen Gliedern des Feindkreises. *Rodolia cardinalis* ist z. B. überall dort, wo sie optimale Umweltbedingungen findet, der dominierende Gegner der Schildlaus *Icerya purchasi*. Versagt sie aus irgendeinem Grund, ist sofort ihr Hauptkonkurrent, der überall in geringer Zahl mit vorhanden ist, im Übergewicht. In unserem Beispiel ist dies die parasitoide Fliege *Cryptochaetum iceryae*, die ebenfalls aus Australien eingeführt wurde (Tabelle 43).

Eine weitere Maßnahme bei einer integrierten Bekämpfung ist die marienkäferfreundliche Gestaltung des Unterwuchses von Baumkulturen. Entscheidend ist schließlich der Zeitpunkt, an welchem man den Unterwuchs durch Kultivierungsmaßnahmen zerstört, um ein »Aufbaumen« der Marienkäfer zu erreichen. Nicht zu unterschätzen ist außerdem die Rolle des an die Kulturfläche angrenzenden Habitats als Refugium für Prädatoren und Parasitoide. Um Marienkäferpopulationen nach Absinken der Populationsdichte des Beutetiers aufrechtzuerhalten, sind Versuche unternommen worden, durch künstliche alternative Nahrung steuernd einzugreifen.

Man kann künstliche, unter Umständen transportable Überwinterungsorte schaffen, die den gezielten Einsatz der Marienkäfer erleichtern. Für *Ceratomegilla undecimnotata, Rodolia cardinalis, Cryptolaemus montrouzieri* und *Chilocorus kuwanae* wurde dies bereits erprobt.

Auch mit den Methoden der Auslesezucht wird versucht, die Qualität der Prädatoren zu verbessern. Beispielsweise wurde an der Zucht eines kälteresistenten Stamms von *Lindorus lophantae* gearbeitet, um das Einsatzgebiet dieser Art erweitern zu können. Schließlich sei auf die Versuche hingewiesen, durch Auslese polyvoltine Stämme von *Coccinella septempunctata* zu erzielen (Hämäläinen & Markkula 1972a, b, Hodek 1973).

Bei chemischen Bekämpfungsmaßnahmen sollte eine weitgehende Schonung der Coccinellidae angestrebt werden, die oft durch die Wahl eines günstigen Bekämpfungszeitpunkts erreicht werden kann. Die Verluste können sonst enorm sein (vgl. Kapitel 11).

Die Vermehrungspotenz der Blattläuse ist unter günstigen Bedingungen gewaltig. Sie können eine Generation pro Woche erzeugen – das ist von Marienkäfern nicht zu beherrschen. Bei den Schildläusen ist die Situation günstiger, weil die Dauer ihres Zyklus besser mit jener der Coccinellidae übereinstimmen kann.

Zusammenfassend kann festgestellt werden, dass die mit Marienkäfern erreichten Erfolge bei der biologischen Bekämpfung in erster Linie gegen Schildläuse und Spinnmilben vor allem in Gewächshäusern erzielt wurden. Es bleiben verschiedene Probleme, für die sich bisher Lösungen nur im Ansatz andeuten:

- Abwandern der Marienkäfer bei zu geringer Beutetierdichte,
- nur eine Generation bei den meisten Arten (es gibt polyvoltine Individuen in univoltinen Populationen, die ausgelesen werden können, wahrscheinlich nicht nur bei *Coccinella septempunctata*),
- Massenzuchten auf synthetischer Diät werden durch Kannibalismus behindert,
- nicht unproblematische Einführung und Verbreitung faunenfremder Arten, deren Einsatz unter Glas (wo sie entweichen können) und im Freiland,

- Dispersionsflüge (genetisch festgelegt) nach der Überwinterung, die die Ausbeutung von Massenquartieren einschränken.

Man wird aber immer neue Versuche starten, da kaum jemand gegen die beeindruckenden Zahlen, in denen vor allem die aphidophagen Marienkäfer auftreten können, immun ist. Probleme mit Blattläusen wie Saugschäden, Übertragung von Viren und anderen Erregern von Pflanzenkrankheiten, die man ohne Pestizide lösen möchte, z. B. zur Steigerung der Produktion von »Bio-Produkten« treten immer wieder neu auf.

9.3 Coccinellidae als Bioindikatoren

Marienkäfer sind aufgrund der engen Bindung vieler Arten an bestimmte Habitate (vgl. Kapitel 2.12), vor allem an intakte Strukturen und Habitatmosaike (artverschiedener Biotopwechsel) gut für eine Bioindikation geeignet (Klausnitzer 1993c). Sie können insbesondere zur Charakterisierung des ökologischen Zustandes von Xerothermstandorten (Trocken- und Halbtrockenrasen, Heiden, Binnendünen, Weinbergen, Brachen, Ruderalflächen, Binnensalzstellen, Gras- und Staudenfluren), Feucht- und Nassflächen (Moore, Röhrichtgesellschaften, Seggen- und Röhrichtmoore, Ufer stehender Gewässer) sowie Wäldern (Zwergstrauchheiden und Nadelgebüsche, Laubgebüsche, Alleen und Baumreihen, Pappel-Weiden-Weichholzauewälder, Eichen-Hainbuchenwälder, Kiefernwälder, Fichtenwälder) herangezogen werden (Bastian 1982, Bielawski 1961, Honěk 1981, Höregott 1960, Klausnitzer 1993c u. a.). Da die meisten Arten zoophag sind, indizieren sie mit ihrem Vorkommen auch eine intakte Situation in dem vor ihnen liegenden Teil der Nahrungskette.

Ganz sicher sind der Kescher und für die Strauch- und Baumschicht der Klopfschirm oder ähnliche Geräte am besten für eine Erfassung von Marienkäfern geeignet. Einige Marienkäferarten, darunter auch manche, die sonst kaum in Erscheinung treten, fliegen künstliches Licht an (vgl. Kapitel 2.13) und können als Beifänge bei Lichtfängen eine Rolle spielen und entsprechend ausgewertet werden. Wenig beachtet wird, dass auch in Barberfallen eine nennenswerte Zahl von Marienkäferlarven auftreten kann (Klausnitzer & Bellmann 1969), da viele Arten Wanderungen an der Bodenoberfläche unternehmen, um neue Nahrungsquellen zu erreichen (vgl. Kapitel 7.5). Bedacht werden sollte zur Erfassung der Fauna auch die Möglichkeit des Eintragens von Puppen. Nach dem Schlüpfen und Aushärten können die Käfer determiniert werden, bevor man sie ins Freie entlässt.

10 Umweltwiderstände und natürliche Feinde

Viele Arten der Coccinellidae legen etwa 1 000 Eier, besitzen also ein großes Potenzial. Die meisten davon müssen in einem Stadium ihrer Entwicklung umkommen, sonst wäre die Welt voller Marienkäfer – im Übrigen keine so schlimme Vorstellung. Die Mortalitätsfaktoren sind vielfältig:

- Nahrungsmangel (Hunger)
- Prädatoren und Kannibalismus
- Parasitoide
- Parasiten
- Krankheiten
- zu geringe Möglichkeiten für die Anlage von Reserven vor dem Winter
- Überwinterung
- Kopula, Eiablage und Entwicklung sind von abiotischen Umweltfaktoren abhängig
- Kondition der Weibchen wird von den abiotischen Umweltfaktoren und der Ernährung bestimmt
- Zahl der abgelegten Eier hängt vom Finden geeigneter Männchen ab
- nicht alle Eier schlüpfen, einige sind unbefruchtet
- Einflüsse des Menschen (Habitatvernichtung und -veränderung, Pestizide u. a.)

Bei optimalen Verhältnissen sind jedoch in manchen Fällen Massenvermehrungen möglich, die aber bei mycophagen und coccidophagen Arten nicht vorzukommen scheinen. Ausgesprochene Populationsexplosionen sind bei Coccinellidae jedoch relativ selten. Beispiele finden sich in den Kapiteln 5 und 6.2. Hinzu kommt die einmalige Situation von *Harmonia axyridis*.

Vor allem Temperatur, Feuchtigkeit und Sonneneinstrahlung bestimmen die Entwicklung der Coccinellidae sehr stark, indem sie fördernd oder hemmend auf jedes einzelne Individuum einwirken. Schon die Aktivitätszeit der Imagines wird entscheidend beeinflusst, vor allem solcher Arten, denen nur eine kurze Zeit zur Fortpflanzung zur Verfügung steht. Tiefere Temperaturen hemmen im Allgemeinen die Entwicklung. Für die Wirkung der abiotischen Umweltfaktoren wurden bereits Beispiele genannt. Zusammen mit den biotischen Faktoren bewirken sie eine Fluktuation der Populationsgrößen der einzelnen Arten in recht engen Grenzen. Sowohl die Umweltwiderstände als auch die Verfügbarkeit der Nahrung begrenzen die Populationsgröße der einzelnen Arten.

Die Häufigkeit von einzelnen Marienkäferarten exakt zu bestimmen bereitet Schwierigkeiten, vor allem, wenn es sich um einen größeren geografischen Raum handelt. Als ein Beispiel kann die Erfassung der Coccinellidae in der Grafschaft Surrey (Südengland) herangezogen werden. Eine große Zahl von Personen hat die gut kenntlichen Arten über einen Zeitraum von 20 Jahren erfasst (Hawkins 2000). Es ergeben sich natürlich Fehler, z. B. wird von sehr häufigen Arten nicht immer jeder Fund gemeldet. Dennoch zeigt sich ein sehr interessantes Bild. Häufigste Art war *Tytthaspis sedecimpunctata* (28 500 Meldungen), gefolgt von *Exochomus quadripustulatus* (5 450), *Coccinella septempunctata* (4 980), *Adalia bipunctata* (3 715), *Subcoccinella vigintiquatuorpunctata* (2 769), *Propylea quatuordecimpunctata* (1 370), *Psyllobora vigintiduopunctata* (1 222) und *Chilocorus renipustulatus* (1 183). Die meisten dieser häufigsten Arten sind aphidophag. Roy et al. (2011) nennen aus einer groß angelegten Erhebung von 1990 bis 2010 Nachweiszahlen für alle in Großbritannien vorkommenden Arten. Häufigste Art ist *Coccinella septempunctata* (27 000 Meldungen). Es folgen *Harmonia axyridis* (25 676), *Adalia bipunctata* (16 491), *Propylea quatuordecimpunctata* (10 086) und *Adalia decempunctata* (7 167). Interessant wäre ein Vergleich der Entwicklung im vergangenen Jahrzehnt. Für Deutschland liegen keine vergleichbaren Erhebungen vor.

10.1 Prädatoren und Abwehr

Prädatoren (Räuber) sind wichtige biotische Begrenzungsfaktoren von Marienkäferpopulationen. Sowohl Wirbeltiere als auch Wirbellose kommen als Feinde infrage, gegen die es verschiedene Abwehrmöglichkeiten gibt.

10.1.1 Abwehr

Werden Marienkäfer ± derb berührt, so fallen sie in einen Totstellreflex (Thanatose) und pressen die Beine und Antennen in Vertiefungen an ihrer Körperunterseite. Dabei können sie eine gelbliche, stark riechende, bittere Flüssigkeit aus Öffnungen der Gelenkhäute zwischen Femur und Tibia ausscheiden, das »Reflexbluten« (Lutz 1895, Heikertinger 1932, Happ & Eisner 1961). Sie sammelt sich auch als Tropfen am Rande des Pronotums (Fotos 170–172) und der Elytren. Ähnliches, nur an anderen Körperteilen, wird bei den Larven beobachtet. Diese scheiden aus Poren auf der Körperoberfläche (Kendall 1971), an speziellen sekretabscheidenden Bezirken der Haut und aus abgebrochenen Borsten Sekrete aus. Die Puppen können Sekrettröpfchen auf Haaren der Körperoberfläche abgeben (Völkl 1995). Auch andere Insekten zeigen ein solches »Reflexbluten«. Es schützt als chemische Abwehr zusammen mit der »Warnfärbung« bis zu einem gewissen Grad vor Angriffen von Wirbeltieren und räuberischen Insekten.

Die verschiedenen Inhaltsstoffe bewahren die Marienkäfer in vielfältiger Weise vor Feinden, die von krankheitserregenden (pathogenen) Mikroorganismen über Ameisen und Spinnen bis zu Wirbeltieren (Vögel, Kleinsäuger) reichen. Zum Teil wirken die Verbindungen auch als Schreckstoff (Repellent; z. B. Coccinellin gegen Ameisen oder Euphococcin gegen Spinnen der Springspinnengattung *Phidippus*) oder als »Appetitzügler« (Adalin bei Feuerameisen der Gattung *Solenopsis*).

Die körpereigenen Inhaltsstoffe (Coccinelline) der Coccinellidae werden durch Eigenbiosynthese (Daloze et al. 1994/1995, Gronquist & Schroeder 2010) im Körper der Käfer produziert und durch das erwähnte »Reflexbluten«, also Freisetzung von Hämolymphtröpfchen an meist definierten Körperteilen ausgeschieden (siehe 1. Absatz). Neuerdings wurde gezeigt, dass wiederholtes Abgeben von Hämolymphe bei *Harmonia axyridis* weder eine Reduktion der Körpermasse noch eine verringerte Reproduktionsfähigkeit zur Folge hat (Knapp et al. 2020). Lediglich die Fähigkeit, krankheitserregende (pathogene) Keime abzuwehren, wird etwas verringert.

Bei manchen Puppen existieren Drüsenhaare, die der chemischen Abwehr dienen. Puppen von *Epilachna varivestis* und *E. borealis* produzieren in ihren auf der Körperoberfläche befindlichen Drüsenhaaren Schreckstoffe wie die ungewöhnlichen Azamakrolide (das sind zyklische Ester) und die makrozyklischen Polyamine (PAMLs). Das Puppensekret enthält mehrere hundert verschiedene makrozyklische Polyamine. Es sind Dimere, Trimere, Tetramere, Pentamere, Hexamere und Heptamere gefunden worden.

Mittlerweile konnten in Marienkäfern mehrere hundert Alkaloide und andere Giftstoffe identifiziert werden (Tabelle 45), sodass Coccinellidae

Foto 170: *Anatis ocellata* mit Hämolymphtropfen. Foto: E. Wachmann.

Foto 171: *Coccinella septempunctata* mit Hämolymphtropfen. Foto: F. Hecker/ H. Bellmann.

Foto 172: *Scymnus ferrugatus* mit Hämolymphtropfen. Foto: I. Altmann.

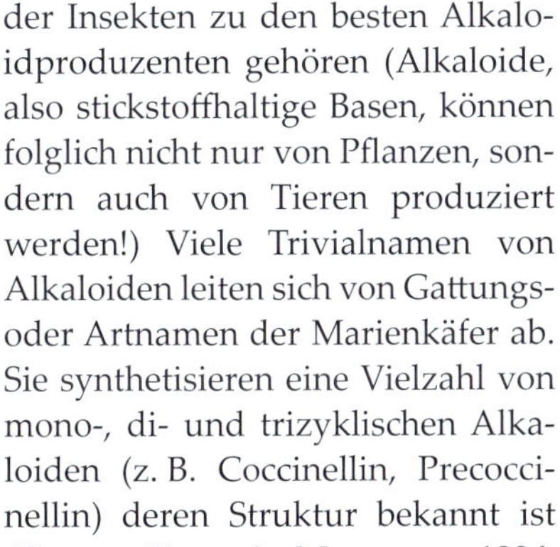

neben diversen Ameisen innerhalb der Insekten zu den besten Alkaloidproduzenten gehören (Alkaloide, also stickstoffhaltige Basen, können folglich nicht nur von Pflanzen, sondern auch von Tieren produziert werden!) Viele Trivialnamen von Alkaloiden leiten sich von Gattungs- oder Artnamen der Marienkäfer ab. Sie synthetisieren eine Vielzahl von mono-, di- und trizyklischen Alkaloiden (z. B. Coccinellin, Precoccinellin) deren Struktur bekannt ist (Glisan King & Meinwald 1996, Laurent et al. 2005, Gronquist & Schroeder 2010).

Bei manchen Marienkäferarten kommen mehrere verschiedene Alkaloide vor. Deren Funktion könnte über die Abschreckwirkung gegen Feinde hinausgehen und beispielsweise der Arterkennung im Zusammenhang mit der Partnerfindung oder bei der Bildung von Aggregationen dienen. Diese Inhaltsstoffe können auch zur Klärung von Verwandtschaftsbeziehungen herangezogen werden. So wurden bei den Microweiseinae (*Delphastus*) aus Sekrethaaren der Larven und Puppen Abwehrstoffe (Catalipyrone) isoliert, die nicht zu den Alkaloiden gehören (Deyrup et al. 2014). Erst die Vertreter der anderen Unterfamilien, die in einem Schwestergruppenverhältnis zu den Microweiseinae stehen, sind zur Synthese von Alkaloiden und stickstoffhaltigen Wehrstoffen in der Lage (vgl. Kapitel 1.2).

Tabelle 45: In Coccinellidae enthaltene bzw. von ihnen produzierte Inhaltsstoffe (Auswahl). Nach Attygalle et al. (1993a, b), Daloze et al. (1994/1995), De Jong et al. (1991), Eisner et al. (1986), Holloway et al. (1991), Laurent et al. (2005), Lognay et al. (1996), McCormic et al. (1994), Timmermans et al. (1992), Tursch et al. (1971, 1973, 1975).

Art	Substanz	Bemerkungen
Coccinella septempunctata	Coccinellin	Im gesamten Körper enthalten, jedoch besonders im »Reflexblut« konzentriert. Es bestehen Zusammenhänge zwischen der Menge des produzierten »Reflexblutes« und der Alkaloidkonzentration, woraus Schlussfolgerungen für Mimikry-Hypothesen gezogen werden.
Adalia bipunctata	Adalin	Die Konzentration des Adalins ist beim ersten »Bluten« nach der Überwinterung am höchsten.
Adalia bipunctata	Adalinin	In allen Stadien enthalten, auch in der Imago von *Adalia decempunctata.*
Anatis ocellata	2-Dehydrococcinellin	
Calvia quatuordecimguttata	Calvin, Epicalvin	
Hippodamia convergens	Hippodamin, Convergin	
Propylea quatuordecimpunctata	Propylein	
Myrrha octodecimguttata	Myrrhin	
Halyzia sedecimguttata, Vibidia duodecimguttata	Isopsylloborin	dimeres Alkaloid (Derivat des Coccinellins)
Psyllobora vigintiduopunctata	Psylloborin	dimeres Alkaloid (Derivat des Coccinellins)
Exochomus quadripustulatus	Exochomin	dimeres Alkaloid (Derivat des Coccinellins)
Chilocorus cacti	Chilocorin A-D	dimeres Alkaloid (Derivate des Coccinellins)
Hyperaspis campestris	Hyperaspin	
Epilachna varivestis	Euphococcinin	Frisch geschlüpften Imagines fehlt das Alkaloid, es wird innerhalb weniger Tage bis zu einem abschreckenden Niveau aufgebaut. Eier und Larven besitzen es nicht.
Epilachna varivestis	zwei Pyrrolidine, Euphococcinin	Die drei genannten Alkaloide bilden 90 % aller Alkaloide dieser Art.
Epilachna varivestis	Azamakrolide (neue Alkaloid-Gruppe), z. B. Epilachnen	Abwehrmechanismus der Puppen, es werden kleine Tröpfchen an der Spitze von Drüsenhaaren ausgeschieden. Ähnliches beobachtete Völkl (1995) bei *Platynaspis luteorubra.*

Bisher sind Coccinelline nur von Arten der Unterfamilien Coccinellinae, Epilachninae, Chilocorinae sowie den Hyperaspidini bekannt (insgesamt aus fast 50 Arten). Bei den Scymnini, Ortaliinae und Coccidulinae fehlen sie wahrscheinlich, auch bei *Aphidecta obliterata* und *Subcoccinella vigintiquatuorpunctata* (Ceryngier & Hodek 1996).

Alkaloide kommen bei einigen Arten in allen Entwicklungsstadien vor. So enthalten Eier, Larven, Puppen und Imagines von *Exochomus quadripustulatus* das Alkaloid Exochomin. Allerdings ist der Gehalt bei Eiern niedrig, was darauf hinweist, dass hier keine Biosynthese erfolgt. Erst ab dem 3. Larvenstadium steigt der Exochomin-Gehalt an. Ungewöhnlicherweise ist das Alkaloidmuster bei einigen *Epilachna*-Arten bei Larven, Puppen und Imagines unterschiedlich.

Auf die Wirkung von Stoffen, die Marienkäfer mit der Nahrung aufnehmen, wurde in Kapitel 7.1 hingewiesen. Alkaloide werden auch durch die Nahrungsketten transportiert. Auf pyrrolizidinhaltigen Giftpflanzen wie z. B. *Senecio*-Arten lebende Marienkäfer (z. B. *Coccinella septempunctata*) sind in der Lage, Pflanzenalkaloide aus ihrer tierischen Nahrung aufzunehmen (in diesem Falle aus *Aphis jacobaeae*) und zu speichern (Witte et al. 1990). Auch wird Karminsäure aus Schildläusen von *Hyperaspis* eingelagert und *Coccinella* kann Herzglykoside aus der Blattlaus *Aphis nerii* aufnehmen. Alkaloide aus Marienkäfern tauchen auch in der Haut von Pfeilgiftfröschen auf und dienen, zusammen mit Alkaloiden der Pfeilgiftfrösche, zu deren Verteidigung. So enthält das Erdbeerfröschchen (*Oophaga pumilio*) neben Pumiliotoxinen auch ein Precoccinellin (Dettner 2007).

Es bleibt noch hinzuzufügen, dass manche Alkaloide wie Myrrhin, Precoccinellin oder Hippodamin als Kairomone (Botenstoffe, die nur dem aufnehmenden Organismus nützen) wirken und Marienkäferparasitoide wie *Dinocampus coccinellae* anlocken.

10.1.2 Vögel (Aves)

Heikertinger (1932)[23] hat bei der Zusammenfassung der damaligen Kenntnisse über Coccinellidae als Vogelnahrung ein überzeugendes Spektrum erhalten, das die Bedeutung der »Warnfarbe« und des »Ekelblutes« als Abschreckmittel gegen Vögel und andere Wirbeltiere in Zweifel geraten lässt. Er gibt eine Zusammenstellung von Analysen des Mageninhalts von mehr als 40 Vogelarten aus Europa, die verschiedene Autoren vorgelegt haben und die jeweils Marienkäfer enthielten. Mizer (1970) fand Coccinellidae in 140 Mägen von 48 Vogelarten bei einer Analyse von 6 906 Mägen von 234 Arten. Häufigste Marienkäferarten waren *Coccinella septempunctata* und *Hippodamia variegata* in jeweils etwa 70 Mägen. *Tytthaspis sedecimpunctata* folgte mit knapp 40 Nachweisen. Auf die übrigen 20 Arten entfielen 12 bis zu einem Fund. Die mit Abstand meisten Coccinellidae fanden sich bei der Mehlschwalbe, aus dem übrigen Spektrum ragte nur der Feldsperling etwas hervor. Wir würden heute Magenuntersuchungen zur Feststellung des Nahrungsspektrums nicht mehr akzeptieren, die Aussagekraft ist andererseits sehr hoch.

Heute spielen vor allem die Untersuchung von Speiballen, Kotpellets und die Halsringmethode eine Rolle (Grün 1975, Wiklund & Järvi 1982, Krištín 1988, Osborne & Whitehead 1988). Nach einer Zusammenstellung von Nicolai (in litt.) werden von einer größeren Zahl von Vogelarten Marienkäfer als Nahrung aufgenommen, aber nur in einzelnen Exemplaren. Folgende Arten werden genannt: *Adalia bipunctata, Coccinella septempunctata, Halyzia sedecimguttata, Hippodamia variegata, Oenopia conglobata, Propylea quatuordecimpunctata.* Für die meisten und besonders die größeren Vogelarten (Storch, Eulen, Blauracke, Würger, aber auch Schwarzkehlchen und Steinschmätzer) sind sie zahlenmäßig unbedeutend und bezüglich der Biomasse zu vernachlässigen. Ein etwas größerer Anteil zeigte sich bei Untersuchungen der Nahrung des Hausrotschwanzes (*Phoenicurus ochruros*). Bei dieser Art betrug der Anteil der Coccinellidae bei einer langjährigen Erhebung in Sachsen-Anhalt 2,82 % (Nicolai 2018). Ausnahmen sind

23 Franz Heikertinger (24.10.1876 Wien – 07.07.1953 Wien) ist vor allem auf anderen Gebieten der Koleopterologie (Chrysomelidae, Alticinae) und durch seine Mimikry-Arbeiten als ausgezeichneter Kenner hervorgetreten. Seine Ausführungen über die Coccinellidae im Rahmen seiner 82 Publikationen über Mimikry, auch in seinem Buch (1954), verdienen aber noch immer Aufmerksamkeit (Strouhal 1954/1955, Klausnitzer 2003). Die Auffassungen zur Mimikry s. l. haben sich im Laufe der Zeit vielfach gewandelt, worauf hier nicht eingegangen werden kann. Das von Heikertinger vor allem in seiner Arbeit von 1932 »Die Coccinelliden, ihr ‚Ekelblut', ihre Warntracht und ihre Feinde« zusammengetragene Material über Marienkäfer als Nahrung verschiedener Wirbeltiere ist in seiner Fülle und Originalität jedenfalls bis heute unerreicht. Bereits frühzeitig datierten erste Arbeiten über die Wirkungen der Hämolymphe (Heikertinger 1921b, 1922).

vermutlich die Sperlinge. Beispielsweise wählt der Feldsperling relativ viele adulte Marienkäfer, auch Larven, als Jungvogelnahrung aus (Mansfeld 1947, Grün 1975, Krištín 1984, 1986, 1988). Im Nordsudan und in Südägypten betrugen sie ein Drittel der Beutetiere des Haussperlings (*Passer domesticus rufidorsalis*) (Hering & Grimm 2017). Mauersegler (Owen 1955) fangen Marienkäfer im Flug.

Bei Mehlschwalben können Coccinellidae einen bemerkenswerten Teil der Nahrung ausmachen (Osborne & Whitehead 1988). Temme (2007) untersuchte in den Jahren 1995 bis 1997 und 2003 auf der Ostfriesischen Insel Norderney anhand von Kotproben nach dem 5. Tag des Lebens die Nestlingsnahrung. Marienkäfer gehörten zur Normalnahrung der Art. Es wurden in mehreren Jahren (119 beprobte Tage) 5 225 Exemplare in elf Arten gefunden, vor allem *Coccinella septempunctata* (2 609), *C. undecimpunctata* (1 616) und *Propylea quatuordecimpunctata* (873). Besonders viele Coccinellidae waren an Tagen mit vielen Sonnenstunden vorhanden. Am 08.07.1996 wurden z. B. 144 Marienkäfer an zwei Junge verfüttert. Grimm (2020) fand bei Untersuchungen von Kotproben in Nordthüringen und Mecklenburg-Vorpommern einen Anteil von 41,6 % Coleoptera; Curculionidae, Nitidulidae und Coccinellidae dominierten. Auf der Insel Kirr in der Darß-Zingster Boddenkette waren zwischen 13,1 % und 7,7 % Marienkäfer in der Gesamtbeute zu finden. Die dominierende Art war *Coccinella undecimpunctata*, die z. T. auch vom Boden aufgenommen wurde. Weitere Arten waren *Harmonia axyridis, Coccinella septempunctata, Propylea quatuordecimpunctata, Tytthaspis sedecimpunctata, Adalia decempunctata, Subcoccinella vigintiquatuorpunctata, Harmonia quadripunctata, Hippodamia variegata* und *Scymnus* sp. Von ähnlichen Ergebnissen berichten von Gunten (1961) und Orłowski & Karg (2013). Untersuchungen der Mehlschwalbennahrung in Algerien durch Boukhema-Zemmouri et al. (2013) ergaben fünf Arten, darunter *Coccinella algerica* Kovář, 1977 mit 1,5 %.

Marienkäfer scheinen bei einzelnen Vogelarten nicht nur dann eine Bedeutung zu haben, wenn diese hungrig sind oder andere Nahrung knapp ist, sondern sind regelmäßiger Bestandteil der Vogelnahrung.

Andererseits wurde bei experimentellen Untersuchungen eine Abschreckwirkung im Zusammenhang mit der »Warnfarbe« und einer großen Zahl giftiger und bitter schmeckender Naturstoffe sowie einem »Warngeruch«, der auf Methoxyalkylpyrazinen beruht (Glisan King & Meinwald 1996) gegen verschiedene karnivore Tiere beobachtet, z. B. bei Säugetieren, Vögeln, verschiedenen Eidechsen und Lurchen (Frazer & Rothschild 1962). Olfaktorische Bindungsproteine bei Wirbeltieren können in Wechselwirkung mit Pyrazinen treten, die Marienkäfer ausscheiden und die Riechsinneszellen der Nasenschleimhaut reizen (Bignetti et al. 1988).

Experimente von Marples et al. (1989) ergaben, dass die Verfütterung von adulten *Coccinella septempunctata* bzw. *Adalia bipunctata* an junge Kohlmeisen eine unterschiedliche Mortalität nach sich zog. Während die erstgenannte Nahrung bereits nach zwei Tagen zum Tode führte, wurde die Fütterung mit dem Zweipunkt ohne Weiteres vertragen und es gab keine Unterschiede zur Kontrolle.

Die »Warnfarben« haben im Zusammenhang mit dem »Reflexbluten« zur These des Auftretens von Müllerscher Mimikry bei Coccinellidae geführt (Rothschild 1961, Muggleton 1978, Brakefield 1985). Brakefield (1985) gruppiert 19 Marienkäferarten in fünf Gruppen mit ähnlichen Farbmustern, in denen sich jeweils Arten mit und ohne der Fähigkeit des »Reflexblutens« (und damit einer Giftigkeit?) befinden (Tabelle 46). Die Hypothese setzt natürlich voraus, dass die potenziellen Räuber über ein entsprechendes Lernvermögen verfügen (abgesehen vom gleichzeitigen Vorhandensein der betreffenden Arten am selben Ort). Die doch sehr widersprüchlichen Befunde lassen im Zusammenhang mit der Schwierigkeit, wirklich gesicherte Daten zu gewinnen, vorläufig noch keine Verallgemeinerungen zu. Auch sei nochmals auf die noch immer lesenswerte kritische Betrachtung früherer Nahrungswahlversuche mit Marienkäfern an Wirbeltieren hingewiesen, die Heikertinger (1932) zu einer Blütezeit der Mimikry-Diskussion führte und die kaum Anhaltspunkte für die Wirkung einer »Warnfarbe« geschweige denn Müllerscher Mimikry (gemeinsame Warntracht) übrig ließ.

Tabelle 46: Mögliche Müllersche Mimikry-Komplexe. Nach Brakefield (1985) und Majerus & Kearns (1989).

rot oder orangerot mit schwarzen Punkten	*Coccinella septempunctata, C. quinquepunctata, C. undecimpunctata, Hippodamia tredecimpunctata, H. variegata, Anatis ocellata, Adalia bipunctata, A. decempunctata*
schwarz mit roten Flecken	*Exochomus quadripustulatus, Chilocorus renipustulatus, Ch. bipustulatus, Adalia bipunctata, A. decempunctata*
gelb mit schwarzen Punkten	*Tytthaspis sedecimpunctata, Psyllobora vigintiduopunctata, Anisosticta novemdecimpunctata*
braun mit weißgelben Flecken	*Calvia quatuordecimguttata, Halyzia sedecimguttata, Myrrha octodecimguttata*
rotorange oder gelb mit schwarzer Netzzeichnung	*Propylea quatuordecimpunctata, Coccinella hieroglyphica, Adalia decempunctata*

10.1.3 Andere Wirbeltiere (Vertebrata)

Eidechsen verzehren ebenfalls gelegentlich Marienkäfer. Auch Frösche scheinen sie oft zu verschlingen, wie Analysen des Inhalts von Froschmägen beweisen. Grelka (1960) fand bei *Rana esculenta, Anatis ocellata* und *Myzia oblongoguttata.* Köstler & von der Dunk (2011) fanden im Magen einer Bachforelle (*Salmo trutta*) vier Arten (*Coccinella septempunctata, Calvia quatuordecimguttata, Adalia decempunctata, Harmonia axyridis*) in neun Individuen.

Als besonders attraktive Nahrungsquelle für verschiedene Säugetiere könnte man die Aggregationen der Coccinellidae in den Winterquartieren ansehen, die jedoch vermutlich kaum genutzt werden. Lediglich Grizzlybären wurden in Nordamerika mehrfach beim Verzehren solcher Marienkäfermassen beobachtet (Chapman et al. 1955, Mattson et al. 1991). Spitzmäuse (*Sorex* sp.) wurden als Prädatoren der Aggregationen von *Ceratomegilla undecimnotata* in Nordböhmen nachgewiesen (Ceryngier & Hodek 1996).

Ganz sicher werden herbivore Säugetiere, vor allem Rinder und Schafe, auf den Weiden zahlreiche Marienkäfer mit ihrer Nahrung aufnehmen. Wie groß die Verluste sind, wurde vermutlich noch nicht untersucht.

10.1.4 Gliederfüßer (Arthropoda)

Räuberische Gliederfüßer kommen natürlich auch als Feinde von Marienkäfern und deren Entwicklungsstadien in Betracht. Die vorliegenden Beobachtungen betreffen vor allem Laufkäfer (Carabidae), große Weichkäfer (Cantharidae, *Cantharis*), Schwebfliegenlarven (Syrphidae), Florfliegenlarven (Chrysopidae), Ohrwürmer (*Forficula auricularia*), Raubwanzen (Reduviidae) und Baumwanzen (Pentatomidae) (Foto 173). Darüber hinaus werden Marienkäfer gelegentlich die Beute anderer räuberisch lebender Insekten, z. B. Wespen (Vespidae), Libellen (Odonata), z. B. *Adalia bipunctata* von *Gomphus flavipes* (Conrad 2005) oder Raubfliegen (Asilidae) (Foto 174). Der räuberisch, auch von Blattläusen, lebende *Deraeocoris ruber* (Weichwanzen, Miridae) saugt bevorzugt Vorpuppen und Puppen von Coccinellidae aus.

Relativ oft fallen Marienkäfer verschiedenen Webespinnen (Araneae) zum Opfer. Sie gelten als wesentliche Feinde, wobei in vielen Fällen nicht klar ist, ob die Käfer als Nahrung aufgenommen werden oder einfach in den Netzen vertrocknen. Für *Coccinella septempunctata* werden z. B. die Netze von *Araneus marmoreus* und Krabbenspinnen der Gattung *Xysticus* genannt. Majerus (1994) erwähnt *Araneus diadematus* und *A. quadratus*, die in

Foto 173: Larve eines Waldwächters (Heteroptera, Pentatomidae: *Arma custos)* mit erbeuteter *Coccinella septempunctata.* Foto: F. Hecker/H. Bellmann.

Foto 174: Große Mordfliege (Asilidae: *Laphria gibbosa)* mit erbeuteter *Coccinella septempunctata.* Foto: H. Wiesbauer.

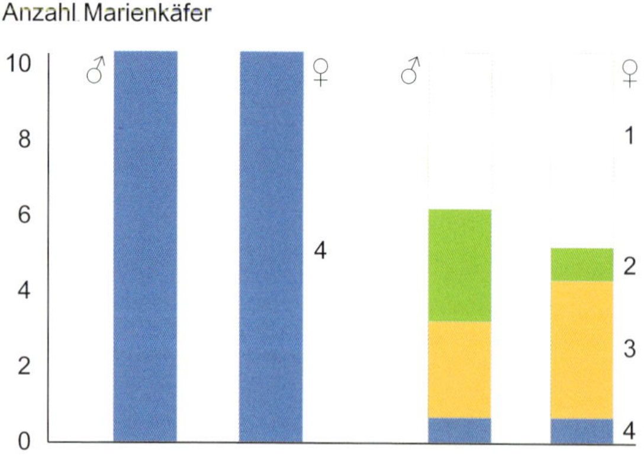

Abb. 209: Wirkung eines Alkaloides in Abhängigkeit vom Schlüpfalter (links 1. Tag, rechts nach 7 Tagen) von *Epilachna varivestis* gegenüber Springspinnen (*Phidippus regius*). 1 = unverzüglich zurückgewiesen, 2 = mit Verzögerung zurückgewiesen, 3 = teilweise als Nahrung angenommen, 4 = als Nahrung angenommen. Nach Eisner et al. (1986).

ihren Netzen *Coccinella septempunctata, Anatis ocellata* und *Exochomus quadripustulatus* fingen. Klausnitzer (1992a) fand Larven von *Adalia bipunctata* in Netzen von Baldachinspinnen (Linyphiidae). Ransford et al. (1993) zeigten, dass die Weibchen von *Paidiscura pallens* (Kugelspinnen, Theridiidae) mit ihren Eiern besonders oft auf der Unterseite von solchen Blättern zu finden sind, an denen *Adalia bipunctata* Eigelege geheftet hat. Eine Deutung dieses Verhaltens ist bisher nicht sicher möglich. Es wurde auch eine abschreckende Wirkung von Euphococcinin gegenüber einer Springspinnenart (Salticidae) nachgewiesen (Abb. 209).

10.1.5 Kannibalismus

Den stärksten Gefahren durch Räuber sind die Eigelege ausgesetzt, nicht zuletzt deshalb, weil dort der bei den Marienkäfern weit verbreitete Zwillings-Kannibalismus (vgl. Fotos 29, 32) am meisten wirkt. Die Gelege vieler Arten werden regelmäßig von den zuerst schlüpfenden Larven reduziert (Banks 1956, Klausnitzer 1970a, Dimetry 1974). Darauf wurde bereits früher im Zusammenhang mit einem Erklärungsversuch für das offensichtliche Fehlen von Eiparasitoiden bei den zoophagen mitteleuropäischen Coccinellidae hingewiesen (vgl. Kapitel 10.3.1) (Klausnitzer 1969b). Osawa (1989) fand bei *Harmonia axyridis,* dass von allen abgelegten Eiern 24,8 % durch Zwillings-Kannibalismus und 36,1 % durch Nicht-Zwillings-Kannibalismus endeten, insgesamt also mehr als die Hälfte (Kawai 1978, Osawa 1992a).

Es ist anzunehmen, dass der Zwillings-Kannibalismus gesetzmäßig ist, obwohl Experimente darauf hinweisen, dass dadurch die Aktivität der Larven und somit ihr Beutefindevermögen herabgesetzt wird. Andererseits genügen bei vielen Arten zwei verzehrte Eier zum Erreichen des 2. Larvenstadiums. Auch bei den phytophagen und mycophagen Arten kommt Eikannibalismus vor. Die meisten Vertreter der Chilocorinae, Scymnini und Hyperaspidini legen ihre Eier einzeln und oftmals verborgen ab, sodass bei diesen Gruppen ein Eikannibalismus keine Rolle spielen dürfte. Im Experiment hat man die gesamte Larvenentwicklung von *Coccinella septempunctata* durch ausschließliches Füttern mit den Eiern der gleichen Art ermöglicht. Die Entwicklungsrate war jedoch geringer als bei Kontrollzuchten mit Blattläusen.

Gelegentlich nehmen Weibchen sogar soeben von ihnen gelegte Eier als Nahrung auf. Die Larven können übereinander herfallen und vielfach werden auch die Vorpuppen und vor allem frische Puppen von älteren Larven der eigenen Art verzehrt. Betroffen sind also alle Entwicklungsstadien, besonders häufig aber wohl das Ei, niedrige Larvenstadien, die Vorpuppen und Puppen.

10.1.6 Ameisen (Formicidae)

Von besonderer Art sind die Beziehungen der aphidophagen Coccinellidae zu blattlausbesuchenden Ameisen (*Lasius, Formica, Myrmica* u. a.), mit denen sie wegen der Suche nach Nahrung oft in Kontakt kommen. Majerus et al. (2007) unterscheiden drei Formen der Beziehungen: 1. Wettbewerb zwischen Ameisen und Marienkäfern um die Blattläuse, 2. Vertreibung der Marienkäfer aus den Kolonien, 3. direkte Angriffe auf die Marienkäfer.

Ameisen entfernen die Marienkäfer oft aus den von ihnen gepflegten Blattlauskolonien, wobei *Lasius niger* weniger aggressiv ist als z. B. *Myrmica ruginodis* (Jiggins et al. 1993). Die Ameisen, z. B. *Lasius niger*, greifen vor allem die Larven an, aber auch die Imagines (z. B. von *Adalia bipunctata*), die sie vertreiben, von der Pflanze werfen, in die Beine oder die Elytren beißen, mitunter sogar töten oder mit Ameisensäure bespritzen (El-Ziady & Kennedy 1956, Zoebelein 1956, Way 1963, Jiggins et al. 1993). Banks (1962) beobachtete, dass *Lasius niger* Eigelege von Coccinellidae aus der Nähe von Blattlaus-Kolonien entfernten.

Insgesamt wird durch die Ameisen die Nahrungsaufnahme der Coccinellidae erheblich gestört. Marienkäfer nehmen auch den von den Ameisen ebenfalls genutzten Honigtau auf (vgl. Tabelle 36). Er ist reich an Kohlenhydraten, Aminosäuren, B-Vitaminen und Mineralstoffen (Carter & Dixon 1984a, Majerus 1994). Honigtau hat nicht nur eine die Nahrung ergänzenden Bedeutung, sondern spielt auch noch als Wegweiser zu potenzieller Beute eine Rolle. Verschiedene Marienkäfer können ihn olfaktorisch wahrnehmen und werden so zu Nahrungsquellen geführt.

Manche Marienkäferarten sind durch ihre glatte Oberfläche, durch bestimmte Verhaltensweisen (Anpressen an glatte Teile der Pflanzenoberfläche) oder durch Schreckstoffe (Abb. 210) und die Larven gelegentlich durch ihre langen Dorsalfortsätze sowie Wachsausscheidungen (*Scymnus nigrinus*; Völkl & Vohland 1996) vor den Belästigungen durch Ameisen geschützt.

Als ein Sonderfall wird *Coccinella magnifica* angesehen, deren Imagines nicht von Ameisen attackiert werden (Donisthorpe 1919/1920, Pontin 1960), obwohl sie recht oft in unmittelbarer Nähe bzw. im Einflussbereich von *Formica*-Nestern gefunden werden (Wisniewski 1963, Majerus 1989, Sloggett et al. 2000). Eine essenzielle Bindung an Ameisen existiert jedoch wahrscheinlich nicht, die Art kommt auch an anderen Stellen vor und kann

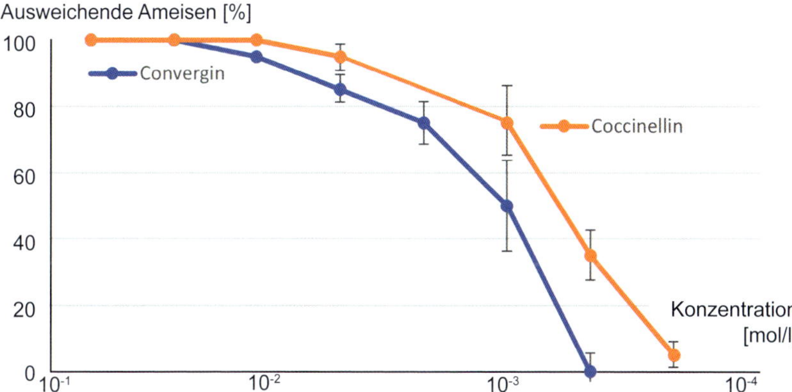

Abb. 210: Abschreckwirkung von Alkaloiden verschiedener Konzentration gegenüber Ameisen. Nach Pasteels et al. (1973).

ohne Weiteres ohne Ameisen im Labor gezüchtet werden (Klausnitzer 1970a, Majerus 1989). Die Abwehrfähigkeit (auch der Larven) gegenüber Ameisen ermöglicht es *C. magnifica* jedoch, in Nestnähe bis 20 m zu leben und die von den Ameisen gehüteten Blattläuse zu verzehren, die z. B. von der möglicherweise konkurrierenden und überlegenen *Coccinella septempunctata* deutlich gemieden werden, die meist erst ab einer Entfernung von 30 m häufiger zu finden ist (Majerus 1989, 1994). Die Erklärung für das Phänomen liegt wohl in der Absonderung von Substanzen (Pheromone?), die Angriffe von Ameisen verhüten, vielleicht auch ameiseneigene Stoffe nachahmen.

Eine besondere Beziehung zu Ameisen hat auch *Platynaspis luteorubra*, die bevorzugt in Blattlauskolonien lebt, die von *Lasius niger* gepflegt werden. Die Larven werden wegen ihres flachen Körpers und ihrer geringen Beweglichkeit von den Ameisen ignoriert. Die Puppen sind durch chemische Abwehrstoffe geschützt. Völkl (1995) fand, dass Larven aus ameisengeschützten Kolonien besser vor Parasitoiden geschützt sind und die Imagines ein höheres Körpergewicht erreichen. Majerus (1994) berichtet, dass *P. luteorubra* in Nestern von *Lasius niger* und *Tetramorium caespitum* überwintert.

Außerhalb Mitteleuropas sind mehrere Marienkäferarten als myrmecophil bekannt geworden (Chapin 1966). Genannt wird *Hyperaspis acanthicola* Chapin, 1995 aus Mexiko und Guatemala. Diese Art lebt bei *Pseudomyrmex ferruginea* F. Smith, 1877, die mit Akazien assoziiert ist. *Thalassa saginata* Mulsant, 1850 und *Dolichoderus bidens* (Linnaeus 1758) leben in Südamerika in einer engen Beziehung, ohne dass die Marienkäfer Ameisen oder deren Entwicklungsstadien aufnehmen (Orivel et al. 2004).

10.2 Parasiten

Vor allem Milben und Fadenwürmer sind als Parasiten der Coccinellidae bekannt geworden. Richerson (1970) nennt weltweit etwa 100 Arten (einschließlich der Parasitoide). Seither sind viele weitere hinzugekommen. Hier werden nur einige, auf Mitteleuropa bezogene Beispiele genannt.

10.2.1 Milben (Acari)

Milben benutzen oft Marienkäfer als Transportwirte (z. B. *Pediculoides* sp. oder Uropodidae). Eine besondere Bedeutung kann dieses Verhalten (Phoresie) dadurch erlangen, dass Coccinellidae Vektoren für Milben sein können, die ebenso wie die Marienkäfer räuberisch von Schildläusen leben. So werden z. B. *Hemisarcoptes*-Arten von *Chilocorus* auf der Unterseite ihrer Elytren übertragen (Izraylevich & Gerson 1993, Hurst et al. 1997a). Weitere Arten aus der Familie Hemisarcoptidae wurden auf der Unterseite des Körpers der Marienkäfer gefunden, z. B. Deutonymphen von *Congovidia coccinellidarum* (Fain et al. 1995).

Die Deutonymphen (ein Larvenstadium) der Uropodidae (Schildkrötenmilben) sitzen auf einem Stielchen außen an dem Käfer fest und fallen auch im Flug nicht herunter. Sie werden mit ihren Transportwirten verbreitet. Sobald sie an einem für den weiteren Lebenszyklus geeigneten Ort angelangt sind, lösen sie sich von dem Stiel und setzen ihre Entwicklung fort. Diese Familie ist sehr artenreich und benutzt vor allem größere Käfer als Transport- bzw. Tragwirte. An erster Stelle stehen dungbewohnende (koprophage) Arten, es folgen Carabidae und holzbewohnende (xylobionte) Coleoptera (Karg 1989). An einer *Calvia decemguttata* aus Oppitz (Kreis Bautzen) wurden mehrere Exemplare von *Trichouropoda ovalis* (C. L. Koch, 1839) (Familie Trematuridae) gefunden, die auf dem Kopfschild saßen (Fotos 175, 176) (Klausnitzer 2018b).

Andere Milben leben ektoparasitisch an der Unterseite der Elytren, ohne dass sie ihre Wirte abtöten. Bei Marienkäfern kommen vor allem Arten der Gattung *Coccipolipus* Husband, 1972 (Familie Podapolipidae) vor (Husband 1972). In Mitteleuropa ist vor allem *C. hippodamiae* (McDaniel & Morill, 1969) vertreten. Diese Art wurde bei *Adalia bipunctata, A. decempunctata, Calvia quatuordecimguttata, Coccinella septempunctata, Harmonia axyridis* und *Oenopia conglobata* sowie weiteren acht Arten (auch Chilocorinae und Epilachninae) nachgewiesen (Majerus 1994, Christian 2002). Die Weibchen saugen den Inhalt der Epidermiszellen auf der Unterseite der Elytren und legen dort ihre Eier ab. Daraus schlüpft entweder ein voll entwickeltes ♂ oder eine Larve, aus der dann ein ♀ wird. Die ♂♂ und die Larven sind die

Foto 175: *Calvia decemguttata* mit *Trichouropoda ovalis* auf dem Kopf, Seitenansicht. Foto: E. WACHMANN.

Foto 176: *Calvia decemguttata* mit *Trichouropoda ovalis*, Vorderansicht. Foto: E. WACHMANN.

beweglichen Stadien. Die ♂♂ kopulieren mit den Larven, die dann zum Hinterende der Elytren wandern. Sie werden bei der Kopulation übertragen. Deren lange Dauer und der häufige Partnerwechsel der Marienkäferweibchen (vgl. Kapitel 3.1) sowie eine eventuelle 2. Generation erhöhen die Befallsmöglichkeiten (HOCHMUTH et al. 1987, MAJERUS 1994). Die nach der Häutung entstehenden ♀♀ (Körperlänge 0,7 mm) setzen sich fest und verbleiben auf ihrem Wirt. Die Milben verringern die Reproduktionsfähigkeit der Marienkäferweibchen (HURST et al. 1997a).

10.2.2 Fadenwürmer (Nematoda)

Im Darmkanal und in der Leibeshöhle der Imagines leben Fadenwürmer (Nematoda) verschiedener Gattungen (z. B. die Mermithoidea *Mermis* sp. und *Hexamermis* sp. sowie als Vertreter der Tylenchida-Allantonematidae

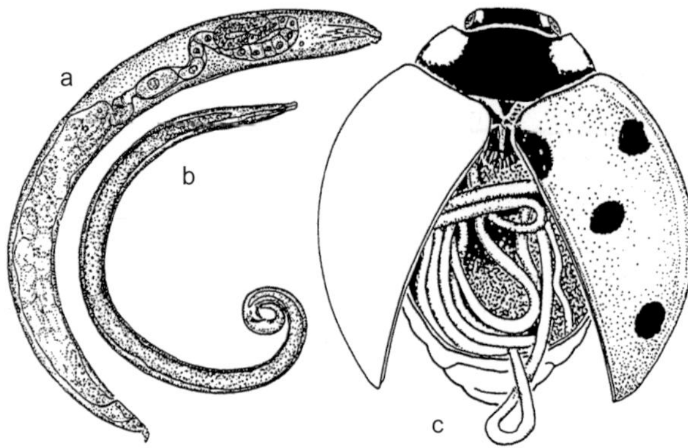

Abb. 211: *Parasitylenchus coccinellae*. **a** Weibchen; **b** Männchen; **c** *Hexamermis* sp. im Hinterleib von *Coccinella septempunctata*. Nach Iperti & Waerebeke (1968) (a, b), Kaiser & Nickle (1985).

Parasitylenchus coccinellae) (Abb. 211) (Iperti 1964, Hariri 1965). Außerdem sind Vertreter der Steinernematidae und Heterorhabditidae aus Marienkäfern bekannt. Über ihre Häufigkeit, ihre Bedeutung für den Wirt und den Entwicklungszyklus der Parasiten ist nur wenig bekannt. Die Gattung *Mermis* s. l. (?) parasitiert Insekten verschiedener Ordnungen (eventuell auch Coccinellidae), während *Parasitylenchus* auf Käfer beschränkt ist.

Parasitylenchus coccinellae wurde vorwiegend aus *Propylea quatuordecimpunctata* (bis 70 % parasitiert), *Oenopia conglobata* (bis 20 % parasitiert), *Adalia bipunctata, Hippodamia variegata* und *Ceratomegilla undecimnotata* nachgewiesen (Iperti & van Waerebeke 1968). Adulte Weibchen von *Propylea quatuordecimpunctata* können 100 Würmer/Imago mit bis zu 10 000 Larven und junge Adulte enthalten (Majerus 1994). Die Weibchen dringen in die Leibeshöhle des Marienkäfers ein, ihre Eier und Larven entwickeln sich dort und werden vorwiegend bei der Kopulation auf andere Individuen übertragen. Der Befall mit *P. coccinellae* ist nicht tödlich, jedoch wird die Eireife gestoppt. Das Maximum des Auftretens liegt im Spätsommer bei einer Befallszeit, die sich vom Mai bis zum Oktober erstreckt.

Mermithidae befallen bevorzugt Imagines in ihren Winterquartieren. So waren in Südostfrankreich 2,5–4,2 % der *Hippodamia variegata* parasitiert (Iperti 1964). Kaiser & Nickle (1985) fanden eine *Hexamermis*-Art (Nematoda, Mermithidae) bei *Coccinella septempunctata* (Abb. 211c), die als hoch infektiös bezeichnet wird und wohl zunächst das Puppenstadium befällt.

10.3 Parasitoide

Als Parasitoide werden fast ausschließlich Insekten bezeichnet, die an oder in anderen Gliederfüßern (Arthropoda) leben und ihren Wirt zum Abschluss ihrer Entwicklung töten.

Wie die meisten anderen Insekten haben auch Marienkäfer spezifische Parasitoide (Abb. 212), deren Spezialisierung in zwei Richtungen geht. Erstens gibt es Anpassungen an systematische Gruppen (Tabelle 48) und zweitens an das Entwicklungsstadium (Tabelle 47). Insgesamt sind aus Mitteleuropa 16 Arten nachgewiesen, zwölf davon Hymenoptera, vier Diptera (KLAUSNITZER 1976). Außer den Primärparasitoiden kommen auch Sekundärparasitoide vor.

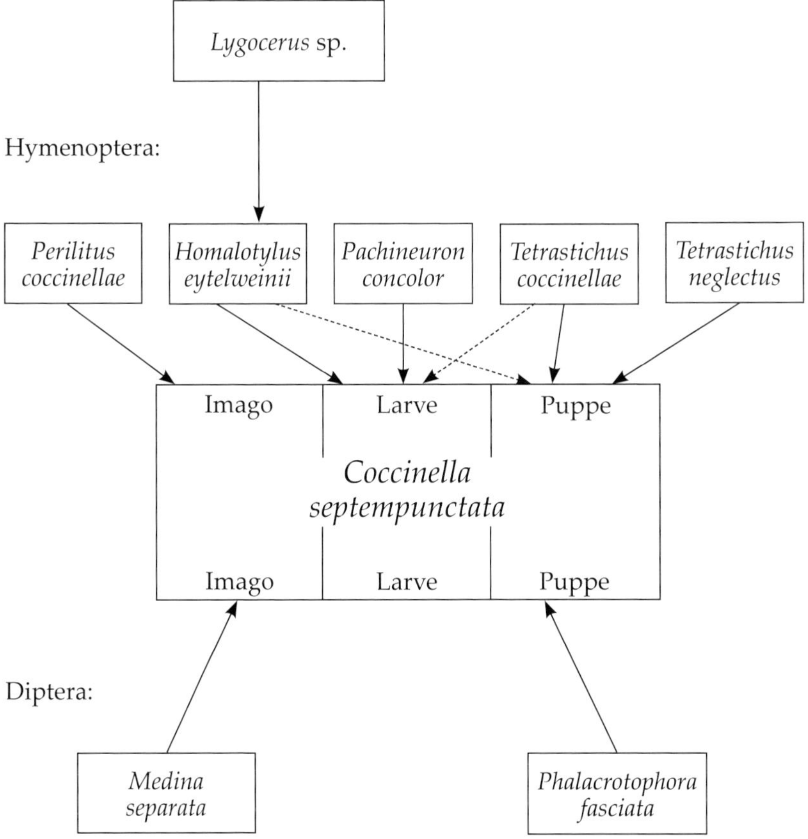

Abb. 212: Schema des Parasitoidenkreises von *Coccinella septempunctata*, unterbrochene Linien = fakultative Beziehungen. Orig. Grafik: U. KLAUSNITZER.

So werden beispielsweise die Larven von *Homalotylus eytelweinii* durch weitere Hymenopterenarten (Gattung *Dendrocerus*, Familie Megaspilidae und *Pachyneuron*, Familie Pteromalidae) befallen. *Dinocampus coccinellae* wird ebenfalls von anderen Parasitoiden belegt. Zwei Vertreter der Familie Ichneumonidae leben von dieser Art: *Gelis areator* (Panzer, 1804) und *G. agilis* (Fabricius, 1775) sowie *Trichomalopsis submarginata* (Thomson, 1878) (Pteromalidae) (Ceryngier & Hodek 1996).

Tabelle 47: Die Entwicklungsstadien der Coccinellidae und die dazugehörigen Entomoparasitoide. (D) = Diptera, die anderen Arten sind Hymenoptera. Rechte Spalte (Wirtsspezifität): + = nur Coccinellidae, - auch andere Wirte.

Stadium	Parasitoid		Wirte
Larve	*Oomyzus sempronius* (Erdös, 1954) – gregär	–	*Chilocorus*
	(*Oomyzus scaposus* (Thomson, 1878) – gregär)	–	
	Tetrastichus epilachnae (Giard, 1896) – gregär	+	Epilachninae
	(*Aprostocetus neglectus* (Domenichini, 1957) – gregär)	–	
	Pachyneuron muscarum (Linnaeus, 1758) – gregär	–	
	Homalotylus platynaspidis Hoffer, 1963– gregär	+	*Platynaspis luteorubra*
	Homalotylus eytelweinii (Ratzeburg, 1844) – gregär	+	Coccinellinae, Chilocorini, Epilachninae
	Homalotylus flaminius (Dalman, 1820) – solitär	+	*Scymnus*
Puppe	*Oomyzus scaposus* – gregär	–	Coccinellini, Chilocorini
	(*Tetrastichus epilachnae* – gregär)	+	
	Aprostocetus neglectus – gregär	–	Coccinellinae, Chilocorini, Scymnini
	Metastenus concinnus Walker, 1834 – solitär	+	Scymnini Coccinellinae, Chilocorinae
	Phalacrotophora berolinensis Schmitz, 1920 (D) – gregär	+	Coccinellinae, Chilocorinae
	Phalacrotophora fasciata (Fallén, 1823) (D) – gregär	+	*Anatis ocellata*
	Phalacrotophora beuki Disney, 1997 (D) – gregär	+	
Imago	*Centistes scymni* Ferrière, 1954– solitär	+	Scymnini
	Centistes subsulcatus (Thomson, 1895) – solitär	+	Coccinellini
	Dinocampus coccinellae (Schrank, 1802) – solitär	+	Coccinellinae
	Medina separata (Meigen, 1824) (D) – solitär	–	Coccinellinae, Chilocorinae

Tabelle 48: Unterfamilien und Tribus der Coccinellidae mit ihren Entomoparasitoiden. (D) = Diptera, die anderen Arten sind Hymenoptera. Synonyme in []. Mit * gekennzeichnete Arten sind nur aus den betreffenden Taxa nachgewiesen worden.

Unterfamilie/ Tribus	Parasitoide
Scymninae, Scymnini	*Homalotylus flaminius, Aprostocetus neglectus* [*Tetrastichus neglectus*], *Metastenus concinnus**, *Centistes scymni**
Chilocorinae, Platynaspidini	*Homalotylus platynaspidis**
Chilocorinae, Chilocorini	*Homalotylus eytelweinii, Aprostocetus neglectus, Oomyzus sempronius** [*Tetrastichus sempronius*], *O. scaposus* [*Tetrastichus coccinellae*], *Pachyneuron muscarum* [*P. siculum*], *Phalacrotophora fasciata* (D), *Medina separata* (D)
Coccinellinae, Coccinellini	*Homalotylus eytelweinii, Aprostocetus neglectus, Oomyzus scaposus, Pachyneuron muscarum, Dinocampus coccinellae, Centistes subsulcatus**, *Phalacrotophora fasciata* (D), *Ph. berolinensis* (D), *Ph. beuki** (D), *Medina separata* (D)
Coccinellinae, Halyziini	*Homalotylus eytelweinii, Phalacrotophora fasciata* (D), *Medina separata* (D)
Epilachninae, Epilachnini	*Homalotylus eytelweinii, Tetrastichus epilachnae*

Tabelle 49: Systematische Übersicht der Entomoparasitoide der Coccinellidae.

Ordnung	Familie	Gattung
Hymenoptera	Braconidae-Euphorinae	*Centistes* HALIDAY, 1835
		Dinocampus FÖRSTER, 1862
	Eulophidae	*Aprostocetus* WESTWOOD, 1833
		Oomyzus (FONSCOLOMBE, 1832)
		Tetrastichus HALIDAY, 1844
	Pteromalidae	*Pachyneuron* WALKER, 1833
		Metastenus WALKER, 1834
	Encyrtidae	*Homalotylus* MAYR, 1876
Diptera	Phoridae	*Phalacrotophora* ENDERLEIN, 1912
	Tachinidae	*Medina* ROBINEAU-DESVOIDY, 1830

10.3.1 Hymenoptera

Eier

Ein Befall von Eiern der karnivoren paläarktischen Arten der Coccinellidae durch Hymenopteren ist bisher trotz intensiver Untersuchungen durch B. Klausnitzer (~ 10 000 Eier von verschiedenen Arten) nicht bekannt geworden. Die Eier vieler anderer Insektenarten werden von Hautflüglern aus mehreren Familien belegt (z. B. Trichogrammatidae, Mymaridae, Eulophidae und Encyrtidae). Von der Größe her sind die Eier der Coccinellidae ohne Weiteres geeignet und aus den Eiern verschiedener *Epilachna*-Arten sind Eiparasitoide (*Quadrastichus ovulorum* (Ferrière, 1930) und *Ooencyrtus johnsoni* (Howard, 1898)) aus Nordamerika bekannt (Klausnitzer 1969b). Die Gattung *Ooencyrtus* ist mit etwa sechs Arten in Mitteleuropa vertreten, Wirte sind Schmetterlinge (Lepidoptera) und Wanzen (Heteroptera).

Die Eier vieler Marienkäferarten werden in Gelegen abgegeben. Der Zwillings-Kannibalismus der zuerst schlüpfenden Larven könnte für das Fehlen von Eiparasitoiden im Zusammenhang mit der Schlupfverzögerung befallener Eier verantwortlich sein (Klausnitzer 1970a). Eiparasitoide schlüpfen meist erst nach dem Schlüpfen der Wirtslarven. Durch den Zwillings-Kannibalismus könnten auch Belegungen von Eiern durch polyphage Parasitoide keinen Erfolg haben (vgl. Kapitel 10.1.5). Vielleicht liegen auch physiologische Ursachen vor.

Befall von Larven und Puppen

Homalotylus Mayr, 1876

Besonders charakteristische Parasitoide des Larvenstadiums sind Angehörige der Gattung *Homalotylus,* von der in Mitteleuropa drei Arten als Parasitoide von Coccinellidae bekannt geworden sind (Foto 177). Die Gattung ist weltweit verbreitet, die Arten sind – soweit bekannt – spezifische Parasitoide der Coccinellidae. Die Eiablage erfolgt in die kurz vor der Verpuppung stehenden Larven, in denen sie endoparasitoid leben. Manchmal verpuppen sich die befallenen Larven noch, sodass die Parasitoide aus den Puppen schlüpfen. In Abhängigkeit von der Körpergröße des Wirtes leben sie gregär (größere Marienkäferarten) oder solitär (kleinere Arten). Aus den von *H. eytelweinii* belegten Larven schlüpfen zwei bis acht Erzwespen (Klausnitzer 1967c). Der Parasitoidierungsgrad übersteigt bei *Coccinella septempunctata* in Mitteleuropa kaum 20 % (Klausnitzer 1967c). *H. platynaspidis* belegt bevorzugt junge Larven (Völkl 1995).

Die belegten Larven »trocknen« ein, die Haut wird hart und dunkel (Foto 178). Nach einer gewissen Zeit schlüpfen die *Homalotylus,* wobei sich jeder Parasitoid ein eigenes Schlupfloch beißt. Das Wirtsspektrum der

Foto 177: *Homalotylus eytelweinii*. Foto: E. Wachmann.

Foto 178: Mumifizierte Larve von *Coccinella septempunctata* mit Schlupflöchern von *Homalotylus eytelweinii*. Präparatfoto: L. Behne.

Gattung *Homalotylus* umfasst nach bisheriger Kenntnis die Coccinellini, Halyziini, Chilocorini, Epilachninae, Scymnini und Platynaspidini, wobei Spezialisierungen zu beobachten sind (Tabelle 47). *H. platynaspidis* scheint monophag zu sein. *H. flaminius* ist bisher nach eigenen Zuchten nur aus *Scymnus*-Arten bekannt, z. B. *S. rubromaculatus*, *S. subvillosus* und *S. interruptus*. Aus etwa 40 Larven von *S. rubromaculatus* schlüpften aus 14 je ein Exemplar von *H. flaminius* (Klausnitzer 1969b). Die größeren Arten werden von *H. eytelweinii* befallen (Nachweis bisher aus elf Arten). Aus sechs Larven von *Coccinella septempunctata* schlüpften zwischen zwei und sieben (insgesamt 33) Individuen dieser Art (Klausnitzer 2019b).

Aprostocetus Westwood, 1833, *Oomyzus* (Fonscolombe, 1832), *Tetrastichus* Haliday, 1844

Die Angehörigen dieser schwierig zu unterscheidenden Gattungen wurden früher alle unter *Tetrastichus* geführt. Es sind mehrere Arten, die in Mitteleuropa aus Coccinellidae gezüchtet wurden (sämtlich Gregärparasitoide). Bei den eigenen Untersuchungen wurden *Aprostocetus neglectus* (Foto 179) und *Oomyzus scaposus* gefunden. Bekannt sind außerdem *Oomyzus sempronius* und *Tetrastichus epilachnae*.

Foto 179: Erzwespe *Aprostocetus neglectus*. Foto: J. Gebert.

Foto 180: Mumifizierte Puppe von *Coccinella septempunctata* mit dem Schlupfloch von *Aprostocetus neglectus*. Präparatfoto: L. Behne.

Die Weibchen belegen Larven des 3. und 4. Stadiums zwischen Thorax und Abdomen. Sie können aber auch die Puppen befallen. Die Larven verpuppen sich innerhalb des Wirtes, die Parasitoide schlüpfen aus der Puppe, meist durch ein einzelnes Loch auf der Dorsalseite (Foto 180).

Die Weibchen von *Oomyzus scaposus* (syn. *Tetrastichus coccinellae*) legen ihre Eier in Larven der 3. und 4. Stadiums verschiedener Coccinellini, Chilocorini und Scymnini. Die Erzwespen schlüpfen nach 15 bis 20 Tagen aus den Puppen. Die Zahl der geschlüpften Parasitoide schwankte nach eigenem Befund bei *Coccinella septempunctata* zwischen 4 und 25, nach Semjanov (1986) kamen maximal 47 aus einer Puppe. Einzeln gezogene Puppen ergaben nur Parasitoide des gleichen Geschlechts (vielleicht ein Hinweis auf Polyembryonie) (Klausnitzer 1969b). Die *O. scaposus* überwintern als Vorpuppen in abgestorbenen Puppen ihrer Wirte.

Aus 1 111 Anfang Juli 1967 in Dresden gesammelten Puppen von *Adalia bipunctata* schlüpften 963 Imagines des Wirtes, aus 45 Puppen 90 *Phalacrotophora berolinensis* und aus 103 Puppen 976 *Aprostocetus neglectus* (733 Weibchen und 121 Männchen) (Klausnitzer 1969b). Fünf Larven von *Coccinella septempunctata* ergaben 56 Individuen dieses Parasitoiden (Klausnitzer 2019b). *A. neglectus* (syn. *Tetrastichus neglectus*) soll außer bei den Coccinellini noch bei verschiedenen Scymnini und Chilocorini leben.

Oomyzus sempronius (syn. *Tetrastichus sempronius*) ist aus verschiedenen *Chrysopa*-Arten bekannt, wurde aber auch aus *Chilocorus bipustulatus* gezüchtet (Domenichini 1956).

Durch *Tetrastichus epilachnae* wurden 5,5 bis 36,3 % der Larven von *Subcoccinella vigintiquatuorpunctata* befallen (Tanasijevic 1958). Nach Domenichini (1966) wurde diese Art auch aus *Henosepilachna argus* und *H. elaterii* gezüchtet.

Pachyneuron Walker, 1833

Die Gattung *Pachyneuron* ist in Mitteleuropa mit etwa zwölf Arten vertreten. In Marienkäferlarven (*Coccinella septempunctata, Chilocorus bipustulatus*) lebt *Pachyneuron muscarum* (syn. *Pachyneuron siculum, P. concolor*) vielleicht als Sekundärparasitoid (Klausnitzer 1969b, Yinon 1969a).

Metastenus concinnus

Metastenus concinnus befällt ausschließlich die Puppen einiger Scymnini (z. B. *Scymnus impexus*) sowie *Cryptolaemus montrouzieri* (Delucchi 1954). Das Weibchen legt seine Eier direkt in die Puppe ab. Vermutlich ist diese Art thelytok parthenogenetisch, das heißt, es werden nur weibliche Nachkommen erzeugt.

Befall von Imagines

Dinocampus coccinellae (syn. *Perilitus coccinellae*) – Marienkäfer-Brackwespe

Der weltweit verbreitete Imaginalparasitoid *Dinocampus coccinellae* (Abb. 213b) ist vermutlich ursprünglich paläarktisch. Die Art vermehrt sich ebenfalls thelytok parthenogenetisch. Als Wirte kommen vor allem größere Marienkäferarten infrage. Bekannt sind aus Mitteleuropa etwa 20 Arten ausschließlich aus der Unterfamilie Coccinellinae, besonders *Coccinella septempunctata* (Koide 1961, Walker 1961, Klausnitzer 1976, Hodek et al. 1977, Richerson 1970, Anderson et al. 1986, Obrycki 1989, Madl 2011). Als Ausnahme ist *Exochomus quadripustulatus* (Chilocorinae) zu nennen (Mabott 2006). Weltweit werden 50 Arten angegeben, manche Nachweise sind aber zweifelhaft (Yu et al. 2006). *Harmonia axyridis* ist als Wirt in Ostasien und Japan nachgewiesen, ein Befall in Mitteleuropa wird bisher nur selten beobachtet (Weihrauch 2008, Foto 181). Dies dürfte sich aber mit der Zeit ändern. Bemerkenswert ist, dass die relativ kleine *Tytthaspis sedecimpunctata* als zweithäufigster Wirt nach *Coccinella septempunctata* in Großbritannien beobachtet wurde (Majerus 1997). Die Größe der Wirts-

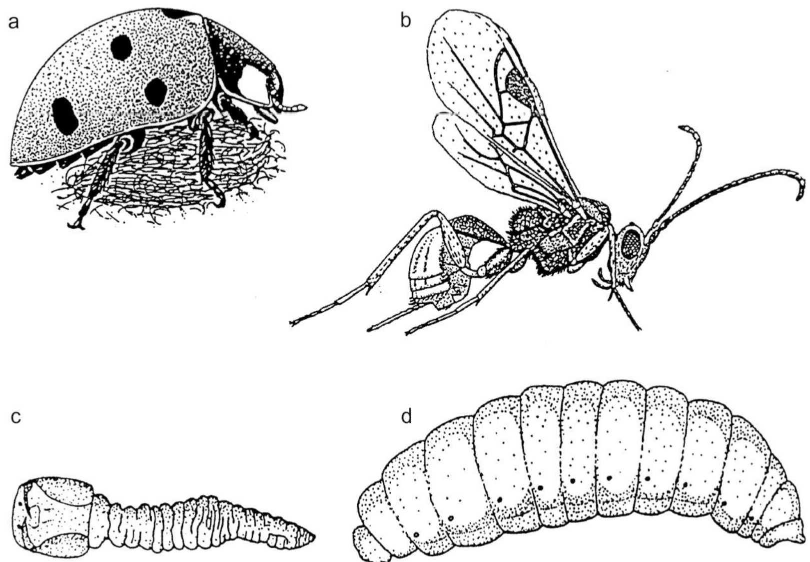

Abb. 213: *Dinocampus coccinellae.* **a** Kokon unter einer *Coccinella septempunctata;* **b** Weibchen; **c** 1. Larvenstadium; ***d*** erwachsene Larve. Nach MOON (1986) (a, b), ZELENY in HODEK (1973) (c, d).

Marienkäfer hat einen unmittelbaren Einfluss auf die Größe der Imagines von *D. coccinellae* (OBRYCKI 1988). Die Flugleistung der Wirte kann durch einen Befall mit *D. coccinellae* beeinflusst werden, wie bei überwinternden *Hippodamia convergens* festgestellt wurde (RŮŽIČKA & HAGEN 1986).

D. coccinellae belegt die Wirte wahrscheinlich im Spätsommer und Herbst meist mit einem Ei (Solitärparasitoid), gelegentlich vielen Eiern (Superparasitoidismus) (beobachtet bis 47 Stück). Verschiedene Autoren schreiben, dass die Eier bereits an die Puppen (SLUSS 1968, MAETA 1969a) bzw. Larven abgelegt werden (OBRYCKI et al. 1985, GEOGHEGAN et al. 1998). Für die Entwicklung des Eies werden ca. fünf Tage benötigt. Es folgen drei Larvenstadien. Bei Mehrfachbelegung (Superparasitoid) töten sich die Larven während des 1. Stadiums mit ihren Mandibeln gegenseitig ab (nur in diesem Stadium ist sie als Beißmandibel ausgebildet, Abb. 213c), sodass nur eine Larve übrigbleibt (Abb. 213d).

Die *Dinocampus*-Larve überwintert im 1. Stadium gemeinsam mit dem Marienkäfer. Als adulte Larve verlässt sie erst im zeitigen Frühjahr den Wirt durch die Intersegmentalhaut zwischen dem 5. und 6. oder dem 6. und 7. Abdominaltergit, wahrscheinlich zu dem Zeitpunkt, wenn dieser mit der Nahrungsaufnahme wieder begonnen hat. Sie verpuppt sich auf

Foto 181: Kokon von *Dinocampus coccinellae* unter einer Imago von *Harmonia axyridis*. Foto: B. Jacobi.

Foto 182: *Dinocampus coccinellae* beim Verfolgen einer *Hippodamia*. Foto: L. Elliott.

dessen Bauchseite zwischen den Beinen in einem Gespinst (Foto 181), das normalerweise an der Unterlage befestigt wird und den Marienkäfer an einer Ortsveränderung hindert. Die Imago schlüpft nach etwa einer Woche. Zunächst überlebt der Käfer das Verlassen durch den Parasitoiden, weil die meisten Organe intakt bleiben, und stirbt erst nach einiger Zeit. Die *Dinocampus*-Larve lebt nicht direkt von den Organen des Wirtes. Es werden Nährstoffe aus der Hämolymphe entnommen und von den Larven spezielle Ernährungszellen innerhalb des Wirtes gebildet (Ceryngier & Hodek 1996). Unter Laborbedingungen gelang es, zwei von dem Gespinst befreite Käfer zur Nahrungsaufnahme zu bringen. Sie lebten nach dem Schlüpfen der *Dinocampus*-Larve noch 9 bzw. 15 Tage (Klausnitzer 1969b). Triltsch (1996) beobachtete sogar, dass einzelne Exemplare zu einer Eiablage imstande waren.

D. coccinellae kann mehrere Generationen pro Jahr ausbilden, in Mitteleuropa meist zwei. Die Puppenzeit des Parasitoiden beträgt nur wenige

Tage, sodass noch in der gleichen Generation eine Neubelegung erfolgen kann, die nach einer vermutlich raschen Entwicklung der Larve die erwachsenen *Dinocampus* dann liefert, wenn die Masse der Jungkäfer am Ende der Marienkäfergeneration geschlüpft ist.

Die *Dinocampus* finden ihre Wirte mit dem Geruchs- und Gesichtssinn. Bemerkt ein Parasitoid einen Marienkäfer, so läuft er diesem rasch hinterher, er verfolgt und umkreist ihn. Dabei führt er seinen Hinterleib zwischen den Beinen nach vorn, sobald er dem Wirt etwa 1–2 cm nahe ist, mitunter auch schon während der beharrlichen Verfolgung (Foto 182). In unmittelbarer Nähe des Marienkäfers wird der Legebohrer weit herausgebracht und schnell mit ihm zugestoßen. Die Belegungsversuche erfolgen meist von hinten oder seitlich von hinten. Dabei wird der Legebohrer zwischen die Elytren und den Hinterleib des Käfers gesteckt. Die Coccinellidae wehren die *Dinocampus* mit den Beinen ab, allerdings nur bei massiver Beunruhigung. Die Verfolgung endet meist mit einem 1- bis 5-maligen Zustoßen des Legebohrers. Anschließend folgen etwa 1–2 Minuten Putzbewegungen der Beine und Fühler. Die Antennen des Parasitoiden sind während der Verfolgung des Wirts nach vorn gestreckt. Bei den Belegungsversuchen werden sie gebogen um den Hinterleib des Marienkäfers gehalten, ohne diesen dabei zu berühren. Nur gelegentlich erfolgt eine Betastung des Wirtes (Klausnitzer 1969b).

Die meisten Parasitoide sind wahrscheinlich polyvoltin und können dadurch große Vorkommen von Coccinellidae befallen (Iperti 1964, 1965, Yinon 1969a, Olszak 1986b, Semyanov 1986). Dies ist außer von *Dinocampus coccinellae* auch von *Homalotylus eytelweinii* (5–6 Generationen je Jahr in Südostfrankreich) und verschiedenen *Aprostocetus*- und *Oomyzus*-Arten (bis zu 7 Generationen im Jahr in Südfrankreich und der Ukraine) bekannt.

In den Überwinterungsquartieren von *Hippodamia convergens* in Kalifornien kann der Parasitoidierungsgrad mit *D. coccinellae* 10–15 % betragen. Bei *Propylea quatuordecimpunctata* wurden 23 % belegte Imagines beobachtet, für *Coccinella septempunctata* werden etwa 20 % angegeben (Hagen 1962).

Centistes

Ein weiterer Imaginalparasitoid der Marienkäfer (*Centistes scymni*) ist auf die Scymnini (*Scymnus impexus*) beschränkt (Delucchi 1954). Über seine Biologie ist bisher nichts bekannt. Eine zweite Art, *Centistes subsulcatus*, wurde aus *Propylea quatuordecimpunctata* gezüchtet (Hemptinne 1988).

10.3.2 Diptera

Befall von Puppen

Phalacrotophora ENDERLEIN, 1912

Die meisten Arten der Familie Phoridae (Buckelfliegen) leben von faulenden Stoffen, nur wenige Vertreter (z. B. Arten der weltweit verbreiteten Gattung *Phalacrotophora*) sind obligatorische Parasitoide (Foto 183). DISNEY et al. (1994) berichten auch von einem Befall durch eine *Megaselia*-Art (Phoridae).

Foto 183: *Phalacrotophora* sp. Foto: E. WACHMANN.

Die in Mitteleuropa vorkommenden *Phalacrotophora*-Arten befallen das Puppenstadium verschiedener Coccinellidae. Die Weibchen legen ihre Eier an kurz vor der Verpuppung stehende Larven (Vorpuppen; zwischen die Beine) und außerdem an frische Puppen (meist unter die Flügelscheiden) ab (KLAUSNITZER 1967c). Für die Eiablage steht also nur ein geringer Zeitraum zur Verfügung. Es dauert nur wenige Stunden, bis die Eier schlüpfen und sich die *Phalacrotophora*-Larven in ihre Wirte einbohren. Die Eiablage der Parasitoide hindert die verpuppungsreifen Larven zunächst offenbar nicht an ihrer Weiterentwicklung, denn die Verpuppung erfolgt noch normal. In der Puppe (Endoparasitoid) entwickeln sich dann mehrere Fliegenlarven (Gregärparasitoid) in 2–12 Tagen. Sie verlassen ihren Wirt durch eine Öffnung zwischen Kopf und Thorax, fallen auf den Boden und verpuppen sich dort. Die Gesamtentwicklungsdauer beträgt 28–30 Tage (MENOZZI 1927).

Foto 184: *Phalacrotophora* sp., Puparien. Foto: E. WACHMANN.

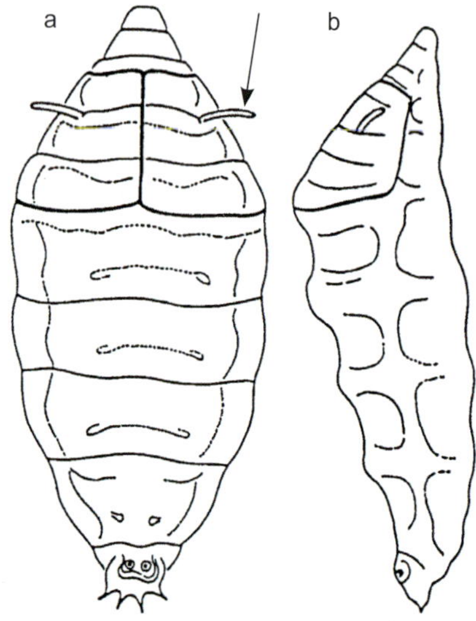

Abb. 214: Puparium von *Phalacrotophora* sp. **a** Dorsalansicht; **b** Seitenansicht. Nach MAETA (1969b).

Die Puparien der *Phalacrotophora*-Arten sind sehr charakteristisch gebaut, vor allem fallen zwei Thorakalhörner an ihnen auf (Abb. 214 Pfeil) (Foto 184) (COLYER 1952, 1954, MAETA 1969b). Die Buckelfliegen schlüpfen nach eigenen Beobachtungen entweder nach 10–25 Tagen oder überwintern in den Puparien. Die Zahl der Parasitoide ist abhängig von der Größe des Wirtes: bei *Coccinella septempunctata* sind es sieben bis zehn Individuen, bei *Adalia bipunctata* meist zwei (KLAUSNITZER 1969b).

Der Parasitoidierungsgrad ist regional sehr verschieden. Er kann für *Phalacrotophora fasciata* und *Ph. berolinensis* bei *Coccinella septempunctata* 80 % betragen, liegt aber meist deutlich niedriger (DISNEY et al. 2004, SEMYANOV 1986), z. B. in Mitteldeutschland bis 20 % (TRILTSCH 1995). Beide Arten können sich auch gemeinsam in der gleichen Puppe entwickeln. Beobachtet wurde dies bei *Adalia bipunctata* (DISNEY 1979, DISNEY et al. 1994, 2004) sowie bei *Myzia oblongoguttata* und *Coccinella magnifica* (CERYNGIER & HODEK 1996).

Phalacrotophora fasciata und *Ph. berolinensis* sind polyphag und können sich sowohl bei Coccinellinae als auch Chilocorinae entwickeln (etwa 25 Wirtsarten sind bekannt). Bei einer neueren Erhebung ergaben sieben Puppen von *Coccinella septempunctata* 83 *Ph. fasciata*, im Durchschnitt fast zwölf Individuen (KLAUSNITZER 2019b). *Ph. fasciata* ist auch als Parasitoid von

Harmonia axyridis in ihrem Ursprungsgebiet in Ostasien bekannt. Seit 2017 wird diese Art auch in Deutschland bei dem Asiatischen Marienkäfer nachgewiesen (Klausnitzer 2019b). Aus *Adalia bipunctata* wurde *Ph. delageae* Disney, 1979 gezüchtet (Disney & Beuk 1997) auf die hier nur hingewiesen werden soll.

Eine vierte Art, *Ph. beuki*, lebt monophag bei *Anatis ocellata* (Disney & Beuk 1997, Durska et al. 2003). 212 Puppen von *A. ocellata* aus der Dresdner Heide ergaben 117 *Phalacrotophora beuki* (seinerzeit als *berolinensis* bestimmt), die aus 14 Wirtspuppen schlüpften, im Mittel 8,4 *Phalacrotophora* (Klausnitzer 1969b).

Befall von Imagines

Medina separata (syn. *Degeeria luctuosa*)

Medina separata (Tachinidae) ist ein Solitärparasitoid und befällt Imagines von Coccinellidae (Foto 185). Sie ist aus etwa zehn Arten bekannt. Diese Raupenfliege lebt auch von anderen Coleoptera, vor allem verschiedenen Chrysomelidae und Curculionidae. Das Weibchen setzt sich auf den Rücken eines Marienkäfers, der wegen dieser Beunruhigung die Elytren ein wenig öffnet. Sofort legt der Parasitoid mit seinem an diese besondere Art der Eiablage angepassten Legeapparat ein Ei an die Innenseite einer Elytre des Marienkäfers nahe der Spitze. Die aus dem Ei schlüpfende Fliegenlarve bohrt sich durch die Zwischenhäute der Tergite in den Hinterleib ein. Das sekundäre Atemloch und der Trichter befinden sich lateral an den Intersegmentalhäuten. Dort wächst sie heran und überwintert im 2. Larvenstadium innerhalb des lebenden Marienkäfers. Erst im zeitigen Frühjahr des folgenden Jahres, nach Beginn der Nahrungsaufnahme des Wirtes, vollendet die Larve ihre Entwicklung. Sie verlässt den Wirt durch das Tergum des 1. Abdominalsegmentes und verpuppt sich am Boden (nach Herting 1960).

Foto 185: *Medina separata.* Foto: P. Derennes.

Medina separata scheint Marienkäferweibchen zur Eiablage zu bevorzugen. Möglicherweise bieten diese bessere Entwicklungsbedingungen für den Parasitoiden als die Männchen. Von 209 Exemplaren von *Oenopia conglobata* aus der Oberlausitz (Neschwitz, in einem Winterquartier), die zur Feststellung des Befalls durch *Medina separata* seziert wurden, waren 29 Individuen (13,9 %) mit Dipterenlarven im Hinterleib befallen. Von den 209 *Oenopia* waren bei einem annähernd ausgeglichenen Geschlechterverhältnis 21 Weibchen und 8 Männchen belegt (Klausnitzer 1967c). Der Parasitoidierungsgrad von *Harmonia axyridis* wird in Fernost zwischen 3,7 und 4,3 % angegeben (Kuznetsov 1975/1987). Aus Mitteleuropa ist bisher kein Befall dieser Art bekannt geworden.

Außer adulten Marienkäfern (in Mitteleuropa *Exochomus quadripustulatus, Ceratomegilla undecimnotata, Aphidecta obliterata, Adalia decempunctata, Coccinella septempunctata, Oenopia conglobata, Myrrha octodecimguttata, Propylea quatuordecimpunctata, Anatis ocellata, Psyllobora vigintiduopunctata*) befällt *Medina separata* die Imagines verschiedener Chrysomelidae (*Gastrophysa, Plagiodera, Chrysomela* (= *Melasoma*), *Phratora* (= *Phyllodecta*), *Agelastica, Altica*) (Herting 1971, Klausnitzer 1969a, b, 1976), z. B. *Altica oleracea* (Klausnitzer 1967e) und Curculionidae, z. B. *Hypera postica* (Rheinheimer & Hassler 2010). Eine grobe habituelle Ähnlichkeit (Körperform und -größe) sowie Übereinstimmungen in der Besiedlung bestimmter Biotope und Verhaltensähnlichkeiten mehrerer Blatt- und Marienkäferarten bestimmen wahrscheinlich den Wirtskreis dieser Raupenfliege.

10.4 Krankheiten

Coccinellidae können, wie andere Insekten auch, von verschiedenen Krankheiten befallen werden, deren Erreger Viren (?), Bakterien, Pilze (z. B. Laboulbeniales und *Beauveria*), Mikrospora (z. B. *Nosema hippodamiae*) und Alveolata Apicomplexa (*Gregarina coccinellae*) (beide »Einzellige Eukaryota«) sein können (Lipa & Semyanov 1967, Olszak 1986b, Ceryngier & Hodek 1996).

Einzellige Eukaryota

Die Gregarina leben im Verdauungstrakt bei Larven und Imagines. Alle in Marienkäfern nachgewiesenen Arten gehören zur Cephylina-Gruppe, deren Körper aus zwei Abschnitten besteht, dem größeren Deutomerit und dem kleineren Protomerit. Die Infektion erfolgt durch die Aufnahme von

Sporen. Sie zerstören Zellen und ernähren sich von deren Bestandteilen. Gregarina können beispielsweise bei *Propylea quatuordecimpunctata* bis zu 10 % der Individuen einer Population befallen (beobachtet in Südfrankreich) (Iperti 1964).

Nosema hippodamiae lebt im Mitteldarm und im Fettkörper ihrer Wirte. Bei *Coccinella septempunctata, Hippodamia tredecimpunctata* und *Myrrha octodecimguttata* wurde *N. coccinellae* außer im Mitteldarm auch in den Malpighischen Gefäßen, den Gonaden, Nerven und Muskeln gefunden (Lipa 1968). In Mittel-Polen waren 10–15 % der untersuchten *C. septempunctata* von dieser Art befallen (Lipa et al. 1975).

Vilcinskas et al. (2013a, b) und Vilcinskas & Schmidtberg (2014) haben festgestellt, dass die Hämolymphe von *Harmonia axyridis* (auch von den Eiern und Larven) von Mikrosporidien (Gattung *Nosema*) befallen ist, gegen die diese Art aber weitgehend resistent ist. Sie produziert ein azyklisches Amin mit Namen Harmonin, das eine antibiotische Wirkung hat. Wenn aber die Larven oder Imagines von *A. bipunctata* (oder anderer Coccinellidae) Eier oder Larven von *H. axyridis* aufnehmen, können sie sich infizieren. Da sie keine Abwehrstoffe besitzen, sterben sie an diesen Krankheitserregern. Hinzu kommt, dass *H. axyridis* über eine ungewöhnlich große Zahl von Peptiden verfügt, die allgemein gegen Pilze und Bakterien wirksam sind. Es wird von über 50 verschiedenen Peptiden berichtet, so viele entsprechende Moleküle wurden in keiner anderen Tierart gefunden (Vilcinskas et al. 2013a, b). Diese Art ist also gegen Krankheiten besser geschützt als die bisher näher untersuchten Coccinellidae der heimischen Fauna. Die Infektion mit *Nosema* wurde auch für den Siebenpunkt gezeigt (Vilcinskas et al. 2013a, b), dürfte aber bei allen einheimischen, aphidophagen Marienkäferarten möglich sein.

Pilze

Sehr auffällig sind pilzkranke Coccinellidae, die vorwiegend in Winterquartieren (Aggregationen) zu finden sind. Vor allem der Schlauchpilz *Beauveria bassiana* (Balsamo-Criv.) Vuill. (1912) (Ascomycota, Familie Cordycipitaceae) ist ein bei Insekten weit verbreiteter Pilz, der auch bei Marienkäfern vorkommt und aus zwölf Arten nachgewiesen wurde (Lipa et al. 1975, Majerus 1994, Ceryngier & Hodek 1996). Bei *Ceratomegilla undecimnotata* wurden ca. 10 % verpilzte Individuen nachgewiesen (Iperti 1964). Die Infektion erfolgt durch die Aufnahme von Sporen, die an der Körperoberfläche haften. Die Sporen keimen und der Pilz kann in den Körper des Marienkäfers eindringen. Die Myzelien durchwuchern schließlich den gesamten Körper und erscheinen als weißer Belag oder Aufwuchs an der Oberfläche des Käfers.

Die Arten der Ordnung Laboulbeniales sind Schlauchpilze (Ascomycota). Sie bilden kein Myzel. Die auffälligen Auswüchse, die sich außen auf verschiedenen Käfern befinden können, sind die nur aus wenigen Zellen bestehenden Thalli, die auf einer einzigen Haftzelle sitzen. Bisher sind etwa 2 000 Arten bekannt, 1 600 leben auf Coleoptera, z. B. bei Carabidae, Staphylinidae, Dytiscidae, Hydrophilidae und Coccinellidae. Oft sind sie artspezifisch.

Bei den Coccinellidae kommen in Europa zwei verschiedene Arten aus der Gattung *Hesperomyzes* Thaxter, 1891 vor. *H. coccinelloides* (Thaxter, 1931) wurde auf *Stethorus pusillus* nachgewiesen, erkennbar an schmalen Schläuchen am Hinterende der Elytren (De Kesel 2011, Ceryngier 2013, Ceryngier & Twardowska 2013).

Besonders auffällig und weit verbreitet ist *Hesperomyces virescens* Thaxter, 1891, der »Marienkäferpilz«. Nach Eser & Graebner (2020) ist die Art von 30 Wirtsarten aus 20 Gattungen bekannt und weltweit verbreitet. In Mitteleuropa wurde der Pilz z. B. von *Adalia bipunctata, A. decempunctata, Harmonia axyridis, Halyzia sedecimguttata, Chilocorus renipustulatus* und *Psyllobora vigintiduopunctata* nachgewiesen (Tavares 1985, Santamaria et al. 1991, Christian 2001, De Kesel 2011, Haelewaters & de Kesel 2017). Vermutlich handelt es sich um ein Artengemisch, wie genetische Untersuchungen andeuten. Die 0,5–2 mm langen, im Durchmesser 0,1–0,3 mm messenden stabförmigen, gelblich bis grünlichen, durchscheinenden Fruchtkörper (Thalli) (Foto 186) sitzen oft am Hinterende der Elytren (Foto 187), können sich aber auch an anderen Körperteilen befinden. Maximal wurden mehr als 400 Thalli pro Individuum bei *Harmonia axyridis* gefunden (Haelewaters & de Kesel 2017). In den Niederlanden ist *Harmonia axyridis* erst seit 2002 nachgewiesen, ab 2008 wurden die ersten Infektionen mit *H. virescens* nachgewiesen (0,4 % der Individuen), im Jahre 2014 waren es 19,4 % (van Wielink 2017a). Zunächst wurde der Pilz nur in warmgetönten Gebieten gefunden, gegenwärtig ist er vermutlich allgemein verbreitet, wobei seine Ausbreitung in engem Zusammenhang mit der von *H. axyridis* steht.

Die Übertragung des Pilzes erfolgt bei der Kopulation. Das zeigt sich auch bei *Harmonia axyridis,* bei denen die ♂♂ meist auf der Ventralseite infiziert sind, die ♀♀ dorsal (van Wielink 2017a). Häufiger Partnerwechsel und überlappende Generationen fördern das Vorkommen von *H. virescens*. Das bevorzugte Auftreten bei *Adalia bipunctata* ist deshalb ein Resultat von Besonderheiten im Sexualverhalten dieser Art. Auch gemeinschaftliche Überwinterungen wirken sich förderlich auf den Pilz aus, z. B. bei *H. axyridis* (der Befall kann dann an unterschiedlichsten Körperstellen erfolgen). Van Wielink (2017a) fand in Winterquartieren mehr infizierte ♂♂ als ♀♀. Der

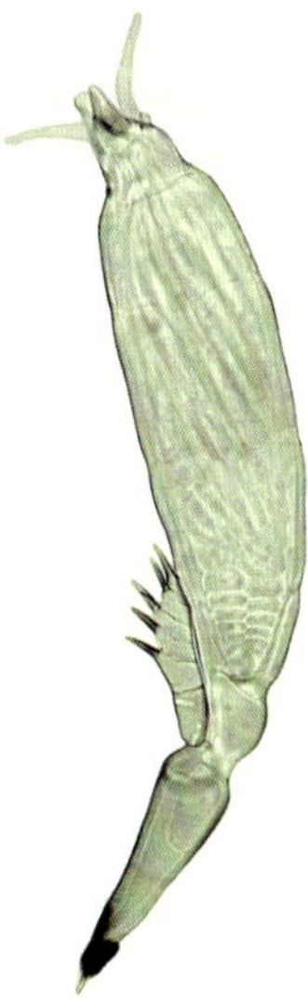

Foto 186: *Hesperomyzes virescens* von *Adalia bipunctata,* Thallus. Foto: E. Christian.

Foto 187: *Hesperomyzes virescens* am Hinterleibsende von *Harmonia axyridis.* Foto: E. Wachmann.

Befallsgrad kann über 90 % betragen (Eser & Graebner 2020). Die *H. virescens* entnehmen dem Wirt mit ihrer Haftzelle Nährstoffe und beeinträchtigen so die Marienkäfer.

Bakterien

Das Auftreten parasitisch lebender Bakterien der Gattung *Wolbachia* (Familie Anaplasmataceae, Rickettsiales, zu den Proteobacteria gehörend) hat aus verschiedenen Gründen große Aufmerksamkeit gefunden. Einerseits, weil angenommen wird, dass weit über die Hälfte aller Insektenarten befallen sind, andererseits deshalb, weil sie das Geschlechterverhältnis manipulieren. Sie leben in den Geschlechtsorganen ihrer Wirte. Die *Wolbachia* werden über die Eizellen übertragen, ein hoher Weibchenanteil ist deshalb für diese Bakterien von Vorteil.

Schon Lusis (1947a, b) beobachtete, dass es bei *Adalia bipunctata* Populationen mit einem sehr hohen Weibchenanteil gibt, weil die männlichen Zygoten absterben. Eine Ursache für dieses stark verschobene Geschlechterverhältnis liegt nach MAJERUS (1994) in endosymbiontischen »Killer-Bakterien« (*Rickettsia, Wolbachia,* wohl auch *Spiroplasma*), die von Spermien mit Y-Chromosom (männlich) befruchtete Eizellen (Zygoten) abtöten, wobei Infektionsraten von fast 50 % keine Seltenheit sind. Außer der Übertragung von Mutter zu Tochter mit einer Effizienz von 85 % spielt auch der Kannibalismus eine gewichtige Rolle (HURST et al. 1992, 1993, 1995).

HURST et al. (1992, 1993) fanden in einer Population des Zweipunkts 7 % der Individuen mit einem Befall von *Rickettsia* sp. (Familie Rickettsiaceae, Rickettsiales, zu den Proteobacteria gehörend). Der Erreger führt zum Absterben männlicher Embryonen und in vielen Fällen waren die entstehenden Adulten ausschließlich Weibchen (siehe auch MAJERUS 1994, HURST et al. 1995).

Geringe Männchenanteile (0–35 %) sind die Folge. Dies hat unterschiedliche Auswirkungen auf die Populationen von *Adalia bipunctata*:

- es reduziert die Inzuchtrate durch die Vernichtung der »Zwillingsbrüder«;
- es gibt weniger Wettbewerb für die weiblichen Larven, besonders bei geringer Beutetierdichte;
- der Verzehr von toten männlichen Eiern durch Zwillinge erhöht ihre Lebensfähigkeit;
- die Wahrscheinlichkeit, dass lebensfähige Eier verzehrt werden, sinkt.

Außer bei *Adalia bipunctata* kommen Populationen mit einem sehr hohen Weibchenanteil auch bei anderen Arten vor, z. B. *Anatis ocellata, Exochomus quadripustulatus, Chilocorus bipustulatus* und *Ch. renipustulatus* (HENDERSON & ALBRECHT 1988).

11 Gefährdung und Schutz

Der Einschätzung der Gefährdung dienen Rote Listen als Verzeichnisse von ausgestorbenen, verschollenen und gefährdeten Arten und auch solche von Pflanzengesellschaften sowie Biotoptypen. Der Gefährdungsstatus wird streng definierten Kategorien zugeordnet und für einen bestimmten Bezugsraum dargestellt.

Die derzeit in der Bundesrepublik Deutschland gültige Rote Liste für die Coccinellidae wurde 1998 herausgegeben (Geiser 1998). Eine Neubearbeitung, die die Marienkäfer enthält, ist noch nicht erschienen (Esser 2021). Einen Vergleich der aktuellen Verhältnisse mit der Einschätzung von 1998 gibt die nachfolgende Übersicht (Tabelle 50).

Tabelle 50: Anzahl der in der Roten Liste Deutschlands (Geiser 1998) genannten Arten der Coccinellidae im Vergleich zur aktuellen Roten Liste (Esser 2021).

Kategorie der Roten Liste	1998	2021
Ausgestorben oder verschollen (0)	2	2
Vom Aussterben bedroht (1)	2	
Stark gefährdet (2)	10	
Gefährdet (3)	17	1
Gefährdung unbekannten Ausmaßes (G)		5
Extrem selten (R)	1	
Vorwarnliste (V)		5
Daten unzureichend (D)		9

Die aktuelle Liste nennt nur acht Arten mit einem Gefährdungsgrad, davon zwei in der Kategorie 0 (*Tetrabrachys connatus, Scymnus silesiacus*), eine aus Kategorie 3 (*Exochomus oblongus*) und fünf Arten der Kategorie G. Das erscheint angesichts des starken Rückganges vieler Arten sehr wenig.

In den Roten Listen einzelner Bundesländer wird eine wesentlich größere Zahl von Arten als gefährdet bezeichnet (etwa 30 %). Ähnlich liegen die Verhältnisse in Österreich (Kreissl 1994a).

Rote Listen für einzelne Bundesländer existieren nur wenige (Tabelle 51). Die älteste ist eine Bearbeitung von Koch et al. (1977) für das nördliche Rheinland, die allerdings hier nur ohne Kategorie eingeordnet werden kann. Weitere sieben für das Gebiet genannte Arten sind nicht in der Tabelle 51 enthalten und werden auch in anderen Roten Listen nicht genannt.

Tabelle 51: In Deutschland gefährdete Arten der Familie Coccinellidae. 1998 = Rote Liste Bundesrepublik Deutschland, D = Deutschland (Esser 2021), Rh = Rheinland (Koch et al. 1977), SH = Schleswig-Holstein (Gürlich et al. 1995), BY = Bayern (Geiser 1992), ST = Sachsen-Anhalt (Witsack 2020), SN = Sachsen (Klausnitzer 2020e). Die genaue Definition der Kategorien ist in den entsprechenden Quellen nachzuschlagen. Sie entspricht etwa Folgendem: 0 = ausgestorben oder verschollen, 1 = vom Aussterben bedroht, 2 = stark gefährdet, 3 = gefährdet, 4 oder P = potenziell gefährdet, G = Gefährdung unbekannten Ausmaßes, R = extrem selten, V = Vorwarnliste, D = Daten unzureichend.

Art	1998	D	Rh	SH	BY	ST	SN
Tetrabrachys connatus	0	0			0		
Hyperaspis campestris		D		P	3	3	
Hyperaspis concolor	3	V		P	2	2	D
Hyperaspis pseudopustulata	3	D		P	3		R
Hyperaspis reppensis	3	D	+	1	3	3	R
Clitostethus arcuatus	2				1	D	
Nephus bipunctatus	3		+	3	3	2	D
Nephus bisignatus	R	D		2		2	
Nephus limonii	1	D					
Nephus quadrimaculatus	3			0	2	1	G
Nephus redtenbacheri			+		2		G
Scymnus abietis				0	3	2	
Scymnus apetzi	1	G	+			1	
Scymnus ater	2			1	1	2	D
Scymnus doriae		D					R
Scymnus femoralis	2	D	+	2	2	1	D
Scymnus ferrugatus						V	
Scymnus haemorrhoidalis							
Scymnus impexus					2	D	0
Scymnus interruptus	3		+		2	3	V
Scymnus limbatus	3	V		3	2	2	3

Art	1998	D	Rh	SH	BY	ST	SN
Scymnus schmidti			+		2	2	2
Scymnus silesiacus	0	0					
Scymnus subvillosus	2						2
Scymnus suffrianoides apetzoides	2	G			2		
Exochomus oblongus	2	3			2		
Parexochomus nigromaculatus	3				3	2	3
Platynaspis luteorubra		V		3			V
Novius cruentatus	3			0		1	G
Halyzia sedecimguttata	3			3			
Vibidia duodecimguttata	3		0				
Anisosticta novemdecimpunctata							V
Adalia bipunctata							2
Adalia conglomerata						V	V
Calvia decemguttata			+	3			
Calvia quatuordecimguttata							V
Calvia quindecimguttata	2	D			2	1	R
Ceratomegilla alpina	2				2		
Ceratomegilla notata	3	V			3	V	V
Ceratomegilla undecimnotata	3	D			3	1	3
Coccinella hieroglyphica	3	G	+	2	3	3	3
Coccinella magnifica	3			3	2	3	V
Coccinella quinquepunctata							3
Coccinella undecimpunctata							V
Hippodamia septemmaculata	3	G	+	1	3	2	1
Hippodamia tredecimpunctata						V	3
Myzia oblongoguttata							V
Oenopia conglobata						V	V
Oenopia impustulata	2	G		2	1	1	G
Oenopia lyncea agnatha	2		+		2	1	2
Sospita vigintiguttata	3		+	3	2	V	V
Cynegetis impunctata		V					V
Henosepilachna argus						1	R

Es ist erstaunlich und zunächst vielleicht ganz unerwartet, dass so viele Marienkäferarten als gefährdet eingestuft werden müssen. Die Situation in den wenigen Bundesländern, die hier vergleichend betrachtet werden können, ist natürlich teilweise recht verschieden. Es spiegelt sich auch das Nord-Süd-Gefälle wider, denn in Norddeutschland ist manche Art gefährdet, weil die wenigen dort vorhandenen Populationen am Rande des Verbreitungsgebietes liegen und entsprechende Lebensräume nur in geringem Maße zur Verfügung stehen. Insofern ist die Aufstellung einer Gesamtliste für die Bundesrepublik Deutschland nicht unproblematisch.

Cuppen et al. (2017) haben das Vorkommen von 37 Marienkäferarten vor dem Jahre 2000 und nach 2000 in den Niederlanden verglichen. Bei 15 Arten blieb der Bestand stabil. Sieben Arten haben zugenommen (*Exochomus quadripustulatus, Psyllobora vigintiduopunctata, Halyzia sedecimguttata, Calvia quatuordecimguttata, Harmonia quadripunctata, Sospita vigintiguttata, Henosepilachna argus*), stark zugenommen hat *Calvia decemguttata.* Neu zur Fauna hinzugekommen sind *Harmonia axyridis, Adalia conglomerata* und *Cynegetis impunctata.* In ihrem Bestand abgenommen haben fünf Arten (*Anisosticta novemdecimpunctata, Adalia bipunctata, Anatis ocellata, Coccinella magnifica, Myzia oblongoguttata*), vier Arten haben stark abgenommen (*Parexochomus nigromaculatus, Coccinella hieroglyphica, Oenopia impunctata, Subcoccinella vigintiquatuorpunctata*), zwei Arten sind verschwunden (*Hippodamia septemmaculata, Vibidia duodecimguttata*).

Die Kenntnisse über die Ursachen für den Rückgang von Individuenzahlen und das Verschwinden einzelner Marienkäferarten sind im Allgemeinen unzureichend. Vielfach scheinen im Vergleich zu früheren Jahrzehnten geeignete Habitate für viele Arten noch vorhanden zu sein. Dennoch sind manche Arten verschwunden oder in starkem Rückgang begriffen. Generell wirken auf die Marienkäfer die gleichen Faktorenkomplexe, die allgemein für das Insektensterben verantwortlich sind. Die Erforschung und Ermittlung der vermutlich komplexen Ursachen für das Verschwinden von Arten oder deren Rückgang ist sehr dringend geboten!

Im Folgenden werden Gesichtspunkte genannt, die den Rückgang erklären und Hinweise für den gezielten Schutz einzelner Arten geben können.

1. Verlust geeigneter Habitate für die Entwicklung der Arten und damit oft einhergehend das Verschwinden einzelner nötiger Pflanzenarten. Viele Coccinellidae leben fast ausschließlich in trockenwarmen Lebensräumen (Halb- und Trockenrasen, Brach- und Ödländer, Binnendünen). Diese verschwinden durch Nutzungsänderung (Auflassen der Beweidung, Aufforstung, Verbuschung, Vermüllung, Bebauung u. a.). Eine Mannigfaltigkeit der Vegetation ist wichtig und in jedem Fall förderlich, vor allem das Vorhandensein vieler einheimischer Pflanzenarten. Exten-

siv genutzte Strukturen des Offenlandes sind meist durch mangelnde Pflege, Nährstoffeinträge oder direkten Einfluss angrenzender, meist landwirtschaftlich genutzter Flächen stark beeinträchtigt und außerdem oft von Nitrophyten geprägt. Heiden, Bergwiesen und Feld- bzw. Restgehölze verschwinden zunehmend aus der Landschaft. Der Schutz, die Entwicklung und eine Pflege von Biotopen in einer aufgelockerten Kulturlandschaft, einhergehend mit einer Reduzierung von großflächigem Anbau landwirtschaftlicher Monokulturen, ist wünschenswert – wenn auch in vielen Regionen illusorisch.

- Gefährdet sind vielfach die Bewohner von trockenwarmen Standorten (Wärmeinseln), weil derartige Biotoptypen generell gefährdet sind: *Scymnus schmidti, S. interruptus, S. femoralis, S. subvillosus, Nephus quadrimaculatus, N. bipunctatus,* die *Hyperaspis*-Arten, *Ceratomegilla undecimnotata, Coccinella magnifica, Oenopia lyncea agnatha, Vibidia duodecimguttata.*
- Einige Arten sind mehr oder weniger an Moore und Heiden gebunden und mit diesen gefährdet: *Parexochomus nigromaculatus* (Moore, Heiden), *Hippodamia septemmaculata* (Sümpfe, Ufer), *Coccinella hieroglyphica* (Heiden), *Oenopia impustulata* (Hochmoore, Bindung fraglich), *Calvia quindecimguttata* (Bruchwälder, Ufer).
- Einige Arten kommen nur in recht isolierten Arealen vor, ohne dass es klar ist, warum sie nicht weiter verbreitet sind: *Novius cruentatus* (Kiefern), *Scymnus limbatus* (Weiden), *S. ater* (Wärmestellen, Auen), *Sospita vigintiguttata* (Erlen).
- Andere Arten leben an alpinen, subalpinen bzw. montanen Standorten, die ihrerseits einer Gefährdung unterliegen: *Exochomus oblongus* (alpine-subalpine Moore), *Ceratomegilla alpina* (alpin-montan), *Ceratomegilla notata* (boreomontan).

2. Forstliche Monokulturen können sich ebenfalls negativ auswirken, da sie einen notwendigen Habitatwechsel während des Entwicklungszyklus erschweren können.
3. Die Beeinträchtigung und in manchen Fällen Beseitigung von Feuchtgebieten und Mooren, die Verbauung von Gewässerufern und die Beeinträchtigung von Salzstellen durch Trockenlegung, Melioration, Beweidung, Vermüllung, Gülleeintrag und Eutrophierung entzieht vielen Arten die Lebensgrundlage.
4. Möglicherweise kann sich, zumindest lokal, ein Mangel an einem geeigneten Blütenangebot nachteilig auf die Marienkäferfauna auswirken (vgl. Kapitel 7.2). Viele Arten nehmen Pollen (auch Nektar) auf, vor allem im Frühjahr und Spätsommer, um Engpässe bei der Versorgung mit Blattläusen zu überbrücken.

5. Für die Überwinterung benötigen viele Arten Saumstrukturen mit Laubstreu, Pflanzenrosetten und Totholz, auch Steinhaufen. Entsprechende Habitate sollten geschützt oder sogar angelegt werden. Dies betrifft vor allem den Siedlungsbereich, wo übertriebener Ordnungssinn gerade solche Lebensräume bedroht. In der Agrarlandschaft sind Waldsäume, Feldgehölze, Hecken u. Ä. zu erhalten. Das Mulchen der Feldränder wirkt sich ebenfalls negativ aus.
6. Der Einsatz zahlreicher Pestizide wirkt sich auch auf die Coccinellidae aus. Hier kommt als zusätzlicher Effekt die Stellung der karnivoren Arten in der Nahrungskette zum Tragen (»Gipfelraubtiere«).
7. Die Belastung der Landschaft mit Agrochemikalien (vor allem Stickstoff) führt zu einer weiteren negativen Veränderung von vorher vielfältigen Habitaten und somit zur Beeinträchtigung von Marienkäfern. Es ist ein vernünftiger Einsatz dieser Mittel (auch der Pestizide) dringend geboten.
8. Pestizide und Düngung führen auch zu einer Abnahme des Angebotes an Blattläusen. Nahrungsmangel für Marienkäfer ist deshalb durchaus ein Thema.
9. Auch die Lichtverschmutzung wirkt sich aus. Ein Teil des Artenspektrums wird von künstlichem Licht angelockt und kommt so in ungeeignete Bereiche bzw. wird von den Lampen direkt vernichtet (vgl. Kapitel 2.13).
10. Verdrängungseffekte durch *Harmonia axyridis* z. B. durch Übertragung von *Nosema hippodamiae* (vgl. Kapitel 10.4), Konkurrenz um Nahrung, direkte Vernichtung von Eiern, Larven und Puppen.
11. Die Klimaerwärmung führt zur Verdrängung von kaltstenothermen Arten (*Hippodamia septemmaculata, Ceratomegilla notata*) und wohl auch zum Mangel an bestimmten Blattlausarten (vgl. Kapitel 2.11).
12. Jaeschke (1987) sammelte von 1985–1987 überwiegend in Berlin und Umgebung durch den Straßenverkehr getötete Insekten. Die Coleoptera stellten mit 1 890 Exemplaren die drittgrößte Zahl, es dominierte *Coccinella septempunctata* mit 894 (47,3 %) Tieren.

Fakt ist jedenfalls, dass die noch vor wenigen Jahren regelmäßig zu beobachtenden großen Individuenzahlen kaum mehr nachzuweisen sind. Als Beispiel können nach Untersuchungen von B. Klausnitzer (in litt.) Kiefernjungwüchse und Teichufer herangezogen werden. Beide Habitattypen sind vielerorts reichlich und in anscheinend gleicher Qualität vorhanden und entstehen immer wieder neu, weisen aber deutlich weniger Individuen und Arten auf.

12 Mensch und Marienkäfer

Marienkäfer sind die ersten Insekten, die Kinder im Allgemeinen wahrnehmen. So wird eine positive Verbindung schon früh hergestellt, die sich nach und nach auf die gesamte Lebewelt ausdehnt und wesentlich für eine emotionale Beziehung werden kann, die Liebe und Verständnis für die Natur lebenslang zu begründen vermag.

Die engen und im kulturellen Bereich wohl ausschließlich liebevollen und positiven Beziehungen des Menschen zu Marienkäfern beziehen sich in Mitteleuropa fast ausschließlich auf *Coccinella septempunctata.* In England werden nach Moon (1986) auch andere Arten mit Punkten als Glückskäfer angesehen. Es gibt mehrere Gründe, warum der Siebenpunkt als wohl bekanntester und beliebtester Käfer anzusehen ist:

- häufige Art (sicher auch schon vor 20 000 Jahren), mit einer langen Erscheinungszeit und in unmittelbarer Umgebung des Menschen lebend;
- durch das Farbmuster rot-schwarz auffällig;
- seine Beweglichkeit und Flugfreudigkeit auf der warmen Menschenhand, wobei er scheinbar auf gesprochene Worte (Verse) reagiert;
- wird (und wurde) besonders von Kindern beachtet;
- Assoziation der sieben Punkte mit der besonderen Bedeutung der Zahl 7: heilig, magisch, mystisch, Glück bringend;
- Assoziation der roten Elytrenfarbe mit Gefährlichem wie Feuer und Blut (Anmerkung: Rot gilt aber auch als Farbe der Liebe und des sexuellen Reizes, siehe auch die Beziehung zur Liebesgöttin Freyja);
- ebenfalls sehr gewagt: ein Zusammenhang zwischen der kugeligen Gestalt und dem »Kindchenschema«.

12.1 Marienkäfer in Lyrik und Prosa

Es gibt zahlreiche Gedichte und Reime, die sich auf Marienkäfer beziehen, vor allem für Kinder. Mitunter von solchen Volksreimen ausgehend, haben sich manche Dichter der Marienkäfer angenommen. Besonders bekannt ist das Gedicht »Marienwürmchen« aus »Des Knaben Wunderhorn« (1805–1808) von Achim von Arnim (1781–1831) und Clemens Brentano (1778–1842). Es wurde von Robert Schumann (1810–1856) im Jahre 1849 vertont.

Marienwürmchen, setze dich
Auf meine Hand, auf meine Hand,
Ich thu dir nichts zu Leide.
Es soll dir nichts zu Leid geschehn,
Will nur deine bunten Flügel sehn,
Bunte Flügel, meine Freude.

Marienwürmchen, fliege weg,
Dein Häuschen brennt, die Kinder schrein
so sehre, wie so sehre.
Die böse Spinne spinnt sie ein,
Marienwürmchen, flieg hinein,
Deine Kinder schreien sehre.

Marienwürmchen, fliege hin
Zu Nachbars Kind, zu Nachbars Kind,
Sie thun dir nichts zu Leide.
Es soll dir da kein Leid geschehn,
Sie wollen deine bunten Flügel sehn,
Und grüß sie alle beyde.

(Achim von Arnim, Clemens Brentano: Des Knaben Wunderhorn.
Band 1, Stuttgart u. a. 1979, S. 221–222)

Auch Jacob Grimm (1785–1863) und Wilhelm Grimm (1786–1859) weisen auf die Beliebtheit bei Kindern hin:

»Viel stätige Sitte ist noch in andern Vergnügungen der Kinder. Das schöne, bunt punctirte Marienwürmchen setzen sie auf die Fingerspitzen und lassen es auf und abkriechen, bis es fort fliegt. Dabei singen sie:

Marienwürmchen, fliege weg! fliege weg!
dein Häuschen brennt! die Kinder schrein!«

(Brüder Grimm: Kinder- und Haus-Märchen Band 2 (1819).
G. Reimer, Berlin 1819, Seite XXIII)

William Shakespeare (1564–1616) lässt in »Romeo und Julia« im 1. Akt, 3. Szene das Kindermädchen von Julia das Wort »ladybird« als Synonym für Liebling verwenden: »What, lamb! What, ladybird! God forbid! Where's this girl? What, Juliet!« [He, Lämmchen! He, Liebling! Gott bewahre! Wo ist das Mädchen? He, Julia!]

Von 1978 bis 1998 gab es eine Zeitschrift »Novius, Mitteilungsblatt der Fachgruppe Entomologie der Hauptstadt der DDR für die Bezirke Berlin, Potsdam, Frankfurt (Oder) und Cottbus«, geziert mit einer Zeichnung von *Novius cruentatus*. Sie wurde von Joachim Schulze ins Leben gerufen und betreut und ist der Vorläufer der »Märkischen Entomologischen Nachrichten und Berichte«.

12.2 Marienkäfer in der bildenden Kunst

Man fand in Laugerie-Basse (Dordogne) eine etwa 14 000 Jahre alte Marienkäferplastik aus Mammutelfenbein (Abb. 215), die der jungsteinzeitlichen Epoche des Magdalénien zugeordnet wird (Mortillet, de & Mortillet, de 1903). Sie trägt auf jeder Elytre drei vertiefte Punkte und stellt wahrscheinlich einen Siebenpunkt dar. Offenbar war es ein Anhänger, denn die Plastik ist vorn durchbohrt und wurde sicher als Schmuck getragen. Dieser Marienkäfer hat eine Länge von 1,5 cm und galt möglicherweise als Glückssymbol.

Es verwundert nicht, dass Marienkäfer auch von Künstlern der Neuzeit in ihren Werken dargestellt wurden. Als ein Beispiel aus früherer Zeit sei August Johann Rösel von Rosenhof (30.03.1705–27.03.1759) genannt. Seine dreiteiligen »Insecten-Belustigungen« sind weltberühmt geworden. Man findet auch eine Darstellung von *Coccinella septempunctata* (Foto 188).

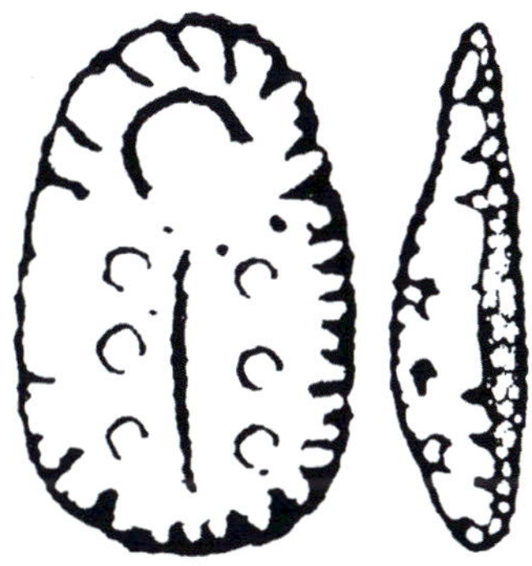

Abbildung 215: 20 000 Jahre alter Anhänger (1,5 cm lang) aus Mammutelfenbein (Magdalénien) aus Laugerie-Basse (Dordogne). Nach Schimitschek (1977) aus Mortillet, de & Mortillet, de (1903).

Foto 188: Tafel mit einem Siebenpunkt und anderen Käfern. Aus Rösel von Rosenhof (1749). Reproduktion aus dem Exemplar der Bibliothek des Senckenberg Deutschen Entomologischen Instituts, Signatur: 9351:2.

12.3 Marienkäfer im Kunstgewerbe und als Namensgeber

Völlig unübersehbar dürfte die Verwendung von Marienkäfermotiven im Kunstgewerbe (im weitesten Sinne) sein. Sie reicht von Modellen für Schmuck (Ohrringe, Fingerringe, Anhänger) über Spielzeug (z. B. auf Rädern zum Ziehen oder mechanisch betrieben), Talismane, Amulette, Armbänder, Anstecker, Papiermuster, Briefpapier, Kinderbekleidung, Karnevalskostüme und Klebefiguren bis zur Schokoladenverpackung. Nahezu unendlich ist die Vielfalt einschlägiger Glückwunschkarten, bei denen die korrekte Wiedergabe der Punktanordnung nur selten zu finden ist. Es wird eigenartigerweise auch kaum auf die Zahl 7 geachtet, die Punktzahl wird erhöht oder vermindert.

In einem Punkt scheint *Harmonia axyridis* auf dem besten Wege zu sein, *Coccinella septempunctata* wirklich zu verdrängen – das ist ihre zunehmende Verwendung in der Werbung (Ansichtspostkarten, Anhänger, Werbefilme). Der Siebenpunkt wird seit Jahrtausenden vor allem wegen der Siebenzahl als »Glücksbringer« angesehen. *H. axyridis* ist einfach nur bunt, eine volkskundliche Tradition existiert in Mitteleuropa naturgemäß nicht.

Ein besonders schönes kunstgewerbliches Beispiel ist ein Bernstein, der mit einem silbernen Mantel umgeben ist, der einen Kopf, Fühler und von Punkten durchbrochene Flügeldecken zeigt (Foto 189). Er wurde in Nidden auf der Kurischen Nehrung (Litauen) hergestellt.

Foto 189: Schmuckstück aus Baltischem Bernstein, einen Marienkäfer darstellend. Museum Nidden (Kurische Nehrung). Foto: B. Klausnitzer.

Der Name »Coccinella« wird in vielfältiger Weise verwendet, meist sind dann auch Abbildungen von Marienkäfern als Werbeträger beigefügt. So gibt es Hotels, Pensionen, Restaurants, Pizzerien, Modeartikel, Kosmetikprodukte, eine Paprikasorte und einen Zierapfel, die »Coccinella« heißen.

Es passt zwar nicht unbedingt zum Kunstgewerbe, aber der Volkswagen Käfer, der von Ende 1938 bis Sommer 2003 gebaut wurde und mit über 21,5 Millionen Fahrzeugen die meistverkaufte Automarke der Welt war, erinnert in seiner Form durchaus an einen überdimensionierten Marienkäfer, zumal man mitunter ein rot gespritztes und mit schwarzen Punkten versehenes Exemplar sehen konnte.

12.4 Marienkäfer auf Briefmarken

Zoologische Motive – auch Käfer – gehören in aller Welt zu den besonders beliebten Bildvorlagen von Postwertzeichen und erreichen mitunter eine hervorragende Qualität der Abbildung. Gelegentlich sind die Drucke aber stilisiert und ungenau, sodass sich die Motive nicht eindeutig bestimmen lassen.

Marienkäfer werden oft abgebildet. Dies trifft vor allem auf *Coccinella septempunctata* zu: Schweiz (1952), Jugoslawien (1966), Sharjah (Vereinigte Arabische Emirate) (1972), Großbritannien (1985), Kambodscha (1988), Nordkorea (1990), Südkorea (1991), China (1992). Von den anderen in Mitteleuropa vorkommenden Arten (*Ceratomegilla alpina* – Frankreich 1983, *Anatis ocellata* – Mongolei 1991), wurde nur *Adalia bipunctata* mehrfach verwendet: DDR (1968) (Foto 190), Argentinien (1990) (Angaben nach Lucht 1987, 1991, 1994).

Foto 190: Briefmarke mit *Adalia bipunctata* zu 20 Pfennig, DDR (1968).

Eine 2002 in der Schweiz erschienene Briefmarke zu 90 Rappen zeigt einen Siebenpunkt auf einem Blatt mit der Beschriftung: Herzlichen Glückwunsch – Meilleurs Voeux – Cordiali Auguri – Cordials Auguris.

12.5 Marienkäfer im Brauchtum

Noch im 17. Jahrhundert holte man den ersten Maikäfer (*Melolontha*) feierlich aus dem Wald. Man betrachtete ihn als »heiligen« Frühlingsboten wie Schwalbe und Storch (Grimm 1835). Ein Rest dieses Kultes ist gelegentlich noch erhalten geblieben, wenn Lokalzeitungen das Auftreten des ersten Maikäfers melden. Viel weiter verbreitet und noch tiefer verwurzelt dürfte der Marienkäferkult sein. Marienkäfer sollen geheiligte Tiere der altnordischen Liebes- und Fruchtbarkeitsgöttin Freyja gewesen sein. Im Sanskrit heißt der Marienkäfer Indragopa (Indras = Hirt). Später wurde er in die Verehrung der Mutter Maria einbezogen. Neun Tage lang soll diese jedem zürnen, der einen solchen Käfer getötet hat. Die Ursachen für die enge Verbindung der Marienkäfer mit der Jungfrau Maria bleiben weitgehend unbekannt. Man nimmt an, dass die frühere Beziehung zu Freyja auf Maria übertragen wurde – wodurch das Problem nur verschoben, nicht aber gelöst wird. Die sieben schwarzen Punkte erinnern an die sieben Freuden (Gedenktag am 5. Juli) bzw. die sieben Schmerzen (15. September) der Mutter Maria. Die roten Flügeldecken sollen den roten Umhang von Maria darstellen.

Möglicherweise spielte für die Entstehung des Marienkäferkults die Siebenzahl der Punkte der damals häufigsten europäischen Art (*Coccinella septempunctata*) eine wichtige Rolle, denn die Sieben wurde schon in ältesten Zeiten als eine besondere Zahl angesehen. Man denke nur an die zahlreichen Märchen, wo es um sieben Schwäne, Raben, Schwaben usw. geht. Die Verehrung ist auch heutzutage weit verbreitet, wie die erwähnten zahlreichen kunstgewerblichen Artikel beweisen.

Fliegt ein Marienkäfer gegen einen jungen Mann, bedeutet dies in der Provence Heirat. Will das Mädchen wissen, wann dieses Ereignis kommt, muss es den Käfer auf die Spitze des Zeigefingers setzen und Jahreszahlen zählen. Die Zahl, bei der der Käfer auffliegt, ist das Hochzeitsjahr. Für das Feststellen des Datums der Hochzeit spielen in manchen Gegenden verschiedene Verse eine Rolle. Aus dem Abflug ist auch die Himmelsrichtung zu erkennen, aus der der Bräutigam kommt.

Marienkäfer gelten sogar in Parallele zum Storch als Kinderbringer. Sie sollen verlorenes Vieh finden und vor Gefahren warnen können. Landet ein Marienkäfer auf einer Person, so kann sie sich etwas wünschen.

Das Vernichten von Marienkäfern wird bestraft. In Großbritannien glaubt man, dass der Preis für das Töten eines Exemplars der Verlust eines Haares sei (Moon 1986).

»Dass er Kinderliebling ist, ist vielleicht ein Zeichen für frühen Naturschutz durch Erziehung, weil der Käfer mit Maria, der Gottesmutter, in Verbindung gebracht wurde« (Weidner in litt.).

»Desgleichen wird der Hopfenpreis nach der Zahl der Punkte auf den Flügeln der Sonnenkäfer voraus vermuthungsweise bestimmt. Sind es 14, 16, 18 und 20punktige Spezies dieser Käfergattung, welche mit dem geernteten Hopfen zum Blatten heimgebracht werden und zahlreich an den Fenstern usw. kriechen, so reduzieren sich in der Erwartung ebenfalls die ganzen auf halbe Carolins. 1860 war – einmal trifft es ja doch zu – selbst Coccinella 20- und 22-punctata für viele Hopfengegenden kein falscher Prophet.« (Jäckel 1861). Es wird sich im Wesentlichen wohl um *Psyllobora vigintiduopunctata* gehandelt haben, eine mycophage Art, die oft an Hopfen zu finden ist und deren Häufigkeit sicher vom Mehltau-Pilzbefall der Pflanze abhängt. Allerdings ist die Punktzahl bei dieser Art relativ konstant. In England deutete man aus der Punktzahl den Preis des Weizens, jeder Punkt bedeutet einen Shilling pro Scheffel (Moon 1986).

In Lettland hat der Zweipunkt (*Adalia bipunctata*) eine besondere Bedeutung erlangt. Er wurde von der Lettischen Entomologischen Gesellschaft zum Nationalinsekt erklärt (Foto 191). Der »marite« (lettisch) ist sehr beliebt. Dies zeigt sich in vielen Kindergeschichten und Märchen. »Marite« wird auch die lettische Göttin Māra (Mutter Erde), eine der drei Hauptgötter der lettischen Mythologie, genannt. Sie galt als Erdmutter, Mutter und Behüterin der Natur und Göttin von Lettland, weshalb dieses auch als Māras zeme (Māras Land) bezeichnet wird.

Hinzu kommt, dass einer der bekanntesten Entomologen Lettlands – Jānis Lūsis – sich lebenslang der Erforschung dieser Art, vor allem deren Genetik gewidmet und von 1928–1973 wichtige Arbeiten über den Zweipunkt publiziert hat[24].

Marienkäfer werden auch als symbolische Werbeträger verwendet. Sie sollen eine naturnahe Produktion oder den Verzicht auf Pflanzenschutzmittel symbolisieren und finden sich deshalb z. B. auf Äpfeln aus Südtirol oder einschlägigen Plakaten und Broschüren.

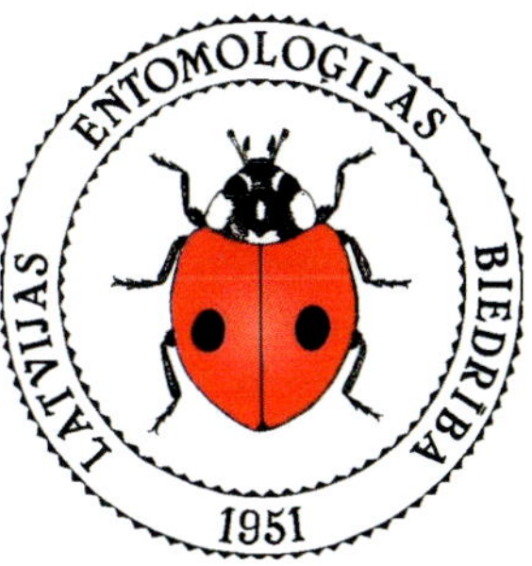

Foto 191: Logo der Lettischen Entomologischen Gesellschaft mit *Adalia bipunctata*.

12.6 Volksnamen für Marienkäfer

Zahlreiche Volksnamen weisen noch heute auf die besondere Bedeutung hin, die den Marienkäfern schon in früheren Zeiten beigemessen wurde. Das fängt mit dem Namen Marienkäfer an und setzt sich mit über 1 700 Bezeichnungen fort (Pfeifer 1966). Für kaum eine andere Tiergruppe dürften Volksnamen in so großer Zahl existieren! Die meisten Namen sind lokal beschränkt (Dialekte, Mundart), einige aber im gesamten deutschen Sprachgebiet durch das Schrifttum verbreitet (z. B. Marienkäfer). Der

24 Jānis Lūsis [Yanis Yanowitsch Lusis] (05.12. (23.11.) 1897 Kjonskij bei Valmiera – 10.08.1979 Riga) war ein lettischer Entomologe, der sich besonders mit *Adalia bipunctata* befasst hat. Er erforschte die genetischen Grundlagen für die Vererbung der unterschiedlichen Farbformen – ein Thema, das später auch von anderen Genetikern aufgegriffen wurde. Lūsis arbeitete an Instituten und Universitäten in Leningrad (St. Petersburg), Moskau und Riga. Von 1926–1935 nahm er an mehreren großen Expeditionen nach Mittelasien teil, die vor allem der Erforschung von Haustieren dienten und über die er zahlreiche Publikationen verfasste (Akademie der Wissenschaften der Lettischen SSR, Riga 1985, 236 S., russisch).

größte Teil der Namen (mehr als 1 500) bezieht sich nicht auf eine bestimmte Art, obwohl vielfach wahrscheinlich *Coccinella septempunctata* gemeint sein dürfte. Pfeifer (1966) nennt lediglich für 20 Arten spezielle Namen, die allerdings nur in wenigen Fällen als Volksnamen bezeichnet werden können.

Pfeifer (1966) ordnet die deutschen Volksnamen nach unterschiedlichen Bedeutungen, wovon im Folgenden einige Beispiele vorgestellt werden. Es dominieren Bezüge zu göttlichen, heiligen oder himmlischen Wesen.

- Heilige Maria (105 Namen): Marienkäfer, Marienvöglein, Marienkälbchen, Marienkälblein, Marienküchle, Jungfernkäferchen, Muttergotteswürmchen, Liebfrauenkäfer, Frauenküchle, Jungfraukäferl.
- Gott (91 Namen): Herrgottskäfer, Herrgottswürmchen, Herrgottskalb, Herrgottstierchen, Herrgottsschäfchen, Herrgottspferdchen, Herrgottsvöglein, Gotteskäfer, Gotteskühlein, Gotteskalb, Gotteslämmlein, Himmelsvaterla, Lieweherrgottstierle.
- Jesus (36 Namen): Herrgottssöönken, Muttergotteskindchen, Jesus-Chäferli.
- Bote an die Heiligen (89): Heiligenkäfer, Johanniskäfer, Katerinli (hl. Katherina).
- Himmelsbote (28): Himmelskawerle, Himmelwürmel, Himmelmiezchen.
- Engel (15): Engelstierchen, Himmelsengelchen.
- Gutwetterbote-Sonnenschein (63): Sonnkäferl, Sonnenwürmchen, Sonnenkindchen, Sonnenkälbchen.
- Zeit des Auftretens (42): Summerchäferli, auch Maikäfer.
- als Käfer schlechthin (13): Käferl, Lütte Sebbeln, Krabbel.
- Haustiere – Kuh (321): Mähkälbchen, Mutschekiebchen, Unser Frauen Kühle, Marienkälbchen, Gotteskälbchen, Herrgottsöchslein, Himmelskühele, Sonnenkälbchen, Augetskühla (Augenkühlein).
- Haustiere – Pferd (79): Marienperd, Leiwgotscheperd, Sommergäulchen.
- Haustiere – Ziege (5): Herrgottsgeis, Himmelsziege.
- Haustiere – Schaf (53): Himmelbätzela (Bätzela = Schäfchen), Gotteslämmchen, Herrgottsschäfchen.
- Haustiere – Katze (10): Bunte Katt.
- Haustiere – Huhn (86): Butthünl, Gotteskük, Levhemmelsküken.
- Vogel (69): Herrgottsvögelein, Johannesvögele.
- Aufforderung zum Fliegen (62): Fliegewürmchen, Herrgottsmückele.

- Körperform (68): Kugelkäfer, Sonnenküglein, Erbsenkühchen.
- Färbung (146): Rotkalbl, Bluthienla, Gelbhänschen, Goldschäfchen, Graupelmiezchen (Graupen = Flecke), Sprinzerl-Spranzerl (Sprenkelung).
- Aphidophage Ernährung (15): Leußfresser, Blattlauskäfer, Huppawermel (Hopfenwürmlein).
- Sonstiges (151): Glückskäferle, Brautmaneke (Brautmännchen), Olichsvöjelche (Ölvögelchen, bezieht sich auf das »Reflexbluten«).

Auch in anderen in Mitteleuropa gesprochenen Sprachen existieren entsprechende Namen für die Marienkäfer, wie z. B. im Französischen vache à Dieu, bête de la Vierge und bête à bon Dieu, im Niederländischen Lieveheersbeestje, Lieveheershaantjes, im Flämischen Sonne Kever, im Dänischen mariehøne, im Sorbischen bože słónčko, im Polnischen biedronka, im Tschechischen sluněčko sedmitečné (kleine Sonne), im Slowakischen lienka, im Italienischen Boarino dal Signor und im Englischen Ladybird, Ladybug.

12.7 Marienkäfer in der Volksmedizin und im medizinischen Aberglauben

Zerriebene Marienkäfer wurden in der mittelalterlichen Apotheke unter der Bezeichnung »Pulvis dentifricius« (Zahnpulver) gehandelt. Entsprechende Anmerkungen finden sich in der alten Literatur: »*Coccinella septempunctata, bipunctata, sexpustulata* und *bissexguttata* werden als besonders heilsam gegen Zahnschmerzen empfohlen« (Keferstein 1827) oder »Man füllt den hohlen Zahn mit einem Herrgottstierchen (*Coccinella septempunctata*)« (Lammert 1869). Man glaubte damals, dass in den Marienkäfern Opium enthalten sei, das die Zahn- und Gesichtsschmerzen lindert (Heikertinger 1932). Er zitiert auch ein Rezept aus dem Jahre 1560: »Man zerdrücke ein Marienkäferchen und halte die an den Fingern übrigbleibende Flüssigkeit an den hohlen Zahn, worauf der Schmerz sofort aufhört. Später machte man Spiritusauszüge für den Wintergebrauch [...] In der Volksmedizin in Bayern gibt man Marienkäfer mit Pottasche innerlich, also wohl als Reizmittel auf Harn- und Geschlechtswege.« Und (als Zitat aus Netolitzky 1919): »Wer an Zahnweh leidet, wird davon befreit, wenn er recht vielen auf dem Rücken liegenden Käfern wieder auf die Beine hilft.«

Es ist beeindruckend, welche Bedeutung die Marienkäfer heutzutage für die Naturstoffchemiker haben. In neuerer Zeit laufen ernsthafte Forschungen, die die Nutzung einiger Inhaltsstoffe von Marienkäfern für pharmazeutische Zwecke zum Inhalt haben. So gibt es Versuche, die antibakterielle Wirkung verschiedener Peptide aus *Harmonia axyridis* zur Abtötung von Tuberkulosebakterien zu verwenden. Andere Stoffe (z. B. das Harmonin) könnten vielleicht negativ auf Plasmodien wirken und so bei der Bekämpfung von Malaria helfen.

Übrigens haben viele Marienkäferalkaloide eine starke pharmakologische Aktivität, wobei zahlreiche Befunde eher patentiert als publiziert wurden. Solche Marienkäfersubstanzen können Enzyme und die Zellteilung hemmen, es sind z. T. Agonisten und Antagonisten an Rezeptoren für Neurotransmitter. Aufgrund ihrer Fettlöslichkeit ist durchaus auch ein Passieren der Blut-Hirn-Schranke möglich.

12.8 Falsche Annahmen

Weit verbreitet ist die Annahme, dass die Zahl der Punkte das Alter des Käfers in Jahren angibt – eine Meinung, der natürlich jegliche biologische Basis fehlt. Die Zahl der Punkte ändert sich während des Lebens des Käfers nicht. Immerhin wird aber deutlich, dass die unterschiedliche Punktierung beobachtet und beachtet wurde. Die Punktzahl hat aber auch andere Deutungen erfahren, z. B. als Preisorakel (siehe Kapitel 12.5). WEIDNER (1990) zitiert KNARR: »Hat's Himmelbetzela viel schwarze Punkt, gibt's viel Brot.«

12.9 Marienkäfer als Heimtiere

Ob man Stabheuschrecken, Fangheuschrecken oder Rosenkäfer als Heimtiere bezeichnen sollte, ist sicher zu überlegen. Dieser Begriff steht eher für Hunde, Katzen, Wellensittiche oder Zierfische. Andererseits bereiten auch gehaltene Insekten Freude, regen zur Beobachtung an und fördern das Verständnis für die Natur. Warum also nicht auch Marienkäfer als Heimtiere?

Ein gewisser Nachteil erwächst aus der Notwendigkeit, immer geeignete Nahrung zur Verfügung zu haben, die eben nicht im Handel zu finden ist. Ein Ausweg wäre die Verwendung einer synthetischen Diät. Aber auch um diese muss man sich selbst kümmern.

Ein Ausweg ist das Eintragen von Puppen, die nach wenigen Tagen schlüpfen. Dann kann man das Werden des Käfers und seine Ausfärbung beobachten – sicher vor allem ein Erlebnis für Kinder und für Fotografinnen und Fotografen! Es wird die Neugier gestillt, welche Art wohl herauskommen wird. Im Anschluss sollte man die Tiere wieder freilassen, möglichst an der gleichen Stelle, von der die Puppe stammte. Natürlich kann man in geeigneten kleinen Plasteschachteln auch Weibchen zur Eiablage bringen, die Larven entsprechend füttern und so den gesamten Zyklus verfolgen. Das sind dann schon erste Schritte zur Erforschung der Lebensweise.

12.10 Marienkäferforscher

Mulsant war ein offenbar weitsichtiger Kenner der Coccinellidae, ein Hinweis auf die überragende Bedeutung der französischen Koleopterologie. Von ihm stammen fünf der neun Unterfamilien, je eine andere von Crotch, Latreille, Leng und Weise. Auch bei den für Mitteleuropa hier behandelten 14 Tribus dominiert Mulsant mit acht, je eine gehen auf Crotch, Dobrzhanskiy, Kapur, Latreille, Pope und C. G. Thomson zurück.

Die heute für den Bereich dieses Buches gültigen Gattungsnamen stammen von 15 Autoren. Die meisten Gattungen (16) beschrieb Mulsant, gefolgt von Chevrolat (5) und Weise (3). Alle anderen beschrieben eine oder zwei Gattungen (Tabelle 52).

Bei den Arten sieht das Bild anders aus. Hier waren 43 Autoren tätig. Der Löwenanteil entfällt auf Linnaeus (28), leicht erklärbar, da er überwiegend die nord- und mitteleuropäische Fauna untersuchte und viele häufige und weit verbreitete Arten beschrieb, gleichsam den »Grundstock« der heimischen Fauna, die er größtenteils in der Gattung *Coccinella* zusammenfasste. Zu den übrigen Autoren besteht ein großer Abstand. Mulsant beschrieb 15, Herbst acht, Fürsch und Goeze je sechs, fünf entfallen auf Fabricius, vier auf Weise, je drei auf Kugelann, Redtenbacher, Rossi und Thunberg. Alle anderen Autoren sind mit einer oder zwei Arten vertreten.

Es liegt nahe, dass die Zahl und Form der Punkte bei der Benennung eine zentrale Rolle spielten. 35 Arten, also etwa ein Drittel, wurden nach diesen Merkmalen benannt. Die Zahl der Punkte reicht von 0 bis 24 (0, 2, 3, 4, 5, 7, 10, 11, 12, 13, 14, 15, 16, 18, 19, 20, 22, 24). Spitzenreiter ist die 2 (7-mal), gefolgt von 4 (4-mal) und 14 (3-mal). Bei der Form umfasst das Vokabular fasciatus (1-mal), guttatus (8-mal), maculatus (4-mal), notatus (2-mal), punctatus (14-mal), pustulatus (4-mal), signatus (1-mal) und vulnerus (1-mal).

Tabelle 51: Autoren der in Mitteleuropa vorkommenden Gattungen und Arten der Coccinellidae. G = Zahl der Gattungen, A = Zahl der Arten. Angaben nach Horn et al. (1990) sowie anderen Quellen.

Autor	G	A
Jean Louis Rodolphe Agassiz (28.05.1807 Haut-Vully, Gemeindeteil Môtier, Kanton Freiburg, Schweiz – 14.12.1873 Cambridge, Massachusetts, USA)	1	
V. V. Barovskij – russischer Entomologe	1	1
Flaminio Graf Baudi di Selve (07.07.1821 Savigliano – 26.06.1901 Genua)		1
Frank Ellsworth Blaisdell (13.03.1863 Pittsfield, New Hampshire – 16.07.1946 San Francisco?)		1
Johan Bogaert – belgischer Entomologe		1
Carl Heinrich Boheman (10.07.1796 Jönköping – 02.11.1868 Stockholm)		1
Charles Nicolas François Brisout de Barneville (22.07.1822 Paris – 02.05.1893 St-Germain-en-Laye)		1
Felice Capra (1896–1991) [siehe Fußnote 16 S. 176]		2
Thomas Lincoln Casey (19.02.1857 West Point, New York – 06.02.1925)	1	
Louis Alexandre Auguste Chevrolat (29.03.1799 Paris – 16.12.1884 Paris)	5	
Christian Creutzer (†1827) – österreichischer Entomologe		1
George Robert Crotch (1842 Cambridge – 1874)	2	
Baron Carl DeGeer (10.02.1720 Finspång – 07.03.1778 Lövstabruk)		1
Theodosius Dobrzhanskiy, ursprünglich Feodosy Grigorevich Dobrzhanskiy (25.01.1900 Nemirow bei Lemberg – 18.12.1975 Davis, Kalifornien) [siehe Fußnote 3 S. 26]	2	
Horace St. John Kelly Donisthorpe (17.03.1870 – 22.04.1951) – britischer Entomologe		1
Johann Christian Fabricius (07.01.1745 Tondern – 03.03.1808 Kiel)		5
Franz Faldermann (28.02.1799 Heidelberg – 30.11.1838 St. Petersburg)		2
Helmut Fürsch (*21.04.1927 Vilshofen an der Donau) [siehe Fußnote 8 S. 33]		6
Étienne Louis Geoffroy (12.10.1725 Paris – 12.04.1810 Soissons)		1
Johann August Ephraim Goeze (28.05.1731 Aschersleben – 27.06.1793 Quedlinburg)		6
Leonard Gyllenhal (03.12.1752 Gut Ribbingsberg, Älvsborgs län – 13.05.1840 Gut Höberg, Skaraborgs län)		1
Johann Friedrich Wilhelm Herbst (01.11.1743 Petershagen – 05.11.1807 Berlin)		8
George Henry Horn (07.04.1840 Philadelphia – 24.11.1897 Philadelphia)		1
Arvid David Hummel (30.04.1778 Göteborg – 20.10.1836 Ekenäs)		1
A. P. Kapur – indischer Entomologe	1	
Johann Gottlieb Kugelann (02.01.1753 Königsberg – 08.09.1815 Osterode in Ostpreußen)	2	3
Johann Nepomuk von Laicharting (04.02.1754 Innsbruck – 07.05.1797 Innsbruck)		1
Pierre André Latreille (20.11.1762 Brive-la-Gaillarde – 06.02.1833 Paris)		

Autor	G	A
William Elford Leach (02.02.1790 Plymouth – 26.08.1836 Palazzo San Sebastiano bei Tortona)	1	
Charles William Leng (1859 – 1941 USA, Staten Island, New York)		
J. Li – chinesischer Entomologe	1	
Carl von Linné (23.05.1707 Råshult – 10.01.1778 Uppsala)	1	28
Karl Maria Erenbert Freiherr von Moll (21.12.1760 Thalgau/Salzburg – 01.02.1838 Augsburg)		11
Martial Étienne Mulsant (02.03.1797 Marnand – 04.11.1880 Lyon) [siehe Fußnote 1 S. 17]	16	15
Guillaume-Antoine Olivier (19.01.1756 Les Arcs bei Toulon – 01.10.1814 Lyon)		1
Peter Simon Pallas (22.09.1741 Berlin – 08.09.1811 Berlin)		1
Gustaf Freiherr von Paykull (21.08.1757 Stockholm – 28.01.1826 auf dem Gut Wallox-Saby, Uppland)		1
Nicolaus Poda von Neuhaus (04.10.1723 Wien – 29.04.1798 Wien)		1
Christian Pontoppidan (1696-1765) – dänischer Entomologe		1
Robert D. Pope (01.1928-02.2013) – britischer Entomologe		
Ludwig Redtenbacher (10.07.1814 Kirchdorf bei Wels – 08.02.1876 Wien) [siehe Fußnote 5 S. 30]	2	3
Wilhelm Gottlob Rosenhauer (11.11.1813 – 13.06.1881) – deutscher Entomologe		1
Pietro Rossi (23.01.1738 Florenz – 21.12.1804 Pisa)		3
Claudius Rey (02.09.1817 Lille – 31.01.1895 Lille)		1
Jan Roubal (16.08.1880 Chudenice – 23.10.1971 Prag)		1
Johan Reinhold Sahlberg (06.06.1845 Helsinki – 08.05.1920 Helsinki))		1
Thomas Say (27.06.1787 Philadelphia – 10.10.1834 Philadelphia)		1
David Hinrich Schneider (13.10.1755 Stralsund – 26.11.1826 Stralsund)		1
Ludwig Gottlieb Scriba (03.06.1736 Nieder-Beerbach – 31.05.1804 Arheilgen/Darmstadt)		1
James Francis Stephens (16.09.1792 London – 22.12.1852 London)	1	1
Christian Wilhelm Ludwig Eduard Suffrian (21.01.1805 Wunsdorf, Teltow-Fläming – 18.08.1876 Bad Rehburg)		1
M. Takizawa, 1917 – japanischer Entomologe		1
Carl Gustaf Thomson (13.10.1824 Malmöhus – 20.09.1899 Lund)		
Carl Peter Thunberg (11.11.1743 Jönköping – 08.08.1828 Tunaberg bei Uppsala)		3
Antonio Villa (24.08.1806 Mailand – 26.06.1885 Mailand)		1
G. B. Villa – italienischer Entomologe		1
Carl von Weidenbach (1813 – 1883?) – bayerischer Entomologe		1
Julius Weise (06.06.1844 Sommerfeld in der Niederlausitz – 25.02.1925 Berlin) [siehe Fußnote 9 S. 36]	3	4

13 Mitteleuropäische Coccinellidae

In diesem Kapitel werden alle in Mitteleuropa in der für dieses Buch verwendeten Umgrenzung heimischen Arten abgehandelt. Außerdem wurden einige Arten aufgenommen, die in diesem Gebiet nicht sicher nachgewiesen sind, vielleicht aber zukünftig noch gefunden werden könnten. Zum größten Teil sind es südliche Arten, die durch Erweiterung ihres Areals nach Norden auch in das hier behandelte Gebiet eindringen könnten (vielleicht im Zuge der Klimaerwärmung).

Es erscheint sinnvoll, auch die importierten Vertreter aufzuführen. Arten, die zur biologischen Schädlingsbekämpfung in Glashäusern eingeführt wurden und werden, kommen auch im Freiland vor. Dass sie sich dort ansiedeln können, ist in den meisten Fällen unwahrscheinlich, aber nicht auszuschließen. Auch hier können sich die Verhältnisse mit zunehmender Erwärmung ändern.

Alle Arten (Ausnahme: zwei *Hyperaspis*-Arten) werden in diesem Kapitel in einem, manchmal mehreren Fotos vorgestellt.

Die Nomenklatur folgt der Abhandlung der Coccinellidae in Band 4 des »Catalogue of Palaearctic Coleoptera« (Kovář in Löbl & Smetana (Hrsg.) 2007). Die Angaben zu Artenzahlen und zum Vorkommen von Gattungen und Tribus beziehen sich nur auf die Paläarktis, Europa bzw. Mitteleuropa.

Der »Catalogue of Palaearctic Coleoptera« gibt auch eine vollständige Übersicht über die Synonyme. Hier werden nur wenige weit verbreitete Synonyme angeführt. Insbesondere wird ein Anschluss an den Stand von 1967 (Fürsch in Freude-Harde-Lohse) und 1998 vorgenommen (Abschluss des Freude-Harde-Lohse mit Band 15 und Erscheinen des »Verzeichnis der Käfer Deutschlands« (Köhler & Klausnitzer 1998)).

In den meisten Fällen ist eine Erklärung der wissenschaftlichen Namen eingefügt. Sie entstammt im Wesentlichen dem Werk von Schenkling (1922). Abkürzungen: gr. = altgriechisch, lat. = lateinisch.

Die Marienkäfer sind eine sehr bekannte Käferfamilie, deshalb existieren seit Langem einige deutsche Namen. Hinzu kommen neue deutsche Namen, die wegen redaktioneller Vorschriften für verschiedene Rote Listen gebildet wurden. Allerdings sind diese vielfach uneinheitlich, sodass mitunter mehrere Namen für die gleiche Art verwendet werden. Wir haben deshalb bereits in der 4. Auflage für fast alle Arten deutsche Namen vorgeschlagen, die auch vielfach benutzt wurden und werden. Für einige wenige Arten haben wir keinen deutschen Namen gefunden bzw. schlagen auch keinen vor.

Vor über 220 Jahren äußerte sich v. Block (1799) in einer der ältesten sächsischen Faunen zu deutschsprachigen Namen von Insekten wie folgt: »Die Schwierigkeit, deutsche Benennungen zu erfinden, welche die, manchmal sonderbar genug zusammengesetzten, lateinischen ganz ausdrücken, ohne ins Lächerliche zu fallen, ist schon deswegen nicht leicht, weil wir gewöhnlich mit den uns geläufigen deutschen Worten, ganz andere Nebenbegriffe verbinden, als mit den uns minder bekannten, und unter uns im gemeinen Leben nicht üblichen lateinischen und griechischen. Ich erwarte daher die billige Nachsicht, die jeder Versuch verdient, um so mehr, da ich weit entfernt bin, irgend jemanden diese Namen als classisch aufdringen zu wollen.« – Eine Sicht auf das Problem, der wir uns völlig anschließen möchten.

Unter »Allgemeines« sind neben der Erklärung des wissenschaftlichen Namens gegebenenfalls Besonderheiten der betreffenden Art erwähnt. Auf Sexualdimorphismus und Variabilität wird hingewiesen.

Die »Allgemeine Verbreitung« stellt das Gesamtareal der betreffenden Art dar. Die wichtigsten Quellen sind Horion (1961) und Kovář (2007).

Die »Verbreitung in Mitteleuropa« berücksichtigt das Vorkommen in Ostfrankreich, Belgien, Luxemburg, den Niederlanden, Dänemark, Deutschland, Polen, Tschechien, der Slowakei, Österreich, Liechtenstein und der Schweiz. Das fehlende Vorkommen einiger weit verbreiteter Arten in Luxemburg und Liechtenstein ist vor allem der geringen Größe der beiden Länder und dem damit verbundenen Fehlen mancher Habitate geschuldet. Die wichtigsten Quellen sind Adriaens (2012), Bielawski (1971, 1978), Cuppen et al. (2017), Duverger (1990), Hansen et al. (1997), Hansen & Jørum (2017), Horion (1961), Jelínek (1993), Klausnitzer (2021a), Kovář (2007), Ruta et al. (2009) und Segers (2015).

Die Verbreitungsübersicht für die einzelnen Arten ist für Deutschland nach den Bundesländern aufgeschlüsselt. Zusammenfassende Quellen für das gesamte Gebiet bzw. einzelne Bundesländer und Regionen sind Horion (1951, 1961), Creutzburg & Mletzko (1969), Dietrich (2018), DKat (2021), Ermisch & Langer (1936), Frank & Konzelmann (2002), Fürsch (1958b, 1988), Gäbler (1963), Gürlich et al. (1995), Klausnitzer (1961, 1967d, 1986a, b, 1994a, 1997, 2011a, 2019e, 2020a, e), Klausnitzer et al. (2009, 2018), Köhler & Klausnitzer (1998), Witsack (2020) und Ziegler (1991).

Eine eventuelle Bevorzugung bestimmter Höhenstufen wird angegeben. Orogramme können nicht vorgelegt werden.

In dem Absatz »Lebensraum und Lebensweise« werden die von der betreffenden Art bevorzugten Habitate genannt. Die wichtigsten Quellen für die kurze Darstellung der Lebensweise (wenn möglich) sind die zusammenfassenden Publikationen von Horion (1961) und Koch (1989), vor allem aber zahlreiche Einzelpublikationen sowie Beobachtungen von H. und B. Klausnitzer aus sechs Jahrzehnten.

Unter »Nahrung« werden außer einer allgemeinen Angabe nur gelegentlich Einzelheiten eingefügt. Es wird auf Kapitel 7, Tabelle 36 verwiesen.

Zu den taxonomisch vollständigen Namen der Beutetiere vgl. Kapitel 15. Die Nomenklatur für die Blattflöhe (Psyllina) folgt Burckhardt & Lauterer (2003), die Mottenschildläuse (Aleyrodina) Bährmann (2003), die Zikaden (Auchenorrhyncha) Nickel & Remane (2003), die Blattläuse (Aphidina) Thieme & Eggers-Schumacher (2003), die Schildläuse (Coccina) Schmutterer & Hoffmann (2016). Die botanische Nomenklatur richtet sich nach Wisskirchen & Haeupler (1998), Fischer et al. (2008) und Jäger (2011).

13.1 Microweiseinae Leng, 1920

Diese Unterfamilie ist in der Paläarktis mit drei Tribus vertreten. Überwiegend kommen die Arten in Ostasien und Japan vor (vgl. Kapitel 1.2 und 2.1).

Tribus: Serangiini Pope, 1962

In der Paläarktis kommen drei Gattungen vor. Aus Europa ist neben der hier behandelten nur eine einzige weitere Art bekannt: *Serangium montazerii* Fürsch, 1995 (Frankreich, Georgien), die anderen 16 leben in Asien.

Gattung: *Delphastus* Casey, 1899

Aus dieser Gattung ist in der Paläarktis nur eine einzige Art bekannt.

Art: *Delphastus catalinae* (Horn, 1895) (Foto 192)

Synonyme: *Delphastus occidentalis* Juarez & Zaragoza, 1990; [im Handel wohl auch als *Delphastus pusillus* (LeConte, 1852) bezeichnet].

Allgemeines: Körper schwarz, hochgewölbt, Körperlänge 1,2–1,5 mm. Antennen neungliedrig und wie die Beine hellgelb. Kopf und Clypeus sind beim ♂ orange, beim ♀ dunkler. Die Oberseite des Körpers ist kahl, glänzend und nicht chagriniert. Auf dem Kopf, dem Pronotum und an der Basis der Elytren sind einige aufgerichtete längere Haare vorhanden, die sich auf dem Pronotum beidseitig einer gedachten Mittellinie ordnen. Die Unterseite ist dunkel und einschließlich der Epipleuren mit wenigen Härchen besetzt. Das letzte Abdominalsegment ist rötlich und bartähnlich behaart.

Foto 192: *Delphastus catalinae*. Präparatfoto: L. Behne.

Allgemeine Verbreitung: Nordafrika: Kanarische Inseln; Asien: Fukien, Israel, Yunnan; Australische Region (importiert); Nearktische Region; Neotropische Region. Ursprünglich aus Nordamerika stammend.

Verbreitung in Mitteleuropa: Aus Gewächshäusern bekannt, wo die Art zur biologischen Schädlingsbekämpfung eingesetzt wird, sicher in mehreren Ländern eingeführt. Freilandfunde sind nur aus Deutschland nachgewiesen (Burgarth 2019).

Vorkommen in Deutschland: Die Art wird seit mindestens 1980 von einschlägigen Firmen gehandelt, wobei bis zu 1 000 Imagines als eine »Packung« angeboten werden. Freilandfunde wurden aus Niedersachsen gemeldet (Burgarth 2019). Wegen der hohen Temperaturansprüche von *D. catalinae* ist eine dauerhafte Ansiedlung im Freien eher unwahrscheinlich.

Lebensraum und Lebensweise: Der Fundort in Niedersachsen ist ein Hartholzauenwald mit Stieleichen, die teilweise mit dichtem, wucherndem Efeu bewachsen sind. Die Funde gelangen Anfang bis Mitte Juli 2019 (Burgarth 2019).

D. catalinae ist wärmeliebend und benötigt ≥ 20 °C Tagestemperatur für eine effektive Bekämpfung von Mottenschildläusen. Adulte Exemplare verzehren am Tag bis zu 600 Eier bzw. zehn Larven von Aleyrodina. Die Eier werden auf der Blattunterseite in Häufchen abgelegt. Der komplette Lebenszyklus beträgt unter Glas ca. 25 Tage. Ein einzelner Käfer kann bis zu 10 000 Mottenschildlauseier oder bis zu 700 Larven während seines gesamten Lebens verzehren (Hoelmer et al. 1993). Die Lebensdauer der Imagines beträgt bei Weibchen etwa 60 Tage, bei Männchen 45 Tage.

Nahrung: Verschiedene Mottenschildläuse (Aleyrodina), z. B. Arten der Gattung *Dialeurodes* und *Trialeurodes vaporariorum* sowie vor allem *Bemisia tabaci* an Zier- und Gemüsepflanzen.

13.2 Coccidulinae Mulsant, 1846

Diese Unterfamilie ist in der Paläarktis mit zwei Tribus vertreten. Die Tetrabrachini Kapur, 1948 wurden von vielen Autoren als eigene Unterfamilie angesehen (vgl. Kapitel 1.2).

Tribus: Coccidulini Mulsant, 1846

In der Paläarktis kommen vier Gattungen vor, von denen zwei in der Paläarktis autochthon vertreten sind, die beiden anderen wurden importiert. Neuerdings wird diese Tribus auch den Coccinellinae zugeordnet (Szawaryn et al. 2021).

Gattung: *Coccidula* Kugelann, 1798

Aus dieser Gattung sind in der Paläarktis vier Arten bekannt, zwei kommen in Mitteleuropa vor. Der Gattungsname bezieht sich auf die Farbe: »kokkinos« (gr.) = »scharlachrot«, die Wortendung ist eine grammatikalische Verkleinerung. Ihre flache Gestallt trennen die *Coccidula*-Arten vom Erscheinungsbild der meisten anderen Coccinellidae.

Art: *Coccidula rufa* (Herbst, 1783) – Roter Schilf-Marienkäfer (Foto 193)

Synonym: *Coccidula conferta* Reitter, 1890.

Foto 193: *Coccidula rufa.* Foto: E. Wachmann.

Allgemeines: Die Körperoberseite ist einfarbig rot. Der Artname bezieht sich darauf und ist von »rufus« (lat.) = »rot« abgeleitet. An der Basis der Elytren scheinen mitunter die dunklen Hinterflügel etwas durch. Das ist eine Ausnahme innerhalb der Coccinellidae.

Allgemeine Verbreitung: Die Art ist in der Paläarktis, auch im Norden und bis zum Fernen Osten weit verbreitet. Im Süden kommt sie im Iran, in Kasachstan, Kirgistan und Usbekistan vor. In Nordafrika ist sie aus Marokko bekannt. Vielleicht ein Sibirisches Faunenelement.

Verbreitung in Mitteleuropa: In allen Ländern.

Vorkommen in Deutschland: Nachweise in allen Bundesländern.

Lebensraum und Lebensweise: *C. rufa* ist aphidophag und lebt in Sumpf- und Moorgebieten, an Teichufern und in Auen, auf feuchten Wiesen, aber auch in trockenen Habitaten, z. B. an Feldrändern, in Sandgruben, trockenen Dünen, auf Ruderalflächen und in Gärten. Die Art trat in Finnland auch in Getreidefeldern auf (Clayhills & Markkula 1974). Die Larven entwickeln sich vorwiegend auf der Ufervegetation von Gewässern (siehe Tabelle 25), besonders auf Schilf (*Phragmites australis*) und Rohrkolben (*Typha*), aber auch auf Wasser-Schwertlilie (*Iris pseudacorus*), Wasser-Schwaden (*Glyceria maxima*), Gewöhnlicher Teichsimse (*Schoenoplectus lacustris*), Igelkolben (*Sparganium*), Binsen (*Juncus*) und Seggen (*Carex*). Die Imagines sind von März bis September aktiv, besonders häufig im Mai/Juni und September. Die Überwinterung erfolgt zwischen Blättern und in den abgestorbenen Stängeln von Schilf und anderen Uferpflanzen, auch in den Blattscheiden, mitunter am Boden unter Gras.

Art: *Coccidula scutellata* (Herbst, 1783) – Gefleckter Schilf-Marienkäfer (Foto 194)

Allgemeines: Die gelbbraunen, in der Färbung kontinuierlich variablen Elytren zeigen jederseits meist zwei schwarze Flecken und einen gemeinsamen Makel um das Scutellum. Auf diesen bezieht sich der Name »scutellatus« (lat.) = »durch das Schildchen (Scutellum) ausgezeichnet«. Es kommen auch völlig schwarze Exemplare vor (vgl. Kapitel 1.4).

Foto 194: *Coccidula scutellata.* Foto: E. Wachmann.

Allgemeine Verbreitung: In Europa und in Marokko, in Asien bis Kasachstan und Westsibirien.

Verbreitung in Mitteleuropa: In allen Ländern.

Vorkommen in Deutschland: Nachweise in allen Bundesländern.

Lebensraum und Lebensweise: *C. scutellata* ist eine Charakterart der Ufervegetation. Sie ist aphidophag und lebt in Sumpf- und Moorgebieten, an Teichufern, in Seggen- und Röhrichtmooren und in Röhrichtgesellschaften (Schlegel 1962). Die Imagines sind vor allem im Mai/Juni und im Juli/August aktiv. Die Larven leben auf der Ufervegetation von Gewässern (siehe Tabelle 25), besonders auf Schilf (*Phragmites australis*) und Rohrkolben (*Typha*), aber auch auf Wasser-Schwertlilie (*Iris pseudacorus*), Binsen (*Juncus*) und Seggen (*Carex*). Die Imagines überwintern unter verrottendem Schilf an Teichufern.

Gattung: *Lindorus* Casey, 1899

Aus dieser Gattung kommen in der Paläarktis zwei Arten vor. Beide Arten werden vielleicht zukünftig der mitteleuropäischen Fauna angehören.

Art: *Lindorus forestieri* (Mulsant, 1853) (Foto 195)

Synonym: *Rhyzobius forestieri* (Mulsant, 1853).

Allgemeines: Der Name könnte sich auf das französische Wort »le forestier« = »der Förster« beziehen.

Allgemeine Verbreitung: Die Art stammt aus Australien und wurde als Gegenspieler von Schildläusen weltweit verbreitet (Nordamerika, Ozeanien und Europa).

Verbreitung in Mitteleuropa: Nur aus französischen Gewächshäusern und aus Belgien gemeldet (Adriaens et al. 2012, Segers 2015), wahrscheinlich aber auch anderenorts importiert.

Foto 195: *Lindorus forestieri.* Präparatfoto: L. Behne.

Lebensraum: Nur in beheizten Gewächshäusern. In Großbritannien kommt die Art auch im Freiland vor (Roy & Brown 2018).

Nahrung: Verschiedene Schildläuse (Coccina) in Gewächshäusern.

Art: *Lindorus lophantae* (Blaisdell, 1892) (Fotos 196, 197)

Synonym: *Rhyzobius lophantae* (Blaisdell, 1892).

Allgemeines: Der Artname bezieht sich auf das Mimosengewächs *Paraserianthes lophanta.* Auf dieser Pflanze wurde diese Art ursprünglich gefunden.

Allgemeine Verbreitung: *L. lophantae* stammt aus Australien (Queensland, South Australia) und Neuseeland und wurde 1892 als Gegenspieler der Olivenschildlaus *Saissetia oleae* in Kalifornien eingeführt. Von dort aus besiedelte sie weite Gebiete im Südwesten der USA. Heute ist *L. lophantae* weltweit verbreitet (Paläarktis, Afrika, Nord- und Südamerika). In Europa vor allem im Mittelmeergebiet (Italien 1908, Portugal 1930, Spanien 1958, Sardinien 1973, Südfrankreich 1975, Griechenland 1977). Durch den Einsatz unter Glas ist sie auch im Norden vorhanden, z. B. in Großbritannien, wo sie auch im Freiland gefunden wird (Roy et al. 2011).

Verbreitung in Mitteleuropa: Aus französischen und deutschen Gewächshäusern gemeldet, wahrscheinlich aber auch anderenorts importiert.

Vorkommen in Deutschland: Freilandnachweise in Nordrhein-Westfalen und Baden-Württemberg (HASELBÖCK 2016), im Botanischen Garten Dresden (KLAUSNITZER 2018d) sowie in Niedersachsen und Rheinland-Pfalz (REMME 2021).

Lebensraum: Nur in beheizten Gewächshäusern. In den warmen Monaten findet man die Käfer auch im Freiland auf angrenzenden Flächen. Eine Ansiedlung ist vorläufig unwahrscheinlich, da die Art keinen Frost verträgt. KAHLEN (2018) nennt aber Funde aus dem Freiland in Südtirol an Kiefern und in Lichtfallen. In Grossbritannien auf Eichen, Eschen und Leyland-Zypressen (ROY et al. 2011).

Nahrung: Verschiedene Schildläuse (Coccina), vor allem Deckelschildläuse (Diaspididae) in Gewächshäusern.

Foto 196: *Lindorus lophantae.* Präparatfoto: L. BEHNE.

Foto 197: *Lindorus lophantae.* Foto: A. HASELBÖCK.

Gattung: *Rhyzobius* STEPHENS, 1829

Synonym: *Rhizobius* AGASSIZ, 1846.

In der Paläarktis kommen drei Arten vor, deren Verbreitung auf Europa beschränkt ist (zwei davon einschließlich des asiatischen Teils der Türkei und Nordafrika). Die Arten sind nur durch Genitaluntersuchung und Merkmale der Unterseite sicher zu unterscheiden. Es wird eine Vikarianz beschrieben (vgl. Kapitel 2.7). Der Gattungsname setzt sich aus den altgriechischen Wörtern für »rhiza« = »Wurzel« und »bios« = »Wohnort« zusammen. Die *Rhyzobius*-Arten werden von Naturfreundinnen und -freunden mitunter nicht als Coccinellidae erkannt, oder andere Käfer werden für *Rhyzobius* gehalten.

Art: *Rhyzobius chrysomeloides* (Herbst, 1792) – Östlicher Schlank-Marienkäfer (Foto 198)

Foto 198: *Rhyzobius chrysomeloides*. Foto: E. Wachmann.

Allgemeines: Körper länglich oval, Elytren hellbraun, mit einer kontinuierlich variablen Fleckenzeichnung. Der Name sagt, dass die Art einer *Chrysomela* (Gattung der Blattkäfer) ähnelt: »eides« (gr.) = »ähnlich«. Manche Exemplare haben reduzierte Hinterflügel.

Allgemeine Verbreitung: In Europa (vor allem in Osteuropa) und Nordafrika, auch im asiatischen Teil der Türkei.

Verbreitung in Mitteleuropa: Weit verbreitet, fehlt in Liechtenstein. Vor allem in Ost- und Mitteleuropa (bis zur Elbe). Die von Horion (1961) angedeutete Verbreitungsgrenze/Häufigkeitsgrenze bedarf einer näheren Untersuchung (vgl. Kapitel 2.7).

Vorkommen in Deutschland: Nachweise in allen Bundesländern. Im Westen mehr Fundorte als in Ostdeutschland.

Lebensraum und Lebensweise: *R. chrysomeloides* besiedelt Ufer von Gewässern, Flussauen, Feldraine, Gebüschsäume, Hecken, Gärten und Waldränder. Er lebt bevorzugt auf verschiedenen Sträuchern, besonders Wald-Kiefern (*Pinus sylvestris*) auf sonnigen Standorten. Die Imagines erscheinen von April bis Oktober. Sie überwintern unter Moospolstern und Borke von Kiefern. Die Imagines beider *Rhyzobius*-Arten zeigen einen auffälligen Totstellreflex.

Nahrung: Blattläuse (Aphidina). Ergänzend werden Pollen und Mehltaupilze aufgenommen.

Art: *Rhyzobius litura* (Fabricius, 1787) – Westlicher Schlank-Marienkäfer (Foto 199)

Allgemeines: Elytren hellbraun, mit einer kontinuierlich variablen schwarzen Fleckenzeichnung. »Litura« (lat.) ist ein Fleck und bezieht sich wohl auf die Zeichnung der Elytren. Es gibt Populationen bei denen eine unterschiedliche Zahl der Individuen reduzierte Hinterflügel hat.

Allgemeine Verbreitung: Vor allem in Westeuropa und Nordafrika weit verbreitet, auch im asiatischen Teil der Türkei.

Verbreitung in Mitteleuropa: Weit verbreitet, fehlt in Liechtenstein. In Mitteleuropa vorwiegend im Südwesten und Westen bis zur Elbe (HORION 1961).

Vorkommen in Deutschland: Nachweise in allen Bundesländern, nur wenige Fundorte in Bayern.

Foto 199: *Rhyzobius litura.* Foto: E. WACHMANN.

Lebensraum und Lebensweise: *R. litura* ist eine xerophile Art, die sonnenexponierte Waldränder, Trockenrasen, warme Ödländer, Trockenhänge, Feldraine und Obstgärten besiedelt. Die Art kommt vor allem in der Kraut- und Strauchschicht, auch am Boden im Wurzelbereich von Gräsern vor, tritt aber auch regelmäßig auf jungen Kiefern (*Pinus sylvestris*) auf. Die Imagines haben den Höhepunkt ihres Erscheinens erst im August/September, vielleicht eine Anpassung an ihre Pilznahrung. Sie überwintern unter trockener Vegetation oder Gras- und Moospolstern.

Nahrung: Bei *R. litura* als myco-aphidophager Art trägt die Mandibel eine gegabelte Greifspitze, die dem Erfassen der Nahrung dient (RICCI et al. 1988). Als Beutetiere werden verschiedene Blattläuse angegeben (HORION 1949, MILLS 1981, RICCI 1986a, b). Die Pilznahrung (Sporen) besteht aus Pleosporales (*Alternaria* sp., *Helminthosporium* sp.), Capnodiales (*Cladosporium* sp.), Pucciniales (*Puccinia* sp.) und anderen (RICCI 1986a, RICCI et al. 1988).

Gattung: *Cryptolaemus* MULSANT, 1853

In der Paläarktis kommt nur diese Art vor. Der Gattungsname setzt »kryptos« (gr.) = »verborgen« und »laimos« (gr.) = »Schlund« zusammen. Zur phylogenetischen Einordnung der Gattung gibt es verschiedene Auffassungen (vgl. Kapitel 1.2). Sie mutet wie ein großer *Scymnus* an.

Art: *Cryptolaemus montrouzieri montrouzieri* MULSANT, 1853 – Australischer Marienkäfer (Foto 200)

Allgemeines: Benannt nach JEAN XAVIER HYACINTHE MONTROUZIER (03.12.1820 – 06.05.1897). Dieser war ein französischer Missionar, der die Flora und Fauna Neukaledoniens untersuchte. Sexualdimorphismus in der Färbung des ersten Beinpaares (vgl. Tabelle 11).

Foto 200: *Cryptolaemus montrouzieri.* Foto: E. Wachmann.

Allgemeine Verbreitung: Die Art ist im australischen Queensland und in New South Wales beheimatet. Bei seiner zweiten Reise nach Australien (1891–1892) entdeckte Koebele *C. montrouzieri* als Schildlausfeind und sandte Material nach Kalifornien. Der Australische Marienkäfer wurde zur biologischen Bekämpfung von Schildläusen (Coccina) in Westaustralien, Neuseeland, Nord-, Mittel und Südamerika, Südeuropa, Nordafrika, Paläarktis einschließlich China und Japan, Asien und Afrika eingeführt (vgl. Kapitel 9.2). In vielen Ländern, z. B. Belize, Brasilien, Grenada, China (Hongkong), Indien, Japan, Surinam, den USA und Venezuela hat sich die Art im Freiland etabliert (Kaneko 2017). Das gilt auch für Südeuropa, wo die Art in Italien (1908), Spanien (1926), Korsika (1970), Südfrankreich (1974) und Portugal (1984) eingeführt wurde.

Verbreitung in Mitteleuropa: Aus Gewächshäusern in Frankreich, Belgien, Dänemark, Deutschland und Polen (Lipa 1976) bekannt, sicher auch in anderen Ländern eingeführt. In Dänemark wurde die Art im Freiland nachgewiesen (Klausnitzer 2021a).

Vorkommen in Deutschland: Vorkommen sind aus Schleswig-Holstein, Niedersachsen, Nordrhein-Westfalen, Sachsen-Anhalt, Sachsen, Thüringen, Hessen, Rheinland-Pfalz und Baden-Württemberg bekannt. Aus Sachsen liegen z. B. Funde aus den Botanischen Gärten von Dresden, Leipzig und Chemnitz vor (Klausnitzer 2018b). Die Art reproduziert sich jahrzehntelang unter Glas, im Botanischen Garten Dresden seit 1984. Auch diese Art wird im Freiland gefunden, auch entfernt besiedelter Gewächshäuser.

Im Rahmen einer Untersuchung zur Käferfauna des Botanischen Gartens am Poppelsdorfer Schloss in Bonn wurde im Juni 2004 eine Klopfprobe an *Sorbus aria* und *Sorbus torminalis* (Mehlbeere, Elsbeere) genommen. Dabei wurde *C. montrouzieri* gefunden (Kölkebeck & Bathon 2005).

Lebensraum und Lebensweise: *C. montrouzieri* kommt primär nur in Gewächshäusern vor, wo die Art zur Schildlausbekämpfung ausgebracht wird. Vielfach leben sie Jahrzehnte in den entsprechenden Häusern. Eine Ansiedlung im Freiland dürfte wegen der Temperaturempfindlichkeit dieser Art nicht dauerhaft möglich sein. Beobachtete Vorkommen beziehen sich auf die warme Jahreszeit und sind zumindest vorläufig (wenn sich das

Klima nicht dramatisch zu warmen, frostfreien Wintern und hoher Jahresdurchschnittstemperatur hin entwickelt) als temporär einzustufen (Kölkebeck & Bathon 2005, Klausnitzer 2018b).

Aufgrund seiner hohen Temperaturansprüche stellt der Australische Marienkäfer sowohl die Nahrungssuche als auch die Nahrungsaufnahme unter 10 °C ein. Bei Temperaturen unter dem Gefrierpunkt sterben alle Stadien ab. Der Einsatz dieses Nützlings ist daher in Mitteleuropa nur in geschlossenen Räumen (Wintergärten, Innenraumbegrünung, Botanische Gärten etc.) das ganze Jahr über möglich. Vor allem in mehrjährigen Kulturen hat sich der Australische Marienkäfer als wirksamer Gegenspieler von Woll- oder Schmierläusen bewährt.

Die Weibchen von *C. montrouzieri* kopulieren schon kurz nach dem Schlupf und beginnen etwa fünf Tage später mit der Eiablage. Sie legen 400–500 Eier gezielt in Schmierlauskolonien oder in deren Eipakete. Die Gesamteizahl ist abhängig vom Nahrungsangebot. Bei einer Umgebungstemperatur von 28 °C dauert die Entwicklung der Eier 5–6 Tage, der Larven 12–17 Tage, der Puppen 7–10 Tage. Die Imagines leben bis zu 50 Tage. Die Entwicklung der Australischen Marienkäfer ist stark temperaturabhängig. Bei 18 °C dauert der Zyklus etwa 70 Tage, bei 30 °C dagegen nur 25 Tage. Optimale Bedingungen für die Populationsentwicklung sind Temperaturen zwischen 22 °C und 25 °C und eine relative Luftfeuchtigkeit zwischen 70 und 80 % (Booth & Pope 1986, Kairo et al. 2013).

Ein weiterer Einflussfaktor für die Entwicklung ist die Wirtspflanze. Obwohl sich *C. montrouzieri* auf vielen Zierpflanzen entwickeln kann, bestehen auf verschiedenen Pflanzenarten Unterschiede hinsichtlich der Entwicklungsdauer und der Reproduktionsrate.

Nahrung: Larven und Imagines leben von Schildläusen (Coccina), insbesondere Wollläusen (Pseudococcidae). Die Larven ernähren sich von den Eiern, den beweglichen Junglarven der Schildläuse sowie dem Honigtau. Als Nahrung kommen alle Arten oberirdischer Woll- oder Schmierläuse in Frage. Blattläuse und Larven anderer Insekten werden aufgenommen, wenn Woll- oder Schmierläuse in nur geringer Zahl vorkommen.

Tribus: Tetrabrachini Kapur, 1948

In der Paläarktis gibt es nur eine Gattung. Die Tetrabrachini wurden wegen vieler, von den anderen Coccinellidae abweichender Merkmale lange Zeit als eigene Unterfamilie Tetrabrachinae aufgefasst (vgl. Kapitel 1.2).

Gattung: *Tetrabrachys* Kapur, 1948

Synonym: *Lithophilus* J. A. Frölich, 1799.

Diese Gattung ist mit 59 Arten in der Paläarktis verbreitet, von denen 14 in Europa vorkommen. Ein wesentliches Merkmal sind die deutlich viergliedrigen Tarsen. Der Gattungsname ist eine Zusammensetzung von »tetra« (gr.) = »vier« und »brachys« (gr.) = »kurz«.

Art: *Tetrabrachys connatus* (Creutzer, 1796) – Stein-Marienkäfer (Foto 201)

Synonym: *Lithophilus connatus* (Creutzer, 1796).

Foto 201: *Tetrabrachys connatus*. Präparatfoto: L. Behne.

Allgemeines: »Connatus« (lat.) = »zusammen geboren«. Die Deutung des Namens bleibt offen. Die Hinterflügel sind reduziert, die Elytren sind verschmolzen.

Allgemeine Verbreitung: Nach Fürsch (1967) und Kovář (2007) kommt diese Art in Südosteuropa vor und erreicht in Mitteleuropa ihre Nordgrenze. Pontomediterranes Faunenelement.

Verbreitung in Mitteleuropa: Nach Horion (1961) und Fürsch (1967) lebt diese Art im Gebiet der pannonischen Steppe im Burgenland und in Niederösterreich. Kreissl (1959b) schreibt: »Es wäre jedoch möglich, daß *T. connatus* [...] auf xerothermen, ursprünglichen Grasplätzen in der Mittel- und Oststeiermark noch gefunden werden könnte.« Der Stein-Marienkäfer ist auch aus Tschechien und der Slowakei bekannt.

Vorkommen in Deutschland: Es gibt eine alte Meldung für Sachsen-Anhalt (Kellner 1873), jedoch keine Belege oder neueren Funde. Die bei Kellner (1873) genannten und von Horion (1961) als zweifelhaft für

Thüringen erwähnten beiden Fundorte (Memleben, Nebra) liegen in Sachsen-Anhalt. Bei GANGLBAUER (1899) findet sich die Angabe »Süddeutschland«. Vielleicht ist damit Bayern gemeint. Auf diese Angabe bezieht sich das Fragezeichen für Bayern im DKat (2021).

Lebensraum und Lebensweise: *T. connatus* lebt in der oberen Bodenschicht (subterran) von Steppengebieten, auch xerothermen Kultursteppen (FÜRSCH 1967), an Trockenhängen, in Grassteppen und Steppenheiden (HORION 1961) sowie in Sandgruben und trockenen Huteweiden (KOCH 1989). STREJČEK (1973) fand die Art beim Sieben auf einer felsigen Steppe. Die Imagines halten sich unter Steinen auf und werden oft bei Ameisen gefunden, z. B. *Tetramorium caespitum*, sind aber nicht myrmecophil. KOCH (1989) nennt *Plagiolepis* und *Messor*. Am Boden wurden auch die Larven gefunden (KLAUSNITZER (1969c). Larven und Imagines zeigen morphologische Anpassungen an den subterranen Lebensraum.

13.3 Scymninae MULSANT, 1846

Diese 16 Gattungen umfassende, artenreiche Unterfamilie ist in der Paläarktis mit fünf Tribus vertreten, von denen vier in Europa vorkommen. Paläarktis: 525 Arten, Europa: 109 Arten, Mitteleuropa: 42 Arten.

Tribus: Hyperaspidini MULSANT, 1846

In der Paläarktis ist nur eine Gattung mit 45 Arten vertreten, von denen 23 in Europa vorkommen.

Gattung: *Hyperaspis* CHEVROLAT, 1836

Alle in der Paläarktis vorkommenden Arten gehören zur Untergattung *Hyperaspis* s. str. Sexualdimorphismus: ♂ Clypeus hell, ♀ Clypeus dunkel (vgl. Tabelle 11). Der Gattungsname setzt sich aus »hyper« (gr.) = »über« und »aspis« (gr.) = »Schild« zusammen und weist wohl auf das relativ große Scutellum hin.

Die Gattung *Hyperaspis* gehört zu jenen, deren Arten nach äußeren Merkmalen in vielen Fällen nicht sicher determiniert werden können. Hinzu kamen Unsicherheiten in der Definition der Arten. Erst durch die Arbeit von CANEPARI et al. (1985) ist eine sichere Bestimmung möglich. Ältere Belege müssen deshalb revidiert werden und Literaturangaben können nur in manchen Fällen Verwendung finden. Die sichere Bestimmung der

Hyperaspis-Arten gehört zur hohen Schule der Marienkäferkunde. Die Larven sind durch mehrere Eigenmerkmale gekennzeichnet, die sie von denen der anderen Coccinellidae unterscheiden. Sie sind mit Wachs bedeckt.

Art: *Hyperaspis campestris* (Herbst, 1783) – Mittelfleckiger Kurzhorn-Marienkäfer (Foto 202)

Allgemeines: Der Name kommt von »campus« (lat.) = »Feld« und bedeutet »auf dem Felde lebend«.

Foto 202: *Hyperaspis campestris* Foto: E. Wachmann.

Allgemeine Verbreitung: Diese Art ist im gesamten Europa verbreitet, vor allem außerhalb der Gebirge und im Süden und kommt auch in Tunesien und Westsibirien vor.

Verbreitung in Mitteleuropa: Im Gebiet weit verbreitet, keine Nachweise aus Dänemark und Liechtenstein.

Vorkommen in Deutschland: Nachweise in allen Bundesländern, keine Nachweise aus dem Saarland.

Lebensraum und Lebensweise: *H. campestris* ist eine xerophile Art, die an Wärmestellen, z. B. trockenen Grashängen, aber auch auf Gebüsch, an Waldrändern, vor allem auf Kiefern oder Eichen lebt. Die Imagines werden auch auf blühendem Weißdorn (*Crataegus*) gefunden. Sie erscheinen vor allem von April bis Juli.

Nahrung: Vorwiegend Schildläuse (Coccina), auch Blattläuse (Aphidina) und Mottenschildläuse (Aleyrodina).

Art: *Hyperaspis concolor* (Suffrian, 1843) – Einfarbiger Kurzhorn-Marienkäfer (Foto 203)

Synonym: *Hyperaspis inexpectata* Günther, 1959.

Bei Horion (1961: 320) als Farbvariation (Forma *concolor* Weise) von *H. campestris* erwähnt. Fürsch (1967) führt die Art ebenfalls als schwarze Form von *H. campestris* und behandelt wie Horion (1961) *H. inexpectata* als valide Art, auch Nedvěd (2020). Dieser allerdings als Exemplare mit einem orangen Fleck an der Spitze der Elytren.

Allgemeines: Elytren schwarz, ♂ mit einem kleinen gelben, wenig auffallenden Schulterstrich. »Concolor« (lat.) heißt »einfarbig« und bezieht sich auf die Färbung der Elytren der ♀♀.

Foto 203: *Hyperaspis concolor.* Präparatfoto: L. BEHNE.

Allgemeine Verbreitung: Die Art ist in ihrer Verbreitung nach bisheriger Kenntnis auf Europa beschränkt.

Verbreitung in Mitteleuropa: Unter *H. inexpectata* führt HORION (1961) den Fundort der Typen GÜNTHERS aus Mähren (Umgebung Brünn, Südmähren) auf, den auch FÜRSCH (1967) wiederholt. Es fehlen Nachweise aus Luxemburg, den Niederlanden, Dänemark und Liechtenstein. Vielleicht gibt es eine nördliche Verbreitungsgrenze.

Vorkommen in Deutschland: Da diese Art erst in jüngerer Zeit sicher erkannt werden kann, liegen nahezu keine Altfunde vor. Exemplare von *H. concolor* wurden früher als Aberration von *H. campestris* aufgefasst und wegen der lokalen Häufigkeit dieser Art nicht besonders beachtet. Unter dem Namen *H. inexpectata* wird sie von FÜRSCH (1984) vom Kaiserstuhl genannt. FÜRSCH (1992a) nennt sie aus Berlin. *H. concolor* ist aktuell aus fast allen Bundesländern nachgewiesen, es fehlen Nordrhein-Westfalen und das Saarland. Aus Sachsen-Anhalt, Rheinland-Pfalz und Baden-Württemberg liegen nur Funde zwischen 1950 und 1999 vor.

Lebensraum und Lebensweise: Diese thermophile Art wird vor allem in der Krautschicht xerothermer Habitate und auf Trockenrasen gefunden, sie kommt aber auch an Waldrändern auf Laubbäumen (Strauchschicht) sowie auf Streuobstwiesen vor. FÜRSCH (1984) nennt sie von einer flurbereinigten Rebböschung am Kaiserstuhl.

Art: *Hyperaspis erythrocephala* (FABRICIUS, 1787) – Rotköpfiger Kurzhorn-Marienkäfer (Foto 204)

Synonym: *Oxynychus erythrocephala* (FABRICIUS, 1787).

Allgemeines: Elytren jederseits mit drei orangeroten Makeln. Der Kopf (Clypeus) des ♂ ist vorn gelb (Sexualdimorphismus). Der Artname ist aus »erythros« (gr.) = »rot« und »Kephale« (gr.) = »Kopf« zusammengesetzt und bezieht sich auf dieses Merkmal.

Allgemeine Verbreitung: In der Paläarktis bis Ostsibirien, Korea und China verbreitet, in Europa vor allem im Südosten. Fehlt in Nordafrika. Nach FÜRSCH (1967) eine östliche Steppenart, die im östlichen Mitteleuropa ihre westliche Verbreitungsgrenze hat. Pontomediterranes Faunenelement.

Foto 204: *Hyperaspis erythrocephala.* Präparatfoto: L. BEHNE.

Verbreitung in Mitteleuropa: GÜNTHER (1959) führt Südmähren und die Südslowakei als Fundgebiete an und nimmt an, dass dort die Nordwestgrenze der Verbreitung liegt. Nach CANEPARI et al. (1985) sind Funde auch aus Wien bekannt. FÜRSCH (1992a) bestätigt frühere Meldungen aus Tirol und Tschechien nicht mehr. BIELAWSKI (1959) nennt *H. erythrocephala* aus Südpolen (Przemyśl). Nach KOVÁŘ (2007) gibt es Nachweise in Dänemark und Deutschland (Quellen nicht bekannt). Der von HORION (1961) genannte Fundort von den »xerothermen Oderhängen bei Zäckerick« vom 01.07.1942 aus der Mark Brandenburg liegt jetzt in Polen (Siekirki – Ort in der Landgemeinde Cedynia, Woiwodschaft Westpommern).

Lebensraum und Lebensweise: *H. erythrocephala* ist thermophil und besiedelt xerotherme Habitate, besonntes Gebüsch und Steppen. Die Art ist coccidophag (z. B. Napfschildläuse der Gattung *Pulvinaria*).

Art: *Hyperaspis magnopustulata* BOGAERT, 2012

Allgemeines: Pronotum schwarz mit breitem gelben Seiten- und schmalem gelben Vorderrand. Elytren mit einem kleinen gelbroten Humeralmakel und einem großen ovalen Fleck vor der Spitze (Näheres bei BOGAERT et al. 2012, vgl. Abb. 63b). Der Name setzt sich aus »magnus« (lat.) = »groß« und »pustulatus« (lat.) = »mit Pusteln versehen« zusammen und bezieht sich auf die Färbung der Elytrenspitze.

Allgemeine Verbreitung: Die Art ist bisher nur aus Belgien bekannt (BOGAERT et al. 2012).

Verbreitung in Mitteleuropa: BOGAERT et al. (2012) beschreiben diese Art nach einem Exemplar, das etwa 1830 gesammelt wurde. Ob diese Art in Mitteleuropa weiter verbreitet ist und auch aktuell vorkommt, bleibt offen.

Art: *Hyperaspis pseudopustulata* Mulsant, 1853 – Schulterfleckiger Kurzhorn-Marienkäfer (Foto 205)

Allgemeines: Elytren schwarz, mit einem deutlichen Apikalmakel, beim ♂ zusätzlich mit einem hellen Humeralmakel (Sexualdimorphismus). Der Name bezieht sich darauf und ist eine Zusammensetzung von »pseudo« (gr.) = »unecht« und »pustulatus« (lat.) = »mit Pusteln versehen«.

Foto 205: *Hyperaspis pseudopustulata.* Präparatfoto: L. Behne.

Allgemeine Verbreitung: Die Art kommt in Europa, meist außerhalb der Gebirge, in Algerien sowie im Osten bis Kasachstan und Westsibirien vor.

Verbreitung in Mitteleuropa: Bei Horion (1960, 1961) werden Funde aus Niederösterreich, der Steiermark und Vorarlberg genannt sowie Vorkommen in Tschechien (Böhmen, Mähren) und der Slowakei, die auf Günther (1959) zurückgehen. Nach Stebnicka (1972), Canepari et al. (1985) und Ruta et al. (2009) sind Funde auch aus Polen bekannt. Kovář (2007) nennt die Art auch aus Frankreich, Luxemburg und Dänemark. Nachweise liegen auch aus den Niederlanden vor (Cuppen et al. 2017) sowie aus Belgien (Bogaert et al. 2012). Aus der Schweiz und Liechtenstein gibt es keine Meldungen (Verbreitungsgrenze?).

Vorkommen in Deutschland: Von Horion (1960, 1961) und Fürsch (1967) werden mehrere Funde aus Bayern genannt. Nach Canepari et al. (1985) sind Funde auch aus Berlin bekannt. Die gegenwärtige Verbreitung ist lückenhaft. Aktuell wird *H. pseudopustulata* nur aus Schleswig-Holstein, Brandenburg, Niedersachsen, Thüringen und Hessen genannt. Hinzu kommen ältere Funde (1950–1999) aus Mecklenburg-Vorpommern, Sachsen, Baden-Württemberg und Bayern.

Lebensraum und Lebensweise: Diese thermophile, wohl auch hygrophile und coccidophage (aphidophage?) Art ist vor allem aus Heidegebieten und Mooren bekannt und ist u. a. auf Heidekraut (*Calluna vulgaris*) und verschiedenen Gräsern zu finden. *H. pseudopustulata* lebt auch an den Rändern von Gewässern auf Uferpflanzen (*Phragmites australis*, *Typha*) sowie in Laubwäldern. Die Imagines erscheinen von März bis September. Die Überwinterung erfolgt an der Bodenoberfläche und unter Moospolstern.

Art: *Hyperaspis quadrimaculata* L. Redtenbacher, 1843 – Vierfleckiger Kurzhorn-Marienkäfer (Foto 206)

Synonyme: *Hyperaspis femorata* (Motschulsky, 1837); *Hyperaspis reppensis quadrimaculata* L. Redtenbacher, 1843.

Allgemeines: Elytren schwarz, mit je zwei hintereinander stehenden hellen Makeln. Hier sind »quatuor« (lat.) = »vier« und »maculatus« (lat.) = »gemakelt« zusammengesetzt und meinen die Färbung der Flügeldecken. Sexualdimorphismus in der Färbung des Vorderrandes des Pronotums (vgl. Tabelle 11).

Foto 206: *Hyperaspis quadrimaculata.* Präparatfoto: L. Behne.

Allgemeine Verbreitung: Die Art kommt in Südosteuropa und Vorderasien (Libanon, Israel, Syrien, Türkei) vor. Pontomediterranes Faunenelement.

Verbreitung in Mitteleuropa: Horion (1961, 1969) und Fürsch (1967) nennen die Art unter *H. femorata*. *H. quadrimaculata* wurde von Redtenbacher aus Niederösterreich beschrieben. Fürsch (1967) führt das Wiener Becken, die Steiermark, die Koralpe, das Leithagebirge und Hainburg (Fürsch 1992a) auf. Günther (1959) nennt Nachweise aus Südmähren und der Südslowakei. Horion (1969) erwähnt ebenfalls Südmähren sowie das Wiener Donaubecken in Niederösterreich.

Lebensraum und Lebensweise: Diese thermophile und aphidophage (?) Art lebt in Steppengebieten und anderen trockenen Lebensräumen. Nedvěd (2015) nennt sie von Pistazien, Mandelbäumen und Kirschen.

Art: *Hyperaspis reppensis* (Herbst, 1783) – Spitzenfleckiger Kurzhorn-Marienkäfer (Foto 207)

Synonym: *Hyperaspis subconcolor* J. Weise, 1897.

Fürsch (1967) unterscheidet zwei Unterarten: *H. reppensis reppensis* und *H. reppensis occidentalis* Günther. *H. occidentalis* Fürsch, 1967 ist nach Kovář (2007) ein Homonym von *H. reppensis*.

Allgemeines: Der Artname bezieht sich auf den Ort Reppen, wo die Art von Herbst gefunden wurde. Rzepin (deutsch: Reppen) ist eine Stadt in der polnischen Woiwodschaft Lebus, die damals zu Brandenburg gehörte.

Sexualdimorphismus in der Färbung des Vorderrandes des Pronotums (vgl. Tabelle 11).

Allgemeine Verbreitung: Die Art ist in Europa weit verbreitet und kommt auch in Tunesien und Marokko, im Osten bis Kasachstan und Westsibirien vor. Pontisch-adriatomediterranes Faunenelement.

Foto 207: *Hyperaspis reppensis.* Foto: S. Krejčík.

Verbreitung in Mitteleuropa: In vielen Ländern verbreitet, aber nur von wenigen Fundorten bekannt. Es fehlen Nachweise aus Belgien, Luxemburg, Dänemark und Liechtenstein. Vielleicht gibt es eine nördliche Verbreitungsgrenze. Horion (1961) und Fürsch (1967) behandeln die Art auch unter dem Namen *H. subconcolor*.

Vorkommen in Deutschland: Nachweise in allen Bundesländern, z. T. nur vor 1999. Fürsch (1967) nennt unter *H. reppensis occidentalis* das Rheinland und das Elsass sowie als *H. subconcolor* Berlin.

Lebensraum und Lebensweise: Eine thermophile Art, die an Wärmestellen wie Steppenheidegebieten, trockenen Grashängen, Trockenrasen und Halbtrockenrasen vorwiegend in der Krautschicht gefunden wird, aber auch an Laubbäumen (Strauchschicht) nachgewiesen wurde. Sie überwintert in Grasbulten zwischen den Wurzeln. Die Imagines erscheinen vor allem im August bis September, einzeln schon im Mai bis Juli.

Nahrung: Kahlen (2018) nennt die Art von Kiefern, die stark mit Schildläusen befallen waren. Sie wird auch als Prädator anderer Schildläuse (Coccina) genannt.

Art: *Hyperaspis stigma* A. G. Olivier, 1808

Synonym: *Hyperaspis chevrolati* Canepari, 1985.

Allgemeines: Pronotum schwarz mit breitem gelben Seiten- und schmalem Vorderrand. Elytren mit einem gelbroten Humeralmakel und einem ovalen Fleck vor der Spitze (vgl. Abb. 64b). Sexualdimorphismus: beim Weibchen ist der Vorderrand des Pronotums schwarz und der Humeralmakel fehlt (Näheres bei Canepari et al. 1985).

Allgemeine Verbreitung: Die Art kommt in Südeuropa (Portugal, Spanien, Korsika, Italien einschließlich Sizilien, Griechenland) und Nordafrika (Marokko) vor (Canepari et al. 1985, Kovář 2007). Holomediterranes Faunenelement?

Verbreitung in Mitteleuropa: Bogaert et al. (2012) melden diese Art unter dem Namen *H. chevrolati* nach einem Exemplar aus Belgien, das etwa 1830 gesammelt wurde. Ob diese Art aktuell in Mitteleuropa vorkommt, bleibt offen.

Tribus: Scymnini Mulsant, 1846

Mit 397 Arten sind die Scymnini die artenreichste Tribus der Scymninae. In der Paläarktis kommen zehn Gattungen vor, vier davon in Europa.

Gattung: *Clitostethus* J. Weise, 1885

Diese Gattung umfasst acht Arten, von denen nur die folgende in Europa vorkommt. Der Gattungsname ist eine Zusammensetzung von »klitos« (gr.) = »geneigt« und »stethos« (gr.) = »Brust«. Das Prosternum fällt dicht vor den Vorderhüften steil und kurz ab, worauf sich der Name bezieht (Schenkling 1922).

Art: *Clitostethus arcuatus* (P. Rossi, 1794) – Bogen-Zwergmarienkäfer (Foto 208)

Allgemeines: Elytren mit einer gelben, rotbraunen und schwarzen variablen bogenförmigen Zeichnung, die aber sehr stark variieren kann (Gourreau 1974). Der Name »arcuatus« (lat.) = »bogenförmig« bezieht sich darauf. Es ist eine der kleinsten Arten, fällt aber durch ihre bemerkenswerte Färbung auf.

Foto 208: *Clitostethus arcuatus.* Foto: E. Wachmann.

Allgemeine Verbreitung: In Europa, Vorderasien und Nordafrika (auch auf Madeira und den Azoren). Die Art kommt auch im tropischen Afrika und Nordamerika vor (verschleppt?). *C. arcuatus* ist »eine mediterrane Art, die circumalpin nach Mitteleuropa vordringt, wo sie einen thermophilen Charakter hat« (Horion 1961). Holomediterranes Faunenelement.

Verbreitung in Mitteleuropa: *C. arcuatus* hat sein Areal in den vergangenen Jahrzehnten in Mitteleuropa weit nach Norden verschoben (Bathon & Pietrzik 1986, Ziegler 1993, Pütz et al. 2000). Diese Arealprogression wird mit der Klimaerwärmung in Verbindung gebracht (vgl. Kapitel 2.11).

Neben den deutschen Nachweisen liegen Meldungen aus Belgien (ADRIAENS et al. 2012), den Niederlanden (KOVÁŘ 1993), Dänemark (HANSEN & JØRUM 2017), Polen (RUTA et al. 2009), Tschechien und der Slowakei (GÜNTHER 1960, KLEINERT 1972, JELÍNEK 1993), Österreich (KREISSL 1959a, b) sowie der Schweiz (BATHON & PIETRZIK 1986) vor. Die Art fehlt in Luxemburg und Liechtenstein.

Vorkommen in Deutschland: Von *C. arcuatus* waren bis in die 1980er-Jahre nördlich der Alpen nur wenige Fundorte bekannt, die fast alle in der Oberrheinebene und den angrenzenden Gebieten am Unterlauf von Main und Neckar liegen. HORION (1961) meldet nur wenige und meist ältere Funde aus westlichen Bundesgebieten: Baden, Hessen, Mainfranken, Pfalz, Rheinland. Die Meldungen alter Funde aus Thüringen und dem heutigen Sachsen-Anhalt sind nach HORION (1961) zweifelhaft. Bis 1961 existierten weder Belege noch gelang die aktuelle Bestätigung dieser alten Angaben.

In Berlin (MÖLLER 1989), Brandenburg und Niedersachsen scheint *C. arcuatus* etwa ab 1987 etabliert zu sein und ist seitdem oft wiedergefunden worden. Ein weiterer Erstnachweis kommt aus Schleswig-Holstein (1990). In Thüringen konnte nach Jahrzehnten verschollener Nachweise die Art 1991 neu belegt werden (ZIEGLER 1993). Der Erstfund in Brandenburg datiert von 1995. In Sachsen-Anhalt erschien *C. arcuatus* um 1998 (CIUPA & GRUSCHWITZ 1998). Im gleichen Jahr wurde das Tier erstmals auch in Mecklenburg-Vorpommern entdeckt (BÜCHE & ESSER 1999). In der Oberlausitz wurde die Art (erstmals für Sachsen) 2002 gefunden (KEITEL & KLAUSNITZER 2002). Seither ist sie in Sachsen an ca. 20 Fundorten im Raum Leipzig, dem Osterzgebirge, in Mittelsachsen und der Oberlausitz nachgewiesen worden (HAUSOTTE & DÄBRITZ 2017, JÄGER et al. 2016, KLAUSNITZER et al. 2009, 2018, RICHTER 2006). Die Funde dokumentieren insgesamt die Progressionstendenz des Bogen-Zwergmarienkäfers. Es ist zu erwarten, dass das heutige Verbreitungsbild zukünftig durch weitere Funde ergänzt werden kann. Sicher spielen für die erhöhte Nachweisdichte dieser kleinen und besonders flugfreudigen Art früher nicht oder seltener verwendete Sammeltechniken (Autokescher, Malaise-Fallen) eine Rolle. Gegenwärtig liegen aktuelle Nachweise aus allen Bundesländern vor.

Lebensraum und Lebensweise: *C. arcuatus* wird oft an altem Efeu oder in dessen Nachbarschaft an anderen Pflanzen an warmen Standorten, z. B. Trockenmauern gefunden. Aber es existieren auch Vorkommen an Weißdorn, Schlehe, Apfel, Brombeere, Springkraut, Schöllkraut, Waldrebe und verschiedenen Kulturpflanzen (Markstammkohl, Tomaten, Zierpflanzen) (KLEINERT 1972, BATHON 1983, BATHON & PIETRZIK 1986). Nach KLEINERT (1972) liegt eine Bevorzugung von Weißdorn (*Crataegus*) vor, wenn dieser von Mottenschildläusen (Aleyrodina) befallen ist. Von einem Massenvorkommen (mehrere hundert Exemplare vom Juli bis September 1983) in Darmstadt an Markstammkohl mit Kohlmottenschildläusen wird berichtet. Die Population bestand stabil über mindestens fünf Jahre (Bathon 1983, Bathon & Pietrzik 1986, Pietrzik 1986). Die Erscheinungszeit der Imagines liegt zwischen Mai und Oktober mit einem ersten Maximum im Juni und einem zweiten im September (neue Generation). Sie überwintern in Borkenritzen und unter Borke von Laubbäumen sowie unter Falllaub.

Nahrung: Die Art ist ein Nahrungsspezialist und verzehrt verschiedene Mottenschildlausarten (Aleyrodina). Sie ist in besonderer Weise an diese Nahrung angepasst (vgl. Kapitel 7). *C. arcuatus* wurde auch als Räuber der Kohlmottenschildlaus (*Aleurodes proletella*) gefunden (Bathon 1983, Bathon & Pietrzik 1986, Goux 1948, Pietrzik 1986, Ricci & Cappelletti 1990).

Gattung: *Nephus* Mulsant, 1846

Aus der Paläarktis sind 71 Arten bekannt, die vier Untergattungen zugeordnet werden, von denen zwei in Mitteleuropa vorkommen. »Nephos« (gr.) ist die »Wolke«, vielleicht ein Hinweis auf die dunkle Färbung?

In Mitteleuropa sind zwei Untergattungen vertreten:

Bipunctatus Fürsch, 1987

Nephus Mulsant, 1846

Art: *Nephus (Bipunctatus) bipunctatus* (Kugelann, 1794) – Zweipunktiger Zwergmarienkäfer (Foto 209)

Allgemeines: Elytren schwarz mit je einem roten Punkt hinter der Mitte. Sie sind also insgesamt mit zwei Punkten versehen, dies war namensgebend. Es kommen aber auch völlig schwarze Exemplare vor.

Foto 209: *Nephus bipunctatus.* Präparatfoto: L. Behne.

Allgemeine Verbreitung: In der Paläarktis bis Ostsibirien und Korea. In Europa hauptsächlich in bewaldeten Gebieten bis zum höchsten Norden (Horion 1961). Fehlt nach Kovář (2007) in Nordafrika. Horion (1961) meldet die Art aber aus Ägypten. Vielleicht ein Sibirisches Faunenelement.

Verbreitung in Mitteleuropa: In mehreren Ländern, aber ausgesprochen selten und meist nur in Einzelstücken gefunden (vgl. Tabelle 16). Das Fehlen in Frankreich, Liechtenstein und der Schweiz könnte auf eine Verbreitungsgrenze hinweisen.

Vorkommen in Deutschland: Nachweise in allen Bundesländern.

Lebensraum und Lebensweise: *N. bipunctatus* wurde in Laubwäldern, an Waldrändern, in Bruchwäldern, auf Teichdämmen und auch auf Brachflächen in der Krautschicht nachgewiesen. Die Art lebt coccidophag auf Laubbäumen (Pappeln, Weiden, Birken, vorzugsweise Eichen). Vermutlich bevorzugt sie die Wipfelregion (akrodendrische Art). Dieser Lebensraum erklärt auch, dass sie meist nur in einzelnen Exemplaren gefunden wird. Die Imagines erscheinen von April bis Oktober. Sie überwintern unter Borke, in Laubstreu oder unter Moospolstern.

Art: *Nephus (Bipunctatus) bisignatus* (Boheman, 1850) – Zweifleckiger Zwergmarienkäfer (Fotos 210, 211)

Allgemeines: Es werden zwei Unterarten getrennt: *Nephus* (*Bipunctatus*) *bisignatus bisignatus* (Boheman, 1850) und *Nephus* (*Bipunctatus*) *bisignatus claudiae* Fürsch, 1984. Elytren schwarz, oft mit einem undeutlichen Fleck an der Spitze. »Bisignatus« (lat.) = »doppelt gezeichnet«. Der Name »claudiae« ehrt die Sammlerin der Unterart, Frau Dr. Claudia Gack.

Allgemeine Verbreitung: *N. bisignatus* kommt nur in Europa vor, nach Horion (1961) vor allem in Nordeuropa bis zum hohen Norden.

Foto 210: *Nephus bisignatus bisignatus.* Präparatfoto: L. Behne.

Foto 211: *Nephus bisignatus claudiae.* Präparatfoto: L. Behne.

Verbreitung in Mitteleuropa: *N. bisignatus bisignatus*: Frankreich, Niederlande, Dänemark, Tschechien, Slowakei. *N. bisignatus claudiae*: Deutschland, Österreich, Niederlande, Ungarn, Schweden.

Vorkommen in Deutschland: Horion (1956, 1961) führt die Art ohne eine Unterartangabe von den Ostfriesischen Inseln Spiekeroog und Borkum an. Fürsch (1967) nennt *N. bisignatus bisignatus* ebenfalls von Borkum. *N. bisignatus claudiae* war vom locus typicus (Kaiserstuhl) und aus Eberswalde bekannt (Fürsch 1984). Die weiteren Nachweise (z. T. vor 1999) in Deutschland liegen einerseits im Norden (Mecklenburg-Vorpommern, Schleswig-Holstein, Brandenburg, Niedersachsen, Sachsen-Anhalt), andererseits im Süden (Hessen, Rheinland-Pfalz, Baden-Württemberg, Bayern). Es bestehen beträchtliche Defizite in der Erforschung der Biologie und Verbreitung der beiden Unterarten.

Lebensraum und Lebensweise: Eine psammophile, thermophile und coccidophage (Pseudococcidae) Art. Fürsch (1967) nennt *N. bisignatus* von Dünen und Dünentälern an Meeresküsten, Witsack (2020) aus Bodenfallen auf Binnendünen. Nach Horion (1961) wurde sie von Kriech-Weide (*Salix repens*) gestreift und auch unter Tang am Nordseeufer gefunden (Horion 1956). Nachweise gelangen außerdem in der Kraut- und Zwergstrauchvegetation auf Wärmehängen, auf Trockenhängen, an Weinbergen und Ruderalstellen. Die Typusserie von *N. bisignatus claudiae* stammt aus Bodenfallen in Rebböschungen am Kaiserstuhl (Fürsch 1984). Da die Art bodenbewohnend ist, müssen andere Nachweismethoden zum Einsatz kommen als sonst bei Marienkäfern üblich. Andererseits wurde *N. bisignatus* auch von Bäumen geklopft.

Art: *Nephus (Bipunctatus) nigricans nigricans* (J. Weise, 1879) (Foto 212)

Allgemeines: Der Name kommt von »nigricans« (lat.) = »schwärzlich« und bezieht sich auf die Grundfarbe des Körpers.

Allgemeine Verbreitung: Die Art ist aus Südeuropa und dem asiatischen Teil der Türkei bekannt (Kovář 2007). Eine zweite Unterart kommt in Ägypten vor: *N. nigricans niloticus* Canepari, 1978.

Foto 212: *Nephus nigricans.* Präparatfoto: L. Behne.

Verbreitung in Mitteleuropa: Horion (1969) erwähnt Funde dieser Art aus der Steiermark. Ein Vorkommen in Mitteleuropa ist nicht wieder berichtet worden und wohl auch unwahrscheinlich.

Lebensraum und Lebensweise: Kahlen (2018) nennt aus Südtirol Funde auf blühendem Gesträuch und Trockenrasen. Die Art wurde auch auf Doldenblütlern und Knöterich gefunden. *N. nigricans* gilt als thermophil.

Art: *Nephus (Nephus) binotatus* (C. N. F. Brisout de Barneville, 1863) – Zweistrichiger Zwergmarienkäfer (Foto 213)

Allgemeines: Elytren strohgelb mit rotbrauner Querbinde an der Basis und einem schwarzen strichförmigen Quermakel am Abfall der Elytren. Der Name setzt sich aus »bi« (lat.) = »zwei« und »nota« (lat.) = »das Zeichen« zusammen und weist auf die Zeichnung der Elytren hin.

Foto 213: *Nephus binotatus.* Präparatfoto: L. Behne.

Allgemeine Verbreitung: Die Art ist aus Frankreich bekannt (Kovář 2007).

Verbreitung in Mitteleuropa: Fürsch (1967) nennt *N. binotatus* aus Südfrankreich und hält ein Vorkommen im westlichen Mitteleuropa für möglich.

Art: *Nephus (Nephus) jacobsoni* (Barovskij, 1906) – Jacobsons Zwergmarienkäfer (Foto 214)

Synonyme: *Nephus rutaneni* Fürsch, 1986; *Nephus rutaneni deletomaculatus* Fürsch, 1997.

Allgemeines: Die Art wurde nach Georgij Georgiewitsch Jacobson (1871 – 23.11.1926) benannt, einem russischen Entomologen, der durch ein 900 Seiten starkes Buch über Käfer bekannt wurde.

Allgemeine Verbreitung: Die Art ist aus Finnland (locus typicus in Südfinnland), dem nördlichen Russland, der Slowakei und Österreich bekannt. Ob man die von Fürsch (1997) eingeführte Teilung in zwei Unterarten aufrechterhalten kann, bleibt offen.

Verbreitung in Mitteleuropa: Von Horion (1961) nicht erwähnt. Fürsch (1997a, 1998) beschreibt die Art unter *N.* (*Nephus*) *rutaneni deletomaculatus* Fürsch, 1997 aus Tirol: Elmen (1 000 m) und Stabl (1 450 m), 03.05. bzw. 01.07.1946. Nach Kovář (2007) kommt die Art auch in der Slowakei vor.

Lebensraum und Lebensweise: Der Holotypus von »*rutaneni*« wurde mit einem Autokescher auf einem Waldweg gesammelt (Fürsch 1986). Die Exemplare aus Tirol wurden im Lechtal bzw. auf einer nahe gelegenen Alm gefunden (Fürsch 1997a).

Foto 214: *Nephus jacobsoni.* Paratypus von *N. rutaneni deletomaculatus.* Präparatfoto: L. Behne.

Art: *Nephus (Nephus) limonii* (Donisthorpe, 1903) – Strand-Zwergmarienkäfer (Foto 215)

Allgemeines: Der Name bezieht sich auf das bevorzugte Vorkommen an *Limonium vulgare,* dem Strandflieder. Fürsch (1965a, 1967) erwähnt die Möglichkeit, dass es sich um eine ökologische (physiologische) Unterart von *N. redtenbacheri* handeln könnte. Vielleicht sind beide Zwillingsarten (vgl. Kapitel 1.7).

Allgemeine Verbreitung: Bisher kennt man Funde aus Island, Norwegen, Dänemark, den Niederlanden, Großbritannien und Deutschland. Vielleicht ein Atlantomediterranes Faunenelement.

Foto 215: *Nephus limonii.* Präparatfoto: L. Behne.

Verbreitung in Mitteleuropa: Die Bindung an Salzwiesen der Nordseeküste spiegelt sich im Verbreitungsgebiet wider: Niederlande, Dänemark, Deutschland.

Vorkommen in Deutschland: Die Art wird von Horion (1961) in einer Anmerkung zu *N. redtenbacheri* behandelt. Aktuelle Funde sind nur aus Schleswig-Holstein bekannt. Ein Fund nach 1950 liegt von der Ostfriesischen Insel Langeoog vor.

Lebensraum und Lebensweise: *N. limonii* lebt an Meeresufern, auf Salzwiesen an Gewöhnlichem Strandflieder (*Limonium vulgare*), besonders an den Wurzeln (Horion 1961, Fürsch 1965a, 1967).

Nahrung: Schildläuse (Coccina), auf Island an der Filzschildlaus *Eriococcus granulatus* (Fürsch 1966).

Art: *Nephus (Nephus) quadrimaculatus* (Herbst, 1783) – Vierfleckiger Zwergmarienkäfer (Foto 216, 217)

Allgemeines: Elytren mit je zwei gelben bis gelbroten Makeln. Der Name bezieht sich auf diese Färbung: »quatuor« (lat.) = »vier« und »maculatus« (lat.) = »mit Makeln versehen«.

Foto 216: *Nephus quadrimaculatus*, ♂. Foto: F. Hecker/H. Bellmann.

Allgemeine Verbreitung: In Europa weit verbreitet, auch aus dem asiatischen Teil der Türkei, Kasachstan und Taiwan (!) bekannt. Fehlt in Nordafrika. Euromediterranes Faunenelement.

Verbreitung in Mitteleuropa: Weit verbreitet, aber nur relativ selten gemeldet. Fehlt in Luxemburg und in Liechtenstein.

Vorkommen in Deutschland: Nachweise in allen Bundesländern außer Schleswig-Holstein. Keine Funde in den nördlichen Teilen der nördlichen Bundesländer.

Foto 217: *Nephus quadrimaculatus*, ♀. Foto: I. Altmann.

Lebensraum und Lebensweise: *N. quadrimaculatus* ist coccidophag und besonders in Wärmegebieten, auf Trockenhängen, aber auch an Teichufern und auf feuchten Wiesen sowie auf Eichen und Efeu zu finden, lebt aber auch in der Krautschicht auf Gräsern. Funde gibt es auch aus Nadel- und Mischwäldern. Die Imagines erscheinen von April bis Oktober mit je einem Maximum im Mai/Juni und im August/September. Sie überwintern unter Borke.

Art: *Nephus (Nephus) redtenbacheri* (Mulsant, 1846) – Redtenbachers Zwergmarienkäfer (Foto 218)

Allgemeines: Elytren dunkel mit einem hellen langgestreckten Makel. Gelegentlich kommen völlig schwarze Exemplare vor. Genannt nach Ludwig Redtenbacher (siehe Fußnote 5 S. 30).

Foto 218: *Nephus redtenbacheri.* Foto: E. Wachmann.

Allgemeine Verbreitung: Kommt in der gesamten Paläarktis vor, besonders im Norden und bis Ostsibirien. In Europa bis zum höchsten Norden, in Südeuropa vor allem in Gebirgen bis zur subalpinen Stufe (Horion 1961). Nachweise auch aus Algerien. Vielleicht ein Sibirisches Faunenelement.

Verbreitung in Mitteleuropa: Im Gebiet weit verbreitet, fehlt in Luxemburg und der Schweiz.

Vorkommen in Deutschland: Nachweise in allen Bundesländern.

Lebensraum und Lebensweise: *N. redtenbacheri* lebt in Sumpf- und Moorgebieten, an Gewässerufern, auf nassen Wiesen und an feuchten Waldrändern, aber auch auf Brachflächen und in Kiefernwäldern. Bevorzugt werden die Tiere in der Krautschicht gefunden, z. B. auf Lichtnelken (*Silene*) und verschiedenen Gräsern. Nach Horion (1961) ist diese Art kältebedürftig, weshalb sie bevorzugt in Gebirgslagen nachgewiesen wird. In 2 000 m Höhe wurden Exemplare an Gämsheide (*Loiseleuria procumbens*) gefunden (Fürsch 1967). *N. redtenbacheri* ist coccidophag. Die Imagines sind von April bis September aktiv mit je einem Maximum im Mai/Juni und im August/September. Sie überwintern unter Schilfresten an Stillgewässern, am Fuße von Weiden oder in Ansammlungen von angeschwemmtem Material an Flussufern.

Gattung: *Scymniscus* Dobrzhanskiy, 1928

Aus der Paläarktis sind 18 Arten aus dieser Gattung bekannt, von denen elf in Europa vorkommen. Die Endung »iscos« (gr.) heißt »verkleinert«, also wäre *Scymniscus* ein kleiner *Scymnus*. Die Körperlänge beträgt 1,3–1,8 mm. Die Arten gehören also zu den kleinsten Coccinellidae. Sie sind bezüglich ihrer Lebensweise sehr schlecht bekannt. Über ihren Entwicklungszyklus, auch die Nahrung, weiß man praktisch nichts. Die Larven sind unbekannt – das ist sonst bei keiner anderen Gattung der Coccinellidae der Fall!

Art: *Scymniscus anomus* (Mulsant & Rey, 1852) (Foto 219)

Allgemeines: Der Name kommt von »nomos« (gr.) = »Weideplatz«, das »a« bedeutet »ohne«, also eine Art ohne ein (bekanntes) Habitat.

Foto 219: *Scymniscus anomus.* Präparatfoto: L. Behne.

Allgemeine Verbreitung: Die Art ist aus Griechenland, Albanien, Rumänien, Ungarn, Italien, Südfrankreich und Spanien bekannt (Fürsch 1965b, Kovář 2007). Euromediterranes Faunenelement.

Verbreitung in Mitteleuropa: Horion (1961) nennt unter »*Scymnus biguttatus* Muls.« in der Untergattung *Sidis* Funde dieser Art vom Neusiedler See (Österreich) nach Mader (1924). Kovář (2007) führt *Scymniscus anomus* aus der Slowakei.

Lebensraum und Lebensweise: »An sumpfigen Stellen unter Steinen, auch im Detritus und unter Schilfbündeln« (Horion 1961).

Art: *Scymniscus biguttatus* (Mulsant, 1850) – Zweitropfiger Zwergmarienkäfer (Foto 220)

Allgemeines: Der Name »biguttatus« (lat.) bedeutet »mit zwei Tropfenflecken versehen« und bezieht sich auf die beiden Makeln auf den Elytren.

Allgemeine Verbreitung: Die Art ist aus Afghanistan, Iran und Kasachstan bekannt (Kovář 2007).

Verbreitung in Mitteleuropa: Die Angabe bei Horion (1961) unter dem Namen »*Scymnus biguttatus* Muls.« beziehen sich auf *S. anomus*, den er als Aberration bezeichnet. Bielawski (1959) nennt die Art aus der Slowakei.

Foto 220: *Scymniscus biguttatus.* Präparatfoto: L. Behne.

Art: *Scymniscus horioni* (Fürsch, 1965) – Horions Zwergmarienkäfer (Foto 221)

Allgemeines: Die Art wurde zu Ehren des bedeutenden deutschen Koleopterologen Monsignore Dr. h. c. Adolf Horion (12.06.1888 Hochneukirch – 28.05.1977 Überlingen) benannt (vgl. Fußnote 10 S. 36). Mit minimal 0,9 mm ist *S. horioni* eine der kleinsten heimischen Arten.

Allgemeine Verbreitung: Die Art kommt in Südosteuropa (Griechenland, Albanien) bis zum asiatischen Teil der Türkei vor und ist auch aus Italien gemeldet. Pontomediterranes Faunenelement.

Foto 221: *Scymniscus horioni.* Präparatfoto: L. Behne.

Verbreitung in Mitteleuropa: Aus Tschechien, der Slowakei und Österreich bekannt (Kovář 2007). Fürsch (1967) führt in der Untergattung *Sidis* Mulsant, 1850 *S. horioni* Fürsch, 1965 (Österreich, Burgenland, Neusiedler See) auf und bemerkt »Am Neusiedler See in Menge erbeutet« (Fundort der Typen).

Lebensraum und Lebensweise: *S. horioni* wurde an sumpfigen Seeufern im Detritus, unter Schilfbündeln und Steinen gefunden (Fürsch 1965b, Koch 1989).

Art: *Scymniscus kahleni* (Fürsch, 1997) – Kahlens Zwergmarienkäfer (Foto 222)

Allgemeines: Die Art ist zu Ehren des Tiroler Koleopterologen Dr. Manfred Kahlen (*21.03.1949) benannt.

Allgemeine Verbreitung: Bisher nur aus Österreich bekannt.

Verbreitung in Mitteleuropa: Aus dem Burgenland beschrieben (locus typicus: Zurndorf). Fürsch (1998) erwähnt die Art als *Nephus* (*Sidis*) *kahleni*.

Lebensraum und Lebensweise: Der Holotypus stammt aus einem Steppenrest: in Rasenstreu auf Sand sowie in Moos auf Felsplatten in einer Höhe von 150 m (Fürsch 1997b, Kahlen 2018).

Foto 222: *Scymniscus kahleni.* Präparatfoto: A. Eckelt.

Gattung: *Scymnus* Kugelann, 1794

Aus der Paläarktis sind 242 Arten bekannt, die sieben Untergattungen zugeordnet werden, von denen fünf in Mitteleuropa vorkommen. »Skymnos« (gr.) = »das Junge«, eine Anspielung auf die geringere Größe im Vergleich zu anderen Coccinellidae.

In Mitteleuropa vertretene Untergattungen:

Mimopullus Fürsch, 1987 [»mimo« (lat.) = »Schauspieler«]

Neopullus Sasaji, 1971 [Vorsilbe »neo« (gr.) = »neu«]

Parapullus C.-T. Yang, 1978 [Vorsilbe »para« (gr.) = »neben«]

Pullus Mulsant, 1846 [»pullus« (lat.) ist ein Jungtier und heißt auch »klein«]

Scymnus Kugelann, 1794

Die Arten der Untergattung *Mimopullus* sind hinsichtlich ihrer Lebensweise sehr schlecht untersucht. Alle Arten sind besonders klein.

Art: *Scymnus (Mimopullus) fennicus* J. R. Sahlberg, 1886 – Finnischer Zwergmarienkäfer (Foto 223)

Allgemeines: Der Name kommt von »fennicus« (lat.) = »finnisch« und bezieht sich auf den Fundort der Typen. Die kleinsten Exemplare haben ein Körperlänge von 0,9 mm und gehören damit zu den kleinsten Coccinellidae.

Foto 223: *Scymnus fennicus.* Präparatfoto: L. Behne.

Allgemeine Verbreitung: Die Art hat ein geteiltes Areal: Nordeuropa (Norwegen, Schweden, Finnland, Nordrussland) und Italien (Kovář (2007). Fürsch (1994) berichtet von einem Vorkommen am südlichen Alpenrand.

Verbreitung in Mitteleuropa: Vielleicht zu erwarten?

Art: *Scymnus (Mimopullus) flagellisiphonatus* (Fürsch, 1970) (Foto 224)

Allgemeines: Der Artname weist auf den geiselförmigen Sipho im männlichen Geschlecht hin; »Flagellum« (lat.) = »Peitsche«.

Foto 224: *Scymnus flagellisiphonatus.* Präparatfoto: L. Behne.

Allgemeine Verbreitung: In Südosteuropa und Vorderasien. Fehlt in Nordafrika. Pontomediterranes Faunenelement.

Verbreitung in Mitteleuropa: Von Horion (1961) nicht erwähnt. Fürsch (1997b) nennt einen Fund aus Österreich (Burgenland, Zurndorf). Nach Kovář (2007) auch in Tschechien und der Slowakei.

Art: *Scymnus (Mimopullus) marinus* (Mulsant, 1850) (Foto 225)

Synonyme: *Scymnus mediterraneus* Iablokoff-Khnzorian, 1972; *Scymnus pallidivestis* auct. nec Mulsant, 1853.

Allgemeines: Der Name »marinus« heißt »am Meer lebend« und bezieht sich wohl auf das Fundgebiet der Typen.

Allgemeine Verbreitung: Die Art kommt im südwestlichen Mittelmeergebiet (Frankreich, Portugal, Spanien), in Slowenien und in Nordafrika vor. Vielleicht ein Atlantomediterranes Faunenelement.

Foto 225: *Scymnus marinus.* Präparatfoto: L. Behne.

Verbreitung in Mitteleuropa: Fürsch (1967) erwähnt diese Art unter dem Namen »*pallidivestis* Muls.« und korrigiert später in *mediterraneus* Iablokoff-Khnzorian. Sie ist in Mitteleuropa vielleicht zu erwarten.

Art: *Scymnus (Mimopullus) sacium* (Roubal, 1927) (Foto 226)

Allgemeines: Der Name ist von »sakion« (gr.) = »Sack, grobes Kleid«. Nach Schenkling (1922) ist damit die dichte, anliegende Behaarung gemeint.

Allgemeine Verbreitung: Die Art kommt in Südosteuropa und Italien vor (Kovář 2007). Pontomediterranes Faunenelement.

Verbreitung in Mitteleuropa: Fürsch (1967) hält ein Vorkommen dieser auch aus Ungarn bekannten Art am Neusiedler See für möglich.

Lebensraum und Lebensweise: Die Art wurde in Ungarn auf salzhaltigem Boden gefunden (Bielawski 1957b).

Foto 226: *Scymnus sacium.* Präparatfoto: L. Behne.

Art: ***Scymnus (Neopullus) ater*** **KUGELANN, 1794 – Schwarzer Zwergmarienkäfer (Foto 227)**

Allgemeines: Körper einfarbig schwarz. Der Artname benennt die Färbung des Körpers: »ater« (lat.) = »schwarz«.

Allgemeine Verbreitung: Das Areal ist auf Europa beschränkt.

Verbreitung in Mitteleuropa: Weit verbreitet, nicht in Luxemburg, Liechtenstein und der Schweiz (KOVÁŘ 2007). Vielleicht gibt es im Südwesten eine Verbreitungsgrenze?

Vorkommen in Deutschland: Nachweise in allen Bundesländern außer dem Saarland, jedoch nur wenige Fundorte, z. T. nur vor 1999.

Foto 227: *Scymnus ater.* Präparatfoto: L. BEHNE.

Lebensraum und Lebensweise: Diese Art wird meist auf Laubbäumen (Eichen, Weiden, auch auf Linden, Erlen, Hasel, Eschen, Pappeln und Obstbäumen) gefunden, oft im Uferbereich in Bach- und Flussauen, besonders in Weichholzauen. Bevorzugt werden Eichenstämme, die mit *Kermes quercus* besetzt sind. Gelegentlich wird *S. ater* unter Borkenschuppen entdeckt. Nach FÜRSCH (1992b) lebt er vor allem an Weiden, wo er sich von *Chionaspis salicis* ernährt. LORENZ (1999) fand die Art in einem lichten Alteichenbestand an sonnenexponierten Stammpartien mit erheblichen Rindenverletzungen. Die Imagines werden meist von März bis Juli gefunden. Sie überwintern in Laubstreu am Boden oder unter Borke.

Art: ***Scymnus (Neopullus) haemorrhoidalis*** **HERBST, 1797 – Kleiner Rotleibiger Zwergmarienkäfer (Foto 228)**

Allgemeines: Elytren schwarz, hinten unscharf abgegrenzt gelbrot. Die ersten drei sichtbaren Sternite schwarz, die übrigen rot. Der Artname ist von »haimorrhoos« (gr.) = »blutfließend, mit rotem After« abgeleitet und bezieht sich auf die roten Spitzen der Elytren bzw. des Abdomens. Auffällig ist ein Sexualdimorphismus in der Färbung des Kopfes und des Pronotums (vgl. Tabelle 11).

Allgemeine Verbreitung: In der Paläarktis bis Ostsibirien, kommt auch auf Madeira vor. Nicht in Nordafrika. Sibirisches Faunenelement.

Verbreitung in Mitteleuropa: Im gesamten Gebiet verbreitet.

Vorkommen in Deutschland: Nachweise in allen Bundesländern.

Lebensraum und Lebensweise: *S. haemorrhoidalis* lebt aphidophag (Phylloxeridae) auf feuchten Wiesen, an Fluss- und Bachufern, in Laubwäldern und auf Brachflächen. Die Art wird vor allem auf Sträuchern, z. B. Weiden und Erlen, aber auch in der Krautschicht gefunden, z. B. auf verschiedenen Gräsern, Blutweiderich (*Lythrum salicaria*) und Minze (*Mentha*). Es werden vor allem im Frühjahr blühende Gebüsche (Weißdorn u. a.) aufgesucht. Die Imagines sind von März bis September aktiv mit einem Maximum im Mai/Juni. Sie überwintern unter Erlen- und Weidenlaub sowie am Fuße von Bäumen, unter trockenem Gras oder unter den Blattrosetten von mehrjährigen Krautpflanzen.

Foto 228: *Scymnus haemorrhoidalis*, ♂. Foto: I. Altmann.

Art: *Scymnus (Neopullus) limbatus* Stephens, 1832 – Weiden-Zwergmarienkäfer (Foto 229)

Diese Art wurde von Horion (1961) und anderen Autoren unter dem Namen *S. testaceus* Motschulsky, 1837 abgehandelt. Es handelt sich dabei aber nicht um ein Synonym, sondern um eine valide Art, die in Aserbaidschan, Kirgistan und Tadschikistan vorkommt (Kovář 2007). Horion (1961) erwähnt *S. limbatus* als Aberration von *S. suturalis*, nennt aber keine Funde aus Deutschland. Unter Bezug auf Fürsch (1964) führt er später den korrekten Namen in die Faunistik ein (Horion 1966).

Foto 229: *Scymnus limbatus*. Foto: E. Wachmann.

Allgemeines: Elytren dunkelbraun mit schwarzem Nahtsaum und Seitenrand, manchmal kommen schwarze Exemplare vor (Wanntorp 2004). »Limbatus« (lat.) = »verbrämt« und bezieht sich wohl auf den abgesetzten Saum.

Allgemeine Verbreitung: In der Paläarktis bis Ostsibirien, kommt auch auf Madeira vor. In Europa weit verbreitet, in Südeuropa vor allem im Gebirge. Nicht in Nordafrika. Vielleicht ein Sibirisches Faunenelement.

Verbreitung in Mitteleuropa: Nicht in Luxemburg sowie in Liechtenstein und der Schweiz. Möglicherweise gibt es eine südwestliche Verbreitungsgrenze?

Vorkommen in Deutschland: Nachweise in allen Bundesländern, z. T. nur vor 1999.

Lebensraum und Lebensweise: *S. limbatus* lebt an den Ufern von Gewässern, in Fluss- und Bachauen und auf sumpfigen Wiesen (Horion 1961). Er bevorzugt Weiden, auch Pappeln (Horion 1961, Sieber & Klausnitzer 2005). Horion (1961) schreibt zu *S. limbatus* und dessen Bindung an Weiden unter »*S. testaceus*«: »[...] von Weiden und Pappeln geklopft; von der Gras- und Krautvegetation unter Weiden und Pappeln gekeschert. [...] In den Wintermonaten aus dem Mulm hohler Weiden oder aus faulendem Laub an Weiden gesiebt.« Fürsch (1984) nennt *S. limbatus* von Rebböschungen am Kaiserstuhl, ein von den übrigen Befunden deutlich abweichender Lebensraum. Die Imagines erscheinen von Mai bis Oktober. Wahrscheinlich lebt *S. limbatus* von Weiden-Schildläusen (*Chionaspis salicis*), vielleicht auch von Blattläusen.

Art: *Scymnus (Neopullus) silesiacus* J. Weise, 1902 – Schlesischer Zwergmarienkäfer (Foto 230)

Synonym: *Scymnus stiglundbergi* Fürsch, 1969.

Allgemeines: »Silesiacus« (lat.) = »schlesisch« bezieht sich auf die Herkunft der Typen (?). Neben den einfarbigen Individuen gibt es auch Exemplare mit einem länglichen braunroten Fleck auf den Elytren, die mit *S. limbatus* verwechselt werden können.

Allgemeine Verbreitung: In Südosteuropa (Italien, Bulgarien, Kroatien, Rumänien, Slowenien, Ukraine) und dem asiatischen Teil der Türkei, außerdem in Schweden (Fürsch 1969, 1992a, Wanntorp 2004, Kovář 2007).

Foto 230: *Scymnus silesiacus.* Präparatfoto: L. Behne.

Verbreitung in Mitteleuropa: Aus Polen (Niederschlesien) und der Slowakei (Kleine Karpaten) bekannt (Bielawski 1959, Horion 1961, Fürsch 1985, Kovář 2007).

Vorkommen in Deutschland: *S. silesiacus* gilt derzeit in Deutschland als verschollen. Es gibt die historischen Funde von den Eichbergen bei Sommerfeld (ein Ortsteil von Kremmen im Landkreis Oberhavel, Brandenburg), dem Geburtsort Weises aus dem Jahr 1902. Weitere Funde sind aus Liegnitz (Legnica, Polen) aus der Zeit um 1900 bekannt (Klausnitzer 1997). Möglicherweise sind aktuelle Vorkommen bisher übersehen worden.

Lebensraum und Lebensweise: *S. silesiacus* wird auf Eichen gefunden und ist vielleicht an diese gebunden (Fürsch 1967, 1969). In Schweden wurden die Tiere auf sonnenexponierten Eichen gefunden, insbesondere auf jungen Trieben, die aus dem unteren Teil des Stammes herauswuchsen. An mehreren Stellen fanden sich die Imagines jahrzehntelang auf derselben Eiche (Wanntorp 2004).

Art: *Scymnus (Parapullus) abietis* (Paykull, 1798) – Fichten-Zwergmarienkäfer (Foto 231)

Allgemeines: Mit »abies« (lat.) ist die Tanne (ursprünglich wohl auch die Fichte) gemeint. Die Art wird bevorzugt auf Nadelgehölzen gefunden.

Foto 231: *Scymnus abietis.* Foto: E. Wachmann.

Allgemeine Verbreitung: In der Paläarktis bis Ostsibirien. Fehlt in Nordafrika. In Europa vor allem im Gebirge. Nach Horion (1961) vermutlich eine kontinentale Art, die den atlantischen Klimabereich meidet. Sibirisches Faunenelement.

Verbreitung in Mitteleuropa: Im gesamten Gebiet, fehlt in Luxemburg, den Niederlanden (Verbreitungsgrenze?) und Liechtenstein.

Vorkommen in Deutschland: Nachweise in allen Bundesländern, besonders in der montanen Höhenstufe. *S. abietis* wird auch in alpinen Lagen zwischen 2 000–2 600 m Höhe gefunden (vgl. Kapitel 2.6).

Lebensraum und Lebensweise: *S. abietis* lebt bevorzugt in Fichtenwäldern, auch in Kiefernbeständen, wird aber auch in Laubwäldern gefunden (Eichen, Linden). Die von Tannenläusen (Adelgidae) lebenden Larven sind besonders auf Fichten (*Picea abies*), vor allem in der Wipfelregion (akrodendrische Art) anzutreffen, wo die gesamte Entwicklung stattfindet (Horion 1961). Imagines und Larven erscheinen sehr zeitig im Frühjahr. Bastian (1982) hält eine Überwinterung von Larven für möglich (vgl. Klausnitzer 1972a). Nedvěd (2015) berichtet von einer Überwinterung von Imagines, Eiern und Larven auf Bäumen oder in Moospolstern.

Art: *Scymnus (Pullus) auritus* Thunberg, 1795 – Rotsaum-Zwergmarienkäfer (Foto 232)

Allgemeines: »Auritus« (lat.) = »geöhrt«. Die Deutung des Namens bleibt offen. Sexualdimorphismus in der Färbung des Pronotums (vgl. Tabelle 11).

Allgemeine Verbreitung: In Europa, der Paläarktis bis zum Osten, aber vor allem im Süden und in China verbreitet. Fehlt in Nordafrika. Vielleicht ein Euromediterranes Faunenelement.

Foto 232: *Scymnus auritus*, ♂. Foto: I. Altmann.

Verbreitung in Mitteleuropa: Im Gebiet weit verbreitet, fehlt in Liechtenstein.

Vorkommen in Deutschland: Nachweise in allen Bundesländern, in Bayern nur wenige Fundorte.

Lebensraum und Lebensweise: *S. auritus* lebt aphidophag von Zwergläusen (Phylloxeridae) in trockenen Laubwäldern, an Waldrändern, in Parks, oft in der Strauchschicht. Die Larven entwickeln sich auf Laubbäumen, besonders Eichen, aber auch Linden und Weißdorn. Hawkins (2000) fand die Imagines auf Eichenblättern mit *Phylloxera glabra*. Die Imagines sind von Mai bis September/Oktober aktiv mit einem Maximum im Mai/Juni. Sie überwintern am Boden oder in Ritzen der Borke von Eichen.

Art: *Scymnus (Pullus) ferrugatus* (Moll, 1785) – Großer Rotleibiger Zwergmarienkäfer (Foto 233)

Allgemeines: Elytren schwarz, hinten scharf abgegrenzt gelbrot. Alle Sternite sind ebenfalls rot gefärbt. Die Färbung des Elytrenendes und des Abdomens dürfte für die Namensgebung ausschlaggebend gewesen sein: »ferrugatus« (lat.) = »rostfarbig«. Sexualdimorphismus in der Färbung des Pronotums (vgl. Tabelle 11).

Allgemeine Verbreitung: In Europa, der Paläarktis bis Ostsibirien und Korea sowie in China verbreitet. Fehlt in Nordafrika. Kontinentale Art, die den atlantischen Raum meidet (Horion 1961). Sibirisches Faunenelement.

Verbreitung in Mitteleuropa: Im gesamten Gebiet weit verbreitet, fehlt in Dänemark, Liechtenstein.

Vorkommen in Deutschland: Nachweise in allen Bundesländern außer dem Saarland.

Foto 233: *Scymnus ferrugatus,* ♂. Foto: E. Wachmann.

Lebensraum und Lebensweise: *S. ferrugatus* lebt coccidophag und aphidophag auf feuchten Wiesen, an Waldrändern und Gebüschsäumen (Laubbäume), auch an Obstbäumen. Die Imagines finden sich vor allem im Frühjahr auf blühendem Gebüsch, z. B. Schlehe (*Prunus spinosa*), Traubenkirsche (*P. padus*), Berg-Ahorn (*Acer pseudoplatanus*), Weiden (*Salix*), auch in der Krautschicht. Sie erscheinen Ende März bis September und überwintern unter Graswurzeln, in Moospolstern, an Waldrändern und unter Borke.

Art: *Scymnus (Pullus) fraxini* Mulsant, 1850 – Eschen-Zwergmarienkäfer (Foto 234)

Synonyme: *Scymnus wichmanni* Fürsch, 1960; *Scymnus globosus* J. Weise, 1879.

Allgemeines: »fraxini« (lat.) = »auf der Esche (*Fraxinus*) lebend«.

Allgemeine Verbreitung: In Südeuropa, Süd- und Mittelasien sowie Ägypten (Kovář 2007).

Verbreitung in Mitteleuropa: Die Art ist aus Frankreich, der Slowakei und Österreich bekannt. Fürsch (1967) nennt unter *S. globosus wichmanni* Vorkommen am Neusiedler See (ungarischer Teil). Nach Koch (1989) kommt die »ssp. *wichmanni* Fürsch, 1960« in Niederösterreich vor.

Foto 234: *Scymnus fraxini.* Präparatfoto: L. Behne.

Lebensraum und Lebensweise: *S. fraxini* wird auf Laubbäumen, besonders Eichen gefunden (Koch 1989). Kahlen (2018) nennt Nachweise unter Kastanienrinde und in einer hohlen Eiche.

Nahrung: Blattläuse (Aphidina). Nach Fürsch (1967) lebt die Art im Mittelmeergebiet auf Ölbäumen an der Ölbaumschildlaus (*Saissetia oleae*).

Art: *Scymnus (Pullus) impexus* Mulsant, 1850 – Tannen-Zwergmarienkäfer (Foto 235)

Allgemeines: Elytren einfarbig gelbbraun. »Impexus« (lat.) = »ungeschmückt«, bezieht sich wohl auf die Einfarbigkeit des Körpers.

Foto 235: *Scymnus impexus.* Foto: I. Altmann.

Allgemeine Verbreitung: In Mittel- und Westeuropa (Frankreich, Spanien), vor allem in Gebirgen (boreomontan). Nachweise sind auch aus China (Guandong) und Nordamerika bekannt (exportiert) (Horion 1961, Kovář 2007). Fehlt in Nordafrika.

Verbreitung in Mitteleuropa: Weit verbreitet, vor allem in montanen und alpinen Lagen. Nicht in den nördlichen Ländern (Belgien, Luxemburg, Niederlande, Dänemark) (Verbreitungsgrenze?) und in Liechtenstein.

Vorkommen in Deutschland: Die Art ist montan bis subalpin verbreitet, aktuelle Funde liegen nur aus Nordrhein-Westfalen, Baden-Württemberg und Bayern vor. Historische Funde sind aus Sachsen-Anhalt und Rheinland-Pfalz (1950–1999), Sachsen (1900–1949) sowie Thüringen und Hessen (vor 1900) bekannt.

Lebensraum und Lebensweise: Die Art kommt vor allem in Nadelwäldern vor und lebt auf den Stämmen und Ästen von Fichten (*Picea abies*) und Tannen (*Abies*). Sie überwintert an der Bodenoberfläche unter Fichten und in Baumstümpfen. Nach Delucchi (1954) und Horion (1961) überwintern auch Eier, aus denen die Larven im März/April schlüpfen. Die Jungkäfer erscheinen dann Ende Mai/Anfang Juni. Die überwinterten Imagines beginnen zeitig im März mit Kopula und Eiablage. Es kann deshalb ein gemeinsames Auftreten von Jung- und Altkäfern beobachtet werden.

Nahrung: Spezialist für Tannenläuse (Adelgidae). Die Art wurde auch zur biologischen Bekämpfung von Tannenstammläusen eingesetzt (Delucchi 1954).

Art: *Scymnus (Pullus) subvillosus* (Goeze, 1777) – Schrägbinden-Zwergmarienkäfer (Foto 236)

Allgemeines: Elytren schwarz, mit je zwei Quermakeln hintereinander, im Einzelnen ist die Färbung sehr variabel. Vorsilbe »sub« (lat.) = „fast, beinahe, etwas«; »villosus« (lat.) = »zottig, rau«. Charakterisiert wird die Behaarung der Elytren. Sexualdimorphismus in der Färbung des Pronotums (vgl. Tabelle 11).

Foto 236: *Scymnus subvillosus.* Foto: E. Wachmann.

Allgemeine Verbreitung: Europa (vor allem im Süden), Kanarische Inseln, Nordafrika und südliche Paläarktis. *S. subvillosus* ist eine mediterrane thermophile Art, die in Südeuropa häufig vorkommt. Nach Kovář (2007) auch im tropischen Afrika. Holomediterranes Faunenelement.

Verbreitung in Mitteleuropa: Vor allem in wärmegetönten Gebieten. Nachweise in Frankreich, Deutschland, Tschechien, der Slowakei, Österreich und der Schweiz. Fehlt in den nördlichen Ländern (Verbreitungsgrenze). Kreissl (1975) nimmt an, dass die Art in Mitteleuropa früher weiter verbreitet war als heute.

Vorkommen in Deutschland: Horion (1961) schreibt: »Die vielen Angaben für Mitteldeutschland und Österreich aus dem vorigen Jahrhundert, die nicht durch neuere Funde bestätigt sind, zeigen deutlich, dass bei dieser mediterranen und sehr thermophilen Art eine Arealbeschränkung eingetreten ist, worauf auch Kreissl (1959b) hinweist, die aber vielleicht in günstigeren Klima-Perioden wieder behoben wird. Dieser Art möge künftig bei Excursionen zu ›Wärmestellen‹ eine besondere Aufmerksamkeit geschenkt und ihre eventuellen Funde mögen gleich publiziert werden.« Nach Fürsch (1967) lebt die Art nur in Wärmegebieten (Kaiserstuhl, Pfalz). Die aktuellen Funde nach 2000 liegen in der Mitte Deutschlands und sparen den Norden und den Südosten aus (Sachsen, Thüringen, Hessen, Rheinland-Pfalz, Baden-Württemberg) (vgl. Tabelle 17).

Es scheint so, als würde diese wärmeliebende Art ihr Areal erweitern und von der Klimaerwärmung profitieren. Dies wird auch deutlich, wenn man die einzige Angabe liest, die Horion (1961) für Sachsen verzeichnet: »Dresden nach Bach 1856«. Möglicherweise steht das auffällige Vorkommen in Dresden 1992 mit dem Hitzefrühjahr im gleichen Jahr, das in einer Folge warmer und trockener Sommer steht, in Zusammenhang. Zusätzlich könnten die höheren und ausgeglicheneren Temperaturen des Stadtzentrums begünstigend gewirkt haben, die einer relativ großen Zahl thermophiler Tierarten günstige Entwicklungsmöglichkeiten bieten (Klausnitzer 1982, 1993f).

In Sachsen konzentrieren sich die Nachweise auf das Elbtal nördlich von Dresden und das Stadtgebiet von Dresden (Klausnitzer 1960, 1961, 1992a, 1993b, 2004b, 2019c, Klausnitzer & Ressler 1966, Ressler 1968).

Pütz (1994) berichtet von einem Fund aus Forst (Brandenburg), ein Hinweis auf ein weiteres Vordringen der Art nach Norden.

Lebensraum und Lebensweise: *S. subvillosus* lebt auf Wärme- und Trockenhängen, auf Laubbäumen (Eichen, Weiden, Obstbäumen), auf Trockenrasen, in aufgelassenen Weinbergen, in Gärten und an Straßenrändern in Städten (dort auf Holundergebüsch). Die Art wurde auch auf blühenden Kiefern gefunden (Kahlen 2018).

Nahrung: Über die Nahrung von *S. subvillosus* ist bisher nur wenig bekannt. Fulmek (1956/1957) nennt ihn als Feind von *Hyalopterus pruni* an *Prunus* in Italien, und Daccordi (1982) gibt zusätzlich noch *Aphis pomi* an. Gewisse Rückschlüsse lassen sich auch aus den Pflanzen ziehen, von denen die Art gesammelt wurde. Horion (1961) nennt Kiefern vom Kaiserstuhl und zitiert Novak (1952), der *S. subvillosus* in Dalmatien von Stein-Eichen (*Quercus ilex*), Flaum-Eichen (*Qu. pubescens*) und Aleppo-Kiefern (*Pinus halepensis*) angibt. Ebenfalls aus Dalmatien werden nach J. Müller (1901) Efeu (*Hedera helix*), Brombeeren (*Rubus*) und Christusdorn (*Paliurus*) genannt (zit. nach Kreissl 1959a). Dyadechko (1954) fand die Art in großer Häufigkeit in der Ukraine: Forst-Steppen-Zone (5,5 % aller Coccinellidae), Steppen-Zone (11,3 %), Apfelgärten (8,5 %).

Neben *Adalia bipunctata* und *Harmonia axyridis* ist *S. subvillosus* die einzige Marienkäferart, die sich unter Freilandbedingungen ausschließlich von der Holunderblattlaus (*Aphis sambuci*) ernähren kann (Klausnitzer 1992a, 1993b, 2019c) (vgl. Kapitel 7.3). Man achte deshalb auf die mit weißem Wachs bedeckten Larven in den betreffenden Blattlauskolonien.

Art: *Scymnus (Pullus) suturalis* Thunberg, 1795 – Gestreifter Kiefern-Zwergmarienkäfer (Foto 237)

Allgemeines: Elytren jeweils mit einem variablen hellbraunem Makel und mit einem deutlichen Basalfleck, der vom Scutellum neben der Naht beginnend nach hinten zieht, mitunter sind die Elytren völlig hell. »Suturalis« (lat.) = »durch die Naht ausgezeichnet« beschreibt die dunkle Elytrennaht.

Foto 237: *Scymnus suturalis.* Foto: E. Wachmann.

Allgemeine Verbreitung: In der gesamten Paläarktis bis Ostsibirien und in Nordafrika, den Azoren und Madeira. Kommt auch in Nordamerika vor (exportiert). Sibirisches Faunenelement.

Verbreitung in Mitteleuropa: Im gesamten Gebiet verbreitet.

Vorkommen in Deutschland: Nachweise in allen Bundesländern.

Lebensraum und Lebensweise: *S. suturalis* ernährt sich vor allem von Tannenläusen (Adelgidae – *Pineus pini*) und lebt in Kiefernwäldern, vor allem in Jungwüchsen und auf einzeln stehenden Bäumen, auch in Mischwäldern. Die Art kommt vor allem auf Wald-Kiefern (*Pinus sylvestris*) vor, auch auf Berg-Kiefern (*P. mugo*) und anderen Nadelbäumen, z. B. Fichten (*Picea abies*). Die Larven finden sich vielfach auf einjährigen Kieferntrieben, aber auch im Kronenbereich. Gelegentlich werden die Imagines auch auf Laubbäumen gefunden. Die Imagines erscheinen von April bis zum Oktober mit Maxima im Mai/Juni und August/September. B. Klausnitzer (in litt.) beobachtete eine Abhängigkeit des Auftretens von der Tageszeit. In Kiefernjungwüchsen in der Oberlausitz zeigte sich ein steiler Anstieg der Individuenzahlen ab 11 Uhr MESZ mit einem Maximum 16 Uhr. *S. suturalis* überwintert unter Borkenschuppen von Kiefern und am Boden unter Moospolstern.

Art: *Scymnus (Scymnus) apetzi* Mulsant, 1846 – Südlicher Zwergmarienkäfer (Foto 238)

Allgemeines: Die Art wurde nach Johann Heinrich Gottfried Apetz (24.02.1794 Altenburg – 08.11.1857 Altenburg) benannt, der als Koleopterologe bekannt war. Es kommen zwei- und vierfleckige Formen vor. Sexualdimorphismus in der Färbung des Kopfes (vgl. Tabelle 11).

Allgemeine Verbreitung: Im südlichen Europa, in Vorder- und Mittelasien sowie in Südsibirien. Fehlt in Nordafrika. Euromediterranes Faunenelement.

Verbreitung in Mitteleuropa: In Mitteleuropa nur an wenigen Fundorten nachgewiesen (nur durch Genitaluntersuchung sicher zu bestimmen). Fürsch et al. (1967) nennen Funde aus Niederösterreich und der Steiermark. Die Art fehlt in den nördlichen Ländern (Luxemburg, Dänemark) und in Liechtenstein. *S. apetzi* ist aber aus Belgien (Horion 1961, Adriaens et al. 2012) und den Niederlanden (Brakman 1965) nachgewiesen.

Foto 238: *Scymnus apetzi.* Präparatfoto: L. Behne.

Vorkommen in Deutschland: Nach Fürsch (1967) im Rheingebiet. Fürsch (1998) und Fürsch et al. (1967) nennen Funde vom Kaiserstuhl (1993/1994). Gegenwärtig kommt die Art fast nur in Süddeutschland vor (Hessen, Rheinland-Pfalz, Baden-Württemberg, Bayern). Es gibt Meldungen aus Sachsen-Anhalt (1950–1999) und einen wohl auf Verschleppung beruhenden Nachweis aus Nordrhein-Westfalen. Das Vorkommen dieser Art sollte in Zukunft besonders beachtet werden.

Lebensraum und Lebensweise: *S. apetzi* ist eine aphidophage, xerothermophile Art und kommt vor allem in Wärmegebieten, an Trockenhängen, auch auf Kalk, vorwiegend in der Krautschicht vor. In Wärmejahren ist sie vielleicht häufiger und wird möglicherweise durch die Klimaerwärmung begünstigt. Die Imagines erscheinen von April bis August/September.

Art: *Scymnus (Scymnus) bivulnerus* Baudi di Selve, 1894 (Foto 239)

Synonym: *Scymnus (Scymnus) bivulnerus* Capra & Fürsch, 1967.

Allgemeines: Elytren jederseits mit einem ausgedehnten rötlichen Makel. Der Name bedeutet »mit zwei Wunden versehen«, von »vulnerus« (lat.) = »die Wunde« und deutet auf die Färbung der Elytren hin.

Allgemeine Verbreitung: Die Art ist in Südeuropa, Nordafrika und

Foto 239: *Scymnus bivulnerus.* Präparatfoto: L. Behne.

Vorderasien weit verbreitet. Die nördlichsten Nachweise sind aus Ungarn bekannt (Fürsch et al. 1967).

Verbreitung in Mitteleuropa: Bisher liegen keine Funde vor, vielleicht zu erwarten.

Art: *Scymnus (Scymnus) doriae* Capra, 1924 – Dorias Zwergmarienkäfer (Foto 240)

Gelegentlich wird die Art fälschlich als »*doriai*« bezeichnet.

Allgemeines: Die Art wurde nach Giacomo Doria (01.11.1840 – 19.09.1913), dem Gründer des Museo Civico di Storia Naturale in Genua benannt.

Allgemeine Verbreitung: *S. doriae* wurde nach Exemplaren aus Florenz beschrieben und ist aus dem südlichen Europa (Frankreich und Korsika, Nord- und Mittelitalien, Sizilien, Südungarn, Bulgarien, Serbien) sowie Kasachstan, der Mongolei und Ostsibirien bekannt (Kovář 2007, Kreissl 1993). Vielleicht ein Euromediterranes Faunenelement.

Foto 240: *Scymnus doriae.* Präparatfoto: M. Balke.

Verbreitung in Mitteleuropa: Kreissl (1993) nennt Funde aus Österreich (Niederösterreich, Steiermark, Tirol), Kovář (2007) aus Tirol, Stączek & Pietrykowska (2003) aus Südostpolen, Ruta et al. (2009) aus Mittelpolen. Möglicherweise breitet sich diese Art seit einigen Jahren zunehmend nach Norden aus, wie dies auch für andere Coccinellidae beobachtet wird.

Vorkommen in Deutschland: Von Horion (1961) nicht erwähnt. Das Auffinden dieses Marienkäfers in der Oberlausitz war eine wirkliche Überraschung: 2003, Umgebung von Hoyerswerda, Bergbaufolgelandschaft nördlich Laubusch, Sandmagerrasen, leg. Scholz (Lorenz 2005) und 2006, Umgebung von Lohsa, leg. Hoffmann (Klausnitzer et al. 2009). Offenbar ist diese Art ein weiteres Beispiel dafür, dass die Bergbaufolgelandschaft im Norden der Oberlausitz bzw. im Süden der Niederlausitz für xerothermophile Arten bodennaher Strata geeignete Lebensbedingungen bieten kann, wie zahlreiche Beispiele aus verschiedenen Insektengruppen zeigen. Es gibt auch einen Fund in Bayern (1950–1999) (Fuchs in DKat 2021).

Lebensraum und Lebensweise: *S. doriae* wurde auf Sandmagerrasen und unter bodennahen Blättern von Rosetten in der Bergbaufolgelandschaft gefunden.

Art: *Scymnus (Scymnus) femoralis* (GYLLENHAL, 1827) – Dunkelschenkliger Zwergmarienkäfer (Foto 241)

Allgemeines: Elytren schwarz. Beine zum größten Teil hell, Schenkel dunkel. »Femoralis« (lat.) = »durch die Schenkel ausgezeichnet«. FÜRSCH (1967) behandelt die Unterschiede zu *S. interruptus*, von der diese Art gelegentlich als Farbform angesehen wurde (auch von *S. rubromaculatus*). Die Art wird nie gemeinsam mit *S. interruptus* gefunden (»Ökospezies«?). Sexualdimorphismus in der Färbung des Kopfes und des Pronotums (vgl. Tabelle 11).

Foto 241: *Scymnus femoralis.* Präparatfoto: L. BEHNE.

Allgemeine Verbreitung: Nur aus Europa liegen Nachweise vor.

Verbreitung in Mitteleuropa: Im Gebiet weit verbreitet, fehlt in einigen westlichen Ländern (vgl. Tabelle 16).

Vorkommen in Deutschland: Bemerkenswert ist, dass HORION (1961) *S. femoralis* wegen der damals noch unklaren Definition aus Deutschland nicht erwähnt, erst in einem Nachtrag (HORION 1969). Dort nennt er Funde aus Bayern, Thüringen und Nordrhein-Westfalen. Nachweise nach dem Jahr 2000 liegen aus allen Bundesländern vor, außer dem Saarland. Die lückenhaften Kenntnisse über Verbreitung und Lebensweise werden wohl nach und nach mit zunehmender Beachtung verbessert werden.

Lebensraum und Lebensweise: Als Lebensraum dieser aphidophagen und xerophilen Art werden Trockenrasen, Kalkmagerrasen, trockene Feldraine, Heiden, Dünen und aufgelassene Sandgruben genannt. Die Imagines wurden u. a. auf Thymian (*Thymus*), Großer Brennnessel (*Urtica dioica)* und verschiedenen Gräsern meist in Bodennähe gefunden. FÜRSCH (1984) nennt sie von Rebböschungen am Kaiserstuhl. WILLERS (1996) fand sie auf blühendem Weißdorn sowie auf Koniferen am Waldrand. Überwinterung an der Bodenoberfläche, auch unter Moos.

Art: *Scymnus (Scymnus) flavicollis* L. Redtenbacher, 1843 (Foto 242)

Allgemeines: Der Name ist eine Zusammensetzung von »flavus« (lat.) = »gelb« und »collum« (lat.) = »Hals« und bezieht sich auf die Färbung des Pronotums. Sexualdimorphismus in der Färbung von Kopf und Pronotum (vgl. Tabelle 11).

Foto 242: *Scymnus flavicollis.* Präparatfoto: L. Behne.

Allgemeine Verbreitung: Nach Fürsch et al. (1967) und Kovář (2007) lebt diese Art in Armenien, dem asiatischen Teil der Türkei, auf Zypern, in Vorder- und Mittelasien sowie in Ägypten.

Verbreitung in Mitteleuropa: Horion (1935, 1961) und Fürsch (1967) erwähnen diese von Redtenbacher aus Niederösterreich beschriebene Art. Fürsch et al. (1967) halten eine Fundortverwechslung für möglich. Es ist sehr fraglich, ob *Scymnus flavicollis* in Mitteleuropa vorkommt.

Lebensraum und Lebensweise: Redtenbacher fand die Art auf Kiefern (*Pinus*).

Art: *Scymnus (Scymnus) frontalis* (Fabricius, 1787) – Trockenrasen-Zwergmarienkäfer (Fotos 243, 244)

Allgemeines: Der Name sagt, dass die Art durch die Stirn = »frons« (lat.) ausgezeichnet ist und bezieht sich wohl auf die männlichen Exemplare. Sexualdimorphismus in der Färbung des Kopfes (vgl. Tabelle 11). Elytren schwarz, mit einem oder zwei roten Makeln, gelegentlich werden einfarbig schwarze Exemplare gefunden.

Foto 243: *Scymnus frontalis,* zweifleckige Form. Foto: E. Wachmann.

Scymnus apetzi, doriae, magnomaculatus, schmidti und *suffrianoides apetzoides* ähneln *S. frontalis* in Färbung

Foto 244: *Scymnus frontalis,* vierfleckige Form. Foto: I. ALTMANN

und Gestalt. Bei allen diesen Arten gibt es meist zwei- oder vierfleckige Formen. Sie werden als *Scymnus-frontalis*-Gruppe zusammengefasst. Man hat versucht, Unterschiede in den Proportionen der Körperform oder der Punktur der Oberseite als trennende Merkmale zu finden, sie erwiesen sich aber nicht als stichhaltig. Vor allem unter den Namen *S. apetzi, rufipes, mimulus* und *frontalis* wurden in der Literatur eine Reihe von Funden mitgeteilt, die ohne Revision des Originalmaterials meist nicht gedeutet werden können.

Die Angehörigen der *S.-frontalis*-Gruppe gehören in vielen Sammlungen zu den schlecht bzw. falsch bestimmten Arten. Dies trifft auch für die vierfleckigen Formen zu, die bei fast allen Arten vorkommen. Sicher bestimmt werden können nur die Männchen anhand des Baus des Aedoeagus (FÜRSCH et al. 1967 und andere Literatur). Bei den Weibchen steht für die Determination das Receptaculum seminis zur Verfügung, das aber in dieser Gruppe kaum Artunterschiede erkennen lässt. Es sollte deshalb auf die Bestimmung einzelner Weibchen verzichtet werden. FÜRSCH et al. (1967) schreiben: »in dieser Gruppe [bleibt] das Ansprechen des Receptaculum seminis fast immer unsicher«.

Allgemeine Verbreitung: In der gesamten Paläarktis bis Ostsibirien und Korea, besonders im Süden, auch in China. Fehlt in Nordafrika.

Verbreitung in Mitteleuropa: Im gesamten Gebiet weit verbreitet.

Vorkommen in Deutschland: Nachweise in allen Bundesländern.

Lebensraum und Lebensweise: *S. frontalis* ist eine aphidophage und xerophile Art, die auf sonnigen trockenen Grasplätzen, auf Wärme- und Trockenhängen, Trockenrasen, Brachflächen, an Feldrainen und in anderen xerothermen Habitaten lebt HORION (1961). Die Imagines kommen vor allem in der Krautschicht, z. B. auf Gänsedisteln (*Sonchus*), Disteln (*Carduus*) und verschiedenen Gräsern von Mai bis September vor mit einem Maximum im Juni. Sie überwintern in der Bodenstreu, zwischen Graswurzeln, in Moospolstern, unter Rosetten mehrjähriger Krautpflanzen und unter Borke.

Art: ***Scymnus (Scymnus) interruptus*** **(GOEZE, 1777) – Rainfarn-Zwergmarienkäfer (Foto 245)**

Allgemeines: Elytren schwarz, jeweils mit einem gelben Fleck, der auf die Epipleuren übergreift. »Interruptus« (lat.) = »unterbrochen« bezieht sich auf den auffälligen gelben Elytrenfleck, der an der Naht unterbrochen ist. FÜRSCH (1967) weist auf Exemplare mit einfarbig hellen Elytren hin, die jedoch in Mitteleuropa kaum gefunden wurden. Sexualdimorphismus in der Färbung von Kopf und Pronotum (vgl. Tabelle 11).

Foto 245: *Scymnus interruptus*. Foto: E. WACHMANN.

Allgemeine Verbreitung: Kommt in Europa, auf den Azoren, auf Madeira und den Kanarischen Inseln sowie in Nordafrika und der südlichen Paläarktis vor.

Verbreitung in Mitteleuropa: Im Gebiet verbreitet, aber wohl nicht flächendeckend. Keine Nachweise in Luxemburg, Dänemark und Liechtenstein.

Vorkommen in Deutschland: Nachweise in allen Bundesländern, außer Schleswig-Holstein (vielleicht Verbreitungsgrenze?). In Norddeutschland nur wenige Fundorte.

Lebensraum und Lebensweise: *S. interruptus* ist eine thermophile Art und lebt auf xerothermen Hängen und anderen trockenwarmen Standorten, auf Brachflächen, Grasplätzen und Halbtrockenrasen, in lichten Wäldern und Gärten. Die Tiere finden sich in der Krautschicht, auch auf Efeu (*Hedera helix*) (KOCH 1989). FABRE (1900) fand die Larve unter Ginsterbüschen, wo sie herunterfallende Blattläuse verzehrt. Sie ist aber auch in Blattlauskolonien (*Metopeurum fuscoviride*) an Rainfarn (*Tanacetum vulgare*) zu finden (B. KLAUSNITZER in litt.). Gelegentlich wurden Larven auf Doldenblüten beobachtet. Die Imagines sind von Mai bis Oktober aktiv.

Art: *Scymnus (Scymnus) jakowlewi* J. Weise, 1892 – Jakowlews Zwergmarienkäfer (Foto 246)

Synonyme: *Scymnus sahlbergi* Korschefsky, 1931; *Scymnus triangularis* J. R. Sahlberg, 1914.

Allgemeines: Der Name bezieht sich auf den russischen Entomologen Wassily Ewgrafowitsch Jakowlew (09.02.1839 – 15.08.1908). Sexualdimorphismus in der Färbung von Kopf und Pronotum sowie im Bau des 5. Abdominalsegments (vgl. Tabelle 11).

Foto 246: *Scymnus jakowlewi.* Präparatfoto: L. Behne.

Allgemeine Verbreitung: Die Art kommt in Skandinavien, Sibirien und der Mongolei vor. Die südlichsten Fundorte liegen in Südschweden. Horion (1961) hält ein Vordringen nach Dänemark nicht für ausgeschlossen. Sibirisches Faunenelement (Kuznetsov & Zakharov 2000, 2001).

Verbreitung in Mitteleuropa: Bisher keine Nachweise aus Mitteleuropa.

Lebensraum und Lebensweise: *S. jakowlewi* lebt auf Wärmestellen, trockenen Grashängen, auch auf Gebüsch, an Waldrändern, vor allem auf Kiefern.

Nahrung: Blattläuse (Aphidina), Schildläuse (Coccina).

Art: *Scymnus (Scymnus) magnomaculatus* Fürsch, 1958 – Großfleckiger Zwergmarienkäfer (Foto 247)

Synonym: *Scymnus quadriguttatus* Fürsch & Kreissl, 1967.

Allgemeines: Der Name ist eine Zusammensetzung von »magnus« (lat.) = »groß« und »macula« (lat.) = »Fleck« und weist auf die Färbung der Elytren hin, die jeweils zwei große rötliche Flecken tragen, die manchmal miteinander verbunden sind.

Foto 247: *Scymnus magnomaculatus.* Präparatfoto: L. Behne.

Allgemeine Verbreitung: Kommt in Südosteuropa und Vorderasien vor. Pontomediterranes Faunenelement.

Verbreitung in Mitteleuropa: Von Horion (1961) und Fürsch (1967) nicht erwähnt. Aus Österreich und Frankreich bekannt (Kovář 2007), auch aus der Slowakei (Nedvěd 2015).

Lebensraum und Lebensweise: *S. magnomaculatus* lebt in warmen Habitaten.

Art: *Scymnus (Scymnus) marginalis* (P. Rossi, 1794) – Gerandeter Zwergmarienkäfer (Foto 248)

Synonym: *Scymnus* (*Scymnus*) *incertus* Mulsant, 1846.

Allgemeines: Die Art wurde als Farbform von *S. apetzi* angesehen. »Marginalis« (lat.) = »gerandet« bezieht sich auf die Färbung der Elytren, die aber stark variiert (vgl. Abb. 90). Sexualdimorphismus in der Färbung von Kopf und Pronotum (vgl. Tabelle 11).

Foto 248: *Scymnus marginalis.* Präparatfoto: L. Behne.

Allgemeine Verbreitung: Kommt in Südeuropa (Frankreich, Italien, Malta, Griechenland, Ukraine), Nordafrika und dem asiatischen Teil der Türkei vor. Holomediterranes Faunenelement.

Verbreitung in Mitteleuropa: Von Horion (1961) nicht erwähnt. Fürsch (1967) hält ein Vorkommen in Mitteleuropa für fraglich. Nach Fürsch (1992a) ist die Art nicht aus Österreich bekannt, Kovář (2007) nennt sie aber aus Tirol. Sie kommt in Ostfrankreich vor.

Vorkommen in Deutschland: Es gibt einen unklaren alten Nachweis aus Bayern.

Lebensraum und Lebensweise: *S. marginalis* lebt auf trockenen, sonnigen Hängen in der Krautschicht.

Art: *Scymnus (Scymnus) nigrinus* Kugelann, 1794 – Schwarzer Kiefern-Zwergmarienkäfer (Foto 249)

Allgemeines: Körperoberseite einfarbig schwarz. Die Färbung des Körpers entspricht dem Namen »nigrinus« (lat.) = »schwarz«.

Allgemeine Verbreitung: In der gesamten Paläarktis bis Ostsibirien (Kovář 2007). In Europa weit verbreitet, in Südeuropa vor allem im Gebirge. Fehlt in Nordafrika. Sibirisches Faunenelement.

Foto 249: *Scymnus nigrinus.* Foto: E. Wachmann.

Verbreitung in Mitteleuropa: Im Gebiet weit verbreitet, keine Nachweise in Luxemburg und Liechtenstein.

Vorkommen in Deutschland: Nachweise in allen Bundesländern.

Lebensraum und Lebensweise: *S. nigrinus* ist aphidophag und lebt vorzugsweise in Kiefernwäldern, oft auf dem Jungwuchs an den Rändern, aber auch im Wipfelbereich. Die Art kommt auch in Mischwäldern mit Fichten und Lärchen vor. Die Larven entwickeln sich besonders auf Wald-Kiefern (*Pinus sylvestris*), auch auf Weymouth-Kiefern (*Pinus strobus*) Horion (1961). Die Imagines sind von Mai bis September aktiv mit einem Maximum im Juni/Juli. Sie überwintern in der Bodenstreu oder in Borkenrissen, auch in Zapfen.

Art: *Scymnus (Scymnus) rubromaculatus* (Goeze, 1777) – Hopfen-Zwergmarienkäfer (Foto 250)

Allgemeines: Der Name ist eine Zusammensetzung von »ruber« (lat.) = »rot« und »macula« (lat.) = »Fleck«, gemeint ist wohl das männliche Pronotum. Sexualdimorphismus in der Färbung von Kopf und Pronotum (vgl. Tabelle 11).

Foto 250: *Scymnus rubromaculatus,* ♂. Foto: E. Wachmann.

Allgemeine Verbreitung: In der gesamten Paläarktis bis Ostsibirien weit verbreitet, vor allem im Süden. Fehlt in Nordafrika. Auch von Madeira und aus dem tropischen Afrika bekannt (verschleppt?) (Kovář 2007). Sibirisches Faunenelement.

Verbreitung in Mitteleuropa: Im Gebiet weit verbreitet. Bisher nicht aus Liechtenstein bekannt.

Vorkommen in Deutschland: Nachweise in allen Bundesländern.

Lebensraum und Lebensweise: *S. rubromaculatus* ist eine aphidophage und xerophile Art und lebt auf Trockenrasen, xerothermen Hängen, auf Ruderalstellen, in Gärten und an Waldrändern, besonders in der Krautschicht, auch auf blütenreichem Gebüsch und an Hopfen. Die Imagines erscheinen von April bis Oktober, besonders im Juni bis August. Sie überwintern in der Bodenstreu und unter Moospolstern.

Art: *Scymnus (Scymnus) schmidti* Fürsch, 1958 – Schmidts Zwergmarienkäfer (Foto 251)

Synonyme: *Scymnus* (*Scymnus*) *mimulus* Capra & Fürsch, 1967; *Scymnus* (*Scymnus*) *schmidti* Fürsch & Kreissl, 1967; *Scymnus rufipes* auct. nec (Fabricius, 1798).

Allgemeines: Fürsch (1958) nennt einen Fund aus Bayern (Garchinger Heide, leg. Schmidt 29.06.1924). Der für die »Forma *schmidti* nov.« vergebene Name bezieht sich wohl auf den Sammler. Sexualdimorphismus in der Färbung von Kopf und Pronotum (vgl. Tabelle 11).

Foto 251: *Scymnus schmidti.* Foto: I. Altmann.

Die Art kommt in zwei verschiedenen Färbungsformen vor. Exemplare mit einfarbigen Elytren wurden als *S. schmidti* beschrieben, solche mit je einem roten Makel als *S. mimulus*. Es gibt aber auch Exemplare mit zwei Makeln auf jeder Elytre (Kreissl 1994b). Bei Fürsch (1967) werden *S. schmidti* und *S. mimulus* getrennt abgehandelt.

Früher wurde *S. schmidti* als »*rufipes* Fabricius« oder »*mimulus* Capra & Fürsch« bezeichnet. Möglicherweise müssen manche bereits publizierte Angaben als fraglich oder falsch bezeichnet werden. *S. rufipes* (Fabricius, 1798) ist eine westmediterrane Art und aus Südfrankreich, Korsika, Sardinien, Italien, Sizilien, von der Iberischen Halbinsel sowie aus Nordafrika bekannt (Fürsch et al. 1967, Kovář 2007). Horion (1961: 310) handelt *S. schmidti* unter dem Namen *Scymnus rufipes* Fabricius ab.

Allgemeine Verbreitung: Kommt in Europa, der südlichen Paläarktis und China vor. Horion (1961) spricht von der Arealerweiterung einer ursprünglich mediterranen Art. Die Kenntnisse über die in Rede stehende Art sind allerdings kritisch zu betrachten, da sich die Artauffassung geändert hat, und bei den älteren Angaben nicht immer eine gesicherte Determination vorausgesetzt werden kann. Vielleicht breitet sich die Art jedoch infolge der Klimaerwärmung aus.

Verbreitung in Mitteleuropa: Im Gebiet weit verbreitet, aber es wurden nur wenige Fundorte gemeldet. Fehlt in Liechtenstein und der Schweiz (Verbreitungsgrenze?).

Vorkommen in Deutschland: Nachweise in allen Bundesländern.

Lebensraum und Lebensweise: *S. schmidti* ist eine aphidophage, thermophile Art und kommt bevorzugt an Wärmestellen auf xerothermer Vegetation in der Krautschicht vor, z. B. auf Trockenhängen, Steppenheiden, Dünen und in aufgelassenen Sandgruben. Die Imagines werden auf verschiedenen Gräsern, Thymian (*Thymus*), Luzerne (*Medicago*) und Greiskraut (*Senecio*) gefunden. Sie sind von April bis Oktober aktiv mit einem Maximum im Juni/Juli und überwintern unter Graswurzeln und Moospolstern.

Art: *Scymnus (Scymnus) suffrianoides apetzoides* Capra & Fürsch, 1967 – Verkannter Zwergmarienkäfer (Foto 252)

Synonyme: *Scymnus* (*Scymnus*) *pallipediformis* Günther, 1958; *Scymnus* (*Scymnus*) *pallipediformis apetzoides* Capra & Fürsch, 1967.

Allgemeines: Es werden zwei Unterarten getrennt. Die andere, *Scymnus* (*Scymnus*) *suffrianoides suffrianoides* J. R. Sahlberg, 1913, kommt in Vorderasien vor. Bei Fürsch (1967) und Fürsch et al. (1967) wird die Art unter *Scymnus apetzoides* geführt.

Foto 252: *Scymnus suffrianoides apetzoides.* Präparatfoto: L. Behne.

Christian Wilhelm Ludwig Eduard Suffrian (21.01.1805 Wunsdorf, Teltow-Fläming – 18.08.1876 Bad Rehburg) war ein

Spezialist für die Familie Chrysomelidae. J. H. Apetz war ein seinerzeit sehr bekannter Koleopterologe (vgl. unter *S. apetzi*). Es kommen zwei- und vierfleckige Formen vor. Sexualdimorphismus in der Färbung von Kopf und Pronotum (vgl. Tabelle 11).

Allgemeine Verbreitung: Die hier behandelte Unterart kommt in Süd- und Mitteleuropa, dem südlichen Skandinavien sowie dem asiatischen Teil der Türkei vor. Pontisch-adriatomediterranes Faunenelement.

Verbreitung in Mitteleuropa: Aus Frankreich, Deutschland, Polen, der Slowakei und Österreich (Graz, Kärnten) bekannt. Fürsch et al. (1967) nennen Funde aus Niederösterreich (Klosterneuburg). Das Fehlen in den nördlichen Ländern, Liechtenstein und der Schweiz (vgl. Tabelle 16) könnte tiergeografische Gründe haben.

Vorkommen in Deutschland: Der Holotypus stammt aus Württemberg (Tüngersheim am Main, leg. Kerstens 09.09.1958). Bei Horion (1969) finden sich Funde aus Baden-Württemberg und Bayern. Nachweise vor allem in Wärmegebieten des Ober- und Mittelrheins, der Nahe, Mainfrankens, Unterfrankens und der Schwäbischen Alb. Fürsch (1984) nennt *S. suffrianoides apetzoides* von einer Rebböschung am Kaiserstuhl. Kopetz et al. (2004) melden ihn aus Thüringen und Frisch (2019) aus Hessen. Hinzu kommt ein Nachweis aus Nordrhein-Westfalen. Vielleicht wird auch diese Art durch die Klimaerwärmung gefördert.

Lebensraum und Lebensweise: Der aphidophage und thermophile *S. suffrianoides apetzoides* lebt in Wärmegebieten, auf besonnten Trockenhängen und Kalkmagerrasen, aber auch in lichten, sonnigen Eichenwäldern. Die Art wird vor allem in der Krautschicht von Halbtrockenrasen und Trockenrasen gefunden.

Tribus: Stethorini Dobrzhanskiy, 1924

Diese Tribus ist in der Paläarktis nur mit einer Gattung vertreten, die in drei Untergattungen gegliedert wird. Insgesamt sind 35 Arten bekannt, in Europa drei, die alle zur Untergattung *Stethorus* s. str. gehören. Von verschiedenen Autoren wird diese Tribus den Coccidulini zugeordnet (Ślipiński & Tomaszewska 2011).

Gattung: *Stethorus* J. Weise, 1885

In Mitteleuropa kommt nur eine Art vor. Der Gattungsname ist eine Zusammensetzung von »stethos« (gr.) = »Brust« und »oros« (gr.) = »Berg«. Die Vorderbrust ist vorn dachförmig gewölbt (Schenkling 1922) und trägt keine Kiellinien.

Art: *Stethorus pusillus* (Herbst, 1797) – Spinnmilben-Marienkäfer (Foto 253)

Foto 253: *Stethorus pusillus.* Foto: E. Wachmann.

Synonym: *Stethorus punctillum* (J. Weise, 1891).

Allgemeines: »Pusillus« (lat.) = »sehr klein« bezieht sich auf die geringe Körperlänge (1,1–1,5 mm) dieser Art. Sie besitzt neben vielen morphologischen Besonderheiten auch solche im weiblichen Geschlechtsapparat (vgl. Kapitel 3.1 und 3.2).

Allgemeine Verbreitung: In der Paläarktis bis Ostsibirien und Korea, vor allem aber in dem südlichen Teil, einschließlich China sowie auf den Azoren und in Nordafrika. Auch in Nordamerika (exportiert) (Kovář 2007). Sibirisches Faunenelement.

Verbreitung in Mitteleuropa: Im gesamten Gebiet weit verbreitet. Fehlt in der Schweiz (?).

Vorkommen in Deutschland: Nachweise in allen Bundesländern.

Lebensraum und Lebensweise: *S. pusillus* lebt an Waldrändern auf Laubbäumen, in Parks und Gärten, an Heckensäumen, auf Obstbäumen und Brachflächen. Meist findet man die Tiere auf Gebüsch, z. B. Schlehen (*Prunus spinosa*), Rosen, Eichen, Hasel, Efeu (*Hedera helix*), oft auf der Unterseite von Lindenblättern. Die Imagines erscheinen von Mai bis Oktober. Die Überwinterung erfolgt in Borkenrissen sowie unter Moos und in Graswurzeln. Die Art ist bivoltin.

Nahrung: Spinnmilben (Tetranychidae), auch Blasenfüße (Thysanoptera). Larven und Imagines können sich innerhalb der Milbennetze geschickt bewegen und ihre Beute aufsuchen. Man verwendet *S. pusillus* zur biologischen Bekämpfung (vgl. Kapitel 9.2).

13.4 Chilocorinae Mulsant, 1846

Diese Unterfamilie ist in der Paläarktis mit drei Tribus vertreten, von denen zwei in Europa vorkommen. Paläarktis: 103 Arten, Europa: 15 Arten, Mitteleuropa: acht Arten. Ein wesentliches und abgeleitetes Charakteristikum ist die Erweiterung des Kopfschildes vor den Augen.

Tribus: Chilocorini MULSANT, 1846

Aus dieser Tribus kommen neun Gattungen mit 74 Arten in der Paläarktis vor, von denen drei bzw. 14 zur Fauna Europas gehören. Sexualdimorphismus im Bau des 8. Sternit (vgl. Tabelle 11).

Gattung: *Chilocorus* LEACH, 1815

In der Paläarktis mit 30 Arten vertreten, von denen fünf in Europa vorkommen. Clypeus leistenförmig gerandet. Der Gattungsname setzt sich aus »cheilos« (gr.) = »Lippe« und »koros« (gr.) = »Überfluss« zusammen. Er deutet den besonderen Bau der Clypeus an. Die Vorderschienen besitzen einen Zahn an der Außenseite.

Art: *Chilocorus bipustulatus* (LINNAEUS, 1758) – Strichfleckiger Schildlaus-Marienkäfer (Foto 254)

Allgemeines: Elytren schwarz bis braun, mit drei rötlichen Flecken, die meist zu einer Querbinde verfließen. »Bipustulatus« (lat.) = »mit zwei Pusteln versehen« in Bezug auf die Färbung der Elytren. Eine Besonderheit ist, dass bei den Larven dieser Art unter Laborbedingungen fünf Stadien erzielt werden können (HECHT 1938, YINON 1969b).

Foto 254: *Chilocorus bipustulatus.* Foto: E. WACHMANN.

Allgemeine Verbreitung: In der Paläarktis bis zum Fernen Osten, kommt auch in China und in Nordafrika vor. Die Art ist auch aus Nordamerika und dem tropischen Afrika bekannt (exportiert) (KOVÁŘ 2007). Vielleicht ein Sibirisches Faunenelement.

Verbreitung in Mitteleuropa: Im Gebiet weit verbreitet, keine Nachweise aus Liechtenstein.

Vorkommen in Deutschland: Nachweise in allen Bundesländern.

Lebensraum und Lebensweise: *Ch. bipustulatus* ist coccidophag (vor allem Diaspididae) und kommt besonders in Kiefernwäldern vor, aber auch an anderen Nadelbäumen (z. B. Wacholder) sowie in Misch- und Laubwäldern, vielfach an Weichhölzern (Pappeln, Weiden), manchmal auch an Obstbäumen, gelegentlich an Waldrändern. Vielfach liegen die Funde in der Strauch- und Krautschicht, oft auf Heidekraut (*Calluna vulgaris*),

Heidelbeere (*Vaccinium myrtillus*) und Glocken-Heide (*Erica tetralix*). Ab zeitigem Frühjahr (März) erscheinen die Imagines, sie werden vor allem im Mai/Juni und im August/September bis zum Oktober beobachtet. Lokal kann in Mitteleuropa eine 2. Generation auftreten. Die Imagines überwintern im Boden, in Moospolstern, in Borkenrissen oder unter Borke.

Art: *Chilocorus nigritus* (Fabricius, 1798) – Malaysischer Schildlaus-Marienkäfer (Foto 255)

Allgemeines: Die Imagines sind ca. 4 mm groß, kreisrund und haben einen orangefarbenen Körper mit glänzend-schwarzer Körperoberfläche, worauf sich der Name bezieht »nigritus« (lat.) = »geschwärzt«.

Foto 255: *Chilocorus nigritus*. Präparatfoto: L. Behne.

Allgemeine Verbreitung: *Ch. nigritus* stammt aus der Orientalischen Region (Indien, Südostasien). Er wurde in andere tropische Gebiete exportiert (Pazifische Inseln, Westafrika, Brasilien) und kommt auch in der östlichen Paläarktis (China, Nepal, Nordindien, Pakistan) vor (Kovář 2007).

Verbreitung in Mitteleuropa: *Ch. nigritus* wird zur Bekämpfung von Schildläusen in Gewächshäusern gehandelt. Es werden noch weitere *Chilocorus*-Arten angeboten, auf die hier nicht eingegangen werden soll.

Lebensraum und Lebensweise: *Ch. nigritus* hat hohe Klimaansprüche. Die Temperaturen sollten über 22 °C, die relative Luftfeuchtigkeit über 60 % liegen (Ponsonby & Copland 1996). Eine Ansiedlung im Freiland erscheint deshalb unwahrscheinlich. Larven und Imagines nagen Löcher in die Schilder von Deckelschildläusen (Diaspididae) und nehmen alle Stadien als Nahrung an.

Nahrung: Verschiedene Schildläuse (Coccina) (vor allem Diaspididae) in Gewächshäusern.

Art: *Chilocorus renipustulatus* (L. G. Scriba, 1791) – Rundfleckiger Schildlaus-Marienkäfer (Foto 256)

Allgemeines: Elytren schwarz, mit je einem runden gelblichen bis roten Fleck. Der Name kommt von »Ren« = »Niere« und »pustulata« (lat.) = »mit Pusteln versehen« und bezieht sich auf die Form des Elytrenflecks, der meist seitlich etwas abgeflacht ist und deshalb an die Form einer Niere erinnern kann.

Foto 256: *Chilocorus renipustulatus.* Foto: E. Wachmann.

Allgemeine Verbreitung: In der Paläarktis bis Ostsibirien, nicht in Nordafrika. Vielleicht ein Sibirisches Faunenelement.

Verbreitung in Mitteleuropa: Im gesamten Gebiet weit verbreitet.

Vorkommen in Deutschland: Nachweise in allen Bundesländern. Die Art kommt vor allem in der planaren und kollinen Stufe vor, wurde aber auch bis in eine Höhe von 1 600 m beobachtet (vgl. Kapitel 2.6).

Lebensraum und Lebensweise: *Ch. renipustulatus* ist coccidophag (*Chionaspis salicis, Pseudochermes fraxini, Carulaspis juniperi* u. a.) und wird besonders in feuchten Lebensräumen gefunden, z. B. in Laubwäldern, Parks, Hecken, an Ufern oder in Auenwäldern. Er kommt aber auch in Kiefernwäldern vor (Schneider 1989). Die Art entwickelt sich vor allem auf Laubbäumen (Erlen, Weiden, Pappeln, Eschen, Birken, Eichen, Linden, Ahorn, Hasel, Obstbäumen) sowie Heidelbeere (*Vaccinium myrtillus*). Die Imagines werden oft an den Stämmen sitzend beobachtet. Sie erscheinen Mitte März, haben ein erstes Maximum im April/Mai, ein zweites im August/September und sind dann bis zum Oktober aktiv. Die Überwinterung erfolgt am Boden, am Fuße von Laubbäumen oder in Baumstümpfen.

Gattung: *Exochomus* L. Redtenbacher, 1843

Aus der Paläarktis sind 15 Arten aus dieser Gattung bekannt. In Europa kommen sieben vor. Der Gattungsname setzt sich aus »exochos« (gr.) = »hervorstehend« und »omos« (gr.) = »Schulter« zusammen. Er weist auf die deutlichen Schulterbeulen hin.

Art: *Exochomus cedri* J. R. Sahlberg, 1913 – Zedern-Schildlaus-Marienkäfer (Foto 257)

Synonym: *Brumus cedri* (J. R. Sahlberg, 1913).

Allgemeines: Der Artname *cedri* besagt, dass die Tiere auf der Zeder = »cedrus« (lat.) leben. Die Typen wurden im Libanon auf der Libanon-Zeder (*Cedrus libani*) gefunden.

Allgemeine Verbreitung: In Südosteuropa, auch Ungarn und Vorderasien. Pontomediterranes Faunenelement.

Foto 257: *Exochomus cedri.* Präparatfoto: L. Behne.

Verbreitung in Mitteleuropa: Nach Kovář (2007) aus Tschechien und der Slowakei bekannt. Österreich (?).

Vorkommen in Deutschland: Von Horion (1961) nicht erwähnt. Frisch (2019) fand die Art in Hessen.

Lebensraum und Lebensweise: Nachweise sind von Nadelbäumen und Eichen bekannt. In Hessen wurden die Tiere auf einem Wacholderhang in einer individuenreichen Population auf Wacholder (*Juniperus communis*) gefunden (Frisch 2019).

Nahrung: Nach den Beobachtungen in Hessen ernährt sich die Art wahrscheinlich von der Deckelschildlaus *Carulaspis juniperi.*

Art: *Exochomus oblongus* Weidenbach, 1859 – Alpen-Schildlaus-Marienkäfer (Foto 258)

Synonym: *Brumus oblongus* (Weidenbach, 1859).

Allgemeines: Körper relativ schlank. »Oblongus« (lat.) = »länglich«: ein Hinweis auf die Körperform.

Allgemeine Verbreitung: Nur aus Hochgebirgen nachgewiesen (auch in Bosnien-Herzegowina und Italien).

Verbreitung in Mitteleuropa: Aus Deutschland, Österreich (Tirol) und Tschechien bekannt.

Vorkommen in Deutschland: Der locus typicus liegt in der Nähe von Augsburg. Aus Baden-Württemberg und Südbayern gemeldet.

Foto 258: *Exochomus oblongus.* Präparatfoto: L. Behne.

Lebensraum und Lebensweise: *E. oblongus* ist coccidophag und kommt in montanen bis alpinen Lagen vor und wird vor allem in Mooren und auf Matten gefunden. Die Art lebt auf Berg-Kiefern (*Pinus mugo*), auch auf blühenden Exemplaren, wird aber auch auf Wacholder (*Juniperus communis*) und Fichten (*Picea abies*) gefunden. Die Imagines erscheinen von Mai bis September (Klausnitzer 1970b).

Art: *Exochomus quadripustulatus* (Linnaeus, 1758) – Vierfleckiger Schildlaus-Marienkäfer (Foto 259)

Allgemeines: Elytren schwarz, mit jeweils zwei roten Flecken, der vordere liegt bogenförmig um die Schulterbeule. Die Färbung der Elytren variiert. Der Name bezieht sich auf die Färbung der Elytren: sie sind mit vier Pusteln (Flecken) versehen. Die Ausfärbung der Elytren dauert mehrere Wochen, sodass »junge« Käfer leicht erkannt werden können.

Foto 259: *Exochomus quadripustulatus.* Foto: E. Wachmann.

Allgemeine Verbreitung: In der Paläarktis bis Ostsibirien. Nach Kovář (2007) auch in Nordamerika (Kalifornien) (exportiert). Sibirisches Faunenelement.

Verbreitung in Mitteleuropa: Im gesamten Gebiet, keine Nachweise aus Liechtenstein bekannt.

Vorkommen in Deutschland: Nachweise in allen Bundesländern.

Lebensraum und Lebensweise: *E. quadripustulatus* ernährt sich sowohl von Schildläusen als auch von Blattläusen. Die Art kommt vor allem in Kiefernwäldern, aber auch Mischwäldern, Obstgärten und Parks vor. Die Larven leben vor allem auf jungen Nadelbäumen, besonders auf Wald-Kiefern (*Pinus sylvestris*), auch auf Fichten (*Picea*), Lärchen (*Larix*) sowie auf Laubbäumen (Weiden, Eichen, Linden, Ahorn) und Obstbäumen. Sie entwickeln sich auch im Wipfelbereich von Kiefern. Bastian (1982) beobachtete die Imagines an aufgeplatzten Ananasgallen, wo sie frisch geschlüpfte Larven von *Adelges* (*Sacchiphantes*) *abietis* und *Adelges laricis* verzehrten. Nach Kanervo (1946) wurden in Finnland auch Puppen des Blattkäfers *Plagiosterna aenea* aufgenommen. Die Imagines sind von Anfang März bis Oktober aktiv mit einem Maximum bereits im April/Mai und einem weiteren im August/September. *E. quadripustulatus* hat eine lange Eiablageperiode. Die Imagines überwintern unter Nadelstreu und Falllaub sowie in Borkenrissen.

Gattung: *Parexochomus* Barovskij, 1922

Zu dieser Gattung zählen in der Paläarktis zehn Arten, von denen sieben in Europa vorkommen. Die Vorsilbe des Gattungsnamens bedeutet »para« (gr.) = »neben«.

Art: *Parexochomus nigromaculatus* (Goeze, 1777) – Schwarzer Schildlaus-Marienkäfer (Foto 260)

Foto 260: *Parexochomus nigromaculatus*. Foto: T. Faasen.

Synonym: *Exochomus nigromaculatus* (Goeze, 1777). Die Art wird auch unter dem Namen *E. flavipes* (Thunberg, 1781) geführt, der aber bei Kovář (2007) nicht zu finden ist. Fürsch (1961) legt dar, dass *E. flavipes* in Süd- und Zentralafrika vorkommt und dass es sich bei unserer Art um *nigromaculatus* handelt.

Allgemeines: Elytren einfarbig schwarz. Pronotum schwarz, mit breitem gelbroten Seitensaum. Der Name ist eine Zusammensetzung von »niger« (lat.) = »schwarz« und »maculatus« = »gefleckt« und meint wohl das Pronotum. Sexualdimorphismus in der Färbung des Kopfes (vgl. Tabelle 11).

Allgemeine Verbreitung: Vor allem in der südlichen Paläarktis (in Skandinavien nur im Süden) bis nach Ostsibirien einschließlich China. Nicht in Nordafrika. Euromediterranes Faunenelement.

Verbreitung in Mitteleuropa: Aus Österreich sind Funde aus dem Burgenland und Niederösterreich bekannt, sonst ist die Art nur selten nachgewiesen worden. Keine Nachweise aus Luxemburg und Polen sowie Liechtenstein und der Schweiz (Verbreitungsgrenze?) bekannt.

Vorkommen in Deutschland: In Deutschland vor allem im Nordwesten (atlantische Art?). Aus Süddeutschland liegen nur wenige Funde vor. Nachweise in allen Bundesländern (außer Saarland).

Über ein bedeutendes Vorkommen im Dubringer Moor bei Wittichenau (Oberlausitz) berichtet Klausnitzer (1964). Im August und September 1961 wurden dort 457 Coccinellidae in 18 Arten gekeschert und ausgezählt, darunter 127 (27,8 %) *P. nigromaculatus*.

Lebensraum und Lebensweise: *P. nigromaculatus* wird vor allem in trockenen Heidegebieten, Kiefernwäldern und Flachmooren, aber auch an Ruderalstellen gefunden. Diese thermophile und xerophile Art lebt bevorzugt auf Glocken-Heide (*Erica tetralix*) und Heidekraut (*Calluna vulgaris*), auch an Heidelbeere (*Vaccinium myrtillus*). Auch auf Besenginster (*Cytisus scoparius*), Weiden und Kiefern werden die Tiere gefunden. Die Imagines erscheinen meist erst im Mai mit einem Maximum im August/September.

Nahrung: Schildläuse auf Glocken-Heide (*Erica tetralix*) und Heidekraut (*Calluna vulgaris*). Vielleicht auch Blattläuse?

Tribus: Platynaspidini Mulsant, 1846

In der Paläarktis mit drei Gattungen und 18 Arten vertreten. Im Gegensatz zu den Chilocorini ist die Oberfläche des Körpers behaart. Von manchen Autoren wird diese Tribus den Scymninae zugeordnet.

Gattung: *Platynaspis* L. Redtenbacher, 1843

Aus dieser Gattung ist nur die folgende Art bekannt. Der Gattungsname ist eine Zusammensetzung von »platyno« (gr.) = »ich verbreitere« und »aspi« (gr.) = »Schild« und bezieht sich auf den verbreiterten Clypeus, der das Labrum einschließt. Diese Verschmelzung ist ein Eigenmerkmal der Gattung. Ein anderes ist der abweichende Bau der Larven (Korschefsky 1934) (vgl. Kapitel 3.3 und 8.2)

Art: ***Platynaspis luteorubra*** **(Goeze, 1777) – Rainfarn-Marienkäfer (Foto 261)**

Allgemeines: Elytren schwarz, mit je zwei gelben Flecken. Pronotum mit einem gelben Fleck in den Vorderwinkeln. »Luteoruber« (lat.) = »gelbrot« bezieht sich auf die genannte Zeichnung. Färbung der Elytren variabel. Sexualdimorphismus in der Färbung des Kopfes (vgl. Tabelle 11).

Foto 261: *Platynaspis luteorubra.* Foto: E. Wachmann.

Allgemeine Verbreitung: In der südlichen und mittleren Paläarktis. Holomediterranes Faunenelement.

Verbreitung in Mitteleuropa: Im gesamten Gebiet vorhanden, aber nur an Wärmestellen zu finden. Fehlt in Liechtenstein und der Schweiz (Verbreitungsgrenze?).

Vorkommen in Deutschland: Nachweise in allen Bundesländern.

Lebensraum und Lebensweise: *P. luteorubra* ist aphidophag und lebt auf trockenen und warmen Grashängen, in Sandgebieten und an Ruderalstellen vor allem in der Krautschicht. In Dresden wurde sie 1967/1968 regelmäßig auf ehemaligen Trümmerflächen gefunden, vielfach auf Rainfarn (*Tanacetum vulgare*) (B. Klausnitzer in litt.). In Belgien wurde die Art auf den gemähten Rändern von Autobahnen beobachtet. *P. luteorubra* wird oft gemeinsam mit Ameisen (*Lasius niger*, auch *Myrmica rugulosa*) gefunden. Vor deren Nachstellungen schützen verschiedene Anpassungen (vgl. Kapitel 10.1). Die Larven leben auch unter der Bodenoberfläche (subterran) im Wurzelbereich in Blattlauskolonien (Völkl 1995, Nedvěd 2015). Die Imagines erscheinen meist erst Mitte Mai und werden bis zum September angetroffen. Sie überwintern in der Bodenstreu, in Moospolstern und unter Graswurzeln, aber auch unter bodennahen Borkenschuppen alter Weiden (Kreissl 1959b).

13.5 Ortaliinae Mulsant, 1850

Diese Unterfamilie ist in der Paläarktis mit zwei Tribus vertreten, von denen eine in Europa vorkommt. Sie wird von manchen Autoren in die Unterfamilie Scymninae gestellt.

Tribus: Noviini Mulsant, 1850

Diese Tribus umfasst zwei Gattungen mit 21 Arten, von denen zwei in Europa vorkommen.

Gattung: *Novius* Mulsant, 1846

In der Paläarktis leben drei Arten aus dieser Gattung, von denen zwei nur auf den Kanarischen Inseln nachgewiesen sind. »Novius« ist ein römischer Männername.

Art: *Novius cruentatus* (Mulsant, 1846) – Gemusterter Kiefern-Marienkäfer (Foto 262)

Allgemeines: Oberseite tiefrot, Elytren mit einer schwarzen variablen Zeichnung. Diese Färbung war sicher Anlass für die Wahl des Namens: »cruentatus« (lat.) = »mit Blut befleckt«. Die Tarsen sind im Gegensatz zu den meisten anderen Coccinellidae dreigliedrig, die Antennen neungliedrig. Die Larven zeigen eine Wachsbedeckung.

Foto 262: *Novius cruentatus.* Foto: M. Görner.

Allgemeine Verbreitung: Diese Art kommt in Süd- und Mitteleuropa, Algerien und dem asiatischen Teil der Türkei vor.

Verbreitung in Mitteleuropa: Aus Frankreich, Deutschland, Polen, Tschechien und Österreich bekannt.

Vorkommen in Deutschland: Der locus typicus dieser Art liegt in Berlin-Tiergarten. Horion (1961) schreibt noch von einem isolierten Vorkommen in Ostdeutschland (Brandenburg), »das vielleicht auf einer Einschleppung oder gewollten Ansiedlung beruht«. Mittlerweile sind aber weitere Fundgebiete bekannt geworden. Obwohl in ihrem Vorkommen an Wald-Kiefern (*Pinus sylvestris*) gebunden, ist sie nicht flächendeckend in den ausgedehnten Kiefernbeständen in Nordostdeutschland zu finden. *N. cruentatus* lebt vor allem im Kronenbereich, wodurch aber die diskontinuierliche Verbreitung nicht ausreichend erklärt ist. Nachweise nach 2000 liegen aus Brandenburg, Niedersachsen, Nordrhein-Westfalen, Sachsen-Anhalt, Sachsen und Thüringen vor. Historische Vorkommen sind aus Baden-Württemberg und Schleswig-Holstein bekannt.

Lebensraum und Lebensweise: Eine Bindung an Kiefern(wälder) scheint vorzuliegen (Escherich 1923, Horion 1961, Klausnitzer 2002b, Klausnitzer et al. 1979, Schornack & Dietze (1999). Die Art lebt bevorzugt auf Wald-Kiefern (*Pinus sylvestris*). Klausnitzer & Schulze (1975) geben Wacholder (*Juniperus communis*) als Fundplatz für die Larven an. Imagines wurden auch auf blühenden Kiefern gefunden. Nach Weise (1887) erfolgen die Eiablage und die Entwicklung der Larven zunächst im Kronenbereich. Später finden sich die Larven vor allem an den Stämmen, aus historischer Sicht sogar in großer Zahl. Nach Escherich & Baer (1913) verpuppen sie sich bevorzugt an den unteren Stammteilen. Die Puppenzeit beträgt 10–25 Tage, die geschlüpften Imagines bleiben noch mehrere Tage bis zum Ausfärben der Elytren in der Puppenhaut (Weise 1887). Sie überwintern unter und zwischen rissiger Kiefernborke an nach der Südseite geneigten Stämmen, vor allem auf der Süd- und Südostseite.

Nahrung: Als Nahrung von *N. cruentatus* werden sowohl Schildläuse als auch Blattläuse genannt (Klausnitzer & Klausnitzer 1997, Weise 1887), wahrscheinlich werden aber nur Schildläuse aufgenommen (Plaza 1977a). Die Larven wurden bei *Palaeococcus fuscipennis* gefunden, einer aus Deutschland erst seit 2014 wieder aktuell nachgewiesenen Schildlausart an Wald-Kiefer (*Pinus sylvestris*) (Schmutterer & Hoffmann 2016). Aus dem gemeinsamen Vorkommen von *P. fuscipennis* und *N. cruentatus* wird auf eine enge Nahrungsbeziehung geschlossen (Escherich & Baer 1913). Die Marienkäfer sollen ein damaliges Schadauftreten dieser Schildlaus in Sachsen eingedämmt haben.

Gattung: *Rodolia* Mulsant, 1850

Aus dieser Gattung sind 18 Arten aus der Paläarktis bekannt, eine davon in Nordafrika und die hier besprochene. Der Name geht auf »rhodon« (gr.) = »Rose« zurück und bezieht sich auf die überwiegend rot gefärbte Oberseite.

Art: *Rodolia cardinalis* (Mulsant, 1850) – Kardinal-Marienkäfer (Foto 263)

Allgemeines: Der Name bezieht sich auf die Färbung der Körperoberseite: »cardinalis« (lat.) = »kardinalrot«.

Allgemeine Verbreitung: Die Art stammt aus Australien und wurde zur Bekämpfung von Schildläusen nach Nord- und Südamerika, in die Orientalische Region und das tropische Afrika gebracht (Tabelle 43). Auch in Südeuropa (Portugal 1888, Italien 1901, Frankreich 1912, später in weiteren Ländern), Nordafrika und der südlichen Paläarktis sowie in Japan wurde

R. cardinalis angesiedelt (vgl. Kapitel 9.2). Sie ist das klassische Beispiel für die biologische Bekämpfung eines Schadinsekts.

Verbreitung in Mitteleuropa: Aus Frankreich bekannt, auch in anderen Ländern in Gewächshäusern zu erwarten.

Lebensraum und Lebensweise: Nur in Gewächshäusern, wo die Art zur Bekämpfung von Schildläusen eingesetzt wird. Außer von *Icerya purchasi* ernährt sich *R. cardinalis* auch von anderen Schildläusen (Coccina) (Ricci & Stella 1988b).

Foto 263: *Rodolia cardinalis*. Foto: L. Grabow.

13.6 Coccinellinae Latreille, 1807

Zu dieser Unterfamilie gehören die bekanntesten Marienkäferarten, von denen 242 in der Paläarktis und 54 in Europa vorkommen. Sie wird in vier Tribus gegliedert, von denen drei in Europa vorkommen. Aus der Paläarktis sind 44 Gattungen bekannt, aus Europa 20.

Tribus: Halyziini Mulsant, 1846

Synonym: *Psylloborini* Casey, 1899.

Zu dieser Tribus gehören fünf Gattungen, von denen drei in Europa vorkommen. Die Arten sind mycophag (Mehltaupilze). Sowohl die Larven als auch die Imagines zeigen entsprechende Anpassungen im Bau der Mundwerkzeuge (vgl. Kapitel 7.4).

Gattung: *Halyzia* Mulsant, 1846

In der Paläarktis kommen sechs Arten vor, nur eine davon in Europa. »Halysis« (gr.) = »Kette«, wohl ein Hinweis auf den Bau der Antennen.

Art: *Halyzia sedecimguttata* (Linnaeus, 1758) – Sechzehnfleckiger Pilz-Marienkäfer (Foto 264)

Allgemeines: Elytren je mit acht sehr hellen Tropfen und einem hellen Seitensaum. »Sedecim« (lat.) = »sechzehn« und »guttatus« (lat.) = »betropft« – eine Charakterisierung der Färbung der Elytren (1–1–1–1–2–1–1). Auffällig sind die beträchtlichen Größenunterschiede der Imagines.

Foto 264: *Halyzia sedecimguttata.* Foto: E. Wachmann.

Allgemeine Verbreitung: In der Paläarktis bis zum Fernen Osten, auch in China und Japan. Fehlt in Nordafrika. Sibirisches Faunenelement.

Verbreitung in Mitteleuropa: Im gesamten Gebiet weit verbreitet. Keine Nachweise in der Schweiz (?).

Vorkommen in Deutschland: Nachweise in allen Bundesländern.

Lebensraum und Lebensweise: Die Art wird meist auf Laubbäumen (Birken, Ahorn) und Gebüsch (Hartriegel) gefunden, auch auf Nadelbäumen, z. B. Wald-Kiefern (*Pinus sylvestris*), besonders an Waldrändern und auf Lichtungen. Sie scheint die Kronenschicht zu bevorzugen (Majerus & Williams 1989).

Es ist auffällig, dass diese Art – im Gegensatz zu anderen Coccinellidae – noch relativ spät im Jahr aktiv ist und Entwicklungsstadien gefunden werden können (Klausnitzer 2019a). Dies hat sicher mit dem späteren Auftreten ihrer Pilznahrung zu tun, weshalb die Halyziini im Gegensatz zu den meisten anderen Coccinellidae einen in den Herbst verschobenen Zyklus haben (Klausnitzer & Klausnitzer 1997, Klenke & Scholler 2015).

In diesem Zusammenhang verdient die Bemerkung Horions (1961), dass *H. sedecimguttata* »vielleicht [...] als Larve oder Puppe« überwintert, erneute Aufmerksamkeit. Majerus & Williams (1989) sowie Hawkins (2000) weisen ebenfalls auf das relativ späte Auftreten der Art hin und fanden in Südengland Puppen bis zum 7. November.

Die auf dem Hahnenberg bei Oppitz (Oberlausitz) beobachteten Larven und Imagines saßen bei Regen und auch in der Kälte (12.11. und 19.11.2019 3 bis 5 °C) auf der Unterseite der Blätter von Hänge-Birke (*Betula pendula*), von denen nach und nach immer mehr abfielen. Ob sie noch Nahrung aufgenommen haben, bleibt offen (Klausnitzer 2019a). Einzelne Exemplare können auch noch im Dezember, Januar und Februar aktiv sein (DREES 2019). Zur Überwinterung suchen die Imagines Verstecke an der Bodenoberfläche auf, oft Baumstümpfe. DREES (2019) beobachtete in Nordrhein-Westfalen überwinternde Exemplare in der Streuschicht in Wurzelnischen alter Laubbäume.

H. sedecimguttata ist oft in den Spülsäumen an der Ostseeküste zu finden. Die Käfer leuchten dort wie kleine Bernsteinstückchen. Die Art kommt regelmäßig an das Licht (vgl. Kapitel 2.13).

Nahrung: Larven und Imagines sind von 13 Arten Mehltaupilzen (Erysiphaceae) (Gattungen *Antennatula, Erysiphe, Phyllactinia, Podosphaera, Sawadaea*) bekannt (DIETRICH 2018, KLAUSNITZER 2019a). Im Frühjahr und im Frühsommer können auch Honigtau und Blattläuse aufgenommen werden, bevor sich der Mehltau entwickelt.

Gattung: *Psyllobora* CHEVROLAT, 1836

Diese Gattung umfasst in der Paläarktis zwei Untergattungen mit vier Arten, von denen eine in Nordafrika, die andere in Europa, Nordafrika und Asien vorkommt. Unsere Art gehört zur Untergattung *Thea* MULSANT, 1846. Der Name könnte von dem Wort »thea« (gr.) = »Göttin« oder von einem weiblichen Vornamen abgeleitet sein (SCHENKLING 1922). *Psyllobora* ist eine Zusammensetzung aus »psyllos« (gr.) = »der Floh« und »bora« (gr.) = »der Schnee«.

Art: *Psyllobora (Thea) vigintiduopunctata* (LINNAEUS, 1758) – Gemeiner Pilz-Marienkäfer (Foto 265)

Synonym: *Thea vigintiduopunctata* (LINNAEUS, 1758).

Foto 265: *Psyllobora vigintiduopunctata.* Foto: E. WACHMANN.

Allgemeines: Elytren je mit elf schwarzen Punkten. Benannt nach der Färbung der Elytren: »viginti-duo« (lat.) = »zweiundzwanzig«, »punctatus« (lat.) = »punktiert« (3–4–1–2–1). Sexualdimorphismus in der Färbung des Labrum (vgl. Tabelle 11). Gelb mit schwarzen Punkten ist ein Markenzeichen dieser Art – Larven, Puppen und Imagines zeigen dieses Merkmal. Exemplare aus Nordeuropa sind oft dunkler als solche aus Mittel- und Südeuropa (NEDVĚD 2020).

Der Gemeine Pilz-Marienkäfer gab der 1980 gegründeten finnischen Rock-Pop-Gruppe »22-Pistepirkko« den Namen. Er ist finnisch und bedeutet auf Deutsch »22-Punkt-Marienkäfer«.

Allgemeine Verbreitung: In der Paläarktis bis Ostsibirien vor allem im Süden, auch in China sowie in Nordafrika.

Verbreitung in Mitteleuropa: Im gesamten Gebiet weit verbreitet.

Vorkommen in Deutschland: Nachweise in allen Bundesländern.

Lebensraum und Lebensweise: *P. vigintiduopunctata* kommt vor allem in xerothermen Habitaten vor: Waldränder, aber auch Halbtrockenrasen, Brachflächen und Gärten. Die Art ist oft auf kleinen Eichenschösslingen zu finden, die mit Mehltau besetzt sind (*Erysiphe alphitoides*). Die Imagines erscheinen von Ende März bis Ende Oktober mit einem Maximum im Juli/August. Larven werden noch bis Mitte September beobachtet. Die Überwinterung erfolgt an geschützten Stellen der Bodenoberfläche.

Nahrung: Als Nahrung ist eine große Zahl von Mehltaupilzen (Erysiphaceae) nachgewiesen (Zusammenfassung Klausnitzer 2019a). Folgende Gattungen sind bekannt: *Erysiphe* (13 Arten), *Golovinomyces* (7 Arten), *Neoerysiphe galeopsidis*, *Phyllactinia* (3 Arten), *Podosphaera* (6 Arten) und *Sawadaea* (2 Arten).

Art: *Psyllobora (Psyllobora) vigintimaculata* (Say, 1824) (Foto 266)

Allgemeines: Die Art ähnelt *P. vigintiduopunctata*, die Punkte sind aber größer und meist miteinander verflossen. Der Name bezieht sich auf die Färbung der Elytren: »vigintiduo« (lat.) = »zweiundzwanzig«, »maculatus« (lat.) = »mit Makeln versehen«.

Foto 266: *Psyllobora vigintimaculata.* Präparatfoto: L. Behne.

Allgemeine Verbreitung: Die Art kommt in Nordamerika vor.

Verbreitung in Mitteleuropa: *P. vigintimaculata* wurde mit Früchten aus Kalifornien in die Niederlande (Rotterdam) importiert. Von einem Freilandfund (1927) auf Stiel-Eiche (*Quercus robur*) wird berichtet (Horion 1961, Fürsch 1967).

Gattung: *Vibidia* Mulsant, 1846

In der Paläarktis kommen sieben Arten vor, in Europa nur eine. Der Gattungsname kommt von »vibix« (lat.) = »Schwiele« und »idea« (gr.) = »Aussehen«.

Art: *Vibidia duodecimguttata* (Poda von Neuhaus, 1761) – Zwölffleckiger Pilz-Marienkäfer (Foto 267)

Allgemeines: Elytren jeweils mit sechs weißen Tropfen, von denen aber einige fehlen können. Benannt nach der Färbung der Elytren: »duodecim« (lat.) = »zwölf«, »guttatus« (lat.) = »mit Tropfen versehen« (1-1-1-2-1).

Foto 267: *Vibidia duodecimguttata.* Foto: E. Wachmann.

Allgemeine Verbreitung: In der Paläarktis bis Ostsibirien, auch in Korea, China und Japan. Die Art ist auch aus der Orientalischen Region bekannt. Fehlt in Nordafrika. Euromediterranes Faunenelement.

Verbreitung in Mitteleuropa: Im gesamten Gebiet verbreitet, keine Nachweise aus den Niederlanden und Liechtenstein bekannt.

Vorkommen in Deutschland: Nachweise nicht in allen Bundesländern (vgl. Tabelle 17), die Art fehlt in Norddeutschland, oder es sind nur ältere Funde bekannt (Verbreitungsgrenze?). Vor allem in den südlichen und mittleren Bundesländern.

V. duodecimguttata ist ein Beispiel dafür, dass eine Marienkäferart über einen längeren Zeitraum (in unserem Beispiel 40 Jahre in der Oberlausitz) nicht nachgewiesen werden konnte und scheinbar verschwunden war, seit dem Jahre 2001 aber wieder regelmäßig, fast ausschließlich im Tiefland gefunden wird (Klausnitzer 1958, 1959a, 1961, 2019e, Klausnitzer et al. 2009, 2018). Ob *V. duodecimguttata* ihr Areal verschoben hatte oder nur übersehen wurde (wegen der intensiven faunistischen Bearbeitung eher unwahrscheinlich), kann nicht geklärt werden. Lorenz (2010) fand die Art bei Lichtfängen in Sachsen zwischen 1993 und 2007 erst im Jahre 2007 (vorher auch keine Funde im Gelände). Sie wird regelmäßig am Licht beobachtet (vgl. Kapitel 2.13).

Lebensraum und Lebensweise: *V. duodecimguttata* lebt an Waldrändern und auf Lichtungen in der Strauchschicht, auf Hänge-Birke (*Betula pendula*), Eichen, Zitter-Pappel (*Populus tremula*), Eschen. Die Imagines werden auch auf blühenden Sträuchern, z. B. Hartriegel (*Cornus*), Schneeball (*Viburnum*) und Vogel-Kirsche (*Prunus avium*) gefunden. Sie sind von April bis November aktiv. Die Entwicklungsstadien finden sich bis Anfang Oktober (Klausnitzer 2019a). Die Überwinterung erfolgt in der Bodenstreu, mitunter in Gruppen.

Nahrung: Mehltaupilze (Erysiphaceae): *Phyllactinia betulae* an Hänge-Birke (*Betula pendula*) (Klausnitzer 2019a), *Phyllactinia guttata* und *Podosphaera pannosa* (Strouhal 1926 nach Martelli 1913, Schilder & Schilder (1928). Es werden aber auch Blattläuse aufgenommen, vor allem von den Larven.

Tribus: Tytthaspidini Crotch, 1874

In der Paläarktis gehören sechs Gattungen zu dieser Tribus, von denen vier in Europa vorkommen.

Gattung: *Anisosticta* Chevrolat, 1836

Von den sieben in der Paläarktis vorkommenden Arten leben drei in Europa. Der Gattungsname setzt sich aus »anisos« (gr.) = »ungleich« und »stiktos« (gr.) = »punktiert« zusammen.

Art: *Anisosticta novemdecimpunctata* (Linnaeus, 1758) – Teich-Marienkäfer (Foto 268)

Allgemeines: Elytren jeweils mit neun schwarzen Flecken (1–2–1–2–2–1) und einem gemeinsamen Scutellummakel. Benannt nach der Färbung der Elytren: »novemdecim« (lat.) = »neunzehn«, »punctatus« (lat.) = »punktiert«. Während der Überwinterung verändert sich die Grundfärbung der Elytren von rosa zu gelb. Der flache Körper wird als Anpassung an das Vorzugshabitat *Phragmites*/*Typha* gesehen.

Foto 268: *Anisosticta novemdecimpunctata*. Foto: E. Wachmann.

Allgemeine Verbreitung: In der gesamten Paläarktis bis Ostsibirien. In Europa weit verbreitet, in Südeuropa vor allem im Gebirge. Kommt auch in Nordamerika vor (eingeschleppt?). Vielleicht ein Sibirisches Faunenelement.

Verbreitung in Mitteleuropa: Im gesamten Gebiet verbreitet, Nachweise fehlen aus der Slowakei (?) und der Schweiz (?). Die Art wird vor allem in niederen Lagen gefunden.

Vorkommen in Deutschland: Nachweise in allen Bundesländern, vor allem im Flachland.

Lebensraum und Lebensweise: *A. novemdecimpunctata* ist aphidophag und eine Charakterart an Teichufern, in Sumpf- und Moorgebieten sowie in Erlenbrüchen. Die Entwicklung erfolgt auf Sumpf- und Wasserpflanzen, besonders Schilf (*Phragmites australis*), Wasser-Schwaden (*Glyceria maxima*), Seggen (*Carex*) und Binsen (*Juncus*) (Tabelle 25). Vielfach werden die Imagines in *Carex*-Blüten gefunden (Koch 1989). Die Imagines können von Mitte März bis zum Oktober beobachtet werden. Im Sommer lässt die Häufigkeit nach, sodass eine zweigipflige Häufigkeitskurve erscheinen kann. Zur Überwinterung suchen sie abgestorbene Schilfstängel auf, wo sie vor allem in den Blattscheiden zu finden sind. Die Imagines können mit raschen Bewegungen der Beine schwimmen.

Nahrung: Blattläuse (Aphidina) und Pollen. Diese palyno-aphidophage Art zeigt an der Mandibel die Koppelung eines Pollenkamms mit einem zweispitzigen Incisivus (Ricci & Stella 1988a) (vgl. Kapitel 7.4).

Art: *Anisosticta strigata* (Thunberg, 1795) (Foto 269)

Allgemeines: Die Makeln der Elytren verfließen der Länge nach. Der Name bezieht sich auf diese Färbung und kommt von »strigatus« (lat.) = »gestreift«. Palm (1958) beschreibt eine Farbform von *A. novemdecimpunctata* aus Schweden, bei der ebenfalls der Länge nach verbundene Elytrenmakeln vorhanden waren. *A. strigata* wurde auch subfossil in Großbritannien gefunden (vgl. Kapitel 2.1).

Foto 269: *Anisosticta strigata.* Präparatfoto: L. Behne.

Allgemeine Verbreitung: Die Art kommt in Skandinavien, Nordrussland und Sibirien vor, nach Bielawski (1958) und Kuznetsov & Zakharov 2000, 2001) auch in der Nearktis (Alaska) (holarktische Art). Sibirisches Faunenelement.

Verbreitung in Mitteleuropa: Horion (1961) und Fürsch (1967) erwähnen diese Art. Ein Vorkommen in Mitteleuropa wird aber für unwahrscheinlich gehalten.

Gattung: *Bulaea* Mulsant, 1850

In der Paläarktis gibt es zwei Arten, die beide auch in Europa vorkommen. Nach Mulsant ist »Bulaea« ein mythischer Name.

Art: *Bulaea lichatschovii* (Hummel, 1827) – Lichatschows Marienkäfer (Foto 270)

Allgemeines: Die Art wurde nach dem russischen General Pjotr Gawrilowitsch Lichatschow (1758–1813) benannt. Die Elytren tragen 18 schwarze Flecken (1–2–3–2–1) und einen gemeinsamen Scutellummakel.

Foto 270: *Bulaea lichatschovii.* Präparatfoto: L. Behne.

Allgemeine Verbreitung: In der südlichen Paläarktis, kommt auch in China vor. Fehlt in Nordafrika. Pontomediterranes Faunenelement.

Verbreitung in Mitteleuropa: Die Art kommt in Frankreich vor und wurde in Polen und Tschechien importiert (Kovář 2007). Sie ist auch aus der Slowakei bekannt (Nedvěd 2015).

Lebensraum und Lebensweise: Imagines und Larven ernähren sich von Pollen von Gänsefußgewächsen (Chenopodiaceae) (Capra 1947) und können deshalb potenziell als Schädling an Zuckerrüben in Frage kommen. Diese Art nimmt aber auch Nektar und Blätter von Zuckerrüben und Apfelbäumen auf (Hodek & Honěk 1996).

Gattung: *Coccinula* Dobrzhanskiy, 1924

Aus dieser Gattung kommen in der Paläarktis acht Arten vor, drei davon in Europa. *Coccinula* ist wohl als Verkleinerungsform von *Coccinella* aufzufassen.

Art: ***Coccinula quatuordecimpustulata*** **(Linnaeus, 1758) – Trockenrasen-Marienkäfer (Foto 271)**

Foto 271: *Coccinula quatuordecimpustulata.* Foto: E. Wachmann.

Allgemeines: Elytren mit je sieben gelben Punkten. Benannt nach der Färbung der Elytren: »quatuordecim« (lat.) = »vierzehn«, »pustulatus« (lat.) = »mit Flecken versehen« (2–2–2–1). Die Färbung der Elytren ist variabel. Es kommen auch völlig schwarze Exemplare vor (vgl. Kapitel 1.4). Sexualdimorphismus in der Färbung des Kopfes (vgl. Tabelle 11).

Allgemeine Verbreitung: In der Paläarktis bis nach Ostsibirien, vor allem im Süden, auch in China, fehlt in Nordafrika. Nach Horion (1961) auch in Japan. Die Art ist auch aus dem tropischen Afrika bekannt (verschleppt?) (Kovář 2007). Vielleicht ein Sibirisches Faunenelement.

Verbreitung in Mitteleuropa: Im gesamten Gebiet verbreitet, keine Nachweise aus Liechtenstein.

Vorkommen in Deutschland: Nachweise in allen Bundesländern. In Deutschland vor allem im Osten, nach Westen seltener werdend (Horion 1961). Nach heutiger Kenntnis besteht eine Lücke zwischen der Konzentration im Osten und einer Häufung von Funden in Rheinland-Pfalz.

Lebensraum und Lebensweise: *C. quatuordecimpustulata* ist aphidophag und lebt auf trockenen Wiesen, in Sandgebieten, auf Trockenrasen und *Calluna*-Heiden, früher auch in Getreidefeldern sowie an Waldrändern und auf Kahlschlägen. Die Larven entwickeln sich meist in der Krautschicht, z. B. auf Disteln (*Carduus*), Kratzdisteln (*Cirsium*) und verschiedenen Süßgräsern (Poaceae). Die Imagines erscheinen von April bis September, besonders im Juli bis August. Sie werden oft auf Blüten, vor allem von Korbblütengewächsen (Asteraceae), z. B. Rainfarn (*Tanacetum vulgare*) beobachtet, wo sie Pollen aufnehmen. Die Imagines überwintern am Boden unter trockenen Pflanzen.

Art: ***Coccinula sinuatomarginata*** **(Faldermann, 1837) (Foto 272)**

Allgemeines: Elytren mit je sieben gelben Punkten, die am Außenrand einander stark genähert sind. »Sinuatus« (lat.) = »ausgebuchtet«, »marginatus« (lat.) = »gerandet«, bezieht sich wohl auf die Form der letzten Makel.

Allgemeine Verbreitung: In der Paläarktis, vor allem im Süden, auch in China und Nordafrika. Holomediterranes Faunenelement.

Verbreitung in Mitteleuropa: HORION (1961) zitiert alte Funde aus Böhmen sowie einen neuen, dessen Fundort jedoch zweifelhaft ist. FÜRSCH (1967) nennt fragliche Nachweise aus Mähren. KOVÁŘ (2007) führt *C. sinuatomarginata* aus Frankreich, Tschechien und der Slowakei auf. Nach HORION (1961) ist sie im Alpenraum nicht über Südtirol nach Norden herausgekommen.

Foto 272: *Coccinula sinuatomarginata.* Präparatfoto: L. BEHNE.

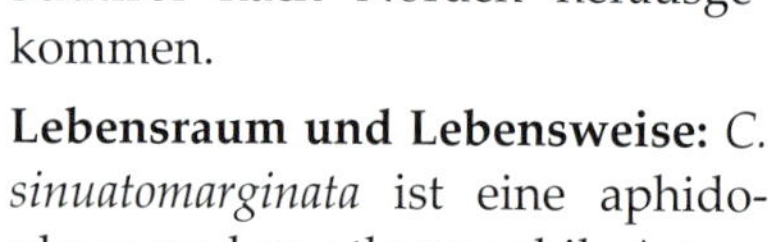

Lebensraum und Lebensweise: *C. sinuatomarginata* ist eine aphidophage und xerothermophile Art und kommt vor allem auf Magerrasen vor (Krautschicht).

Gattung: *Tytthaspis* CROTCH, 1874

In der Paläarktis kommen vier Arten vor, zwei davon in Europa. Der Gattungsname setzt sich aus »tytthos« (gr.) = »klein« und »aspis« (gr.) = »Schild« zusammen und bezieht sich auf das sehr kleine Scutellum.

Art: *Tytthaspis sedecimpunctata* (LINNAEUS, 1761) – Sechzehnpunkt (Fotos 273, 274)

Synonym: *Micraspis sedecimpunctata* (LINNAEUS, 1761)

Allgemeines: Elytren mit je acht schwarzen Punkten, deren seitliche meist miteinander verschmolzen sind. Benannt nach der Färbung der Elytren: »sedecim« (lat.) = »sechzehn«, »punctatus« (lat.) = »punktiert«. Es kommen sehr selten völlig schwarze Exemplare vor (vgl. Kapitel 1.4). Sexualdimorphismus in der Färbung des Kopfes (vgl. Tabelle 11). Die Färbung variiert nur gering (monomorphe Art).

Allgemeine Verbreitung: In Europa, Nordafrika und der südlichen Paläarktis verbreitet, auch in China. Holomediterranes Faunenelement. Bei einer Erhebung in Südengland war *T. sedecimpunctata* die mit Abstand häufigste Art (HAWKINS 2000) (vgl. Kapitel 10).

Verbreitung in Mitteleuropa: Im gesamten Gebiet vor allem in der Ebene (nicht über 400–500 m), keine Funde aus Liechtenstein.

Vorkommen in Deutschland: Nachweise in allen Bundesländern.

Lebensraum und Lebensweise: *T. sedecimpunctata* ist eine psammophile Art und kommt vor allem in Sandgebieten, besonders in der planaren Stufe vor (Flussufer, Küsten, Trockenrasen, Dünen, Heiden, Feldränder). Die Art lebt bevorzugt in der Krautschicht, besonders am Boden und im Wurzelbereich. Wegen ihrer verborgenen Lebensweise wird sie weniger bemerkt als andere Arten, sodass große Vorkommen unentdeckt bleiben können. Bastian (1982) beobachtete die Imagines besonders an Draht-Schmiele (*Deschampsia flexuosa*). Horion (1961) verweist auf das regelmäßige Vorkommen auf Salzböden hin (Meeresufer, Binnenlandsalzstellen). Eine Halophilie scheint aber nicht vorzuliegen, da die Art von vielen Fundorten bekannt ist, die keinen Salzbezug haben. Gollkowski (1991) berichtet von Funden in alten Grashaufen. Relativ oft werden die Tiere auf Blüten beobachtet, z. B. auf Löwenzahn (*Taraxacum officinale*) und anderen Korbblütlern. Die Imagines erscheinen von März bis Oktober, besonders von Mai bis Juni und im August. Sie überwintern unter Grasbulten, auch am Fuß von Mauern. Nedvěd (2015) berichtet von Überwinterungsgesellschaften tausender Exemplare (vgl. Kapitel 6.2).

Foto 273: *Tytthaspis sedecimpunctata.* Foto: E. Wachmann.

Foto 274: *Tytthaspis sedecimpunctata.* Form mit teilweise verflossenen Punkten. Präparatfoto: L. Behne.

Nahrung: Blattläuse (Aphidina), niedere Pilze. Die Mandibeln besitzen eine kammartige Struktur, die neben dem Abweiden von Pilzmyzelien und Fruchtkörpern gleichzeitig auch das Erfassen der Pollen mancher Pflanzenarten gestattet, sodass die morphologische Grundlage für eine Doppelernährung (Myco-Palynophagie) vorliegt (Ricci & Stella 1988a) (vgl. Kapitel 7.4). Die wichtigsten Pollenspender sind Deutsches Weidelgras

(*Lolium perenne*) und Welsches Weidelgras (*L. multiflorum*) neben anderen Süßgräsern (Poaceae) und einigen Korbblütengewächsen (Asteraceae) (Ricci 1982). An Pilzen werden die Konidien von Pleosporales (*Alternaria* sp.), Capnodiales (*Cladosporium* sp.) und Pucciniales (*Puccinia* sp.) genannt (Ricci 1986b, c). Außerdem werden Gallmilben (Eriophyidae) und Blasenfüße (Thysanoptera) aufgenommen (Ricci et al. 1983).

Tribus: Coccinellini Latreille, 1807

Diese Tribus umfasst in der Paläarktis 32 Gattungen mit 190 Arten, von denen 42 in Europa vorkommen.

Gattung: *Adalia* Mulsant, 1846

Aus dieser Gattung kommen sieben Arten in der Paläarktis vor, die zwei Untergattungen zugeordnet werden. Das griechische Wort für »unschädlich« = »adales« stand beim Gattungsnamen Pate, ein Hinweis auf die »Nützlichkeit«.

Art: *Adalia (Adalia) bipunctata* (Linnaeus, 1758) – Zweipunkt (Fotos 275, 276)

Synonyme: *Adalia fasciatopunctata* (Faldermann, 1835); *Adalia revelieri* (Mulsant, 1866). Fürsch (1958a) und Horion (1960, 1961) behandeln beide Taxa als valide Arten, Fürsch (1966, 1967) führt *A. fasciatopunctata* als separate Art auf. Kovář (2007) nennt insgesamt 96 Synonyme.

Allgemeines: Elytren entweder rot mit je einem schwarzen Punkt oder schwarz mit je zwei oder drei roten Flecken, die vergrößert und auch miteinander verschmolzen sein können. Es gibt auch Formen, deren schwarze Punkte von einem hellen Ring umgeben sind, und solche, deren schwarzer Punkt strichförmig nach der Seite ausgezogen ist. Die Art ist sehr variabel, 114 Varianten sind beschrieben (Mader 1926–1937) (vgl. Kapitel 1.4), und es wurden auch Formen des Melanismus mitgeteilt (vgl. Kapitel 1.5). Benannt nach der Färbung der Elytren der roten Form: »bi« (lat.) = »zwei«, »punctatus« (lat.) = »punktiert«.

Die wichtigsten Farbformen sind:

- Variante 1 (75 %): Kopf schwarz; Pronotum schwarz, seitlich zwei große sowie mittig ein kleiner, brillenförmiger, cremeweißer Makel; Elytren orangerot, mit jeweils einem runden schwarzen Fleck (Forma typica) (Foto 275).

- Variante 2 (25 %): Kopf und Pronotum vollständig schwarz, nur Seitenrand schmal hell; Elytren schwarz mit jeweils zwei (Forma *quadrimaculata*) (Foto 276) oder drei orangeroten Flecken (Forma *sexpustulata*).
- Sehr selten kommen weitere Varianten vor, die entweder völlig schwarz gefärbt sind oder Abwandlungen des Punktes auf den roten Elytren zeigen.

Foto 275: *Adalia bipunctata,* Nominatform. Foto: I. ALTMANN.

Bei der Variabilität im Färbungs- und Zeichnungsmuster ist zu beachten, dass frisch geschlüpfte Imagines zunächst fast weiße, später hell-gelbliche und dann rote Elytren aufweisen, die erst nach einigen Stunden aushärten und dann die hellrote Färbung mit den schwarzen Punkten zeigen bzw. die Schwarzfärbung der Elytren unter Aussparung der roten Anteile (KLAUSNITZER & KLAUSNITZER 1997).

Foto 276: *Adalia bipunctata,* Form *quadrimaculata.* Foto: E. WACHMANN.

In Nordamerika ist der Zweipunkt noch variabler und zeigt neben der typischen Form, der melanistischen Form mit roten Flecken sowie der gänzlich melanistischen Form mehrere weitere Variationen, die in anderen Regionen nicht vorkommen, so eine fleckenlose Form, eine mir vier Querbändern, eine 9-12-fleckige sowie intermediäre Formen.

Allgemeine Verbreitung: In der Paläarktis ist diese Art bis zum Fernen Osten verbreitet und kommt auch in China und Japan sowie auf den Kanarischen Inseln, Madeira und Nordafrika vor. Vielleicht ein Sibirisches Faunenelement.

A. bipunctata wurde in Nordamerika eingeführt (DILLON & DILLON 1972). Dort ist sie von Alaska bis Labrador und von Kalifornien bis Alabama verbreitet (GORDON 1985). Nach Südafrika wurde die Art ebenfalls gebracht (KOVÁŘ 2007). *A. bipunctata* wurde auch in die australische Region zur biologischen Kontrolle von Blattläusen exportiert (KOVÁŘ 2007) und in

Neuseeland eingeschleppt (Martin 2016). Über Vorkommen in Südamerika (Argentinien) berichtet Noriega (1986). Der Zweipunkt wird zur biologischen Kontrolle von Blattläusen und Blattflöhen in Nordamerika, Europa und Asien gezüchtet (Khan et al. 2016).

Verbreitung in Mitteleuropa: Im gesamten Gebiet weit verbreitet.

Vorkommen in Deutschland: Nachweise in allen Bundesländern. Die Art kommt von der planaren Stufe bis in 2 000 m Höhe vor (vgl. Kapitel 2.6).

Anfang des 20. Jahrhunderts war der Zweipunkt in Deutschland eine häufige (»gemeine«) Art (Reitter 1911). Vielleicht war das aber nicht überall der Fall, wie einer Beobachtung von Meissner (1925) aus der Umgebung von Potsdam entnommen werden kann, die auf einen Rückgang von *A. bipunctata* aufmerksam macht. Sie wurde nach der Überwinterung in Gebäuden »mit Besen zusammengekehrt und ausgefegt [...] und [war] auch noch im ersten Jahrzehnt dieses Jahrhunderts so häufig [...], daß ich viele Hunderte fing und einige Tausend hätte fangen können, während der Käfer seit über 10 Jahren zwar noch immer häufig ist, aber in noch nicht 10 % der früheren Anzahl«. Zu den Ursachen: »Mir ist es rätselhaft, woran das liegt; die örtlichen Verhältnisse sind so gut wie unverändert geblieben. Vielleicht ist ein Teil der Abnahme darauf zurückzuführen, daß die Tiere in den geheizten Räumen zu früh ›erwachten‹ [...] und wegen Nahrungsmangel eingingen.« Vielleicht neigt die Art auch zu einem Massenwechsel mit langfristigen Intervallen, dessen Ursachen wir nicht kennen.

Eigene Aufzeichnungen seit 1956 belegen ebenfalls ein regelmäßiges Vorkommen des Zweipunkts in der Oberlausitz, der Umgebung von Dresden und Leipzig sowie in Südthüringen (Rhön) (B. Klausnitzer in litt.). Darüber hinaus ist die allgemeine und häufige Verbreitung dieser Art in Mitteleuropa vielfach belegt, und es war der Feststellung Horions (1961) nichts weiter hinzuzufügen: »In ganz Deutschland und Österreich im allg. s. h.«, zumal wohl alle faunistisch tätigen Koleopterologen das gleiche Bild hatten. In diesem Zusammenhang verdient eine Notiz aus den »Sitzungs-Berichten der naturwissenschaftlichen Gesellschaft Isis in Dresden« vom 17. September 1874 Erwähnung. »Herr Lehrer Th. Reibisch [...] erwähnt die auffallende Häufigkeit der *Coccinella bipunctata* am heutigen Tage in Plauen bei Dresden« Beckert (1973) berichtet von einem Massenauftreten in Schwaben.

Bei früheren Untersuchungen über *A. bipunctata* kamen viele Hundert Exemplare zur Auswertung, z. B. bei einer Auszählung verschiedener Farbformen aus der Oberlausitz und Dresden von 1956 bis 1971 11 769 Individuen (Klausnitzer & Schummer 1983). Anfang Juli 1967 wurden im Stadtgebiet von Dresden 1 111 Puppen zur Erfassung der Parasitoide untersucht

(KLAUSNITZER 1969b). Zum Studium der Farbformen der Larven kamen 1967 und 1971 4 138 Exemplare aus Dresden, Tharandt und Moritzburg zur Auswertung (KLAUSNITZER & FÖRSTER 1973). Solche Zahlen sind heute nicht mehr zu erreichen.

HERTHA und BERNHARD KLAUSNITZER beobachten seit dem Jahr 2008 einen Rückgang dieser Art (KLAUSNITZER 2017a, 2018a, e). In den Jahren 2016 bis 2019 wurde im Norden der Oberlausitz, im Stadtgebiet und in der Umgebung von Dresden gezielt nach *A. bipunctata* gesucht und erst 2019 in Dresden ein einziges kleines Vorkommen gefunden (KLAUSNITZER 2019c). Es ist anzunehmen, dass dieser Rückgang nicht so plötzlich vonstatten gegangen ist, wie es scheint. Es sollte eine Übergangsphase gegeben haben, die aber nicht dokumentiert wurde.

Nun sind Schwankungen in der Häufigkeit von Insektenarten nichts Besonderes. In diesem Falle aber kam frühzeitig der Gedanke auf (KLAUSNITZER 2010), ob der auffällige Rückgang von *A. bipunctata* nicht etwas mit dem massenhaften Auftreten von *Harmonia axyridis* zu tun haben könnte, zumal der Zweipunkt als eine Art »Haustier« unter gewisser Kontrolle stand, und auch der Asiatische Marienkäfer von B. KLAUSNITZER näher untersucht wurde.

Hinweise für einen Rückgang fanden sich auch anderen Ortes. NICKELS & SCHNEIDER (2014) untersuchten die Marienkäferfauna eines Naturschutzgebietes in Halle. Obwohl das Gebiet von seiner Biotopstruktur her durchaus als Lebensraum des Zweipunkts geeignet erscheint, fanden die Autoren unter 851 Marienkäfern in 26 Arten keine einzige *A. bipunctata*, die aber 1998 aus demselben Gebiet durchaus bekannt war. Auch für Thüringen zeigt sich ein Rückgang dieser Art, für den auch die koleopterologische Datenbank entsprechende Unterlagen liefert (KLAUSNITZER 2018a). HAUSOTTE & DÄBRITZ (2017) schreiben zum Vorkommen auf dem Bienitz bei Leipzig, einem artenreichen Gebiet mit vielfältiger Biotopstruktur: »Während historische Funde von *A. bipunctata* auf dem Bienitz zahlreich belegt sind, [...] sind den Verfassern aktuellere Funde lediglich von Einzeltieren vom 10.II.2008 und vom 3.V.2017 bekannt. Auch wenn eine intensive Suche nach dieser Art nicht erfolgt ist, so dürfte die Einschätzung von KLAUSNITZER (2017a) zur rückläufigen Bestandssituation von *A. bipunctata* für den Bienitz ebenso zutreffen.« DIETRICH (2018) beschreibt einen ähnlichen Befund aus dem Erzgebirge: »LANGE (1889) schreibt, dass die Art in Annaberg und Umgebung ›gemein‹ ist. Dies trifft auf Grundlage meiner Beobachtungen für das letzte Jahrzehnt nicht mehr zu. Meine letzten Beobachtungen [...] erfolgten im Jahre 2015.« Auch in Nordamerika gehen die Bestände des Zweipunkts seit der dortigen Ausbreitung des Asiatischen Marienkäfers zurück (COSEWIC 2012).

Natürlich stellt sich die Frage nach den Ursachen für einen solchen drastischen Rückgang. Lebensraum und Nahrung scheinen unverändert vorhanden zu sein. *A. bipunctata* bewohnt vor allem die Baum- und Strauchschicht und bevorzugt Laubgehölze, speziell Birken. Eine grundsätzliche Veränderung der Situation ist empirisch nicht nachweisbar. Ähnlich verhält es sich mit der Nahrung. *A. bipunctata* lebt von sehr unterschiedlichen Blattlausarten. Das Angebot scheint auch gegenwärtig ausreichend zu sein. Ob essenzielle Blattlausarten zurückgegangen sind, ist nicht bekannt und müsste untersucht werden.

Eine Ursache für den Rückgang könnte in einer Konkurrenzsituation zu *Harmonia axyridis* zu suchen sein. Beide Arten besiedeln gleiche Lebensräume und scheinen sich auch in der potenziellen Nahrung nicht wesentlich zu unterscheiden. *H. axyridis* hat aber ein wesentlich breiteres Nahrungsspektrum, das auch andere Insekten einbezieht und nicht auf Blattläuse beschränkt ist. Weil der Asiatische Marienkäfer die gleichen Ansprüche wie der Zweipunkt hat, könnte vielleicht ein Mangel an Nahrung eine Rolle spielen.

Hinzu kommt aber ein Umstand, der in seinen Auswirkungen noch gar nicht völlig abzuschätzen ist, das ist der Befall des Zweipunkts mit *Nosema*, gegen die *H. axyridis* resistent ist (vgl. Kapitel 10.4). Wenn die Larven oder Imagines von *A. bipunctata* Eier oder Larven dieser Art aufnehmen, können sie sich infizieren und sterben an diesen Krankheitserregern.

Allerdings bleibt es offen, ob der starke Rückgang von *A. bipunctata* allein auf das Wirken von *H. axyridis* zurückgeführt werden kann. Für das »Insektensterben« insgesamt wird eine Fülle von Ursachen in Betracht gezogen, und es gibt keinen Grund anzunehmen, dass *A. bipunctata* von allen nachgewiesenen oder vermuteten Faktoren – oder wenigstens einigen – nicht betroffen sein sollte. Nähere Untersuchungen liegen bisher nicht vor. Schwankungen der Häufigkeit sind andererseits bekannt, worauf z. B Honěk et al. (2016) hinweisen.

Nach Kahlen (2018) ist die Art in Südtirol von den Tälern bis in montane Lagen (bis ca. 1 500 m) nach wie vor überall häufig.

Lebensraum und Lebensweise: *A. bipunctata* besiedelt eine Vielzahl von Habitaten, bevorzugt aber die Strauch- und Baumschicht vor allem von Laubbäumen (Birken, Linden, Ahorn, Weiden, Holunder). Man findet die Art deshalb vorwiegend in Laubwäldern, aber auch in Obstgärten und Siedlungen. Überhaupt ist es eine Art, die sich in anthropogenen und urbanen Habitaten regelmäßig entwickelt. Andererseits lebt der Zweipunkt auch in der Krautschicht (Brennnesseln, Disteln) unterschiedlicher Lebensräume und wurde auch dominierend auf Ackerwildkräutern in der

Schweiz gefunden (Schmid 1992). Bei *A. bipunctata* wurde oft eine partielle 2. Generation beobachtet.

Nissle & Klausnitzer (1969) untersuchten die Marienkäferfauna an Birken, Buchen, Eichen, Fichten und Kiefern in der Dresdner Heide. Insgesamt wiesen sie 2 303 Individuen von 25 Marienkäferarten nach. Darunter befanden sich 137 Individuen von *Adalia bipunctata,* davon 124 Individuen (52 Larven, 72 Adulte) an Birken. Die quantitativen aktuellen Verhältnisse in der Marienkäfergemeinschaft sind nach dem Auftreten von *Harmonia axyridis* sicher verschoben. In Nordamerika zeigten Untersuchungen in einem Mischwald in Oregon eine sehr hohe Dominanz (82,9 %) der eingeschleppten *Adalia bipunctata* (13,3) und *H. axyridis* (69,6). Auf die indigenen 11 Arten entfielen nur 17,1 % der Individuen (Hodek et al. 2012).

Die Imagines erscheinen schon im März mit einem Maximum im Mai/Juni und sind bis in den Oktober anzutreffen. Charakteristisch für *A. bipunctata* sind auch gemeinschaftliche Überwinterungsquartiere mit anderen Coccinellidae in Gebäuden (Klausnitzer 1961, Klausnitzer & Klausnitzer 1997), die aber ebenfalls nicht mehr gefunden wurden.

Nahrung: Larven und Adulte ernähren sich von Blattläusen und zeigen relativ wenig Spezialisierung auf die Pflanzen, auf denen diese leben. Sie nutzen verschiedene Blattlausarten als Nahrung, die jedoch unterschiedlich geeignet sind. Als essenziell wurden 46 Arten nachgewiesen (Hodek & Evans 2012). Besonders geeignet sind *Eucallipterus tiliae* an Linden und *Euceraphis punctipennis* an Birken. Der Zweipunkt gehört zu den wenigen Arten, die sich regelmäßig von *Aphis sambuci* ernähren können (vgl. Kapitel 7.3).

Im zeitigen Frühjahr nehmen die Käfer auch Pollen vor allem von Rosengewächsen auf. Allerdings konnte experimentell gezeigt werden, dass die alleinige Fütterung mit Pollen nicht zur Reifung der Oozyten führt (Hemptinne & Desprets 1986, de Clerq et al. 2005, Jalali et al. 2009).

Art: ***Adalia (Adalia) decempunctata*** **(Linnaeus, 1758) – Zehnpunkt (Fotos 277–281)**

Synonyme: Kovář (2007) nennt insgesamt 117 Synonyme.

Allgemeines: Färbung überaus variabel, 114 Varianten sind benannt (Mader 1926–1937) (vgl. Kapitel 1.4). Drei Formenkreise sind weit verbreitet. Elytren hinten meist mit einer queren Bogenfalte. Benannt nach der Färbung der Elytren einer der Farbformen (Variante 1): »decem« (lat.) = »zehn«, »punctatus« (lat.) = »punktiert«. *A. decempunctata* ist mit *A. bipunctata* nahe verwandt, Kreuzungen sind möglich (vgl. Kapitel 1.8).

Die wichtigsten Farbformenkreise sind:

- Variante 1: Elytren rot, gelb oder ocker, meist zweifarbig, mit je drei bis sieben braunen oder schwarzen Punkten (1–3–1, 1–3–2, maximal 2–3–2) (Forma *decempunctata*), die auch völlig fehlen können (Foto 277).
- Variante 2: Elytren braun oder schwarz mit einer Gitterzeichnung und fünf großen, gelben oder roten Flecken (2–2–1), die z. T. miteinander verschmolzen sein können (Forma *decempustulata*) (Fotos 278, 279).
- Variante 3. Elytren braun oder schwarz mit je einem halbmondförmigen roten oder gelblichen Fleck an der Schulterbeule, der den Seitenrand meist nicht erreicht (Forma *bimaculata*) (Fotos 280, 281).

Allgemeine Verbreitung: In der südlichen Paläarktis bis Westsibirien und in Nordafrika.

Verbreitung in Mitteleuropa: Im gesamten Gebiet weit verbreitet.

Vorkommen in Deutschland: Nachweise in allen Bundesländern.

Lebensraum und Lebensweise: Laubwälder, Waldränder, Parks und Gärten sind bevorzugte Habitate von *A. decempunctata*. Die Art ist aphidophag und entwickelt sich vor allem auf Laubbäumen (Eichen, Ahorn, Linden, Weißdorn) in der Strauchschicht, selten in der Krautschicht und ausnahmsweise auf Nadelbäumen. *A. decempunctata*

Foto 277: *Adalia decempunctata*, Form *decempunctata*. Foto: E. Wachmann.

Foto 278: *Adalia decempunctata*, Form *decempustulata*. Foto: E. Wachmann.

Foto 279: *Adalia decempunctata*, Form *decempustulata* mit teilweise verbundenen Makeln. Foto: I. Altmann.

wird bis in 2 000 m Höhe gefunden. Gelegentlich wird eine 2. Generation beobachtet. Die Imagines erscheinen schon im März mit einem Maximum vom April bis zum Juni und sind noch im Oktober aktiv. Die Überwinterung erfolgt an der Bodenoberfläche. Der Zehnpunkt kann in Mitteleuropa eine 2. Generation bilden.

Foto 280: *Adalia decempunctata,* Form *bipustulata.* Foto: E. Wachmann.

Foto 281: *Adalia decempunctata,* Form *bipustulata.* Foto: E. Wachmann.

Art: *Adalia (Adaliomorpha) conglomerata* (Linnaeus, 1758) – Fichten-Marienkäfer (Fotos 282, 283)

Allgemeines: Elytren gelb, mit einer längs gerichteten variablen Fleckenzeichnung, die meist eine mittlere und jederseits eine seitliche Linie zeigt. »Conglomeratus« (lat.) bedeutet »zusammengeballt« und weist auf das Verschmelzen der einzelnen Elytrenflecke hin.

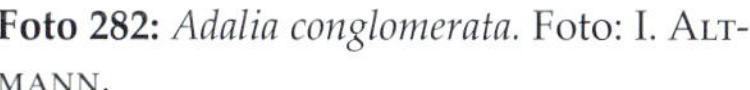

Foto 282: *Adalia conglomerata.* Foto: I. Altmann.

Allgemeine Verbreitung: In der Paläarktis bis Ostsibirien, kommt auch in China und Japan vor. Fehlt in Nordafrika. Sibirisches Faunenelement.

Foto 283: *Adalia conglomerata.* Foto: E. WACHMANN.

Verbreitung in Mitteleuropa: Im Gebiet vor allem in Gebirgslagen, fehlt in Luxemburg, den Niederlanden und Dänemark (Verbreitungsgrenze?) sowie in Liechtenstein. Nach HORION (1961) und FÜRSCH (1967) eine boreomontane Art. Die Vorkommen in Norddeutschland sind die nördlichsten des Südareals.

Vorkommen in Deutschland: Nachweise in allen Bundesländern, aber in Mecklenburg-Vorpommern keine Funde (vielleicht eine Verbreitungsgrenze).

Lebensraum und Lebensweise: *A. conglomerata* kommt vor allem in Fichtenwäldern der montanen und kollinen Stufe, aber auch in Hochmooren vor. Die Entwicklung erfolgt besonders auf Fichten (*Picea abies*), seltener Wald-Kiefern (*Pinus sylvestris*) und Tannen (*Abies*), in höheren Lagen auch auf Lärchen (*Larix*). Als Nahrung werden vor allem Tannenläuse (Adelgidae) aufgenommen.

Gattung: *Anatis* MULSANT, 1846

In der Paläarktis kommen zwei Arten aus dieser Gattung vor. Die andere lebt in Ostasien. Auch diese Gattung wurde als unschädlich eingestuft: »anatos« (gr.) = »unschädlich«.

Art: *Anatis ocellata* (LINNAEUS, 1758) – Augenfleck-Marienkäfer (Fotos 284, 285)

Allgemeines: Elytren rot, meist mit neun schwarzen Punkten (1–4–3–1) und einem Scutellarfleck. Sie sind meist von einem hellen Hof umgeben, der aber auch fehlen kann. Die Punkte selbst können ebenfalls fehlen, sodass die Elytren helle Flecken an Stelle der Punkte tragen (vgl. Kapitel 1.4). Mit 194 benannten Farbformen hat diese Art eine besonders große Variationsbreite (MADER 1926–1937). Benannt nach der typischen Färbung der Elytren: »ocellatus« (lat.) = »mit Augenflecken versehen«. *A. ocellata* ist die größte heimische Art. Als eine Besonderheit ist die behaarte Einbuchtung hinten am Innenrand des Flügeldeckenrandes zu nennen.

Allgemeine Verbreitung: In der Paläarktis bis Ostsibirien, Korea und bis in den hohen Norden, auch in China. Fehlt in Nordafrika. Sibirisches Faunenelement.

Verbreitung in Mitteleuropa: Im gesamten Gebiet verbreitet, kein Nachweis in Luxemburg.

Vorkommen in Deutschland: Nachweise in allen Bundesländern. Auffällig ist das häufige Auftreten an der Ostseeküste (vgl. Kapitel 5).

Foto 284: *Anatis ocellata.* Foto: E. WACHMANN.

Foto 285: *Anatis ocellata,* Form ohne schwarze Punkte. Foto: E. WACHMANN.

Lebensraum und Lebensweise: *A. ocellata* kommt vor allem in Nadel- und Mischwäldern vor. Die Entwicklung erfolgt vor allem auf Nadelbäumen, auch im Kronenbereich. Als Nahrung werden vor allem Kienläuse (Lachninae) und Tannenläuse (Adelgidae) aufgenommen, auch andere Insekten sowie Pollen und Honigtau. Die Art wird auch auf blühenden Kiefern gefunden. *A. ocellata* ist in der Lage, ihre Beute optisch wahrzunehmen. Die Imagines erscheinen meist im April mit einem Maximum im Mai/Juni und einem kleineren Gipfel im August/September. Sie überwintern an der Bodenoberfläche, oft in Kiefernjungwüchsen (KESTEN 1969).

Gattung: *Aphidecta* J. WEISE, 1893

In der Paläarktis kommt nur eine Art aus dieser Gattung vor. Der Gattungsname ist eine Zusammensetzung von »aphis« (lat.) = »Blattlaus« und »dektes« (gr.) = »beißend«.

Art: *Aphidecta obliterata* (LINNAEUS, 1758) – Nadelbaum-Marienkäfer (Fotos 286, 287)

Allgemeines: Elytren dunkelgelb, bräunlich oder schwarz mit einer unterschiedlichen dunklen Zeichnung. Benannt nach der Färbung der Elytren: »obliteratus« (lat.) = »verwischt«. Sexualdimorphismus: Exemplare mit schwarzen Elytren und einem braunschwarzen Pronotum mit hellen Seitenrändern sind immer Weibchen.

Foto 286: *Aphidecta obliterata,* helle Form. Foto: I. ALTMANN.

Allgemeine Verbreitung: In Europa bis zum Kaukasus, in Südeuropa vor allem im Gebirge, auch im asiatischen Teil der Türkei und in Kleinasien. Fehlt in Nordafrika. *A. obliterata* kommt auch in Nordamerika vor (importiert).

Verbreitung in Mitteleuropa: Im gesamten Gebiet verbreitet.

Vorkommen in Deutschland: Nachweise in allen Bundesländern.

Foto 287: *Aphidecta obliterata,* dunkle Form. Foto: E. WACHMANN.

Lebensraum und Lebensweise: *A. obliterata* kommt vor allem in Nadelwäldern, aber auch in Mischwäldern vor. Die Art entwickelt sich besonders auf Fichten (*Picea abies*), Lärchen (*Larix*) und Wald-Kiefern (*Pinus sylvestris*), ist aber auch von Ahorn (*Acer*) bekannt. Die Imagines sind von April bis Oktober zu finden, ab Juli treten die ersten Exemplare der neuen Generation auf. Sie ist auch dominierend an der Ostseeküste gefunden worden (vgl. Kapitel 5). Die Tiere überwintern sowohl unter Borke als auch an der Bodenoberfläche (Moospolster).

Nahrung: Bevorzugt werden Tannenläuse (Adelgidae) (DELUCCHI 1953), aber es werden auch andere Blattläuse (Aphidinae, Lachninae) und sogar Schildläuse (Coccina) verzehrt.

Gattung: *Calvia* MULSANT, 1846

In der Paläarktis leben 19 Arten aus dieser Gattung, von denen drei in Europa vorkommen. Der Gattungsname kommt von »calvus« (lat.) = »kahl«, ein Hinweis auf die unbehaarte Körperoberseite.

Art: *Calvia decemguttata* (Linnaeus, 1767) – Licht-Marienkäfer (Foto 288)

Allgemeines: Elytren mit je fünf gelbweißen tropfenförmigen Flecken. Benannt nach der Färbung der Elytren: »decem« (lat.) = »zehn«, »guttatus« (lat.) = »betropft« (2–2–1).

Foto 288: *Calvia decemguttata.* Foto: E. Wachmann.

Allgemeine Verbreitung: In der Paläarktis bis Ostsibirien, vor allem im Süden, kommt auch in Korea, China und Japan vor. In Europa weit verbreitet, in Südeuropa vor allem im Gebirge. Fehlt in Nordafrika. Vielleicht ein Sibirisches Faunenelement.

Verbreitung in Mitteleuropa: Im gesamten Gebiet, fehlt in Frankreich und in Liechtenstein.

Vorkommen in Deutschland: Nachweise in allen Bundesländern.

Lebensraum und Lebensweise: *C. decemguttata* besiedelt bevorzugt Laubwälder, feuchte Habitate und Waldränder. Die Art entwickelt sich auf Laubbäumen (Linden, Eichen, Erlen, Ulmen, Weiden) in der Baum- und Strauchschicht und auf Obstbäumen, ausnahmsweise auch in der Krautschicht. Die Nahrung umfasst Aphidina, Psyllina, Psocoptera und Larven von Chrysomelidae. Die Imagines besuchen auch die Blüten von Trauben-Holunder (*Sambucus racemosa*) und Schwarzem Holunder (*S. nigra*) (Kreissl 1959b, Horion 1961). Sie sind von Anfang April bis zum Oktober aktiv und überwintern an der Bodenoberfläche und unter Moos. Es ist auffällig, dass diese Art regelmäßig an künstlichem Licht beobachtet wird, am häufigsten unter allen Coccinellidae.

Art: *Calvia quatuordecimguttata* (Linnaeus, 1758) – Blattfloh-Marienkäfer (Foto 289)

Allgemeines: Elytren mit je sieben gelbweißen tropfenförmigen Flecken, von denen drei in einer Querreihe stehen. Benannt nach der Färbung der Elytren: »quatuordecim« (lat.) = »vierzehn«, »guttatus« (lat.) = »betropft« (1–3–2–1). Die Färbung der Elytren variiert stark, vor allem in Nordamerika kommen abweichende Formen vor. Zuchtexperimente mit den kanadischen und europäischen Varianten zeigten, dass sich diese frei kreuzen und fruchtbaren Nachwuchs hervorbringen (Majerus 2016). Sehr selten werden völlig schwarze Exemplare gefunden (vgl. Kapitel 1.4).

Foto 289: *Calvia quatuordecimguttata.* Foto: E. Wachmann.

Allgemeine Verbreitung: Holarktische Art. In der gesamten Paläarktis östlich bis Korea und Japan und südlich bis zur Orientalis verbreitet. Fehlt in Nordafrika. In Nordamerika kommt *C. quatuordecimguttata* von Alaska bis Labrador und von Kalifornien bis New Jersey vor (Gordon 1985). In Europa ist die Art weit verbreitet, in Südeuropa wird sie vor allem im Gebirge gefunden. Die Art wurde auch in die Orientalische und Neotropische Region gebracht (Gordon 1985, Kovář 2007). Vielleicht ein Sibirisches Faunenelement.

Verbreitung in Mitteleuropa: Im gesamten Gebiet verbreitet, keine Nachweise in Liechtenstein.

Vorkommen in Deutschland: Nachweise in allen Bundesländern.

Lebensraum und Lebensweise: *C. quatuordecimguttata* lebt vor allem in Laubwäldern, Gebüschsäumen, Parks und Auenwäldern sowie auf Obstbäumen. Die Imagines kommen oft auf den Blüten unterschiedlicher Pflanzen vor. Die Art wird häufig auf Erlen nachgewiesen (Klausnitzer & Klausnitzer 1997). Die Entwicklung erfolgt meist auf Laubbäumen und -sträuchern (neben Erlen auf Birken, Linden, Eichen, Ahorn, Rot-Buchen, Weiden), auch im Kronenbereich, selten an krautigen Pflanzen. In Südengland werden Eschen bevorzugt (Hawkins 2000). Die Imagines sind von Ende März bis zum Oktober zu finden mit einem Maximum im Mai/Juni. Sie werden oft an künstlichen Lichtquellen nachgewiesen. Die Überwinterung erfolgt unter Laub und Moospolstern.

Nahrung: *C. quatuordecimguttata* bevorzugt Blattflöhe (Psyllina). Nach Semyanov (1980) entwickeln sich die Larven schneller, die Puppen haben ein größeres Gewicht und die Imagines eine höhere Fruchtbarkeit, wenn sie sich von Blattflöhen (Psyllina) ernähren. Es werden aber auch Blattläuse aufgenommen (Aphidinae) sowie Zwergzikaden (Cicadellidae) und Larven von Blattkäfern (Chrysomelidae) (Gordon 1985, Klausnitzer & Klausnitzer 1997). Dietrich (2018) berichtet vom Blütenbesuch und der Aufnahme von Pollen an Bärwurz (*Meum athamanthicum*).

Art: *Calvia quindecimguttata* (Fabricius, 1777) – Erlen-Marienkäfer (Foto 290)

Allgemeines: Elytren mit je sieben gelbweißen tropfenförmigen Flecken. Benannt nach der Färbung der Elytren: »quindecim« (lat.) = »fünfzehn«, »guttatus« (lat.) = »betropft« (2–2–2–1), wobei nicht klar ist, welcher Fleck der 15. sein soll.

Foto 290: *Calvia quindecimguttata*. Foto: E. Wachmann.

Allgemeine Verbreitung: In der Paläarktis bis Ostsibirien, vor allem im Süden, kommt auch in China und Japan vor. Fehlt in Nordafrika.

Verbreitung in Mitteleuropa: Im Gebiet verbreitet, fehlt in Luxemburg, den Niederlanden und Dänemark (Verbreitungsgrenze?). Keine Nachweise in Liechtenstein. Aus Österreich wird von Vorkommen in der Steiermark berichtet (Kreissl 1959b). Horion (1961) schreibt: »Aus der Donauebene und aus niederen Vorgebirgslagen der östlichen Länder als große Seltenheit bekannt; aus Salzburg, Tirol, Vorarlberg bisher keine Meldungen.«

Vorkommen in Deutschland: Horion (1961) nennt Brandenburg sowie Baden bis Bayern und Hessen (nur wenige Stücke, sehr sporadisch und sehr selten). »Es handelt sich um eine südeuropäische Art, die circumalpin nach Deutschland (Elbe-Oder; Donau, Rhein-Main) vorgedrungen ist, aber anscheinend nur geringe thermophile Ansprüche stellt.« Köhler & Klausnitzer (1998) und Klausnitzer (2004a) nennen neben Brandenburg und Bayern Vorkommen nach 1950 für folgende Bundesländer: Hessen, Baden-Württemberg, Rheinland-Pfalz und Mecklenburg-Vorpommern. Kopetz et al. (2008) geben die Art aus dem Leutratal bei Jena (1983) an. Funde nach 2000 sind nur aus Sachsen-Anhalt, Sachsen und Bayern bekannt (vgl. Tabelle 17).

Lebensraum und Lebensweise: Als bevorzugte Lebensräume gelten Bruchwälder, Sümpfe und Teichufer. Die Art wurde vor allem auf Laubbäumen (Erlen, auch Weiden) gefunden (nur Einzelexemplare). Kreissl (1959b) meldet sie von Erlengebüsch an Teichufern. Fürsch (1967) schreibt: »Von mir in den Sumpfwäldern von Białowieża am Rande einer Sumpfwiese zahlreich von Erlen geklopft (gemeinsam mit den beiden anderen *Calvia*-Arten, die nicht so zahlreich waren.« Die neuen Nachweise gelangen meist bei Lichtfängen, die leider keine direkten Rückschlüsse auf das Entwicklungshabitat gestatten. Als Nahrung werden Entwicklungsstadien von Chrysomelidae genannt, alternativ Schild- und Blattläuse sowie Blütenbestandteile.

Gattung: *Ceratomegilla* Crotch, 1873

Die Gattung ist mit 14 Arten in der Paläarktis vertreten, von denen sieben in Europa vorkommen. Sie werden zwei Untergattungen zugeordnet. *Ceratomegilla* ist eine Zusammensetzung von »keras« (gr.) = »Horn« und »Megilla« (hebräisch) = eine Buchrolle. Der Name bezieht sich auf den zahnartigen Auswuchs am 3. Antennenglied der ♂♂ einiger Arten aus der Untergattung *Ceratomegilla* (vgl. Fotos 101, 102).

Art: *Ceratomegilla (Adaliopsis) alpina* (A. Villa & G. B. Villa, 1835) – Alpen-Marienkäfer (Fotos 291–293)

Synonyme: *Adalia alpina* (A. Villa & G. B. Villa, 1835); *Adaliopsis alpina* (A. Villa & G. B. Villa, 1835).

Allgemeines: Es werden zwei Unterarten unterschieden: *C. alpina alpina* (A. Villa & G. B. Villa, 1835) und *C. alpina redtenbacheri* (Capra, 1928), die beide in Mitteleuropa vorkommen. »Alpinus« (lat.) = »zu den Alpen gehörig«. Der andere Untergattungsname bezieht sich auf Ludwig Redtenbacher (vgl. Fußnote 5 S. 30). Die beiden Unterarten unterscheiden sich vor allem durch die Färbung.

Foto 291: *Ceratomegilla alpina alpina.* Präparatfoto: L. Behne.

Allgemeine Verbreitung: Die Areale beider Unterarten sind relativ klein.

C. alpina alpina (Foto 291): Frankreich (Alpen), Deutschland (Westbayerische Alpen, Allgäu), Österreich (West-Alpen, Innsbruck), Liechtenstein, Schweiz, Italien (Ortler, Piemonteser und Lombardische Alpen).

Foto 292: *Ceratomegilla alpina redtenbacheri.* Foto: F. Köhler.

C. alpina redtenbacheri (Fotos 292, 293): Deutschland (Zentral- und Ostbayerische Alpen), Polen (Tatra, Beskiden), Horion (1961) und V. Günther mdl. (1968) nennen

Fundorte aus der Slowakei (Niedere und Hohe Tatra, Kleine und Große Fatra, Banská Bystrica), Österreich (Steiermark, Kärnten, Niederösterreich), Slowenien (Julische Alpen, Isonzotal), Ukraine (Karpaten), Bulgarien, Rumänien (Capra 1926b, 1928, Kovář 2007).

Verbreitung in Mitteleuropa: Alpin bis montan (800–2 000 m).

Vorkommen in Deutschland: In Deutschland nur in Südbayern (Alpen). Nüssler fand diese Art 1965 auf den Elbwiesen bei Radebeul. Es handelt sich um ein verschlepptes Stück (Klausnitzer 1968b).

Foto 293: *Ceratomegilla alpina redtenbacheri.* Präparatfoto: L. Behne.

Lebensraum und Lebensweise: In der felsennahen Krautschicht (oft auf Disteln, gelegentlich auf Brennnesseln), in der Strauchschicht, auch auf Holz (Stämme, Baumstümpfe). *C. alpina alpina*: auf Almwiesen und Matten; *C. alpina redtenbacheri*: auf Matten, in der Latschen-Region. Die Art ist aphidophag.

Art: *Ceratomegilla (Ceratomegilla) notata* (Laicharting, 1781) – Berg-Marienkäfer (Foto 294)

Synonym: *Semiadalia notata* (Laicharting, 1781).

Allgemeines: Elytren jeweils mit fünf oder sechs schwarzen Makeln (1–1–2–1 oder 1–2–2–1) und einem Scutellarfleck. »Notatus« (lat.) = »gezeichnet« bezieht sich wohl auf die hakenförmige Form des Scutellarflecks. Sexualdimorphismus im Bau des 3. Antennengliedes der ♂♂ sowie in der Färbung des Kopfes (vgl. Tabelle 11).

Foto 294: *Ceratomegilla notata.* Foto: I. Altmann.

Allgemeine Verbreitung: Von Europa bis Mittelasien und der Mongolei verbreitet. Fehlt in Nordafrika. Vielleicht ein Pontomediterranes Faunenelement.

Verbreitung in Mitteleuropa: Vor allem in den höheren Mittelgebirgen (montan bis subalpin; 1 350 m). Fehlt in Belgien, Luxemburg, den Niederlanden und Dänemark (Verbreitungsgrenze). Keine Nachweise in Liechtenstein.

Vorkommen in Deutschland: Nach Horion (1961) handelt es sich um eine boreomontane Art, weil vermutlich eine Zone besteht, in der die Art nicht vorkommt. Das Fundgebiet in Sachsen (Oberes Erzgebirge: Fichtelberggebiet und Umgebung 850 bis 1 100 m), im Schwarzwald (bis 1 350 m) und andere Fundstellen (Bayerischer Wald, Schwäbische und Fränkische Alb, Harz, Thüringer Wald), Alpen (vor allem Täler) und Voralpengebiet sind montan. Andere Plätze scheinen gegen eine Bevorzugung dieser Höhenstufe zu sprechen, z. B. das von Táborsky (1975) mitgeteilte Vorkommen in 560 m bei Louchov im Erzgebirge (Kreis Chomutov) sowie der von Buchsbaum (1996) erwähnte Fund in Thüringen und das schon von Horion (1961) genannte Vorkommen im ehemaligen Ostpreußen (eventuell Nordareal?). Die aktuelle Verbreitung (nach 2000) konzentriert sich auf den Süden von Baden-Württemberg und Bayern sowie die Mittelgebirge in Niedersachsen, Sachsen-Anhalt, Thüringen und Sachsen.

Lebensraum und Lebensweise: *C. notata* ist aphidophag und wird vor allem auf Großer Brennnessel (*Urtica dioica)* und auf anderen Staudenpflanzen. z. B. Weidenröschen (*Epilobium*), Disteln (*Carduus*) sowie beim Blütenbesuch an Waldrändern, auf Lichtungen und Kahlschlägen gefunden. Blütenbesuch mit vermutlicher Pollenaufnahme wurde an Wiesen-Kerbel (*Anthriscus sylvestris*), Gold-Kälberkropf (*Chaerophyllum aureum*), Rauhaarigem Kälberkropf (*Ch. hirsutum*), Sumpf-Kratzdisteln (*Cirsium palustre*), Knäuelgras (*Dactylis glomerata*), Gewöhnlicher Möhre (*Daucus carota*), Scharfem Hahnenfuss (*Ranunculus acris*), Rainfarn (*Tanacetum vulgare*) und anderen beobachtet (Dietrich 2018, Nüssler 1973).

Art: *Ceratomegilla (Ceratomegilla) rufocincta rufocincta* (Mulsant, 1850) (Foto 295)

Synonym: *Semiadalia rufocincta* (Mulsant, 1850).

Allgemeines: Es werden zwei Unterarten getrennt. Die andere, *C. rufocincta doderoi* (Capra, 1944), kommt in den italienischen Alpen (Alpi Lepontine, Alpi Graie, Adamello) vor. Diese Unterart wurde nach dem Koleopterologen Agostino Dodero (1864–1937) in Genua benannt.

Elytren schwarz mit rötlichem Seitensaum. Der Name *rufocincta* ist eine Zusammensetzung aus »rufus« (lat.) = »rot« und »cinctus« (lat.) = »gegürtet« und beschreibt die Färbung der Elytren. Sexualdimorphismus in der Färbung des Pronotums (vgl. Tabelle 11).

Allgemeine Verbreitung: *C. rufocincta rufocincta* ist nur aus den italienischen und den Schweizer Alpen bekannt (bis in 2 500 m Höhe).

Verbreitung in Mitteleuropa: Schweiz (Walliser und Tessiner Alpen, Engadin). Bei FÜRSCH (1967) stehen diese Fundorte bei der Unterart *doderoi*.

Lebensraum und Lebensweise: Besonders auf Doldengewächsen (Apiaceae). Juli bis August.

Foto 295: *Ceratomegilla rufocincta,* ♂. Präparatfoto: L. BEHNE.

Art: *Ceratomegilla (Ceratomegilla) undecimnotata* (D. H. SCHNEIDER, 1792) – Hügel-Marienkäfer (Foto 296)

Synonym: *Semiadalia undecimnotata* (D. H. SCHNEIDER, 1792).

Allgemeines: Elytren jeweils mit drei schwarzen Punkten (1–0–2–0), selten (1–1–2–1) und einem gemeinsamen Scutellarfleck. Benannt nach der Färbung der Elytren: »undecim« (lat.) = »elf«, »notatus« (lat.) = »gezeichnet«, wobei sich die elf auf die seltene Farbform bezieht. Sexualdimorphismus im Bau des 3. Antennengliedes der ♂♂ sowie in der Färbung des Kopfes und des Pronotums (vgl. Tabelle 11).

Foto 296: *Ceratomegilla undecimnotata.* Foto: E. WACHMANN.

Allgemeine Verbreitung: Südpaläarktische Art. In Europa bis Mittelasien und Westsibirien verbreitet. Fehlt in Nordafrika. Vielleich ein Pontomediterranes Faunenelement.

Verbreitung in Mitteleuropa: Fehlt in Luxemburg, den Niederlanden und Dänemark (Verbreitungsgrenze?). Keine Nachweise in Liechtenstein. In Österreich vor allem in Niederösterreich, fehlt in den westlichen Bundesländern.

Vorkommen in Deutschland: In den südlichen und mittleren Bundesländern vorwiegend in ebenen und niederen Lagen, im Erzgebirge bis in die Kammlagen (DIETRICH 2016). In Norddeutschland fehlt die Art weitgehend.

Lebensraum und Lebensweise: *C. undecimnotata* bevorzugt trockenwarme Standorte (Tiefland-Steppen, Wiesen) und kommt auch an Waldrändern, auf Lichtungen und Kahlschlägen, auch auf Wiesen an Flussläufen vor. Die Art wird vielfach auf Acker-Kratzdisteln (*Cirsium arvense*) und auf Dolden von Doldengewächsen (Apiaceae), z. B. Wiesen-Bärenklau (*Heracleum sphondylium*), Süßdolde (*Myrrhis odorata*) oder Pastinak (*Pastinaca sativa*) gefunden (HAUSOTTE 2009, DIETRICH 2016).

C. undecimnotata ist durch ihre Hypsotaxis sehr bekannt geworden. Sie wandert im Juli/August zu ihren Überwinterungsquartieren und bildet unterhalb der Gipfel von steilen, aus der umgebenden Landschaft herausragenden Hügeln z. B. im tschechischen Mittelgebirge in Spalten, zwischen Gesteinsbrocken und unter Grasbatzen oft große Aggregationen (HODEK & RŮŽIČKA 1977) (vgl. Kapitel 6.2). Solche Ansammlungen wurden auch aus Deutschland gemeldet. HORION (1961) berichtet von mehreren hundert Exemplaren auf einem Wacholderbusch 1933 in Württemberg, bei Gotha im September 1908 Tausende unter einem Stein sowie bei Laucha am 04.04.1904 unter einem einzigen Stein und an den Wurzeln des umgebenden Grases reichlich 1 500 Tiere. HORION (1961) erwähnt eine fragliche Halophilie in früheren Zeiten.

Nahrung: Blattläuse (Aphidina). Pollen von Süßdolde (*Myrrhis odorata*) und anderen Apiaceae (DIETRICH 2016).

Gattung: *Coccinella* LINNAEUS, 1758

Aus der Gattung *Coccinella* kommen 32 Arten in der Paläarktis vor, 14 davon in Europa. Sie werden drei Untergattungen zugeordnet, von denen zwei in Mitteleuropa vorkommen. Der Gattungsname bezieht sich auf die Grundfarbe der Körperoberseite: »kokkinos« (gr.) = »scharlachrot«.

Art: *Coccinella (Chelonitis) venusta venusta* (J. WEISE, 1879) (Foto 297)

Synonyme: *Chelonitis venusta* J. WEISE, 1879; *Ch. adalioides* PORTA, 1949; *Ch. venustula* IABLOKOFF-KHNZORIAN, 1982.

Allgemeines: Es werden zwei Unterarten getrennt. Die andere, *Coccinella (Chelonitis) venusta adalioides* (CAPRA, 1944), lebt in den italienischen Alpen. Elytren schwarz, mit einem breiten roten Außensaum. »Venustus« (lat.) = »niedlich, anmutig«.

Allgemeine Verbreitung: In den französischen und Schweizer Alpen (bis in 2 500 m Höhe). CAPRA (1925) nennt Funde aus den italienischen Alpen: Colle di Sestrière und Colle dell'Assietta (Val Chisone, Alpi Cozie = Cottische Alpen).

Verbreitung in Mitteleuropa: FÜRSCH (1967) nennt die Art aus den Walliser Alpen.

Lebensraum und Lebensweise: *C. v. venusta* kommt in der Mattenregion der Westalpen vor. Nach FÜRSCH (1967) kann die Art aus Polstern der Weißen Silberwurz (*Dryas octopetala*) gesiebt oder am Fuße von Felsen gefunden werden. Die Imagines erscheinen von Juli bis zum August.

Foto 297: *Coccinella venusta.* Präparatfoto: L. BEHNE.

Art: *Coccinella (Coccinella) hieroglyphica hieroglyphica* LINNAEUS, 1758 – Heidekraut-Marienkäfer (Foto 298, 299)

Allgemeines: Es werden zwei Unterarten unterschieden: *C. hieroglyphica hieroglyphica* LINNAEUS, 1758 und *C. hieroglyphica mannerheimi* MULSANT, 1850 (Mongolei, Ostasien, China, Nordamerika).

Elytren variabel rot-schwarz gezeichnet. Benannt nach der Färbung der Elytren: »hieroglyphicus« (lat.) = »mit Hieroglyphen versehen«. Bei manchen Exemplaren sind sie völlig schwarz. HORION (1961) beschreibt einen »Moormelanismus«, da er in einem Moor bei Meinweg bei Dahlheim an der niederländischen Grenze zahlreiche Exemplare dieser Art fand, von denen mehr als die Hälfte völlig schwarze Elytren hatten. Auch FÜRSCH (1967) weist auf die Dominanz schwarzer Tiere in Hochmooren hin.

Foto 298: *Coccinella hieroglyphica.*Foto: I. ALTMANN.

Allgemeine Verbreitung: In der Paläarktis bis Ostsibirien. Fehlt in Nordafrika. Die Art kommt in einer anderen Unterart auch in Nordamerika vor (Tabelle 19), ist also holarktisch. Sibirisches Faunenelement.

Verbreitung in Mitteleuropa: Im gesamten Gebiet verbreitet, oft in Gebirgslagen (bis in 1 200 m Höhe, vgl. Kapitel 2.6).

Foto 299: *Coccinella hieroglyphica,* schwarze Form. Foto: T. Faasen.

Vorkommen in Deutschland: Nachweise in allen Bundesländern, in Mecklenburg-Vorpommern, Schleswig-Holstein und im Saarland nur Meldungen vor 2000.

Lebensraum und Lebensweise: *C. hieroglyphica* kommt vor allem in feuchten Heiden und in Moorgebieten vor. Es wird auch Blütenbesuch beobachtet. Die Larven entwickeln sich meist auf Heidekraut (*Calluna vulgaris*) und Sauergräsern (Cyperaceae), ausnahmsweise auch auf Wald-Kiefern (*Pinus sylvestris*). Die Imagines erscheinen ab Mai bis zum Oktober mit einem Maximum von Juli bis September. Die neue Generation ist ab August zu finden. *C. hieroglyphica* ernährt sich von Entwicklungsstadien von Chrysomelidae (vgl. Kapitel 7.1). Die Imagines besuchen vor allem im Herbst auch Blüten. Sie überwintern am Boden unter Heidekrautbüschen in Kiefernwäldern.

Art: *Coccinella (Coccinella) magnifica* L. Redtenbacher, 1843 – Ameisen-Marienkäfer (Fotos 300, 301)

Synonyme: *Coccinella distincta* Faldermann, 1837; *Coccinella divaricata* auct. nec Olivier, 1808.

Allgemeines: Elytren mit je drei schwarzen, relativ großen Punkten (0–2–1) und einem Scutellarfleck. »Magnificus« (lat.) = »prächtig« meint wohl die relativ großen Punkte.

Allgemeine Verbreitung: In der Paläarktis bis Ostsibirien, kommt auch in China vor. Fehlt in Nordafrika. Sibirisches Faunenelement.

Foto 300: *Coccinella magnifica.* Foto: E. Wachmann.

Foto 301: *Coccinella magnifica* (links) und *C. septempunctata* (rechts). Foto: E. Wachmann.

Verbreitung in Mitteleuropa: Im gesamten Gebiet, keine Nachweise in Frankreich (Verbreitungsgrenze?) und Liechtenstein.

Vorkommen in Deutschland: Nachweise in allen Bundesländern (außer Saarland).

Lebensraum und Lebensweise: *C. magnifica* gilt als thermophile Art. Sie lebt vor allem in Kiefernwäldern, auch in Mischwäldern, in Heide- und Sandgebieten, auch auf trockenen Grashängen. Die Larven finden sich auf Heidekraut (*Calluna vulgaris*), auch auf Disteln (*Carduus*) und Kratzdisteln (*Cirsium*) sowie auf Sträuchern, z. B. Schlehe (*Prunus spinosa*), Birken (*Betula*) und auf Wald-Kiefern (*Pinus sylvestris*). Die Imagines erscheinen von April bis Oktober mit einem Maximum im Juli/August. Sie überwintern am Boden. Gelegentlich wurde eine partielle 2. Generation beobachtet.

Die Art wird in Zusammenhang mit Ameisen gebracht, weil sie oft in unmittelbarer Nähe von *Formica*-Nestern gefunden wird. *C. magnifica* nimmt die von den Ameisen gepflegten Blattläuse als Nahrung auf. Die Ameisen tolerieren die Marienkäfer, wahrscheinlich werden Substanzen abgeschieden, die die Ameisen beruhigen (Donisthorpe 1919/1920, Majerus 1989, 1994, Wisniewski 1963) (vgl. Kapitel 10.1). Andere Marienkäferarten werden von den Ameisen attackiert.

Art: *Coccinella (Coccinella) quinquepunctata* Linnaeus, 1758 – Fünfpunkt (Foto 302)

Allgemeines: Elytren mit je zwei schwarzen Punkten (0–1–1) und einem Scutellarfleck. Die Zahl der Punkte kann variieren. Benannt nach der Färbung der Elytren: »quinque« (lat.) = »fünf«, »punctatus« (lat.) = »punktiert«.

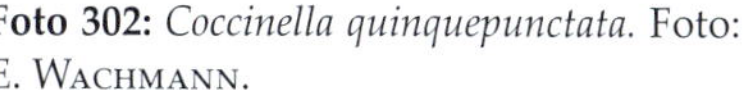

Foto 302: *Coccinella quinquepunctata.* Foto: E. Wachmann.

Allgemeine Verbreitung: In der Paläarktis bis Ostsibirien, kommt auch in Marokko und in China vor. Vielleicht ein Sibirisches Faunenelement.

Verbreitung in Mitteleuropa: Im gesamten Gebiet verbreitet, keine Nachweise aus Liechtenstein.

Vorkommen in Deutschland: Nachweise in allen Bundesländern.

Lebensraum und Lebensweise: *C. quinquepunctata* ist aphidophag, alternativ werden auch Blattflöhe und Blattkäferlarven angenommen. Sie lebt in sehr unterschiedlichen Habitaten, z. B. an Gewässerufern, vor allem Flussufern, auf Trockenhängen, auf Äckern, in Gärten, aber auch auf Nadel- und Laubbäumen, z. B. Wald-Kiefern (*Pinus sylvestris*) und Linden (*Tilia*). Bevorzugt wird die Kraut- und Strauchschicht besiedelt, z. B. Große Brennnessel (*Urtica dioica*), Kratzdisteln (*Cirsium*), Engelwurz (*Angelica*), Kartoffeln (früher), Hülsenfrüchte, Besenginster. Die Imagines wurden auch beim Blütenbesuch mit wahrscheinlicher Pollenaufnahme beobachtet: Rainfarn (*Tanacetum vulgare*), Rauher Löwenzahn (*Leontodon hispidus*) (Dietrich 2018). Sie sind von März bis Oktober aktiv mit je einem Maximum im April/Mai und Juli/August. Zwischenzeitlich werden meist wenige Exemplare gefunden. Sie überwintern an der Bodenoberfläche, oft an Waldrändern.

Art: *Coccinella (Coccinella) saucerottii* Mulsant, 1850 – Saucerottes Marienkäfer (Foto 303, 304)

Synonym: *Coccinella lutshniki* Dobrzhanskiy, 1917.

Allgemeines: Der Name erinnert an den französischen Zahnarzt, Bibliothekar und Koleopterologen Nicolas Saucerotte (1800–1860). In Europa kommt eine Färbungsform mit drei Punkten vor: ein gemeinsamer Scutellarfleck und je ein einzelner Punkt auf den Elytren.

Diese Form wurde als *C. lutshniki* beschrieben und wird mitunter als Unterart aufgefasst. Der Name bezieht sich auf den russischen Entomologen Viktor Nikolaevitsch Lutschnik (12.02.1892 – 02.04.1936).

Foto 303: *Coccinella saucerottii.* Form mit teilweise verflossenen Punkten. Präparatfoto: L. Behne.

Allgemeine Verbreitung: In der Paläarktis bis Ostsibirien, kommt auch in China vor. Fehlt in Nordafrika. Vielleicht ein Pontomediterranes Faunenelement.

Verbreitung in Mitteleuropa: BIELAWSKI (1957a, 1959) und FÜRSCH (1967) nennen die Art aus Polen (Przemysl). HORION (1961) erwähnt ein Vorkommen in Südmähren. Nach KOVÁŘ (2007) auch in der Slowakei.

Foto 304: *Coccinella saucerottii.* Form mit freistehenden Punkten. Präparatfoto: L. BEHNE.

Lebensraum und Lebensweise: *C. saucerottii* lebt in feuchten Habitaten, vor allem auf Weiden.

Nahrung: Larven von Blattkäfern (Chrysomelidae)?

Art: *Coccinella (Coccinella) septempunctata* LINNAEUS, 1758 – Siebenpunkt (Foto 305)

Allgemeines: Elytren mit je drei schwarzen Punkten (0–2–1) und einem Scutellarfleck. Benannt nach der Färbung der Elytren: »septem« (lat.) = »sieben«, »punctatus« (lat.) = »punktiert«. Während der Überwinterung verändert sich die Farbe der Elytren von orange zu einem tiefen Rot, sodass man die Angehörigen der neuen Generation gut von der überwinternden Elterngeneration unterscheiden kann. Es existiert eine geografische Variabilität (DOBRZHANSKIY & SIVERTZEV-DOBRZHANSKIY 1927) (vgl. Kapitel 1.4). Sexualdimorphismus im Bau des 8. Sternit (vgl. Tabelle 11).

Foto 305: *Coccinella septempunctata.* Foto: E. WACHMANN.

Der Siebenpunkt ist sicher die bekannteste einheimische Marienkäferart. Er wurde stets als besonders häufig bezeichnet. Nach dem Eindringen von *Harmonia axyridis* gab es zunächst die Sorge, dass es durch die invasive neue Art zu einer Verdrängung von *C. septempunctata* kommt. Dies scheint nicht im befürchteten Maße der Fall zu sein, denn vielerorts wird *C. septempunctata* nach wie vor relativ häufig gefunden.

Der Siebenpunkt war »Insekt des Jahres« 2006 in Deutschland und Österreich (Klausnitzer 2006a).

Allgemeine Verbreitung: In der gesamten Paläarktis bis zum Fernen Osten, auch in Korea, China und Japan sowie in Nordafrika und in Teilen der Orientalischen Region. Vielleicht ein Sibirisches Faunenelement.

C. septempunctata wurde 1956 in Nordamerika importiert (vgl. Kapitel 2.8 und 9.2). Heute ist die Art dort weit verbreitet (vgl. Abb. 208). Im Zusammenhang mit dieser Ausbreitung kam es zu einer Verdrängung indigener Arten: *Hippodamia convergens* Guérin-Méneville, 1842, *Coccinella novemnotata* Herbst, 1793 und *C. transversoguttata* Faldermann, 1835. *C. septempunctata* kommt auch im tropischen Afrika und im Süden der Orientalischen Region (Süd-Indien) vor (verschleppt) (Kovář 2007).

Verbreitung in Mitteleuropa: Im gesamten Gebiet weit verbreitet.

Vorkommen in Deutschland: Nachweise in allen Bundesländern.

Bekannt sind die Wanderzüge und Massenvorkommen dieser Art (Gatter & Gatter 1973, Graser 1963, Reibisch 1875, Klausnitzer 1989b). Im Jahr 1989 (und auch in anderen Jahren) trat die Art an der Ostseeküste in großen Mengen auf (vgl. Kapitel 5). *C. septempunctata* zeigt einen auffälligen Massenwechsel, der bei dieser Art vielleicht eher bemerkt wird als bei anderen Arten.

Der Siebenpunkt wird kommerziell gezüchtet, um ihn als Gegenspieler von Blattläusen in gärtnerischen Kulturen einzusetzen.

Lebensraum und Lebensweise: *C. septempunctata* lebt in sehr unterschiedlichen Habitaten (Laub-, Nadel- und Mischwälder, Gärten, früher auch Getreide- und Hackfruchtfelder). Die Larven entwickeln sich vor allem in der Krautschicht (Disteln, Brennnesseln, früher auch Kartoffeln, Rüben, Getreide), aber auch auf Fichten und Kiefern. Der Siebenpunkt dominierte 1991 auf Ackerwildkräutern in der Schweiz (Schmid 1992) und 1993–1996 in Winterweizenbeständen in der Magdeburger Börde (Triltsch et al. 1996). *C. septempunctata* lebt aber auch auf Bäumen (Ahorn, Kiefern, Obstbäume). Bei der Untersuchung immissionsbelasteter Kiefernforste (Strauch- und Krautschicht) in Sachsen-Anhalt fand Schneider (1989) eine hohe Dominanz des Siebenpunktes (1 480 von 5 123 insgesamt erfassten Individuen = 28,9 %). Lokal wird eine partielle 2. Generation beobachtet.

Im Frühjahr lebt *C. septempunctata* in der Strauch- und Baumschicht und wechselt später in die Krautschicht meist anderer Habitate (Klausnitzer & Klausnitzer 1997), was mit dem Entwicklungszyklus der Blattläuse korreliert. Die Färbung der Puppen ist temperaturabhängig. Die Imagines erscheinen von März bis zum Oktober. Sie überwintern in Gehölzbeständen, an Waldrändern in der Bodenstreu, oft in kleinen Gemeinschaften (vgl. Foto 69). Auf Feldern lebende und dort erwünschte Marienkäfer (mehrere Arten) benötigen also Gehölze, um in der Agrarlandschaft existieren zu können.

Nahrung: Larven und Imagines ernähren sich von Blattläusen (Aphidina). Beim Studium dieser Art wurde die Notwendigkeit der Aufnahme essenzieller Nahrung entdeckt (mindestens 30 Blattlausarten), viele weitere Blattläuse (Aphidina) können als alternative Nahrung dienen, einige sind für den Siebenpunkt giftig (vgl. Kapitel 7.1). Bastian (1982) beobachtete Imagines an geöffneten Ananasgallen (Adelgidae) beim verzehren der Tannenläuse. Es werden von den Imagines auch Pollen aufgenommen, z. B. Rot-Klee (*Trifolium pratense*), Wechselblättriges Milzkraut (*Chrysosplenium alternifolium*), Rainfarn (*Tanacetum vulgare*), Bärwurz (*Meum athamanthicum*), Süßdolde (*Myrrhis odorata*), Löwenzahn (*Taraxacum offincinale*) (Dietrich 2018). Gelegentlich werden neben den Blattläusen auch andere Insekten, z. B. Thysanoptera und Larven von Chrysomelidae, verzehrt.

Art: *Coccinella (Coccinella) transversoguttata transversoguttata* Faldermann, 1835 – Quergestreifter Marienkäfer (Foto 306)

Allgemeines: Der Name *transversoguttata* ist eine Zusammensetzung von »transversus« (lat.) = »quer« und »guttatus« (lat.) = »mit Tropfenflecken versehen«. Er bezieht sich auf die Färbung der Elytren. Sie sind rot und tragen drei schwarze gerade Querbinden, neben der mittleren und hinteren Querbinde befindet sich am Seitenrand je ein kleiner Punkt. Die Färbung kann variieren.

Foto 306: *Coccinella transversoguttata.* Präparatfoto: L. Behne.

Allgemeine Verbreitung: In Asien bis Ostsibirien, kommt auch in China vor. In Europa kommt die Art im Norden bis Grönland vor (»Grönland-Marienkäfer«) (Böcher 2009). Fehlt in Nordafrika. Holarktische Art (in Nordamerika *C. transversoguttata richardsoni* Brown, 1962). Sibirisches Faunenelement.

Lebensraum und Lebensweise: In Plantagen der Amerikanischen Rot-Kiefer (*Pinus resinosa*) in Ontario (Kanada) eine dominante Art (Gagné & Martin 1968).

Art: *Coccinella (Coccinella) trifasciata trifasciata* LINNAEUS, 1758 – Dreibindiger Marienkäfer (Foto 307)

Allgemeines: Der Name *trifasciata* setzt sich aus »tri« (lat.) = »drei« und »fasciatus« (lat.) = »gebändert« zusammen. Die Elytren tragen je drei schwarze gerade Querbinden. Sexualdimorphismus in der Färbung des Pronotums (vgl. Tabelle 11).

Foto 307: *Coccinella trifasciata.* Präparatfoto: L. BEHNE.

Allgemeine Verbreitung: In der Paläarktis bis Ostsibirien, vor allem in Nordeuropa, kommt auch in China vor. Fehlt in Nordafrika. Nach FÜRSCH (1967) sowie KUZNETSOV & ZAKHAROV (2000) eine Holarktische Art. In Nordamerika kommt aber eine andere Unterart vor – *Coccinella trifasciata subversa* LECONTE, 1854. Deshalb ist sie nur eingeschränkt als holarktisch zu bezeichnen. Sibirisches Faunenelement.

Verbreitung in Mitteleuropa: HORION (1961) führt Funde aus Tirol (Hochsölden und Lechtaler Alpen) und der Schweiz (Graubündner Alpen) an. In Mitteleuropa ist die Art alpin verbreitet und wurde bis in 2 500 m Höhe nachgewiesen. HORION (1961) bezeichnet sie als boreoalpin, es besteht zwischen Norden und Süden eine Zone, in der die Art nicht vorkommt.

Lebensraum und Lebensweise: *C. trifasciata* lebt auf alpinen Matten und wird auf Zirbel-Kiefern (*Pinus cembra*) gefunden. In Ontario (Kanada) kommt sie auf Plantagen der Amerikanischen Rot-Kiefer (*Pinus resinosa*) vor (GAGNÉ & MARTIN 1968).

Art: *Coccinella (Spilota) undecimpunctata undecimpunctata* LINNAEUS, 1758 – Elfpunkt (Fotos 308–310)

Allgemeines: Es werden vier Unterarten getrennt, von denen zwei in Mitteleuropa vorkommen, außer der Nominatunterart noch *C.* (*Spilota*) *undecimpunctata tripunctata* LINNAEUS, 1758 (Foto 310).

Elytren mit kontinuierlicher Variation der Färbung: je mit zwei, vier oder fünf schwarze Punkte (1–2–2) und ein gemeinsamer Scutellarfleck. Benannt nach der Färbung der Elytren: »undecim« (lat.) = »elf«, »punctatus« (lat.) = »punktiert«. In manchen Gebieten kommen Formen vor, deren schwarze Punkte von einem hellen Ring umgeben sind (Foto 309).

Allgemeine Verbreitung: *C. undecimpunctata undecimpunctata* ist in der Paläarktis und auch aus dem Fernen Osten und Nordafrika nachgewiesen. In Nordeuropa bis zum höchsten Norden. In Island lebt *C. undecimpunctata boreolitoralis* DONISTHORPE, 1918. Die Art kommt auch in Nordamerika (vgl. Kapitel 9.2) und der australischen Region vor (KOVÁŘ 2007). In Australien und Neuseeland zur Biologischen Schädlingsbekämpfung bereits 1874 von England aus eingeführt.

Verbreitung in Mitteleuropa: *C. undecimpunctata undecimpunctata* ist im gesamten Gebiet weit verbreitet, fehlt in Liechtenstein.

FÜRSCH (1967) nennt *Coccinella (Spilota) undecimpunctata tripunctata* LINNAEUS, 1758 (Foto 310) von Salzlachen am Neusiedler See bei Illmitz und Apetlon, wo sie vor allem an Salz-Kresse (*Lepidium cartilagineum*) zu finden ist. Nach KOVÁŘ (2007) kommt diese Unterart in Südosteuropa und dem asiatischen Teil der Türkei vor und dürfte ein Pontomediterranes Faunenelement sein.

Vorkommen in Deutschland: Nachweise von *C. undecimpunctata undecimpunctata* in allen Bundesländern, im Saarland und in Baden-Württemberg nur Funde vor 2000.

Lebensraum und Lebensweise: *C. undecimpunctata* wird oft als halophil angesehen, weil die Art an Meeresküsten, auf Binnenlandsalzstellen und an Straßenrändern lokal häufig nachgewiesen wird.

Foto 308: *Coccinella undecimpunctata undecimpunctata.* Foto: J. DECKERT.

Foto 309: *Coccinella undecimpunctata undecimpunctata,* Elytren mit hellumrandeten Punkten. Foto: A. KRUITHOF.

Foto 310: *Coccinella undecimpunctata tripunctata.* Präparatfoto: L. BEHNE.

Nach Horion (1961) ist sie aber an »Nichtsalzstellen entschieden häufiger als an Salzstellen« anzutreffen. Dennoch bleibt ihr regelmäßiges Vorkommen an Meeresküsten und Binnenlandsalzstellen bemerkenswert (Růžička & Hodek 1978). Die Art kommt aber auch an Gewässerufern, in Flussauen, an Feldrainen und auf Ruderalflächen vor, die keine Salinität aufweisen. Nasse Lebensräume werden im Allgemeinen gemieden (Benham & Muggleton 1970). Die Larven findet man vielfach an Gewässerufern in der Krautschicht, an der Küste auf Dünengräsern, vor allem am Strandhafer (*Ammophila arenaria*). Die Imagines erscheinen von April bis Oktober mit einem Maximum im Juli/August. Sie überwintern an der Bodenoberfläche, mitunter unter Steinen und in Gebäuden.

Nahrung: *C. undecimpunctata* ernährt sich von Blattläusen (Aphidina), nimmt aber auch Pollen und Nektar auf und wurde an Schildläusen (Coccina) beobachtet.

Gattung: *Harmonia* Mulsant, 1846

Aus dieser Gattung sind zehn Arten aus der Paläarktis bekannt, wovon zwei in Europa vorkommen, mit einer dritten ist zu rechnen. Der Gattungsname bezieht sich auf »harmonia« (gr.) = »Harmonie, Zusammenfügung«.

Art: *Harmonia axyridis* (Pallas, 1773) – Asiatischer Marienkäfer (Fotos 311–320)

Allgemeines: *Axyris* ist eine Pflanzengattung, von der in Ostasien mehrere Arten vorkommen. Die große Variabilität (etwa 200 Variationen, vgl. Kapitel 1.4) hat dieser Art auch den deutschen Namen »Harlekinmarienkäfer« eingetragen. Es lassen sich verschiedene Färbungskomplexe unterscheiden (vgl. Abb. 158), zwischen denen kaum Übergänge beobachtet werden (Dobrzhanskiy 1924c, Mader 1926–1937, Tan & Li 1934, Komai 1956, Gautier et al. 2018).

Man unterscheidet im Allgemeinen sieben Grundtypen (nach Mader 1926–1937):

- Elytren gelblich, orange bis rot mit 0–18 schwarzen Punkten, die unterschiedlich groß, verschieden angeordnet und auch z. T. miteinander verbunden sein können bis zu einer völligen Schwarzfärbung, meist ohne einen Scutellummakel (Forma *succinea*) (Fotos 311–314) (Abb. 98a–j);
- Elytren schwarz mit zwei roten, in ihrer Form variablen Punkten, die auch einen kleinen schwarzen Punkt in sich tragen können (Forma *conspicua*) (Fotos 316–318) (Abb. 98n–p);

- Elytren schwarz mit vier roten Punkten, der vordere ist der größere und kann einen kleinen schwarzen Punkt in sich tragen (Forma *spectabilis*) (Foto 319) (Abb. 98k–m);
- Elytren schwarz, mit zwölf gelbroten bis roten Flecken, die z. T. untereinander verbunden sein können (Forma *axyridis*) (Foto 315) (Abb. 98q–s);
- Elytren schwarz, mit einem langen orange bis roten Fleck, dessen Ränder glatt sind und der einheitlich gefärbt ist, nur der Rand der Elytren ist schwarz (Forma *aulica*) (Abb. 98t);
- Elytren schwarz, mit einem langen orange bis roten Fleck mit unregelmäßigem Rand, der auch je zwei oder mehr schwarze Punkte tragen kann (Forma *intermedia*) (Foto 320) (Abb. 98u, v);
- Elytren rot, in der vorderen Hälfte mit schwarzen Punkten, hintere Hälfte einfarbig schwarz (Forma *equicolor*) (Abb. 98w, x).

Foto 311: *Harmonia axyridis,* Forma *succinea.* Foto: E. WACHMANN.

Foto 312: *Harmonia axyridis,* Forma *succinea.* Foto: E. WACHMANN.

Foto 313: *Harmonia axyridis,* Forma *succinea.* Foto: E. WACHMANN.

Foto 314: *Harmonia axyridis,* Forma *succinea.* Foto: E. WACHMANN.

In mitteleuropäischen Populationen ist die Forma *succinea* meist die bei weitem häufigste. Eine Aufsammlung von 1 667 Exemplaren von einem Feuerwachturm (Überwinterung) bei Geierswalde (Brandenburg) vom 07.03.2019 (leg. Sobczyk, det. B. Klausnitzer) ergab 1 555 (93,3 %) Tiere dieser Form, davon waren 363 einfarbig oder trugen nur jederseits einen einzigen Punkt. 88 (5,3 %) Exemplare gehörten der Forma *spectabilis* an und 24 (1,4 %) der Forma *conspicua*. Die Hälfte der letztgenannten Form besaß einen kleinen schwarzen Punkt innerhalb des großen roten Flecks. Andere Formen wurden nicht gefunden und sind auch bei anderen Aufsammlungen selten. Das Häufigkeitsbild der nachgewiesenen drei Formen scheint allgemein verbreitet zu sein, wohl nicht immer mit einer so großen Dominanz der Forma *succinea*. Die Forma *spectabilis* steht fast immer an zweiter Stelle (ca. 5–10 %), Forma *conspicua* an dritter (2–3 %). Van Wielink (2017a) fand bei 13-jährigen Lichtfängen in Nordbrabant (Niederlande) von der Forma *succinea* 81,3 %, von Forma *spectabilis* 15,0 % und von Forma *conspicua* 3,7 %. Das Verhältnis der drei Formen hat sich während der Beobachtungszeit nicht verändert.

Foto 315: *Harmonia axyridis*, Forma *axyridis*. Foto: E. Wachmann.

Foto 316: *Harmonia axyridis*, Forma *conspicua*. Foto: E. Wachmann.

Foto 317: *Harmonia axyridis*, Forma *conspicua*. Foto: E. Wachmann.

Eine saisonale Variation in der Häufigkeitsverteilung der Färbungsformen – wie sie z. B. von *Adalia bipunctata* bekannt ist – wurde in Japan beobachtet (Osawa & Nishida 1992).

Die Asiatischen Marienkäfer unterscheiden sich auch erheblich in ihrer Körpergröße. Insgesamt betrug der Median der Körperlänge 6,7 mm bei maximalen Differenzen von immerhin 2,5 mm, in der Breite lag der Median bei 5,2 mm bei einer Differenz von 1,7 mm. Es ergeben sich also in beiden Maßen Unterschiede zwischen großen und kleinen Käfern von einem Drittel der mittleren Körperlänge. Während die roten und gelben Grundmorphen ungefähr dieselben Größenparameter aufwiesen, hatte die schwarze Grundmorphe leicht erhöhte mittlere und maximale Körperlängen, was an den etwas massiger wirkenden schwarzen Individuen schon augenscheinlich auffiel (Köhler 2007).

Foto 318: *Harmonia axyridis,* Forma *conspicua.* Foto: E. Wachmann.

Foto 319: *Harmonia axyridis,* Forma *spectabilis.* Foto: E. Wachmann.

Foto 320: *Harmonia axyridis,* Forma *intermedia.* Foto: E. Wachmann.

Allgemeine Verbreitung: Die Art stammt aus der östlichen Paläarktis (Ostsibirien, Korea, China, Sachalin, Japan) und wurde in Europa vielerorts importiert, z. B. 1964 in der Ukraine. Gegenwärtig besiedelt *H. axyridis* Europa mit Ausnahme der mediterranen Teile und des nördlichen Skandinavien. Sie kommt auch in Nordafrika und in der Orientalischen Region vor (Kovář 2007, ergänzt). In den USA scheiterte 1916 ein erster Einbürgerungsversuch, ebenso wie auf Hawaii. Ein erneuter Import (1988) war sehr erfolgreich und führte innerhalb weniger Jahre zu einer Besiedlung großer Landesteile (Koch 2003, Majerus et al. 2006, COSEWIC 2012). Heute ist *H. axyridis* dort die häufigste Marienkäferart.

Die Art wurde 1980 auch in Südamerika und Südafrika angesiedelt. Sie fehlt gegenwärtig nur in Australien. Zur gleichen Zeit wurde sie auch aus den fernöstlichen Teilen Russlands nach Mittelasien zur biologischen Bekämpfung von Blattläusen gebracht (KLAUSNITZER & KLAUSNITZER 1997).

Verbreitung in Mitteleuropa: In Europa wurde nach 1980 damit begonnen, *H. axyridis* zur biologischen Blattlausbekämpfung unter Glas einzusetzen. Der kommerzielle Vertrieb seit 1995 in den Niederlanden, Belgien und Frankreich führte zur Besiedlung von Freilandhabitaten und schließlich zu einer gigantischen Ausbreitung ab dem Jahr 2000. Heute lebt *H. axyridis* in allen mitteleuropäischen Ländern und ist meist die häufigste Marienkäferart (MAJERUS et al. 2006, BROWN et al. 2008, ROY & WAJNBERG 2008). Die zunehmende Ausbreitung ist gut dokumentiert (vgl. Kapitel 2.5).

Vorkommen in Deutschland: Nahezu gleichzeitig kamen Meldungen aus Frankfurt/M. (seit 2000; BATHON 2002), Darmstadt, Offenbach, Mainz und Hamburg (TOLASCH 2002). Die im Jahre 2002 bereits weite Verbreitung im Hamburger Raum spricht entweder für eine noch frühere Besiedlung oder eine ungemein rasche regionale Ausbreitung, deren Ursprung in entwichenen Tieren aus Zuchtpopulationen für die biologische Schädlingsbekämpfung vermutet wird (KLAUSNITZER 2002a, TOLASCH 2002). In Baden-Württemberg ist die Art seit 2004 beobachtet worden (RIEDEL & BASTIAN 2005). In den östlichen Bundesländern wurde sie erst 2004 in Mecklenburg-Vorpommern (HALLETZ 2004) und 2005 in Brandenburg (LIEBENOW 2005), der Oberlausitz 2005 (KLAUSNITZER 2007a) sowie in Sachsen (KLAUSNITZER, U. 2005) gefunden, wo sie seitdem plötzlich in verschiedenen Landschaftsräumen auftauchte (GOLLKOWSKI 2006, KLAUSNITZER 2006b). Erst 2006 bemerkte man *H. axyridis* auch in Thüringen (WEIGEL 2008). Es sei aber angemerkt, dass bereits 1997 einzelne Exemplare in Jena gefunden wurden (KLAUSNITZER 2018a). Für Deutschland wird *H. axyridis* von KLAUSNITZER (2006b, c, 2007a, 2011b) bereits als verbreitet angegeben. Seit 2008 ist der Asiatische Marienkäfer flächendeckend vorhanden.

H. axyridis gilt in Deutschland als invasives Neozoon (KLAUSNITZER 2002a). Nachweise liegen aus allen Bundesländern vor, wohl überall ist sie gegenwärtig die häufigste Marienkäferart.

Lebensraum und Lebensweise: *H. axyridis* bevorzugt die Strauch- und Baumschicht vieler Habitate. Sie kommt aber auch in anderen Lebensräumen vor, z. B. der Ufervegetation von Gewässern oder an Wegrändern. Bevorzugt werden Laubbäume, vor allem Linden, Obstbäume (Pflaumen, Kirschen), aber auch Eichen, Traubenkirsche, Holunder. Auffällig ist das starke Auftreten dieser Art in Städten (Parks, Straßenbäume, Alleen) und anderen Siedlungsgebieten sowie in Gärten. Eine maximale Häufigkeit wird vielerorts im Oktober bis Mitte November beobachtet.

H. axyridis benötigt keine Diapause und bringt in Abhängigkeit von den klimatischen Faktoren mehrere Generationen im Jahr hervor, in Mitteleuropa sind es meist zwei (Klausnitzer 2019d) (vgl. Kapitel 4). Van Wielink (2017a) konnte bei seinen Lichtfängen durch zeitliche Einordnung von Weibchen mit Eiern im Abdomen und Exemplaren mit noch nicht völlig ausgehärteten Elytren auf zwei bis drei Generationen pro Jahr in den Niederlanden schließen. Einzelne »junge« Imagines wurden 2004 bis Ende Oktober gefunden, in den Jahren 2011 und 2014 bis Mitte Oktober, sonst überwiegend nur bis Mitte September. In der Oberlausitz konnten noch Ende Oktober/Anfang November Larven und Puppen gefunden werden, die auch schlüpften (Klausnitzer 2021d).

H. axyridis ist wegen ihrer geringeren Kältempfindlichkeit oft noch dann aktiv, wenn sich einheimische Arten bereits im Winterquartier befinden. Die Art wird auch regelmäßig bei Lichtfängen beobachtet, wo sie oft einen sehr hohen Anteil stellt (in Nord-Brabant 70 % aller Coccinellidae; van Wielink 2017a, b) (vgl. Kapitel 2.13).

Zur Überwinterung werden im Freiland Verstecke unter Borke oder in Baumhöhlen aufgesucht. Im Herbst dringt *H. axyridis* meist im Oktober in viele Gebäude ein, wodurch Probleme entstehen können. Bei Nahrungsmangel und Feuchtigkeitsdefiziten können im Frühjahr und Sommer von den Larven und Imagines Menschen gebissen werden (vgl. Kapitel 9.1).

Nahrung: *H. axyridis* ist ausgesprochen polyphag. Sie ernährt sich von einer größeren Zahl verschiedener Blattläuse (Aphidina) (Hukusima & Kamei 1970, Osawa 1992c, Majerus et al. 2006, Roy & Wajnberg 2008). Außerdem sind Blattflöhe (Psyllina), Schildläuse (Coccina), Wanzen (Heteroptera), Blasenfüße (Thysanoptera), Larven und Eier von Blattkäfern (Chrysomelidae; *Chrysomela vigintipunctata*) (Klausnitzer 2020d) und Schmetterlingen (Lepidoptera) Bestandteil der Nahrung. Im Experiment kann sie auch von den Eiern der Mehlmotte (*Ephestia kuehniella* (Zeller, 1879)) leben (Schanderl et al. 1988). Zur Nahrung gehören auch Pollen, Nektar und Honigtau (vgl. Kapitel 7.2). Offenbar werden auch tote Insekten (z. B. Fliegen) als Nahrung angenommen (Schober 2009). In Nordamerika wurde *H. axyridis* als Prädator der Eier und Larven des Monarchfalters (*Danaus plexippus* (Linnaeus, 1758)) beobachtet (Koch et al. 2003). Manche Blattlausarten wirken auf *H. axyridis* toxisch. Allerdings können die toxischen Effekte auf bestimmte Jahreszeiten beschränkt sein, da die Pflanzeninhaltsstoffe mitunter saisonabhängig auftreten.

Kannibalismus ist weit verbreitet (Osawa 1989, 1992b) und beginnt bereits bei den Eiern (z. T. Zwillings-Kannibalismus) (Kawai 1978, Osawa 1992a) (vgl. Kapitel 10.1.5).

Reife Früchte (Stachelbeeren, Himbeeren, Heidelbeeren, Kirschen, Pfirsiche, Weintrauben u. a.), deren Haut bereits geöffnet ist, werden von *H. axyridis* aufgesucht (vgl. Kapitel 9.1). Sie nehmen gern den Fruchtsaft auf.

Art: *Harmonia quadripunctata* (Pontoppidan, 1763) – Vierpunktiger Marienkäfer (Fotos 321, 322)

Allgemeines: Elytren mit einer variablen Zahl schwarzer Punkte (kontinuierliche Variation). Es können vier sein, worauf sich der Name bezieht: »quatuor« (lat.) = »vier«, »punctatus« (lat.) = »punktiert«.

Es kommen vor allem zwei Farbformen vor:

- Variante 1: je Elytre zwei Punkte am äußersten Rand (Nominalform);
- Variante 2: je Elytre mit acht Punkten (1–3–3–1).

Foto 321: *Harmonia quadripunctata,* Form mit roten Elytren und randständigen schwarzen Flecken. Foto: E. Wachmann.

Allgemeine Verbreitung: In der Paläarktis bis Ostsibirien, auch in China und in Nordamerika (verschleppt) (Vandenberg 1990). Auch aus Algerien bekannt (Kovář 2007). Sibirisches Faunenelement.

Verbreitung in Mitteleuropa: Im gesamten Gebiet weit verbreitet, keine Nachweise in der Schweiz (?).

Vorkommen in Deutschland: Nachweise in allen Bundesländern.

Foto 322: *Harmonia quadripunctata,* Form mit gefleckten Elytren. Foto: E. Wachmann.

Lebensraum und Lebensweise: Die Art ist an Wald-Kiefern (*Pinus sylvestris*) gebunden und wird oft an den Blüten gefunden, lebt aber auch an Tannen (*Abies*) und Fichten (*Picea*). *H. quadripunctata* kommt vor allem in Kiefernwäldern vor und entwickelt sich auch im Kronenraum. Sie lebt aber auch in Mischwäldern. Die aphidophagen Larven werden vor allem auf Nadelbäumen, besonders Wald-Kiefern, gefunden. Sie leben aber auch auf Laubbäumen, z. B. Ulmen und Berg-Ahorn (*Acer pseudoplatanus*). *H. quadri-*

punctata wurde auch auf blühenden Traubenkirschen (*Prunus padus*) beobachtet (KREISSL 1959b). Die Imagines sind von März bis in den November aktiv mit Maxima im April/Mai und August/September. Sie suchen zur Überwinterung Borkenschuppen und andere Baumstrukturen auf. HORION (1961) berichtet von einer Überwinterungsgesellschaft von mehreren hundert Exemplaren unter einem Stück Buchenrinde in Südbaden (vgl. Kapitel 6.1). Die Art wird oft am Licht gefunden (KREISSL 1959b, HORION 1961). Es sind partielle 2. Generationen bekannt.

Art: *Harmonia yedoensis* (TAKIZAWA, 1917) (Foto 323)

Allgemeines: Diese Art ist mit *Harmonia axyridis* nahe verwandt, beide sind wohl als Zwillingsarten anzusehen (vgl. Kapitel 1.7). Sie wird ebenfalls zur Bekämpfung von Blattläusen verwendet.

Allgemeine Verbreitung: China, Taiwan, Korea, Japan. Kommt auch in der Orientalischen Region vor (KOVÁŘ 2007).

Verbreitung in Mitteleuropa: Da diese Art zur Bekänpfung von Blattläusen unter Glas eingesetzt wird, ist ein Vorkommen in Mitteleuropa zu erwarten, bisher aber nicht belegt.

Lebensweise: aphidophag.

Foto 323: *Harmonia yedoensis.* Präparatfoto: L. BEHNE.

Gattung: *Hippodamia* CHEVROLAT, 1836

In der Paläarktis kommen fünf Arten aus dieser Gattung vor, vier davon in Europa. Sie werden zwei Untergattungen zugeordnet. »Hippodameia« ist in der griechischen Mythologie eine Tochter des Königs Oinomaos von Pisa und die Frau des Pelops.

Art: *Hippodamia (Hemisphaerica) septemmaculata* (DEGEER, 1775) – Siebenpunktiger Flach-Marienkäfer (Foto 324)

Allgemeines: Elytren jederseits mit drei schwarzen Makeln und einem Scutellummakel, Variationen kommen vor (1–2–2–0, 1–1–2–1, 1–0–2–1). Benannt nach der Färbung der Elytren: »septem« (lat.) = »sieben«, »maculatus« (lat.) = »mit Makeln versehen«.

Allgemeine Verbreitung: In der Paläarktis bis Ostsibirien, vor allem im Norden, auch in China, fehlt in Nordafrika. In Europa weit verbreitet, in Südeuropa vor allem im Gebirge. Nach Horion (1961) eine kontinentale Art, die den atlantischen Klimabereich meidet. Sibirisches Faunenelement.

Verbreitung in Mitteleuropa: Im gesamten Gebiet verbreitet, fehlt in Luxemburg und in Liechtenstein. Nach Horion (1961) in Österreich nur wenige Fundorte, vor allem in montanen und subalpinen Lagen.

Foto 324: *Hippodamia septemmaculata.* Präparatfoto: L. Behne.

Vorkommen in Deutschland: Diese Art scheint zu verschwinden und zwar in ganz Deutschland. Aus allen 18 Regionen des Deutschland-Katalogs (DKat 2021) liegen Belege vor, ganz überwiegend auch nach 1950, aber nur aus Sachsen, Thüringen und Südbayern gibt es solche seit dem Jahr 2000 (Hornig 2017, Klausnitzer et al. 2018, Richter in litt.). Über die Gründe für diesen Rückgang gibt es keine Angaben, vielleicht ist diese kälteliebende Art von der Klimaerwärmung benachteiligt. Die aktuellen Fundorte in der Oberlausitz (früher und heute nur einzelne Exemplare) liegen im Tiefland, während *H. septemmaculata* im Hügel- und Bergland verschollen ist (Klausnitzer 1959b, 1961, 2019e, Klausnitzer et al. 2009, 2018).

Lebensraum und Lebensweise: *H. septemmaculata* ist aphidophag und lebt in Sumpf- und Moorgebieten, auf feuchten Wiesen, an Ufern von Flüssen und Seen auf Sumpfpflanzen, vor allem an Fieberklee (*Menyanthes trifoliata*), aber auch auf Gebüsch, vor allem Weiden. Geeignete Lebensräume können von der planaren bis zur subalpinen Höhenstufe liegen. Soweit untersucht, scheinen sie den Temperaturansprüchen dieser kaltstenothermen Art zu entsprechen. Die Imagines erscheinen von April bis Oktober, vor allem vom Juli bis zum August. Horion (1961) zitiert eine Überwinterung aus Thüringen »in eingefressenen Löchern an Rohrkolben«.

Art: *Hippodamia (Hemisphaerica) tredecimpunctata* (Linnaeus, 1758) – Dreizehnpunktiger Flach-Marienkäfer (Foto 325)

Allgemeines: Elytren meist mit sechs schwarzen Makeln und einem Scutellummakel (1–2–2–1), sehr variabel. Benannt nach der Färbung der Elytren: »tredecim« (lat.) = »dreizehn«, »punctatus« (lat.) = »punktiert«.

Allgemeine Verbreitung: In der Paläarktis bis Ostsibirien, auch in China und Japan. Die Art kommt auch in Nordamerika vor (holarktisch). HORION (1961) nennt von Alaska, Südlabrador, Neufundland bis Kalifornien eine Unterart *tibialis* SAY (nach KOVÁŘ 2007 ein Synonym). Sibirisches Faunenelement.

Foto 325: *Hippodamia tredecimpunctata.* Foto: E. WACHMANN.

Verbreitung in Mitteleuropa: Im gesamten Gebiet verbreitet.

Vorkommen in Deutschland: Nachweise in allen Bundesländern.

Lebensraum und Lebensweise: *H. tredecimpunctata* ernährt sich von Blattläusen und lebt an Gewässerufern, in Sumpfgebieten und Mooren, auf feuchten Wiesen, in Erlenbrüchen. Die Larven entwickeln sich auf verschiedenen Wasser- und Sumpfpflanzen: Igelkolben (*Sparganium*), Seggen (*Carex*), Schilf (*Phragmites australis*), auch auf Weiden (*Salix*). Die Imagines erscheinen von April bis Oktober, besonders von August bis September. Sie überwintern in Schilfbündeln, abgestorbenem Schilf unter Graspolstern, hohlen Schilstängeln oder in der Bodenstreu an Waldrändern.

Art: *Hippodamia (Hippodamia) variegata* (GOEZE, 1777) – Variabler Flach-Marienkäfer (Foto 326)

Synonym: *Adonia variegata* (GOEZE, 1777).

Allgemeines: Elytren rötlich, mit schwarzen Makeln. Die Art ist sehr variabel (95 Farbformen wurden benannt), vor allem in der Färbung der Elytren (MADER 1926–1937, SCHILDER 1928, STROUHAL 1939) (vgl. Kapitel 1.4, Tabelle 8). Benannt nach der Färbung der Elytren: »variegatus« (lat.) = »bunt«. Sexualdimorphismus in der Färbung des Kopfes (vgl. Tabelle 11).

Foto 326: *Hippodamia variegata.* Foto: E. WACHMANN.

Allgemeine Verbreitung: In der Paläarktis bis zum Fernen Osten, auch in Korea und China. Die Art kommt seit 1984 auch in Nordamerika (importiert)

(Gordon 1987) vor und wird auch aus der Orientalischen Region (Indien) genannt (verschleppt) (Kovář 2007) sowie aus Afrika (Fürsch 1988). Vielleicht ein Sibirisches Faunenelement.

Verbreitung in Mitteleuropa: Im gesamten Gebiet weit verbreitet.

Vorkommen in Deutschland: Nachweise in allen Bundesländern.

Lebensraum und Lebensweise: *H. variegata* ist aphidophag und lebt auf trockenwarmen Feldern, Feldrainen, Wiesen, Brachflächen, an Waldrändern, bevorzugt auf leichten Böden. Die Larven entwickeln sich vorzugsweise in der Krautschicht (Brennnesseln, Disteln), auch in der Strauchschicht (Heckenrosen). Die meisten Vorkommen liegen in der planaren und kollinen Höhenstufe. Die Art wird aber bis 2 600 m Höhe gemeldet, dort aber sicher ohne Entwicklungsmöglichkeit. Bei einer Untersuchung von Ackerwildkräutern in der Schweiz 1991 wurde diese Art am häufigsten nachgewiesen und besiedelte 44 verschiedene Pflanzenarten (Schmid 1992). Die Imagines sind von April bis zum Oktober aktiv mit einem Maximum im Juli/August. Sie überwintern unter trockener Bodenstreu (Graspolster, Moospolster), auch in Gruppen auf Hügeln. Die Art dominiert in Spülsäumen der Nord- und Ostseeküste (vgl. Kapitel 5). Sie kann eine 2. Generation bilden.

Gattung: *Myrrha* Mulsant, 1846

Von dieser Gattung kommen zwei Arten in der Paläarktis vor. »Myrrha« ist eine Gestalt der griechischen Mythologie, sie ist die Mutter von Adonis. Bei Ovid ist der Vater von Myrrha Kinyras, der König von Zypern.

Art: *Myrrha octodecimguttata* (Linnaeus, 1758) – Kiefernwipfel-Marienkäfer (Foto 327)

Allgemeines: Körperoberseite mit gelbweißen Makeln, auf den Elytren je neun (1–1–3–2–1). Der Makel um das Scutellum ist hakenförmig. Benannt nach der Färbung der Elytren: »octodecim« (lat.) = »achtzehn«, »guttatus« (lat.) = »mit Tropfen versehen«.

Foto 327: *Myrrha octodecimguttata.* Foto: I. Altmann.

Allgemeine Verbreitung: In der Paläarktis bis Ostsibirien. In Europa weit verbreitet, in Südeuropa vor allem im Gebirge. Vielleicht ein Sibirisches Faunenelement.

Verbreitung in Mitteleuropa: Im gesamten Gebiet, fehlt in Liechtenstein und der Schweiz (Verbreitungsgrenze?).

Vorkommen in Deutschland: Nachweise in allen Bundesländern.

Lebensraum und Lebensweise: *M. octodecimguttata* ist aphidophag und lebt in Kiefernwäldern, vor allem in Altbeständen, und bevorzugt die Kronenschicht (akrodendrische Art) (Klausnitzer 1968a, Schneider 1989), wo auch die Entwicklung stattfindet. Bei Verdriftungen an der Ostseeküste kann diese Art in bemerkenswerter Zahl angetroffen werden (vgl. Kapitel 5, Tabelle 34) Die Imagines erscheinen von März bis Oktober. Sie überwintern in der Nadelstreu oder unter Borke von Kiefern, mitunter gemeinsam mit anderen Arten (de Gunst 1978). Die Art kommt gelegentlich ans Licht (Kreissl 1959b).

Gattung: *Myzia* Mulsant, 1846

In der Paläarktis leben zwei Arten, eine davon in Europa. Mysien (gr. »Mysía«) ist der Name einer historischen Landschaft im Nordwesten des antiken Kleinasien (heute im Nordwesten der Türkei).

Art: *Myzia oblongoguttata oblongoguttata* (Linnaeus, 1758) – Gestreifter Marienkäfer (Foto 328)

Synonyme: *Mysia oblongoguttata* (Linnaeus, 1758); *Neomysia oblongoguttata* (Linnaeus, 1758); *Paramysia oblongoguttata* (Linnaeus, 1758).

Allgemeines: Eine zweite Unterart (*Myzia oblongoguttata nipponica* Yuasa, 1963) lebt in Japan und Korea.

Foto 328: *Myzia oblongoguttata*. Foto: E. Wachmann.

Elytren mit weißgelben Längsstreifen, nach denen die Art benannt ist: »oblongus« (lat.) = »länglich«, »guttatus« (lat.) = »betropft«.

Allgemeine Verbreitung: In der Paläarktis bis Ostsibirien, auch in Marokko. In Europa weit verbreitet, in Südeuropa vor allem im Gebirge. In Nordeuropa bis zum höchsten Norden. Nach Horion (1961) kommt die Art auch in Nordamerika vor und hat eine holarktische Verbreitung. Allerdings leben dort andere Unterarten.

Verbreitung in Mitteleuropa: Im gesamten Gebiet, fehlt in Liechtenstein.

Vorkommen in Deutschland: Nachweise in allen Bundesländern.

Lebensraum und Lebensweise: *M. oblongoguttata* ist aphidophag (*Cinara*) und kommt vor allem auf Nadelbäumen vor, besonders Wald-Kiefern (*Pinus sylvestris*), in montanen Lagen Fichten (*Picea abies*). Die Entwicklung erfolgt bevorzugt in den Kronen. Die Imagines werden auch auf blühenden Kiefern gefunden und kommen auch an künstliches Licht. Sie erscheinen von März bis Oktober mit einem Maximum im Mai/Juni und überwintern in der Bodenstreu und unter Moos.

Gattung: *Oenopia* Mulsant, 1850

Synonym: *Synharmonia* Ganglbauer, 1899.

Diese Gattung ist mit 30 Arten in der Paläarktis vertreten, von denen fünf in Europa vorkommen. Oenopius war ein Sohn des altgriechischen Gottes des Weines Dionysus und der Tochter des kretischen Königs Minos Ariadne, bekannt durch den nach ihr benannten Ariadnefaden.

Art: *Oenopia conglobata conglobata* (Linnaeus, 1758) – Pappel-Marienkäfer (Fotos 329, 330)

Allgemeines: Es werden drei Unterarten getrennt, die anderen beiden kommen in Asien vor.

Foto 329: *Oenopia conglobata.* Foto: E. Wachmann.

Elytren mit einer sehr variablen schwarzen Fleckenzeichnung, in der meist die Anordnung 2–2–1–2–1 deutlich zu erkennen ist. Es wurden 95 Formen mit einem Namen versehen (Mader 1926–1937) (vgl. Kapitel 1.4). »Conglobatus« (lat.) = »zusammengekugelt« meint wohl die zusammenfließende Färbung der Elytren. Selten kommen auch nahezu völlig schwarze Exemplare vor, die leicht mit *O. impustulata* verwechselt werden können.

Allgemeine Verbreitung: In der Paläarktis bis Ostsibirien, auch in China und Nordafrika. Vielleicht ein Sibirisches Faunenelement.

Verbreitung in Mitteleuropa: Im gesamten Gebiet verbreitet.

Vorkommen in Deutschland: Nachweise in allen Bundesländern.

Lebensraum und Lebensweise: *O. conglobata* lebt in feuchten Wäldern, vor allem Mischwäldern, Auen und Erlenbrüchen. Sie scheint den Kronenbereich zu bevorzugen (akrodendrische Art?). Die Art wird vorzugsweise auf Pappeln gefunden, kommt aber auch auf anderen Laubbäumen vor, z. B. Weiden und Pflaumen. Neben Blattläusen (Aphidina) werden auch Larven von Blattkäfern (Chrysomelidae) aufgenommen, z. B. *Galerucella lineola*. Nach KANERVO (1946) verzehrt *O. conglobata* Eier, Larven und Puppen von *Plagiosterna aenea*. Die Imagines erscheinen von März bis Oktober mit einem Maximum im August/September. Sie überwintern unter der Borke einzeln stehender Bäume, gelegentlich in Häusern, oft in kleinen Aggregationen (HORION 1961, KLAUSNITZER 1961).

Foto 330: *Oenopia conglobata.* Präparatfoto: L. BEHNE.

HORION (1961) beschreibt einen »Moormelanismus«. Es bleibt aber offen, ob es sich nicht um *O. impustulata* handelt, da deren valider Artstatus erst später anerkannt wurde.

Art: *Oenopia doublieri* (MULSANT, 1846) (Foto 331)

Allgemeines: Die Art wurde nach dem französischen Entomologen JEAN-THÉODOSE DOUBLIER (1814–1854) benannt.

Allgemeine Verbreitung: Im westlichen Südeuropa, in Italien und in Nordafrika weit verbreitet.

Verbreitung in Mitteleuropa: Aus Mittel-und Südfrankreich bekannt. Das Areal erreicht vermutlich Ostfrankreich.

Lebensraum und Lebensweise: Nachweise liegen aus feuchten Gebieten von Weiden und Ulmen vor sowie von Tamarisken (*Tamarix*).

Nahrung: Blattläuse (Aphidina).

Foto 331: *Oenopia doublieri.* Präparatfoto: L. BEHNE.

Art: *Oenopia impustulata* (Linnaeus, 1767) – Ungefleckter Marienkäfer (Fotos 332, 333)

Allgemeines: Elytren schwarz, äußerst selten gelb mit stark verflossenen schwarzen Makeln. Benannt nach der Färbung der Elytren: »impustulatus« (lat.) = »ohne Flecken«.

O. impustulata wurde früher nicht als valide Art angesehen, sondern als forma (Aberration) *impustulata* von *Oenopia conglobata* aufgefasst (Reitter 1911, Kuhnt 1913 u. a.). Erst Mader (1926–1937) hat sie von tatsächlich vorkommenden fast schwarzen Tieren dieser Art getrennt. Leider fand dies nicht die gebührende Beachtung, sodass die Art weitere Jahrzehnte nicht separat behandelt wurde. Dies dürfte einer der Gründe sein, warum Meldungen aus Mitteleuropa selten sind. Fürsch (1960, 1967) hat sie schließlich als valide herausgestellt.

Foto 332: *Oenopia impustulata.* Foto: F. Köhler.

Foto 333: *Oenopia impustulata.* Präparatfoto: L. Behne.

Allgemeine Verbreitung: In Europa weit verbreitet, in Südeuropa vor allem im Gebirge, auch im asiatischen Teil der Türkei.

Verbreitung in Mitteleuropa: Im Gebiet verbreitet, keine Nachweise aus Frankreich, Luxemburg, Dänemark, Liechtenstein und der Schweiz, vermutlich auch dort vorhanden (Ziegler & Teunissen 1992, Klausnitzer & Ziegler 1993, Klausnitzer 1994b).

Vorkommen in Deutschland: Bei Horion (1961) sind noch keine Fundorte genannt, 1969 berichtet er von Nachweisen in Deutschland. Aus den meisten Bundesländern gemeldet (vgl. Tabelle 17).

Lebensraum und Lebensweise: Die bisherigen Funde deuten einerseits eine Bevorzugung von Heide- und Moorgebieten (Hochmoore) an, wo sie von Moor-Birke (*Betula pubescens*) (auch Hänge-Birke *B. pendula*) geklopft wurde (Oberschwaben, Halbendorf/Spree, Zeißholz (B. Klausnitzer in litt.; auch im Holm-Moor in Holstein: Bey 1962). Andererseits werden trockene Biotope besiedelt, wo die Art von Eichen geklopft wurde (Wien: Ziegler; Lebus, Seydewitz). Auch auf anderen Laubbäumen, z. B. Linden, wird sie gefunden. Fürsch (1967) deutet die Möglichkeit einer »Ökospezies« an. Koch (2021) wies die Entwicklung mit Eiern und Larven von *Altica quercetorum* (Chrysomelidae) auf Eichen nach und vermutet, dass *O. impustulata* in Mooren von *A. aenescens* an Birke lebt.

Art: *Oenopia lyncea agnatha* (Rosenhauer, 1847) – Wärmeliebender Marienkäfer (Foto 334)

Allgemeines: Bei dieser Art werden zwei Unterarten unterschieden. *Oenopia lyncea lyncea* (A. G. Olivier, 1808) kommt in Frankreich, Italien, der Iberischen Halbinsel und Nordafrika vor.

Dar Name ist von »lynkeios« (gr.) = »luchsartig« abgeleitet; »gnathos« (gr.) = »Kiefer«, die Vorsilbe »a« verneint, also »ohne Kiefer«. Die Anordnung der runden gelben Punkte auf den schwarzen Elytren (2–2–1–1) variiert kaum.

Foto 334: *Oenopia lyncea agnatha.* Foto: E. Wachmann.

Allgemeine Verbreitung: Vor allem in Südeuropa weit verbreitet, auch im asiatischen Teil der Türkei. *O. lyncea lyncea* ist ein Holomediterranes Faunenelement.

Verbreitung in Mitteleuropa: Im Gebiet vor allem in den südlichen Ländern bzw. in deren südlichen Teilen. Fehlt in Belgien, Luxemburg, den Niederlanden sowie Liechtenstein und der Schweiz (Verbreitungsgrenzen). *O. lyncea agnatha* wird an Wärmestellen gefunden und besonders in Wärmejahren nachgewiesen. In Österreich in entsprechenden Biotopen im Burgenland und in Niederösterreich. Nach Horion (1961) in der Südschweiz (Wallis, Rhone-Tal) (möglicherweise *O. lyncea lyncea*). Fürsch (1967) erwähnt Vorkommen im Böhmischen Becken.

Vorkommen in Deutschland: Eine thermophile Art, die circumalpin im Südwesten (Oberrheingebiet) und im Südosten (Elbtal) vorgedrungen ist (Horion 1961, Nüssler 1994). Vermutlich zieht durch Deutschland eine Nordgrenze dieser Art (Athenstedt/Krs. Halberstadt – Jung 1974, Witsack (1970/1971, 1971). Funde nach 2000 liegen aus Sachsen, Hessen, Rheinland-Pfalz, Baden-Württemberg und Bayern vor. Nachweise zwischen 1950 und 1999 wurden aus Nordrhein-Westfalen und Sachsen-Anhalt gemeldet.

Lebensraum und Lebensweise: Diese aphidophage und thermophile Art wird vor allem in warmen Eichen-Linden-Wäldern, die auf Trockenhängen wachsen, gefunden. Sie lebt auf Eichen, Linden, Weißdorn (*Crataegus*), auch Schlehe (*Prunus spinosa*) (Jung 1974, 1987), oft an Waldrändern und Gebüschsäumen. Die Imagines werden von März bis August gefunden. *O. lyncea agnatha* kann von der Klimaerwärmung begünstigt werden.

Gattung: *Propylea* Mulsant, 1846

In der Paläarktis leben vier Arten, eine davon in Europa. Der Gattungsname ist von »propylaios« = »zum Vorhofe gehörig« abgeleitet. Nach Schenkling (1922), weil der Vorderrand der Mittelbrust mit einem tiefen runden Ausschnitt versehen ist.

Art: *Propylea quatuordecimpunctata* (Linnaeus, 1758) – Schachbrett-Marienkäfer (Fotos 335, 336)

Allgemeines: Elytren gelb, mit einer kontinuierlich variablen, vielfältig verschmolzenen schwarzen Zeichnung, von der 92 benannt wurden (Mader 1926–1937, Zarapkin 1930) (vgl. Kapitel 1.4). Die Flecken sind oft von rechteckiger Gestalt, worauf sich der deutsche Name bezieht. Benannt nach der Färbung der Elytren: »quatuordecim« (lat.) = »vierzehn«, »punctatus« (lat.) = »punktiert« (2–1–2–1–1). Sehr selten kommen völlig schwarze Exemplare vor. Sexualdimorphismus in der Färbung des Kopfes, des Prosternums und im Bau des 8. Sternit (vgl. Tabelle 11).

Foto 335: *Propylea quatuordecimpunctata*, dunkle Form. Foto: E. Wachmann.

Allgemeine Verbreitung: In der Paläarktis bis Ostsibirien, auch in Korea, China und Japan sowie Marokko. In Nordeuropa bis zum Hohen Norden. Kommt in Nordamerika und Kanada vor (importiert) (vgl. Kapitel 2.8. und 9.2). Sibirisches Faunenelement.

Foto 336: *Propylea quatuordecimpunctata*, helle Form. Foto: E. Wachmann.

Verbreitung in Mitteleuropa: Im gesamten Gebiet weit verbreitet.

Vorkommen in Deutschland: Nachweise in allen Bundesländern.

Lebensraum und Lebensweise: *P. quatuordecimpunctata* wird in der Kraut-, Strauch- und Baumschicht sehr unterschiedlicher Biotope (Wiesen, Felder, Laub- und Nadelwälder, Gärten) gefunden, sodass Horion (1961) sie als Ubiquist bezeichnete. Von dieser Art bevorzugte Krautpflanzen sind z. B. Brennnesseln. Bei einer Untersuchung von Ackerwildkräutern in der Schweiz 1991 kam *P. quatuordecimpunctata* auf 50 verschiedenen Pflanzenarten vor (Schmid 1992). Bei einer Erhebung des Marienkäferbesatzes in Winterweizenbeständen 1993–1996 in der Magdeburger Börde belegte sie den zweiten Platz (Triltsch et al. 1996). Bei der Analyse der Marienkäferfauna immissionsbelasteter Kiefernforste (Strauch- und Krautschicht) in Sachsen-Anhalt lag diese Art in ihrer Häufigkeit ebenfalls an 2. Stelle (1 140 von 5 123 insgesamt erfassten Individuen = 22,3 %) (Schneider 1989). Neben Blattläusen werden auch Pollen und Nektar aufgenommen: Wilde Engelwurz (*Angelica sylvestris*), Gold-Kälberkropf (*Chaerophyllum aureum*), Bärwurz (*Meum athamanthicum*), Rainfarn (*Tanacetum vulgare*) (Dietrich 2018). *P. quatuordecimpunctata* wurde auch an Adlerfarn (*Pteridium aquilinum*) gefunden, dessen extraflorale Nektarien sie vermutlich nutzt (Hawkins 2000). In Mitteleuropa sind zwei Generationen möglich. Die Imagines sind von April bis Oktober aktiv, oft wird im Mai ein Maximum beobachtet, dem mitunter ein zweites im August folgt. Die Überwinterung erfolgt meist an der Bodenoberfläche (Hemptinne et al. 1988). Hawkins (2000) bezeichnet *P. quatuordecimpunctata* als den »Siebenschläfer« unter den Marienkäfern, weil er mehr als ein halbes Jahr »schläft«. 99 % aller Exemplare fand er vom 16. Mai bis zum 2. September 1984. Die übrige Zeit waren die Käfer gut versteckt bzw. im Winterquartier.

Gattung: *Sospita* Mulsant, 1846

In der Paläarktis kommt nur eine Art aus dieser Gattung vor. »Sospita« ist ein Beiname der römischen Göttin Juno (als Iuno Sospita trägt sie ein Ziegenfell über dem Kopf).

Art: *Sospita vigintiguttata* (Linnaeus, 1758) – Schöner Marienkäfer (Fotos 337, 338)

Allgemeines: Elytren mit je zehn weißen Flecken. Benannt nach der Fleckenzeichnung der Elytren: »viginti« (lat.) = »zwanzig«, »guttatus« (lat.) = »mit Tropfen versehen« (1–2–1–3–2–1). Es existieren zwei Farbformen (Körperoberseite schwarz oder bräunlich), da die Ausfärbung länger dauert und erst nach der Überwinterung abgeschlossen ist (vgl. Kapitel 3.5).

Die schwarze Form beschrieb Linnaeus (1758) als *Coccinella tigrina.* Später wurde sie z. B. von Reitter (1911) als unterschiedliche Aberration angesehen und »a. *tigrina*« benannt – eine bizarre Situation, weil es sich um das gleiche Individuum handeln kann.

Foto 337: *Sospita vigintiguttata,* schwarze Form. Foto: E. Wachmann.

Foto 338: *Sospita vigintiguttata,* braune Form. Foto: I. Altmann.

Allgemeine Verbreitung: In Europa weit verbreitet, in Südeuropa vor allem im Gebirge, auch im asiatischen Teil der Türkei.

Verbreitung in Mitteleuropa: Im gesamten Gebiet weit verbreitet, aber nicht häufig, keine Nachweise aus Luxemburg und Liechtenstein.

Vorkommen in Deutschland: Nachweise in allen Bundesländern.

Lebensraum und Lebensweise: *S. vigintiguttata* lebt an Gewässerufern, auf feuchten Wiesen, in Auenwäldern und Erlenbrüchen. Es ist eine feuchtigkeitsliebende Art, die an Gewässerufern vor allem in der Strauchschicht (Schwarz-Erlen – *Alnus glutinosa,* Weiden – *Salix*), selten in der Krautschicht zu finden ist. Die Imagines kommen auch auf den Blüten von Doldengewächsen (Apiaceae) vor. Ihre Nahrung besteht aus Blattläusen, Blattflöhen und Rindenläusen (Psocoptera). Sie erscheinen von März bis November und überwintern an der Bodenoberfläche.

13.7 Epilachninae Mulsant, 1846

Diese Unterfamilie ist mit drei Tribus in der Paläarktis vertreten, von denen zwei in Europa vertreten sind. Die meisten Arten (174) leben in Asien, in Europa kommen nur fünf vor. Die Arten ernähren sich von den Blättern von Gefäßpflanzen. Es gibt zahlreiche Anpassungen an diese Lebensweise (z. B. Mundwerkzeuge, Verdauungstrakt). Einige davon können als Konvergenzen zu den Blattkäfern (Chrysomelidae) ausgefasst werden. Es finden sich sogar gleiche Imaginalparasitoide.

Tribus: Cynegetini C. G. Thomson, 1866

Synonym: Madaini Gordon, 1975

In der Paläarktis kommt nur eine Gattung vor.

Gattung: *Cynegetis* Chevrolat, 1836

Neben der hier besprochenen Art kommt in der Paläarktis eine zweite vor. Der Gattungsname kommt von »kynegetis« (gr.) = »Jägerin«.

Art: *Cynegetis impunctata* (Linnaeus, 1767) – Gras-Marienkäfer (Foto 339)

Allgemeines: Elytren einfarbig ocker, oft ohne Zeichnung. Benannt nach der Färbung der Elytren: »impunctatus« (lat.) = »nicht punktiert«. Es kommen aber auch Exemplare mit wenigen bis mehreren schwarzen Flecken vor, die z. T. miteinander verbunden sein können (vgl. Abb. 113). *C. impunctata* ist am stärksten unter allen in Mitteleuropa vorkommenden Coccinellidae der Halbkugelform angenähert, außerdem fast die einzige, deren Hinterflügel meist reduziert sind und die dadurch nicht flugfähig ist. Ein auffälliges und für die in Mitteleuropa vorkommenden Marienkäfer einzigartiges Merkmal ist die verbreiterte Tibia der Vorderbeine (Foto 340).

Foto 339: *Cynegetis impunctata.* Foto: E. Wachmann.

Allgemeine Verbreitung: In der Paläarktis bis zum Fernen Osten und Korea. Nach Horion (1961) eine kontinentale Art, die den atlantischen Klimabereich meidet. Vielleicht ein Sibirisches Faunenelement.

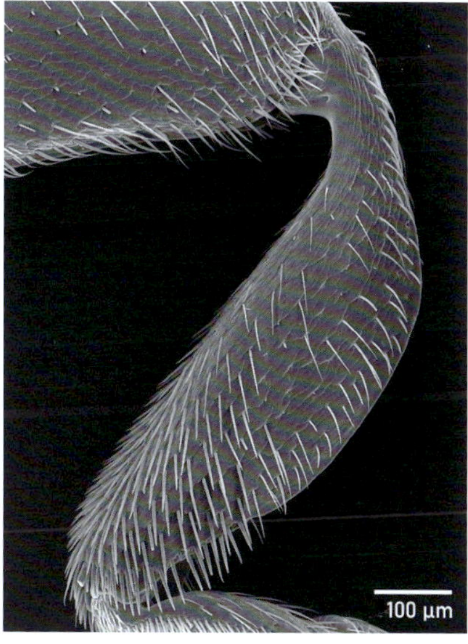

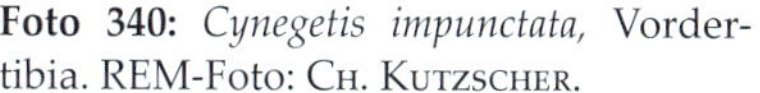

Foto 340: *Cynegetis impunctata,* Vordertibia. REM-Foto: Ch. Kutzscher.

Verbreitung in Mitteleuropa: Im Gebiet verbreitet, keine Nachweise aus Luxemburg und Liechtenstein. Kommt von der planaren bis zur subalpinen Stufe vor (1 890 m).

Vorkommen in Deutschland: Nachweise in allen Bundesländern (außer Saarland). Nach Horion (1961) vor allem in Ostdeutschland häufiger, wohl eher in der Mitte und im Norden.

Lebensraum und Lebensweise: *C. impunctata* wird vor allem auf feuchten Wiesen (Sumpfwiesen, Waldwiesen), an Rändern von Auenwäldern, an Ufern von stehenden und fließenden Gewässern, auch Kanälen, gefunden. Meist leben die Tiere in der planaren und kollinen Höhenstufe, kommen aber auch bis etwa 1 800 m Höhe vor, wo sie sich noch entwickeln können. Schaeflein (1960) berichtet von einem gehäuften, lokal sehr eingegrenzten Vorkommen in einem Feuchtgebiet in Bayern. Die Art kommt aber auch an trockenen Standorten vor. Die Imagines erscheinen von April bis Oktober, die der neuen Generation ab Juli. Vielfach tritt die Art im Herbst im Zusammenhang mit der Überwinterung häufiger auf. Sie halten sich meist direkt an der Bodenoberfläche auf. Die Überwinterung erfolgt oft am Fuße von Bäumen. Die Imagines wurden auch im winterlichen Hochwassergenist gefunden (Horion 1961). Cuppen & Tacoma-Krist (2017) erwähnen den passiven Transport im Wasser als Ausbreitungsmöglichkeit.

Nahrung: Phytophage Art. An breitblättrigen Süßgräsern (Poaceae): Gewöhnliche Quecke (*Elymus repens*), Glatthafer (*Arhenaterum elatius*), Knäuelgras (*Dactylis glomerata*), Wiesen-Lieschgras (*Phleum pratense*), Schilf (*Phragmites australis*), Rohrkolben (*Typha*), Rohr-Glanzgras (*Phalaris arundinacea*). Die Imagines schaben das weiche Gewebe an der Oberseite der Blätter ab, kauen es und nehmen diese Masse auf. Die Larven finden sich meist auf der Unterseite der Blätter. Es werden charakteristische Nagespuren erzeugt.

Tribus: Epilachnini Mulsant, 1850

Diese Tribus ist mit sieben Gattungen in der Paläarktis vertreten, von denen zwei in Europa vorkommen.

Gattung: *Henosepilachna* Li, 1961

Diese Gattung umfasst in der Paläarktis 31 Arten, von denen drei in Europa vorkommen. *Epilachna* ist von »epi« (gr.) = »auf« und »lachne« (gr.) = »Wolle« abgeleitet und bezieht sich auf die Behaarung der Körperoberseite. Sexualdimorphismus im Bau der 8. Sternit (vgl. Tabelle 11).

Art: *Henosepilachna argus* (GEOFFROY, 1785) – Zaunrüben-Marienkäfer (Foto 341)

Synonym: *Epilachna argus* (GEOFFROY, 1785).

Foto 341: *Henosepilachna argus.* Foto: E. WACHMANN.

Allgemeines: Benannt nach dem hundertäugigen Argus, einer griechischen Sagengestalt – ein alles bemerkender Riese (danach »Argusaugen«). Von Hera wurde er zum Wächter der Io bestellt und von Hermes getötet. Hera versetzte seine Augen an die Federn des Pfaus. Die Zeichnung der Elytren – rot mit jeweils sechs schwarzen Punkten (1–2–1–1) und einem Scutellarfleck – war sicher Grund für die Namensgebung. Sexualdimorphismus im Bau des 7. Sternit (vgl. Tabelle 11).

Allgemeine Verbreitung: In der südlichen und südwestlichen Paläarktis, auch in Nordafrika. In Europa vor allem im Südwesten und Italien, auch aus Großbritannien bekannt. KOVÁŘ (2007) nennt die Art aus dem tropischen Afrika (Kongo) (verschleppt). Vielleicht ein Atlantomediterranes Faunenelement.

Verbreitung in Mitteleuropa: Im Gebiet verbreitet, keine Meldungen aus Luxemburg, Dänemark (Verbreitungsgrenze?) und Liechtenstein.

Vorkommen in Deutschland: In Deutschland vor allem in den westlichen Bundesländern und in der Mitte (vgl. Tabelle 17). HORION (1938) beschreibt eine Ausbreitung dieser Art nach Westdeutschland bis zu den Niederlanden.

Ein auffälliges Vordringen von *H. argus* ging von dem früher für Mitteldeutschland einzigen, erst seit 1954 (Erstfund in Esperstedt, DORN 1963) bekannten kleinen Areal im Kyffhäusergebiet aus (vgl. Kapitel 2.10). Bei dem wahrscheinlich durch Eisenbahnlinien begünstigten Vordringen waren verschiedene Städte wesentliche Stationen, bedingt durch das mitunter reiche Vorkommen von Zaunrüben (*Bryonia*) und wohl auch die günstigen lokalen Klimadaten. Von Beginn an spielte die Stadt Bad Frankenhausen mit Umgebung eine Rolle als Ursprungsort (häufiges Auftreten 1963, DORN 1963), seit 1967 Gatersleben, 1968 Aschersleben, 1969 Sachsenburg/Hainleite, 1969 Quedlinburg, 1972 Halberstadt, 1976 südlich Magdeburg, 1978 Jena (Abb. 32) (DUBBERKE & CREUTZBURG 1970, HEINICKE & KLAUSNITZER 1977, WITSACK 1977). Seit 1973 zahlreiche Funde zwischen Erfurt, Apolda,

Weißenfels, Halle und dem Kyffhäusergebiet (Heinicke & Klausnitzer 1977). Dieser Ausbreitungsvorgang ist seit 1978 nicht weiter in Erscheinung getreten. Einzelne Funde danach liegen aber vor, z. B. in Berlin-Lichtenberg (Wahl 1990).

Es existierte fast 30 Jahre eine kleine Population in einem Garten im Stadtgebiet von Leipzig, die auf eine Verschleppung zurückgeht. Funde in der näheren Umgebung konnten nicht registriert werden (B. Klausnitzer in litt.). Diese auffällige Ortstreue scheint eine der bemerkenswerten Eigenschaften dieser Art zu sein und wurde auch anderenorts beobachtet.

Eine ähnliche Ausbreitung wie die in Mitteldeutschland wurde auch in Österreich (Wiener Becken) beobachtet (Kühnelt 1981, Christian 1981).

Lebensraum und Lebensweise: *H. argus* kommt vor allem an Wärmestellen und Trockengebieten vor: sonnige Waldränder, Gärten, Hecken, Stadtgrün. Die Art wird oft in Städten gefunden.

Horion (1961) weist auf einen auffallenden Massenwechsel dieser thermophilen Art hin, den er mit Klimaperioden (»Wärmeperioden«) in Zusammenhang bringt. Eine Zunahme der Art infolge der aktuellen Klimaerwärmung wurde bisher jedoch nicht beobachtet (vgl. Kapitel 2.11).

Bereits im März/April sind die ersten Imagines zu finden. Die Kopula erfolgt im Mai, im Juni treten Larven und Puppen auf (oft gemeinsam mit Imagines). Ab August bis Oktober ist die neue Generation zu finden, dann suchen die Tiere ihr Winterquartier auf. Die Imagines fliegen bei Sonnenschein.

Nahrung: Phytophage Art, die sich auf verschiedenen Kürbisgewächsen (Cucurbitaceae) entwickeln kann. Im Freiland kommt sie in Mitteleuropa auf der Rotfrüchtigen Zaunrübe (*Bryonia dioica*) vor, gelegentlich auch auf anderen Kürbisgewächsen, z. B. der Spritzgurke (*Ecballium elaterium*). Es wird auf den Blättern ein auffälliges Nagebild erzeugt (Klausnitzer 1965a, Christian 1981). Die Imagines nagen das Parenchym zwischen den Nerven, die Larven skelettieren das Blatt.

Art: *Henosepilachna elaterii elaterii* (P. Rossi, 1794) – Spritzgurken-Marienkäfer (Foto 342)

Synonyme: *Epilachna elaterii* (P. Rossi, 1794); *Chnootriba elaterii* (P. Rossi, 1794); *Epilachna chrysomelina* auct. nec (Fabricius, 1775).

Allgemeines: Es wird noch eine zweite Unterart abgetrennt (*H. elaterii orientalis* (K. Zimmermann, 1939)), die in Nordafrika, Asien und dem tropischen Afrika vorkommt.

Der Name bezieht sich auf die Spritzgurke (*Ecballium elaterium*), auf der die Art lebt. Die Färbung der Elytren variiert. Die Punktanordnung ist 2–2–1–1.

Foto 342: *Henosepilachna elaterii.* Foto: S. Krejčík.

Allgemeine Verbreitung: Europa, vor allem im Mittelmeergebiet, Nordafrika, asiatischer Teil der Türkei. Holomediterranes Faunenelement.

Verbreitung in Mitteleuropa: Horion (1961) nennt keine gesicherten Nachweise aus Deutschland und Österreich. Es sind Vorkommen aus Luxemburg, Tschechien, der Slowakei, Österreich und der Schweiz bekannt (Kovář 2007).

Vorkommen in Deutschland: Horion (1939b) erwähnt Funde aus Linz am Rhein und der Umgebung von Koblenz (1891, 1910), die er 1961 aber als nicht gesichert darstellt.

Lebensraum und Lebensweise: Waldränder. Eine thermophile Art (Klemm 1929, Plaza 1977b).

Nahrung: Die Art lebt von den Blättern verschiedener Kürbisgewächse (Cucurbitaceae) (Spritzgurke *Ecballium elaterium* u. a.) und ist im Mittelmeergebiet an Gurken (*Cucumis sativus*), Kürbis (*Cucurbita pepo*) und Melonen (*Cucumis melo*) gelegentlich schädlich aufgetreten (Klemm 1929, Horion 1961) (vgl. Kapitel 9.1).

Gattung: *Subcoccinella* Agassiz, 1846

In der Paläarktis kommen zwei Arten aus dieser Gattung vor. »Sub« (lat.) = »unter« und soll darauf hinweisen, dass die Tiere kleiner als eine *Coccinella* sind.

Art: *Subcoccinella vigintiquatuorpunctata* (Linnaeus, 1758) – Luzerne-Marienkäfer (Fotos 343–347)

Allgemeines: Körperoberseite mit schwarzen Flecken, die sogar miteinander verfließen können, sodass die Tiere völlig schwarz sind (vgl. Kapitel 1.4). Es handelt sich um eine sehr variable Art. Reineck (1937) nennt 286 verschiedene Farbformen, 4 096 sind theoretisch möglich (vgl. Tabelle 7). Benannt nach einer Färbungsform der Elytren: »vigintiquatuor« (lat.) = »vierundzwanzig«, »punctatus« (lat.) = »punktiert« (3–3–1–3–2). Es ist eine der wenigen Arten mit einem Flügeldimorphismus (vgl. Kapitel 1.4).

Allgemeine Verbreitung: In der Paläarktis bis Ostsibirien, kommt auch in Tunesien vor. Nach Kovář (2007) aus Nordamerika bekannt, verschleppt? (vgl. Tabelle 44). Nach Nedvěd (2015) ist die Art holarktisch verbreitet. Sibirisches Faunenelement.

Foto 343: *Subcoccinella vigintiquatuorpunctata.* Foto: E. Wachmann.

Verbreitung in Mitteleuropa: Im gesamten Gebiet, keine Nachweise aus Liechtenstein. Die Art ist planar bis subalpin verbreitet (2 000 m) (vgl. Kapitel 2.6).

Vorkommen in Deutschland: Nachweise in allen Bundesländern.

Foto 344: *Subcoccinella vigintiquatuorpunctata.* Foto: E. Wachmann.

Lebensraum und Lebensweise: *S. vigintiquatuorpunctata* lebt auf trockenen Wiesen, auf Feldern, an Feldrainen und Straßenrändern, auf Ödländern und Brachflächen, an Böschungen und trockenen Hängen. Die Art kann sich nicht nur in der Ebene, sondern auch noch in großer Höhe vermehren. Die Imagines sind von März bis Oktober zu finden mit je einem Maximum im Mai und im August. Die Überwinterung erfolgt an der Bodenoberfläche. In Deutschland werden meist zwei Generationen gebildet (Horion 1961, nach Schmidt 1918/1919, Baldwin 1990, Tanasijevic 1958).

Nahrung: Phytophage, polyphage Art, die gelegentlich Schäden an Luzerne, Klee und Nelken verursacht hat (Tanasijevic 1958, vgl. Kapitel 9.1). Vor allem an den Blättern verschiedener Schmetterlingsblütengewächse (Fabaceae), Nelkengewächse (Caryophyllaceae), Korbblütengewächse (Asteraceae) und Gänsefußgewächse (Chenopodiaceae) ist sie zu finden (vgl. Tabelle 36). Alle genannten Wirtspflanzen sind Zweikeimblättler. Es wird ein charakteristisches Nagebild erzeugt: wenige Millimeter große Blattfenster, bei denen die untere Epidermis stehen bleibt. Das Parenchym wird nicht gleichmäßig abgeschabt, sondern in parallelen Streifen.

Hawkins (2000) berichtet, dass sich *S. vigintiquatuorpunctata* in Surrey (Südengland) am Glatthafer (*Arrhenaterum elatius*), also einer einkeimblättrigen Pflanze entwickelt. Nach einer ersten Beobachtung zeigte sich ein über das gesamte Gebiet reichendes Vorkommen in Surrey. Der Glatthafer wurde zu einem Indikator für das Vorkommen von *S. vigintiquatuorpunctata*. Häufige Fundorte waren Straßenränder, insbesondere, wenn die langen Gräser nur einmal im Jahr gemäht werden. Die Art entwickelte sich nur an dieser Nahrungspflanze, Larven und Imagines wurden gefunden. An anderen Poaceae, die Hawkins (2000) untersuchte, z. B. Knäuelgras (*Dactylis glomerata*) und Rohr-Schwingel (*Festuca arundinacea*) wurden die Marienkäfer nicht nachgewiesen. *S. vigintiquatuorpunctata* kam auch an verschiedenen Zweikeimblättlern vor, jedoch dominierte immer der Glatthafer. Bei einem eigenen Versuch mit Larven aus der Oberlausitz wurden sowohl Glatthafer als auch Deutsches Weidelgras (*Lolium perenne*) als Nahrung angenommen (Klausnitzer 2021c). Es werden die Blattoberseite und das darunter liegende Gewebe völlig abgeschabt. Zurück bleibt die farblose Unterseite, sodass ein blasser Fleck zwischen den Adern durchscheint.

Foto 345: *Subcoccinella vigintiquatuorpunctata*. Foto: E. Wachmann.

Foto 346: *Subcoccinella vigintiquatuorpunctata*. Foto: J. Deckert.

Foto 347: *Subcoccinella vigintiquatuorpunctata*, dunkle Form. Foto: T. Faasen.

14 Wichtigste Fachausdrücke

A

Abdomen	Hinterleib
Abdominalsegment	Körperring des Hinterleibs
Aberration, aberrant	(Farb)abweichung
abiotisch	die leblose Umwelt (Klima, geologischer Untergrund) betreffend
Abundanz	durchschnittliche Zahl der Individuen einer Art, bezogen auf eine Flächeneinheit
Aedoeagus	männliches Geschlechtsorgan
Aggregation	Ansammlung von Tieren auf engem Raum
Alkaloid	natürlich vorkommende, chemisch heterogene, meist alkalische, stickstoffhaltige organische Verbindung des Sekundärstoffwechsels
alpin	die Alpen bis zur Obergrenze des geschlossenen Rasens bewohnend (meist oberhalb 2 000 m)
alternativ	ergänzend
aphidophag	blattlausverzehrend
Apomorphie, apomorph	abgeleitetes Merkmal
autochthon	seit Langem und ohne menschlichen Eingriff in einem Gebiet lebend
Autosomen	alle Chromosomen mit Ausnahme der Geschlechtschromosomen

B

Basalzahn	Zahn an der Basis des Oberkiefers
Biometrie, biometrisch	Messung und statistische Untersuchung der Variabilität von Organismen

biotisch	die belebte Umwelt betreffend
biozönotischer Konnex	charakteristisches Gefüge (Nahrungsverknüpfungen) zwischen den Organismen einer Biozönose (Lebensgemeinschaft)
bivoltin	zwei Generationen im Jahr erzeugend
boreal	zwischen der arktischen und der gemäßigten Zone gelegene Region
Brachypterie	Kurzflügligkeit

C

Chemotaxis	durch chemische Reize ausgelöste gerichtete Bewegung
Chorion	hier: Eischale
Clypeus	Kopfschild
coccidophag	schildlausverzehrend
Coxa	Hüfte, hier: Teil des Insektenbeins

D

Diapause	an ein bestimmtes Stadium (z. B. Larve, Imago) gebundene Entwicklungsruhe, deren Aufhebung nicht durch den Wiedereintritt des auslösenden Faktors bewirkt wird
Dimorphismus	Zweigestaltigkeit
disjunkte Verbreitung	die Teilareale einer Art sind voneinander räumlich getrennt
distal	von der Körpermitte entfernt liegend
DNA-Barcoding	eine taxonomische Methode zur Artenbestimmung anhand der DNA-Sequenz eines Markergens
Dormanz	beliebige Form der Entwicklungsruhe
dorsal	rückenseitig

E

Elytre	Flügeldecke
entomophag	insektenverzehrend
Epicranialnaht	auf dem Hinterkopf von Käferlarven gelegene Mittelnaht
Epipleuren	nach unten gebogene Seitenstreifen der Flügeldecken
Epithel	Oberflächengewebe (Abschlussgewebe)
essenziell	lebensnotwendig
Ethologie	Verhaltenslehre
Eudiapause	fast ausschließlich durch die Tageslänge ausgelöste Entwicklungsruhe, die durch andere Faktoren beendet wird
eudominant	zahlenmäßig überwiegend
euryök	große Schwankungen der Umweltfaktoren ertragend

F

Femur	Schenkel, hier: Teil des Insektenbeins
Fertilität, fertil	Fruchtbarkeit/fruchtbar
Frons	Stirn
Frontalnaht	Stirnnaht der Käferlarven
Frontoclypealnaht	Naht zwischen Stirn und Kopfschild der Käferlarven
fungivor	pilzverzehrend

G

Galea	Außenlade des Unterkiefers
Geotaxis, geotaktisch	durch die Schwerkraft ausgelöste gerichtete Bewegung
Glykogen	ein Reservekohlenhydrat
Glykosid	Gruppe organischer Verbindungen, vorwiegend Pflanzeninhaltsstoffe

gregär	hier: mehrere Parasiten entwickeln sich in einem Wirt
Gula	Kehle, bauchseitiger Verschluss der Kopfkapsel

H

Habitat	charakteristische Lebensstätte einer Art
Habitus, habituell	äußere Erscheinung, Gesamtaussehen
halophil	salzliebend
Holotypus	Exemplar, das der Erstbeschreibung einer Art zugrunde lag
Hypsotaxis, hypsotaktisch	gerichtete Orientierung nach hervorragenden Umweltsilhouetten

I

Imago, Imagines (pl.)	geschlechtsreifes, voll entwickeltes Insekt
integriert	hier: integrierte Schädlingsbekämpfung = Kombination biologischer und chemischer Verfahren

K

karnivor	sich von Fleisch ernährend
Klimatotaxis, klimatotaktisch	durch das Klima hervorgerufene Bewegungsrichtung
kollin	das Hügelland bewohnend
Kutikula	chitinhaltiges Außenskelett

L

Labialpalpus	Taster der Unterlippe
Labium	Unterlippe
Labrum	Oberlippe
Lacinia	Innenlade des Unterkiefers
Lipoide	fettähnliche Stoffe

Locus typicus	Ort, an dem das Exemplar gefunden wurde, das der Erstbeschreibung zugrunde lag

M

malpighische Gefäße	Ausscheidungsorgane der Insekten
Mandibel	Oberkiefer
Maxillarpalpus	Taster des Unterkiefers
Maxille	Unterkiefer
mediterran	hier: um das Mittelmeer gelegenes Verbreitungsgebiet
Melanismus	Dunkelfärbung der Körperoberfläche
meroistisch telotroph	ein Ovariolen-Typ, bei dem jede einzelne heranwachsende Eizelle über einen Nährstrang mit der gemeinsamen Nährkammer (Germarium) verbunden bleibt
Mesothorax	mittlerer Teil des Brustabschnitts
Metathorax	hinterer Teil des Brustabschnitts
Mikropyle	Stelle des Insekteneies, an der das Spermium eintritt
monophag	auf eine bestimmte einzige Nahrung spezialisiert
Monophylum, monophyletisch	auf eine einzige stammesgeschichtliche Wurzel zurückgehend
montan	das Mittelgebirge bis zur Waldgrenze bewohnend (bis ca. 1 600 m)
Mortalität	Sterblichkeit
MÜLLERsche Mimikry	gemeinsame Warntracht verschiedener, ungenießbarer Arten
mycophag	pilzverzehrend
myrmecophil	ameisenliebend

N

Nominatform	die Farbform, nach der die Namensgebung erfolgte

O

oligophag	von einem eingeschränkten Nahrungsspektrum lebend
Ovariole	Eiröhre

P

palynophag	Pollen verzehrend
Phototaxis, phototaktisch	durch Lichtreize ausgelöste gerichtete Bewegung
phytophag	Gefäßpflanzen verzehrend
planar	die Ebene bewohnend
plesiomorph	Merkmal in ursprünglicher Ausprägungsform
Polymorphismus	Vielgestaltigkeit
polyphag	eine große Breite der Nahrungsauswahl vorweisend
polyvoltin	mehrere Generationen im Jahr erzeugend
Population	in einem umgrenzten Gebiet zu einer bestimmten Zeit lebende Gesamtheit der Individuen einer Art (Fortpflanzungsgemeinschaft)
Potenz, ökologische	für eine Art ertragbarer Bereich der Schwankungen von Umweltfaktoren
Prädatoren	räuberisch lebende Tiere
Präpupa	dem Puppenstadium vorausgehende unbewegliche Form des letzten Larvenstadiums (Vorpuppe)
Progression	hier: Erweiterung des Areals einer Art
Pronotum	Halsschild, Rückenschild des vorderen Teils des Brustabschnitts
Prothorax	vorderer Teil des Brustabschnitts
psammophil	sandliebend

R

Receptaculum seminis	Chitinkapsel zur Speicherung des Samens beim Weibchen

Refugium	Rückzugsgebiet
Regression	hier: Verkleinerung des Areals einer Art
Resorption, resorbieren	Aufnahme gelöster Substanzen durch die Zellmembran hindurch
Retinaculum	hier: zahnartiger Fortsatz an der Innenseite des Oberkiefers

S

Scutellum	Schildchen
Seta	Borste
Sipho	hier: schlauchförmig verlängerter, bogenförmiger Teil des männlichen Begattungsorgans der Coccinellidae
Sklerite	stark chitinisierte Felder auf der Larvenhaut
solitär	einzeln; hier: nur ein Parasit entwickelt sich in einem Wirt
Stemmata	Augen der Käferlarven
stenök	nur kleine Schwankungen von Umweltfaktoren ertragend
Sternit	Bauchteil eines Hinterleibsrings
Stigma, Stigmen (pl.)	Atemöffnung
Stylus, Styli (pl.)	stabförmiger, gelenkiger Fortsatz
subalpin	die Voralpen bis zur Krummholzgrenze bewohnend (bis ca. 1 800/2 000 m)
submediterran	nördlich des mediterranen Gebiets liegende Verbreitungszone
superfizielle Furchung	charakteristischer Furchungstyp der Gliederfüßer

T

Tarsus, Tarsen (pl.)	Fuß
Taxon, Taxa (pl.)	Organismengruppe beliebiger Ranghöhe
temperat	klimatisch gemäßigtes Verbreitungsgebiet

Tergit	Rückenteil eines Hinterleibsrings
terminal	am Körperende gelegen
Thanatose	Sichtotstellen
thermophil	wärmeliebend
Thigmotaxis	das Streben nach möglichst großflächiger Berührung des Körpers mit Gegenständen der Umgebung
Tibia	Schiene, hier: Teil des Insektenbeins
Tibiotarsus	auf den Schenkel folgender, aus der Verschmelzung von Tibia und Tarsus entstandener Teil des Beins einer Polyphaga-Larve, der am Ende eine Klaue trägt
Tribus, Tribus (pl.)	systematische Kategorie zwischen Gattung und Unterfamilie
Typen	Exemplare, die der Erstbeschreibung der Art zugrunde lagen

U

univoltin	eine Generation im Jahr erzeugend

V

valide	hier: eine eigenständige Art
ventral	bauchseitig
Vikarianz, vikariierend	sich gegenseitig vertretend
Voltinismus	Generationsfolge im Jahr

X

xerophil	trockenheitsliebend
XX (♀):XY (♂)-Typ	ein Typ der Geschlechtsbestimmung ♀ = Weibchen, ♂ = Männchen

Z

zentrolecithal	das Dotter befindet sich in der Mitte des Eies

15 Taxonomische Liste der als Nahrung erwähnten Arthropoda

Taxonomische Liste der im Buch als Nahrung erwähnten Arthropoda. Nomenklatur nach »Entomofauna Germanica« Band 6: Bährmann (2003), Burckhardt & Lauterer (2003), Nickel & Remane (2003), Thieme & Eggers-Schumacher (2003) sowie Schmutterer & Hoffmann (2016).

Insecta

Sternorrhyncha – Psyllina

Cacopsylla mali (Schmidberger, 1836)

Cacopsylla pyricola (Foerster, 1848)

Psylla alni (Linnaeus, 1758)

Sternorrhyncha – Aleyrodina

Aleurodes proletella (Linnaeus, 1758)

Bemisia tabaci (Gennadius, 1889)

Dialeurodes Cockerell, 1902

Trialeurodes vaporariorum (Westwood, 1856)

Sternorrhyncha – Aphidina

Acyrthosiphon pisum (Harris, 1776)

Adelges laricis Vallot, 1836

Adelges (Dreyfusia) nordmannianae (Eckstein, 1890)

Adelges (Dreyfusia) piceae (Ratzeburg, 1844)

Adelges (Gilettiella) cooleyi (Gillette, 1907)

Adelges (Sacchiphantes) abietis (Linnaeus, 1758)

Aphis callunae Theobald, 1915

Aphis cracciphora Koch, 1854
Aphis fabae Scopoli, 1763
Aphis farinosa Gmelin, 1790
Aphis frangulae gossypii Glover, 1877
Aphis hederae Kaltenbach, 1843
Aphis jacobaeae Schrank, 1801
Aphis lactucae Linnaeus, 1758
Aphis nasturtii Kaltenbach, 1843
Aphis nerii Boyer de Fonscolombe, 1841
Aphis pomi DeGeer, 1773
Aphis sambuci Linnaeus, 1758
Aphis urticae Gmelin, 1790
Aulacorthum circumflexum (Buckton, 1876)
Brachycaudus amygdalinus (Schouteden, 1905)
Brachycaudus cardui (Linnaeus, 1758)
Brevicoryne brassicae (Linnaeus, 1758)
Chaetosiphon fragaefolii (Cockerell, 1901)
Cinara pilicornis (Hartig, 1841)
Cinara pinea (Mordvilko, 1894)
Dysaphis crataegi (Kaltenbach, 1843)
Dysaphis sorbi (Kaltenbach, 1843)
Elatobium abietinum (Walker, 1849)
Eucallipterus tiliae (Linnaeus, 1758)
Euceraphis punctipennis (Zetterstedt, 1828)
Hyalopterus amygdali (Blanchard, 1840)
Hyalopterus pruni (Geoffroy, 1762)
Lipaphis erysimi (Kaltenbach, 1843)
Macrosiphoniella artemisiae (Boyer de Fonscolombe, 1841)
Macrosiphum albifrons Essig, 1911
Macrosiphum rosae (Linnaeus, 1758)
Megoura viciae Buckton, 1876
Metopeurum fuscoviride Stroyan, 1950
Metopolophium dirhodum (Walker, 1849)

Microlophium carnosum (Buckton, 1876)
Myzus persicae (Sulzer, 1776)
Neoaulacorthum magnoliae (Essig & Kuwana)
Phorodon humuli (Schrank, 1801)
Phylloxera glabra (von Heyden, 1837)
Pineus pini (Macquart, 1819)
Pterocallis alni (DeGeer, 1773)
Rhopalosiphum insertum (Walker, 1849)
Rhopalosiphum padi (Linnaeus, 1758)
Schizaphis graminum (Rondani, 1847)
Schizolachnus pineti (Fabricius, 1781)
Sipha glyceriae (Kaltenbach, 1843)
Sitobion avenae (Fabricius, 1775)
Sitobion fragariae (Walker, 1848)
Therioaphis trifolii (Monell, 1882)
Uroleucon cirsii (Linnaeus, 1758)
Uroleucon jaceae (Linnaeus, 1758)
Uroleucon sonchi (Linnaeus, 1767)
Viteus vitifoliae (Fitch, 1855)

Sternorrhyncha – Coccina
Aspidiotus destructor Signoret, 1869
Carulaspis juniperi (Bouché, 1851)
Chionaspis salicis (Linnaeus, 1758)
Chloropulvinaria floccifera (Westwood, 1870)
Eriococcus granulatus Green, 1931
Icerya purchasi Maskell, 1878
Kermes quercus (Linnaeus, 1758)
Palaeococcus fuscipennis (Burmeister, 1835)
Parthenolecanium corni (Bouché, 1844)
Peliococcus calluneti (Lindinger, 1912)
Phenacoccus aceris (Signoret, 1875)
Phyllostroma myrtilli (Kaltenbach, 1874)

Pseudochermes fraxini (KALTENBACH, 1860)
Pseudococcus WESTWOOD, 1840
Pseudococcus calluneti LINDINGER, 1912
Pulvinaria regalis CANARD, 1968
Rhizococcus devoniensis (GREEN, 1896)
Saissetia oleae (OLIVIER, 1791)
Trionymus perrisii (SIGNORET, 1875)

Coleoptera – Chrysomelidae
Altica aenescens WEISE, 1888
Altica oleracea (LINNAEUS, 1758)
Altica quercetorum (FOUDRAS, 1860)
Chrysomela populi LINNAEUS, 1758
Chrysomela vigintipunctata SCOPOLI, 1763
Galerucella lineola (FABRICIUS, 1781)
Galerucella sagittariae (GYLLENHAL, 1813)
Lochmaea suturalis (C. G. THOMSON, 1866)
Plagiodera versicolora (LAICHARTING, 1781)
Plagiosterna aenea (LINNAEUS, 1758)

Coleoptera – Curculionidae
Hypera postica (GYLLENHAL, 1813)

Coleoptera – Nitidulidae
Meligethes aeneus (FABRICIUS, 1775)

Acari

Metatetranychus ulmi OUDEMANS, 1931
Paratetranychus pilosus (CANESTRINI & FANZAGO, 1876)
Phyllacotes sp.
Tetranychus urticae KOCH, 1836

16 Literaturverzeichnis

Die Literatur über Coccinellidae ist ausgesprochen umfangreich. Vor allem wurden viele sehr wertvolle faunistische Arbeiten – oft über einzelne Arten – publiziert, die hier nur in einer kleinen Auswahl wiedergegeben werden können. Dies trifft auch auf die große Zahl von Publikationen zur Ökologie, Physiologie und Genetik zu. Meist finden sich in den zitierten Arbeiten ausführliche Literaturangaben, sodass die Möglichkeit eines weiterführenden Studiums für Interessierte gegeben ist. Alle im Text genannten Titel sind selbstverständlich in diesem Verzeichnis enthalten.

A

Adriaens, T., Martin y Gomez, G. S., Maes, D., Brosens, D. & Desmet, P. (2012): Belgian Coccinellidae – Ladybird beetles in Belgium. – Research Institute for Nature and Forest (INBO).

Agarwala, B. K. (1991): Why do ladybirds (Coleoptera, Coccinellidae) cannibalize? – Journal of Bioscience **3**: 103–109.

Agarwala, B. K. & Dixon, A. F. G. (1992): Laboratory study of cannibalism and interspecific predation in ladybirds (Col., Coccinellidae). – Ecological Entomology **17**: 303–309.

Anderson, J. M. E., Hales, D. F. & Brunschot, K. A. van (1986): Parasitisation of Coccinellids in Australia. – In: Hodek, I. (ed.): Ecology of Aphidophaga 2. Proceedings of a Symposium held at Zvíkovské Podhradí, September 2–8, 1984: 519–524. – Academia Praha.

Angelet, G. W. & Jacques, R. L. (1975): The establishment of *Coccinella septempunctata* L. in the continental United States. – United States Department of Agriculture. Cooperative Economic Insect Report **25**: 883–884.

Angelet, G. W., Tropp, J. M. & Eggert, A. N. (1979): *Coccinella septempunctata* in the United States: Recolonizations and Notes on Its Ecology. – Environmental Entomology **8** (5): 896–901.

Attygalle, A. B., McCormick, K. D., Blankespoor, C. L., Eisner, T. & Meinwald, J. (1993a): Azamacrolides: A family of alkaloids from the pupal defensive secretion of a ladybird beetle (*Epilachna varivestis*). – Proceedings of the National Academy of Sciences of the United States of America **90**: 5204–5208.

Attygalle, A. B., Shang-Cheng Xu, McCormick, K. D. & Meinwald, J. (1993b): Alkaloids of the Mexican Bean Beetle, *Epilachna varivestis* (Coccinellidae). – Tetrahedron **49** (41): 9333–9342.

B

Bach, P. de (ed.) (1964): Biological Control of Insect Pests and Weeds. – London, 844 S.

Bährmann, R. (2003): Verzeichnis der Mottenschildläuse (Aleyrodoidea) Deutschlands. – In: Klausnitzer, B. (Hrsg.): Entomofauna Germanica. Band 6. – Entomologische Nachrichten und Berichte, Beiheft **7**: 165–166. Dresden.

Baldwin, A. J. (1990): Further biological observations on *Subcoccinella vigintiquatuorpunctata* (L.) (Col., Coccinellidae). – The Entomologist's Monthly Magazine **126**: 223–229.

Banks, C. J. (1954): The searching behaviour of coccinellid larvae. – British Journal of Animal Behaviour **2**: 37-38.

Banks, C. J. (1956): Observations on the behaviour and mortality in Coccinellidae before dispersal from the egg shells. – The Proceedings of the Royal entomological Society of London A **31**: 56–60.

Banks, C. J. (1957): The behaviour of individual Coccinellid larvae on plants. – British Journal of Animal Behaviour **5**: 12–24.

Banks, C. J. (1962): Effects of the ant *Lasius niger* (L.) on insects preying on small populations of *Aphis fabae* (Scop.) on bean plants. – Annals of applied Biology **50**: 669–679.

Bänsch, R. (1964): Vergleichende Untersuchungen zur Biologie und zum Beutefangverhalten aphidivorer Coccinelliden, Chrysopiden und Syrphiden. – Zoologische Jahrbücher für Systematik **91**: 271–340.

Barcenas, O. & Garcia Velazquez, A. (1986): Chromosome study in 4 species of *Epilachna* Chevrolat (Col., Coccinellidae) from the central region of Mexico. – Agrosciencia **65–66**: 263–276.

Bäse, W. (2008): Die Käfer des Wittenberger Raumes. – Naturwissenschaftliche Beiträge des Museums Dessau **20**: 3–500.

Basedow, T. (1982): Untersuchungen zur Populationsdynamik des Siebenpunktmarienkäfers *Coccinella septempunctata* L. (Col., Coccinellidae) auf Getreidefeldern in Schleswig-Holstein von 1976–1979. – Zeitschrift für angewandte Entomologie **94** (1): 66–82.

Bastian, O. (1982): Die Coccinellidenfauna einiger Koniferenjungwüchse des Tharandter Waldes (Insecta, Coleoptera). – Faunistische Abhandlungen Museum für Tierkunde in Dresden **9** (20): 211–223.

Bathon, H. (1983): Ein Massenvorkommen des Marienkäfers *Clitostethus arcuatus* (Rossi) (Coleoptera, Coccinellidae). – Hessische faunistische Briefe **3**: 56–62.

Bathon, H. (2002): *Harmonia axyridis*, eine invasive Marienkäferart in Mitteleuropa. – DGaaE-Nachrichten **16** (3): 109–110.

Bathon, H. & J. Pietrzik (1986): Zur Nahrungsaufnahme des Bogen-Marienkäfers, *Clitostethus arcuatus* (Rossi), (Col. Coccinellidae), einem Vertilger der Kohlmottenlaus, *Aleurodes proletella* Linné (Hom., Aleyrodidae). – Zeitschrift für angewandte Entomologie **102** (4): 321–326.

Baumgärtner, J., Bieri, M. & V. Delucchi (1987): Growth and development of immature life stages of *Propylaea 14-punctata* L. and *Coccinella septempunctata* L. (Col., Coccinellidae) simulated by the metabolic pool model. – Entomophaga **32** (4): 415–423.

Baungaard, J. (1980): A simple method for sexing *Coccinella septempunctata* L. (Coleoptera, Coccinellidae). – Entomologiske Meddelelser **48**: 26–28.

Baungaard, J. & Hämäläinen, M. (1981): Notes on egg-batch size in *Adalia bipunctata* (Col., Coccinellidae). – Acta Entomologica Fennica **47** (1): 25–27.

Beckert, R. (1973): Massenauftreten des Zweipunkt-Marienkäfers *Adalia bipunctata* L. – Aus der Schwäbischen Heimat, 77. Bericht des Naturwissenschaftlichen Vereins für Schwaben e. V. 3./4. Heft: 72–76.

Beier, M. (1969): Hans Strouhal †. – Annalen des Naturhistorischen Museums in Wien **73**: 35–36.

Belicek, J. (1976): Coccinellidae of western Canada and Alaska with analyses of the transmontane zoogeographic relationships between the fauna of British Columbia and Alberta (Insecta: Coleoptera: Coccinellidae). – Questiones Entomologicae **12**: 283–409.

Bengtson, S.-A. & Hagen, R. (1975): Polymorphism in the two-spot Ladybird *Adalia bipunctata* in western Norway. – Oikos **26**: 328–331.

Bengtson, S.-A. & Hagen, R. (1977): Melanism in the two-spot ladybird *Adalia bipunctata* in relation to climate in western Norway. – Oikos **28**: 16–19.

Benham, B. R. & Muggleton, J. (1970): Studies of the ecology of *Coccinella undecimpunctata* Linn. (Col., Coccinellidae). – The Entomologist **103**: 153–170.

Benham, B. R., D. Londsdale & Muggleton, J. (1974): Is polymorphism in two-spot ladybird an exemple of non-industrial melanism. – Nature **249** (5453): 179–180.

Berker, J. (1958): Die natürlichen Feinde der Tetranychiden (*Stethorus punctillum*). – Zeitschrift für angewandte Entomologie **43**: 115–172.

Berkvens, N., Bonte, J., Berkvens, D., Deforce, K., Tirry, L. & De Clerq, P. (2008a): Pollen as an alternative food for *Harmonia axyridis*. – In: Roy, H. E. & Wajnberg, E. (eds.): From Biological Control to Invasion: The Ladybird *Harmonia axyridis* as a Model Species. – Springer: 201–210.

Berkvens, N., Bonte, J., Berkvens, D., Tirry, L. & De Clerq, P. (2008b): Influence of diet and photoperiod on development and reproduction of European populations of *Harmonia axyridis* (Pallas) (Coleoptera: Coccinellidae). – In: Roy, H. E. & Wajnberg, E. (eds.): From Biological Control to Invasion: The Ladybird *Harmonia axyridis* as a Model Species. – Springer: 211–221.

Bey, H. (1962): 142. (Col., Coccinellidae). *Semiadalia impustulata* L. – Bombus **2**: 120.

Bielawski, R. (1955): Morphological and systematical studies on Polish species of the genus *Rhyzobius* Stephens, 1831 (Coleoptera, Coccinellidae). – Annales Zoologici, Warszawa **16** (4): 29–50 + Tafel IV–VI.

Bielawski, R. (1957a): O występowaniu *Coccinella saucerotti lutshniki* Dobrzh. w Polsce (Coleoptera, Coccinellidae). – Fragmenta Faunistica, Warszawa **7** (8): 249–252.

Bielawski, R. (1957b): Eine neue Art der Gattung *Scymnus* Kugel. aus Ungarn. – Annales historico-naturales Musei Nationalis Hungarici **8**: 285–287.

Bielawski, R. (1958): Rewizja rodzaju *Anisosticta* Duponch. wraz z opisem nowego gatunku z Syberii (Coleoptera, Coccinellidae). – Annales Zoologici, Warszawa **17** (7): 91–112.

Bielawski, R. (1959): Klucze do oznaczania owadów Polski. Część XIX Chrząszcze – Coleoptera. Zeszyt 76. Biedronki – Coccinellidae. – Państwowe Wydawnictwo Naukowe, Warszawa, 92 S.

Bielawski, R. (1961): Die in einem Krautpflanzenverein und in einer Kieferschonung in Warszawa-Bielany auftretenden Coccinellidae (Coleoptera). – Fragmenta Faunistica, Warszawa **8** (32): 485–525.

Bielawski, R. (1962): Materialy do poznania Coccinellidae Polski I (Coleoptera). – Polskie Pismo Entomologiczne **32** (13): 191–205.

Bielawski, R. (1971): Biedronki (Coleoptera, Coccinellidae) Bieszczadów. – Fragmenta Faunistica, Warszawa **17** (11): 273–296.

Bielawski, R. (1978): Biedronki (Coleoptera, Coccinellidae) Pienin. – Fragmenta Faunistica, Warszawa **22** (8): 338–357.

Bignetti, E., Cattaneo, P., Cavaggioni, A., Damiani, G. & Tirindelli R. (1988): The pyrazine-binding protein and olfaction. – Compendium Biochemie Physiology: 1–5.

Binaghi, G. (1941a): Larve e pupe di Chilocorini. – Memorie della Società Entomologica Italiana **20**: 19–36.

Binaghi, G. (1941b): Gli stadi preimaginali del *Pullus auritus* Thunb. e delle *Scymnus rufipes* Fabr. Morphologia, notizie ecologiche ed apparati genitali (Col. Coccinellidae). – Memorie della Società Entomologica Italiana **20**: 148–161.

Blackman, R. L. (1965): Studies on specificity in Coccinellidae. – Annals of Applied Biology **56** (2): 336–338.

Blackman, R. L. (1966): The development and fecundity of *Adalia bipunctata* L. and *Coccinella septempunctata* L. feeding on various species of aphids. – In: Hodek, I. (ed.): Ecology of Aphidophagous Insects, Proceedings of a Symposium held in Liblice near Prague, September 27 – October 1, 1965: 41–43. Academia Prague.

Blackman, R. L. (1967a): The effects of different aphid foods on *Adalia bipunctata* L. and *Coccinella 7-punctata* L. – Annals of applied Biology **59** (2): 207–219.

Blackmann, R. L. (1967b): Selection of aphid prey by *Adalia bipunctata* L. and *Coccinella 7-punctata* L. – Annals of Applied Biology **59** (3): 331–338.

Block, L. H. Freiherr von (1799): Verzeichnis der merkwürdigsten Insecten welche im Plauischen Grunde gefunden wurden. – In: Becker, W. G. (Hrsg.): Der Plauische Grund bei Dresden, mit Hinsicht auf Naturgeschichte und schöne Gartenkunst. Zweiter Theil. III. – Nürnberg, Freuenholzische Kunsthandlung. XII + 128 + 120 S., 25 Taf. (95–120, 4 Taf.).

Böcher, J. (2009): Fund af den grønlandske mariehøne (*Coccinella transversoguttata* Falderman, 1835) i Zackenbergdalen, Nordøstgrønland. – Entomologiske Meddelelser **77** (2): 115–116.

Bogaert, J., Adriaens, T., Constant, J., Lock, K. & Canepari, C. (2012): *Hyperaspis* ladybirds in Belgium, with the description of *H. magnopustulata* sp. nov. and faunistic notes (Coleoptera, Coccinellidae). – Bulletin de la Société royale belge d'Entomologie/Bulletin van de Koninklijke Belgische Vereniging voor Entomologie **148**: 34–41.

Bogdanova, N. L. (1956): *Hyperaspis campestris* Herbst (Coleoptera, Coccinellidae) as destroyer of *Chloropulvinaria floccifera* Westw. – Entomologicheskoe Obozrenie (Энтомологическое Обозрение) **35**: 311–322. (russisch)

Böhme, J. (2001): Phytophage Käfer und ihre Wirtspflanzen in Mitteleuropa. Ein Kompendium. – Heroldsberg, bioform. 132 S.

Bonnemaison, L. (1964): Observations écologiques sur la Coccinelle à 7 points (*Coccinella septempunctata* L.) dans la région parisienne (Col.). – Bulletin de la Société Entomologique de France **69**: 64–83.

Booth, R. G. & Pope, R. D. (1986): A review of the genus *Cryptolaemus* (Coleoptera: Coccinellidae) with particular reference to the species resembling *Cryptolaemus montrouzieri* Mulsant. – Bulletin of entomological research **76**: 701–717.

Boukhemza-Zemmouri, N., Farhi, Y., Mohamed Sahnoun, A. & Boukhemza, M. (2013): Diet composition and prey choice by the House Martin *Delichon urbica* (Aves: Hirundinidae) during the breeding period in Kabylia, Algeria. – Italian Journal of Zoology **80**: 117–124.

Brakefield, P. M. (1984): Selection along clines in the ladybird *Adalia* (Col., Coccinellidae) in the Netherlands: A general mating advantage to melanics and its consequences. – Heredity **53**: 37–49.

Brakefield, P. M. (1985): Polymorphic Müllerian mimicry and interactions with thermal melanism in ladybirds and a soldier beetle: a hypothesis. – Biological Journal of the Linnean Society **26**: 243–267.

Brakefield, P. M. & de Jong, P. W. (2011): A steep cline in ladybird melanism has decayed over 25 years: a genetic response to climate change? – Heredity **107**: 574–578.

Brakefield, P. M. & Lees, D. R. (1987): Melanism in *Adalia* ladybirds (Col., Coccinellidae) and declining air pollution in Birmingham. – Heredity **59**: 273–277.

Brakefield, P. M. & Willmer, P. G. (1985): The basis of thermal melanism in the ladybird *Adalia bipunctata* (Col., Coccinellidae): Differences in the reflectance and thermal properties between the morphs. – Heredity **54**: 9–14.

Brakman, P. J. (1965): *Scymnus rufipes* F. en *apetzi* Muls., twee voor de Nederlandse Fauna nieuwe Coccinelliden (Col.). – Entomologische Berichten Amsterdam **25**: 83–85.

Brown, M. W. & Miller, S. S. (1998): Coccinellidae (Coleoptera) in apple orchards of eastern West Virginia and the impact of invasion by *Harmonia axyridis*. – Entomological News and Proceedings of the entomological Section of the Academy of natural Sciences of Philadelphia **109**: 143–151.

Brown, P. M. J., Adriaens, T., Bathon, H., Cuppen, J., Goldarazena, A., Hägg, T., Kenis, M., Klausnitzer, B. E. M., Kovář, I., Loomans, A. J. M., Majerus, M. E. N., Nedved, O., Pedersen, J., Rabitsch, W., Roy, H. E., Ternois, V., Zakharov, I. A. & Roy, D. B. (2008): *Harmonia axyridis* in Europe: spread and distribution of a non-native coccinellid. – In: Roy, H. E. & Wajnberg, E. (eds.), From Biological Control to Invasion: the Ladybird *Harmonia axyridis* as a Model Species. – Springer: 5–21.

Brown, P. M. J., R. Frost, J. Doberski, T. Sparks, R. Harrington & Roy, H. E. (2011): Decline in native ladybirds in response to the arrival of *Harmonia axyridis*: early evidence from England. – Ecological Entomology **36** (2): 231–240.

Büche, B. & Esser, J. (1999): Faunistisch bemerkenswerte Käferfunde aus Mecklenburg-Vorpommern. – Entomologische Nachrichten und Berichte **43**: 129–135.

Buchsbaum, U. (1996): Neunachweis von *Hippodamia* (*Semiadalia*) *notata* (Laicharting, 1781) für Thüringen (Col., Coccinellidae). – Mitteilungen des Thüringer Entomologenverbandes e. V. **3**: 71–72.

Burckhardt, D. & Lauterer, P. (2003): Verzeichnis der Blattflöhe (Psylloidea) Deutschlands. – In: Klausnitzer, B. (Hrsg.): Entomofauna Germanica. Band 6. – Entomologische Nachrichten und Berichte, Beiheft **7**: 155–164. Dresden.

Burgarth, K. (2019): Erstnachweis von *Delphastus catalinae* (Horn, 1895) (Coleoptera, Coccinellidae) für Europa. – Entomologische Nachrichten und Berichte **63** (3): 303–304.

C

Canepari, C. (1983): Le specie italiane del gruppo dello *Scymnus frontalis* Fab. con descrizione di due nuove specie (Coleoptera Coccinellidae). – Giornale Italia die Entomologia **1** (4): 179–204.

Canepari, C., Fürsch, H. & Kreissl, E. (1985): Die *Hyperaspis*-Arten von Mittel-, West- und Südeuropa. Systematik und Verbreitung (Coleoptera Coccinellidae). – Giornale Italia die Entomologia **2**: 223–252.

Capra, F. (1925): Appunti sistematici sui Coccinellidi. – Estratto dal Bollettino della Società Entomologica Italiana **57** (9–10): 136–139.

Capra, F. (1926a): Su un preteso ibrido tra Coccinellidi. *Coccinella* hyb. *biabilis* Marriner. – Bollettino della Società Entomologica Italiana **58**: 113–116.

Capra, F. (1926b): Sulla posizione sistematica dell'*Adalia alpina* (Coleopt. Coccin.). – Annali del Museo Civico di Storia Naturale di Genova **1** (2): 1–6.

Capra, F. (1928): Le variazioni dell'*Adaliopsis alpina* (Coleopt. Coccinellidae). – Estratto dal Bolletino della Società Entomologica Italiana **60** (1–2): 6–10.

Capra, F. (1947): La Larva ed il Regime pollinivoro di *Bulaea lichatschovi* Hummel. – Memorie della Società Entomologica Italiana **26**: 80–86.

Carter, M. C. & Dixon, A. F. G. (1984a): Honeydew: an arrestant stimulus for coccinellids. – Ecological Entomology **9**: 383–387.

Carter, M. C. & Dixon, A. F. G. (1984b): Foraging behaviour of coccinellid larvae: duration of intensive search. – Entomologia Experimentalis et Applicata **36**: 133–136.

Carter, M. C., Sutherland, D. & A. F. G. Dixon (1984): Plant structure and the searching efficiency of coccinellid larvae. – Oecologia **63**: 394–397.

Ceryngier, P. (2013): *Stethorus pusillus* (Coleoptera: Coccinellidae) as a host of the ectoparasitic fungus *Hesperomyces coccinelloides* (Ascomycota: Laboulbeniales: Laboulbeniaceae) in Poland. – Polskie Pismo Entomologiczne **82**: 13–18.

Ceryngier, P. & Hodek, I. (1996): Enemies of Coccinellidae. – In: Hodek, I. & Honěk, A.: Ecology of Coccinellidae. – Series Entomologica 54. Kluwer Academic Publishers Dordrecht, Boston, London. 319–350.

Ceryngier, P. & Twardowska, K. (2013): *Harmonia axyridis* (Coleoptera: Coccinellidae) as a host of the parasitic fungus *Hesperomyzes virescens* (Ascomycota: Laboulbeniales, Laboulbeniaceae). A case report and short review. – European Journal of Entomology **110** (4): 549–557.

Chantal, C. (1972): Additions à la faune coléoptérique du Quebec. – Le Naturaliste canadien [publication de l'Université Laval, Québec] **99**: 243–244.

Chapin, E. A. (1966): A new species of myrmecophilous Coccinellidae, with notes on other Hyperaspini (Coleoptera.). – Psyche **73**: 278–283.

Chapman, J. A., Romer, J. I. & Stark, J. (1955): Ladybird beetles and army cutworms as food for Grizzly Bears in Montana. – Ecology **36**: 156–158.

Che, L., Zhang, P., Deng, S., Escalona, H. E., Wang, X., Li, Y., Pang, H., Vandenberg, N., Ślipiński, A., Tomaszewska, W. & Liang, D. (2021): New insights into the phylogeny and evolution of lady beetles (Coleoptera: Coccinellidae) by extensive sampling of genes and species. – Molecular Phylogenetics and Evolution **156**: 107045.

CHEN, Z. (1989): Effects of altering composition of artificial diets on the larval growth and development of *Coccinella septempunctata*. – Acta Entomologica Sinica **32** (4): 385–392.

CHRISTIAN, E. (1981): Beiträge zur Morphologie, Ethologie und Bionomie des phytophagen Marienkäfers *Epilachna* (*Henosepilachna*) *argus* (Coleoptera, Coccinellidae). – Sitzungsberichte der Österreichischen Akademie der Wissenschaften, Mathematisch-naturwissenschaftliche Klasse **190** (6/7): 173–185.

CHRISTIAN, E. (2001): The coccinellid parasite *Hesperomyces virescens* and further species of the order Laboulbeniales (Ascomycotina) new to Austria. – Annalen des Naturhistorischen Museums in Wien **103B**: 599–603.

CHRISTIAN, E. (2002): Zur Verbreitung und Lebensweise des Marienkäfer-Parasiten *Coccipolipus hippodamiae* (MCDANIEL & MORRILL, 1969) (Acari, Podapolipidae). – Abhandlungen und Berichte des Naturkundemuseums Görlitz **74** (1): 9–13.

CHUMAKOVA, B. M. (1962): Experiments in rearing of predatory beetle *Cryptolaemus montrouzieri* MULS. on an artificial diet. – Zeszyty Problemowe Postępów Nauk Rolniczych **35**: 195–200.

CIUPA, W. & GRUSCHWITZ, W. (1998): Käfer, Neu- und Wiederfunde in Sachsen-Anhalt. – Halophila **36**: 8.

CLAYHILLS, T. & MARKKULA, M. (1974): The abundance of coccinellids on cultivated plants. – Annales Entomologici Fennici **40** (2): 49–55.

COLLET, T. S. (1988): How ladybirds (Col., Coccinellidae) approach nearby stalks: a study of visual selectivity and attention. – Journal of Comparative Physiology (A) **163**: 355–363.

COLYER, C. N. (1952): Notes on the life-histories of the British species of *Phalacrotophora* ENDERLEIN (Dipt., Phoridae). – The Entomologist's Monthly Magazine **88**: 135–139.

COLYER, C. N. (1954): Further notes on the life-histories of the British species of *Phalacrotophora* ENDERLEIN (Dipt., Phoridae). – The Entomologist's Monthly Magazine **90**: 208–210.

Committee on the Status of Endangered Wildlife in Canada (COSEWIC) (2012): COSEWIC Special Report on the Changes in the Status and Geographic ranges on the Canadian Lady Beetles Coleoptera: Coccinellidae: Coccinellinae and the selection of Candidate Species for Risk, in Canada. Committee on the Status of Endangered Wildlife in Canada. – Ottawa. 60 pp.

CONRAD, A. (2005): *Adalia bipunctata* als Beute von *Gomphus flavipes* (Coleoptera: Coccinellidae; Odonata: Gomphidae). – Libellula **24** (3/4): 237–239.

CONSTANTIN, R. (1992): Memorial des Coléoptéristes Français. – Bulletin de liaison de l'Association des Coléoptéristes de la région parisienne, Supplément au n° 14.

COOPE, G. R. & ANGUS, R. B. (1975): An ecological study of a temperate interlude of the middle of the last glaciation based on fossil Coleoptera from Isleword, Middlesex. – Journal of Animal Ecology **44**: 365–391.

CREED, E. R. (1966): Geographic variation in the two-spot ladybird in England and Wales. – Heredity **21**: 57–72.

CREED, E. R. (1971): Industrial melanism in the two-spot ladybird and smoke abatement. – Evolution **25**: 290–293.

CREED, E. R. (1974): Two-spot ladybirds as indicators of intense local air pollution. – Nature **249**: 390–392.

CREED, E. R. (1975): Melanism in the two-spot ladybirds: the nature and intensity of selection. – Proceedings of the Royal Society of London B **190**: 135–148.

CREUTZBURG, V. & MLETZKO, G. (1969): Ein Beitrag zur Käferfauna des Naturschutzgebietes »Ostufer der Müritz« (Südteil) (Col., Carabidae, Coccinellidae). – Deutsche Entomologische Zeitschrift **16**: 59–75.

CROTCH, G. R. (1874): A Revision of the Coleopterous Family Coccinellidae. – E. W. Janson, London, 311 pp.

CROWSON, R. A. (1967): The Natural Classification of the Families of Coleoptera. – Reprint: E. W. Classey Ltd., Hampton, Middlesex. 187 pp.

CROWSON, R. A. (1981): The Biology of Coleoptera. – London, Academic Press. 802 pp.

CUPPEN, J. G. M. & TACOMA-KRIST, G. (2017): Ongefleugelt lieveheersbeestje *Cynegetis impunctata*, een nieuwe soort in Nederland (Coleoptera: Coccinellidae). – Entomologische Berichten **77** (3): 119–126.

CUPPEN, J. G. M., KALKMAN, V. J., TACOMA, G. A. & HEIJERMAN, TH. (2015): Veldklapper Lieveheersbeestjes, versie 2. – EIS, Leiden, 47 S.

CUPPEN, J. G. M., KALKMAN, V. J. & TACOMA-KRIST, G. (2017): Verspreiding, biotop en fenologie van de Nederlands lieveheersbeestjes (Coleoptera: Coccinellidae). – Entomologische Berichten **77** (3): 147–187.

CZECHOWSKA, W. (1989): Coccinellidae (Coleoptera) of linden-oak-hornbeam and thermophilous oak forests of the Mazovian Lowland. – Fragmenta Faunistica, Warszawa **32** (8): 159–182.

D

DACCORDI, M. (1982): Coleotteri Coccinellidi in un frutteto a lotta integrata nella provincia di Verona. – Verona.

DALOZE, D., BRAEKMAN, J.-C. & PASTEELS, J. M. (1994/1995): Ladybird defence alkaloids: structural, chemotaxonomic, and biosynthetic aspects (Col.: Coccinellidae). – Chemoecology **5/6**: 173–178.

De Clerq, P., Bonte, M., Van Speybroeck, K., Bolckmans, K. & Deforce, K. (2005): Development and reproduction of *Adalia bipunctata* (Coleoptera: Coccinellidae) on eggs of *Ephestia kuehniella* (Lepidoptera: Phycitidae) and pollen. – Pest Management Science **61** (11): 1129–1132.

De Jong, P. W., Holloway, G. J., Brakefield, P. M. & De Voss, H. (1991): Chemical defence in ladybird beetles (Coccinellidae). II. Amount of reflex fluid, the alkaloid adaline and individual variation in defence in 2-spot ladybirds (*Adalia bipunctata*). – Chemoecology **2**: 15–19.

Delucchi, V. (1953): *Aphidecta obliterata* L. (Coleoptera, Coccinellidae) als Räuber von *Dreyfusia* (*Adelges*) *piceae* Ratz. – Pflanzenschutzberichte **10** (1/2): 73–83.

Delucchi, V. (1954): *Pullus impexus* Muls. (Coleoptera, Coccinellidae), a predator of *Adelges piceae* (Ratz.) (Hemiptera, Adelgidae), with notes on its parasites. – Bulletin of Entomological Research **45**: 243–278.

Dettner, K. (1987): Chemosystematics and evolution of beetle chemical defenses. – Annual Review of Entomology **32**: 17–48.

Dettner, K. (2007): Gifte und Pharmaka aus Insekten – ihre Herkunft, Wirkung und ökologische Bedeutung. – Entomologie heute **19**: 3–28.

Deyrup, S. T., Eckman, L. E., Lucadamo, E. E., McCarthy, P. H., Knapp, J. C. & Smedley, S. R. (2014): Antipredator activity and endogenous biosynthesis of defensive secretion in larval and pupal *Delphastes catalinae* (Horn) (Coleoptera: Coccinellidae). – Chemoecology **24**: 145–157.

Diesing, P. (1989): Verhalten und Vorkommen des Marienkäfers *Chilocorus renipustulatus* (Scriba) an Schwarzerlen (*Alnus glutinosa*). – Beiträge zur Naturkunde Niedersachsens **42**: 64–70.

Dietrich, W. (2007): Beobachtungen zur Nahrung des Gemeinen Pilz-Marienkäfers [*Psyllobora vigintiduopunctata* (Linnaeus, 1758)] in Sachsen (Coleoptera, Coccinellidae). – Entomologische Nachrichten und Berichte **51** (3–4): 240.

Dietrich, W. (2010): Beobachtung einiger Pilzkäferarten (Coleoptera). – Entomologische Nachrichten und Berichte **54** (1): 67–69.

Dietrich, W. (2013): Beobachtung einiger Käferarten an und in Pilzen (Coleoptera). – Entomologische Nachrichten und Berichte **57** (3): 158–162.

Dietrich, W. (2014): Echte Mehltaupilze (Erysiphales) – Nahrung einiger Marienkäfer (Coccinellidae). – Boletus **35** (1): 41–46.

Dietrich, W. (2016): Nachweise des Hügel-Marienkäfers (*Ceratomegilla undecimnotata* (D. H. Schneider, 1792)) im Erzgebirge und im Nordwesten der Tschechischen Republik (Coleoptera, Coccinellidae). – Entomologische Nachrichten und Berichte **60** (1): 71–72.

Dietrich, W. (2017): Beitrag zur Erfassung von Pflanzen und Pilzen auf einigen Bergbauhalden in und bei Frohnau im Zeitraum von 2013 bis 2016. – Sächsische Floristische Mitteilungen **19**: 27–54.

Dietrich, W. (2018): Nachweise von Marienkäfern im Erzgebirge (Coleoptera: Coccinellidae). – Veröffentlichungen des Museums für Naturkunde Chemnitz **41**: 87–106.

Dietrich, W. & Richter, U. (2008): Weitere Nahrungspilze des Gemeinen Pilz-Marienkäfers [*Psyllobora vigintiduopunctata* (Linnaeus, 1758)] (Coleoptera, Coccinellidae). – Entomologische Nachrichten und Berichte **52** (3–4): 224.

Dillon, E. S. & Dillon, L. S. (1972): A manual of common beetles of North America. – Dover Publications, Inc. New York.

Dimetry, N. Z. (1974): The consequences of egg cannibalism in *Adalia bipunctata* L. (Coleoptera, Coccinellidae). – Entomophaga **19**: 445–451.

Dimetry, N. Z. (1976): Studies on the cannibalistic behaviour of the predatory larvae of *Adalia bipunctata* L. (Col., Coccinellidae). – Zeitschrift für angewandte Entomologie **81**: 156–163.

Disney, R. H. L. (1979): Natural history notes on some British Phoridae (Diptera) with comments on a changing picture. – Entomologist's Gazette **30**: 141–150.

Disney, R. H. L. & Beuk, P. L. Th. (1997): European *Phalacrotophora* (Diptera: Phoridae). – Entomologist's Gazette **48**: 185–192.

Disney, R. H. L., Majerus, M. E. N. & Walpole, M. J. (1994): Phoridae (Diptera) parasiting Coccinellidae (Coleoptera). – Entomologist **113**: 28–42.

Dixon, A. G. F. (1958): The escape responses shown by certain aphids to the presence of the coccinellid *Adalia decempunctata* (L.). – The Transactions of the Royal entomological Society of London **110**: 319–334.

Dixon, A. G. F. (1959): An experimental study of the searching behaviour of the predatory coccinellid beetle *Adalia decempunctata* (L.). – Journal of Animal Ecology **28**: 259–281.

DKat (2021) [Bleich, O., Gürlich, St., Köhler, F. und weitere Autoren (Landesbearbeiter Sachsen), auf Grundlage von Köhler, F. & Klausnitzer, B. (1998)]: Verzeichnis der Käfer Deutschlands Online. – www.colkat.de [mehrfache Zugriffe].

Dobrzhanskiy, Th. (1924a): Beitrag zur Kenntnis der weiblichen Generationsorgane der Coccinelliden (Vorläufige Mitteilung). – Zeitschrift für wissenschaftliche Insektenbiologie **19**: 98–100.

Dobrzhanskiy, Th. (1924b): Die weiblichen Generationsorgane der Coccinelliden als Artmerkmal betrachtet (Col.). – Entomologische Mitteilungen. Herausgegeben vom Verein zur Förderung des Deutschen Entomologischen Museums **13**: 18–27.

Dobrzhanskiy, Th. (1924c): Die geographische und individuelle Variabilität von *Harmonia axyridis* Pall. in ihren Wechselbeziehungen – Biologisches Zentralblatt **44** (8): 401–421.

Dobrzhanskiy, Th. (1925): Zur Kenntnis der Gattung *Coccinella* auct. – Zoologischer Anzeiger **62**: 241–250.

Dobrzhanskiy, Th. (1927): Über die Morphologie und systematische Stellung einiger Gattungen der Coccinellidae (Tribus Hippodamiina). – Zoologischer Anzeiger **69**: 200–208.

Dobrzhanskiy, Th. & Sivertzev-Dobrzhanskiy, N. P. (1927): Die geographische Variabilität von *Coccinella septempunctata* L. – Biologisches Zentralblatt **47**: 556–569.

Domenichini, G. (1956): Contributo alla conoscenza dei parassiti e iperparassiti del Coleoptera Coccinellidae. – Bollettino del Laboratorio di Zoologia Agraria e Bachicoltura **22**: 215–246.

Domenichini, G. (1966): Index of Entomophagous Insects Hym. Eulophidae, palearctic Tetrastichinae. – Paris.

Donisthorpe, H. St. J. K. (1919/1920): The myrmecophilous ladybird *Coccinella distincta* Fald., its life history and association with ants. – Entomologist's Record and Journal of Variation **32**: 1–3.

Drees, M. (2019): Zur Überwinterung von *Halyzia sedecimguttata* (Coleoptera, Coccinellidae). – Entomologische Nachrichten und Berichte **63** (3): 202.

Dries, B. (1994): Massenfunde von Käfern bei Winterhochwasser. – Acta Coleoperologica **10** (2): 45–46.

Dubberke, I. & Creutzburg, V. (1970): Neufunde von *Henosepilachna argus* (Geoffr.) aus der DDR (Coleoptera; Coccinellidae). – Entomologische Nachrichten **14** (9): 129–131.

Durska, E., Cerynger, P. & Disney, R. H. L. (2003): *Phalacrotophora beuki* (Diptera: Phoridae), a parasitoid of ladybird pupae (Coleoptera: Coccinellidae). – European Journal of Entomology **100**: 627–630.

Duverger, C. (1990): Catalogue des Coléoptères Coccinellidae de France continentale et de Corse. Essai de mise à jour critique. – Bulletin de la Société linnéenne de Bordeaux **18** (2): 61–87.

Duverger, C. (2003): Phylogénie des Coccinellidae. – Bulletin de la Société linnéenne de Bordeaux **31**: 57–76.

Dyadechko, N. P. (1954): Coccinellids of the Ukrainian SSR. – Kiew. 156 p.

Dysart, R. J. (1988): The European lady beetle *Propylea quatuordecimpunctata*: new locality records for North America (Coleoptera, Coccinellidae). – Journal of the New York Entomological Society **96**: 119–121.

E

Eichhorn, O. & Graf, P. (1971): Sex-linked Colour Polymorphism in *Aphidecta obliterata* L. (Coleoptera: Coccinellidae). – Zeitschrift für angewandte Entomologie **67**: 225–231.

Eichler, W. (1971): Lästlinge der Ostseeküste. I. Marienkäfer beißen am Strand. – Angewandte Parasitologie **12** (2): 113–115.

Eidmann, H. H. & Ehnström, B. (1975): Einbürgerung von *Scymnus impexus* Muls. (Col., Coccinellidae) in Schweden. – Entomologisk Tidskrift **96**: 14–16.

Eisner, T., Goetz, M., Aneshansley, D., Ferstandig-Arnold, G. & Meinwald, J. (1986): Defensive alkaloid in blood of Mexican bean beetle (*Epilachna varivestis*). – Experientia **42**: 204–207.

Eisner, T., Hicks, K., Eisner, M. & Robson, D. S. (1978): »Wolf-in-sheep's-clothing« strategy of a predaceous insect larva. – Science **199**: 790–794.

Eitschberger, U. & Steiniger, H. (1977): Coccinellidae (Coleoptera). – Atalanta **8** (3): 225.

Ellingsen, I.-J. (1969a): Fecundity, aphid consumption and survival of the aphid predator *Adalia bipunctata* L. (Col., Coccinellidae). – Norsk Entomologisk Tidsskrift **16**: 91–95.

Ellingsen, I.-J. (1969b): Effect of constant and varying temperature on development, feeding, and survival of *Adalia bipunctata* L. (Col., Coccinellidae). – Norsk Entomologisk Tidsskrift **16**: 121–125.

El-Ziady, S. & Kennedy, J. S. (1956): Beneficial effects of the common garden ant *Lasius niger* L., on the black bean aphid, *Aphis fabae* Scopoli. – The Proceedings of the Royal entomological Society of London A **31**: 61–65.

Emden, F. I. van (1949): Larvae of British Beetles. VII. (Coccinellidae). – The Entomologist's Monthly Magazine **85**: 265–283.

Emden, H. F. van (1966): The effectiveness of aphidophagous insects in reducing aphid populations. – In: Hodek, I. (ed.): Ecology of Aphidophagous Insects, Proceedings of a Symposium held in Liblice near Prague, September 27 – October 1, 1965: 227–235. Academia Prague.

Emrich, B. H. (1991): Erworbene Toxizität bei der Lupinenblattlaus *Macrosiphum albifrons* und ihr Einfluß auf die aphidophagen Prädatoren *Coccinella septempunctata, Episyrphus balteatus* und *Chrysopa carnea*. – Zeitschrift für Pflanzenkrankheiten und Pflanzenschutz **98**: 398–404.

Engel, H. (1941): Beiträge zur Faunistik der Kiefernkronen in verschiedenen Bestandstypen. – Mitteilungen aus Forstwirtschaft und Forstwissenschaft **4**: 334–361.

Erber, D. & Fried, H. (1986): Familie Coccinellidae I. Unterfamilie Coccinellinae Hippodamiini, Coccinellini, Psylloborini. – Mitteilungen des Internationalen Entomologischen Vereins e. V. Frankfurt a. M. **10** (3/4): 49–143.

Ermisch, K. & Langer, W. (1936): Die Käfer des sächsischen Vogtlandes in ökologischer und systematischer Darstellung. Liste der vogtländischen Käfer nach dem Winklerschen Katalog geordnet. – Mitteilungen der Vogtländischen Gesellschaft für Naturforschung **2** (3): 1–196.

Escherich, K. (1923): Die Forstinsekten Mitteleuropas. Ein Lehr- und Handbuch. 2. Band. Spezieller Teil, Erste Abteilung. – Verlag P. Parey, Berlin. 663 S. (Cerambycidae S. 207–271).

Escherich, K. & Baer, W. (1913): Tharandter zoologische Miszellen. VII. Über ein Massenvorkommen von *Palaeococcus fuscipennis* (Brm.) Ckll. (Coccide). – Naturwissenschaftliche Zeitschrift für Forst- und Landwirtschaft **11** (3): 125–128.

Eser, D. & Graebner, H. (2020): Pilze auf Marienkäfern. – Der Tintling **5**: 4–8.

Esser, J. (2021): Rote Liste und Gesamtartenliste der »Clavicornia« (Coleoptera: Cucujoidea) Deutschlands. – In: Ries, M., Balzer, S., Gruttke, H., Haupt, H., Ludwig, G. & Matzke-Hajek, G. (Red.): Rote Liste gefährdeter Tiere, Pflanzen und Pilze Deutschlands, Band 5: Wirbellose Tiere (Teil 3). Münster (Landwirtschaftsverlag). – Naturschutz und Biologische Vielfalt 70 (5): 127–161.

Ewert, M. A. & Chiang, H. C. (1966): Effects of Some Environmental Factors on the Distribution of Three Species of Coccinellidae in Their Microhabitat. – In: Hodek, I. (ed.): Ecology of Aphidophagous Insects, Proceedings of a Symposium held in Liblice near Prague, September 27 – October 1, 1965: 195–219. Academia Praha.

F

Fabre, J.-H. (1900): Souvenirs entomologiques. Études sur l'instinct et les mœrs des insectes VIII. – Paris, 378 S. [Deutsche Übersetzung von 2016: Erinnerungen eines Insektenforschers. – Matthes & Seitz, Berlin. 367 S.]

Fain, A., Hust, G. D. D., Tweddle, J. C., Lachlan, R. F., Majerus, M. E. N. & Britt, D. P. (1995): Description and observations of two new species of Hemisarcoptidae from deutonymphs phoretic on Coccinellidae (Coleoptera) in Britain. – International Journal of Acarology **21**: 99–106.

Ferran, A. & Deconchat, M. (1992): Exploration of wheat leaves by *Coccinella septempunctata* L. (Coleoptera, Coccinellidae) larvae. – Journal of Insect Behaviour **5**: 147–159.

Ferran, A. & Dixon, A. F. G. (1993): Foraging behaviour of ladybird larvae (Coleoptera: Coccinellidae). – European Journal of Entomology **90**: 383–402.

Ferran, A., Ettifouri, M., Clement, P. & Bell, W. J. (1994): Sources of variability in the transition from extensive to intensive search in coccinellid predators (Col., Coccinellidae). – Journal of Insect Behaviour **7**: 633–647.

Fischer, M. A., Oswald, K. & Adler, W. (2008): Exkursionsflora für Österreich, Liechtenstein und Südtirol. 3. Aufl. – Linz, Land Oberösterreich, Biologiezentrum der Oberösterreichischen Landesmuseen. 1392 S.

Flanders, S. E. (1930): Wax secretion in the Rhizobiini. – Annals of the Entomological Society of America **23**: 808–809.

Fluiter, J. de (1966): The aspects of integrated control with reference to aphids and scale insects. – In: Hodek, I. (ed.): Ecology of Aphidophagous Insects, Proceedings of a Symposium held in Liblice near Prague, September 27 – October 1, 1965: 291–295. Academia Prague.

Ford, E. B. (1976): Melanism in the beetle *Adalia bipunctata*. – In: Ecological genetics. London.

Frank, J. & Konzelmann, E. (2002): Die Käfer Baden-Württembergs 1950–2000. – Naturschutz-Praxis, Artenschutz **6**, Karlsruhe: 1–290.

Franken, O. & Berg, M. P. (2018): Entomofauna van de Noord-Hollandse duinen. – Entomologische Berichten Amsterdam **78** (2): 42–69.

Franz, J. (1961): Biologische Schädlingsbekämpfung. – In: P. Sorauer (Hrsg.), Handbuch der Pflanzenkrankheiten Bd. **6**, T. 2: 1–302, Berlin & Hamburg, 627 S.

Frazer, B. D. (1988): Coccinellidae. – In: Minks, A. K. & Harrewijn, P. (eds.): Aphids. Their Biology, Natural Enemies and Control, Volume B. – Amsterdam, Elsevier Science Publishers, 231–247.

Frazer, B. D. & McGregor, R. R. (1994): Searching behaviour of adult female Coccinellidae (Coleoptera) on stem and leaf models. – The Canadian Entomologist **126**: 389–399.

Frazer, J. F. D. & Rothschild, M. (1962): Defence mechanisms in warningly-coloured moths and other insects. – XI. Internationaler Kongress für Entomologie Wien 1960, Verhandlungen **3**: 249–256.

Frazer, B. D., Gilbert, N., Ives, P. M. & Raworth, D. A. (1994): Predation of aphids by coccinellid larvae. – The Canadian Entomologist **113**: 1043–1046.

Frisch, J. (2019): Die Käferfauna des Naturschutzgebietes Haimberg bei Mittelrode und angrenzender Flächen (Insecta, Coleoptera). – Beiträge zur Naturkunde in Osthessen **55/56**: 47–130.

Fulmek, L. (1956/1957): Insekten als Blattlausfeinde. – Annalen des Naturhistorischen Museums in Wien **61**: 110–227.

Fürsch, H. (1958a): Zwei für Deutschland neue *Adalia*-Arten? (Col. Cocc.). – Nachrichtenblatt der Bayerischen Entomologen **7** (2): 9–11.

Fürsch, H. (1958b): Die mitteleuropäischen Scymnini und deren Verbreitung mit besonderer Berücksichtigung Bayerns (Col. Cocc.). – Nachrichtenblatt der Bayerischen Entomologen **7**: (8): 75–79, (9): 83–91, (10): 100–102.

Fürsch, H. (1960): *Synharmonia impustulata* L., eine eigene Art (Col., Cocc.). – Nachrichtenblatt der Bayerischen Entomologen **9**: 13–14.

Fürsch, H. (1961): Revision der afrikanischen Arten um *Exochomus flavipes* Thunb. Col. Cocc. – Entomologische Arbeiten aus dem Museum G. Frey, Tutzing bei München **12**: 68–92.

Fürsch, H. (1962): Neues über die mittel- und südeuropäischen Arten der *Scymnus frontalis*-Gruppe (Col., Cocc.). – Opuscula Zoologica **65**: 1–9.

Fürsch, H. (1964): *Scymnus* (*Pullus*) *testaceus* Motsch. = *Scymnus* (*Pullus*) *limbatus* Steph. (Col., Coccinellidae). – Nachrichtenblatt der Bayerischen Entomologen **13** (12): 121–125.

Fürsch, H. (1965a): Bemerkenswerte Coccinellidenfunde (Col.). – Nachrichtenblatt der Bayerischen Entomologen **14** (2): 15–16.

Fürsch, H. (1965b): Die paläarktischen Arten der *Scymnus bipunctatus*-Gruppe und die europäischen Vertreter der Untergattung *Sidis* (Col. Cocc.). – Mitteilungen der Münchner Entomologischen Gesellschaft (e. V.) **55**: 178–213.

Fürsch, H. (1966): Bemerkungen zur Systematik mitteleuropäischer Coccinelliden (Col.). – Nachrichtenblatt der Bayerischen Entomologen **15** (9/10): 85–90.

Fürsch, H. (1967): 62. Familie: Coccinellidae (Marienkäfer). – In: Freude, H., Harde, K. W. & Lohse, G. A. (Hrsg.): Die Käfer Mitteleuropas, Bd. **7** Clavicornia: 227–278. – Goecke & Evers, Krefeld.

Fürsch, H. (1969): Eine neue *Scymnus*-Art aus Mittelschweden (Col. Cocc.). – Entomologisk Tidskrift **90** (1–2): 55–56.

Fürsch, H. (1973): Synonymie der äußeren männlichen Geschlechtsorgane der Coccinelliden (Col.). – Nachrichtenblatt der Bayerischen Entomologen **22** (3): 44–49.

Fürsch, H. (1984): Bemerkenswerte Coccinelliden-Funde vom Kaiserstuhl (Coleoptera, Coccinellidae). – Nachrichtenblatt der Bayerischen Entomologen **33**: 116–119.

Fürsch, H. (1985): Berichtigung zur 62. Familie Coccinellidae in Freude-Harde-Lohse: Die Käfer Mitteleuropas. – Acta Coleopterologica **1** (1): 1–6.

Fürsch, H. (1986): Neue Coccinellidenart aus Finnland (Coleoptera). – Annales Entomologici Fennici **52**: 107–108.

Fürsch, H. (1987): Übersicht über die Genera und Subgenera der Scymnini mit besonderer Berücksichtigung der Westpalaearktis (Insecta, Coleoptera, Coccinellidae). – Entomologische Abhandlungen Staatliches Museum für Tierkunde Dresden **51** (4): 57–74.

Fürsch, H. (1988): Die Marienkäfer Niederbayerns (Coleoptera, Coccinellidae). – Der Bayerische Wald **18** (1): 3–14.

Fürsch, H. (1992a): 62. Familie: Coccinellidae. – In: Lohse, G. A. & Lucht, W. H. (Hrsg.): Die Käfer Mitteleuropas. 2. Supplementband mit Katalogteil: 164–170. – Goecke & Evers, Krefeld.

Fürsch, H. (1992b): Erstfund des Schwarzen Kugelkäfers in Niederbayern (Coleoptera, Coccinellidae). – Der Bayerische Wald **28**: 12.

Fürsch, H. (1994): *Scymnus fennicus* am südl. Alpenrand? (Coleoptera, Coccinellidae). – Nachrichtenblatt der Bayerischen Entomologen **43** (1–2):16–17.

Fürsch, H. (1997a): Eine neue *Nephus*-Unterart aus Tirol (Coleoptera, Coccinellidae). – Veröffentlichungen des Tiroler Landesmuseums Ferdinandeum **75/76** [1995/1996]: 11–13.

Fürsch, H. (1997b): Zwei Scymnini-Neufunde aus dem Burgenland (Coleoptera, Coccinellidae). – Veröffentlichungen des Tiroler Landesmuseums Ferdinandeum **75/76** [1995/1996]: 15–22.

Fürsch, H. (1998): 62. Familie: Coccinellidae. – In: Lucht, W. & Klausnitzer, B. (Hrsg.) (1998): Die Käfer Mitteleuropas. 4. Supplementband: 265. – Goecke & Evers, Krefeld im Gustav Fischer Verlag Jena, Stuttgart, Lübeck, Ulm.

Fürsch, H., Kreissl, E. & Capra, F. (1967): Revision einiger europäischer *Scymnus* (s. str.)-Arten. – Mitteilungen der Abteilung für Zoologie und Botanik des Landesmuseums »Joanneum« in Graz **28**: 1–53 (209–259).

G

Gäbler, H. (1963): 1. Beitrag zur Coccinellidenfauna des Naturschutzgebietes »Ostufer der Müritz«. – Deutsche Entomologische Zeitschrift, Neue Folge **10**: 26–27.

Gage, H. J. (1920): The Larvae of the Coccinellidae. – Illinois Biological Monographs **6**: 232–294.

Gagné, W. C. & Martin, J. L. (1968): The insect ecology of red pine plantations in Central Ontario. V. The Coccinellidae (Coleoptera). – The Canadian Entomologist **100** (8): 835–846.

Galecka, B. (1966): The role of predators in the reduction of two species of potato aphids, *Aphis nasturtii* Kalt. and *A. frangulae* Kalt. – Ekologia Polska **14**: 245–274.

Ganglbauer, L. (1899): Die Käfer von Mitteleuropa, III/2, Familienreihe Clavicornia: 941–1023. – C. Gerold's Sohn Wien.

Gatter, W. & Gatter, D. (1973): Massenwanderungen der Schwebfliege *Eristalis tenax* und des Marienkäfers *Coccinella septempunctata* am Randecker Maar, Schwäbische Alb. – Jahreshefte der Gesellschaft für Naturkunde in Württemberg **128**: 148–150. (Abschrift verglichen)

Gaudchau, M. (1979): Vergleichende Untersuchungen zum Einfluß von Prädatoren auf die

Populationsentwicklung der Erbsenblattlaus, *Acyrthosiphon pisum* (HARR.). – Zeitschrift für angewandte Entomologie **88** (5): 504–513.

GAUTIER, M., YAMAGUCHI, J., FOUCAUD, J., LOISEAU, A., AUSSET, A., FACON, B., GSCHLOESSL, B., LAGNEL, J., LOIRE, E., PARRINELLO, H. SEVERAC, D., LOPEZ-ROQUES, C., DONNADIEU, C., MANNO, M., BERGES, H., GHARBI, K., LAWSON-HANDLEY, L., ZANG, L.-S., VOGEL, H., ESTOUP, A. & PRUD'HOMME, B. (2018): The genomic basis of colour pattern polymorphism in the Harlequin Ladybird. – Cell **28** (20): 3296–3302, e1–e7.

GEISER, R. (1992): Rote Liste gefährdeter Marienkäfer (Coccinellidae) Bayerns. – Schriftenreihe des Bayerischen Landesamtes für Umweltschutz **111**: 132–133.

GEISER, R. (1998): Rote Liste der Käfer (Coleoptera) – Cerambycidae (Bockkäfer). – In: BINOT, M., R. BLESS, P. BOYE, H. GRUTTKE & P. PRETSCHER (Bearb.): Rote Liste gefährdeter Tiere Deutschlands. – Schriftenreihe für Landschaftspflege und Naturschutz, Bonn-Bad Godesberg, Heft **55**: 215–217.

GEOGHEGAN, I. E., MAJERUS, T. M. O. & MAJERUS, M. E. N. (1998): Differential parasitisation of adult and pre-imaginal *Coccinella septempunctata* (Coleoptera: Coccinellidae) by *Dinocampus coccinellae* (Hymenoptera: Braconidae). – European Journal of Entomology **95**: 571–579.

GERISCH, H. (1981): Marienkäfer an Süßkirschen. – Entomologische Nachrichten **25** (4): 63.

GERSDORF, E. (1969): Käfer (Coleoptera) aus dem Jungtertiär Norddeutschlands. – Geologisches Jahrbuch **87**: 295–331.

GIORGI, J. A., VANDENBERG, N. J., MCHUGH, J. V., FORRESTER, J., ŚLIPIŃSKI, A., MILLER, K. B., SHAPIRO, L. R. & WHITING, M. F. (2009): The evolution of food preferences in Coccinellidae. – Journal of Biological Control **51**: 215–231.

GLISAN KING, A. & MEINWALD, J. (1996): Review of the Defensive Chemistry of Coccinellidae. – Chemical Review **96**: 1105–1122.

GOLLKOWSKI, V. (1991): Nachtrag zur »Vogtland-Fauna« von ERMISCH & LANGER, 2. Teil (Coleoptera). – Entomologische Nachrichten und Berichte **35** (2): 91–97.

GOLLKOWSKI, V. (2006): *Harmonia axyridis* (PALLAS, 1773) im Vogtland (Col., Coccinellidae). – Entomologische Nachrichten und Berichte **50** (1/2): 95.

GONZÁLEZ, G. (2014): Especies nuevas del género Eriopis MULSANT (Coleoptera: Coccinellidae) del norte de Chile. – Boletín de la Sociedad Entomológica Aragonesa (S. E. A.) **54**: 61–72.

GORDON, R. D. (1982): An old world species of *Scymnus* (*Pullus*) established in Pennsylvania and New York (Col., Coccinellidae). – Proceedings of the Entomological Society of Washington **84**: 150–155.

GORDON, R. D. (1985): The Coccinellidae (Coleoptera) of America north of Mexico. – Journal of the New York Entomological Society **93** (1): 1–912.

GORDON, R. D. (1987): The first North American records of *Hippodamia variegata* (GOEZE) (Col., Coccinellidae). – Journal of the New York Entomological Society **95**: 307–309.

GOUGH, H. J. (1984): Biting of human skin by coccinellid beetles, a further note. – The Entomologists monthly Magazine **120**: 127.

GOURREAU, J. M. (1974): Systématique de la tribu des Scymnini (Coccinellidae). – Annales de Zoologie, Écologie Animale (hors série), 221 pp., 43 pl., 570 fig.

GOUX, L. (1948): Contribution à l`étude des métamorphoses d'une Coccinelle aleurodiphage *Scymnus* (*Clitostethus*) *arcuatus* ROSSI. – Le Bulletin de la Société linnéenne de Provence **16**: 55–63.

GOUX, L. (1953): Contribution à l`Étude des métamorphoses d'une Coccinelle, *Scymnus punctillum*, prédatrice des Tétranyques. – Revue pathologique végétarien. d´Entomologie agriculture **32**: 1–13.

GRASER, K. (1963): (Anmerkung: Massenflug von *Coccinella septempunctata* im Juli 1961 in Schwerin). – Entomologische Berichte **1963** (1): 30.

GRELKA, L. (1960): Interessante Beobachtung bei der Sektion von Fröschen. – Nachrichtenblatt der Oberlausitzer Insektenfreunde **4** (4): 44–45.

GRIMALDI, D. A. & ENGEL, M. S. (2005): Evolution of the Insects. – Cambridge University Press, Cambridge, 700 pp.

GRIMM, H. (2020): Zur Nahrung der Mehlschwalbe *Delichon urbicum* in Nordthüringen und an der Ostseeküste. – Ornithologische Jahresberichte des Museums Heineanum **35**: 173–184.

GRIMM, J. (1835): Deutsche Mythologie. – Neudruck, Graz 1968.

GRONQUIST, M. & SCHROEDER, F. C. (2010): 2.04 Insect natural products; 67–108. – In: Comprehensive Natural Products II, Chemistry and Biology, Vol. 2.

GRÜN, G. (1975): Die Ernährung der Sperlinge *Passer domesticus* L. und *Passer montanus* L. unter verschiedenen Umweltbedingungen. – International Studies on Sparrows **8**: 24–103.

GUMOŚ, H. & WISNIEWSKI, J. (1960): Nasilenie występowania biedronkowatych (Col., Coccinellidae) w drzewostanach sosnowych. – Polskie Pismo Entomologiczne, Seria B, **3-4**, 19–20: 217–223.

GUNST, J. H. DE (1978): De Nederlandse Lieveheersbeestjes (Coleoptera-Coccinellidae). – Wetenschappelijke Mededelingen van de Koninklijke Nederlandse Natuurhistorische Vereniging **125**: 1–96.

GUNTEN, K. VON (1961): Zur Ernährungsbiologie der Mehlschwalbe, *Delichon urbica*: Die qualitative Zusammensetzung der Nahrung. – Der Ornithologische Beobachter **58**: 13–34.

GÜNTHER, V. (1959): Vertreter des Tribus Hyperaspini (Col., Coccinellidae) aus der Tschechoslowakei. – Časopis Československé Společnosti Entomologické **56** (3): 255–264.

GÜNTHER, V. (1960): Příspěvek k faunistice československých slunéčkek. – Acta Musei Reginae-hradecensis S. A. Series Naturalis **2**: 79–82.

GÜRLICH, S. (1991): *Clitostethus arcuatus* (ROSSI) in Norddeutschland. – Bombus **3**: 10.

GÜRLICH, S., SUIKAT, R. & ZIEGLER, W. (1995): Katalog der Käfer Schleswig-Holsteins und des Niederelbegebietes. – Verhandlungen des Vereins für Naturwissenschaftliche Heimatforschung Hamburg **41**: 1–111.

H

HABERMAN, H. (1971): Lepatriinude aasta [Jahr der Marienkäfer]. – Eesti Loodus: 172–175.

HAELEWATERS, D. & DE KESEL, A. (2017): De schimmel *Hesperomyces virescens*, een natuurlijke vijand van lieveheersbeestjes. – Entomologische Berichten **77** (3): 106–118.

HAGEN, K. S. (1962): Biology and ecology of predaceous Coccinellidae. – Annual Review of Entomology **7**: 289–326.

HAGEN, K. S. & BOSCH, R. VAN DEN (1968): Impact of Pathogens, Parasites and Predators on Aphids. – Annual Review of Entomology **13**: 325–384.

HALLETZ, S. (2004): Asiatischer Marienkäfer *Harmonia axyridis* als Neu-Nachweis in Mecklenburg. – Virgo. Mitteilungsblatt des Entomologischen Vereins Mecklenburg **7**: 74–75.

HÄMÄLÄINEN, M. (1977): Control of aphids on sweet peppers, chrysanthemums an roses in small greenhouses using the Ladybeetles *Coccinella septempunctata* and *Adalia bipunctata* (Col., Coccinellidae). – Annales Agriculturae Fenniae **16**: 117–131.

HÄMÄLÄINEN, M. & CLAYHILLS, T. (1972): An interesting colour form of *Coccinella septempunctata* L. (Col., Coccinellidae). – Annales Entomologici Fennici **38** (3): 158–159.

HÄMÄLÄINEN, M. & MARKKULA, M. (1972a): Possibility of producing *Coccinella septempunctata* L. (Col., Coccinellidae) without a diapause. – Annales Entomologici Fennici **38** (4): 193–194.

HÄMÄLÄINEN, M. & MARKKULA, M. (1972b): Effect of type of food on fecundity in *Coccinella septempunctata* L. (Col., Coccinellidae). – Annales Entomologici Fennici **38** (4): 195–199.

HÄMÄLÄINEN, M., MARKKULA, M. & RAIJ, T. (1975): Fecundity and larval voracity of four ladybeetle species (Col., Coccinellidae). – Annales Entomologici Fennici **41**: 124–127.

HAMMOND, P. M. (1985): Dimorphism of wings, wing-folding aund wing-toileting devices in the ladybird *Rhyzobius litura* (F.) (Coleoptera: Coccinellidae), with a discussion of inter-population variation in this and other wing-dimorphic beetle species. – Biological Journal of the Linnean Society **24**: 15–33.

HANSEN, M. & JØRUM, P. (2017): Fund af biller i Danmark, 2014 og 2015 (Coleoptera). – Entomologiske Meddelelser **85** (1–2): 47–100.

HANSEN, M., JØRUM, P., PALM, E. & PEDERSEN, J. (1997): Fund af biller i Danmark, 1996 (Coleoptera). – Entomologiske Meddelelser **65** (3): 119–148.

HAPP, G. M. & EISNER, T. (1961): Haemorrhage in a coccinellid beetle and its repellent effect on ants. – Science **134**: 329–331.

HARIRI, G. (1965): Records of nematode parasites of *Adalia bipunctata* (L.) (Col., Coccinellidae). – The Entomologist's Monthly Magazine **101**: 132.

HARIRI, G. E. (1966): Laboratory studies on the reproduction of *Adalia bipunctata* (Coleoptera, Coccinellidae). – Entomologia Experimentalis et Applicata **9**: 200–204.

HASELBÖCK, A. (2016): Erster belegter Freilandfund von *Rhyzobius* (*Lindorus*) *lophantae* (BLAISDELL, 1892) (Coleoptera, Coccinellidae). – Mitteilungen des Entomologischen Vereins Stuttgart **51** (2): 75.

HAUG, G. W. (1938): Rearing the coccinellid *H. convergens* GUÉR. on frozen aphids. – Annals of the Entomological Society of America **31**: 240-248.

HAUSOTTE, M. (2009): Ein aktueller Nachweis von *Ceratomegilla undecimnotata* (D. H. SCHNEIDER, 1792) (Coleoptera, Coccinellidae) in Leipzig. – Entomologische Nachrichten und Berichte **53** (1): 54.

HAUSOTTE, M. & DÄBRITZ, A. (2017): Aktuelle Marienkäfernachweise (Coleoptera: Coccinellidae) auf dem Bienitz bei Leipzig. – Mitteilungen Sächsischer Entomologen **36** (122): 117–122.

HAWKINS, R. D. (2000): Ladybirds of Surrey. – Surrey Wildlive Trust, Woking. 136 pp.

HECHT, O. (1936): Studies on the biology of *Chilocorus bipustulatus* (Coleoptera – Coccinellidae) an enemy of the Red Scale *Chrysomplalus aurantii*. – Bulletin de la Société Royale d'Entomologie d'Egypt **20**: 299–326.

HEIKERTINGER, F. (1914): Noch ein Gedenkblatt für LUDWIG GANGLBAUER. – Wiener Entomologische Zeitung **33**: 131–139.

HEIKERTINGER, F. (1920): EDMUND REITTER. Ein Nachruf. – Wiener Entomologische Zeitung **38**: 1–16.

HEIKERTINGER, F. (1921a): EDMUND REITTER †. – Koleopterologische Rundschau **9**: 30–32.

Heikertinger, F. (1921b): Ueber die angebliche Giftwirkung des Coccinellidenblutes. – Wiener Entomologische Zeitung **38**: 109–113.

Heikertinger, F. (1922): Untersuchungen über die angebliche Giftwirkung der Coccinelliden auf *Dytiscus* (Col.). – Wiener Entomologische Zeitung **39**: 189–192.

Heikertinger, F. (1924): Zwei Jubilare der Coleopterologie: Matthias Ruperstberger und Julius Weise. – Entomologische Blätter **20**: 145–151.

Heikertinger, F. (1932): Die Coccinelliden, ihr »Ekelblut«, ihre Warntracht und ihre Feinde. Teil I., II. – Biologisches Zentralblatt **52** (2): 65–102, **52** (2): 385–412.

Heikertinger, F. (1937): Erinnerungen an Ludwig Ganglbauer und seine Zeit. – Koleopterologische Rundschau **23**: 93–110.

Heinicke, W. & Klausnitzer, B. (1977): Ergebnisse bei der Erforschung der Insektenfauna der Deutschen Demokratischen Republik. – Entomologische Berichte **1977** (2): 74–84.

Hemptinne, J. L. (1988): Ecological requirements for hibernating *Propylea quatuordecimpunctata* (L.) and *Coccinella septempunctata* L. (Col.: Coccinellidae). – Entomophaga **33** (4): 505–515.

Hemptinne, J. L. & Desprets, A. (1986): Pollen as a spring food for *Adalia bipunctata*. – In: Hodek, I. (ed.): Ecology of Aphidophaga, Proceedings of a Symposium held at Zvíkovské Podhradí, September 2–8, 1984: 29–35. Academia Praha.

Hemptinne, J. L. & Dixon, A. F. G. (1991): Why ladybirds have generally been so ineffective in biological control? – In: Polgar, L., Chambers, R. J., Dixon, A. F. G. & Hodek, I. (eds.): Behaviour and impact of Aphidophaga. – Netherland: SPB Academic: 149–157.

Hemptinne, J. L., Naisse, J. & Os, S. (1988): Glimps of the life history of *Propylea quatuordecimpunctata* (L.) (Coleoptera: Coccinellidae). – Mededelingen van de Faculteit Landbouwwetenschappen, Rijksuniversiteit Gent **53**: 1175–1182.

Henderson, S. A. (1988): A correlation between B chromosome frequency and sex ratio in *Exochomus quadripustulatus*. – Chromosoma **96**: 376–381.

Henderson, S. A. & Albrecht, J. S. M. (1988): Abnormal and variable sex ratios in population samples of ladybirds (Col., Coccinellidae). – Biological Journal of the Linnean Society **35** (3): 275–296.

Hendrich, L., Morini, J., Haszprunar, G., Hebert, P. D. N., Hausmann, A., Köhler, F. & Balke, M. (2015): A comprehensive DNA barcode database for Central European beetles with a focus on Germany: adding more than 3500 identified species to BOLD. – Molecular Ecology Resources **15**: 795–818.

Hennig, W. (1950): Grundzüge einer Theorie der phylogenetischen Systematik. – Deutscher Zentralverlag, Berlin: 370 S.

Hering, E. M. (1951): Biology of the Leaf Miners. – W. Junk, Den Haag, 420 pp.

Hering, J. & Grimm, H. (2017): On the Diet of the House Sparrow *Passer domesticus rufidorsalis* in Northern Sudan and Southern Egypt. – Alauda **85** (2): 145–150.

Herting, B. (1960): Biologie der westpaläarktischen Raupenfliegen. Dipt. Tachinidae. – Monografien zur angewandten Entomologie Nr. **16**: 46–47.

Herting, B. (1971): Beiträge zur Kenntnis der europäischen Raupenfliegen (Dipt. Tachinidae). – Stuttgarter Beiträge zur Naturkunde, Serie A (Biologie), Nr. **237**: 1–18.

Hieke, F. & Pietrzeniuk, E. (1984): Die Bernstein-Käfer des Museums für Naturkunde, Berlin (Insecta, Coleoptera). – Mitteilungen aus dem Zoologischen Museum Berlin **60** (2): 297–326.

Hippa, H., Koponen, S. & Laine, T. (1978): On the feeding biology of *Coccinella hieroglyphica* L. (Col., Coccinellidae). – Report of the Kevo Subarctic Research Station **14**: 18–20.

Hippa, H., Koponen, S. & Roine, R. (1982): Feeding preference of *Coccinella hieroglyphica* (Col., Coccinellidae) for eggs of three chrysomelid beetles. – Report of the Kevo Subarctic Research Station **18**: 1–4.

Hippa, H., Koponen, S. & Roine, R. (1984): Larval growth of *Coccinella hieroglyphica* (Col., Coccinellidae) fed on aphids and preimaginal stages of *Galerucella sagittariae* (Col., Chrysomelidae). – Report of the Kevo Subarctic Research Station **19**: 67–70.

Hochmuth, R. C., Hellman, J. L., Dively, G. & Schroder, R. F. W. (1987): Effect of ectoparasitic mite *Coccipolipus epilachnae* (Acari: Podapolipidae) on feeding, fecundity, and longevity of soybean-fed adult Mexican bean beetles (Coleoptera Coccinellidae) at different temperatures. – The Journal of Economic Entomology **80** (3): 612–616.

Hodek, I. (1956): The influence of *Aphis sambuci* L. as prey of the ladybird beetle *Coccinella 7-punctata*. – Acta Societatis zoologicae bohemoslovacae **20**: 62–74.

Hodek, I. (1957): The influence of *Aphis sambuci* L. as food for *Coccinella 7-punctata* L. II. – Acta Societatis Entomologicae Cechoslovaciae **54**: 10–17.

Hodek, I. (1958): Influence of temperature, rel. humidity and photoperiodicity on the speed of development of *Coccinella septempunctata* L. – Acta Societatis zoologicae bohemoslovacae **55**: 121–141.

Hodek, I. (1962a): Essential and alternative food in insects. – XI. Internationaler Kongress für Entomologie Wien 1960, Verhandlungen **2**: 698–699.

Hodek, I. (1962b): Experimental influencing of the imaginal diapause in *Coccinella septempunctata* L. (Col., Coccinellidae) 2nd part. – Časopis České Společnosti Entomologické **59**: 297–313.

Hodek, I. (1966, ed.): Ecology of Aphidophagous Insects, Proceedings of a Symposium held in Liblice near Prague, September 27 – October 1, 1965. – Academia Prague. 360 S. + 10 Tafeln.

Hodek, I. (1967): Bionomics and ecology of predaceous Coccinellidae. – Annual Review of Entomology **12**: 79–104.

Hodek, I. (1970): Termination of diapause in two coccinellids (Coleoptera). – Acta entomologica bohemoslovaca **67** (4): 218–222.

Hodek, I. (1973): Biology of Coccinellidae with keys for identification of larvae by co-authors. – Dr. W. Junk, The Hague, ACADEMIA, Prague, 260 S. + 32 Tafeln.

Hodek, I. (1979): Photoperiodic response in relation to diapause in *Coccinella septempunctata* (Coleoptera). – Acta entomologica bohemoslovaca **76**: 209–218.

Hodek, I. (1986, ed.): Ecology of Aphidophaga 2. Proceedings of a Symposium held at Zvíkovské Podhradí, September 2-8, 1984. – Academia Praha. 562 S.

Hodek, I. (1996): 6 Food relationships. – In: Hodek, I. & Honěk, A. (1996): Ecology of Coccinellidae. – Series Entomologica **54**. Kluwer Academic Publishers Dordrecht, Boston, London. S. 143–238.

Hodek, I. & Čerkasov, J. (1961): Prevention and artificial induction of imaginal diapause in *Coccinella septempunctata* L. (Col.: Coccinellidae). – Entomologia Experimentalis et Applicata **4**: 179–190.

Hodek, I. & Evans, E. W. (2012): Food relationships. S. 141–274. – In: Hodek, I., Emden, H. F. van & Honěk, A. (eds.): Ecology and Behaviour of the Ladybird Beetles (Coccinellidae). – Wiley-Blackwell Publishing Ltd.

Hodek, I. & Honěk, A. (1996): Ecology of Coccinellidae. – Series Entomologica **54**. Kluwer Academic Publishers Dordrecht, Boston, London. 464 S.

Hodek, I. & Landa, V. (1971): Anatomical and histological changes during dormancy in two Coccinellidae. – Entomophaga **16** (2): 239–251.

Hodek, I. & Michaud, J. P. (2008): Why is *Coccinella septempunctata* so successful? (A point-of-view). – European Journal of Entomology **105** (1): 1–12.

Hodek, I. & Růžička, Z. (1977): Insensitivity to photoperiod after diapause in *Semiadalia undecimnotata* (Col. Coccinellidae). – Entomophaga **22** (2): 169–174.

Hodek, I., Emden, H. F. van & Honěk, A. (eds.) (2012): Ecology and Behaviour of the Ladybird Beetles (Coccinellidae). – Wiley-Blackwell Publishing Ltd., 561 pp.

Hodek, I., Iperti, G. & Hodková, A. (1993): Long-distance flights in Coccinellidae (Coleoptera). – European Journal of Entomology **90**: 403–414.

Hodek, I., Iperti, G. & Rolley, F. (1977): Activation of hibernating *Coccinella septempunctata* (Coleoptera) and *Perilitus coccinellae* (Hymenoptera) and the photoperiodic response after diapause. – Entomologia Experimentalis et Applicata **21**: 275–286.

Hoebeke, E. R. (1984): New records of *Scymnus (Pullus) suturalis* in eastern North America (Col., Coccinellidae). – Coleopterists Bulletin **38**: 312.

Hoebeke, E. R. & A. G. Wheeler (1980): New distribution records of *Coccinella septempunctata* L. in the eastern United States (Coleoptera, Coccinellidae). – Coleopterists Bulletin **34**: 209–212.

Hoelmer, K. A., Osborne, L. S. & Yokomi, R. K. (1993): Reproduction and feeding behavior of *Delphastus pusillus* (Coleoptera: Coccinellidae), a predator of *Bemisia tabaci* (Homoptera: Aleyrodidae). – Journal of Economic Entomology **86**: 322–329.

Hofmann, W. (1970): Die Gattung *Eriopis* Mulsant (Col. Coccinellidae). – Mitteilungen der Münchner Entomologischen Gesellschaft **60**: 102–116.

Holloway, G. J., De Jong, P. W., Brakefield, P. M. & H. De Vos (1991): Chemical defence in ladybird beetles (Coccinellidae). I. Distribution of coccinelline and individual variation in defence in 7-spot ladybirds (*Coccinella septempunctata*). – Chemoecology **2**: 7–14.

Honěk, A. (1975): Colour polymorphism in *Adalia bipunctata* in Bohemia (Col., Coccinellidae). – Entomologica Germanica **1**: 293–299.

Honěk, A. (1977): Annual variation in the complex of aphid predators: investigation by light trap. – Acta entomologica bohemoslovaca **74**: 345–348.

Honěk, A. (1980): Population density of aphids at the time of settling and ovariole maturation in *Coccinella septempunctata* (Col., Coccinellidae). – Entomophaga **25**: 427–430.

Honěk, A. (1981): Aphidophagous Coccinellidae (Coleoptera) and Chrysopidae (Neuroptera) on three weeds: factors determining the composition of population. – Acta entomologica bohemoslovaca **78**: 303–310.

Honěk, A. (1982a): Factors which determine the composition of field communities of adult aphidophagous Coccinellidae (Coleoptera). – Zeitschrift für angewandte Entomologie **94** (2): 157–168.

Honěk, A. (1982b): The distribution of overwintering *Coccinella septempunctata* L. (Col., Coccinellidae) adults in agricultural crops. – Zeitschrift für angewandte Entomologie **94**: 311–319.

Honěk, A. (1983): Factors affecting the distribution of larvae of aphid predators (Col., Coccinellidae and Dipt., Syrphidae) in cereal stands. – Zeitschrift für angewandte Entomologie **95** (4): 336–345.

Honěk, A. (1985): Activity and predation of *Coccinella septempunctata* adults in the field (Col., Coccinellidae). – Zeitschrift für angewandte Entomologie **100**: 399–409.

Honěk, A. (1989): Overwintering and annual changes of abundance of *Coccinella septempunctata* in Czechoslovakia (Coleoptera, Coccinellidae). – Acta entomologica bohemoslovaca **86**: 179–192.

Honěk, A., Martinkova, Z., Dixon, A. F. G., Roy, H. E. & Pekár, S. (2016): Long-term changes in communities of native coccinellids: population fluctuations and the effect of competition from an invasive non-native species. – Insect Conservation and Diversity **9**: 202–209.

Höregott, H. (1960): Untersuchungen über die qualitative und quantitative Zusammensetzung der Arthopodenfauna in den Kiefernkronen. – Beiträge zur Entomologie **10** (7/8): 891–916.

Horion, A. (1935): Nachtrag zu Fauna Germanica. Die Käfer des Deutschen Reiches von Edmund Reitter. – Goecke Verlag, Krefeld. 358 S.

Horion, A. (1938): Studien zur deutschen Käferfauna II. Die periodischen Klimaschwankungen und ihr Einfluß auf die thermophilen Käfer in Deutschland. – Entomologische Blätter **34** (3): 127–140.

Horion, A. (1939a): Studien zur deutschen Käferfauna III. Weitere Beispiele für das sporadische und periodische Auftreten thermophiler Käfer in Deutschland. – Entomologische Blätter **35** (1): 3–18.

Horion, A. (1939b): Zur Käferfauna der Rheinprovinz. Nachtrag XVIII. 5. Weitere neue und seltene Käfer für die Rheinprovinz. – Entomologische Blätter **35** (4): 133–142.

Horion, A. (1949): Käferkunde für Naturfreunde. – Vittorio Klostermann, Frankfurt am Main. 292 S.

Horion, A. (1951): Verzeichnis der Käfer Mitteleuropas (Deutschland, Österreich, Tschechoslowakei) mit kurzen faunistischen Angaben. 2 Bände. – Alfred Kernen Verlag, Stuttgart. 536 S.

Horion, A. (1956): Koleopterologische Neumeldungen für Deutschland. II. Reihe. (3. Nachtrag zum »Verzeichnis der mitteleuropäischen Käfer«). – Deutsche Entomologische Zeitschrift N. F. **3** (1): 1–13.

Horion, A. (1960): Koleopterologische Neumeldungen für Deutschland. IV. Reihe (7. Nachtrag zum »Verzeichnis der mitteleuropäischen Käfer«). – Mitteilungen der Münchner Entomologischen Gesellschaft **50**: 119–162.

Horion, A. (1961): Faunistik der mitteleuropäischen Käfer. Band VIII: Clavicornia 2. Teil. (Thorictidae bis Cisidae), Teredilia, Coccinellidae. – Überlingen – Bodensee, Aug. Feyel. 375 S.

Horion, A. (1966): Neue und bemerkenswerte Käfer in Deutschland. 8. Nachtrag zum »Verzeichnis der mitteleuropäischen Käfer« – Entomologische Blätter **61** (3) [1965]: 134–181.

Horion, A. (1969): Neunter Nachtrag zum Verzeichnis der mitteleuropäischen Käfer. – Entomologische Blätter **65** (1): 1–47.

Horn, D. J. (1991): Potential impact of *Coccinella septempunctata* on endangered Lycaenidae (Lepidoptera) in NW Ohio, U.S.A. 159–162. – In: Polgar, L., Chambers, R. J., Dixon, A. F. G. & Hodek, I.: Behaviour and impact of Aphidophaga. SPB Academic Publishers, The Hague.

Horn, W., Kahle, I., Friese, G. & Gaedike, R. (1990): Collectiones entomologicae. Ein Kompendium über den Verbleib entomologischer Sammlungen der Welt bis 1960. Teil I: A bis K: 1–220. Teil II: L bis Z: 221–573. – Akademie der Landwirtschaftswissenschaften der Deutschen Demokratischen Republik, Berlin.

Hornig, U. (2017): Beispiele zur Mustererkennung in Datenbanken (Coleoptera). – Entomologische Nachrichten und Berichte **61** (2): 123–126.

Hornig, U., Franke, R., Gebert, J., Hoffmann, W., Jäger, O., Klausnitzer, B., Lorenz, J., Richter, W. & Sieber, M. (2013): Neues aus der Käferfauna Sachsens (Coleoptera). – Entomologische Nachrichten und Berichte **57** (3): 113–119.

Houck, M. A. (1991): Time and resource partitioning in *Stethorus punctum* (Coleoptera, Coccinellidae). – Environmental Entomology **20** (2): 494–497.

Hukusima, S. & Kamei, M. (1970): Effects of various species of aphids as food on development, fecundity and Longevity of *Harmonia axyridis* Pallas (Coleoptera: Coccinellidae). – Research Bulletin of the Faculty of Agriculture. Gifu University **29**: 53–66.

Hunt, T., Bergsten, J., Levkanicova, Z., Papadopoulou, A., St. John, O., Wild, R., Hammomde, P. M., Ahrens, D., Balke, M., Caterino, M. S., Gómez-Zurita, J., Ribera, I., Barraclough, T. G., Bocakova, M., Bocak, L. & Vogler, A. P. (2007): A comprehensive phylogeny of beetles reveals the evolutionary origins of a superradiation. – Science **318**: 1913–1916.

Hurst, G. D. D. & Majerus, M. E. N. (1993): Why do maternally inherited microorganisms kill males? – Heredity **71**: 81–95.

Hurst, G. D. D., Majerus, M. E. N. & Walker, L. E. (1992): Cytoplasmatic male killing elements in *Adalia bipunctata* (Linnaeus) (Coleoptera: Coccinellidae). – Heredity **69**: 84–91.

Hurst, G. D. D., Sharpe, R. G., Broomfield, A. H., Walker, L. E., Majerus, T. M. O., Zakharov, I. A. & Majerus, M. E. N. (1995): Sexually transmitted disease in a promiscuous insect, *Adalia bipunctata*. – Ecological Entomology **20**: 230–236.

Hurst, G. D. D., Majerus, M. E. N. & Fain, A. (1997): Coccinellidae (Coleoptera) as vectors of mites. – European Journal of Entomology **94**: 317–319.

Husband, R. W. (1972): A New Genus and Species of Mite (Acarina: Podalopididae) Associated with the Coccinellid *Cycloneda sanguinea*. – Annals of the Entomological Society of America **65** (5): 1099–1104.

Hüsing, J. O. (1990): Masseninvasion von Marienkäfern im Ostseebereich im Juli 1989. – Entomologische Nachrichten und Berichte **34** (2): 84.

I

Iablokoff-Khnzorian, S. M. (1971): Synopsis des *Hyperaspis* Palaearctiques (Col., Coccinellidae). – Annales de la Société Entomologique de France (N. S.) **7** (1): 163–200.

Iablokoff-Khnzorian, S. M. (1976): Die palaearktischen Genera der Marienkäfer-Tribus Scymnini nebst Bemerkungen über *Scymnus fuscatus* (Coleoptera: Coccinellidae). – Entomologica Germanica **2** (4): 374–380.

Iablokoff-Khnzorian, S. M. (1979): Genera der paläarktischen Coccinellini. – Entomologische Blätter **75**: 37–75.

Iablokoff-Khnzorian, S. M. (1982): Les Coccinelles, Coléoptères – Coccinellidae. – Editions Boubée, Paris. 568 pp.

Iperti, G. (1964): Les parasites des Coccinelles aphidiphages dans les Basses-Alpes et les Alpes-Maritimes. – Entomophaga **9** (2): 153–180.

Iperti, G. (1965): The natural enemies of aphidophagous Coccinellids. – In: Hodek, I. (ed.): Ecology of Aphidophagous Insects, Proceedings of a Symposium held in Liblice near Prague, September 27 – October 1, 1965: 185–187. – Academia Prague.

Iperti, G. & Waerebeke, D. van (1968): Description, biologie et importance d'une nouvelle espèce d'Allantonematidae (Nématode), parasite des coccinelles aphidiphages: *Parasitylenchus coccinellae*, n. sp. – Entomophaga **13** (2): 107–119.

Ireland, H., Kearns, P. W. E. & M. E. N. Majerus (1986): Interspecific hybridisation in the Coccinellidae: some observations on an old controversy. – Entomologist's Rec. and J. of Var. **98**: 181–185.

Iwan, D. (1988): Beetles Coleoptera occurring on the inflorescences of carrot *Daucus carota* L. and wild Umbelliferae in the Vicinity of Poznan Poland. – Polskie Pismo Entomologiczne **58** (2): 447–464.

Izraylevich, S. & Gerson, U. (1993): Population dynamics of *Hemisarcoptes coccophagus* Meyer (Astigmata: Hemisarcoptidae) attacking three species of armored scale insects (Homoptera: Diaspididae). – Experimental and Applied Acarology **17**: 877–888.

J

Jäckel, A. J. (1861): Aphorismen über Volkssitte, Aberglauben und Volksmedizin in Franken, mit besonderer Rücksicht auf Oberfranken. – Abhandlungen Naturhistorische Gesellschaft Nürnberg **2**: 148–258.

Jaeschke, G. (1987): Untersuchung zur Artenzusammensetzung und Dominanz verkehrstoter Insekten – erste Ergebnisse. – Naturschutzarbeit in Berlin und Brandenburg **23** (2/3): 70–83.

Jäger, E. J. (Hrsg.) (2011): Rothmaler – Exkursionsflora von Deutschland, Grundband. 20. Aufl. – Spektrum Akademischer Verlag Heidelberg. 930 S.

Jäger, O., Brunk, I. & Lorenz, J. (2016): Zur Insekten- und Spinnenfauna der Kleinraschützer Heide bei Großenhain in Sachsen – Allgemeiner Teil und Käfer (Coleoptera). – Sächsische Entomologische Zeitschrift **8** [2014/2015]: 30–67.

Jalali, M. A., Tirry, L. & De Clercq, P. (2009): Effects of food and temperature on development, fecundity and life-table parameters of *Adalia bipunctata* (Coleoptera: Coccinellidae). – Journal of Applied Entomology **133** (8): 615–625.

Janczyk, F. (1963): Direktor Leopold Mader †. – Annalen des Naturhistorischen Museums in Wien **66**: 17.

Jelínek, J. (1993): Check-list of Czechoslovak Insects IV. (Coleoptera). Seznam československých brouků. – Folia Heyrovskyana, Supplementum 1. Praha. 172 S.

Jiggins, Ch., Majerus, M. & Gough, U. (1993): Ant defence of colonies of *Aphis fabae* Scopoli (Hemiptera: Aphididae), against predation by ladybirds. – British Journal of Entomology and Natural History **6**: 130–137.

Jöhnssen, A. (1930): Beiträge zur Entwicklungs- und Ernährungsbiologie einheimischen Coccinelliden unter besonderer Berücksichtigung von *Coccinella septempunctata* L. – Zeitschrift für angewandte Entomologie **16**: 87–158.

JONES, R. A. (1999): Aggregation of over one million 16-spot ladybirds in a bramble hedge, and »blushing« in two specimens. – British Journal of Entomology and Natural History **12**: 89–91.

JONG, P. W. DE, HOLLOWAY, G. J., BRAKEFIELD, P. M. & VOS, H. DE (1991): Chemical defence in ladybird beetles (Coccinellidae). II. Amount of reflex fluid, the alkaloid adaline and individual variation in defence in 2-spot ladybirds (*Adalia bipunctata*). – Chemoecology **2**: 15–19.

JUNG, M. (1974): Ein neuer Fundort von *Synharmonia lyncaea* (OL.). – Entomologische Nachrichten **18** (10): 158.

JUNG, M. (1987): Zur Verbreitung von *Oenopia lyncaea* OLIV. (Col., Coccinellidae) im nördlichen Harzvorland. – Entomologische Nachrichten und Berichte **31** (4): 177.

JUNG, M. (2001): Coleopterologische Neu- und Wiederfunde in Sachsen-Anhalt. – Entomologische Nachrichten und Berichte **45** (1): 37–46.

K

KAHLEN, M. (2018): Die Käfer von Südtirol. Ein Kompendium. – Veröffentlichungen des Naturmuseums Südtirol Nr. **13**: 604 S.

KAIRO, M. T. K., PARAISO, O., GAUTAM, R. D. & PETERKIN, D. D. (2013): *Cryptolaemus montrouzieri* (MULSANT) (Coccinellidae: Scymninae): a review of biology, ecology, and use in biological control with particular reference to potential impact on non-target organisms. – CAB Reviews **8** (5): 1–20.

KAISER, H. & W. R. NICKLE (1985): Mermithiden (Mermithidae, Nematoda) parasitieren Marienkäfer (*Coccinella septempunctata* L.) in der Steiermark. – Mitteilungen des naturwissenschaftlichen Vereins in der Steiermark **115**: 115–118.

KALASKAR, A. & EVANS, E. W. (2001): Larval responses of aphidophagous lady beetles (Coleoptera: Coccinellidae) to weevil larvae versus aphids as prey. – Annals of the Entomological Society of America **94**: 76–81.

KAMIYA, H. (1965): Comparative Morphology of Larvae of the Japanese Coccinellidae, with Special Reference to the Tribal Phylogeny of the Family (Coleoptera). – The Memoirs of the Faculty of Liberal Arts, Fukui University, Ser. II, Natural Science, **14** (5): 83–100.

KANEKO, S. (2017): Establishment and yearly/seasonal occurrence of the exotic coccidophagous ladybird *Cryptolaemus montrouzieri* (Coleoptera: Coccinellidae) in citrus groves in Shizuoka City, central Japan: a 5-year survey on adult numbers. – Applied Entomology and Zoology **52** (2): 231–240.

KANERVO, V. (1940): Beobachtungen und Versuche zur Ermittlung der Nahrung einiger Coccinelliden. – Annales Entomologici Fennici **6**: 89–110.

KANERVO, V. (1946): Studien über die natürlichen Feinde des Erlenblattkäfers *Melasoma aenea* L. (Col., Chrysomelidae). – Annales of the Zoological Society Fennici **12**: 1–206.

KAPUR, A. P. (1948): On the genus *Tetrabrachys* (*Lithophilus*) with notes on its biology and a key to the species (Coleoptera, Coccinellidae). – The Transactions of the entomological Society of London **99**: 319–340.

KAPUR, A. P. (1950): The biology and external morphology of the larvae of Epilachninae (Coleoptera: Coccinellidae). – Bulletin of Entomological Research **41**: 161–208, Tafel VI.

KAPUR, A. P. (1970): Phylogeny of ladybeetles. – Proceedings of the 57th Indian Science Congress Part II: 1–14.

KARG, W. (1989): Acari (Acarina), Milben Unterordnung Parasitiformes (Anactinochaeta) Uropodina KRAMER, Schildkrötenmilben. – In: DAHL, F., Die Tierwelt Deutschlands 67. Teil. – VEB Gustav Fischer Verlag Jena, 1–203.

KARILUOTO, K. T. (1978): Optimum levels of sorbic acid and methyl-p-hydroxybenzoate in an artificial diet for *Adalia bipunctata* (Coleoptera, Coccinellidae) larvae. – Annales Entomologici Fennici **44**: 94–97.

KARILUOTO, K. T. (1980): Survival and fecundity of *Adalia bipunctata* (Coleoptera, Coccinellidae) and some other predatory insect species on an articifial diet and a natural prey. – Annales Entomologici Fennici **46** (4): 101–106.

KARILUOTO, K., E. JUNNIKKALA & M. MARKKULA (1976): Attempts at rearing *Adalia bipunctata* L. (Col., Coccinellidae) on different artificial diets. – Annales Entomologici Fennici **42**: 91–97.

KATAKURA, H. & T. HOSOGAI (1994): Performance of hybrid ladybird beetles (*Epilachna* spp.) on the host plants of parental species. – Entomologia Experimentalis et Applicata **71**: 81–85.

KATAKURA, H., NAKANO, S., HOSOGAI, T. & KAHONO, S. (1994): Female internal reproductive organs, modes of sperm transfer, and phylogeny of Asian Epilachninae (Coleoptera: Coccinellidae). – Journal of Natural History **28**: 577–583.

KAVEIRA, P. & PERRY, R. (1989): Leaf overlap and the ability of ladybird beetles to search among plants (Col., Coccinellidae). – Ecological Entomology **14**: 127–129.

KAWAI, A. (1978): Sibling cannibalism in the first instar larvae of *Harmonia axyridis* PALLAS (Coleoptera, Coccinellidae). – Kontyû **46**: 14–19.

KEFERSTEIN, CH. (1827): Ueber den unmittelbaren Nutzen der Insekten. – Erfurt, In der Maring'schen Buchhandlung.

KEITEL, M. & KLAUSNITZER, B. (2002): *Clitostethus arcuatus* (ROSSI, 1794) in der Oberlausitz – neu für Sachsen (Col., Coccinellidae). – Entomologische Nachrichten und Berichte **46** (2): 133–134.

Kellner, A. (1873): Verzeichnis der Käfer Thüringens mit Angabe der nützlichen und der für Forst-, Land und Gartenwirthschaft schädlichen Arten. – Gotha.

Kendall, D. A. (1971): A note on reflex bleeding in the larvae of the beetle *Exochomus quadripustulatus* (L.) (Col.: Coccinellidae). – The Entomologist **104**: 233–235.

Kesel, De, A. (2011): *Hesperomyces* (Laboulbeniales) and Coccinellid hosts. – Sterbeeckia **30**: 32–37.

Kesten, U. (1969): Zur Morphologie und Biologie von *Anatis ocellata* (L.) (Coleoptera, Coccinellidae). – Zeitschrift für angewandte Entomologie **63**: 412–445.

Khan, A. A., Qureshi, J. A., Afzal, M. & Stansly, P. A. (2016): Two-Spotted Ladybeetle *Adalia bipunctata* L. (Coleoptera: Coccinellidae): A commercially available predator to control Asian Citrus Psyllid *Diaphorina citri* (Hemiptera: Liviidae). – PLOS ONE **11** (9): e0162843.

Kirejtshuk, A. G. & Nel, A. (2012): The oldest representatives of the family Coccinellidae (Coleoptera: Polyphaga) from the Lowermost Eocene Oise amber (France). – Zoosystematica Rossica **21** (1): 131–144.

Klausnitzer, B. (1958): Coccinelliden des Oberlausitzer Wald- und Teichgebietes (Fortsetzung). – Nachrichtenblatt der Oberlausitzer Insektenfreunde **2** (2): 17–20.

Klausnitzer, B. (1959a): Coccinelliden des Oberlausitzer Wald- und Teichgebietes (IV. Teil). – Nachrichtenblatt der Oberlausitzer Insektenfreunde **3** (3): 34-35.

Klausnitzer, B. (1959b): Coccinelliden des Oberlausitzer Wald- und Teichgebietes (V. Teil). – Nachrichtenblatt der Oberlausitzer Insektenfreunde **3** (11): 129–131.

Klausnitzer, B. (1960): Zur Verbreitung der Scymnini in Ostsachsen (Col., Coccinellidae). – Nachrichtenblatt der Oberlausitzer Insektenfreunde **4** (7): 77–80.

Klausnitzer, B. (1961): Zur Verbreitung der Coccinelliden (Col.) in Ostsachsen. – Natura Lusatica **5**: 73–91.

Klausnitzer, B. (1964): Zum Vorkommen von *Exochomus nigromaculatus* Gze. in Ostsachsen. – Mitteilungen der Deutschen Entomologischen Gesellschaft **23** (5/6): 86–88.

Klausnitzer, B. (1965a): Zur Biologie der *Epilachna argus* Geoffr. (Col., Coccinellidae). – Entomologische Nachrichten **9** (6): 87–89.

Klausnitzer, B. (1965b): Beitrag zur Coccinellidenfauna einer Kiefernschonung (Col.). – Mitteilungen der Deutschen Entomologischen Gesellschaft **24** (3): 45–48.

Klausnitzer, B. (1966): Relation of Different Species of Coccinellidae to the Habitat of Fir-Forests. – In: Hodek, I. (ed.): Ecology of Aphidophagous Insects, Proceedings of a Symposium held in Liblice near Prague, September 27 – October 1, 1965: 165–166. Academia Prague.

Klausnitzer, B. (1967a): Zur Kenntnis der Beziehungen der Coccinellidae zu Kiefernwäldern (*Pinus silvestris* L.). – Acta entomologica bohemoslovaca **64** (1): 62–68.

Klausnitzer, B. (1967b): Beobachtungen von Coccinelliden an künstlichem Licht. – Entomologische Nachrichten **11** (1): 10–11.

Klausnitzer, B. (1967c): Beobachtungen an Coccinellidenparasiten (Hymenoptera, Diptera). – Entomologische Abhandlungen Staatliches Museum für Tierkunde Dresden **32** (17): 305–309.

Klausnitzer, B. (1967d): Die Coccinellidenfauna der Oberlausitz in zoogeographischer Sicht. – Verhandlungen II. Entomologisches Symposium über die Probleme der faunistischen und entomogeographischen Erforschung der Tschechoslowakei und Mitteleuropas, Opava 21.–23.IX.1966: 163–169.

Klausnitzer, B. (1967e): Zur Parasitierung von *Haltica oleracea* (L.) (Col., Chrysomelidae). – Entomologische Nachrichten **11** (6/7): 88–89.

Klausnitzer, B. (1967f): Übersicht über die Nahrung der einheimischen Coccinellidae (Col.). – Entomologische Berichte **1966** (2): 91–101.

Klausnitzer, B. (1968a): Zur Biologie von *Myrrha octodecimguttata* (L.) (Col., Coccinellidae). – Entomologische Nachrichten **12** (9): 102–104.

Klausnitzer, B. (1968b): Ein Fund von *Semiadalia alpina* (Villa) in Sachsen (Col. Coccinellidae). – Abhandlungen und Berichte des Naturkundemuseums Görlitz **43** (6): 29.

Klausnitzer, B. (1969a): *Degeeria luctuosa* Mg. (Diptera, Tachinidae) as a parasite of *Synharmonia conglobata* L. (Coleoptera, Coccinellidae). – Revue d'Entomologie de l'URSS **48** (3): 500–501. (russisch)

Klausnitzer, B. (1969b): Zur Kenntnis der Entomoparasiten mitteleuropäischer Coccinellidae. – Abhandlungen und Berichte des Naturkundemuseums Görlitz **44** (9): 1–15.

Klausnitzer, B. (1969c): Zur Kenntnis der Larve von *Lithophilus connatus* (Panzer) (Col., Coccinellidae). – Entomologische Nachrichten **13** (4): 33–36.

Klausnitzer, B. (1969d): Zur Unterscheidung der Eier mitteleuropäischer Coccinellidae. – Acta entomologica bohemoslovaca **66**: 146–149.

Klausnitzer, B. (1970a): Zur Larvalsystematik der mitteleuropäischen Coccinellidae (Col.). – Entomologische Abhandlungen Staatliches Museum für Tierkunde Dresden **38**: 55–110.

Klausnitzer, B. (1970b): Zur Kenntnis der Larven der palaearktischen *Brumus*-Arten (Col., Coccinellidae). – Entomologische Nachrichten **14** (4): 52–55.

KLAUSNITZER, B. (1971a): Über die verwandtschaftlichen Beziehungen der Lithophilinae und Coccidulini (Col., Coccinellidae). – Deutsche Entomologische Zeitschrift N. F. **18** (1–3): 145–148.

KLAUSNITZER, B. (1971b): Zur Stellung der Lithophilinae unter besonderer Berücksichtigung larvaler Merkmale (Coleoptera, Coccinellidae). – Proceedings of XIII. International Congress of Entomology Moskow 2.–9. August, 1968 **1**: 155.

KLAUSNITZER, B. (1972a): Überwinterung von *Scymnus*-Larven? (Col., Coccinellidae). – Entomologische Nachrichten **16** (5): 50–52.

KLAUSNITZER, B. (1972b): Zur Biologie einheimischer Käferfamilien: 8. Coccinellidae. – Entomologische Berichte **1971** (3): 86–97.

KLAUSNITZER, B. (1973a): Bestimmungstabelle für mitteleuropäische Coccinellidenlarven nach leicht sichtbaren Merkmalen. – Beiträge zur Entomologie **23**: 93–98.

KLAUSNITZER, B. (1973b): Zur Kenntnis der Larven der paläarktischen Arten von *Harmonia* MULS., *Adonia* MULS. und *Tytthaspis* CROTCH (Col., Coccinellidae). – Annales Zoologici, Warszawa **30**: 375–385.

KLAUSNITZER, B. (1976): Katalog der Entomoparasiten der mitteleuropäischen Coccinellidae (Col.). – Studia entomologica forestalia **2** (7): 121–130.

KLAUSNITZER, B. (1978): Coccinellidae. – In: KLAUSNITZER, B. (Hrsg.) Bestimmungsbücher zur Bodenfauna Europas, Lieferung 10, Ordnung Coleoptera (Larven). – W. Junk, The Hague.

KLAUSNITZER, B. (1982): Großstädte als Lebensräume für das mediterrane Faunenelement. – Entomologische Nachrichten und Berichte **26** (2): 49-57.

KLAUSNITZER, B. (1985a): Zur Kenntnis der *Hyperaspis*-Arten der DDR. – Entomologische Nachrichten und Berichte **29** (6): 271–274.

KLAUSNITZER, B. (1985b): Bemerkungen über die Ursachen und die Entstehung der Monophagie bei Insekten. – Biologische Rundschau **23**: 99–106.

KLAUSNITZER, B. (1986a): Beiträge zur Insektenfauna der DDR: Verzeichnis der bisher in der DDR nachgewiesenen Coccinellidae (Col.). – Beiträge zur Entomologie **36**: 245–253.

KLAUSNITZER, B. (1986b): Zur Kenntnis der Coccinellidenfauna der DDR (Col.). – Entomologische Nachrichten und Berichte **30** (6): 237–241.

KLAUSNITZER, B. (1989a): Bemerkungen zur Larvalsystematik der Clavicornia, speziell der Coccinellidae und zu *Epilachna argus* (Col.). – Verhandlungen Westdeutscher Entomologentag Düsseldorf **1988**: 29–38.

KLAUSNITZER, B. (1989b): Marienkäferansammlungen am Ostseestrand (Col., Coccinellidae). – Entomologische Nachrichten und Berichte **33** (5): 189–194.

KLAUSNITZER, B. (1992a): Coccinelliden als Prädatoren der Holunderblattlaus (*Aphis sambuci* L.) im Wärmefrühjahr 1992. – Entomologische Nachrichten und Berichte **36** (3): 185–190.

KLAUSNITZER, B. (1992b): Spülsäume von Coccinelliden (Col.) an der Westküste des Darß. – Entomologische Nachrichten und Berichte **36** (3): 212–213.

KLAUSNITZER, B. (1993a): Mögliche 2. Generation bei *Chilocorus bipustulatus* (SCRIBA) (Col., Coccinellidae). – Entomologische Nachrichten und Berichte **37** (1): 59–60.

KLAUSNITZER, B. (1993b): Zur Biologie von *Scymnus subvillosus* (GOEZE) (Col., Coccinellidae). – Entomologische Blätter **89**: 83–86.

KLAUSNITZER, B. (1993c): Zur Eignung der Marienkäfer (Coccinellidae) als Biodeskriptoren (Indikatoren, Zeigergruppe) für Landschaftsplanung und UVP in Deutschland. – Insecta **1** (2): 184–193.

KLAUSNITZER, B. (1993d): Zur Nahrungsökologie der mitteleuropäischen Coccinellidae (Col.). – Jahresberichte des Naturwissenschaftlichen Vereins in Wuppertal **46**: 15–22.

KLAUSNITZER, B. (1993e): Widersprüche zwischen Larval- und Imaginalsystem – ein Spannungsfeld der Taxonomie – dargestellt an Beispielen aus der Ordnung der Käfer (Coleoptera) (Kurzfassung). – Verhandlungen Westdeutscher Entomologentag Düsseldorf **1991**: 1–6.

KLAUSNITZER, B. (1993f): Ökologie der Großstadtfauna. 2. bearbeitete und erweiterte Auflage. – Gustav Fischer Verlag Jena Stuttgart. 454 S., 104 Abbildungen, 139 Tabellen.

KLAUSNITZER, B. (1994a): Checklist der Marienkäfer (Coleoptera, Coccinellidae) Thüringens. – Check-Listen Thüringer Insekten, Teil **2**: 13–15.

KLAUSNITZER, B. (1994b): Weiterer Fund von *Oenopia impustulata* (L.) in Sachsen (Col., Coccinellidae). – Entomologische Nachrichten und Berichte **38** (4): 273–274.

KLAUSNITZER, B. (1995): Zum Gedenken an EDMUND REITTER (22. Oktober 1845 – 15. März 1920). – Entomologische Nachrichten und Berichte **39**: 156–157.

KLAUSNITZER, B. (1996a): Zum Gedenken an Dr. ERICH KREISSL (31. Oktober 1927 – 25. September 1995). – Zeitschrift der Arbeitsgemeinschaft Österreichischer Entomologen **48**: 117–124.

KLAUSNITZER, B. (1996b): Zum Gedenken an EDMUND REITTER (22. Oktober 1845 – 15. März 1920). – Entomologische Blätter **92**: 92–94.

KLAUSNITZER, B. (1997): Kommentiertes Verzeichnis der Marienkäfer (Coleoptera, Coccinellidae) des Freistaates Sachsen. – Mitteilungen Sächsischer Entomologen **36**: 7–11.

KLAUSNITZER, B. (1999): 91. Familie Coccinellidae. – In: KLAUSNITZER, B.: Die Larven der Käfer Mitteleuropas. 5. Band. Polyphaga Teil 4. – Goecke & Evers, Krefeld im Gustav Fischer Verlag Jena, Stuttgart, Lübeck, Ulm. 65–184.

KLAUSNITZER, B. (2002a): *Harmonia axyridis* (PALLAS, 1773) in Deutschland (Col., Coccinellidae). – Entomologische Nachrichten und Berichte **46** (3): 177–183.

KLAUSNITZER, B. (2002b): Bemerkenswerte Coccinellidae (Col.) aus der Umgebung von Marienberg (Erzgebirge). – Entomologische Nachrichten und Berichte **46** (3): 193–194.

KLAUSNITZER, B. (2003): Der Beitrag österreichischer Entomologen zur Erforschung der Marienkäfer (Coleoptera, Coccinellidae). – Denisia **8**: 91–120.

KLAUSNITZER, B. (2004a): *Calvia quindecimguttata* (FABRICIUS, 1777) (Col., Coccinellidae) – eine sehr seltene und kaum bekannte Marienkäferart in Sachsen [COL]. – Mitteilungen Sächsischer Entomologen **67**: 3–5.

KLAUSNITZER, B. (2004b): *Rhaphigaster nebulosa* (PODA, 1761) (Het., Pentatomidae) im Stadtgebiet von Dresden. – Entomologische Nachrichten und Berichte **48** (2): 135–137.

KLAUSNITZER, B. (2006a): Der Siebenpunkt (*Coccinella septempunctata* LINNAEUS, 1758) – Das Insekt des Jahres 2006 in Deutschland und Österreich (Col., Coccinellidae). – Entomologische Nachrichten und Berichte **50** (1/2): 5–27.

KLAUSNITZER, B. (2006b): *Harmonia axyridis* (PALLAS, 1773) besiedelt Sachsen (Coleoptera, Coccinellidae). – Mitteilungen Sächsischer Entomologen **76**: 10.

KLAUSNITZER, B. (2006c): Zum zeitlichen und räumlichen Ablauf der Besiedlung des Freistaates Sachsen durch *Harmonia axyridis* (PALLAS, 1773) (Coleoptera, Coccinellidae). – Mitteilungen Sächsischer Entomologen **77**: 3–4.

KLAUSNITZER, B. (2007a): *Harmonia axyridis* (PALLAS, 1773) – ein neuer Marienkäfer in der Oberlausitz (Coleoptera, Coccinellidae). – Berichte der Naturforschenden Gesellschaft der Oberlausitz **15**: 202–204.

KLAUSNITZER, B. (2007b): RICHARD KORSCHEFSKY (1902–1946) und seine grundlegenden Arbeiten über Coccinellidae und die Larven der Coleoptera. – Beiträge zur Entomologie **57** (2): 401–418.

KLAUSNITZER, B. (2010): Die Marienkäfer (Coleoptera, Coccinellidae) der Agrarlandschaft Mitteleuropas – Arteninventar, Stratenbindung und Neozoen. – Insecta **12**: 21–31.

KLAUSNITZER, B. (2011a): Coleoptera (Käfer) des Baruther Schafberges. – Berichte der Naturforschenden Gesellschaft der Oberlausitz, Supplement zu Band 18 – Baruther Schafberg und Dubrauker Horken: 169–182.

KLAUSNITZER, B. (2011b): Coleoptera – Käfer. Mit SCHMIDT, J. & HIEKE, F. (Carabidae), UHLIG, M. (Staphylinidae) & BEHNE, L. (Curculionoidea). – In: E. STRESEMANN; H.-J. HANNEMANN, B. KLAUSNITZER & K. SENGLAUB, KLAUSNITZER, B. (Hrsg.), Exkursionsfauna von Deutschland, Band 2, 11. neu bearbeitete und erweiterte Auflage. – Spektrum Akademischer Verlag Heidelberg: 330–571.

KLAUSNITZER, B. (2017a): Rückgang von *Adalia bipunctata* (LINNAEUS, 1758) (Coleoptera, Coccinellidae)? – Entomologische Nachrichten und Berichte **61** (2): 158–162.

KLAUSNITZER, B. (2017b): Die Arten der *Scymnus-frontalis*-Gruppe in der Oberlausitz (Coleoptera, Coccinellidae). – Berichte der Naturforschenden Gesellschaft der Oberlausitz **25**: 190–192.

KLAUSNITZER, B. (2018a): Gibt es einen Rückgang des Zweipunktes (*Adalia bipunctata* (LINNAEUS, 1758)) (Coleoptera, Coccinellidae) in Thüringen? – Mitteilungen des Thüringer Entomologenverbandes e. V. **25** (1): 16–19.

KLAUSNITZER, B. (2018b): Schildkrötenmilben (Uropodina) an *Calvia decemguttata* (LINNAEUS, 1767) (Coleoptera, Coccinellidae). – Entomologische Nachrichten und Berichte **62** (1): 71–72.

KLAUSNITZER, B. (2018c): Beißende Marienkäfer (Coleoptera, Coccinellidae). – Entomologische Nachrichten und Berichte **62** (1): 72-73.

KLAUSNITZER, B. (2018d): Zum Vorkommen von *Cryptolaemus montrouzieri* MULSANT, 1853 (Coleoptera, Coccinellidae) im Botanischen Garten Dresden. – Entomologische Nachrichten und Berichte **62** (2): 149–150.

KLAUSNITZER, B. (2018e): Rückgang des Zweipunktes, *Adalia bipunctata* (LINNAEUS, 1758), in der Oberlausitz? (Coleoptera, Coccinellidae). – Berichte der Naturforschenden Gesellschaft der Oberlausitz **26**: 148–151.

KLAUSNITZER, B. (2019a): Anmerkungen zur Mycophagie der Coccinellidae sowie zur Biologie von *Vibidia duodecimguttata* (PODA VON NEUHAUS, 1761) und *Halyzia sedecimguttata* (LINNAEUS, 1758) (Coleoptera). – Entomologische Nachrichten und Berichte **63** (1): 53–62.

KLAUSNITZER, B. (2019b): Parasitoide (Hymenoptera, Diptera) aus *Coccinella septempunctata* (Coleoptera, Coccinellidae) in der Oberlausitz. – Entomologische Nachrichten und Berichte **63** (3): 226 + 4. Umschlagseite.

KLAUSNITZER, B. (2019c): Coccinellidae (Coleoptera) als Prädatoren von *Aphis sambuci* LINNAEUS, 1758 (Sternorrhyncha, Aphidina) im Jahre 2019 in Dresden. – Entomologische Nachrichten und Berichte **63** (3): 313–314.

KLAUSNITZER, B. (2019d): Partielle 2. Generation von *Harmonia axyridis* in der Oberlausitz und Anmerkungen zu *Myrrha octodecimguttata* (Coleoptera, Coccinellidae). – Entomologische Nachrichten und Berichte **63** (3): 314–315.

KLAUSNITZER, B. (2019e): Veränderungen der Marienkäfer-Fauna (Coleoptera, Coccinellidae) der Oberlausitz im Verlauf von 60 Jahren. – Berichte der Naturforschenden Gesellschaft der Oberlausitz **27**: 43–58.

KLAUSNITZER, B. (2020a): Kommentiertes Verzeichnis der Marienkäfer (Coleoptera, Coccinellidae) des Freistaates Sachsen (Neubearbeitung). – Mitteilungen Sächsischer Entomologen **39** (133): 14–24.

KLAUSNITZER, B. (2020b): Ein Fund von *Eriopis chilensis* HOFMANN, 1970 in Schwerin (Coleoptera, Coccinellidae. – Entomologische Nachrichten und Berichte **64** (1): 24.

KLAUSNITZER, B. (2020c): Ein Beispiel für asymmetrische Färbung bei *Harmonia axyridis* (PALLAS, 1773) (Coleoptera, Coccinellidae). – Entomologische Nachrichten und Berichte **64** (1): 42.

KLAUSNITZER, B. (2020d): *Chrysomela vigintipunctata* SCOPOLI, 1763 als Nahrung von *Harmonia axyridis* (PALLAS, 1773) (Coleoptera, Coccinellidae, Chrysomelidae). – Entomologische Nachrichten und Berichte **64** (2): 206–208.

KLAUSNITZER, B. (2020e): Rote Liste und Artenliste Sachsens. Marienkäfer. – Landesamt für Umwelt, Landwirtschaft und Geologie, Freistaat Sachsen. 51 S.

KLAUSNITZER, B. (2021a): Neufunde von Coccinellidae (Coleoptera) aus Mitteleuropa – Ergänzungen zum »Catalogue of Palaearctic Coleoptera. Volume 4«. – Entomologische Nachrichten und Berichte **65** (1): 47–49.

KLAUSNITZER, B. (2021b): Ein Geburtstagsgruß für Prof. Dr. HELMUT FÜRSCH. – Entomologische Nachrichten und Berichte **65** (1): 93–94.

KLAUSNITZER, B. (2021c): *Subcoccinella vigintiquatuorpunctata* (LINNAEUS, 1758) (Coleoptera, Coccinellidae) an Poaceae. – Entomologische Nachrichten und Berichte **65** (2): 174.

KLAUSNITZER, B. (2021d): Späte Beendigung des Entwicklungszyklus bei *Harmonia axyridis* (Coleoptera, Coccinellidae). – Entomologische Nachrichten und Berichte **65** (3): 360.

KLAUSNITZER, B. & BELLMANN, C. (1969): Zum Vorkommen von Coccinellidenlarven (Coleoptera) in Bodenfallen auf Fichtenstandorten. – Entomologische Nachrichten **13** (11): 128–132.

KLAUSNITZER, B. & FÖRSTER, G. (1973): Zur Kenntnis der Variabilität der Larven von *Adalia bipunctata* (L.) (Col., Coccinellidae). – Zoologischer Anzeiger **191**: 258–262.

KLAUSNITZER, B. & KLAUSNITZER, H. (1997): Marienkäfer Coccinellidae. 4. überarbeitete Auflage. – Die Neue Brehm-Bücherei Bd. 451, Westarp Wissenschaften Magdeburg. 175 Seiten, 96 Abbildungen, 2 Farbtafeln.

KLAUSNITZER, B. & KOVÁŘ, I. (1973): 2.23 A simple key for field use. – In: I. HODEK (ed.): Biology of Coccinellidae with keys for identification of larvae by co-authors. – Dr. W. Junk, The Hague, ACADEMIA, Prague: 53–55, 3 Tafeln.

KLAUSNITZER, B. & RESSLER, H. (1966): Beitrag zur Coccinellidenfauna des rechten Elbufers zwischen Dresden und Riesa. – Faunistische Abhandlungen Staatliches Museum für Tierkunde in Dresden **6**: 261–263.

KLAUSNITZER, B. & SCHULZE, J. (1975): Die Larve von *Novius cruentatus* (MULSANT) (Col., Coccinellidae). – Deutsche Entomologische Zeitschrift N. F. **22**: 359–361.

KLAUSNITZER, B. & SCHUMMER, R. (1983): Zum Vorkommen der Formen von *Adalia bipunctata* L. in der DDR (Ins., Col.). – Entomologische Nachrichten und Berichte **27**: 159–162.

KLAUSNITZER, B. & SIEBER, M. (1996): Zum Vorkommen von *Scymnus* (*Neopullus*) *limbatus* STEPHENS, 1831 (Col., Coccinellidae) in der Oberlausitz. – Entomologische Nachrichten und Berichte **40** (1): 61–62.

KLAUSNITZER, B. & WENDLER, A. (1971): Zur Kenntnis der Coccinellidenfauna des NSG Lugteich bei Grüngräbchen (Oberlausitz). – Abhandlungen und Berichte des Naturkundemuseums Görlitz **46** (4): 1–6.

KLAUSNITZER, B. & ZIEGLER, H. (1993): Funde von *Oenopia impustulata* (L.) in Ostdeutschland (Col., Coccinellidae). – Entomologische Nachrichten und Berichte **37** (1): 60–61.

KLAUSNITZER, B., SCHNEIDER, K. & STUBBE, A. (1979): Zum Vorkommen von *Novius cruentatus* (Col., Coccinellidae) in der Dübener Heide. – Hercynia N. F. **16**: 106–109.

KLAUSNITZER, B., BEHNE, L., FRANKE, R., GEBERT, J., HOFFMANN, W., HORNIG, U., JÄGER, O., RICHTER, W., SIEBER, M. & VOGEL, J. (2009): Die Käferfauna (Coleoptera) der Oberlausitz. Teil 1. – Entomologische Nachrichten und Berichte, Beiheft **12**, 252 S.

KLAUSNITZER, B., HORNIG, U., BEHNE, L., FRANKE, R., GEBERT, J., HOFFMANN, W., JÄGER, O., MÜLLER, H., RICHTER, W., SIEBER, M. & VOGEL, J. (2018): Die Käferfauna (Coleoptera) der Oberlausitz. Teil 3: Nachträge, Gesamtübersicht und Analyse der Umweltbezüge. – Entomologische Nachrichten und Berichte, Beiheft **23**, 632 S., 305 Abb., 1 Karte.

KLAUSNITZER, U. (2005): *Harmonia axyridis* (PALLAS, 1773) in Sachsen (Col., Coccinellidae). – Entomologische Nachrichten und Berichte **49** (1): 49.

KLEINERT, J. (1972): Fund des Marienkäfers *Clitostethus arcuatus* (ROSSI 1852) (Coleoptera, Coccinellidae) in der Slowakei. – Biológia (Bratislava) **27** (5): 437–440.

KLEMM, M. (1929): Beitrag zur Morphologie und Biologie der *Epilachna chrysomelina* FABR. (Coleopt.). – Zeitschrift für wissenschaftliche Insektenbiologie **24**: 231–250 + Tafeln II–IV.

KLENKE, F. & SCHOLLER, M. (2015): Pflanzenparasitische Kleinpilze. – Springer Spektrum, 1172 S.

KLINGAUF, F. (1967): Abwehr- und Meidereaktionen von Blattläusen (Aphididae) bei Bedrohung durch Räuber und Parasiten. – Zeitschrift für angewandte Zoologie **60**: 269–317.

KNAPP, M., RERICHA, M. & ZIDLICKA, D. (2020): Physiological costs of chemical defence. – Scientific reports **10**: 9266.

KOCH, K. (1989): Die Käfer Mitteleuropas: Ökologie, Band **2**. – Goecke & Evers Verlag, Krefeld. 382 S.

KOCH, K., CYMOREK, S., EVERS, A. M. J., GRÄF, H., KOLBE, W. & LÖSER, S. (1977): Rote Liste der im nördlichen Rheinland gefährdeten Käferarten (Coleoptera) mit einer Liste von Bioindikatoren. – Entomologische Blätter **73** (Sonderheft): 1–39.

KOCH, M. (2021): *Oenopia impustulata* (LINNAEUS, 1767) ein *Altica*-Spezialist (Coleoptera, Coccinellidae, Chrysomelidae)? – Entomologische Nachrichten und Berichte **65** (3): 352–354.

KOCH, R. L. (2003): The multicoloured Asian lady beetle, *Harmonia axyridis*: a review of its biology, uses in biological control, and non-target impacts. – Journal of Insect Science **3** (22): 1–16.

KOCH, R. L., HUTCHINSON, W. D., VENETTE, R. G. & HEIMPEL, G. E. (2003): Susceptibility of immature monarch butterfly, *Danaus plexippus* (Lepidoptera: Nymphalidae: Danainae) to predation by *Harmonia axyridis* (Coleoptera: Coccinellidae). – Journal of Insect Science **3** (32): 1–16.

KOCH, R. L., BURKNESS, E. C., WOLD BURKNESS, S. J. & HUTCHINSON, W. D. (2004): Phytophagous preferences of the multicolored Asian lady beetle (Coleoptera: Coccinellidae) from autumn-ripping fruit. – Journal of Economic Entomology **97**: 539-544.

KOFLER, A. (1999): Käfer als Lichtfallen-Begleitfänge in Lassendorf (Kärnten) (Insecta: Coleoptera). – Carinthia II **189/109**. Klagenfurt: 617–630.

KOFLER, A. (2006): Käfer als Lichtfallenbeifänge in Obermörschbach bei Hermagor 1998 (Kärnten) (Insecta: Coleoptera). – Carinthia II **196/116**. Klagenfurt: 419–424.

KÖHLER, F. & KLAUSNITZER, B. (Hrsg.) (1998): Entomofauna Germanica 1. Verzeichnis der Käfer Deutschlands. – Entomologische Nachrichten und Berichte Beiheft 4: 1–185.

KÖHLER, G. (2007): Massenhafter Herbstflug des Asiatischen Marienkäfers, *Harmonia axyridis* (PALLAS, 1773) (Coleoptera: Coccinellidae), in Jena/Thüringen. – Thüringer Faunistische Abhandlungen **13**: 91–96.

KOIDE, T. (1961): Observations on *Perilitus coccinellae* (SCHRANK). – Gensei **1961** (11): 1–5.

KÖLKEBECK, T. & BATHON, H. (2005): Der erste deutsche Freilandfund des Australischen Marienkäfers *Cryptolaemus montrouzieri* (Coleoptera, Coccinellidae). – Mitteilungen der Arbeitsgemeinschaft Rheinischer Koleopterologen **15** (1–2): 23–24.

KOMAI, T. (1956): Genetics of ladybirds. – Advances in Genetics **8**: 155–188.

KOPETZ, A., WEIGEL, A. & APFEL, W. (2004): Neufunde von Käferarten (Col.) für die Fauna von Thüringen II. – Entomologische Nachrichten und Berichte **48** (3/4): 231–240.

KOPETZ, A., WEIGEL, A. & APFEL, W. (2008): Neufunde von Käferarten (Coleoptera) für die Fauna von Thüringen III. – Entomologische Nachrichten und Berichte **52** (2): 99–104.

KORSCHEFSKY, R. (1928): Die entomologischen Publikationen von JULIUS WEISE. – Entomologische Blätter **24**: 175.

KORSCHEFSKY, R. (1931): Pars 118, Coccinellidae. – In: JUNK, W. & SCHENKLING, S. (Hrsg.): Coleopterorum Catalogus. – Berlin, 1–224.

KORSCHEFSKY, R. (1932): Pars 120, Coccinellidae. – In: JUNK, W. & SCHENKLING, S. (Hrsg.): Coleopterorum Catalogus. – Berlin, 225-659.

KORSCHEFSKY, R. (1934): *Platynaspis luteorubra* GOEZE, ein neuer Larventypus der Coccinelliden. – Arbeiten über physiologische und angewandte Entomologie aus Berlin-Dahlem **1** (4): 278–279, Tafel 4.

KÖSTLER, W. & DUNK, K. VON DER (2011): Insekten im Nahrungsspektrum der Bachforelle (Pisces: *Salmo trutta*). – Galathea **27** (3): 141–148.

KOVÁŘ, I. (1995): Revision of the genera *Brumus* MULS. and *Exochomus* REDTB. (Coleoptera, Coccinellidae) of the Palaearctic region. Part 1. – Acta Entomologica Musei nationalis Pragae **44**: 5–124.

KOVÁŘ, I. (1996a): 1 Morphology and anatomy. – In: HODEK, I. & HONĚK, A.: Ecology of Coccinellidae. – Series Entomologica 54. Kluwer Academic Publishers Dordrecht, Boston, London. S. 1–18.

KOVÁŘ, I. (1996b): 2 Phylogenie. – In: HODEK, I. & HONĚK, A.: Ecology of Coccinellidae. – Series Entomologica 54. Kluwer Academic Publishers Dordrecht, Boston, London. S. 19–31.

KOVÁŘ, I. (2007): Family Coccinellidae LATREILLE, 1807. – In: LÖBL, I. & SMETANA, A. (eds.) (2007): Catalogue of Palaearctic Coleoptera. Volume 4: Elateroidea – Derodontoidea – Bostrichoidea – Lymexyloidea – Cleroidea – Cucujoidea. – Stenstrup: Apollo Books. 568–631.

KREISSL, E. (1959a): Die Marienkäfer (Coccinellidae) Oberösterreichs unter besonderer Berücksichtigung der Umgebung von Linz. – Naturkundliches Jahrbuch der Stadt Linz **1959**: 129–140.

KREISSL, E. (1959b): Zur Kenntnis der Käfer Steiermarks (1. Beitrag), Familie Coccinellidae (Kugelkäfer, Marienkäfer). – Mitteilungen der Abteilung für Zoologie und Botanik am Landesmuseum »Joanneum« in Graz **11**: 1–46.

KREISSL, E. (1975): Ein Nachweis von *Scymnus* (*Pullus*) *subvillosus* (GOEZE) aus der Steiermark (Ins., Coleoptera, Coccinellidae). – Mitteilungen der Abteilung für Zoologie am Landesmuseum Joanneum **4** (3): 199–201.

KREISSL, E. (1993): Weitere Nachweise von *Scymnus doriai* CAPRA aus Österreich (Col., Coccinellidae). – Entomologische Nachrichten und Berichte **37** (4): 251–252.

KREISSL, E. (1994a): Rote Liste der gefährdeten Käfer Österreichs (Coleoptera). Teil: Coccinellidae. – In: JÄCH, A.: Rote Liste der gefährdeten Käfer Österreichs. – Grüne Reihe BM Umwelt, Jugend u. Familie **2**: 153–156.

KREISSL, E. (1994b): Zur Kenntnis von *Scymnus mimulus* CAPRA & FÜRSCH (Col., Coccinellidae). – Entomologische Nachrichten und Berichte **38** (4): 271.

KRENGEL, S., STANGL, G. I., BRANDSCH, C., FREIER, B., KLOSE, T., MOLL, E. & KIOWSKI, A. (2012): A comparative study on effects of normal versus elevated temperatures during preimaginal and young adult period on body weight and fat body content of mature *Coccinella septempunctata* and *Harmonia axyridis* (Coleoptera: Coccinellidae). – Ecological Entomology **41** (3): 676–687.

KRIŠTÍN, A. (1984): The diet and trophic ecology of the tree sparrow (*Passer montanus*) in the Bratislava area. – Folia Zoologica **33**: 143–157.

KRIŠTÍN, A. (1986): Heteroptera, Coccinea, Coccinellidae a Syrphidae v potrave *Passer montanus* L. a *Pica pica* L. – Biologia (Bratislava) **41**: 143–150.

KRIŠTÍN, A. (1988): Nahrungsansprüche der Nestlinge *Pica pica* und *Passer montanus* in den Windbrechern der Schüttinsel. – Folia Zoologica **37** (4): 343–356.

KÜHNELT, W. (1981): Das Eindringen eines pflanzenfressenden Marienkäfers (*Epilachna argus* GEOFFR.) in das Wiener Becken. – Sitzungsberichte der Österreichischen Akademie der Wissenschaften, Mathematisch-naturwissenschaftliche Klasse **190** (6/7): 161–172.

KUHNT, P. (1913): Illustrierte Bestimmungs-Tabellen der Käfer Deutschlands. – Stuttgart. E. Schweizerbart'sche Verlagsbuchhandlung. 1138 S., 10350 Abb.

KUZNETSOV, V. N. (1975): Fauna and ecology of coccinellids (Coleoptera, Coccinellidae) in Primorye region. – Trudy Biologo-pochvennyi Institut Dal'nevostochnyi nauchnyi Zentr Akademii Nauk USSR **28**: 3–24. (russisch)

KUZNETSOV, V. N. (1987): Parasites of coccinellids (Coleoptera: Coccinellidae) in Far East. – In: New Data on Systematics of Insects in Far East: 17–22. – Far East Department Academy of Sciences USSR, Vladivostok. (russisch)

KUZNETSOV, V. N. & ZAKHAROV, E. V. (2000): The Peculiarity of the Coccinellid (Coleoptera) Fauna of the Kamchatka Peninsula. – Natural History Research Special Issue **7**: 119–123.

KUZNETSOV, V. N. & ZAKHAROV, E. V. (2001): Distribution of the Lady Beetles (Coleoptera, Coccinellidae) in Plant Formations in the Russian Far East. – Special Publication of the Japanese Coleopterological Society Osaka **1**: 167–174.

L

LABRIE, G., LUCAS, E. & CODERRE, D. (2006): Can developmental and behavioral characteristics of the multicolored Asian lady beetle *Harmonia axyridis* explain its invasive success? – Biological invasions **8**: 743–754.

LAMMERT, G. (1869): Volksmedizin und medizinischer Aberglauben in Bayern und den angrenzenden Bezirken. – Würzburg.

LAROCHELLE, A. & LARIVIÈRE, M.-C. (1980): *Propylea quatuordecimpunctata* L. (Col., Coccinellidae) en Amérique du Nord: établissement, habitat et biologie. – Bulletin d'Inventaire des Insectes du Quebec **2** (1): 1–9.

LARSSON, S. G. (1978): Baltic Amber – a Palaeobiological Study. – Entomonograph 1, Klampenborg, 192 pp.

LATREILLE, P. A. (1807): Genera Crustaceorum et Insectorum secundum ordinem naturalem in familias disposita, iconibus exemlisque plurimis explicata. Tomus Tertius. – A. Koenig, Parisis et Argebtorati, 258 pp.

LATTIN, G. DE (1967): Grundriss der Zoogeographie. – VEB Gustav Fischer Verlag Jena. 602 S.

LAURENT, P., BRAEKMAN, J. C. & DALOZE, D. (2005): Insect Chemical Defense. – Topics in Current Chemistry **240**: 167–229.

LAWRENCE, J. F. & NEWTON, A. F. Jr. (1995): Families and subfamilies of Coleoptera (with selected genera, notes, references, and data on family-group names). – In: PAKALUK, J. & S. A. ŚLIPIŃSKI (eds.): Biology, Phylogeny, and Classification of Coleoptera. Papers Celebrating the 80th Birthday of ROY A. CROWSON. – Muzeum i Instytut Zoologii PAN, Warszawa: 775–1006.

LAWRENCE, J. F., ŚLIPIŃSKI, A., SEAGO, A. E., THAYER, M. K., NEWTON, A. F. & MARVALDI, A. E. (2011): Phylogeny of the Coleoptera based on adult and larval morphology. – Annales Zoologici **61**: 1–217.

LEES, D. R., CREED, E. R. & DUCKET, J. G. (1973): Atmospheric pollution and industrial melanism. – Heredity **30**: 227–232.

LESAGE, L. (1991): Coccinellidae (Cucujoidea). – In: STEHR, F. W.: Immature Insects. Volume **2**. – Kendall, Iowa; 485–494.

Liebenow, K. (2005): *Harmonia axyridis* (Pallas, 1773) in Genthin und Brandenburg/Ha. (Col., Coccinellidae). – Entomologische Nachrichten und Berichte **49** (3-4): 222.

Linnaeus, C. (1758): Systema naturae per regna tria naturae, secundum classes, ordines, genera, species, cum characteribus, differentiis, synonymis, locis. Tomus I. Editio decima, reformata. Holmiae. (Laurentii Salvii): [1–4], 1–824.

Lipa, J. J. (1968): *Nosema coccinellae* sp. n., a new microsporidian parasite of *Coccinella septempunctata, Hippodamia tredecimpunctata* and *Myrrha octodecimguttata*. – Acta Protozoologica **5**: 369–374.

Lipa, J. J. (1976): Gatunki stawonogów (Arthropoda) introdukowane do Polski w latach 1959-1974 przez Instytut Ochrony Roślin celem biologicznego zwalczania szkodników. – Prace naukowe instytutu ochrony roślin **18** (2): 157–166.

Lipa, J. J. & Semyanov, V. P. (1967): The parasites of the ladybirds (Coleoptera, Coccinellidae) in the Leningrad region. – Entomologicheskoe Obozrenie (Энтомологическое Обозрение) **46** (1): 75–80. (russisch)

Lipa, J. J., Pruszynski, S. & Bartkowski, J. (1975): The parasites and survival of the ladybird beetles (Coccinellidae) during winter. – Acta Parasitologica Polonia **23**: 453–461.

Lognay, G., Hemptinne, J. L., Chan, F. Y., Gaspar, Ch. & Marlier, M. (1996): Adalinine, a New Piperidine Alkaloid from the Ladybird Beetles *Adalia bipunctata* and *Adalia decempunctata*. – Journal of Natural Products **59**: 510–511.

Lommen, S. T. E. (2017): Waarom bestaan er tweestippelige lieveheersbeestjes die niet kunnen vliegen en zijn ze betere bladluizenbestriders? – Entomologische Berichten **77** (3): 81–86.

Lommen, S. T. E., de Jong, P. W., Koops, K. G. & Brakefield, P. M. (2012): Genetic linkage between melanism and winglessness in the ladybird beetle *Adalia bipunctata*. – Genetica **140**: 229.

Lorenz, J. (1999): Interessante Käferfunde in Sachsen (1997/98). – Entomologische Nachrichten und Berichte **43** (2): 136.

Lorenz, J. (2005): Neu- und Wiederfunde von Käferarten (Col.) für die Fauna Sachsens sowie weitere faunistisch bemerkenswerte Käfernachweise 2001-2005. – Entomologische Nachrichten und Berichte **49** (3/4) [2006]: 195–202.

Lorenz, J. (2010): Käferbeifänge am Licht (Coleoptera). – Entomologische Nachrichten und Berichte **54** (3–4): 193–206.

Lucht, W. (1987): Philatelistische Koleopterologie. – Mitteilungen des Internationalen Entomologischen Vereins, Frankfurt a. M. **12** (3/4): 89–105.

Lucht, W. (1991): Philatelistische Koleopterologie. 1. Fortsetzung: 1988–1990. – Mitteilungen des Internationalen Entomologischen Vereins, Frankfurt a. M. **16** (3/4): 153–158.

Lucht, W. (1994): Philatelistische Koleopterologie. 2. Fortsetzung: 1991–1993. – Mitteilungen des Internationalen Entomologischen Vereins, Frankfurt a. M. **19** (3/4): 147–152.

Lusis, Ya. Ya. (1928): On the inheritance of colour and pattern in ladybeetles *Adalia bipunctata* and *Adalia decempunctata*. – Izvestije Bjuro Genetiki Leningrad **6**: 89–163.

Lusis, Ya. Ya. (1932): An analysis of the dominance phenomenon in the inheritance of the elytra and pronotum colour in *Adalia bipunctata*. – Trudy Laboratorii Genetika Leningrad **9**: 135–162.

Lusis, Ya. Ya. (1947a): Some rules of reproduction in population of *Adalia bipunctata*: heterozygosity of lethal alleles in populations. – Doklady Akademii Nauk SSSR **57**: 825–828.

Lusis, Ya. Ya. (1947b): Some aspects of the population increase in *Adalia bipunctata*. 2. The strains without males. – Doklady Akademii Nauk SSSR **57**: 951–954.

Lusis, Ya. Ya. (1961): On the biological meaning of colour polymorphism of ladybeetle *Adalia bipunctata* L. – Latvijas Entomologs **4**: 3–29.

Lusis, Ya. Ya. (1973): Taxonomical relationships and geographical distribution of forms in the ladybird genus *Adalia* Mulsant. – In: Problemy genetici i evoluzii. I. – Zap. latvijsk. gosud. Univ. im. Petra Stutchki **184**: 5–127.

Lutz, K. G. von (1895): Das Bluten der Coccinelliden. – Zoologischer Anzeiger **18**: 244–255.

M

Mader, H.-J. (1984): Kritische Bilanz eines Insektizideinsatzes auf einem Bohnenfeld – oder 51 000 tote Marienkäfer. – Natur und Landschaft **59** (12): 484–486.

Mader, L. (1924): Coccinellidae, Tribus Scymnini. – In: Bestimmungs-Tabellen der europäischen Coleopteren. 94. Heft. – Troppau, 48 S.

Mader, L. (1926–1937): Evidenz der paläarktischen Coccinelliden und ihrer Aberrationen in Wort und Bild. I. Teil. – Wien und Troppau, 412 S. + 64 Tafeln.

Mader, L. (1955): Evidenz der paläarktischen Coccinelliden und ihrer Aberrationen in Wort und Bild, II. Teil. – Entomologische Arbeiten aus dem Museum G. Frey, Tutzing bei München **6** (3): 764–1035 + Tafel XXVIII.

Madl, M. (2011): Über *Dinocampus coccinellae* (Schrank, 1802) (Hymenoptera: Braconidae: Euphorinae) in Österreich. – Beiträge zur Entomofaunistik **12**: 133–135.

Maeta, Y. (1969a): Biological studies on the natural enemies of some Coccinellid beetles. I. On

Perilitus coccinellae (Schrank). – Kontyû. Journal der Entomological Society of Japan **37** (2): 147–166.

Maeta, Y. (1969b): Some biological studies on the natural enemies of some Coccinellid beetles II. *Phalacrotophora* sp. – Tohoku Konchu Kenhyu **4** (1): 1–6.

Magro, A., Lecompte, E., Magne, F., Hemptinne, J. L. & Croau-Roy, B. (2010): Phylogeny of ladybirds (Coleoptera: Coccinellidae): Are the subfamilies monophyletic? - Molecular Phylogenetics and Evolution **54**: 833–848.

Majerus, M. E. N. (1986): Some notes on ladybirds from an acid heath. – Bulletin of the Amateur Entomologists' Society **45**: 31–37.

Majerus, M. E. N. (1989): *Coccinella magnifica* (Redtenbacher): a myrmecophilous ladybird. – British Journal of Entomology and Natural History **2**: 97–106.

Majerus, M. E. N. (1990): Ladybirds at light. – AES Bulletin **49**: 197–199.

Majerus, M. E. N. (1994): Ladybirds. – Harper Collins Publishers. London, Glasgow, Sydney, Auckland, Toronto, Johannesburg. 367 pp.

Majerus, M. E. N. (1997): Parasitization of British ladybirds by *Dinocampus coccinellae* (Schrank) (Hymenoptera: Braconidae). – British Journal of Entomology and Natural History **10** (1): 15–24.

Majerus, M. E. N. (2016) (edited by H. Roy & P. Brown): A Natural History of Ladybird Beetles. – Cambridge University Press, Cambridge, UK. XI + 397 pp.

Majerus, M. E. N. & Kearns, P. (1989): Ladybirds. – Naturalists' Handbooks 10, Richmond Publishing Co. Ltd.

Majerus, M. E. N. & Williams, Z. (1989): The distribution and life history of the Orange ladybird, *Halyzia sedecimguttata* (L.) (Coleoptera: Coccinellidae) in Britain. – Entomologist's Gazette **40** (1): 71–78.

Majerus, M. E. N., Forge, H. & Walker, L. (1990): The geografical diestributions of Ladybirds in Britain (1984–1989). – British Journal of Entomology and Natural History **3**: 153–165.

Majerus, M. E. N., O'Donald, P. & Weir, J. (1982a): Female mating preference is genetic. – Nature **300**: 521–523.

Majerus, M. E. N., O'Donald, P. & Weir, J. (1982b): Evidence for preferential mating in *Adalia bipunctata*. – Heredity **49**: 37–49.

Majerus, M. E., Slogett, J. J., Godeau, J. F. & Hemptinne, J. L. (2007): Interactions between ants and aphidophaguos and coccidophagous insects. – Population Ecology **49**: 15–27.

Majerus, M., V. Strawson & Roy, H. (2006): The potential impacts of the arrival of the harlequin ladybird, *Harmonia axyridis* (Pallas) (Coleoptera: Coccinellidae), in Britain. – Ecological Entomology **31**: 207–215.

Majunke, C., Möller, K., Meussling, A. & Lehmann, A. (2001): Zur Fauna der Kiefernkronen unter besonderer Berücksichtigung der Marienkäfer (Col., Coccinellidae). – Mitteilungen der Deutschen Gesellschaft für allgemeine und angewandte Entomologie **13**: 415–418.

Mabott, P. R. (2006): *Exochomus quadripustulatus* (L.) (Coleoptera: Coccinellidae) as a host of *Dinocampus coccinellae* (Schrank) (Hymenoptera: Braconidae). – British Journal of Entomology and Natural History **19**: 40.

Mandl, K. (1962/1963): Nachruf für Hauptschuldirektor i. R. Leopold Mader. – Koleopterologische Rundschau **40/41**: 82–84.

Mansfeld, K, (1947): Zur Insektenvertilgung durch Sperlinge. – Nachrichtenblatt für den deutschen Pflanzenschutz N. F. **7/8**: 122.

Markkula, M., Tiittanen, K. & Hämäläinen, M. (1972): Preliminary experiments on control of *Myzus persicae* (Sulz.) and *Macrosiphum rosae* (L.) with *Coccinella septempunctata* L. on greenhouse chrysanthemus and roses. – Acta Entomologica Fennica **38** (4): 200–202.

Marples, N. M., Brakefield, P. M. & Cowie, R. J. (1989): Differences between the 7-spot and 2-spot ladybird beetles (Coccinellidae) in their toxic effects on a bird predator. – Ecological Entomology **14**: 79–84.

Marriner, T. F. (1926): A hybrid coccinellid. – Entomological Record **38**: 81–83.

Martin, N. A. (2016): Two-spotted ladybird – *Adalia bipunctata*. – Interesting insects and other invertebrates. New Zealand Arthropod Factsheet Series Number **37**. – Landcare Research, New Zealand.

Masetti, M. & Montanelli, E. (1978): Melanismo non industriale in popolazioni italiane die *Adalia bipunctata* (Insecta, Coleoptera). – Bollettino Zoologia Napoli **45**: 240–241.

Matsuka, M. & Okada, I. (1975): Nutritional Studies of an Aphidophagous Coccinellid, *Harmonia axyridis* [I]. Examination of Artificial Diets for the Larval Growth with Special Reference to Drone Honeybee Powder. – Bulletin of the Faculty of Agriculture, Tamagawa University **15**: 1–8.

Matsuka, M., Hashi, H. & Okada, I. (1975): Abnormal Sex-Ratio Found in the Lady Beetle, *Harmonia axyridis* Pallas (Col., Coccinellidae). – Applied Entomology and Zoology **10**: 84–89.

Matsuka, M., Shimotori, D., Senzaki, T. & Okada, I. (1972): Rearing some Coccinellids on pulverized Drone Honeybee Brood. – Bulletin of the Faculty of Agriculture, Tamagawa University **12**: 28–38.

Mattson, D. J., Gillin, C. M., Benson, E. A. & Knight, R. R. (1991): Bear feeding activity at alpine insect aggregation sites in the Yellowstone ecosystem. – Canadian Journal of Zoology **69**: 2430–2435.

McCormick, K. D., Attygalle, A. B., Shang-Cheng Xu, Svatos, A. & Meinwald, J. (1994): Chilocorine: Heptacyclic Alkaloid from a Coccinellid Beetle. – Tetrahedron **50** (8): 2365–2372.

McKenna, D. D., Wild, A. I., Kanda, K., Belamy, C. L., Beutel, R. G., Caterino, M. S., Farnum, C. W., Hawks, D. C., Ivie, M. A., Jameson, M. L., Leschen, R. A. B., Marvaldi, A. E., McHugh, J. V., Newton, A. F., Robertson, J. A., Thayer, M. K., Whitng, J. F., Lawrence, J. F., Ślipiński, A., Maddison, D. R. & Farrel, B. D. (2015): The beetle tree of live reveals that Coleoptera survived end-Permian mass extinction to diversify during the Cretaceous terrestrial revolution. – Systematic Entomology **40**: 835–880.

McNamara, J. (1992): The first Canadian records of *Scymnus* (*Pullus*) *suturalis* Thunberg (Coleoptera: Coccinellidae). – The Coleopterists Bulletin **46** (4): 359–360.

Meissner, O. (1910): Lebensgeschichte des Zweipunkts, *Adalia bipunctata* L. – Entomologische Blätter **6**: 228–230.

Meissner, O. (1925): Rückgang auch der Käferfauna. – Entomologische Zeitschrift **39** (34): 137–138.

Menozzi, C. (1927): Contributo alla biologia della *Phalacrotophora fasciata* Fall. (Dipt. – Phoridae) parassita di Coccinellidi. – Bollettino della Società Entomologica Italiana **59** (5–6): 72–78.

Mikkola, K. & Albrecht, A. (1988): The melanism of *Adalia bipunctata* around the Gulf of Finland as an industrial phenomen (Coleoptera, Coccinellidae). – Annales Zoologici Fennici **25**: 177–185.

Mills, N. J. (1981): Essential and alternative foods for some British Coccinellidae (Coleoptera). – Entomologist's Gazette **31**: 197–202.

Minchin, D. (2010): A swarm of the seven-spot ladybird *Coccinella septempunctata* (Coleoptera: Coccinellidae) carried on a cruise ship. – European Journal of Entomology **107**: 127–128.

Minelli, A. & Pasqual, C. (1977): The mouthparts of ladybirds: structure and function. – Bollettino Zoologia Napoli **44**: 183–187.

Mizer, A. V. (1970): On eating of beetles from Coccinellidae family by birds. – Vestnik Zoologii Kiew **6**: 21–24.

Mohamed Ali, M. A. (1979): Ecological and Physiological studies on the Alfalfa Ladybird. – Budapest, 200 pp.

Möller, G. (1989): Bemerkenswerte Käferfunde aus Berlin-West. – Entomologische Blätter **85**: 116–117.

Moon, A. (1986): Ladybirds in Dorset. – Dorset Environmental Records Centre, Dorchester. 24 pp.

Moore, B. P. & Brown, W. V. (1978): Precoccinelline and related alkaloids in the australian soldier beetle, *Chauliognathus pulchellus* (Coleoptera: Cantharidae). – Insect Biochem **8**: 393–395.

Mortillet, G. de & Mortillet, A. de (1903): *Musée préhistorique*. – Ed Reinwald, Paris, 100 pp.

Moter, G. (1959): Untersuchungen zur Biologie von *Stethorus punctillum* Weise. – Dissertation Mathematisch-Naturwissenschaftliche Fakultät der Universität Köln, 62 S.

Muggleton, J. (1978): Selection against the melanic morphs of *Adalia bipunctata* (two-spot Ladybird): a review and some new data. – Heredity **40** (2): 268–280.

Muggleton, J. (1979): Non-random mating in wild populations of polymorphic *Adalia bipunctata*. – Heredity **42**: 57–65.

Muggleton, J., Lonsdale, D. & Benham, B. R. (1975): Melanism in *Adalia bipunctata* L. (Col., Coccinellidae) and its relationship to atmospheric pollution. – Journal of Applied Ecology **12**: 451–464.

Müller, G., Klausnitzer, B. & Uhlig, M. (1978): Probleme der Rasterkartierung der Käferfauna der DDR. – Entomologische Nachrichten **22** (12): 185–196.

Müller, H. J. (1966): Über mehrjährige Coccinelliden-Fänge auf Ackerbohnen mit hohem *Aphis fabae* Besatz. – Zeitschrift für Morphologie und Ökologie der Tiere **58**: 144–161.

Müller, H. J. (1970): Formen der Dormanz bei Insekten. – Nova Acta Leopoldina Halle **35**: 1–27.

Mulsant, M. E. (1846): Histoire naturelle des Coléoptères de France. Sulcicolles. – Securipalpes. – Paris. 1–278.

Mulsant, M. E. (1850): Species des Coléoptères trimères sécuripalpes. – Annales des Sciences Physiques et Naturelles, d'Agriculture et d'Industrie (Lyon) **2**: 1–1104.

N

Nakamuta, K. (1984): Visual orientation of a ladybeetle, *Coccinella septempunctata* L. (Coleoptera: Coccinellidae), toward its prey. – Applied Entomology and Zoology **19**: 82–86.

Nedvěd, O. (2015): Brouci čeledi slunéčkovití (Coccinellidae) střední Evropy. – Academia, Praha. 79 Tafeln, 303 pp.

Nedvěd, O. & Kovář, I. (2012): Phylogeny and classification. S. 1-12. – In: Hodek, I., Emden, H. F. van & Honěk, A. (eds.): Ecology and Behaviour of the Ladybird Beetles (Coccinellidae). – Wiley-Blackwell Publishing Ltd.

Netolitzky, F. (1919): Käfer als Nahrungs- und Heilmittel. – Koleopterologische Rundschau **7** (9/10): 121–129.

Nickel, H. & Remane, R. (2003): Verzeichnis der Zikaden (Auchenorrhyncha) der Bundesländer Deutschlands. – In: Klausnitzer, B. (Hrsg.): Entomofauna Germanica Band **6**. – Entomologische Nachrichten und Berichte, Beiheft **8**: 130–154. Dresden

NICKELS, V. & SCHNEIDER, K. (2014): Erfassung der Marienkäferfauna (Coleoptera, Coccinellidae) im Naturschutzgebiet (NSG) »Brandberge« in Halle (Saale). – Entomologische Nachrichten und Berichte **58** (3): 237–242.

NICOLAI, B. (2018): Nahrung und Nahrungsökologie beim Hausrotschwanz *Phoenicurus ochruros* – Eine Übersicht. – Vogelwelt **138**: 143–175.

NIIJIMA, K., MATSUKA, M. & OKADA, I. (1986): Artificial diets for an aphidophagous coccinellid, *Harmonia axyridis*, and its Nutrition (Minireview). – In: HODEK, I. (ed.): Ecology of Aphidophaga 2. Proceedings of a Symposium held at Zvíkovské Podhradí, September 2–8, 1984: 37–50. – Academia Praha.

NIIJIMA, K., NISHIMURA, R. & MATSUKA, M. (1977): Nutritional Studies of an aphidophagous Coccinellid, *Harmonia axyridis* [III]. Rearing of larvae using a chemically defined diet and fractions of drone honeybee powder. – Bulletin of the Faculty of Agriculture, Tamagawa University **17** (1): 45–51.

NISSLE, I. & KLAUSNITZER, B. (1969): Zur Coccinellidenfauna verschiedener Baumarten. – Abhandlungen und Berichte des Naturkundemuseums Görlitz **44** (13): 23–26.

NORIEGA, A. E. (1986): On two morphs of *Adalia bipunctata* from Argentina (Col., Coccinellidae). – Neotropica (La Plata) **32** (88): 153–156.

NÖTZOLD, V. (1997): Marienkäfer. – Deutscher Jugendbund für Naturbeobachtung. 30 S.

NÜSSLER, H. (1973): Zwei Neuheiten der sächsischen Käferfauna (Coccinellidae, Nitidulidae). – Entomologische Nachrichten **17** (1): 11–13.

NÜSSLER, H. (1994): Eine bemerkenswerte Marienkäferart aus dem Gebiet der Elbwanne zwischen Dresden und Diesbar: *Oenopia lyncea* (OLIVIER, 1808) (Col., Coccinellidae). – Entomologische Nachrichten und Berichte **38** (3): 206–207.

O

OBRYCKI, J. J. (1988): Interactions between *Perilitus coccinellae* (Hymenoptera: Braconidae) and several coccinellid hosts. – In: NIEMCZYK, E. & DIXON, A. F. G. (eds.): Ecology and Effectiveness of Aphidophaga: 317–320.

OBRYCKI, J. J. (1989): Parasitization of native and exotic Coccinellids by *Dinocampus coccinellae* (SCHRANK) (Hymenoptera: Braconidae). – Journal of the Kansas Entomological Society **62** (2): 211–218.

OBRYCKI, J. J. & ORR, C. J. (1990): Suitability of Three Prey Species for Nearctic Populations of *Coccinella septempunctata, Hippodamia variegata,* and *Propylea quatuordecimpunctata* (Coleoptera: Coccinellidae). – The Journal of Economic Entomology **83** (4): 1292–1297.

OBRYCKI, J. J., TAUBER, M. J. & TAUBER, C. A. (1985): *Perilitus coccinellae* (Hymenoptera: Braconidae): Parasitization and development in relation to host-stage attacked. – Annals of the Entomological Society of America **78**: 852–854.

O'DONALD, P. & MUGGLETON, J. (1979): Melanic polymorphism in ladybirds (Col., Coccinellidae) maintained by sexual selection. – Heredity **43**: 143–148.

O'DONALD, P. & MAJERUS, M. E. N. (1985): Sexual selection and evolution of preferential mating in ladybirds. I. Selection for high and low lines of female preference. – Heredity **55**: 401–412.

OHM, R., LORENZ, J. & SCHOLZ, A. (1994): Beifänge aus Borkenkäfer-Pheromonfallen. – Entomologische Nachrichten und Berichte **38** (1): 31–34.

OKADA, I. (1970): A new method of artificial rearing of coccinellid, *Harmonia axyridis* PALLAS. – The Heredity (Tokyo) **24** (11): 32–35.

OKADA, I. (1971): An artificial rearing of a coccinellid beetle, *Harmonia axyridis* PALLAS, using diet of larvae and pupae of the worker honey-bee. – Collecting and Breeding **33** (10): 229–235.

OKADA, I., HOSHIBA, H. & MAEHARA, T. (1972): An Artificial Rearing of a Coccinellid Beetle, *Harmonia axyridis* PALLAS, on Pulverized Drone Honeybee Brood. – Bulletin of the Faculty of Agriculture, Tamagawa University **12**: 39–47.

OKADA, I., HOSHIBA, H. & MARUOKA, T. (1971): An Artificial Rearing of a Coccinellid Beetle, *Harmonia axyridis* PALLAS, on Drone Honeybee Brood. – Bulletin of the Faculty of Agriculture, Tamagawa University **11**: 91–97.

OLSZAK, R. (1986a): Different suitability of three aphid species as prey for *Propylaea quatuordecimpunctata*. – In: HODEK, I. (ed.): Ecology of Aphidophaga 2. Proceedings of a Symposium held at Zvíkovské Podhradí, September 2–8, 1984: 51–55. – Academia Praha.

OLSZAK, R. (1986b): The occurrence of *Propylaea quatuordecimpunctata* in apple orchards in Poland and its mortality caused by mycosis and parasites. – In: HODEK, I. (ed.): Ecology of Aphidophaga 2. Proceedings of a Symposium held at Zvíkovské Podhradí, September 2–8, 1984: 531–535. – Academia Praha.

OLSZAK, R. W. (1987): The occurrence of *Adalia bipunctata* (L.) (Coleoptera, Coccinellidae) in apple orchards and the effects of different factors on its development. – Ekologia Polska **35** (3-4): 755–765.

OLSZAK, R. & NIEMCZYK, E. (1986): The predaceous Coccinellidae associated with aphids on apple orchards. – Ekologia Polska **34** (4): 711–721.

ONGAGNA, P., GIUGE, L., IPERTI, G. & FERRAN, A. (1993): Cycle de développement d'*Harmonia axyridis* (Col., Coccinellidae) dans son aire d'introduction: le sud-est de la France. – Entomophaga **38** (1): 125–128.

ORIVEL, J., SERVIGNE, P., CERDAN, P., DEJEAN, A. & CORBARA, B. (2004): The ladybird *Thalassa saginata*, an obligatory myrmecophile of *Dolichoderus bidens* ant colonies. – Naturwissenschaften **91**: 97–100.

ORŁOWSKI, G. & J. KARG (2013): Diet breadth and overlap in three sympatric aerial insectivorous birds at the same location. – Bird Study **60**: 475–483.

OSAWA, N. (1989): Sibling and non-sibling cannibalism by larvae of a lady beetle *Harmonia axyridis* PALLAS (Col., Coccinellidae) in the field. – Researches on Population Ecology **31** (1): 153–160.

OSAWA, N. (1992a): Sibling cannibalism in the ladybird beetle *Harmonia axyridis:* Fitness consequences for mother and offspring. – Researches on Population Ecology **34**: 45–55.

OSAWA, N. (1992b): Effect of Pupation Site on Pupal Cannibalism and Parasitism in the Ladybird Beetle *Harmonia axyridis* PALLAS (Coleoptera, Coccinellidae). – Japanese Journal of Entomology **60** (1): 131–135.

OSAWA, N. (1992c): A Life Table of the Ladybird Beetle *Harmonia axyridis* PALLAS (Coleoptera, Coccinellidae) in Relation to the Aphid Abundance. – Japanese Journal of Entomology **60** (3): 575–579.

OSAWA, N. (1994): The occurrence of multiple mating in a wild population of the ladybird beetle *Harmonia axyridis* PALLAS. – Journal of Ethology **12** (1):63–66.

OSAWA, N. & NISHIDA, T. (1992): Seasonal variation in elytral colour polymorphism in *Harmonia axyridis* (the ladybird beetle): the role of non-random mating. – The Heredity **69**: 297–307.

OSBORNE, P. J. & WHITEHEAD, P. F. (1988): Coleoptera in the diet of House Martins in Worcestershire England UK. – The Entomologist's Monthly Magazine **124**: 1492–1495.

OWEN, D. F. (1955): Coleoptera taken by swifts (*Apus apus* L.). – Journal of the Society for British Entomology **5**: 105–109.

P

PALM, TH. (1958): Bidrag till kännedomen om svenska skalbaggars biologi och systematik. 24-27. – Entomologisk Tidskrift **79** (3-4): 104–114.

PARRY, W. H. (1980): Overwintering of *Aphidecta obliterata* (L.) (Coleoptera: Coccinellidae) in North East Scotland. – Acta Ecologica Applicata **1** (4): 307–316.

PARRY, W. H. & PEDDIE, I. D. (1981): Colour polymorphism and sex-ratio variation in *Aphidecta obliterata* (L.) (Coleoptera, Coccinellidae) in eastern Scotland. – Zeitschrift für angewandte Entomologie **91** (5): 442–452.

PASTEELS, J. M., DEROE, C., TURSCH, B, BRAEKMAN, J. C., DALOZE, D. & HOOTELE, C. (1973): Distribution et Activités des Alcaloides Dèfensifs des Coccinellidae. – Journal of Insect Physiology **19**: 1771–1784.

PAUKSTADT, U. (1989): Zwei bemerkenswerte Massenflüge (Wanderungen?) von Coccinellidae (Coleoptera), beobachtet auf der dänischen Ostseeinsel Seeland und in der Deutschen Bucht. – Atalanta **20**: 147–148.

PFEIFER, W. (1966): Familie Coccinellidae. – In: W. WISSMANN (Hrsg.), Wörterbuch der deutschen Tiernamen. Insekten. 2. Lieferung. – Akademie Verlag Berlin.

PIETRZIK, J. (1986): Untersuchungen zur Biologie des Bogen-Marienkäfers, *Clitostethus arcuatus* (ROSSI) (Col., Coccinellidae) in Mitteleuropa. – Diplomarbeit Universität Heidelberg. 139 S.

PLAZA, E. (1975): Acerca de la especie *Bulaea lichatschovi* (HUMM., 1872). (Col., Coccinellidae). – Graellsia, Revista de Entomólogos Ibéricos **29**: 99–110.

PLAZA, E. (1977a): Contribución al conocimiento del *Novius cruentatus* (MULS., 1846). (Col., Coccinellidae). – Boletín de la Real Sociedad Española de Historia Natural/Sección biológica **75**: 161–164.

PLAZA, E. (1977b): Ecologia de *Henosepilachna elaterii* (ROSSI) (Coleoptera, Coccinellidae). – Bonner zoologische Beiträge **28** (3/4): 399–411.

PODOLER, H. & HENEN, J. (1986): Foraging behaviour of two species of the genus *Chilocorus* (Coccinellidae: Coleoptera) a comparative study. – Phytoparasitica **14** (1): 11–23.

POGGI, R. (1993): FELICE CAPRA (1896–1991). – Annali del Museo Civico di Storia Naturale »G. Doria« **89**: 571–608.

PONSONBY, D. J. & COPLAND, M. J. W. (1996): Effect of temperature on development and immature survival in the scale insect predator, *Chilocorus nigritus* (F.) (Coleoptera: Coccinellidae). – Biocontrol Science and Technology: **6**: 101–109.

PONTIN, A. J. (1960): Some records of predators and parasites adapted to attack aphids attended by ants. – The Entomologist's Monthly Magazine **95**: 154–155.

POPE, R. D. (1973): The species of *Scymnus* (s. str.), *Scymnus* (*Pullus*) and *Nephus* (Col., Coccinellidae) occurring in the British Isles. – The Entomologist's Monthly Magazine **109**: 3–39.

POPE, R. D. (1977): Brachyptery and Wing-polymorphism among the Coccinellidae (Col.). – Systematic Entomology **2**: 59–66.

POPE, R. D. (1979): Wax production by coccinellid larvae (Coleoptera). – Systematic Entomology **4**: 171–196.

PRADHAN, S. (1936): The alimentary canal of *Epilachna indica* (Col., Coccinellidae) with a discussion on the activity of the mid-gut epithelium.

– Journal of the Royal Asiatic Society of Bengal, Ser. III, 2: 127–156.

Pradhan, S. (1939): The alimentary canal and pro-epithelial regeneration in *Coccinella septempunctata* with a comparison of carnivorous and herbivorous coccinellids. – Quarterly Journal of microscopical Science **81** (3): 451–478.

Priore, R. (1963): Studio morfo-biologico sulla *Rodolia cardinalis* Muls. – Bollettino del Laboratorio di Entomologia Agraria »F. Sivestri« Portici **31**: 63–198.

Pulliainen, E. (1964): Studies on the humidity and light orientation and the flying activity of *Myrrha octodecimguttata* L. (Col., Coccinellidae) – Annales Entomologici Fennici **30** (3): 117–141.

Pulliainen, E. (1966): On the hibernation sites of *Myrrha octodecimguttata* L. (Col., Coccinellidae) on the putts of the pine (*Pinus silvestris* L.). – Annales Entomologici Fennici **32**: 99–104.

Putman, W. L. (1955): The immature stages of *Stethorus punctillum* Weise (Col., Coccinellidae). – The Canadian Entomologist **87**: 506–508.

Pütz, A. (1994): *Scymnus* (*Pullus*) *subvillosus* (Goeze, 1777) – eine neue Art für die Fauna der Mark Brandenburg (Col., Coccinellidae). – Entomologische Nachrichten und Berichte **38** (3): 207–208.

Pütz, A. (1997): Ein weiterer Nachweis von *Epilachna argus* (Geoffroy, 1792) in Berlin (Coleoptera, Coccinellidae). – Novius **21**: 498.

Pütz, A., Klausnitzer, B., Schwartz, A. & Gebert, J. (2000): Der Bogen-Zwergmarienkäfer *Clitostethus arcuatus* (Rossi, 1794) – eine mediterrane Art auf Expansionskurs (Col., Coccinellidae). – Entomologische Nachrichten und Berichte **44** (3): 193–197.

R

Raak-van den Berg, C. L. (2017): *Harmonia axyridis*, hoe kan het invasieve succes in Europa verklaard worden? – Entomologische Berichten **77** (3): 87–96.

Randall, K., Majerus, M. & Forge, H. (1992): Characteristics for sex determination in British Ladybirds (Coleoptera: Coccinellidae). – Entomologist **111** (3): 109–122.

Ransford, M. O., Majerus, M. E. N., Hurst, G. D. D. & Cockburn, R. (1993): An association between the spider, *Theridion pallens*, and egg clutches of the two spot ladybird, *Adalia bipunctata*. – Entomologist's Record and Journal of Variation **105**: 115–117.

Rathour, Y. S. & Singh, T. (1991): Importance of ovariole number in Coccinellidae. – Entomon **16** (1): 35–41.

Redtenbacher, L. (1849): Fauna Austriaca. Die Käfer. Nach der analytischen Methode bearbeitet. – Verlag von Carl Gerold, Wien. 848 S.

Redtenbacher, L. (1858): Fauna Austriaca. Die Käfer. Nach der analytischen Methode bearbeitet. 2. Auflage. – Verlag von Carl Gerold's Sohn, Wien. 1017 S.

Rees, E. B., Anderson, D. M., Bouk, D. & Gordon, R. D. (1994): Larval key to genera and selected species of North American Coccinellidae (Coleoptera). – Proceedings of the Entomological Society of Washington **96** (3): 387–412.

Reibisch, T. (1875): Über die am 17. September 1874 auffällige Häufigkeit der *Coccinella bipunctata* in Plauen b. Dresden. – Sitzungsberichte der naturwissenschaftlichen Gesellschaft Isis in Dresden **1874**: 137.

Reineck, G. (1937): 3. Beitrag zur Variabilitätsfrage bei Coccinelliden. *Subcoccinella 24-punctata* L. – Entomologische Blätter **33** (3): 188–193.

Reitter, E. (1911): Fauna Germanica. Die Käfer des Deutschen Reiches. III. Band. – K. G. Lutz' Verlag, Stuttgart: 1–436, T. 81–128.

Remme, B. (2021): Ein australischer Marienkäfer in der Pfalz: Freiland-Nachweis von *Rhyzobius* (*Lindorus*) *lophantae* (Blaisdell, 1892) im Süden von Rheinland-Pfalz (Coleoptera: Coccinellidae) – POLLICHIA-Kurier **37** (1): 21–23.

Ressler, H. (1968): Zur Faunistik des Elbufers bei Zadel (Kreis Meißen). – Entomologische Nachrichten **12** (8): 85–89.

Rhamhalinghan, M. (1989): Variations in the internal temperatures of melanics and typicals of *Coccinella septempunctata* L. (Col., Coccinellidae). – Journal of Advanced Zoology **10** (1): 31–36.

Rheinheimer, J. & Hassler, M. (2010): Die Rüsselkäfer Baden-Württembergs. – Landesanstalt für Umwelt, Messungen und Naturschutz Baden-Württemberg (Hrsg.), verlag regionalkultur Heidelberg – Ubstadt Weiher – Neustadt a. d. W. – Basel, 944 S.

Ricci, C. (1979): L'apparato boccale pungente succhiante della larva di *Platynaspis luteorubra* Goeze (Col., Coccinellidae). – Bolletino del Laboratorio di Entomologia Agraria »Filippo Silvestri« di Portici **36**: 179–198.

Ricci, C. (1982): Sulla costituzione e funzione delle mandibole delle larve di *Tytthaspis sedecimpunctata* (L.) e *Tytthaspis trilineata* (Weise). – Frustula Entomologica N. S. **3**: 205–212.

Ricci, C. (1986a): Seasonal food preferences and behaviour of *Rhyzobius litura*. – In: Hodek, I. (ed.): Ecology of Aphidophaga 2. Proceedings of a Symposium held at Zvíkovské Podhradí, September 2–8, 1984: 119–123. – Academia Praha.

Ricci, C. (1986b): Habitat distribution and migration to hibernation sites of *Tytthaspis sedecimpunctata* and *Rhyzobius litura* in Central Italy. – In: Hodek, I. (ed.): Ecology of Aphidophaga 2. Proceedings of a Symposium held at Zvíkovské Podhradí, September 2–8, 1984: 211–216. – Academia Praha.

RICCI, C. (1986c): Food strategy of *Tytthaspis sedecimpunctata* in different habitats. – In: HODEK, I. (ed.): Ecology of Aphidophaga 2. Proceedings of a Symposium held at Zvíkovské Podhradí, September 2–8, 1984: 311–316. – Academia Praha.

RICCI, C. (1986d): Beneficial Coccinellidae caught in yellow traps in some Italian regions. – In: HODEK, I. (ed.): Ecology of Aphidophaga 2. Proceedings of a Symposium held at Zvíkovské Podhradí, September 2–8, 1984: 441–447. – Academia Praha.

RICCI, C. & CAPPELLETTI, G. (1990): Relationship between some morphological structures and locomotion of *Clitostethus arcuatus* (ROSSI) (Coleoptera Coccinellidae), a whitefly predator. – Frustula Entomologica N. S. **11**: 195–202.

RICCI, C. & ROSSODIVITA, M. E. (1989): Relationship between mouthparts and feeding habits of some coccinellid larvae (Coleoptera, Coccinellidae). – International Congress of Coleopterology Barcelona, September, 18–23, 1989: 61–62.

RICCI, C. & STELLA, I. (1988a): Relationship between morphology and function in some palearctic Coccinellidae. – In: NIEMCZYK, E. & DIXON, A. F. G. (eds.): Ecology and Effectiveness of Aphidophaga: 21–25. – The Hague.

RICCI, C. & STELLA, I. (1988b): *Rodolia cardinalis* MULS. (Coleoptera Coccinellidae): Cento anni di studio e d'impiego nel controllo biologico di *Pericerya purchasi* (MASK.) (Rhynchota: Monophlebidae) (1). – Atti XV Congresso Nazionale Italiano di Entomologia, L'Aquila: 989–997.

RICCI, C., FIORI, G. & COLAZZA, S. (1983): Regime alimentare dell'adulto di *Tytthaspis sedecimpunctata* (L.) (Coleoptera Coccinellidae) in ambiente a influenza antropica primaria: Prato Polifita. – Atti XIII Congresso Nazionale Italiano di Entomologia, Sestriere – Torino **1983**: 691–698.

RICCI, C., STELLA, I. & VERONESI, F. (1988): Importanza dell'oidio del frumento (Oidium monilioides DESM.) nella dieta di *Rhyzobius litura* (F.) (Coleoptera Coccinellidae) noto predatore di Afidi (1). – Atti XV Congresso Nazionale Italiano di Entomologia, L'Aquila: 999–1006.

RICE, M. (1992): High Altitude Occurrence and Westward Expansion of the Seven-Spotted Lady Beetle, *Coccinella septempunctata* (Coleoptera: Coccinellidae) in the Rocky Mountains. – The Coleopterists Bulletin **46** (2): 142–143.

RICHERSON, J. V. (1970): A world list of parasites of Coccinellidae. – Journal of the Entomological Society of British Columbia **67**: 33–48.

RICHTER, W. (2006): Erneuter Nachweis von *Clitostethus arcuatus* (ROSSI, 1794) in der Oberlausitz (Col., Coccinellidae). – Entomologische Nachrichten und Berichte **50** (1/2): 95.

RIDDICK, E. W., COTTRELL, T. E. & KIDD, K. A. (2009): Natural enemies of the Coccinellidae: Parasites, pathogens, and parasitoids. – Biological Control **51**: 306–312.

RIEDEL, A. & BASTIAN, J. (2005): Der Asiatische Marienkäfer *Harmonia axyridis* (PALLAS, 1773) (Col., Coccinellidae) – über den Stand seiner Ausbreitung in Mitteleuropa und Hinweise zu seiner Erkennung. – Mitteilungen des Entomologischen Vereins Stuttgart **40**: 117–122.

ROBERTSON, J. G. (1961): Ovariole numbers in Coleoptera. – Canadian Journal of Zoology **39**: 245–263.

ROBERTSON, J., ŚLIPIŃSKI, A., MOULTON, M., SHOCKLEY, F. W., GIORGI, A., LORD, N. P., MCKENNA, D. D., TOMASZEWSKA, W., FORRESTER, J., MILLER, K. B., Whiting, M. F. & McHugh, J. V. (2015). Phylogeny and classification of Cucujoidea and the recognition of a new superfamily Coccinelloidea (Coleoptera: Cucujiformia). – Systematic Entomology **40**: 745–778.

RÖSEL VON ROSENHOF, A. J. (1749): Die monatlich herausgegebenen Insecten-Belustigung. Zweyter Teil, welcher acht Classen verschiedener sowohl inländischer/als auch einiger ausländischer Insecte enthält. – Nürnberg, Joh. Joseph Fleischmann.

ROTHSCHILD, M. (1961): Defensive odours and Müllerian mimicry among insects. – The Transactions of the Royal entomological Society of London **113**: 101–122.

ROY, H. & BROWN, P. (2018): Field Guide to the Ladybirds of Great Britain and Ireland. – Bloomsbury Wildlife, London, Oxford, New York, New Delhi, Sydney. 160 pp.

ROY, H. E. & WAJNBERG, E. (eds.) (2008): From Biological Control to Invasion: the Ladybird *Harmonia axyridis* as a Model Species. – Springer, 1–287.

ROY, H. E., BROWN, P. M. J., FROST, R. & POLAND, R. L. (2011): The Ladybirds (Coccinellidae) of Britain and Ireland. – Biological Records Centre, Centre for Ecology & Hydrology (CEH) UK, Wallingford. 198 pp.

ROY, H. E., BROWN, P. M. J., COMONT, R. F., POLAND, R. L. & SLOGETT, J. J. (2013): Ladybirds. – Naturalists' Handbook 10. Pelagic Publishing, Exeter.

RUTA, R., JAŁOSZYŃSKI, P., KONWERSKI, SZ., MAJEWSKI, T. & BARŁOŻEK, T. (2009): Biedronkowate (Coleoptera: Coccinellidae) Polski. Część 1. Nowe dane faunistyczne. – Wiadomości Entomologiczne **28** (2): 91–112.

RŮŽIČKA, Z. & HAGEN, K. S. (1986): Influence of *Perilitus coccinellae* on the flight performance of overwintered *Hippodamia convergens*. – In: HODEK, I. (ed.): Ecology of Aphidophaga 2. Proceedings of a Symposium held at Zvíkovské Podhradí, September 2-8, 1984: 229-232. – Academia Praha.

RŮŽIČKA, Z. & HODEK, I. (1978): Observations préliminaires sur l'halophilie chez *Coccinella undecimpunctata*. – Annales de Zoologie, Ecology Animale **10**: 367–371.

S

Sachtleben, H. (1941): Biologische Bekämpfungsmaßnahmen. – In: P. Sorauer, Handbuch der Pflanzenkrankheiten, Bd. **6**. Hamburg & Berlin: 1–111.

Santamaria, S., Balazuc, J. & Tavares, L. L. (1991): Distribution of the European Laboulbeniales (Fungi, Ascomycotina). An annotated list of species. – Treballs de l'Institut Botànic de Barcelona **14**: 5–123.

Sasaji, H. (1968a): Phylogeny of the family Coccinellidae (Coleoptera). – Etizenia **35**: 1–37 + 13 Tafeln.

Sasaji, H. (1968b): Descriptions of the Coccinellid Larvae of Japan and the Ryukyus (Coleoptera). – The Memoirs of the Faculty of Education, Fukui University Series II (Natural Science) **18**: 93–135.

Sasaji, H. (1971): Phylogenetic Positions of Some Remarkable Genera of the Coccinellidae (Coleoptera), with an Attempt of the Numerical Method. – The Memoirs of the Faculty of Education Fukui University, Ser. II (Natural Science) **21**: 55–73.

Sasaji, H. (1977): Larval Characters of Asian Species of the Genus *Harmonia* Mulsant. – The Memoirs of the Faculty of Education Fukui University, Ser. II (Natural Science) **27** (1): 1–17.

Sasaji, H. (1981): Biosystematics of the *Harmonia axyridis*-complex (Coleoptera: Coccinellidae). – The Memoirs of the Faculty of Education Fukui University, Ser. II (Natural Science) **30** (2): 59–79.

Sasaji, H. (1992): Descriptions of four Coccinellid larvae of Formosa with phylogenetic importance (Col., Coccinellidae). – The Memoirs of the Faculty of Education Fukui University, Ser. II (Natural Science) Nr. **42**: 1–11.

Sasaji, H. & Ohnishi, E. (1973): Disc electrophoretic Study of Esterase in Ladybirds. – The Memoirs of the Faculty of Education Fukui University, Ser. II (Natural Science) **23** (2): 23–31.

Sasaji, H., Yahara, R. & Saito, M. (1975): Reproductive Isolation and Species Specificity in Two Ladybirds of the Genus *Propylaea* (Coleoptera). – The Memoirs of the Faculty of Education, Fukui University, Ser. II (Natural Science) **25** (3): 13–34.

Savoiskaja, G. I. (1966): The significance of Coccinellidae in the biological control of apple-tree aphids in the Alma-Ata fruit-growing region. – In: Hodek, I. (ed.): Ecology of Aphidophagous Insects, Proceedings of a Symposium held in Liblice near Prague, September 27 – October 1, 1965: 317–319. – Academia Prague.

Savoiskaja, G. I. (1970a): Introduction and acclimatisation of some coccinellids in the Alma-Ata reserve. – Trudy Alma-Atinskii Gosudarstvennyi Zapovednik **9**: 138–162. (russisch).

Savoiskaja, G. I. (1970b): Coccinellids of the Alma-Ata reserve. – Trudy Alma-Atinskii Gosudarstvennyi Zapovednik **9**: 163–187.

Savoiskaja, G. I. (1983): Licinki kokzinnelid (Col., Coccinellidae) fauny SSSR. Larvae of ladybird beetles (Coleoptera, Coccinellidae) of the USSR fauna. – Institute of the USSR Academy of Sciences. Akademia Nauk SSSR, Leningrad. 243 pp. (russisch).

Savoiskaja, G. I. & Klausnitzer, B. (1973): 2 Morphology and taxonomy of the larvae with keys for their identification. – In: I. Hodek (ed.): Biology of Coccinellidae with keys for identification of larvae by co-authors. – Dr. W. Junk, The Hague, ACADEMIA, Prague: 36–53.

Scali, V. & Creed, E. R. (1975): The influence of climate on melanism in the Two-Spot ladybird, *Adalia bipunctata,* in central Italy. – The Transactions of the Royal entomological Society of London **127** (2): 163–169.

Schaefer, P. W. & Dysart, R. J. (1988): Palearctic aphidophagous Coccinellids in North America. – In: Niemczyk, E. & Dixon, A. F. G. (eds.): Ecology and Effectiveness of Aphidophaga: 99–106. The Hague.

Schaefer, P. W., Dysart, R. J. & Specht, H. B. (1987): North American Distribution of *Coccinella septempunctata* (Coleoptera: Coccinellidae) and Its Mass Appearance in Coastal Delaware. – Environmental Entomology **16** (2): 368–373.

Schaeflein, H. (1960): Beobachtungen über das Vorkommen der *Cynegetis impunctata* (Col., Curc.) [sic!]. – Nachrichtenblatt der Bayerischen Entomologen **9** (10): 97–98.

Schaller, F. & Bänsch, R. (1963): Das Suchverhalten der aphidivoren Insektenlarven. – Zoologischer Anzeiger **171** (9/10): 359–363.

Schanderl, H., Ferran, A. & Garcia, V. (1988): L'élevage de deux coccinelles *Harmonia axyridis* et *Semiadalia undecimnotata* à l'aide d'oeufs d'*Anagasta kuehniella* tués aux rayons ultraviolets. – Entomologia Experimentalis et Applicata **49**: 235–244.

Schenkling, S. (1922): Nomenclator coleopterologicus. Eine etymologische Erklärung sämtlicher Gattungs- und Artnamen der Käfer der deutschen Fauna sowie der angrenzenden Gebiete. 2. Auflage. – Jena, Gustav Fischer. 255 S.

Schilder, F. A. (1928): Zur Variabilität von *Adonia variegata* Goeze (Col. Coccinellidae). – Entomologische Blätter **24** (3): 129–142.

Schilder, F. A. (1955): Zur Variabilität der Fleckengröße bei Coccinelliden. – Deutsche Entomologische Zeitschrift **2**: 111–120.

Schilder, F. A. & Schilder, M. (1928): Die Nahrung der Coccinelliden und ihre Beziehung zur Verwandtschaft der Arten. – Arbeiten aus der Biologischen Reichsanstalt für Land- und Forstwirtschaft **16** (2): 213–282.

Schimitschek, E. (1968): Insekten als Nahrung, in Brauchtum, Kult und Kultur. – Handbuch der Zoologie. 4. Band, Arthropoda. 2. Hälfte: Insecta, 1. Teil: Allgemeines, 10. Beitrag. – 2. Aufl. de Gruyter Berlin. 62 S.

Schimitschek, E. (1977): Insekten in der bildenden Kunst im Wandel der Zeiten in psychogenetischer Sicht. – Naturhistorisches Museum Wien, Veröffentlichungen Neue Folge 14: 1–119.

Schlegel, R. (1962): Beiträge zur Kenntnis der Insektenfauna des Seerosensumpfes bei Halbendorf/Spree. 3. Coleoptera. – Entomologische Nachrichten **6** (2): 17–18.

Schmid, A. (1992): Untersuchungen zur Attraktivität von Ackerwildkräutern für aphidophage Marienkäfer (Coleoptera, Coccinellidae). – Verlag Haupt Bern, Stuttgart, Wien. 122 S.

Schmidt, G. (1954): Coccinellidae. – In: Sorauer, P. Handbuch der Pflanzenkrankheiten, Bd. **5**, 2. Teil. Hamburg & Berlin, S. 99–104.

Schmidt, G. (1963): Richard Korschefsky zum Gedenken. – Entomologische Blätter **59** (3): 129–131.

Schmidt, H. (1918/1919): Zur Biologie von *Subcoccinella 24-punctata*. – Zeitschrift für wissenschaftliche Insektenbiologie **14**: 39–41.

Schmutterer, H. & Hoffmann, Ch. (2016): Die wild lebenden Schildläuse Deutschlands (Sternorrhyncha, Coccina). – Entomologische Nachrichten und Berichte, Beiheft **20**, 104 Seiten, 15 Farbtafeln.

Schneider, K. (1989): Zur Struktur der Coccinellidenfauna immissionsgeschädigter Kiefernforste der Dübener Heide. – Verhandlungen des elften internationalen Symposiums für die Entomofaunistik Mitteleuropas (SIEEC) 19.–23. Mai 1986 Gotha: 102–108.

Schober, T.: Asiatischer Marienkäfer (*Harmonia axyridis*) (Coleoptera, Coccinellidae) auch mit zoonekrophager Ernährung? – Entomologischen Nachrichten und Berichte **53** (1): 56.

Schönmann, R. (1969): Hans Strouhal †. – Entomologisches Nachrichtenblatt **4**: 125–126.

Schornack, S. & R. Dietze (1999): Zur Verbreitung von *Novius cruentatus* (Mulsant) (Col., Coccinellidae) in Sachsen-Anhalt. – Entomologische Nachrichten und Berichte **43** (2): 137.

Schröder, C. (1901/1902): Die Variabilität der *Adalia bipunctata* L. (Col.), gleichzeitig ein Beitrag zur Descendenz-Theorie. – Allgemeine Zeitschrift für Entomologie **6** (23): 355–360, (24): 371–377, Taf. 5; **7** (1): 5–12, (2/3): 37–43, (4/5): 65–72.

Seago, A. E., Giorgi, J. A., Li, J. & Ślipiński, A. (2011): Phylogeny, classification and evolution of ladybird beetles (Coleoptera: Coccinellidae) based on simultaneous analysis of molecular and morphological data. – Molecular Phylogenetics and Evolution **60**: 137–151.

Segers, S. (2015): Velddeterminatietabel voor de lieveheersbeestjes van West-Europa (Chilocorinae, Coccinellinae, Epilachninae & Coccidulinae) met larvengtabal. – Gent, 96 pp.

Semyanov, V. P. (1980): Biology of *Calvia quatuordecimguttata* L. (Coleoptera, Coccinellidae). – Entomologicheskoe Obozrenie (Энтомологическое Обозрение) **59** (4): 757–763.

Semyanov, V. P. (1986): Parasites and predators of *Coccinella septempunctata*. – In: Hodek, I. (ed.): Ecology of Aphidophaga 2. Proceedings of a Symposium held at Zvíkovské Podhradí, September 2-8, 1984: 525–530. – Academia Praha.

Shands, W. A., Shands, M. K. & Simpson, G. W. (1966): Techniques for Massproducing *Coccinella septempunctata* L. – The Journal of Economic Entomology **59**: 102-103.

Sieber, M. & Klausnitzer, B. (2005): Neufunde von Käfern (Col.) für Sachsen und Deutschland aus der Oberlausitz. – Entomologische Nachrichten und Berichte **49** (2): 137–144.

Ślipiński, S. A. (2007): Australian Ladybird Beetles (Coleoptera: Coccinellidae). Their Biology and Classification. – Australian Biological Resources Study, Canberra. XVIII + 286 pp.

Ślipiński, A. & Tomaszewska, W. (2011): 10.33. Coccinellidae Latreille, 1802. – In: Leschen R. A. B., Beutel R. G. & Lawrence, J. F. (eds.): Handbook of Zoology, Arthropoda: Insecta; Coleoptera, Beetles, Volume 2: Morphology and systematics (Elateroidea, Bostrichiformia, Cucujiformia partim). – Walter de Gruyter, Berlin/Boston: 454–471.

Sloggett, J. J., Völkl, W., Schulze, W., Schulenberg von der, J. H. & Majerus, M. E. N. (2000): The ant-associations and diet of the ladybird *Coccinella magnifica* (Coleoptera: Coccinellidae). – European Journal of Entomology **99**: 565–569.

Sluss, R. (1968): Behavioural and anatomical response of the convergent lady beetle to parasitism by *Perilitus coccinellae* (Schrank) (Hym., Braconidae). – Journal of Invertebrate Pathology **10**: 9–27.

Smirnoff, W. A. (1958): An artificial diet for rearing coccinellid beetles. – The Canadian Entomologist **90**: 563–565.

Smith, B. C. (1960): A technique for rearing coccinellid beetles on dry foods, and influence of various pollens on the development of *Coleomegilla maculata lengi* Timb. (Coleoptera: Coccinellidae). – Canadian Journal of Zoology **38**: 1047–1049.

Smith, B. C. (1961): Results of rearing some coccinellid (Coleoptera: Coccinellidae) larvae on various pollens. – Proceedings of the Entomological Society of Ontario **91**: 270–271.

Smith, B. C. (1965): Growth and Development of Coccinellid Larvae on Dry Foods. – The Canadian Entomologist **97** (7): 760–768.

Smith, B. C. (1966): Variation in weight, size, and sex ratio of Coccinellid adults (Col., Coccinellidae). – The Canadian Entomologist **98**: 639–644.

Smith, S. G. (1962): Temporo-spatial sequentiality of chromosomal polymorphism in *Chilocorus stigma* Say (Col., Coccinellidae). – Nature **193**: 1210–1211.

Smith, S. G. (1963): Natural hybrids between coccinellid species. – Canada Department of Forestry, Forest Entomology and Pathology Branch. Bi-monthly Progress Report **19**: 2.

Smyth, R. R., Allee, L. L. & Losey, J. E. (2013): The status of *Coccinella undecimpunctata* (L.) (Coleoptera: Coccinellidae) in North America: An updated distribution from Citizen Science data. – The Coleopterists Bulletin **67** (4): 532–535.

Spaeth, F. (1913): Ludwig Ganglbauer. – Wiener Entomologische Zeitung **32**: 1–7.

Spalding, A. (1990): *Halyzia sedecimguttata* L. (Col., Coccinellidae) and other beetles to UV light in Cornwall England. – Entomologist's Gazette **41** (1–2): 78.

Spence, W. & Kirby, W. (1816): An Introduction to Entomology. Bd. I. Deutsche Übersetzung. Bd. I. – Stuttgart 1823.

Spittler, P. (1963): Ein Massenfund von Coccinelliden am Weststrand des Darß. – Entomologische Berichte **1963** (1): 28–30.

Spitzenberger, F. (1996): Erich Kreissl zum Gedenken. – Mitteilungen der Abteilung für Zoologie am Landesmuseum Joanneum **50**: 1–10.

Stączek, Z. (1990): Biedronki (Coleoptera, Coccinellidae) zespolu grądowego (Tilio-Carpinetum) w rezerwacie Bachus (Wyżyna Lubelska). – Fragmenta Faunistica, Warszawa **33** (22): 373–382.

Stączek, Z. & Pietrykowska, E. (2003): *Scymnus doriai* Capra, 1924 (Coleoptera: Coccinellidae) new to the Polish fauna. – Polskie Pismo Entomologiczne **72**: 223–227.

Stark, A. & Klausnitzer, B. (2010): Beobachtungen zum Auftreten und zur Biologie von *Harmonia axyridis* im Frühsommer 2008 in Halle (Saale) sowie Anmerkungen zur Pollennahrung einheimischer Marienkäfer (Coleoptera, Coccinellidae). – Entomologische Nachrichten und Berichte **54** (2): 153–156.

Stebnicka, Z. (1972): Coccinellidae (Coleoptera) okolic Krakowa. – Acta Zoologica Cracoviensia **17** (1): 1–36.

Stechmann, D. H. (1982): Zur Ökologie aphidophager Insekten in Hecken und Feldern Oberfrankens: Beobachtungen an Coccinelliden in den Jahren 1978/79. – Jahresberichte des Naturwissenschaftlichen Vereins Wuppertal **35**: 38–42.

Stegner, J. (1988): *Sospita vigintiguttata* (L) neu für den Bezirk Gera (Col., Coccinellidae). – Entomologische Nachrichten und Berichte **32** (1): 42.

Stewart, L. A. & Dixon, A. G. F. (1989): Why big species of ladybird beetles are not melanic (Col., Coccinellidae). – Functional Ecology **3** (2): 165–172.

Strejček, J. (1973): Nové nebo jinak zajímavé druhy brouků z Čech a Moravy. – Zprávy Československé Společnosti Entomologické při ČSAV **9**: 57–67.

Strouhal, H. (1926): Pilzfressende Coccinelliden (Tribus Psylloborini) (Col.). – Zeitschrift für wissenschaftliche Insektenbiologie **21**: 131–143.

Strouhal, H. (1927): Die Larven der palaearktischen Coccinellini und Psylloborini (Coleopt.). – Archiv für Naturgeschichte **92** (1926): 1–63.

Strouhal, H. (1939): Variationsstatistische Untersuchung an *Adonia variegata* Gze. – Zeitschrift für Morphologie und Ökologie der Tiere **35**: 288–316.

Strouhal, H. (1954/1955): Franz Heikertinger †. – Annalen des Naturhistorischen Museums in Wien **60**: 20–35, Tafel 5.

Sundby, A. (1966): A comparative study of the efficiency of three predatory insects *Coccinella septempunctata* L. (Col., Coccinellidae), *Chrysopa carnea* St. (Neuroptera, Chrysopidae) and *Syrphus ribesii* L. (Diptera, Syrphidae) at two different temperatures. – Entomophaga **11**: 395–404.

Svihla, A. (1952): Two-spotted Lady Beetles Biting Man. –Journal of Economic Entomology **45** (1): 134.

Szawaryn, K. (2019): Unexpected diversity of whitefly predators in Eocene Baltic amber – new fossil *Serangium* species (Coleoptera, Coccinellidae). – Zootaxa **4571** (2): 270–276.

Szawaryn, K. (2021): The first fossil Microweiseini (Coleoptera: Coccinellidae) from the Eocene of Europe and its significance for the reconstruction of the evolution of ladybird beetles. – Zoological Journal of the Linnean Society **20**: 1–16.

Szawaryn, K. & Szwedo, J. (2018): Have ladybird beetles and whiteflies co-existed for et least 40Mya? – Paläontologische Zeitschrift **92** (4): 593–603.

Szawaryn, K. & Tomaszewska, W. (2020a): New and known extinct species of *Rhyzobius* Stephens, 1829 shed light on the phylogeny and biogeography of the genus and the tribe Coccidulini (Coleoptera: Coccinellidae). – Journal of Systematic Palaeontology **18** (17): 1445–1461.

Szawaryn, K. & Tomaszewska, W. (2020b): The first fossil Sticholotidini ladybird beetle (Coleoptera, Coccinellidae) reveals a transition zone through northern Europe during the Eocene. – Papers in Palaeontology **6**: 651–659.

Szawaryn, K., Bocak, L., Ślipiński, A., Escalona, H. E. & Tomaszewska, W. (2015): Phylogeny and evolution of phytophagous ladybird beetles (Coleoptera: Coccinellidae: Epilachnini), with recognition of new genera. – Systematic Entomology **40**: 547–569.

Szawaryn, K., Nedvěd, O., Biranvand, A., Czerwiński, T. & Nattier, R. (2021): Revision of the genus *Coccidula* Kugelann (Coleoptera, Coccinellidae). – ZooKeys **1043**: 61–85.

T

Táborsky, I. (1975): *Semiadalia notata* (Laich.) (Col., Coccinellidae) – nový druh pro faunu Čech. – Zprávy Studie Oblastního vlastivědného muzea v Teplicých **11**: 27–28.

Takahashi, K. (1987): Cannibalism by the Larvae of *Coccinella septempunctata bruckii* Mulsant (Coleoptera: Coccinellidae) in Mass-Rearing Experiments. – Japanese Journal of Applied Entomology and Zoology **31**: 201–205.

Tan, C.-C. & Li, J.-C. (1934): Inheritance of the elytral colour patterns of the lady-bird beetle, *Harmonia axyridis* Pallas. – American Naturalist **68**: 252–265.

Tanasijevic, N. (1958): Zur Morphologie und Biologie des Luzernemarienkäfers *Subcoccinella vigintiquatuorpunctata* (L.) (Col., Coccinellidae). – Beiträge zur Entomologie **8**: 23–78.

Tavares, I. I. (1985): Laboulbeniales (Fungi, Ascomycetes). – Mycologia Memoir No. 9. – Cramer, Braunschweig, 627 pp.

Temme, M. (2007): Marienkäfer (Coccinellidae) als häufige Nestlingsnahrung der Mehlschwalbe *Delichon urbica* auf Norderney. – Natur- und Umweltschutz **6** (1): 28–34.

Teuscher, E. & Lindequist, U. (1988): Biogene Gifte. Biologie — Chemie – Pharmakologie. – Akademie-Verlag, Berlin, 505 S.

Thieme, Th. & Eggers-Schumacher, H. A. (2003): Verzeichnis der Blattläuse (Aphidina) Deutschlands. – In: Klausnitzer, B. (Hrsg.): Entomofauna Germanica. Band 6. – Entomologische Nachrichten und Berichte, Beiheft **7**: 167–193. Dresden.

Timmermans, M., Braekman, J.-C., Daloze, D., Pasteels, J. M., Merlin, J. & Declercq, J.-P. (1992): Exochomine, a Dimeric Ladybird Alkaloid, isolated from *Exochomus quadripustulatus* (Coleoptera: Coccinellidae). – Tetrahedron **33**: 1281–1284.

Timofeeff-Ressovsky, N. W. (1940): Zur Analyse des Polymorphismus bei *Adalia bipunctata* L. – Biologisches Zentralblatt **60**: 130–137.

Tolasch, T. (2002): *Harmonia axyridis* (Pallas) (Col., Coccinellidae) breitet sich in Hamburg aus – Ausgangspunkt für eine Besiedelung Mitteleuropas? – Entomologische Nachrichten und Berichte (Dresden) **46** (3): 185–188.

Tomaszewska, W. (2000): Morphology, phylogeny and classification of adult Endomychidae (Coleoptera: Cucujoidea). – Annales Zoologici **50**: 449–558.

Tomaszewska, W. (2005): Phylogenie and generic classification of the subfamily Lycoperdininae whit a re-analysis of the family Endomychidae (Coleoptera: Cucujoidea). – Annales Zoologici **55**: 1–172.

Triltsch, H. (1995): *Phalacrotophora fasciata* (Fallén) (Diptera: Phoridae) als Parasit der Puppen von *Coccinella septempunctata* (Coleoptera: Coccinellidae. – Studia dipterologica **2** (1): 93–96.

Triltsch, H. (1996): On the parasitization of the ladybird *Coccinella septempunctata* L. (Col., Coccinellidae). – Journal of Applied Entomology **120**: 375–378.

Triltsch, H. (1997): Gut contents in field sampled adults of *Coccinella septempunctata* (Col.: Coccinellidae). – Entomophaga **42** (1/2): 125-131.

Triltsch, H., Freier, B. & Möwes, M. (1996): Marienkäfer (Coleoptera, Coccinellidae) als Nützlinge in agrarischen Ökosystemen. – Mitteilungen aus der Biologischen Bundesanstalt für Land- und Forstwirtschaft Berlin-Dahlem, Heft **323**: 1–96.

Tsurusaki, N., Nakano, S. & Katakura, H. (1993): Karyotypic Differentiation in the Phytophagous Ladybird Beetles *Epilachna vigintioctomaculata* Complex and Its Possible Relevance to the Reproductive Isolation, with a Note on Supernumerary Y Chromosomes Found in *E. pustulosa*. – Zoological Science **10**: 997–1015.

Turian, G. (1969): Coccinelles micromycétophages. – Mitteilungen der Schweizerischen Entomologischen Gesellschaft **42** (1 u. 2): 52–57.

Tursch, B., Daloze, D. & Hootele, C. (1971): Coccinellin, the Defensive alkaloid of the beetle *Coccinella septempunctata*. – Chimia **25**: 307–308.

Tursch, B., Daloze, D. & Hootele, C. (1972): The alkaloid of *Propylea quatuordecimpunctata* L. (Col., Coccinellidae). – Chimia **26**: 74–75.

Tursch, B., Daloze, D., Braekman, J. C., Hootele, C. & Pasteels, J. M. (1975): Chemical ecology of arthropods. X. The structure of myrrhine and the biosynthesis of coccinelline. – Tetrahedron **31**: 1541–1543.

U

Uygun, N. (1980): Untersuchungen über den Farbwechsel von *Exochomus quadripustulatus* L. (Coleoptera, Coccinellidae). – Nachrichtenblatt der Bayerischen Entomologen **29** (1): 5–10.

V

Vandenberg, N. J. (1990): First North American Records for *Harmonia quadripunctata* (Pontoppidan) (Coleoptera: Coccinellidae), a lady beetle native to the palaearctic. – Proceedings of the entomological Society of Washington **92** (3): 407–410.

Vandenberg, N. J. (2002): Family 93. Coccinellidae Latreille 1807. – In: Arnett, R. H. Jr., Thomas, M. C., Skelley, P. E. & Frank, J. H. (eds.), American Beetles. Volume 2. Polyphaga: Scarabaeoidea through Curculionoidea. – CRC Press LLC Boca Raton, USA, 371–389.

Verhoeff, C. (1895): Beiträge zur vergleichenden Morphologie des Abdomens der Coccinelliden und über die Hinterleibsmuskulatur von *Coccinella*, zugleich ein Versuch, die Coccinelliden anatomisch zu begründen und natürlich zu gruppieren. – Archiv für Naturgeschichte **61**: 1–80 + Tafeln 1–6.

Vigláŝová, S., O. Nedvěd, P. Zach, J. Kulfan, M. Parák, A. Honěk, Z. Martinková & H. E. Roy (2017): Species assemblages of ladybirds including the harlequin ladybird *Harmonia axyridis*: a comparison at large spatial scale in urban habitats. – BioControl **62** (3): 409–421.

Vilcinskas, A. & Schmidtberg, H. (2014): Der Asiatische Marienkäfer als Modell – invasiv durch biologische und chemische Waffen. – Biologie in unserer Zeit **44** (6): 386–391.

Vilcinskas, A., Stoecker, K., Schmidtberg, H., Röhrich, C. R. & Vogel, H. (2013): Invasive harlequin ladybird caries biological weapons against native competitors. – Science **340**: 862–863.

Vohland, K. (1996): The influence of plant structure on searching behaviour in the ladybird *Scymnus nigrinus* (Coleoptera: Coccinellidae). – European Journal of Entomology **93**: 151–160.

Voicu, M., Serafim, R. & Pantireanu, E. (1990): Biological aspects on *Epilachna argus* (Geoffr.) (Coleoptera, Coccinellidae). – Studii si cercetari de biologie, Seria biologie animala 42 (2): 91–94.

Völkl, W. (1995): Behavioural and morphological adaptations of the coccinellid *Platynaspis luteorubra* for exploiting ant-attended resources (Coleoptera, Coccinellidae). – Journal of Insect Behaviour **8**: 653–670.

Völkl, W. & Vohland, K. (1996): Wax covers in larvae of two *Scymnus* species: do they enhance coccinellid larval survival? – Oecologia **107**: 498–503.

W

Wahl, H. D. (1990): *Epilachna argus* (Geoffr.) – neu für das Land Berlin-Brandenburg (Col., Coccinellidae). – Entomologische Nachrichten und Berichte **34** (4): 185.

Walker, M. F. (1961): Some observations on the biology of the ladybird parasite *Perilitus coccinellae* (Schrank) (Hym., Braconidae), with special reference to host selection and recognition. – The Entomologist's Monthly Magazine **97**: 240–244.

Wanka, Th. v. (1915): Zum 70. Geburtstag Edmund Reitters. – Wiener Entomologische Zeitung **34**: 215–218.

Wanntorp, H.-E. (2004): »Hela havet stormar«: De svenska arterna av *Scymnus* usl. *Neopullus* (Coleoptera, Coccinellidae) byter plats. – Entomologisk Tidskrift **125** (3): 103–109.

Watson, W. Y. (1956): A Study of the phylogeny of genera of the tribe Coccinellini (Coleoptera). – Contributions of the Ontario Museum of Zoology and Paleontology **42**: 52 pp.

Way, M. J. (1963): Mutualism between ants and honeydew-producing Homoptera. – Annual Review of Entomology **8**: 307–344.

Weihrauch, F. (2008): Im Handstreich: Die Eroberung der Hopfengärten der Hallertau durch *Harmonia axyridis* im Jahr 2007 (Coleoptera, Coccinellidae). – Nachrichtenblatt der Bayerischen Entomologen **57** (1/2): 12–16.

Weidner, H. (1990): Die Beziehungen zwischen Mensch und Insekten in Nordostoberfranken. Die nutzbaren Insekten. – Hof.

Weigel, A. (2008): Der Asiatische Marienkäfer *Harmonia axyridis* (Pallas, 1773) in Thüringen (Coleoptera: Coccinellidae). – Mitteilungen des Thüringer Entomologenverbandes e. V. **15** (1): 3–7.

Weise, J. (1879): Bestimmungstabellen der europäischen Coleopteren II: Coccinellidae. – Zeitschrift für die Entomologie **7**: 88–156.

Weise, J. (1887): Ueber die Lebensweise von *Novius cruentatus* Muls. – Deutsche Entomologische Zeitschrift **31** (1): 181–183.

Weise, J. (1899): Bemerkungen zu den neuesten Bearbeitungen der Coccinelliden. – Deutsche Entomologische Zeitschrift **1899**: 369–375.

Weismann, L., Afify, A. M. & Zaki, F. N. (1971): Einflußnahme der Temperatur und der Luftfeuchtigkeit auf den Nahrungsverbrauch bei Marienkäfer *Coccinella undecimpunctata* L. – Biologia (Bratislava) **26** (2): 89–98.

Wheeler, A. G. (1987): *Scymnus* (*Pullus*) *suturalis* Thunberg: Southernmost records of an immigrant coccinellid (Col., Coccinellidae) in the United States. – The Coleopterists Bulletin **41**: 150.

Wheeler, A. G. (1990): *Propylea quatuordecimpunctata*: additional U. S. records of an adventive Lady beetle (Coleoptera: Coccinellidae). – Entomological News **101** (3): 164–166.

Wheeler, A. G. & Hoebeke, E. R. (2008): Rise and Fall of an Immigrant Lady Beetle: Is *Coccinella u. undecimpunctata* L. (Coleoptera: Coccinellidae) Still Present in North America? – Proceedings of the Entomological Society of Washington **110** (3): 817–823.

Wielink, P. S. van (2017a): *Harmonia axyridis* (Coleoptera: Coccinellidae): 13 jaar gevolgd met lichtvangsten in De Kaaistoep, Noord-Brabant. – Entomologische Berichten **77** (3): 97–105.

Wielink, P. S. van (2017b): Negentien jaar lichtvangsten van lieveheersbeestjes in De Kaaistoep (Coleoptera: Coccinellidae). – Entomologische Berichten **77** (3): 127–139.

Wieser, Ch. & Kofler, A. (2002): Ergebnisse einer Dauerlichtfalle in Pörtschach am Wörthersee. – Carinthia II **192/112**. Klagenfurt: 467–486.

Wiklund, C. & Järvi, T. (1982): Survival of distasteful insects after being attacked by naive birds; a reappraisal of the theory of aposematic coloration evolving through individual selection. – Evolution **36**: 998–1002.

Willers, J. (1996): Funde seltener Marienkäfer in Thüringen und Südniedersachsen (Col., Coccinellidae). – Entomologische Nachrichten und Berichte **40** (2): 126.

Williams, C. B. (1958): Insect Migration. – The New Naturalist **36**. London, Collins, 235 pp.

Williams, C. B. (1960): Ladybirds. – BBC Naturalist **2**: 105–109.

Wisniewski, J. (1963): Wystepowanie myrmekofilnej biedronki, *Coccinella divaricata* Oliv. (Col., Coccinellidae) w Polsce. – Przegląd Zoologiczny **7**: 143–145.

Wisskirchen, R. & Haeupler, H. (1998): Standardliste der Farn- und Blütenpflanzen Deutschlands. – Hrsg. Bundesamt für Naturschutz. Stuttgart Ulmer. 765 S.

Witsack, W. (1970/1971): Neufunde und zur Verbreitung von *Synharmonia lyncea* (Ol.), einem sehr seltenen Marienkäfer (Coccinellidae, Coleoptera). – Naturkundliche Jahresberichte des Museum Heineanum **5/6**: 53–57.

Witsack, W. (1971): Zur Biologie und Ökologie von *Synharmonia lyncea* OL. (Coleoptera, Coccinellidae). – Entomologische Nachrichten **15**: 16–20.

Witsack, W. (1977): Zur Verbreitung und Ausbreitung von *Henosepilachna argus* (Geoffr.) (Col., Coccinellidae) in der DDR. – Entomologische Nachrichten **21** (1): 1–7.

Witsack, W. (2020): Rote Listen Sachsen-Anhalt. 53. Marienkäfer (Coleoptera: Coccinellidae). 3. Fassung, Stand: August 2018). – Berichte des Landesamtes für Umweltschutz Sachsen-Anhalt, Heft 1/2020: 677-682.

Witte, L., Ehmke, A. & Hartmann, T. (1990): Interspecific flow of pyrrolizidine alkaloids; from plants via aphids to lady-birds. – Naturwissenschaften **77**: 540–543.

Y

Yakhontov, V. V. (1938): Über gerichtete Variabilität bei Coccinelliden. V. Die Reihenfolge der Fleckentstehung bei *Coccinella 10-punctata*. – Zeitschrift für Morphologie und Ökologie der Tiere **34**: 565–583.

Yinon, U. (1969a): The natural enemies of the armored scale Lady-beetle *Chilocorus bipustulatus* (Col., Coccinellidae). – Entomophaga **14**: 321–328.

Yinon, U. (1969b): Food consumption of the armored scale lady-beetle *Chilocorus bipustulatus* (Coccinellidae). – Entomologia Experimentalis et Applicata **12**: 139–146.

Yu, D. S., Achterberg, C. van & Horstmann, K. (2006): World Ichneumonoidea 2005. Taxonomy, biology, morphology and distribution. – Vancouver (Taxapad). DVD/CD-ROM.

Yu, Guoyue (1994): Cladistic Analysis of the Coccinellidae. – Entomologia Sinica **1** (1): 17–31.

Z

Zarapkin, S. R. (1930): Über gerichtete Variabilität bei Coccinelliden. II. Entwicklung der komplizierten Zeichnungsformen bei *Propylaea 14-punctata* Muls. – Zeitschrift für Morphologie und Ökologie der Tiere **18**: 726–759.

Zarapkin, S. R. (1938): Über die gerichtete Variabilität bei Coccinelliden. V. Die Reihenfolge der Fleckenentstehung auf den Elytren der *Coccinella 10-punctata* (*Adalia 10-punctata*) in der ontogenetischen Entwicklung. VI. Biometrische Analyse der gerichteten Variabilität. – Zeitschrift für Morphologie und Ökologie der Tiere **34**: 565–572, 573–583.

Zaslavskij, V. A. (1970): Geographical races of *Chilocorus bipustulatus* (Coleoptera, Coccinellidae). I. Two types of photoperiodical reaction controlling the imaginal diapause in the northern race. – Zoologichesky Zhurnal **49**: 1354–1365.

Zaslavskij, V. A. & T. P. Bogdanova (1965): Properties of imaginal diapause in two *Chilocorus* species (Col., Coccinellidae). – Trudy Zoologicheskogo Instituta Leningrad **36**: 89–95.

Ziegler, H. (1991): Marienkäfer im Landkreis Biberach unter besonderer Berücksichtigung der Natur- und Landschaftsschutzgebiete (Col., Coccinellidae). – Veröffentlichungen der Landesstelle für Naturschutz und Landschaftspflege Baden-Württemberg **66**: 467–478.

Ziegler, H. (1993): Erstnachweis von *Clitostethus arcuatus* (Rossi) für das Gebiet der Neuen Bundesländer (Col., Coccinellidae, Scymnini). – Entomologische Nachrichten und Berichte **37** (1): 67–68.

Ziegler, H. W. & Teunissen, A. P. J. A. (1992): *Oenopia impustulata*, eine für die Niederlande neue Coccinellide (Coleoptera, Coccinellidae). – Entomologische Berichten **52** (2): 19–21.

Zoebelein, G. (1956): Der Honigtau als Nahrung der Insekten. – Zeitschrift für angewandte Entomologie **38**: 369–416, **39**: 129–167.

Register (Marienkäfer – Coccinellidae)

Wir haben in das Register die Erwähnungen der betreffenden Arten und anderen Taxa aufgenommen (Abhandlung im Speziellen Teil und in den Bestimmungstabellen fett, Larven mit einem L, Puppen mit einem P gekennzeichnet), außerdem ausgewählte Abbildungen und alle Fotos (Seitenzahlen kursiv). Synonyme sind mit vollem Gattungs- und Artnamen aufgenommen.